ESTATÍSTICA E CIÊNCIA DE DADOS

Grupo
Editorial
Nacional

O GEN | Grupo Editorial Nacional – maior plataforma editorial brasileira no segmento científico, técnico e profissional – publica conteúdos nas áreas de ciências exatas, humanas, jurídicas, da saúde e sociais aplicadas, além de prover serviços direcionados à educação continuada e à preparação para concursos.

As editoras que integram o GEN, das mais respeitadas no mercado editorial, construíram catálogos inigualáveis, com obras decisivas para a formação acadêmica e o aperfeiçoamento de várias gerações de profissionais e estudantes, tendo se tornado sinônimo de qualidade e seriedade.

A missão do GEN e dos núcleos de conteúdo que o compõem é prover a melhor informação científica e distribuí-la de maneira flexível e conveniente, a preços justos, gerando benefícios e servindo a autores, docentes, livreiros, funcionários, colaboradores e acionistas.

Nosso comportamento ético incondicional e nossa responsabilidade social e ambiental são reforçados pela natureza educacional de nossa atividade e dão sustentabilidade ao crescimento contínuo e à rentabilidade do grupo.

ESTATÍSTICA E CIÊNCIA DE DADOS

 **2ª EDIÇÃO**

PEDRO ALBERTO MORETTIN
Departamento de Estatística
Universidade de São Paulo

JULIO DA MOTTA SINGER
Departamento de Estatística
Universidade de São Paulo

 **LTC**

Ao Mestre Julio, com carinho.
De todos os seus amigos e admiradores.

PREFÁCIO DA SEGUNDA EDIÇÃO

Nesta segunda edição, fizemos correções pontuais em alguns capítulos e incluímos os Capítulos 6 e 7 na Parte II. O Capítulo 12, sobre redes neurais, sofreu uma modificação mais profunda, trazendo notas de capítulos para o texto principal e inserindo novos exemplos, de modo a contemplar imagens.

A área de Aprendizado de Máquina tem experimentado avanços significativos na última década. Na primeira edição, incluímos as redes neurais Long-Short-Term Memory (LSTM) e as Redes Neurais Convolucionais (CNN). A primeira, usada em processamento de linguagens naturais (como o Google translate, que usava *statistical machine translation*), e a segunda, que representava, até 2015, o estado da arte em classificação de imagens.

Nesta edição, fazemos uma breve descrição sobre Redes Generativas Adversárias. Essas redes trouxeram três inovações: o uso de simulação Monte Carlo, a Teoria dos Jogos e o uso de duas redes neurais em oposição (geralmente CNN). Recentemente, *Generative AI* (inteligência artificial generativa) tem sido objeto de grande interesse, especialmente com a introdução do chamado ChatGPT. Este encaixa-se nos modelos LLM (*large language models*), usando uma nova arquitetura de *Deep Learning*, chamada Transformer. Inicialmente, essa arquitetura usava duas redes LSTM, mas com o surgimento de um novo mecanismo, chamado Attention (atenção), o uso dessas redes foi abandonado. O Google translate foi substituído em 2016 pelo Google's Neural Machine Translation e, em 2017, este incorporou o modelo Transformer com o uso do mecanismo de atenção.

Esse novo material não está incluído nesta edição, a não ser uma breve menção ao ChatGPT no Capítulo 12. Pretendemos fazê-lo em próximas edições.

Agradecemos aos leitores que adotaram o livro como texto ou como fonte própria de leitura, fazendo com que a primeira edição impressa se esgotasse em pouco tempo. Agradecemos aos leitores que apresentaram dúvidas e possíveis erros, em especial a Ademar A. Cardoso, a Marco Occhialini pelo código do Exemplo 12.6, usando o `Torch` e, finalmente, aos responsáveis pela edição na LTC pelo trabalho cordial e ameno de sempre.

São Paulo, novembro de 2024.

Os autores

PREFÁCIO DA PRIMEIRA EDIÇÃO

Com a ampla divulgação de uma "nova" área de trabalho conhecida como Ciência de Dados (*Data Science*), muitas universidades estrangeiras criaram programas para o seu ensino, primeiramente, no formato de MBA e, em seguida, como mestrados regulares. Esses programas que, atualmente, incluem doutorado e até mesmo graduação, foram surpreendentemente introduzidos em escolas de Engenharia, Economia e, em vários casos, em escolas especialmente criadas para abrigar o "novo" domínio, mas não em Departamentos de Estatística. De certa forma, muitos estatísticos sentiram-se perplexos e imaginaram-se diante de algo totalmente diferente do seu ofício. No entanto, uma visão mais crítica mostra que Ciência de Dados consiste principalmente na aplicação de algumas técnicas estatísticas a problemas que exigem grande capacidade computacional. Muitos modelos empregados nesse "novo" campo estavam disponíveis (e esquecidos) na literatura estatística há décadas e não vinham sendo aplicados em grande escala em virtude de limitações computacionais. Árvores de decisão, por exemplo, amplamente utilizadas em Ciência de Dados, foram introduzidas na década de 1980. Outro tópico, conhecido como Algoritmos de Suporte Vetorial (*Support Vector Machines*), que não fazia parte da metodologia estudada por estatísticos por necessitar de grande capacidade computacional para sua aplicação, está disponível na literatura desde a década de 1990.

Hoje, programas de MBA e cursos de extensão em Ciência de Dados têm surgido no Brasil e, atualmente, no Instituto de Matemática e Estatística da Universidade de São Paulo (IME-USP), estuda-se a possibilidade de criar um Mestrado em Estatística com ênfase em Ciência de Dados. A maior dificuldade é encontrar professores interessados em se readequar a esse novo paradigma.

Originalmente, pretendíamos escrever um texto sobre Análise Exploratória de Dados para utilização na disciplina de Estatística Descritiva, ministrada no bacharelado em Estatística do IME-USP. Tendo em vista as considerações acima, decidimos ampliar o escopo da obra para incluir tópicos que normalmente não são abordados nos cursos de graduação e pós-graduação em Estatística. Dessa forma, além de apresentar fundamentos de Análise Exploratória de Dados (extremamente importantes para quem pretende se aventurar em Ciência de Dados), o objetivo do texto inclui o preenchimento de uma lacuna na formação de alunos de graduação e pós-graduação em Estatística proveniente da falta de exposição a tópicos que envolvem a interação entre Estatística e Computação. Num contexto que resume as principais aplicações de Ciência de Dados, ou seja, de previsão, classificação, redução da dimensionalidade e agrupamento, apresentamos as ideias que fundamentam os algoritmos de suporte vetorial, árvores de decisão, florestas aleatórias e redes neurais. A exposição é focada em diversos exemplos e os detalhes mais técnicos são apresentados em notas de capítulo.

Embora sejam tópicos que tangenciam os métodos apresentados no texto, mas amplamente utilizados no ajuste de modelos estatísticos, incluímos apêndices com conceitos básicos de simulação e otimização.

O texto está entremeado de exemplos; a maioria é proveniente de análises de dados reais, mas alguns são construídos a partir de dados hipotéticos com a finalidade de realçar características da metodologia empregada em sua análise. Em resumo, o texto pode ser útil para diferentes disciplinas de graduação e pós-graduação em Estatística, assim como para profissionais de diferentes áreas que tenham interesse em conhecer os fundamentos estatísticos da Ciência de Dados.

Um esclarecimento se faz necessário: o livro, como escrito, apresenta a visão de dois pesquisadores da área de Estatística sobre Ciência de Dados. Daí, o título do livro. A visão de um engenheiro da computação, ou mesmo de um pesquisador da área de Ciência da Computação seria, provavelmente, bem diferente.

Agradecemos aos inúmeros alunos que assistiram a cursos ministrados com o apoio de versões preliminares do texto e cujos comentários contribuíram para o seu aprimoramento. Em particular, mencionamos José Valdenir de Oliveira Júnior, que produziu algumas das figuras, e o Professor Marcelo Medeiros, que cedeu os arquivos que compõem a Figura 12.9.

São Paulo, maio de 2022.

Pedro A. Morettin
Julio M. Singer

Neste momento de profunda tristeza em que nosso querido Julio nos deixou prematuramente, antes deste livro ser publicado, queremos deixar expressa aqui toda a nossa admiração e gratidão por tudo o que ele representava. Sentiremos sua falta, seu bom humor, sua sabedoria e, principalmente, sua integridade humana e profissional.

SUMÁRIO

COMO UTILIZAR ESTE LIVRO?

Para complementar e apoiar a experiência prática do conteúdo deste livro, há um rico material disponível por meio de QR Code. São **conjuntos de dados** e **scripts em R**, que poderão ser acessados na íntegra pelo código que aparece ao final desta página – e que se repete nas aberturas de cada capítulo para facilitar o *download*, sempre que necessário.

Conjuntos de dados

Alguns conjuntos de dados analisados são dispostos ao longo do texto; outros são apresentados em planilhas Excel. Os dados estão dispostos na aba intitulada "dados" e, quando pertinentes, detalhes sobre as variáveis observadas no estudo estarão na aba intitulada "descrição".

Scripts em R

Arquivos de códigos escritos em R – referentes a exemplos do livro – também estão disponíveis por meio de QR Code.

Para acessar os materiais complementares, basta utilizar o código abaixo:

uqr.to/1x8so

Boa leitura!

ESTATÍSTICA
E CIÊNCIA DE DADOS

Data is not an end in itself but a means to an end.
More is not always better if it comes with increased costs.

Faraway e Augustin,
em "When small data beats big data".

1.1 Introdução

Atualmente, os termos *Data Science* (**Ciência de Dados**) e *Big Data* (**Megadados**)[1] são utilizados em profusão, como se envolvessem conceitos novos, distintos daqueles com que os estatísticos lidam há cerca de dois séculos. Na década de 1980, em uma palestra na Universidade de Michigan, Estados Unidos, C.F. Jeff Wu já sugeria que se adotassem os rótulos *Statistical Data Science*, ou simplesmente, *Data Science*, em lugar de *Statistics*, para dar maior visibilidade ao trabalho dos estatísticos. Talvez seja Tukey (1962, 1977), sob a denominação **Análise Exploratória de Dados** (*Exploratory Data Analysis*), o primeiro a chamar a atenção para o que, hoje, é conhecido como Ciência de Dados, sugerindo que se desse mais ênfase ao uso de tabelas, gráficos e outros dispositivos para uma análise preliminar de dados, antes que se passasse a uma **análise confirmatória**, que seria a **inferência estatística**. Outros autores, como Chambers (1993), Breiman (2001) e Cleveland (1985, 1993, 2001), também enfatizaram a preparação, apresentação e descrição dos dados como atividades que devem preceder a modelagem ou a inferência estatística.

Basta uma procura simples na internet para identificar novos centros de Ciência de Dados em várias universidades ao redor do mundo, com programas de mestrado, doutorado e mesmo de graduação. O interessante é que muitos desses programas estão alojados em escolas de Engenharia, Bioestatística, Ciência da Computação, Administração, Economia etc. e não em departamentos de Estatística. Paradoxalmente, há estatísticos que acham que Estatística é a parte menos importante de Ciência de Dados! Certamente isso é um equívoco. Como ressalta Donoho (2017), se uma das principais características dessa área é

---

[1] Para esclarecimento do significado dos termos cunhados em inglês, optamos pela tradução oriunda do **Glossário Inglês-Português de Estatística** produzido pela Associação Brasileira de Estatística e Sociedade Portuguesa de Estatística, disponível em `https://www.spestatistica.pt/glossario`. Acesso em: 28 out. 2024. As exceções são as expressões para as quais não há uma tradução oficial (*boxplot*, por exemplo) ou acrônimos usualmente utilizados por pacotes computacionais (MSE, de *Mean Squared Error*, por exemplo).

analisar grandes conjuntos de dados (megadados), há mais de 200 anos estatísticos têm se preocupado com a análise de vastos conjuntos de dados provenientes de censos, coleta de informações meteorológicas, observação de séries de índices financeiros etc., que têm essa característica.

Outro equívoco consiste em imaginar que a Estatística tradicional, seja ela frequentista ou bayesiana, trata somente de pequenos volumes de dados, conhecidos como **microdados** (*small data*). Essa interpretação errônea vem do fato de que muitos livros didáticos incluem conjuntos de dados de pequeno ou médio porte para permitir que as técnicas de análise apresentadas possam ser aplicadas pelos leitores, mesmo utilizando calculadoras, planilhas de cálculo ou pacotes estatísticos. Nada impede que esses métodos sejam aplicados a grandes volumes de dados, a não ser pelas inerentes dificuldades computacionais. Talvez seja este aspecto de complexidade computacional, aquele que mascara os demais componentes daquilo que se entende por Ciência de Dados, em que, na maioria dos casos, o interesse é dirigido para o desenvolvimento de algoritmos cuja finalidade é "aprender" a partir dos dados, muitas vezes subestimando as características estatísticas.

Em particular, Efron e Hastie (2016) ressaltam que tanto a teoria bayesiana quanto a frequentista têm em comum duas características: a **algorítmica** e a **inferencial**. Como exemplo, citam o caso da média amostral de um conjunto de dados $x_1, \ldots, x_n$, como **estimador** da média μ de uma população da qual se supõe que a amostra tenha sido obtida. O algoritmo para cálculo do estimador é

$$\overline{x} = \frac{1}{n} \sum_{i=1}^{n} x_i. \tag{1.1}$$

Esse algoritmo, no entanto, não contempla uma questão importante: saber quão acurado e preciso é este estimador. Admitindo-se que a amostra tenha sido colhida segundo um procedimento adequado, a metodologia estatística permite mostrar que $E(\overline{x}) = \mu$, ou seja, que o estimador $\overline{x}$ é **não enviesado** e que o seu **erro padrão** é

$$ep = \left[\frac{1}{n(n-1)} \sum_{i=1}^{n} (x_i - \overline{x})^2 \right]^{1/2}, \tag{1.2}$$

o que implica a sua consistência e estabelece as bases para uma inferência estatística (frequentista) adequada. Em resumo, a utilização da média amostral como estimador não pode prescindir de uma avaliação estatística. Esses autores também mencionam que:

> *Optimality theory, both for estimating and for testing, anchored statistical practice in the twentieth century. The larger datasets and more complicated inferential questions of the current era have strained the capabilities of that theory. Computer-age statistical inference, as we will see, often displays an unsettling ad hoc character. Perhaps some contemporary Fishers and Neymans will provide us with a more capacious optimality theory equal to the challenges of current practice, but for now that is only a hope.*

Blei e Smyth (2017) discutem as relações entre Estatística e Ciência de Dados sob três perspectivas: estatística, computacional e humana. Segundo os autores, Ciência de Dados é uma filha da Estatística e da Ciência da Computação. A Estatística serviria à Ciência de Dados, guiando a coleta e análise de dados complexos; a Ciência da Computação, desenvolvendo algoritmos que, por exemplo, distribuem conjuntos enormes de dados por múltiplos processadores (proporcionando velocidade de cálculo) ou armazenandoos adequadamente em equipamentos com grande capacidade de memória. Sob a perspectiva humana, a Ciência de Dados contempla modelos estatísticos e métodos computacionais para resolver problemas específicos de outras disciplinas, entender o domínio desses problemas, decidir quais dados obter, como processá-los, explorá-los e visualizá-los, selecionar um modelo estatístico e métodos computacionais apropriados, além de comunicar os resultados da análise de uma forma inteligível para aqueles que propuseram os problemas.

Donoho (2017) discute vários **memes** (uma ideia ou símbolo transmitido pelas chamadas **mídias sociais**) sobre Megadados e Ciência de Dados. Por exemplo, sobre a *Big Data Meme*, diz que se pode rejeitar o termo megadados como um critério para uma distinção séria entre Estatística e Ciência de Dados, o que está de acordo com o que dissemos anteriormente sobre análise de dados de censos e o fato de pesquisadores na área de inferência estatística terem buscado o entendimento científico de megadados por décadas.

Um dos aspectos tradicionalmente neglicenciado por estatísticos é aquele em que os dados têm natureza não ortodoxa, como imagens, sons etc. Nesse caso, algoritmos computacionais são essenciais para seu tratamento que, por sua vez, não pode prescindir do componente estatístico.

Dois termos muito utilizados hoje em dia são **Aprendizado com Estatística** (*Statistical Learning*) e **Aprendizado de (ou com) Máquina** (*Machine Learning*) ou ainda Automático. Seguindo uma tendência atual vamos utilizar os termos Aprendizado Estatístico e Aprendizado de Máquina. Esses termos estão associados à utilização de modelos estatísticos acoplados a algoritmos computacionais desenvolvidos para extrair informação de conjuntos de dados contendo, em geral, muitas unidades amostrais e muitas variáveis.

1.2 Aprendizado estatístico

O que, hoje, se entende como Aprendizado Estatístico envolve duas classes de técnicas, denominadas **aprendizado supervisionado** e **aprendizado não supervisionado**.

O **aprendizado supervisionado** está relacionado com metodologia desenvolvida essencialmente para **previsão** e **classificação**. No âmbito de previsão, o objetivo é utilizar **variáveis preditoras** (sexo, classe social, renda, por exemplo) observadas em várias **unidades** (clientes de um banco, por exemplo) para "adivinhar" valores de uma **variável resposta numérica** (saldo médio, por exemplo) de novas unidades. O problema de classificação consiste em usar as variáveis preditoras para indicar em que categorias de uma **variável resposta qualitativa** (bons e maus pagadores, por exemplo) as novas unidades são classificadas.

Sob um ponto de vista mais amplo, além desses objetivos, a Estatística tradicional adiciona metodologia direcionada ao entendimento das relações entre as características dos dados disponíveis e aqueles de uma população da qual se supõe que os dados foram obtidos. Essa metodologia mais ampla é o que se entende por **Inferência Estatística**.

No **aprendizado não supervisionado**, dispomos apenas de um conjunto de variáveis, sem distinção entre preditoras e respostas, cujo objetivo é descrever **associações** e **padrões** entre essas variáveis, **agrupá-las** de modo a identificar características comuns a conjuntos de unidades de investigação ou desenvolver métodos para combiná-las e assim **reduzir sua dimensionalidade**. Essas combinações de variáveis podem ser utilizadas como novas variáveis preditoras em problemas de previsão ou classificação.

Além de aprendizado supervisionado e não supervisionado, podemos acrescentar um terceiro tipo, denominado **aprendizado com reforço** (*reinforcement learning*, RL), segundo o qual um algoritmo "aprende" a realizar determinadas tarefas por meio de repetições com o fim de maximizar um prêmio sujeito a um valor máximo.

A ideia do RL é que nós aprendemos por meio de interações com o meio ambiente, como mapear situações a ações de modo a maximizar um prêmio. A formalização do problema de RL usa ideias de sistemas dinâmicos, especificamente controle ótimo de processos de decisão de Markov. Este tipo de aprendizado é diferente de aprendizado supervisionado (no qual há um conjunto de treinamento de exemplos rotulados por um supervisor externo) e de aprendizado não supervisionado (no qual normalmente queremos encontrar estruturas em conjuntos de dados não rotulados).

Para detalhes sobre aprendizado com reforço, o leitor pode consultar Sutton e Barto (2020), Kaelbling et al. (1996) ou Hu et al. (2020), entre outros. Este tipo de aprendizado não será tratado neste livro.

1.3 Aprendizado de máquina

Inteligência Artificial também é um rótulo que aparece frequentemente na mídia escrita e falada e que tem gerado amplo interesse para analistas de dados. Esse termo suscita questões do tipo: no futuro, computadores tornar-se-ão inteligentes e a raça humana será substituída por eles? Perderemos nossos empregos, porque seremos substituídos por robôs inteligentes? Pelo menos até o presente esses receios são infundados. Nesse contexto, veja Jordan (2019). Segundo esse autor, o que é, hoje, rotulado como inteligência artificial, nada mais é do que aquilo que chamamos de aprendizado de máquina (*machine learning*). O trecho a seguir é extraído do artigo mencionado.

> *Artificial Intelligence is the mantra of the current era. The phrase is intoned by technologists, academicians, journalists, and venture capitalists alike. As with many phrases that cross over from technical academic fields into general circulation, there is significant misunderstanding accompanying use of the phrase. However, this is not the classical case of the public not understanding the scientists — here the scientists are often as befuddled as the public. The idea that our era is somehow seeing the emergence of an intelligence in silicon that rivals our own entertains all of us, enthralling us and frightening us in equal measure. And, unfortunately, it distracts us.*

O autor distingue três tipos de inteligência artificial:

i) **Inteligência artificial imitativa da humana** (*Human-imitative artificial intelligence*), que se refere à noção de que a entidade inteligente deva se parecer como nós, física ou mentalmente.

ii) **Aumento de inteligência** (*Intelligence augmentation*), segundo a qual a análise de dados e computação são usados para oferecer serviços que aumentam a inteligência e criatividade humanas.

iii) **Infraestura inteligente** (*Intelligent infrastructure*), referindo-se à vasta rede de dados, entidades físicas e aparato computacional que dão suporte para tornar o ambiente humano mais seguro e interessante (*smart TV, smartphone, smart house*).

Acredita-se que o artigo de Turing (1950) seja o primeiro a tratar do tema. A primeira frase do artigo diz:

> *I propose to consider the question, "Can machines think?"*

Segue-se discussão sobre o que se entende por "máquina", por "pensar" e por um jogo, chamado "jogo da imitação". Turing também discute condições para considerar uma máquina inteligente, que podem ser avaliadas pelo teste de Turing (*Turing test*). A primeira página do artigo está na Nota 1.

O tema foi tratado a seguir por McCarthy et al. (1955), na forma de uma proposta para um projeto de pesquisa no Dartmouth College. Cópia da primeira página do original encontra-se na Nota 2. Entre os signatários, tem-se Shannon, precursor da Teoria da Informação.

De modo informal, a inteligência artificial está relacionada com um esforço para automatizar tarefas intelectuais usualmente realizadas por seres humanos (Chollet, 2018) e, por consequência, intimamente ligada ao desenvolvimento da computação (ou programação de computadores). Até a década de 1980, a programação clássica era apenas baseada em um sistema computacional [um computador ou um conglomerado (*cluster*) de computadores] ao qual se alimentavam dados e uma regra de cálculo para se obter uma resposta. Por exemplo, em um problema de regressão a ser resolvido por meio do método de mínimos quadrados para obtenção dos estimadores dos parâmetros, a regra de cálculo (ou algoritmo) pode ser programada em alguma linguagem (Fortran, C, R, Python etc.). A maioria dos pacotes estatísticos existentes funciona dessa maneira.

A partir da década de 1990, a introdução do conceito de aprendizado de máquina trouxe um novo paradigma para analisar dados oriundos de reconhecimento de imagens, voz, escrita etc. Problemas dessa natureza são dificilmente solucionáveis sem o recente avanço na capacidade computacional. A ideia subjacente é **treinar** um sistema computacional programando-o para ajustar diferentes modelos por meio dos algoritmos associados (muitas vezes bastante complexos) repetidamente na análise de um conjunto de dados. Nesse processo, diferentes modelos são ajustados aos chamados conjuntos de **dados de treinamento**, aplicados a um conjunto de **dados de teste** e comparados, segundo algum critério de desempenho, com o objetivo de escolher o melhor para prever ou classificar futuras unidades de investigação.

Convém ressaltar que o objetivo do aprendizado de máquina (AM) não é o mesmo daquele considerado na análise de regressão usual, em que se pretende entender como cada variável preditora está associada com a variável resposta. O objetivo do AM é selecionar o modelo que produz melhores previsões, mesmo que as variáveis selecionadas com essa finalidade não sejam aquelas consideradas em uma análise padrão.

Quando esses dois conjuntos de dados (treinamento e teste) não estão definidos *a priori*, o que é mais comum, costuma-se dividir o conjunto disponível em dois, sendo um deles destinado ao treinamento do sistema computacional e o outro servindo para teste. Calcula-se então alguma medida do erro de previsão obtido ao se aplicar o resultado do ajuste do modelo com os dados de treinamento aos dados de teste. Essa subdivisão (em conjuntos de treinamento e de teste) é repetida várias vezes, ajustando o modelo a cada conjunto de dados de treinamento, utilizando os resultados para previsão com os dados de teste e calculando a medida adotada para o erro de previsão. A média dessa medida é utilizada como avaliação do desempenho do modelo proposto. Para comparar diferentes modelos, repete-se o processo com cada um deles e aquele que produzir a menor média do erro de previsão é o modelo a ser selecionado. Esse processo é conhecido como **validação cruzada** (veja a Nota 1 no Capítulo 8). O modelo selecionado deve ser ajustado ao conjunto de dados completo (treinamento + validação) para se obter o ajuste (estimativas dos coeficientes de um modelo de regressão, por exemplo) que será empregado para previsão de novos dados (consistindo apenas nos valores das variáveis preditoras).

1.4 Cronologia do desenvolvimento da Estatística

Embora a terminologia "Aprendizado Estatístico" seja recente, a maioria dos conceitos subjacentes foi desenvolvida a partir do século XIX. Essencialmente, Aprendizado Estatístico e Aprendizado de Máquina tratam dos mesmos tópicos, mas utilizaremos a primeira denominação quando os métodos da segunda forem tratados com técnicas estatísticas apropriadas.

1.4.1 Probabilidades e estatística

As origens da teoria de probabilidades remontam a 1654, com Fermat (1601-1665) e Pascal (1632-1662), que trataram de jogos de dados, baralho etc. Huygens (1629-1695) escreveu o primeiro livro sobre probabilidades em 1657. A primeira versão do Teorema de Bayes (Bayes, 1702-1761) foi publicada em 1763.

Gauss (1777-1856) propôs o **método de mínimos quadrados** na última década do século XVIII (1795) e usou-o regularmente em cálculos astronômicos depois de 1801. Foi Legendre (1752-1833), todavia, quem primeiro publicou, sem justificação, detalhes sobre o método no apêndice de seu livro "Nouvelles Méthodes pour la Détermination des Orbites des Comètes". Gauss (1809) apresentou a justificativa probabilística do método em "The Theory of the Motion of Heavenly Bodies". Basicamente, eles implementaram o que é, hoje, chamado de **Regressão Linear**.

Laplace (1749-1827) desenvolveu o Teorema de Bayes independentemente, em 1774. Em 1812 e 1814, deu a interpretação bayesiana para probabilidade e fez aplicações científicas e práticas. Há autores que julgam que a chamada Inferência Bayesiana dever-se-ia chamar Inferência Laplaciana, em virtude de suas contribuições na área [lembremos da aproximação de Laplace, que se usava para obter distribuições *a posteriori* antes da introdução dos métodos MCMC (*Markov Chain Monte Carlo*) e filtros de partículas]. As contribuições de Jeffreys (1939) podem ser consideradas um reinício da Inferência Bayesiana, juntamente com as obras de de Finetti, Savage e Lindley.

A Inferência Frequentista (testes de hipóteses, estimação, planejamento de experimentos e amostragem) foi iniciada por Fisher (1890-1962) e Neyman (1894-1981). Fisher, em 1936, propôs a técnica de Análise Discriminante Linear e seus dois livros "Statistical Methods for Research Workers", de 1925, e "The Design of Experiments", de 1935, são marcos dessa teoria. Segundo Stigler (1990), o artigo de Fisher (1922), "On the mathematical foundations of theoretical statistics", publicado na *Phil. Trans. Royal Society, Series A*, foi o texto mais influente sobre Teoria Estatística no século XX. Neyman e Pearson (1933), por sua vez, publicaram os dois artigos fundamentais sobre testes de hipóteses, consubstanciados no excelente livro de Lehmann de 1967.

A partir da década de 1940, começaram a aparecer abordagens alternativas ao modelo de regressão linear, como a **Regressão Logística**, os **Modelos Lineares Generalizados** (Nelder e Wedderburn, 1972), além dos **Modelos Aditivos Generalizados** (Hastie e Tibshirani, 1990).

Em 1969, Efron introduziu a técnica ***Bootstrap*** e, em 1970, Hoerl e Kennard introduziram a **Regressão em crista** (*Ridge regression*). Até o final da década de 1970, os métodos lineares predominaram. A partir da década de 1980, os avanços computacionais possibilitaram a aplicação de métodos não lineares, como o CART (*Classification and Regression Trees*) considerado em Breiman et al. (1984). Tibshirani (1996) introduziu o método de regularização ***Lasso***, que, juntamente com os métodos ***Ridge***, ***Elastic Net*** e outras extensões, passaram a ser usados em conjunção com modelos de regressão, por exemplo, com o intuito de prevenir o fenômeno de sobreajuste (*overfitting*), mas que também funcionam como métodos de seleção de modelos.

1.4.2 Estatística e computação

Os avanços no Aprendizado Estatístico estão diretamente relacionados com avanços na área computacional. Até 1960, os métodos estatísticos precisavam ser implementados em máquinas de calcular manuais ou elétricas. Entre 1960 e 1980, apareceram as máquinas de calcular eletrônicas e os computadores de grande porte, como o IBM 1620, CDC 360, VAX etc., que trabalhavam com cartões perfurados e discos magnéticos. A linguagem Fortran predominava.

A partir de 1980, despontaram os computadores pessoais, supercomputadores, computação paralela, computação na nuvem (*cloud computation*), linguagens C, C_+, S e os pacotes estatísticos SPSS, BMDP, SAS, SPlus (que utiliza a linguagem S, desenvolvida por Chambers, do Bell Labs), MatLab etc. Em 1984, surgiu a linguagem R (que na realidade é basicamente a linguagem S com algumas modificações) e o repositório CRAN, de onde pacotes para análises estatísticas podem ser obtidos livremente; essa linguagem passou a ser a linguagem preferida dos estatísticos.

Métodos de Aprendizado Estatístico, não usualmente considerados em programas de graduação e pósgraduação em Estatística, surgiram recentemente e estão atraindo a atenção de um público mais amplo e são englobados no que chamamos de Ciência de Dados. Tais métodos incluem **Máquinas de Suporte Vetorial** (*Support Vector Machines*), **Árvores de Decisão** (*Decision Trees*), **Florestas Aleatórias** (*Random Forests*), ***Bagging***, ***Boosting*** etc. Outros métodos mais tradicionais voltaram a estar em evidência, como **Redução da Dimensionalidade** (incluindo **Análise de Componentes Principais**, **Análise Fatorial**, **Análise de Componentes Independentes**) e **Análise de Agrupamentos**, que já fazem parte de métodos estudados em cursos de Estatística.

1.5 Notação e tipos de dados

Introduzimos, agora, a notação usada no livro. Denotamos por $\mathbf{X}$ uma matriz com dimensão $n \times p$, contendo as **variáveis preditoras** ou **explicativas**; n indica o número de unidades de observação ou amostrais (indivíduos, por exemplo) e p, o número de variáveis. Especificamente,

$$\mathbf{X} = [x_{ij}] = \begin{bmatrix} x_{11} & x_{12} & \cdots & x_{1p} \\ x_{21} & x_{22} & \cdots & x_{2p} \\ \vdots & \vdots & \cdots & \vdots \\ x_{n1} & x_{n2} & \cdots & x_{np} \end{bmatrix}.$$

As colunas de $\mathbf{X}$, vetores com dimensão $n \times 1$, são denotadas por $\mathbf{x}_1, \ldots, \mathbf{x}_p$. As linhas de $\mathbf{X}$, vetores com dimensão $p \times 1$, são denotadas por $\mathbf{x}_1^*, \ldots, \mathbf{x}_n^*$.

Então,

$$\mathbf{X} = [\mathbf{x}_1, \mathbf{x}_2 \ldots, \mathbf{x}_p] = \begin{bmatrix} \mathbf{x}_1^{*\top} \\ \mathbf{x}_2^{*\top} \\ \vdots \\ \mathbf{x}_n^{*\top} \end{bmatrix}$$

em que $\mathbf{x}^\top$ denota o vetor $\mathbf{x}$ transposto.

Denotamos por $\mathbf{y} = (y_1, \ldots, y_n)^\top$ o vetor cujos elementos são os valores da **variável resposta**. No caso de análise estatística supervisionada, y_i pode representar um valor de uma variável numérica em problemas de predição ou o **rótulo** da i-ésima classe, em um problema de classificação. Consequentemente, os dados são os pares $\{(\mathbf{x}_1, y_1), \ldots, (\mathbf{x}_n, y_n)\}$.

Uma das características que tem sido objeto de discussão em Ciência de Dados está relacionada com o volume de dados, especialmente quando se trata dos chamados megadados (*big data*). Nesse contexto, as seguintes estruturas podem ser consideradas:

a) grande número de unidades amostrais e pequeno número de variáveis, $n >> p$;

b) pequeno número de unidades amostrais e grande número de variáveis, $p >> n$;

c) grande número de unidades amostrais e grande número de variáveis, n e p grandes.

Uma representação pictórica dessas estruturas de dados está apresentada na Figura 1.1.

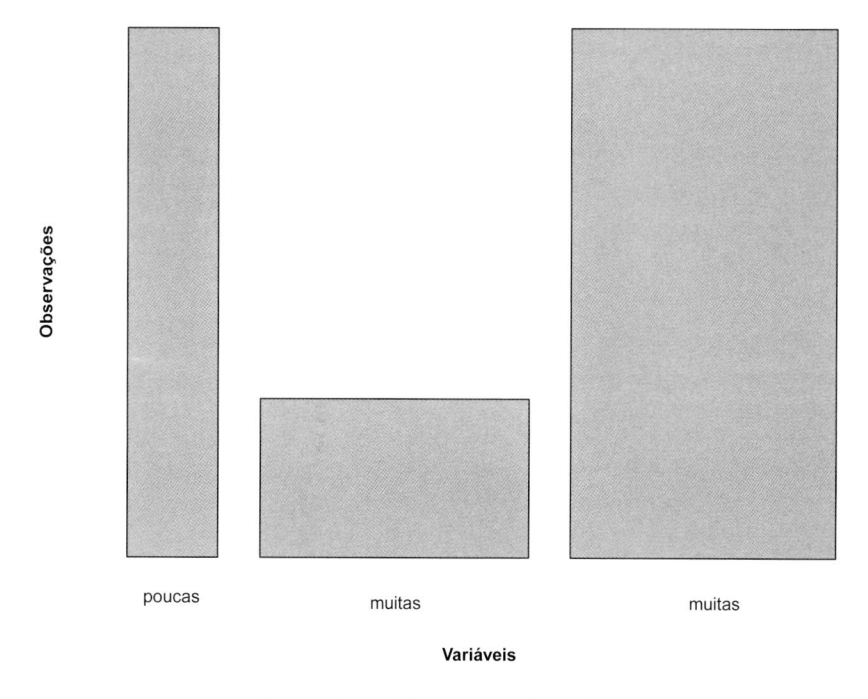

Figura 1.1 Estruturas de dados.

Quando $n << p$, os dados têm **alta dimensão** (*high dimension*) e requerem procedimentos especiais. Por outro lado, megadados podem ser classificados como:

a) **Dados estruturados**: em que a informação se ajusta às estruturas usuais de bases de dados, relativamente fáceis de armazenar e analisar. Exemplos usuais de dados numéricos ou não, que podem ser dispostos em **matrizes de dados**.

b) **Dados não estruturados**: tudo o que não se encaixa no item anterior, como arquivos de textos, páginas da *web*, *emails*, mídias sociais etc.

Megadados implicam megamodelos, que contêm um grande número de parâmetros a serem estimados, como em modelos de regressão múltipla em que o número de variáveis (p) é grande. O ajuste de modelos lineares a dados de alta dimensão pode ser tratado por meio técnicas de redução da dimensionalidade, regularização ou métodos bayesianos. Para modelos não lineares, árvores de decisão e redes neurais são técnicas mais adequadas.

1.6 Paradigmas para o aprendizado estatístico

1.6.1 Aprendizado supervisionado

Previsão

Dados o vetor $\mathbf{y}$ com os valores da variável resposta e a matriz $\mathbf{X}$ com os correspondentes valores das variáveis preditoras, o modelo de regressão em **Aprendizado supervisionado** tem a forma

$$y_i = f(\mathbf{x}_i) + e_i, \quad i = 1, \ldots, n, \tag{1.3}$$

com $\mathrm{E}(e_i) = 0$ e f denotando uma função desconhecida, chamada de **informação sistemática**. Modelos mais gerais, especialmente utilizados para análise de séries temporais, são descritos na Nota 3.

O objetivo do aprendizado estatístico é encontrar métodos para estimar f e usar o modelo (1.3) para fazer previsões ou, em alguns casos, inferência sobre a população de onde os dados foram extraídos. A **previsão** para y_i é $\widehat{y}_i = \widehat{f}(\mathbf{x}_i)$, em que $\widehat{f}$ é a estimativa da função f, chamada de **previsor**. A acurácia de $\widehat{\mathbf{y}}$ como previsor de $\mathbf{y}$ depende dos seguintes dois tipos de erros (James et al., 2017):

a) **Erro redutível**, introduzido pelo previsor de f; assim chamado porque podemos melhorar a acurácia de $\widehat{f}$ usando técnicas de aprendizado com Estatística mais apropriadas.

b) **Erro irredutível**, que depende de e_i e não pode ser previsto por $\mathbf{X}$, mesmo usando o melhor previsor de f.

A acurácia do previsor $\widehat{f}$ é definida como

$$\mathrm{E}(y_i - \widehat{y}_i)^2 = \mathrm{E}[f(\mathbf{x}_i) + e_i - \widehat{f}(\mathbf{x}_i)]^2 = \mathrm{E}[f(\mathbf{x}_i) - \widehat{f}(\mathbf{x}_i)]^2 + \mathrm{Var}(e_i), \tag{1.4}$$

para $i = 1, \ldots, n$. O primeiro termo do segundo membro de (1.4) mede o efeito do erro redutível e o segundo termo, o efeito do erro irredutível. Consequentemente, o objetivo é minimizar o primeiro.

Para estimar f podemos usar **métodos paramétricos** ou **métodos não paramétricos**.

No primeiro caso, fazemos alguma suposição sobre a forma de f, como no modelo de regressão múltipla usual com p variáveis. Nesse caso, o problema é mais simples, pois temos que estimar um número finito de parâmetros. Selecionado o modelo, devemos ajustá-lo aos dados de treinamento, ou seja, devemos **treinar** o modelo.

No caso de modelos de regressão, o método mais usado na estimação é o de **Mínimos Quadrados**. Mas há outros métodos disponíveis, como **Máquinas de Suporte Vetorial** (*Support Vector Machines, SVM*) ou **Árvores de Decisão**.

O ajuste de um modelo de regressão por mínimos quadrados, por exemplo, pode ser pobre, como no Exemplo 6.7 do Capítulo 6 (veja a Figura 6.23). Nesse caso, pode-se tentar ajustar modelos mais flexíveis, escolhendo outras formas funcionais para f, incluindo aí modelos não lineares. Todavia, modelos mais flexíveis podem envolver a estimação de um grande número de parâmetros, o que pode gerar um problema de sobreajuste (*overfitting*).

No segundo caso, não fazemos nenhuma hipótese sobre a forma funcional de f e, como o problema envolve a estimação de grande número de parâmetros, necessitamos de um número grande de observações para obter estimadores de f com boa acurácia. Vários métodos podem ser usados com essa finalidade, dentre os quais destacamos aqueles que utilizam:

- *kernels*;

- polinômios locais (por exemplo, *lowess*);

- *splines*;

- polinômios ortogonais (por exemplo, Chebyshev);

- outras bases ortogonais (por exemplo, Fourier, ondaletas).

Métodos menos flexíveis (por exemplo, regressão linear) ou mais restritivos, em geral, são menos acurados e mais fáceis de interpretar. Por outro lado, métodos mais flexíveis (por exemplo, *splines*) são mais acurados e mais difíceis de interpretar. Para cada conjunto de dados, um método pode ser preferível a outros, dependendo do objetivo da análise. A escolha do método talvez seja a parte mais difícil do aprendizado com Estatística.

No caso de modelos de regressão, a medida mais usada para a avaliação da acurácia do modelo é o **Erro Quadrático Médio** (*Mean Squared Error, MSE*), definido por

$$MSE = \frac{1}{n} \sum_{i=1}^{n} [(y_i - \widehat{f}(\mathbf{x}_i)]^2, \tag{1.5}$$

em que $\widehat{f}(\mathbf{x}_i)$ é o valor predito da resposta para a i-ésima observação. Outra medida comumente utilizada para avaliar o ajuste de modelos de previsão é a **raiz quadrada** do erro quadrático médio (*Root Mean Squared Error, RMSE*). O erro quadrático médio calculado no conjunto de treinamento que produz o preditor $\widehat{f}$ é chamado **erro quadrático médio de treinamento**.

Em geral, estamos mais interessados na acurácia do ajuste para os dados de validação e, nesse caso, podemos calcular o **erro quadrático médio de teste**,

$$\text{Média}[(y_0 - \widehat{f}(\mathbf{x}_0)]^2, \tag{1.6}$$

que é o erro de previsão quadrático médio para as observações do conjunto de dados de teste, em que o elemento típico é denotado por $(\mathbf{x}_0, y_0)$.

A ideia é ajustar diferentes modelos aos dados de treinamento, obtendo diferentes preditores $\widehat{f}$ por meio da minimização de (1.5), calcular o correspondente erro quadrático médio no conjunto de teste via (1.6) e escolher o modelo para o qual esse valor é mínimo. Muitas vezes, usa-se **validação cruzada**, em que o único conjunto de dados disponível é repetidamente dividido em dois subconjuntos, um deles servindo para treinamento e o outro para teste (veja a Nota 1 do Capítulo 8).

Para os dados do conjunto de teste, $(\mathbf{x}_0, y_0)$,

$$\text{E}[y_0 - \widehat{f}(\mathbf{x}_0)]^2 = \text{Var}[\widehat{f}(\mathbf{x}_0)] + [\text{Vies}(\widehat{f}(\mathbf{x}_0))]^2 + \text{Var}(e_0). \tag{1.7}$$

Em resumo, procuramos selecionar o modelo que produza simultaneamente baixo viés e baixa variância, que atuam em sentidos opostos. Na prática, podemos estimar (1.7) para os dados do conjunto de teste por meio de (1.6).

Também é possível estimar $\mathrm{Var}[\widehat{f}(\mathbf{x}_0)]$, mas, como f é desconhecida, não há como estimar o viés de $\widehat{f}(\mathbf{x}_0)$, dado que $\mathrm{Var}(e_0)$ também não é conhecida. Em geral, métodos de aprendizado com Estatística mais flexíveis têm viés baixo e variância grande. Na maioria dos casos, o erro quadrático médio de treinamento é menor que o erro quadrático médio de teste, e o gráfico desses valores de teste em função do número de parâmetros de diferentes modelos, em geral, apresenta uma forma de U, resultante da competição entre viés e variância.

Classificação

Problemas de **classificação** são aqueles em que as respostas $y_1, \ldots, y_n$ são qualitativas. Formalmente, no caso de duas classes, seja $(\mathbf{x}, y)$, com $\mathbf{x} \in \mathbb{R}^p$ e $y \in \{-1, 1\}$. Um **classificador** é uma função $g : \mathbb{R}^p \to \{-1, 1\}$ e a **função erro** ou **risco** é a probabilidade de erro, $L(g) = P\{g(X) \neq Y\}$.

Obtendo-se um estimador de g, digamos $\widehat{g}$, sua acurácia pode ser medida pelo estimador de $L(g)$, chamado de **taxa de erros de treinamento**, que é a proporção de erros gerados pela aplicação do classificador $\widehat{g}$ às observações do conjunto de treinamento, ou seja,

$$\widehat{L}(\widehat{g}) = \frac{1}{n} \sum_{i=1}^{n} I(y_i \neq \widehat{y}_i). \tag{1.8}$$

O interesse está na **taxa de erros de validação**

$$\mathrm{Média}[I(y_0 \neq \widehat{y}_0)], \tag{1.9}$$

para as observações do conjunto de validação, representadas por $(\mathbf{x}_0, y_0)$. Um bom classificador tem a taxa de erros de classificação (1.9) pequena. Pode-se provar que (1.9) é minimizado, em média, por um classificador que associa cada observação à classe mais provável, dados os preditores; ou seja, por aquele que maximiza

$$P(y = j | \mathbf{x} = \mathbf{x}_0). \tag{1.10}$$

Tal classificador é chamado de **classificador de Bayes**.

No caso de duas classes, uma alternativa é classificar a observação de validação na classe -1 se $P(y = -1 | \mathbf{x} = \mathbf{x}_0) > 0{,}5$ ou na classe 1, em caso contrário. O classificador de Bayes produz a menor taxa de erro, dada por $1 - \max_j P(y = j | \mathbf{x} = \mathbf{x}_0)$, em que $j = 1, -1$. A taxa de erro de Bayes global é $1 - \mathrm{E}[\max_j P(y = j | \mathbf{x} = \mathbf{x}_0)]$, em que $\mathrm{E}(\cdot)$ é calculada sobre todos os valores de $\mathbf{x}$. O classificador de Bayes não pode ser calculado na prática, pois não temos conhecimento da distribuição condicional de y, dado $\mathbf{x}$. Uma alternativa é estimar essa distribuição condicional. Detalhes serão apresentados no Capítulo 9.

O classificador do K-**ésimo vizinho mais próximo** (*K-nearest neighbors, KNN*) estima tal distribuição por meio do seguinte algoritmo:

i) Escolha $K > 0$ inteiro e uma observação teste $\mathbf{x}_0$.

ii) Identifique os K pontos do conjunto de treinamento mais próximos de $\mathbf{x}_0$; chame-os de $\mathcal{N}$.

iii) Estime a probabilidade condicional da classe j por meio de

$$P(y = j | \mathbf{x} = \mathbf{x}_0) = \frac{1}{K} \sum_{i \in \mathcal{N}} I(y_i = j).$$

iv) Classifique $\mathbf{x}_0$ na classe com a maior probabilidade condicional.

A escolha de K é crucial e o resultado depende dessa escolha. Tratamos desse problema no Capítulo 9.

1.6.2 Aprendizado não supervisionado

Análise de agrupamentos

Nesta categoria de técnicas, incluímos aquelas cujo objetivo é agrupar os elementos do conjunto de dados segundo alguma medida de distância entre as variáveis preditoras, de modo que observações de um mesmo grupo tenham uma "pequena" distância entre elas.

Nos casos em que as variáveis preditoras $\mathbf{x}_1, \ldots, \mathbf{x}_n$ pertencem a um espaço euclidiano p-dimensional (peso e altura, no caso bidimensional, por exemplo), a distância (euclidiana) definida por

$$d(\mathbf{x}_i, \mathbf{x}_j) = \sqrt{(x_{i1} - x_{j1})^2 + \ldots + (x_{jp} - x_{jp})^2}$$

é utilizada. Casos em que as variáveis preditoras pertencem a espaços não euclidianos (palavras em um texto, por exemplo), outras distâncias são consideradas.

Os algoritmos utilizados para a implementação das técnicas de agrupamento podem partir de um único grupo com todos os elementos do conjunto de dados e prosseguir subdividindo-o até que um número pré-fixado de grupos seja obtido ou considerar, inicialmente, cada elemento como um grupo e prosseguir combinando-os até a obtenção do número de grupos desejados.

Redução de dimensionalidade

O objetivo das técnicas consideradas nesta classe é reduzir a dimensionalidade de observações multivariadas com base em sua estrutura de dependência. Essas técnicas são usualmente aplicadas em conjuntos de dados com um grande número de variáveis e baseiam-se na obtenção de poucos **fatores**, obtidos como funções das variáveis observadas, que conservem, pelo menos aproximadamente, sua estrutura de covariância. Esses poucos fatores podem substituir as variáveis originais em análises subsequentes, servindo, por exemplo, como variáveis preditoras em modelos de regressão. Por esse motivo, a interpretação dessas novas variáveis é muito importante.

Dentre as técnicas mais utilizadas com essa finalidade, incluímos a **análise de componentes principais** e a **análise de componentes independentes** (ambas proporcionando a redução da dimensionalidade dos dados).

1.7 Este livro

Um dos maiores problemas oriundos da disseminação indiscriminada das técnicas utilizadas em Ciência de Dados é a confiança exagerada nos resultados obtidos da aplicação de algoritmos computacionais. Embora sejam essenciais em muitas situações, especialmente com megadados, sua utilização sem o concurso dos princípios do pensamento estatístico, fundamentado nas características de aleatoriedade e variabilidade inerentes a muitos fenômenos, pode gerar conclusões erradas ou não sustentáveis. Também lembramos que o principal componente da Ciência de Dados é um problema em que as questões a serem respondidas estejam claramente especificadas.

Independentemente do volume de dados disponíveis para análise, Ciência de Dados é uma atividade multidisciplinar que envolve

   i) um problema a ser resolvido com questões claramente especificadas;

   ii) um conjunto de dados (seja ele volumoso ou não);

   iii) os meios para sua obtenção;

iv) sua organização;

v) a especificação do problema original em termos das variáveis desse conjunto de dados;

vi) a descrição e o resumo dos dados à luz do problema a ser resolvido;

vii) a escolha das técnicas estatísticas apropriadas para a resolução desse problema;

viii) os algoritmos computacionais necessários para a implementação dessas técnicas;

ix) a apresentação dos resultados.

Obviamente, a análise de problemas mais simples pode ser conduzida por um estatístico (sempre em interação com investigadores da área em que o problema se insere). Em problemas mais complexos, especialmente aqueles com grandes conjuntos de dados que possivelmente contenham imagens, sons etc., só **uma equipe** com profissionais de diferentes áreas poderá atacá-los adequadamente. Em particular, essa equipe deve ser formada, pelo menos, por um profissional de alguma área do conhecimento em que o problema a ser resolvido se situa, por um estatístico, por um especialista em banco de dados, por um especialista em algoritmos computacionais e, possivelmente, por um profissional da área de comunicação. Se por um lado, os aspectos computacionais são imprescindíveis nesse contexto, por outro, uma compreensão dos conceitos básicos de Estatística deve constar da formação de todos os membros da equipe.

A (bem-vinda) popularização das técnicas utilizadas em Ciência de Dados não está isenta de problemas. Nem sempre os profissionais que se aventuram por essa seara têm o conhecimento básico dos métodos estatísticos que fundamentam os algoritmos mais empregados na análise de dados. Nosso objetivo é preencher essa lacuna, apresentando conceitos e métodos da Análise Exploratória de Dados necessários para a análise de dados e indicando como são empregados nos problemas práticos com que "cientistas de dados" são usualmente desafiados.

Embora muitos tópicos relacionados com Ciência dos Dados sejam abordados neste livro, o foco será na metodologia estatística que envolve a coleta, a organização, o resumo e a análise dos dados. Para um melhor entendimento das técnicas apresentadas, em geral, usamos conjuntos de dados não muito volumosos, de modo que os leitores poderão reanalisá-los usando desde uma calculadora até programas sofisticados. Desde que tenham acesso e aptidão para lidar com *software* adequado, os leitores não terão dificuldades em analisar grandes conjuntos de dados sob as mesmas perspectivas apresentadas no texto.

Há situações em que um conjunto menor de dados pode ser mais útil do que um conjunto maior. Isto tem a ver com o equilíbrio entre viés e variância, que é um aspecto muito importante e realçado neste texto. O viés proveniente da análise de megadados pode ter consequências severas. Um exemplo apresentado em Meng (2014) mostra que, em alguns casos, uma pequena amostra aleatória simples pode apresentar um erro quadrático médio menor do que uma amostra administrativa (obtida observacionalmente, por exemplo) com 50% da população. Outro problema associado com megadados é o custo de sua obtenção. Para uma discussão desse problema, veja Faraway e Augustin (2018).

Além disso, segundo esses autores, a inferência estatística funciona melhor em conjuntos de dados menores. Métodos de aprendizado de máquina tendem a não fornecer medidas de incerteza, focalizando em melhores previsões e classificações. Finalmente, esses autores ressaltam um ponto já exposto: é melhor usar conjuntos de dados menores para o ensino, com a finalidade de garantir que os estudantes adquiram habilidades e conceitos e não somente aspectos computacionais, comuns quando se utilizam métodos dirigidos para a análise de megadados. Para uma discussão sobre essa dualidade *small data vs. big data*, veja Lindstrom (2016).

Gostaríamos de fechar essa discussão com o texto a seguir, de Faraway e Augustin (2018), do qual a citação deste capítulo é parte:

Data is not an end in itself but a means to an end. The end is increased understanding, better calibrated prediction etc. More is not always better if this comes with increased costs. Data is sometimes viewed as something fixed that we have to deal with. It might be better to view it as a resource. We do not aim to use as many resources as possible. We try to use as few resources as possible to obtain the information we need. We have seen the benefit of big data but we are now also realizing the extent of associated damage. The modern environmental movement started in reaction to the excess of resource extraction. It advocates an approach that minimizes the use of resources and reduces the negative externalities. We believe the same approach should be taken with data: Small is beautiful.

O plano do livro é o seguinte. Nos Capítulos 2 a 5, apresentamos as bases para **análise exploratória de dados**. O Capítulo 2 é dedicado à preparação dos dados, geralmente apresentados de forma inadequada para análise. Nos Capítulos 3 a 5, dedicamo-nos à discussão de alguns conceitos básicos, como distribuição de frequências, variabilidade e associação entre variáveis, além de métodos de resumo de dados por meio de tabelas e gráficos. Para efeito didático, discutimos separadamente os casos de uma, duas ou mais que duas variáveis.

Os Capítulos 6 a 12 incluem os tópicos de **aprendizado supervisionado**. Técnicas de regressão, essenciais para o entendimento da associação entre uma ou mais variáveis explicativas e uma variável resposta são discutidas no Capítulo 6. O Capítulo 7 trata de técnicas de análise de sobrevivência, que essencialmente considera modelos de regressão em que a variável resposta é o tempo até a ocorrência de um evento de interesse.

No Capítulo 8, discutimos as extensões dos modelos de regressão bastante utilizadas para previsão e classificação, incluindo modelos de regularização e modelos aditivos generalizados. O Capítulo 9 é dirigido a técnicas clássicas, como regressão logística, função discriminante de Fisher etc., empregadas para classificação. Os Capítulos 10 e 11 abordam outras técnicas utilizadas para classificação ou previsão, como os algoritmos de suporte vetorial, árvores e florestas, e o Capítulo 12 trata de redes neurais.

O aprendizado **não supervisionado** é abordado nos Capítulos 13 e 14, em que apresentamos métodos utilizados para agrupar dados e reduzir a dimensão do conjunto de variáveis disponíveis por meio de combinações delas. Neste contexto, não há distinção entre variáveis preditoras e respostas e o objetivo é o entendimento da estrutura de associação entre elas. Com essa finalidade, consideramos análise de agrupamentos, análise de componentes principais e análise de componentes independentes.

Conceitos básicos de otimização numérica, simulação e técnicas de dados aumentados são apresentados nos Apêndices A, B e C.

O texto poderá ser adotado em programas de bacharelado em Estatística (especialmente na disciplina de Estatística Descritiva, com os Capítulos 1 a 8 ou 9, e na disciplina de Estatística Aplicada, com a inclusão dos capítulos restantes). Além disso, poderá ser utilizado como introdução à Ciência de Dados em programas de pós-graduação e também servirá para "cientistas de dados" que tenham interesse nos aspectos que fundamentam análise de dados.

Embora muitos cálculos necessários para uma análise estatística possam ser concretizados por meio de calculadoras ou planilhas eletrônicas, o recurso a pacotes computacionais é necessário tanto para as análises mais sofisticadas quanto para análises extensas. Neste livro, usaremos preferencialmente o repositório de pacotes estatísticos `R`, obtido livremente em *Comprehensive R Archive Network*, `CRAN`, no *site* http://CRAN.R-project.org. Acesso em 30 set. 2024.

Dentre os pacotes estatísticos disponíveis na linguagem `R`, aqueles mais utilizados neste texto são: `adabag`, `caret`, `cluster`, `e1071`, `forecast`, `ggplot2`, `gam`, `MASS`, `mgcv`, `randomForests`, `xgboost`. As funções de cada pacote necessárias para a realização das análises serão indicadas ao longo do texto.

Pacotes comerciais alternativos incluem `SPlus`, `Minitab`, `SAS`, `MatLab` etc.

1.8 Conjuntos de dados

Alguns conjuntos de dados analisados são dispostos ao longo do texto; outros são apresentados em planilhas Excel em arquivos disponíveis no *site* da editora. Por exemplo, no arquivo `coronarias.xls` encontramos uma planilha com dados de um estudo sobre obstrução coronariana; quando pertinentes, detalhes sobre as variáveis observadas no estudo estarão na aba intitulada "descricao"; os dados estão dispostos na aba intitulada "dados". Outros conjuntos de dados também poderão ser referidos por meio de seus endereços URL. Quando necessário, indicaremos os *sites* em que se podem obter os dados utilizados nas análises.

Na Tabela 1.1, listamos os principais conjuntos de dados e uma breve descrição de cada um deles.

Tabela 1.1 Conjuntos de dados para alguns exemplos e exercícios do livro

Rótulo	Descrição
acoes	Índice BOVESPA e preço de ações da Vale e da Petrobras
adesivo	Resistência de adesivos dentários
antracose	Depósito de fuligem em pulmões (2452 observações)
antracose2	Depósito de fuligem em pulmões (611 observações)
arvores	Concentração de elementos químicos em cascas de árvores
bezerros	Medida longitudinal de peso de bezerros
ceagfgv	Questionário respondido por 50 alunos da FGV-SP
cidades	Dados demográficos de cidades brasileiras
coronarias	Fatores de risco na doença coronariana
covid	Internações por causas respiratórias em SP
covid2	Infecções por covid-19 no Brasil
disco	Deslocamento do disco temporomandibular
distancia	Distância para distinguir objeto em função da idade
empresa	Dados de funcionários de uma empresa
endometriose	Estudo sobre endometriose (50 pacientes)
endometriose2	Estudo sobre endometriose (1500 pacientes)
entrevista	Comparação intraobservadores em entrevista psicológica
esforco	Respostas de cardíacos em esteira ergométrica
esquistossomose	Testes para diagnóstico de esquistossomose
esteira	Medidas obtidas em testes ergométricos (28 casos)
esteira2	Medidas obtidas em testes ergométricos (126 casos)
figado	Relação entre volume e peso do lobo direito de fígados em transplantes intervivos
figadodiag	Medidas radiológicas e intraoperatórias de alterações anatômicas do fígado
freios	Estudo de sobrevivência envolvendo pastilhas de freios
hiv	Sobrevivência de pacientes HIV
inibina	Utilização de inibina como marcador de reserva ovariana
lactato	Concentração de lactato de sódio em atletas
manchas	Número de manchas solares
morfina	Estudo sobre concentração de morfina em cabelos
municipios	Populações dos 30 maiores municípios do Brasil

(*continua*)

Tabela 1.1 Conjuntos de dados para alguns exemplos e exercícios do livro (*continuação*)

Rótulo	Descrição
neonatos	Pesos de recém-nascidos
palato	Estudo sobre efeito de peróxido de hidrogênio em palatos de sapos
piscina	Estudo de sobrevivência experimental com ratos
placa	Índice de remoção de placa dentária
poluicao	Concentração de poluentes em São Paulo
precipitacao	Precipitação em Fortaleza, CE, Brasil
producao	Dados hipotéticos de produção de uma empresa
profilaxia	pH da placa bacteriana sob efeito de enxaguatório
regioes	Dados populacionais de estados brasileiros
rehabcardio	Reabilitação de pacientes infartados
rotarod	Tempo com que ratos permanecem em cilindro rotativo
salarios	Salários de profissionais em diferentes países
socioecon	Variáveis socioeconômicas para setores censitários de SP
sondas	Tempos de sobrevivência de pacientes com câncer com diferentes tipos de sondas
suicidios	Frequência de suicídios por enforcamento em São Paulo
temperaturas	Temperaturas mensais em Ubatuba e Cananeia
tipofacial	Classificação de tipos faciais
veiculos	Características de automóveis nacionais e importados
vento	Velocidade do vento no aeroporto de Philadelphia

1.9   Notas de capítulo

NOTA 1: Apresentamos, a seguir, a primeira página do artigo de Alan Turing, publicado na revista *Mind*, em 1950.

VOL. LIX.   No. 236.]   [October, 1950

MIND

A QUARTERLY REVIEW
OF
PSYCHOLOGY AND PHILOSOPHY

I.—COMPUTING MACHINERY AND INTELLIGENCE

BY A. M. TURING

1. *The Imitation Game.*

I PROPOSE to consider the question, 'Can machines think?' This should begin with definitions of the meaning of the terms 'machine' and 'think'. The definitions might be framed so as to reflect so far as possible the normal use of the words, but this attitude is dangerous. If the meaning of the words 'machine' and 'think' are to be found by examining how they are commonly used it is difficult to escape the conclusion that the meaning and the answer to the question, 'Can machines think?' is to be sought in a statistical survey such as a Gallup poll. But this is absurd. Instead of attempting such a definition I shall replace the question by another, which is closely related to it and is expressed in relatively unambiguous words.

The new form of the problem can be described in terms of a game which we call the 'imitation game'. It is played with three people, a man (A), a woman (B), and an interrogator (C) who may be of either sex. The interrogator stays in a room apart from the other two. The object of the game for the interrogator is to determine which of the other two is the man and which is the woman. He knows them by labels X and Y, and at the end of the game he says either 'X is A and Y is B' or 'X is B and Y is A'. The interrogator is allowed to put questions to A and B thus:

C: Will X please tell me the length of his or her hair?

Now suppose X is actually A, then A must answer. It is A's

28   433

Fonte: TURING, A. M. Computing machinery and intelligence. *Mind.* v.LIX n. 236, p. 433-60, 1950. Disponível em: https://academic.oup.com/mind/article-abstract/LIX/236/433/986238. Acesso em: 30 set. 2024.

NOTA 2: Apresentamos, a seguir, a primeira página do Projeto de IA de Dartmouth, publicado originalmente em 1955, e reproduzido na revista *AI Magazine*, de 2006.

AI Magazine Volume27 Number 4 (2006)(© AAAI)

Articles

A Proposal for the Dartmouth Summer Research Project on Artificial Intelligence

August 31, 1955

John McCarthy, Marvin L. Minsky,
Nathaniel Rochester,
and Claude E. Shannon

■ The 1956 Dartmouth summer research project on artificial intelligence was initiated by this August 31, 1955 proposal, authored by John McCarthy, Marvin Minsky, Nathaniel Rochester, and Claude Shannon. The original typescript consisted of 17 pages plus a title page. Copies of the typescript are housed in the archives at Dartmouth College and Stanford University. The first 5 papers state the proposal, and the remaining pages give qualifications and interests of the four who proposed the study. In the interest of brevity, this article reproduces only the proposal itself, along with the short autobiographical statements of the proposers.

Whe propose that a 2 month, 10 man study of artificial intelligence be carried out during the summer of 1956 at Dartmouth College in Hanover, New Hampshire. The study is to proceed on the basis of the conjecture that every aspect of learning or any other feature of intelligence can in principle be so precisely described that a machine can be made to simulate it. An attempt will be made to find how to make machines use lan-

guage, form abstractions and concepts, solve kinds of problems now reserved for humans, and improve themselves. We think that a significant advance can be made in one or more of these problems if a carefully selected group of scientists work on it together for a summer.

The following are some aspects of the artificial intelligence problem:

1. Automatic Computers

If a machine can do a job, then an automatic calculator can be programmed to simulate the machine. The speeds and memory capacities of present computers may be insufficient to simulate many of the higher functions of the human brain, but the major obstacle is not lack of machine capacity, but our inability to write programs taking full advantage of what we have.

2. How Can a Computer be Programmed to Use a Language

It may be speculated that a large part of human thought consists of manipulating words according to rules of reasoning and rules of conjecture. From this point of view, forming a generalization consists of admitting a new

Fonte: MCCARTHY, J.; MINSKY M. L., ROCHESTER, N.; SHANNON, C. E. A proposal for the Dartmouth Summer Research Project on artificial intelligente. *AI Magazine*. v. 27, n. 4, p. 12, 2006. Disponível em: https://ojs.aaai.org/aimagazine/index.php/aimagazine/article/view/1904. Acesso em: 28 out. 2024.

NOTA 3: Modelos para análise de séries temporais

Modelo geral

Consideremos uma série temporal multivariada $\mathbf{z}_t, t = 1, \ldots, T$ em que $\mathbf{z}_t$ contém valores de d variáveis e uma série temporal univariada Y_t, $t = 1, \ldots, T$. O objetivo é fazer previsões de Y_t, para horizontes $h = 1, \ldots, H$, com base nos valores passados de Y_t e de $\mathbf{z}_t$. Uma suposição básica é que o processo $\{Y_t, \mathbf{z}_t\}$, $t \geq 1$ seja estacionário fraco (ou de segunda ordem), veja Morettin (2017), com valores em $\mathbb{R}^{d+1}$. Para $p \geq 1$, consideramos o processo vetorial n-dimensional

$$\mathbf{x}_t = (Y_{t-1}, \ldots, Y_{t-p}, \mathbf{z}_t^\top, \ldots, \mathbf{z}_{t-r}^\top)^\top, \quad \text{com } n = p + d(r+1).$$

O modelo a considerar é uma extensão do modelo (1.3), ou seja,

$$Y_t = f(\mathbf{x}_t) + e_t, \quad t = 1, \ldots, T. \tag{1.11}$$

Como em (1.3), f é uma função desconhecida e e_t tem média zero e variância finita. O objetivo é estimar f e usar o modelo para fazer previsões para um horizonte h por meio de

$$Y_{t+h} = f(\mathbf{x}_t) + e_{t+h}, \quad h = 1, \ldots, H, \ t = 1, \ldots, T.$$

Para uma avaliação do método de previsão, a acurácia é

$$\Delta_h(\mathbf{x}_t) = |\widehat{f}(\mathbf{x}_t) - f(\mathbf{x}_t)|.$$

Em geral, a norma L_q é $\mathrm{E}\{|\Delta_h(\mathbf{x}_t)|\}^q$, sendo que as mais comumente usadas consideram $q = 1$ (correspondente ao erro de previsão absoluto médio) ou $q = 2$ (correspondente ao erro de previsão quadrático médio). A raiz quadrada dessas medidas também é utilizada.

Escolhendo-se uma função perda, o objetivo é selecionar f a partir de um conjunto de modelos que minimize o risco, ou seja, o valor esperado da norma L_q.

Modelos lineares

Modelos frequentemente usados têm a forma (1.11) em que $f(\mathbf{x}) = \boldsymbol{\beta}^\top \mathbf{x}$, com $\boldsymbol{\beta}$ denotando um vetor de $\mathbb{R}^n$. Estimadores de mínimos quadrados não são únicos se $n > T$. A ideia é considerar modelos lineares com alguma função de penalização, ou seja, que minimizem

$$Q(\boldsymbol{\beta}) = \sum_{t=1}^{T-h} (Y_{t+h} - \boldsymbol{\beta}^\top \mathbf{x}_t)^2 + p(\boldsymbol{\beta}),$$

em que $p(\boldsymbol{\beta})$ depende, além de $\boldsymbol{\beta}$, de $\mathbf{Z}_t$, de um parâmetro de suavização λ e de eventuais hiperparâmetros.

Este processo denomina-se **regularização**. Há várias formas de regularização, como aquelas conhecidas por *Ridge*, *Lasso*, *Elastic Net* e generalizações. Detalhes sobre esses processos de regularização são apresentados no Capítulo 8.

Modelos não lineares

Em um contexto mais geral, o objetivo é minimizar

$$S(f) = \sum_{t=1}^{T-h} [Y_{t+h} - f(\mathbf{x}_t)]^2,$$

para f pertencendo a algum espaço de funções $\mathcal{H}$. Por exemplo, podemos tomar f como uma função contínua, com derivadas contínuas, ou f apresentando alguma forma de descontinuidade etc. Esses espaços são, em geral, de dimensão infinita e a solução pode ser complicada. Para contornar esse problema, pode-se considerar uma coleção de espaços de dimensão finita $\mathcal{H}_d$, para $d = 1, 2, \ldots$, de tal sorte que $\mathcal{H}_d$ convirja para $\mathcal{H}$ segundo alguma norma. Esses espaços são denominados **espaços peneira** (*sieve spaces*). Para cada d, consideramos a aproximação

$$h_d(\mathbf{x}_t) = \sum_{j=1}^{J} \beta_j h_j(\mathbf{x}_t),$$

em que $h_j(\cdot)$ são **funções base** para $\mathcal{H}_d$ e tanto J como d são funções de T. Podemos usar *splines*, polinômios, funções trigonométricas, ondaletas etc. como funções base. Veja Morettin (2014) para detalhes.

Se as funções base são conhecidas, elas são chamadas de peneiras lineares (*linear sieves*) e se elas dependem de parâmetros a estimar, são chamadas peneiras não lineares (*nonlinear sieves*).

Exemplos de peneiras não lineares são as árvores de decisão e as redes neurais, estudadas nos Capítulos 11 e 12, respectivamente. Esses capítulos são dedicados a observações de variáveis independentes e identicamente distribuídas. O caso de séries temporais é mais complicado e foge ao escopo deste texto. Apresentaremos apenas algumas ideias relacionadas com esse tópico.

O método de peneiras é usado em Teoria dos Números para obtenção de números primos. Por exemplo, a peneira de Eratóstenes é um antigo algoritmo grego para encontrar todos os números primos até um dado limite. Esse método também foi usado por Bickel et al. (1998) em testes de hipóteses. A ideia é aproximar uma expansão de uma função por meio de funções base, como no caso de séries de Fourier, por uma série de potências truncada. No caso desse trabalho, trata-se de aproximar um conjunto grande de alternativas para determinado teste por uma classe de medidas de probabilidade que convergem (em distribuição) para a verdadeira medida de probabilidade.

Redes neurais

As redes neurais são formas de peneiras não lineares e podem ser classificadas como rasas (*shallow*) ou profundas (*deep*). Uma rede neural mais comum é aquela que chamamos de **proalimentada** (*feedforward*), definida por

$$h_d(\mathbf{x}_t) = \beta_0 + \sum_{j=1}^{J_T} \beta_j S(\boldsymbol{\gamma}_j^\top \mathbf{x}_t + \gamma_{0j}) = \beta_0 + \sum_{j=1}^{J_T} \beta_j S(\widetilde{\boldsymbol{\gamma}}_j^\top \widetilde{\mathbf{x}}_t), \tag{1.12}$$

em que $\widetilde{\mathbf{x}}_t = (1, \mathbf{x}_t^\top)^\top$. Aqui, $S_j(\cdot)$ é uma função base, $\widetilde{\boldsymbol{\gamma}}_j = (\gamma_{0j}, \boldsymbol{\gamma}_j^\top)^\top$ e

$$\boldsymbol{\Theta} = (\beta_0, \ldots, \beta_k, \boldsymbol{\gamma}_1^\top, \ldots, \boldsymbol{\gamma}_{J_T}^\top)^\top.$$

As funções base $S(\cdot)$ são chamadas **funções de ativação** e os elementos de $\boldsymbol{\Theta}$, de pesos. Os termos na soma são chamados **neurônios ocultos** e (1.12) é uma rede neural com uma camada oculta. Detalhes são apresentados no Capítulo 12.

Para encontrar o valor mínimo de $\boldsymbol{\Theta}$, usa-se regularização em conjunção com métodos bayesianos ou uma técnica chamada **abandono** (*dropout*). Veja Masini et al. (2021) para detalhes.

No caso de redes neurais profundas, mais camadas ocultas são introduzidas no modelo (1.12) e uma representação analítica é também possível.

ANÁLISE EXPLORATÓRIA DE DADOS

A primeira parte deste texto é dedicada à discussão de alguns conceitos básicos, como distribuição de frequências, variabilidade e associação entre variáveis, além de métodos de resumo de dados por meio de tabelas e gráficos. Para efeito didático, discutimos separadamente os casos de uma, duas e mais que duas variáveis. Os conceitos e técnicas abordados servem de substrato e são imprescindíveis para a compreensão e aplicação adequada das técnicas estatísticas de análise apresentadas nas Partes II e III.

PREPARAÇÃO DOS DADOS

A statistician working alone is a statistician making mistakes.
David Byar

2.1 Considerações preliminares

Em praticamente todas as áreas do conhecimento, dados são coletados com o objetivo de obtenção de informação. Esses dados podem representar uma população (como o censo demográfico) ou uma parte (amostra) dessa população (como aqueles oriundos de uma pesquisa eleitoral). Eles podem ser obtidos por meio de estudos observacionais (como aqueles em que se examinam os registros médicos de um determinado hospital), de estudos amostrais (como pesquisas de opinião) ou experimentais (como ensaios clínicos).

Mais comumente, os dados envolvem valores de várias variáveis, obtidos da observação de **unidades de investigação** que constituem uma amostra de uma população. As unidades de investigação são os entes (indivíduos, animais, escolas, cidades etc.) em que as variáveis serão observadas. Em um estudo em que se pretende avaliar a relação entre peso e altura de adultos, as unidades de investigação são os adultos e as variáveis a serem observadas são peso e altura. Em outro estudo, em que se pretenda comparar agências bancárias com relação ao desempenho medido em termos de diferentes variáveis, as unidades de investigação são as agências e as variáveis podem ser, por exemplo, saldo médio dos clientes, número de funcionários e total de depósitos em cadernetas de poupança.

A análise de dados amostrais possibilita que se faça inferência sobre a distribuição de probabilidades das variáveis de interesse, definidas sobre a população da qual a amostra foi (ao menos conceitualmente) colhida. Nesse contexto, a Estatística é uma ferramenta importante para organizá-los, resumi-los, analisá-los e utilizá-los para tomada de decisões. O ramo da Estatística conhecido como **Análise Exploratória de Dados** se ocupa da organização e resumo dos dados de uma amostra ou, eventualmente, de toda a população. O ramo conhecido como **Inferência Estatística** se refere ao processo de se tirar conclusões sobre uma população com base em uma amostra dela.

A abordagem estatística para o tratamento de dados envolve:

i) O planejamento da forma de coleta em função dos objetivos do estudo.

ii) A organização de uma planilha para seu armazenamento eletrônico; no caso de megadados, a organização de um banco de dados (*data warehouse*) pode ser necessária (veja a Nota 1).

iii) O seu resumo por meio de tabelas e gráficos.

iv) A identificação e correção de possíveis erros de coleta e/ou digitação.

v) A proposta de modelos probabilísticos baseados na forma de coleta dos dados e nos objetivos do estudo; a finalidade desses modelos é relacionar a amostra (se for o caso) à população para a qual se quer fazer inferência.

vi) A proposta de modelos estruturais para os parâmetros do modelo probabilístico com a finalidade de representar relações entre as características (variáveis) observadas. Em um modelo de regressão, por exemplo, isso corresponde a expressar a média da variável resposta como função dos valores de uma ou mais variáveis explicativas.

vii) A avaliação do ajuste do modelo aos dados por meio de técnicas de diagnóstico e/ou simulação.

viii) A reformulação e reajuste do modelo à luz dos resultados do diagnóstico e/ou de estudos de simulação.

ix) A tradução dos resultados do ajuste em termos não técnicos.

O item i), por exemplo, pode ser baseado em uma hipótese formulada por um cientista. Em uma tentativa de comprovar a sua hipótese, ele identifica as variáveis de interesse e planeja um experimento (preferencialmente com o apoio de um estatístico) para a coleta dos dados que serão armazenados em uma planilha. Um dos objetivos deste livro é abordar detalhadamente os itens ii), iii), iv) e viii), que constituem a essência da Estatística Descritiva, com referências eventuais aos itens v), vi), vii), viii) e ix), que formam a base da Inferência Estatística. Esses itens servem de fundamento para as principais técnicas utilizadas em Ciência de Dados, cuja apresentação constitui outro objetivo do texto.

Exemplo 2.1 Se quisermos avaliar a relação entre o consumo (variável C) e renda (variável Y) de indivíduos de uma população, podemos escolher uma amostra[1] de n indivíduos dessa população e medir essas duas variáveis nesses indivíduos, obtendo-se o conjunto de dados $\{(Y_1, C_1), \ldots, (Y_n, C_n)\}$.

Para saber se existe alguma relação entre C e Y, podemos construir um gráfico de dispersão, colocando a variável Y no eixo das abscissas e a variável C no eixo das ordenadas. Obteremos uma nuvem de pontos no plano (Y,C), que pode nos dar uma ideia de um **modelo** relacionando Y e C. No Capítulo 4, trataremos da análise de duas variáveis e, no Capítulo 6, estudaremos os chamados modelos de regressão, que são apropriados para o exemplo em questão. Em Economia, sabe-se, desde Keynes, que o gasto com o consumo de pessoas (C) é uma função da renda pessoal disponível (Y), ou seja,

$$C = f(Y),$$

para alguma função f.

Para se ter uma ideia de como é a função f para essa população, podemos construir um gráfico de dispersão entre Y e C. Com base em um conjunto de dados hipotéticos com $n = 20$, esse gráfico está apresentado na Figura 2.1 e é razoável postular o modelo

$$C_i = \alpha + \beta Y_i + e_i, \quad i = 1, \ldots, n, \tag{2.1}$$

em que (Y_i, C_i), $i = 1, \ldots, n$ são os valores de Y e C efetivamente observados e e_i, $i = 1, \ldots, n$ são variáveis não observadas, chamadas **erros**. No jargão econômico, o parâmetro α é denominado **consumo**

---

[1] Em geral, a amostra deve ser obtida segundo alguns critérios que servirão para fundamentar os modelos utilizados na inferência; mesmo nos casos em que esses critérios não são seguidos, as técnicas abordadas neste texto podem ser utilizadas para o entendimento das relações entre as variáveis observadas. No Capítulo 3, definiremos formalmente o que se chama uma amostra aleatória simples retirada de uma população.

autônomo e β representa a **propensão marginal a consumir**. A reta representada no gráfico foi obtida por meio dos métodos discutidos no Capítulo 6. Nesse caso, obtemos $\alpha = 1,63$ e $\beta = 0,73$, aproximadamente. O resultado sugere que o consumo médio de indivíduos com renda nula é 1,44 e que esse consumo aumenta de 0,73 para cada incremento de uma unidade na renda. Detalhes sobre essa interpretação serão discutidos no Capítulo 6. Para diferentes populações poderemos ter curvas (modelos) diferentes para relacionar Y e C.

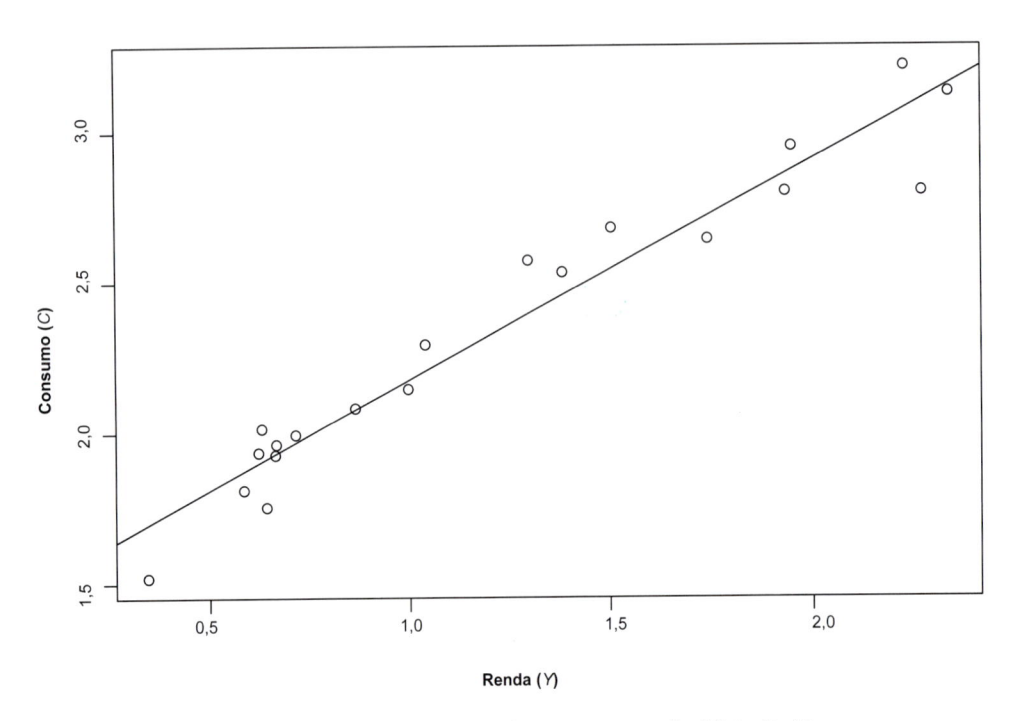

Figura 2.1 Relação entre renda e consumo de 20 indivíduos.

2.2 Planilhas de dados

Planilhas de dados (usualmente eletrônicas) são matrizes em que se armazenam dados com o objetivo de permitir sua análise estatística. Em geral, cada linha da matriz de dados corresponde a uma unidade de investigação (por exemplo, unidade amostral) e cada coluna, a uma variável. Uma planilha de dados bem elaborada contribui tanto para o entendimento do processo de coleta de dados e especificação das variáveis sob investigação quanto para a proposta de uma análise estatística adequada. A primeira etapa da construção de uma planilha de dados consiste na elaboração de um dicionário com a especificação das variáveis, que envolve

i) sua definição operacional (veja a Nota 2);

ii) a atribuição de rótulos às variáveis (esses rótulos devem ser preferencialmente mnemônicos e grafados com letras minúsculas e sem acentos para facilitar a digitação e leitura por pacotes computacionais);

iii) a especificação das unidades de medida ou definição de categorias; para variáveis categorizadas, convém atribuir valores numéricos às categorias com a finalidade de facilitar a digitação e evitar erros (veja a variável `Sexo do recém-nascido` na Tabela 2.1);

Tabela 2.1 Dicionário para as variáveis referentes ao Exemplo 2.2

Rótulos	Variável	Unidade de medida
id	Identificador de paciente	
idade	Idade da mãe	anos
nmal	Quantidade de malárias durante a gestação	número inteiro
parasit	Espécie do parasita da malária	0: não infectada
		1: P. vivax
		2: P. falciparum
		3: malária mista
		4: indeterminado
ngest	Paridade (quantidade de gestações)	número inteiro
idgest	Idade gestacional no parto	semanas
sexrn	Sexo do recém-nascido	1: masculino
		2: feminino
pesorn	Peso do recém-nascido	g
estrn	Estatura do recém-nascido	cm
pcefal	Perímetro cefálico do recém-nascido	cm

Nota: observações omissas são representadas por um ponto.

iv) a atribuição de um código para valores omissos (*missing*);

v) a indicação de como devem ser codificados dados abaixo do limite de detecção (por exemplo, < 0,05 ou 0,025 se considerarmos que medidas abaixo do limite de detecção serão definidas como o ponto médio entre 0,00 e 0,05);

vi) a especificação do número de casas decimais (correspondente à precisão do instrumento de medida) – veja as Notas 3 e 4;

vii) a indicação, quando pertinente, de limites (inferiores ou superiores) para facilitar a identificação de erros; por exemplo, o valor mínimo para aplicação em um fundo de ações é de R$ 2000,00;

viii) o mascaramento (por meio de um código de identificação, por exemplo) de informações sigilosas ou confidenciais como o nome de pacientes de ensaios clínicos.

Algumas recomendações para a construção de planilhas eletrônicas de dados são:

i) não utilizar limitadores de celas (*borders*) ou cores;

ii) reservar a primeira linha para os rótulos das variáveis;

iii) não esquecer uma coluna para a variável indicadora das unidades de investigação (evitar informações confidenciais, como nomes de pacientes); essa variável é útil para a correção de erros identificados na análise estatística além de servir como ligação entre planilhas com diferentes informações sobre as unidades de investigação;

iv) escolher ponto ou vírgula para separação de casas decimais;[2]

---

[2] Embora a norma brasileira ABNT indique a vírgula para separação de casas decimais, a maioria dos pacotes computacionais utiliza o ponto com essa função; por essa razão é preciso tomar cuidado com esse detalhe na construção de planilhas a serem analisadas computacionalmente. Em geral, adotaremos a norma brasileira neste texto.

v) especificar o número de casas decimais (veja a Nota 3);

vi) formatar as celas correspondentes a datas para manter a especificação uniforme (dd/mm/aaaa ou mm/dd/aaaa, por exemplo).

Exemplo 2.2 Consideremos os dados extraídos de um estudo realizado no Instituto de Ciências Biomédicas da Universidade de São Paulo com o objetivo de avaliar a associação entre a infecção de gestantes por malária e a ocorrência de microcefalia nos respectivos bebês. O dicionário das variáveis observadas está indicado na Tabela 2.1.

Um exemplo de planilha de dados contendo observações das variáveis descritas na Tabela 2.1 está representado na Figura 2.2.[3] Observe que, neste conjunto de dados, as unidades de investigação são os pares (gestante+recém-nascido). Há variáveis observadas tanto na gestante quanto no recém-nascido e espera-se alguma dependência entre as observações realizadas no mesmo par, mas não entre observações realizadas em pares diferentes.

id	idade	nmal	parasit	ngest	idgest	sexrn	pesorn	estrn	pcefal
1	25	0	0	3	38	2	3665	46	36
2	30	0	0	9	37	1	2880	44	33
3	40	0	0	1	41	1	2960	52	35
4	26	0	0	2	40	1	2740	47	34
5	.	0	0	1	38	1	2975	50	33
6	18	0	0	.	38	2	2770	48	33
7	20	0	0	1	41	1	2755	48	34
8	15	0	0	1	39	1	2860	49	32
9	.	0	0	.	42	2	3000	50	35
10	18	0	0	1	40	1	3515	51	34
11	17	0	0	2	40	1	3645	54	35
12	18	1	1	3	40	2	2665	48	35
13	30	0	0	6	40	2	2995	49	33
14	19	0	0	1	40	1	2972	46	34
15	32	0	0	5	41	2	3045	50	35
16	32	0	0	8	38	2	3150	44	35
17	18	0	0	2	40	1	2650	48	33.5
18	18	0	0	1	41	1	3200	50	37
19	19	0	0	1	39	1	3140	48	32
20	18	0	0	2	40	1	3150	47	35

Figura 2.2 Planilha com dados referentes ao Exemplo 2.2.

Neste livro, estamos interessados na análise de conjuntos de dados, que podem ser provenientes de populações, amostras ou de estudos observacionais. Para essa análise, usamos tabelas, gráficos e diversas medidas de posição (localização), variabilidade e associação, com o intuito de resumir e interpretar os dados.

---

[3] Representamos tabelas e planilhas de forma diferente. Planilhas são representadas no texto como figuras para retratar o formato com que são apresentadas nos *softwares* mais utilizados, como o **Excel**.

Exemplo 2.3 Na Tabela 2.2, apresentamos dados provenientes de um estudo em que o objetivo é avaliar a variação do peso (kg) de bezerros submetidos a uma determinada dieta entre 12 e 26 semanas após o nascimento.

Tabela 2.2 Peso de bezerros (kg)

				Semanas após nascimento				
animal	12	14	16	18	20	22	24	26
1	54,1	65,4	75,1	87,9	98,0	108,7	124,2	131,3
2	91,7	104,0	119,2	133,1	145,4	156,5	167,2	176,8
3	64,2	81,0	91,5	106,9	117,1	127,7	144,2	154,9
4	70,3	80,0	90,0	102,6	101,2	120,4	130,9	137,1
5	68,3	77,2	84,2	96,2	104,1	114,0	123,0	132,0
6	43,9	48,1	58,3	68,6	78,5	86,8	99,9	106,2
7	87,4	95,4	110,5	122,5	127,0	136,3	144,8	151,5
8	74,5	86,8	94,4	103,6	110,7	120,0	126,7	132,2
9	50,5	55,0	59,1	68,9	78,2	75,1	79,0	77,0
10	91,0	95,5	109,8	124,9	135,9	148,0	154,5	167,6
11	83,3	89,7	99,7	110,0	120,8	135,1	141,5	157,0
12	76,3	80,8	94,2	102,6	111,0	115,6	121,4	134,5
13	55,9	61,1	67,7	80,9	93,0	100,1	103,2	108,0
14	76,1	81,1	84,6	89,8	97,4	111,0	120,2	134,2
15	56,6	63,7	70,1	74,4	85,1	90,2	96,1	103,6

Dados com essa natureza são chamados de **dados longitudinais** por terem a mesma característica (peso, no exemplo) medida ao longo de uma certa dimensão (tempo, no exemplo). De acordo com nossa especificação, há nove variáveis na Tabela 2.2, nomeadamente, Animal, Peso na 12ª semana, Peso na 14ª semana etc. Para efeito computacional, no entanto, esse tipo de dados deve ser disposto em uma planilha de dados com formato diferente (por vezes chamado de **formato longo**) como indicado na Figura 2.3.

Nesse formato, apropriado para dados longitudinais (ou mais geralmente, para medidas repetidas), há apenas três variáveis, a saber, Animal, Semana e Peso. Note que o rótulo da mesma unidade amostral (animal, neste caso) é repetido na primeira coluna para caracterizar a natureza longitudinal dos dados. Ele é especialmente adequado para casos em que as unidades de investigação são avaliadas em instantes diferentes.

Na Figura 2.4, apresentamos um exemplo em que o diâmetro da aorta (mm) de recém-nascidos pré-termo, com peso adequado (AIG) ou pequeno (PIG) para a idade gestacional, foi avaliado até a 40ª semana pós-concepção. Note que o número de observações pode ser diferente para as diferentes unidades de investigação. Esse formato também é comumente utilizado para armazenar dados de **séries temporais**.

Exemplo 2.4 Os dados da Tabela 2.3 foram extraídos de um estudo sobre gestações gemelares com medidas de várias características anatômicas de fetos de gestantes com diferentes idades gestacionais (semanas).

Embora as medidas tenham sido observadas nos dois fetos, a unidade de investigação é a gestante, a variável explicativa é sua idade gestacional e as duas variáveis respostas são os diâmetros biparietais observados nos dois fetos. Espera-se que os diâmetros biparietais observados nos dois fetos da mesma gestante sejam dependentes. Esse tipo de dados tem uma **estrutura hierárquica** ou **por conglome-**

animal	semana	peso
1	12	54,1
1	14	65,4
⋮	⋮	⋮
1	24	124,2
1	26	131,3
2	12	91,7
2	14	104,0
⋮	⋮	⋮
2	26	176,8
⋮	⋮	⋮
15	12	56,6
⋮	⋮	⋮
15	26	103,6

Figura 2.3 Planilha computacionalmente adequada para os dados do Exemplo 2.3.

grupo	ident	sem	diam
AIG	2	30	7,7
AIG	2	31	8,0
⋮	⋮	⋮	⋮
AIG	2	36	9,8
AIG	12	28	7,1
AIG	12	29	7,1
⋮	⋮	⋮	⋮
AIG	12	30	9,4
⋮	⋮	⋮	⋮
PIG	17	33	7,5
PIG	17	34	7,7
PIG	17	36	8,2
PIG	29	26	6,3
PIG	29	27	6,5
⋮	⋮	⋮	⋮
PIG	29	31	7,2
PIG	29	32	7,2

Figura 2.4 Planilha com diâmetro da aorta (mm) observado em recém-nascidos pré-termo.

rados, em que os dois fetos estão aninhados na gestante. Tanto dados com essa natureza quanto dados longitudinais são casos particulares daquilo que se chama **dados com medidas repetidas**, que essencialmente são aqueles em que a mesma variável resposta é observada duas ou mais vezes em cada unidade de investigação.

Tabela 2.3 Diâmetro biparietal medido ultrassonograficamente (cm)

Gestante	Idade gestacional	Diâmetro biparietal	
		Feto 1	Feto 2
1	28	7,8	7,5
2	32	8,0	8,0
3	25	5,8	5,9
⋮	⋮	⋮	⋮
34	32	8,5	7,2
35	19	3,9	4,1

Em geral, dados armazenados em planilhas eletrônicas devem ser apropriadamente transformados para análise por algum *software* estatístico (como o R). Nesse contexto, convém ressaltar que esses *softwares* tratam variáveis **numéricas** (peso, por exemplo) e **alfanuméricas** (bairro, por exemplo) de forma diferente. Além disso, observações omissas também requerem símbolos específicos. Cuidados nessa formatação dos dados apresentados em planilhas eletrônicas são importantes para evitar problemas na análise.

2.3   Construção de tabelas

A finalidade primordial de uma tabela é resumir a informação obtida dos dados. Sua construção deve permitir que o leitor entenda esse resumo sem a necessidade de recorrer ao texto. Algumas sugestões para construção de tabelas estão apresentadas a seguir.

1) Não utilize mais casas decimais do que o necessário para não dificultar as comparações de interesse. A escolha do número de casas decimais depende da precisão do instrumento de medida e/ou da importância prática dos valores representados. Para descrever a redução de peso após um mês de dieta, por exemplo, é mais conveniente representá-lo como 6 kg do que como 6,200 kg. Além disso, quanto mais casas decimais forem incluídas, mais difícil é a comparação. Por exemplo, compare a Tabela 2.4 com a 2.5.

Tabela 2.4 Número de estudantes

Estado civil	Bebida preferida			Total
	não alcoólica	cerveja	outra alcoólica	
Solteiro	19 (53%)	7 (19%)	10 (28%)	36 (100%)
Casado	3 (25%)	4 (33%)	5 (42%)	12 (100%)
Outros	1 (50%)	0 (0%)	1 (50%)	2 (100%)
Total	23 (46%)	11 (22%)	16 (32%)	50 (100%)

Tabela 2.5 Número de estudantes (e porcentagens com duas casas decimais)

Estado civil	Bebida preferida			Total
	não alcoólica	cerveja	outra alcoólica	
Solteiro	19 (52,78%)	7 (19,44%)	10 (27,78%)	36 (100,00%)
Casado	3 (25,00%)	4 (33,33%)	5 (41,67%)	12 (100,00%)
Outros	1 (50,00%)	0 (0,00%)	1 (50,00%)	2 (100,00%)
Total	23 (46,00%)	11 (22,00%)	16 (32,00%)	50 (100,00%)

Observe que calculamos porcentagens com relação ao total de cada linha. Poderíamos, também, ter calculado porcentagens com relação ao total de cada coluna ou porcentagens com relação ao total geral (50). Cada uma dessas maneiras de se calcular as porcentagens pode ser útil para responder diferentes questões. Esse tópico será discutido no Capítulo 4.

2) Proponha um título autoexplicativo e inclua as unidades de medida. O título deve dizer o que representam os números do corpo da tabela e, em geral, não deve conter informações que possam ser obtidas diretamente dos rótulos de linhas e colunas. Compare o título da Tabela 2.6 com: "Intenção de voto (%) por candidato para diferentes meses".

Tabela 2.6 Intenção de voto (%)

Candidato	janeiro	fevereiro	março	abril
Nononono	39	41	40	38
Nananana	20	18	21	24
Nenenene	8	15	18	22

3) Inclua totais de linhas e/ou colunas para facilitar as comparações. É sempre bom ter um padrão contra o qual os dados possam ser avaliados.

4) Não utilize abreviaturas ou indique o seu significado no rodapé da tabela (por exemplo, desvio padrão em vez de DP); se precisar utilize duas linhas para indicar os valores da coluna correspondente.

5) Ordene colunas e/ou linhas quando possível. Se não houver impedimentos, ordene-as segundo os valores, crescente ou decrescentemente. Compare a Tabela 2.6 com a 2.7.

Tabela 2.7 Intenção de voto (%)

Candidato	janeiro	fevereiro	março	abril
Nananana	20	18	21	24
Nononono	39	41	40	38
Nenenene	8	15	18	22

6) Tente trocar a orientação de linhas e colunas para melhorar a apresentação. Em geral, é mais fácil fazer comparações ao longo das linhas do que das colunas.

7) Altere a disposição e o espaçamento das linhas e colunas para facilitar a leitura. Inclua um maior espaçamento a cada grupo de linhas e/ou colunas em tabelas muito extensas e use mais do que uma linha para acomodar rótulos longos. Avalie a Tabela 2.8.

Tabela 2.8 Frequência de pacientes

Material	Dentina	Sensibilidade pré-operatória	Sensibilidade pós-operatória		Total
			Ausente	Presente	
Single Bond	Seca	Ausente	22	1	23
		Presente	3	6	9
		Subtotal	25	7	32
Single Bond	Úmida	Ausente	12	10	22
		Presente	7	4	11
		Subtotal	19	14	33
Prime Bond	Seca	Ausente	10	6	16
		Presente	12	3	15
		Subtotal	22	9	31
Prime Bond	Úmida	Ausente	5	13	18
		Presente	11	3	14
		Subtotal	16	16	32

8) Não analise a tabela descrevendo-a, mas sim comentando as principais tendências sugeridas pelos dados. Por exemplo, os dados apresentados na Tabela 2.4 indicam que a preferência por bebidas alcoólicas é maior entre os estudantes casados do que entre os solteiros; além disso, há indicações de que a cerveja é menos preferida que outras bebidas alcoólicas, tanto entre solteiros quanto entre casados.

2.4 Construção de gráficos

A seguir, apresentamos algumas sugestões para a construção de gráficos, cuja finalidade é similar àquela de tabelas, ou seja, resumir a informação obtida dos dados; por esse motivo, convém optar pelo resumo em forma de tabela ou de gráfico. Exemplos serão apresentados ao longo do texto.

1) Proponha um título autoexplicativo.

2) Escolha o tipo de gráfico apropriado para os dados.

3) Rotule os eixos apropriadamente, incluindo unidades de medida.

4) Procure escolher adequadamente as escalas dos eixos para não distorcer a informação que se pretende transmitir. Se o objetivo for comparar as informações de dois ou mais gráficos, use a mesma escala.

5) Inclua indicações de "quebra" nos eixos para mostrar que a origem (zero) está deslocada.

6) Altere as dimensões do gráfico até encontrar o formato adequado.

7) Inclua uma legenda.

8) Tome cuidado com a utilização de áreas para comparações, pois elas variam com o quadrado das dimensões lineares.

9) Não exagere nas ilustrações que acompanham o gráfico para não o "poluir" visualmente, mascarando seus aspectos mais relevantes. Veja a Figura 2.5.

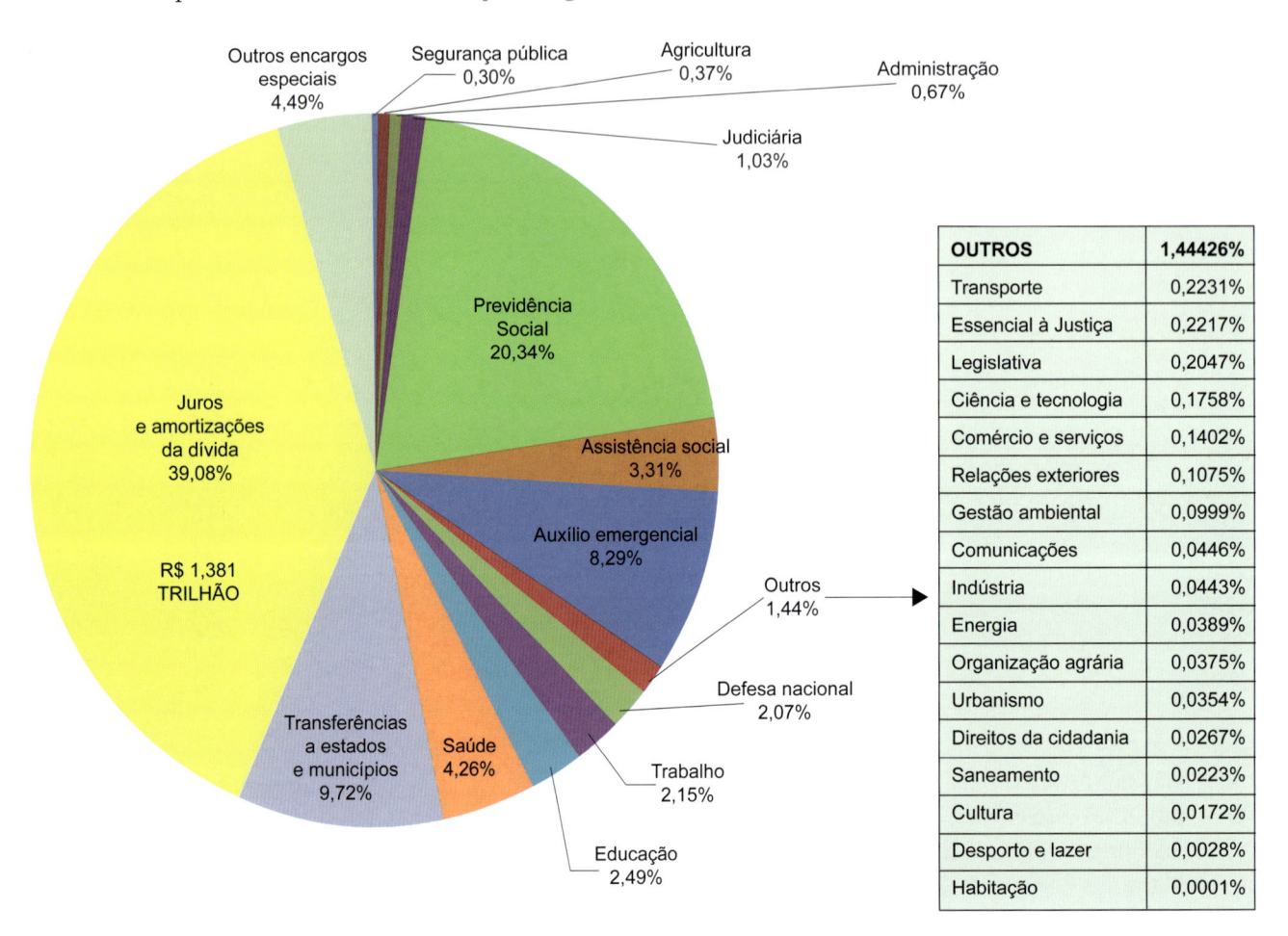

OUTROS	1,44426%
Transporte	0,2231%
Essencial à Justiça	0,2217%
Legislativa	0,2047%
Ciência e tecnologia	0,1758%
Comércio e serviços	0,1402%
Relações exteriores	0,1075%
Gestão ambiental	0,0999%
Comunicações	0,0446%
Indústria	0,0443%
Energia	0,0389%
Organização agrária	0,0375%
Urbanismo	0,0354%
Direitos da cidadania	0,0267%
Saneamento	0,0223%
Cultura	0,0172%
Desporto e lazer	0,0028%
Habitação	0,0001%

Figura 2.5 Orçamento federal executado em 2020 (Fonte: https://auditoriacidada.org.br/. Acesso em: 28 out. 2024).

2.5   Notas de capítulo

NOTA 1: Bancos de dados

Projetos que envolvem grandes quantidades de dados, em geral provenientes de diversas fontes e com diversos formatos, necessitam da construção de bancos de dados (*data warehouses*), cuja finalidade é prover espaço suficiente para sua armazenagem, garantir sua segurança, permitir a inclusão por meio de diferentes meios e proporcionar uma interface que permita a recuperação da informação de forma estruturada para uso por diferentes pacotes de análise estatística.

Bancos de dados têm se tornado cada vez maiores e mais difíceis de administrar em função da crescente disponibilidade de sistemas de análise de dados com diversas natureza (imagens, textos etc.). Em geral, esses bancos de dados envolvem a participação de profissionais de áreas e instituições diversas. Por esse motivo, os resultados de sua implantação são lentos e por vezes inexistentes. Conforme pesquisa elaborada pelo Grupo Gartner (2005), 50% dos projetos de bancos de dados tendem a falhar por problemas em sua construção. Uma das causas para esse problema, é o longo tempo necessário para o seu desenvolvimento, o que gera uma defasagem na sua operacionalidade. Muitas vezes, algumas de suas funcionalidades ficam logo obsoletas enquanto novas demandas estão sendo requisitadas. Duas razões para isso são a falta de sincronização entre os potenciais usuários e os desenvolvedores do banco de dados e o fato de que técnicas tradicionais usadas nesse desenvolvimento não permitem a rápida disponibilidade de suas funções.

Para contornar esses problemas, sugere-se uma arquitetura modular cíclica em que o foco inicial é a definição dos principais elementos do sistema, deixando os detalhes das características menos importantes para uma segunda fase em que o sistema se torna operacional. No Módulo 1, são projetados os sistemas para inclusão e armazenagem dos dados provenientes de diferentes fontes. A detecção, correção de possíveis erros e homogeneização dos dados é realizada no Módulo 2. Como esperado, dados obtidos por diferentes componentes do projeto geralmente têm codificação distinta para os mesmos atributos, o que requer uniformização e possível indicação de incongruências que não podem ser corrigidas. No Módulo 3, os dados tratados no módulo anterior são atualizados e inseridos em uma base de dados históricos, devidamente padronizada. Nesse módulo, a integridade dos dados recém-obtidos é avaliada comparativamente aos dados já existentes para garantir a consistência entre eles. O foco do Módulo 4 é a visualização, análise e exportação dos dados. Esse módulo contém as ferramentas que permitem a geração de planilhas de dados apropriadas para a análise estatística.

Detalhes sobre a construção de bancos de dados podem ser encontrados em Rainardi (2008), entre outros. Para avaliar das dificuldades de construção de um banco de dados em um projeto complexo, o leitor poderá consultar Ferreira et al. (2017).

NOTA 2: Definição operacional de variáveis

Para efeito de comparação entre estudos, a definição das variáveis envolvidas requer um cuidado especial. Por exemplo, em estudos cujo objetivo é avaliar a associação entre renda e gastos com lazer, é preciso especificar se a variável Renda se refere à renda familiar total ou *per capita*, se benefícios como vale transporte, vale alimentação ou bônus estão incluídos etc.

Em um estudo que envolva a variável Pressão arterial, um exemplo de definição operacional é: "média de 60 medidas, com intervalo de 1 minuto, da pressão arterial diastólica (mmHg) obtida no membro superior direito, apoiado à altura do peito, com aparelho automático de método oscilométrico (Dixtal, São Paulo, Brasil)".

Em um estudo cujo objetivo é comparar diferentes modelos de automóveis com relação ao consumo de combustível, uma definição dessa variável poderia ser "número de quilômetros percorridos em superfície plana durante 15 minutos em velocidade constante de 50 km/h e sem carga por litro de gasolina comum (km/L)".

Neste texto, não consideraremos definições detalhadas por razões didáticas.

NOTA 3: Ordem de grandeza, precisão e arredondamento de dados quantitativos

A precisão de dados quantitativos contínuos está relacionada com a capacidade de os instrumentos de medida distinguirem entre valores próximos na escala de observação do atributo de interesse. O número de dígitos após a vírgula indica a precisão associada à medida que estamos considerando. O volume de um certo recipiente expresso como 0,740 L implica que o instrumento de medida pode detectar diferenças da ordem de 0,001 L (= 1 mL, ou seja 1 mililitro); se esse volume for expresso na forma 0,74 L, a precisão correspondente será de 0,01 L (= 1 cL, ou seja 1 centilitro).

Muitas vezes, em função dos objetivos do estudo em questão, a expressão de uma grandeza quantitativa pode não corresponder à precisão dos instrumentos de medida. Embora com uma balança suficientemente precisa seja possível dizer que o peso de uma pessoa é de 89,230 kg, para avaliar o efeito de uma dieta, o que interessa saber é a ordem de grandeza da perda de peso após três meses de regime, por exemplo. Nesse caso, saber se a perda de peso foi de 10,230 kg ou de 10,245 kg é totalmente irrelevante. Para efeitos práticos, basta dizer que a perda foi da ordem de 10 kg. A ausência de casas decimais nessa representação indica que o próximo valor na escala de interesse seria 11 kg, embora todos os valores intermediários com unidades de 1 g sejam mensuráveis.

Para efeitos contábeis, por exemplo, convém expressar o aumento das exportações brasileiras em determinado período como R$ 1.657.235.458,29; no entanto, para efeitos de comparação com outros períodos, é mais conveniente dizer que o aumento das exportações foi da ordem de 1,7 bilhão de reais. Note que, nesse caso, as grandezas significativas são aquelas da ordem de 0,1 bilhão de reais (= 100 milhões de reais).

Nesse processo de transformação de valores expressos com determinada precisão, para outros com a precisão de interesse, é necessário arredondar os números correspondentes. Em termos gerais, se o dígito a ser eliminado for 0, 1, 2, 3 ou 4, o dígito precedente não deve sofrer alterações e se o dígito a ser eliminado for 5, 6, 7, 8 ou 9, o dígito precedente deve ser acrescido de uma unidade. Por exemplo, se desejarmos reduzir para duas casas decimais números originalmente expressos com três casas decimais, 0,263 deve ser transformado para 0,26 e 0,267 para 0,27. Se desejarmos uma redução mais drástica para apenas uma casa decimal, tanto 0,263 quanto 0,267 devem ser transformados para 0,3.

É preciso tomar cuidado com essas transformações quando elas são aplicadas a conjuntos de números cuja soma seja prefixada (porcentagens, por exemplo), pois elas podem introduzir erros cumulativos. Discutiremos esse problema ao tratar de porcentagens e tabulação de dados.

É interessante lembrar que a representação decimal utilizada nos Estados Unidos e nos países da comunidade britânica substitui a vírgula por um ponto. Cuidados devem ser tomados ao se fazerem traduções, embora em alguns casos, esse tipo de representação já tenha sido adotada no cotidiano (veículos com motor 2.0, por exemplo, são veículos cujo volume dos cilindros é de 2,0 L).

Finalmente, convém mencionar que, embora seja conveniente apresentar os resultados de uma análise com o número de casas decimais conveniente, os cálculos necessários para sua obtenção devem ser realizados com maior precisão para evitar propagação de erros. O arredondamento deve ser concretizado ao final dos cálculos.

NOTA 4: Proporções e porcentagens

Uma proporção é um quociente utilizado para comparar duas grandezas por meio da adoção de um padrão comum. Se 31 indivíduos, em um total de 138, são fumantes, dizemos que a proporção de fumantes entre esses 138 indivíduos é de 0,22 (= 31/138). O denominador desse quociente é chamado de base e a interpretação associada à proporção é que 31 está para a base 138, assim como 0,22 está para a base 1,00. Essa redução a uma base fixa permite a comparação com outras situações em que os totais são diferentes. Consideremos, por exemplo, um outro conjunto de 77 indivíduos em que 20 são fumantes; embora o número de fumantes não seja comparável com o do primeiro grupo, dado que as bases são diferentes, pode-se dizer que a proporção de fumantes desse segundo grupo, 0,26 (= 20/77), é maior que aquela associada ao primeiro conjunto.

Porcentagens nada mais são do que proporções multiplicadas por 100, o que equivale a fazer a base comum igual a 100. No exemplo dado, podemos dizer que a porcentagem de fumantes é de 22% (= 100 × 31/138) no primeiro grupo e de 26% no segundo. Para efeito da escolha do número de casas decimais, note que a comparação entre essas duas porcentagens é mais fácil do que se considerássemos suas expressões mais precisas (com duas casas decimais), ou seja 22,46% contra 25,97%.

A utilização de porcentagens pode gerar problemas de interpretação em algumas situações. A seguir consideramos algumas delas. Se o valor do IPTU de um determinado imóvel foi de R$ 500,00 em 1998 e de R$ 700,00 em 1999, podemos dizer que o valor do IPTU em 1999 é 140% (= 100 × 700/500) do valor em 1998, mas o aumento foi de 40% [= 100 × (700 − 500)/500]. Se o preço de uma determinada ação varia de R$ 22,00 em determinado instante para R$ 550,00 um ano depois, podemos dizer que o aumento de seu preço foi de 2400% $[= 100 \times (550 - 22)/22]$ nesse período. É difícil interpretar porcentagens "grandes" como essa. Nesse caso, é melhor dizer que o preço dessa ação é 25 $(= 550/22)$ vezes seu preço há um ano. Porcentagens calculadas a partir de bases de pequena magnitude podem induzir conclusões inadequadas. Dizer que 43% dos participantes de uma pesquisa preferem um determinado produto tem uma conotação diferente se o cálculo for baseado em 7 ou em 120 entrevistados. É sempre conveniente explicitar a base relativamente à qual se estão fazendo os cálculos.

Para se calcular uma porcentagem global a partir das porcentagens associadas às partes de uma população, é preciso levar em conta sua composição.

Suponhamos que, em determinada faculdade, 90% dos estudantes que usam transporte coletivo sejam favoráveis à cobrança de estacionamento no *campus*, e que apenas 20% dos estudantes que usam transporte individual o sejam. A porcentagem de estudantes dessa faculdade favoráveis à cobrança do estacionamento só será igual à média aritmética dessas duas porcentagens, ou seja, 55%, se a composição da população de estudantes for tal que metade usa transporte coletivo e metade não. Se essa composição for de 70% e 30% respectivamente, a porcentagem de estudantes favoráveis à cobrança de estacionamento será de 69% $(= 0{,}9 \times 70\% + 0{,}20 \times 30\%$, ou seja, 90% dos 70% que usam transporte coletivo + 20% dos 30% que utilizam transporte individual).

Para evitar confusão, ao se fazer referência a variações, convém distinguir porcentagem e ponto percentual. Se a porcentagem de eleitores favoráveis a um determinado candidato aumentou de 14% para 21% depois da propaganda na televisão, pode-se dizer que a preferência eleitoral por esse candidato aumentou 50% $[= 100 \times (21 - 14)/14]$ ou foi de 7 pontos percentuais (e não de 7%). Note que o que diferencia esses dois enfoques é a base com relação à qual se calculam as porcentagens; no primeiro caso, essa base é a porcentagem de eleitores favoráveis ao candidato antes da propaganda (14%) e no segundo caso é o total (não especificado) de eleitores avaliados na amostra (favoráveis ou não ao candidato).

Uma porcentagem não pode diminuir mais do que 100%. Se o preço de um determinado produto decresce de R$ 3,60 para R$ 1,20, a diminuição de preço é de 67% $[= 100 \times (3{,}60 - 1{,}20)/3{,}60]$ e não de 200% $[= 100 \times (3{,}60 - 1{,}20)/1{,}20]$. Aqui também o importante é definir a base: a ideia é comparar a variação de preço (R$ 2,40) com o preço inicial do produto (R$ 3,60) e não com o preço final (R$ 1,20). Na situação limite, em que o produto é oferecido gratuitamente, a variação de preço é de R$ 3,60; consequentemente, a diminuição de preço limite é de 100%. Note que se estivéssemos diante de um aumento de preço de R$ 1,20 para R$ 3,60, diríamos que o aumento foi de 200% $[= 100 \times (3{,}60 - 1{,}20)/1{,}20]$.

2.6 Exercícios

1) O objetivo de um estudo da Faculdade de Medicina da USP foi avaliar a associação entre a quantidade de morfina administrada a pacientes com dores intensas provenientes de lesões medulares ou radiculares e a dosagem dessa substância em seus cabelos. Três medidas foram realizadas em cada paciente: a primeira, logo após o início do tratamento e as demais após 30 e 60 dias. Detalhes podem ser obtidos no documento disponível no arquivo `morfina.doc`.

   A planilha `morfina.xls`, disponível no arquivo `morfina`, foi entregue ao estatístico para análise e contém resumos de características demográficas além dos dados do estudo.

   a) Com base nessa planilha, apresente um dicionário com a especificação das variáveis segundo as indicações da Seção 2.2 e construa a planilha correspondente.

   b) Com as informações disponíveis, construa tabelas para as variáveis sexo, raça, grau de instrução e tipo de lesão, segundo as sugestões da Seção 2.3.

2) A Figura 2.6 foi extraída de um estudo sobre atitudes de profissionais de saúde com relação a cuidados com infecção hospitalar. Critique-a e reformule-a para facilitar sua leitura, lembrando que a comparação de maior interesse é entre as diferentes categorias profissionais.

	WHOQOL					
	Escores da avaliação da qualidade de vida					
Categoria profissional (n)	Domínio I Físico	Domínio II Psicológico	Domínio III Relações sociais	Domínio IV Meio ambiente	Qualidade de vida global	Percepção geral da saúde
Médico (42)						
Média (DP)	15,0 (2,8)	14,5 (2,4)	14,2 (2,3)	13,6 (1,6)	13,6 (3,2)	14,2 (2,0)
Mediana (min-max)	15,1 (6,3-20,0)	14,7 (9,3-18,7)	14,7 (5,3-20,0)	13,5 (9,5-17,5)	14,0 (6,0-20)	14,2 (8,5-18,3)
Enfermeiro (43)						
Média (DP)	14,7 (1,9)	14,6 (2,4)	14,4 (2,4)	12,7 (2,0)	14,2 (3,0)	13,9 (1,8)
Mediana (min-max)	14,9 (10,3-20,0)	15,0 (9,3-19,3)	14,7 (8,0-18,7)	12,8 (8,5-17,5)	14,0 (6,0-20)	14,2 (9,8-18,2)
Auxiliar de enfermagem (58)						
Média (DP)	14,6 (2,1)	15,1 (1,9)	14,9 (2,0)	11,8 (2,0)	14,3 (2,9)	13,9 (1,6)
Mediana (min-max)	14,9 (10,9-18,3)	15,3 (12,0-19,3)	14,7 (9,3-18,7)	12,0 (7,5-16,5)	15,0 (6,0-20)	13,7 (10,3-17,5)
Técnico de enfermagem (23)						
Média (DP)	15,2 (2,2)	15,7 (2,1)	15,6 (2,0)	12,5 (2,4)	15,7 (1,7)	14,5 (1,9)
Mediana (min-max)	14,9 (10,9-20,0)	15,9 (10,0-18,7)	15,7 (10,7-20,0)	12,5 (8,0-18,5)	16,0 (12,0-18,0)	15,1 (10,0-19,1)
Total (166)						
Média (DP)	14,8 (2,3)	14,9 (2,3)	14,5 (2,3)	12,6 (2,1)	14,3 (2,9)	14,1 (1,8)
Mediana (min-max)	14,9 (6,3-20,0)	15,3 (9,3-20,0)	14,7 (5,3-20,0)	12,5 (7,5-18,5)	14,0 (6,0-20)	14,2 (8,5-19,1)

DP: Desvio Padrão
WHOQOL: World Health Organization Quality of Life Group

Figura 2.6 Tabela de escores de avaliação de qualidade de vida.

3) Utilize as sugestões para construção de planilhas apresentadas na Seção 2.2 com a finalidade de preparar os dados do arquivo `empresa` para análise estatística.

4) Em um estudo planejado para avaliar o consumo médio de combustível de veículos em diferentes velocidades, foram utilizados 4 automóveis da marca A e 3 automóveis da marca B, selecionados ao acaso das respectivas linhas de produção. O consumo (em L/km) de cada um dos 7 automóveis foi observado em 3 velocidades diferentes (40, 80 e 110 km/h). Delineie uma planilha apropriada para a coleta e análise estatística dos dados, rotulando-a adequadamente.

5) Utilizando os dados do arquivo `esforco`, prepare uma planilha `Excel` em um formato conveniente para análise pelo R. Inclua apenas as variáveis Idade, Altura, Peso, Frequência cardíaca e VO2 no repouso, além do quociente VE/VCO2, as correspondentes porcentagens relativamente ao máximo, o quociente VO2/FC no pico do exercício e data do óbito. Importe a planilha `Excel` que você criou utilizando comandos R e obtenha as características do arquivo importado (número de casos, número de observações omissas etc.).

6) A Figura 2.7 contém uma planilha encaminhada pelos investigadores responsáveis por um estudo sobre AIDS para análise estatística. Organize-a de forma a permitir sua análise por meio de um pacote computacional como o R.

Grupo I registro	Tempo de diagnóstico	DST	MAC	Ganho de peso por semana
2847111D	pré-natal	não	pílula	11 kg em 37 semanas
3034048F	6 meses	não	pílula	?
3244701J	1 ano	não	condon	?
2943791B	pré-natal	não	não	8 kg em 39 semanas
3000327F	4 anos	condiloma/sífilis	não	9 kg em 39 semanas
3232893D	1 ano	não	DIU	3 kg em 39 semanas
3028772E	3 anos	não	não	3 kg em 38 semanas
3240047G	pré-natal	não	pílula	9 kg em 38 semanas
3017222G		HPV	condon	falta exame clínico

Grupo II registro	Tempo de diagnóstico	DST	MAC	Ganho de peso por semana
3015834J	2 anos	não	condon	14 kg em 40 semanas
3173611E	3 meses	abscesso ovariano	condon	15 kg em 40 semanas
3296159D	pré-natal	não	condon	0 kg em ? semanas
3147820D1	2 anos	não	sem dados	4 kg em 37 semanas
3274750K	3 anos	não	condon	8 kg em 38 semanas
3274447H	pré-natal	sifílis com 3 meses	condon	
2960066D	5 anos	não	?	13 kg em 36 semanas
3235727J	7 anos	não	condon	−2 kg em 38 semanas
3264897E		condiloma	condon	nenhum kg
3044120J	5 anos	HPV		3 kg em 39 semanas 1

Figura 2.7 Planilha com dados de um estudo sobre AIDS.

7) A planilha apresentada na Figura 2.8 contém dados de um estudo em que o limiar auditivo foi avaliado nas orelhas direita (OD) e esquerda (OE) de 13 pacientes em 3 ocasiões (Limiar, Teste 1 e Teste 2). Reformate-a segundo as recomendações da Seção 2.2, indicando claramente

  a) a definição das variáveis;

  b) os rótulos para as colunas da planilha.

8) A planilha disponível no arquivo `cidades` contém informações demográficas de 3554 municípios brasileiros.

  a) Importe-a para permitir a análise por meio do *software* R, indicando os problemas encontrados nesse processo, além de sua solução.

  b) Use o comando `summary` para obter um resumo das variáveis do arquivo.

  c) Classifique cada variável como numérica ou alfanumérica e indique o número de observações omissas de cada uma delas.

9) Preencha a ficha de inscrição do Centro de Estatística Aplicada (`www.ime.usp.br/~cea`; acesso em 28 out. 2024) com as informações de um estudo em que você está envolvido.

Limiar	Teste1	Teste2
OD 50/OE 55	OD/OE 50	OD/OE 80%
OD 41/OE 40	OD 45/OE 50	OD 68%/OE 80%
OD/OE 41,25	OD/OE 45	OD 64%/OE 72%
OD 45/OE 43,75	OD 60/OE 50	OD 76%/OE 88%
OD 51,25/OE 47,5	OD/OE 50	OD 80%/OE 80%
OD v45/OE 52,5	OD/OE 50	OD 84%/OE 96%
OD 52,5/OE 50	OD 55/OE 45	OD 40%/OE 28%
OD 42,15/OE 48,75	OD 40/OE 50	OD 80%/OE 76%
OD 50/OE 48,75	OD/OE 50	OD 72%/OE 80%
OD 47,5/OE 46,25	OD/OE 50	OD/OE 84%
OD 55/OE 56,25	OD 55/OE 60	OD 80%/OE 84%
OD/OE 46,25	OD 40/OE 35	OD 72%/OE 84%
OD 50/OE 47,5	OD/OE 45	OD/OE 76%

Figura 2.8 Limiar auditivo de pacientes observados em 3 ocasiões.

ANÁLISE DE DADOS DE UMA VARIÁVEL

You see, but you do not observe.

Sherlock Holmes para Watson
em *A Scandal in Bohemia.*

3.1 Introdução

Neste capítulo, consideraremos a análise descritiva de dados provenientes da observação de uma variável. As técnicas utilizadas podem ser empregadas tanto para dados provenientes de uma população quanto para dados oriundos de uma amostra.

A ideia de uma análise descritiva de dados é tentar responder às seguintes questões:

i) Qual a frequência com que cada valor (ou intervalo de valores) aparece no conjunto de dados ou seja, qual a **distribuição de frequências** dos dados?

ii) Quais são alguns valores típicos do conjunto de dados, como mínimo e máximo?

iii) Qual seria um valor para representar a posição (ou localização) central do conjunto de dados?

iv) Qual seria uma medida da variabilidade ou dispersão dos dados?

v) Existem valores atípicos ou discrepantes (*outliers*) no conjunto de dados?

vi) A distribuição de frequências dos dados pode ser considerada simétrica?

Nesse contexto, um dos objetivos da análise descritiva é organizar e exibir os dados de maneira apropriada e para isso utilizamos

i) gráficos e tabelas;

ii) medidas resumo.

As técnicas empregadas na análise descritiva dependem do tipo de variáveis que compõem o conjunto de dados em questão. Uma possível classificação de variáveis está representada na Figura 3.1.

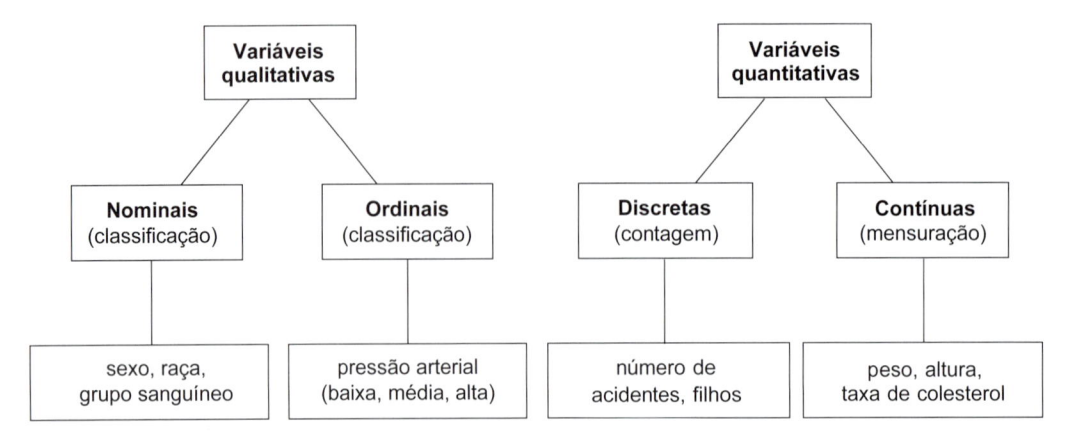

Figura 3.1 Classificação de variáveis.

Variáveis **qualitativas** são aquelas que indicam um atributo (não numérico) da unidade de investigação (sexo, por exemplo). Elas podem ser **ordinais**, quando há uma ordem nas diferentes categorias do atributo (tamanho de uma escola: pequena, média ou grande, por exemplo) ou **nominais**, quando não há essa ordem (região em que está localizada uma empresa: norte, sul, leste ou oeste, por exemplo).

Variáveis **quantitativas** são aquelas que exibem valores numéricos associados à unidade de investigação (peso, por exemplo). Elas podem ser **discretas**, quando assumem valores no conjunto dos números naturais (número de gestações de uma paciente), ou **contínuas**, quando assumem valores no conjunto dos números reais (tempo gasto por um atleta para percorrer 100 m, por exemplo). Veja a Nota 1.

3.2 Distribuições de frequências

Exemplo 3.1 Consideremos o conjunto de dados apresentado na Tabela 3.1, obtido de um questionário respondido por 50 estudantes de uma disciplina ministrada na Fundação Getulio Vargas (FGV) em São Paulo. Os dados estão disponíveis no arquivo `ceagfgv`.

Tabela 3.1 Dados de um estudo realizado na FGV

ident	Salário (R$)	Fluência em inglês	Anos de formado	Estado civil	Número de filhos	Bebidas preferidas
1	3500	fluente	12,0	casado	1	outra alcoólica
2	1800	nenhum	2,0	casado	3	não alcoólica
3	4000	fluente	5,0	casado	1	outra alcoólica
4	4000	fluente	7,0	casado	3	outra alcoólica
5	2500	nenhum	11,0	casado	2	não alcoólica
6	2000	fluente	1,0	solteiro	0	não alcoólica
7	4100	fluente	4,0	solteiro	0	não alcoólica
8	4250	algum	10,0	casado	2	cerveja
9	2000	algum	1,0	solteiro	2	cerveja
10	2400	algum	1,0	solteiro	0	não alcoólica
11	7000	algum	15,0	casado	1	não alcoólica
12	2500	algum	1,0	outros	2	não alcoólica

(continua)

Tabela 3.1 Dados de um estudo realizado na FGV (*continuação*)

ident	Salário (R$)	Fluência em inglês	Anos de formado	Estado civil	Número de filhos	Bebidas preferidas
13	2800	fluente	2,0	solteiro	1	não alcoólica
14	1800	algum	1,0	solteiro	0	não alcoólica
15	3700	algum	10,0	casado	4	cerveja
16	1600	fluente	1,0	solteiro	2	cerveja
⋮	⋮	⋮	⋮	⋮	⋮	⋮
26	1000	algum	1,0	solteiro	1	outra alcoólica
27	2000	algum	5,0	solteiro	0	outra alcoólica
28	1900	fluente	2,0	solteiro	0	outra alcoólica
29	2600	algum	1,0	solteiro	0	não alcoólica
30	3200		6,0	casado	3	cerveja
31	1800	algum	1,0	solteiro	2	outra alcoólica
32	3500		7,0	solteiro	1	cerveja
33	1600	algum	1,0	solteiro	0	não alcoólica
34	1700	algum	4,0	solteiro	0	não alcoólica
35	2000	fluente	1,0	solteiro	2	não alcoólica
36	3200	algum	3,0	solteiro	2	outra alcoólica
37	2500	fluente	2,0	solteiro	2	outra alcoólica
38	7000	fluente	10,0	solteiro	1	não alcoólica
39	2500	algum	5,0	solteiro	1	não alcoólica
40	2200	algum	0,0	casado	0	cerveja
41	1500	algum	0,0	solteiro	0	não alcoólica
42	800	algum	1,0	solteiro	0	não alcoólica
43	2000	fluente	1,0	solteiro	0	não alcoólica
44	1650	fluente	1,0	solteiro	0	não alcoólica
45		algum	1,0	solteiro	0	outra alcoólica
46	3000	algum	7,0	solteiro	0	cerveja
47	2950	fluente	5,5	outros	1	outra alcoólica
48	1200	algum	1,0	solteiro	0	não alcoólica
49	6000	algum	9,0	casado	2	outra alcoólica
50	4000	fluente	11,0	casado	3	outra alcoólica

Em geral, a primeira tarefa de uma análise estatística de um conjunto de dados consiste em resumi-los. As técnicas disponíveis para essa finalidade dependem do tipo de variáveis envolvidas, tema que discutiremos a seguir.

3.2.1 Variáveis qualitativas

Uma tabela contendo as frequências (absolutas e/ou relativas) de unidades de investigação classificadas em cada categoria de uma variável qualitativa indica sua distribuição de frequências. A frequência absoluta corresponde ao número de unidades (amostrais ou populacionais) em cada classe e a frequência relativa indica a porcentagem correspondente. As Tabelas 3.2 e 3.3, por exemplo, representam, respectivamente, as distribuições de frequências das variáveis `Bebida preferida` e `Fluência em inglês` para os dados do Exemplo 3.1.

Tabela 3.2 Distribuição de frequências para a variável Bebida preferida correspondente ao Exemplo 3.1

Bebida preferida	Frequência observada	Frequência relativa (%)
não alcoólica	23	46
cerveja	11	22
outra alcoólica	16	32
Total	50	100

Tabela 3.3 Distribuição de frequências para a variável Fluência em inglês correspondente ao Exemplo 3.1

Fluência relativa em inglês	Frequência observada	Frequência relativa (%)	Frequência acumulada (%)
nenhuma	2	4	4
alguma	26	54	58
fluente	20	42	100
Total	48	100	

Nota: dois participantes não forneceram informação.

Observe que para variáveis qualitativas ordinais pode-se acrescentar uma coluna com as frequências relativas acumuladas que podem ser úteis na sua análise. Por exemplo, a partir da última coluna da Tabela 3.3 pode-se afirmar que cerca de 60% dos estudantes que forneceram a informação têm no máximo alguma fluência em inglês.

O resumo exibido nas tabelas com distribuições de frequências pode ser representado por meio de gráficos de barras ou gráficos do tipo pizza (ou torta). Exemplos correspondentes às variáveis `Bebida preferida` e `Fluência em inglês` são apresentados nas Figuras 3.2, 3.3 e 3.4. Note que na Figura 3.2 as barras podem ser colocadas em posições arbitrárias; na Figura 3.4, convém colocá-las de acordo com a ordem natural das categorias.

3.2.2 Variáveis quantitativas

Se utilizássemos o mesmo critério adotado para variáveis qualitativas na construção de distribuições de frequências de variáveis quantitativas (especialmente no caso de variáveis contínuas), normalmente obteríamos tabelas com frequências muito pequenas (em geral, iguais a 1) nas diversas categorias, deixando de atingir o objetivo de resumir os dados. Para contornar o problema, agrupam-se os valores das variáveis em classes e obtêm-se as frequências em cada classe.

Uma possível distribuição de frequências para a variável `Salário` correspondente ao Exemplo 3.1 está apresentada na Tabela 3.4.

Alternativamente a tabelas com o formato da Tabela 3.4, vários gráficos podem ser utilizados para representar a distribuição de frequências das variáveis quantitativas de um conjunto de dados. Os mais utilizados são apresentados a seguir.

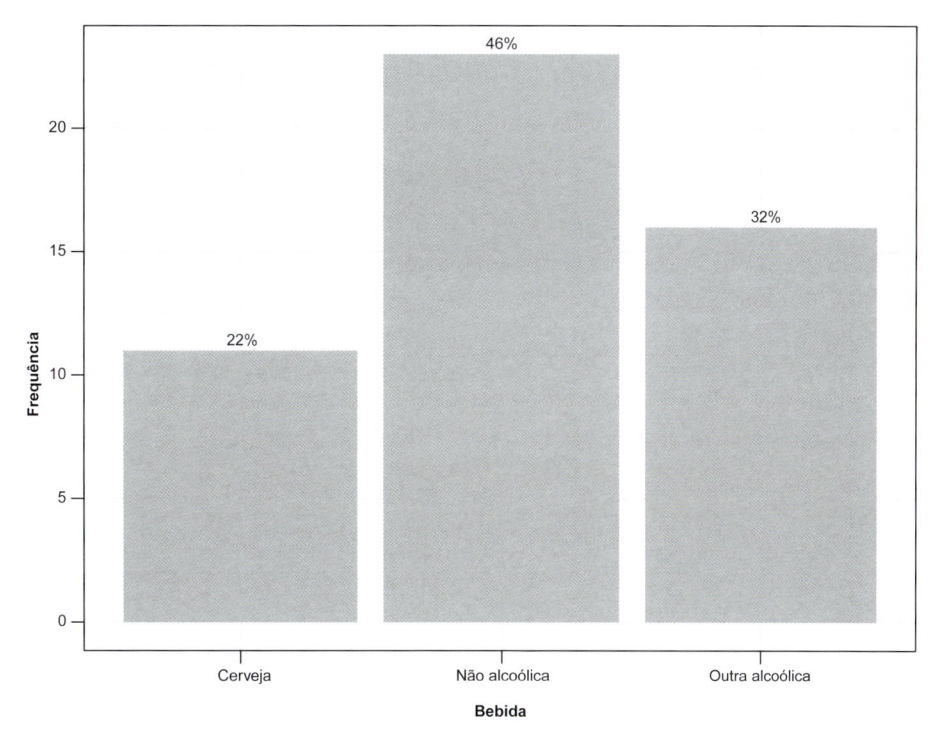

Figura 3.2 Gráfico de barras para bebida preferida.

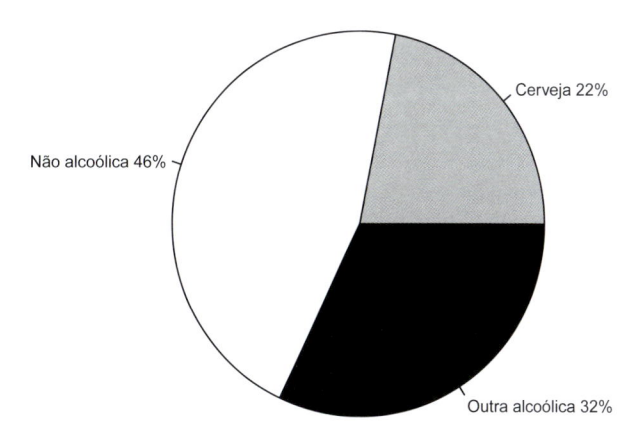

Figura 3.3 Gráfico tipo pizza para bebida preferida.

Tabela 3.4 Distribuição de frequências para a variável Salário correspondente ao Exemplo 3.1

Classe de salário (R$)	Frequência observada	Frequência relativa (%)	Frequência relativa acumulada (%)
0 ⊢ 1500	6	12,2	12,2
1500 ⊢ 3000	27	55,1	67,3
3000 ⊢ 4500	12	24,5	91,8
4500 ⊢ 6000	2	4,1	95,9
6000 ⊢ 7500	2	4,1	100,0
Total	49	100,0	100,0

Nota: um dos participantes não informou o salário.

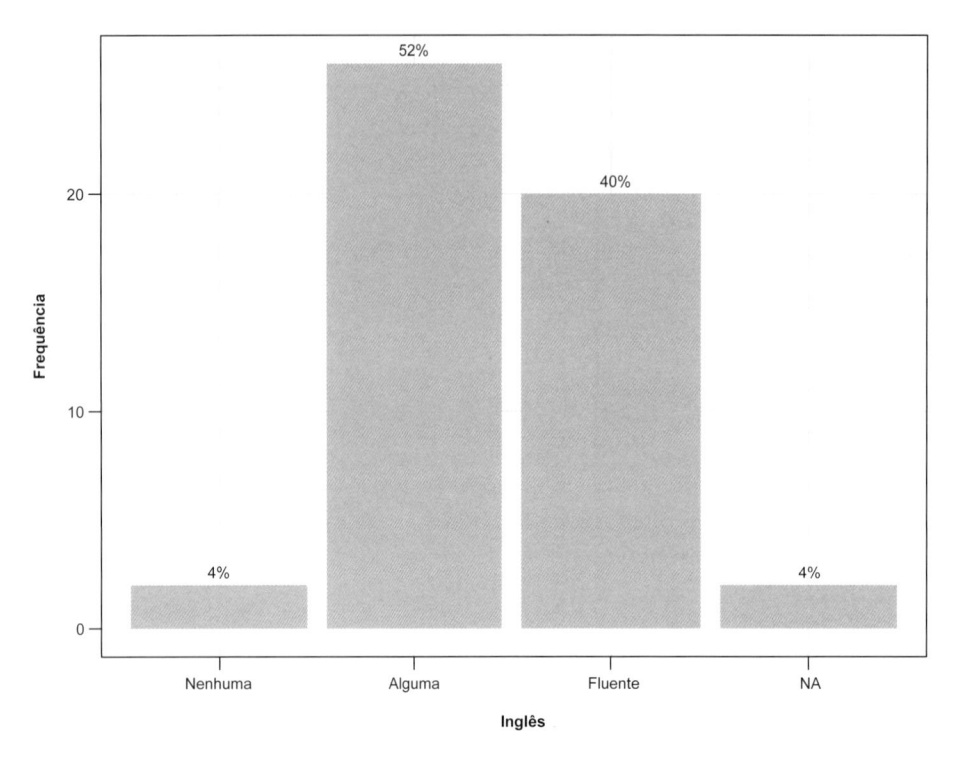

Figura 3.4 Gráfico de barras para fluência em inglês.

Gráfico de dispersão unidimensional (*dotplot*)

Neste tipo de gráfico representamos os valores $x_1, \ldots, x_n$ por pontos ao longo de um segmento de reta provido de uma escala. Valores repetidos são empilhados, de modo que possamos ter uma ideia de sua distribuição. O gráfico de dispersão unidimensional para a variável `Salário` do Exemplo 3.1 está representado na Figura 3.5.

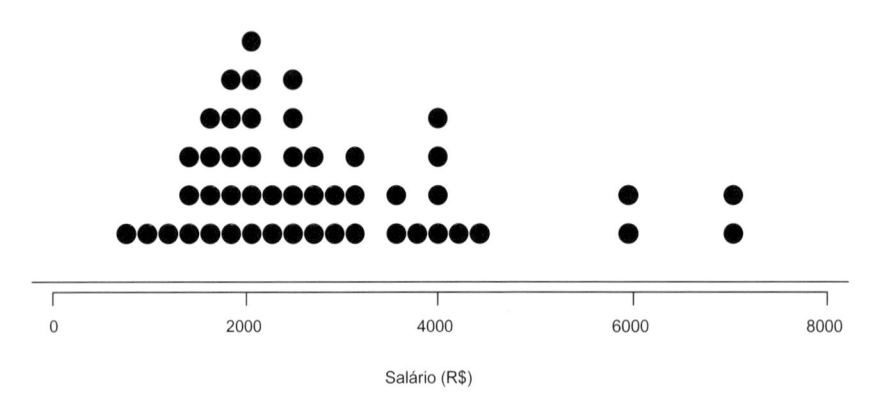

Figura 3.5 Gráfico de dispersão unidimensional para Salário (Exemplo 3.1).

Gráfico ramo-e-folhas (*stem and leaf*)

Um procedimento alternativo para reduzir um conjunto de dados sem perder muita informação sobre eles consiste na construção de um gráfico chamado **ramo-e-folhas**. Não há regras fixas para construí-lo, mas a ideia é dividir cada observação em duas partes: o **ramo**, colocado à esquerda de uma linha vertical, e a **folha**, colocada à direita.

Considere a variável **Salário** do Exemplo 3.1. Para cada observação podemos considerar o primeiro dígito como o ramo e o segundo como folha, desprezando as dezenas. O gráfico correspondente, apresentado na Figura 3.6 permite avaliar a forma da distribuição das observações; em particular, vemos que há quatro valores atípicos, nomeadamente, dois iguais a R\$ 6000 (correspondentes aos estudantes 22 e 49) e dois iguais a R\$ 7000 (correspondentes aos estudantes 11 e 38), respectivamente.

```
1 | 2: representa 1200
unidade da folha: 100
n: 49
   0 | 8
   1 | 023
   1 | 55666788899
   2 | 000000234
   2 | 55556789
   3 | 0222
   3 | 557
   4 | 00012
   4 | 5
   5 |
   5 |
   6 | 00
   6 |
   7 | 00
```

Figura 3.6 Gráfico ramo-e-folhas para a variável Salário (R\$).

Histograma

O histograma é um gráfico construído a partir da distribuição de frequências e é composto de retângulos contíguos cuja área total é normalizada para ter valor unitário. A **área** de cada retângulo corresponde à frequência relativa associada à classe definida por sua base.

Um histograma correspondente à distribuição de frequências indicada na Tabela 3.4 está representado na Figura 3.7.

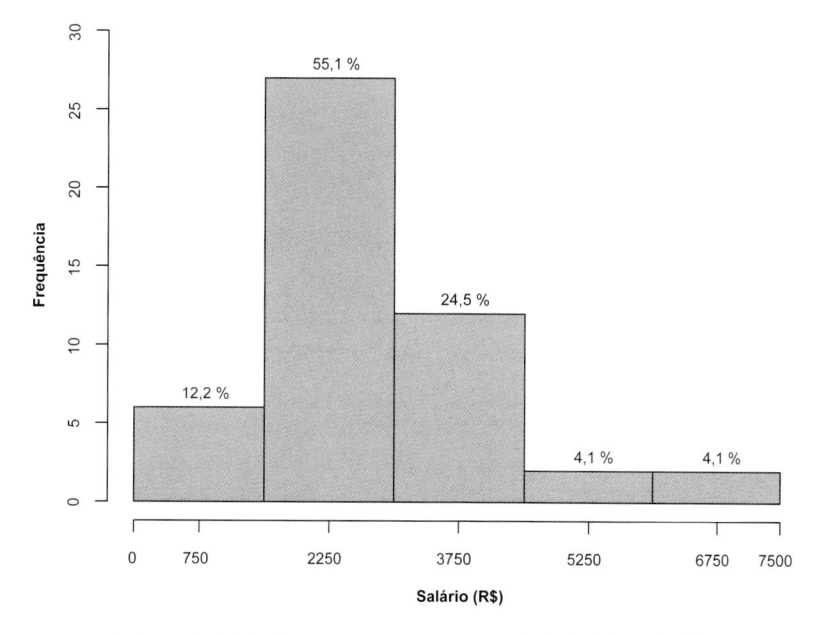

Figura 3.7 Histograma para a variável Salário (R\$).

Formalmente, dados os valores $x_1, \ldots, x_n$ de uma variável quantitativa X, podemos construir uma tabela contendo

a) a frequência absoluta n_k, que corresponde ao número de elementos cujos valores pertencem à classe k, $k = 1, \ldots, K$;

b) a frequência relativa $f_k = n_k/n$, que é a proporção de elementos cujos valores pertencem à classe k, $k = 1, \ldots, K$;

c) a densidade de frequência $d_k = f_k/h_k$ que representa a proporção de valores pertencentes à classe k por unidade de comprimento h_k de cada classe, $k = 1, \ldots, K$.

Exemplo 3.2 Os dados correspondentes à população[1] (em 10.000 habitantes) de 30 municípios brasileiros (IBGE, 1996) estão dispostos na Tabela 3.5. Os dados estão disponíveis no arquivo `municipios`.

Tabela 3.5 População de 30 municípios brasileiros (10.000 habitantes)

Município	População	Município	População
São Paulo (SP)	988,8	Nova Iguaçu (RJ)	83,9
Rio de Janeiro (RJ)	556,9	São Luís (MA)	80,2
Salvador (BA)	224,6	Maceió (AL)	74,7
Belo Horizonte (MG)	210,9	Duque de Caxias (RJ)	72,7
Fortaleza (CE)	201,5	São Bernardo do Campo (SP)	68,4
Brasília (DF)	187,7	Natal (RN)	66,8
Curitiba (PR)	151,6	Teresina (PI)	66,8
Recife (PE)	135,8	Osasco (SP)	63,7
Porto Alegre (RS)	129,8	Santo André (SP)	62,8
Manaus (AM)	119,4	Campo Grande (MS)	61,9
Belém (PA)	116,0	João Pessoa (PB)	56,2
Goiânia (GO)	102,3	Jaboatão (PE)	54,1
Guarulhos (SP)	101,8	Contagem (MG)	50,3
Campinas (SP)	92,4	São José dos Campos (SP)	49,7
São Gonçalo (RJ)	84,7	Ribeirão Preto (SP)	46,3

Instituto Brasileiro de Geografia e Estatística (IBGE). *Contagem da população*. 1996. Disponível em: `https://www.ibge.gov.br/estatisticas/sociais/habitacao/19878-1996-contagem2.html?=&t=sobre`. Acesso em: 29 out. 2024.

Ordenemos os valores $x_1, \ldots, x_{30}$ das populações dos 30 municípios, do menor para o maior, e consideremos a primeira classe como aquela com limite inferior igual a 40 e a última com limite superior igual a 1000; para que as classes sejam disjuntas, devemos considerar intervalos de classe semiabertos. A Tabela 3.6 contém a distribuição de frequências para a variável X que representa população. Observemos que as duas primeiras classes têm amplitudes iguais a 100, a terceira tem amplitude 50, a penúltima tem amplitude igual 350 e a última, amplitude igual a 400. Observemos também que $K = 5$, $\sum_{k=1}^{K} n_k = n = 30$ e $\sum_{k=1}^{K} f_k = 1$. Quanto maior for a densidade de frequência de uma classe, maior será a concentração de valores nessa classe.

---

[1] Aqui, o termo "população" se refere ao número de habitantes e é encarado como uma variável. Não deve ser confundido com população no contexto estatístico, que se refere a um conjunto (na maioria das vezes, conceitual) de valores de uma ou mais variáveis medidas. Podemos considerar, por exemplo, a população de pesos de pacotes de feijão produzidos por uma empresa.

Tabela 3.6 Distribuição de frequências para a variável X = população em dezenas de milhares de habitantes.

classes	h_k	n_k	f_k	$d_k = f_k/h_k$
00 ⊢ 100	100	17	0,567	0,00567
100 ⊢ 200	100	8	0,267	0,00267
200 ⊢ 250	50	3	0,100	0,00200
250 ⊢ 600	350	1	0,033	0,00010
600 ⊢ 1000	400	1	0,033	0,00008
Total	–	30	1,000	–

O valor da amplitude de classes h deve ser escolhido de modo adequado. Se h for grande, teremos poucas classes e o histograma pode não mostrar detalhes importantes; por outro lado, se h for pequeno, teremos muitas classes e algumas poderão ser vazias. A escolha do número e amplitude das classes é arbitrária. Detalhes técnicos sobre a escolha do número de classes em casos específicos podem ser encontrados na Nota 2. Uma definição mais técnica de histograma está apresentada na Nota 3.

O histograma da Figura 3.8 corresponde à distribuição de frequências da variável X do Exemplo 3.2, obtido usando a função `hist()`.

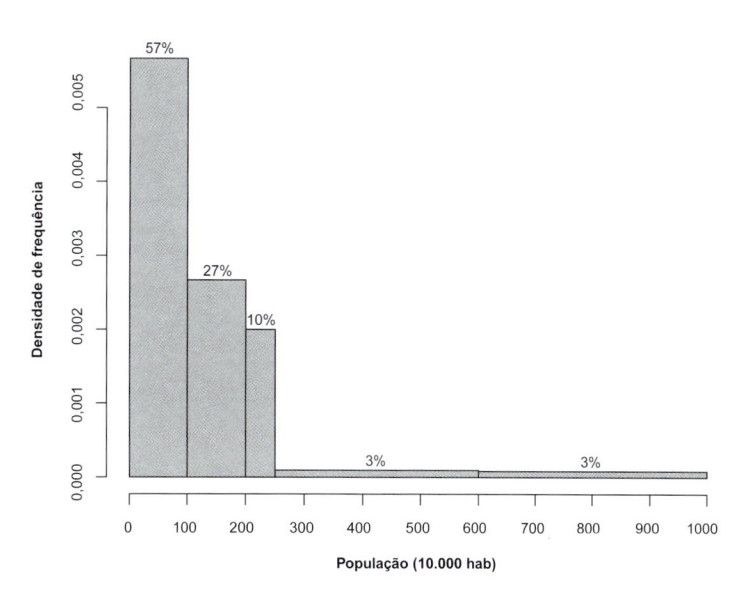

Figura 3.8 Histograma para a variável População (10.000 habitantes).

O gráfico de ramo-e-folhas para os dados da Tabela 3.5 está apresentado na Figura 3.9. Por meio desse gráfico podemos avaliar a forma da distribuição das observações; em particular, vemos que há dois valores atípicos, 556,9 e 988,8, correspondentes às populações do Rio de Janeiro e São Paulo, respectivamente. Quando há muitas folhas em um ramo, podemos considerar ramos subdivididos, como no exemplo a seguir.

Exemplo 3.3 Os dados disponíveis no arquivo `poluicao` correspondem à concentração atmosférica dos poluentes ozônio (O_3) e monóxido de carbono (CO), além de temperatura média e umidade na cidade de São Paulo entre 1º de janeiro e 30 de abril de 1991. O gráfico de ramo-e-folhas para a concentração de monóxido de carbono pode ser construído com dois ramos, colocando-se no primeiro folhas com dígitos de 0 a 4 e no segundo, folhas com dígitos de 5 a 9. Esse gráfico está apresentado na Figura 3.10.

```
1 | 2: representa 120
unidade da folha: 10
n: 30
    0 | 44555666666778889
    1 | 00112358
    2 | 012
    3 |
    4 |
    5 | 5
    6 |
    7 |
    8 |
    9 | 8
```

Figura 3.9 Gráfico ramo-e-folhas para a variável População (10.000 habitantes).

```
A separação decimal está em |

     4 | 77
     5 | 12
     5 | 55677789
     6 | 11111222222222233333444444
     6 | 5666677777899999999
     7 | 00122233444
     7 | 555677778888899999999
     8 | 012334
     8 | 55678999
     9 | 0114
     9 | 557
    10 | 1333
    10 | 8
    11 | 4
    11 | 69
    12 | 0
    12 | 5
```

Figura 3.10 Gráfico ramo-e-folhas para a variável CO (ppm).

3.3 Medidas resumo

Em muitas situações deseja-se fazer um resumo mais drástico de um determinado conjunto de dados, por exemplo, por meio de um ou dois valores. A renda *per capita* de um país ou a porcentagem de eleitores favoráveis a um candidato são exemplos típicos. Com essa finalidade podem-se considerar as chamadas medidas de posição (localização ou de tendência central), as medidas de dispersão e as medidas de forma, entre outras.

3.3.1 Medidas de posição

As medidas de posição mais utilizadas são a média, a mediana, a média aparada e os quantis. Para defini-las, consideremos as observações $x_1, \ldots, x_n$ de uma variável X.

A **média aritmética** (ou simplesmente média) é definida por

$$\overline{x} = \frac{1}{n} \sum_{i=1}^{n} x_i. \tag{3.1}$$

No caso de dados agrupados em uma distribuição de frequências de um conjunto com n valores, K classes e n_k valores na classe k, $k = 1, \ldots, K$, a média pode ser calculada como

$$\overline{x} = \frac{1}{n} \sum_{k=1}^{K} n_k \widetilde{x}_k = \sum_{k=1}^{K} f_k \widetilde{x}_k, \tag{3.2}$$

em que $\widetilde{x}_k$ é o ponto médio correspondente à classe k e $f_k = n_k/n$. Essa mesma expressão é usada para uma variável discreta, com n_k valores iguais a x_k, bastando para isso substituir $\widetilde{x}_k$ por x_k em (3.2).

A **mediana** é definida em termos das **estatísticas de ordem**, $x_{(1)} \leq x_{(2)} \leq \ldots \leq x_{(n)}$ por

$$\mathrm{md}(x) = \begin{cases} x_{\left(\frac{n+1}{2}\right)}, & \text{se } n \text{ for ímpar} \\ \frac{1}{2}[x_{\left(\frac{n}{2}\right)} + x_{\left(\frac{n}{2}+1\right)}], & \text{se } n \text{ for par} \end{cases} \tag{3.3}$$

Dado um número $0 < \alpha < 1$, a **média aparada** de ordem α, $\overline{x}(\alpha)$ é definida como a média do conjunto de dados obtido após a eliminação das $100\alpha\%$ primeiras observações ordenadas e das $100\alpha\%$ últimas observações ordenadas do conjunto original. Uma definição formal é:

$$\overline{x}(\alpha) = \begin{cases} \frac{1}{n(1-2\alpha)} \left\{ \sum_{i=m+2}^{n-m-1} x_{(i)} + (1+m-n\alpha)[x_{(m+1)} + x_{(n-m)}] \right\}, & \text{se } m+2 \leq n-m+1 \\ \frac{1}{2}[x_{(m+1)} + x_{(n-m)}] & \text{em caso contrário} \end{cases} \tag{3.4}$$

em que m é o maior inteiro menor ou igual a $n\alpha$, $0 < \alpha < 0{,}5$. Se $\alpha = 0{,}5$, obtemos a mediana. Para $\alpha = 0{,}25$, obtemos a chamada **meia média**. Observe que se $\alpha = 0$, $\overline{x}(0) = \overline{x}$.

Exemplo 3.4 Consideremos o seguinte conjunto com $n = 10$ valores de uma variável X: $\{14, 7, 3, 18, 9, 220, 34, 23, 6, 15\}$. Então, $\overline{x} = 34{,}9$, $\mathrm{md}(x) = (14+15)/2 = 14{,}5$, e $\overline{x}(0{,}2) = [x_{(3)} + x_{(4)} + \ldots + x_{(8)}]/6 = 14{,}3$. Note que, se usarmos (3.4), temos $\alpha = 0{,}2$ e $m = 2$ obtendo o mesmo resultado. Se $\alpha = 0{,}25$, então de (3.4) obtemos

$$\overline{x}(0{,}25) = \frac{x_{(3)} + 2x_{(4)} + 2x_{(5)} + \ldots + 2x_{(7)} + x_{(8)}}{10} = 14{,}2.$$

Observe que a média é bastante afetada pelo valor atípico 220, ao passo que a mediana e a média aparada com $\alpha = 0{,}2$ não o são. Dizemos que essas duas últimas são **medidas resistentes** ou **robustas**.[2] Se substituirmos o valor 220 do exemplo por 2200, a média passa para 232,9, enquanto a mediana e a média aparada $\overline{x}(0{,}20)$ não se alteram.

As três medidas consideradas são chamadas de medidas de posição ou localização central do conjunto de dados. Para variáveis qualitativas também é comum utilizarmos outra medida de posição que indica o valor mais frequente, denominado **moda**. Quando há duas classes com a mesma frequência máxima, a variável (ou distribuição) é dita **bimodal**. A não ser que os dados de uma variável contínua sejam agrupados em classes, caso em que se pode admitir a **classe modal**, não faz sentido considerar a moda, pois, em geral, cada valor da variável tem frequência unitária.

---

[2] Uma medida é dita resistente se ela muda pouco quando alterarmos um número pequeno dos valores do conjunto de dados.

Quantis

Consideremos agora medidas de posição úteis para indicar posições não centrais dos dados. Informalmente, um quantil-p ou quantil de ordem p é **um valor da variável** (quando ela é contínua) ou **um valor interpolado entre dois valores da variável** (quando ela é discreta) que deixa $100p\%$ ($0 < p < 1$) das observações à sua esquerda.

$$Q(p) = \begin{cases} x_{(i)}, & \text{se } p = p_i = (i - 0{,}5)/n,\, i = 1, \ldots, n \\ (1 - f_i)Q(p_i) + f_iQ(p_{i+1}), & \text{se } p_i < p < p_{i+1} \\ x_{(1)}, & \text{se } 0 < p < p_1 \\ x_{(n)}, & \text{se } p_n < p < 1, \end{cases} \tag{3.5}$$

em que $f_i = (p - p_i)/(p_{i+1} - p_i)$. Ou seja, se p for da forma $p_i = (i - 0{,}5)/n$, o quantil-p coincide com a i-ésima observação ordenada. Para um valor p entre p_i e p_{i+1}, o quantil $Q(p)$ pode ser definido como a ordenada de um ponto situado no segmento de reta determinado por $[p_i, Q(p_i)]$ e $[p_{i+1}, Q(p_{i+1})]$ em um gráfico cartesiano de p *versus* $Q(p)$.

Escolhemos p_i como mostrado (e não como i/n, por exemplo), de forma que se um quantil coincidir com uma das observações, metade dela pertencerá ao conjunto de valores à esquerda de $Q(p)$ e metade ao conjunto de valores à sua direita.

Os quantis amostrais para os dez pontos do Exemplo 3.4 estão indicados na Tabela 3.7.

Tabela 3.7 Quantis amostrais para os dados do Exemplo 3.4

i	1	2	3	4	5	6	7	8	9	10
p_i	0,05	0,15	0,25	0,35	0,45	0,55	0,65	0,75	0,85	0,95
$Q(p_i)$	3	6	7	9	14	15	18	23	34	220

Com essa informação, podemos calcular outros quantis; por exemplo,

$$Q(0{,}10) = [x_{(1)} + x_{(2)}]/2 = (3 + 6)/2 = 4{,}5,$$

com $f_1 = (0{,}10 - 0{,}05)/(0{,}10) = 0{,}5$,

$$Q(0{,}90) = [x_{(9)} + x_{(10)}]/2 = (34 + 220)/2 = 127,$$

pois $f_9 = 0{,}5$,

$$Q(0{,}62) = [0{,}30 \times x_{(6)} + 0{,}70 \times x_{(7)}] = (0{,}3 \times 15 + 0{,}7 \times 18) = 17{,}1,$$

pois $f_6 = (0{,}62 - 0{,}55)/0{,}10 = 0{,}7$.

Note que a definição (3.5) é compatível com a definição de mediana apresentada anteriormente.

Os quantis $Q(0{,}25), Q(0{,}50)$ e $Q(0{,}75)$ são chamados **quartis** e usualmente denotados por Q_1, Q_2 e Q_3, respectivamente. O quartil Q_2 é a mediana e a proporção dos dados entre Q_1 e Q_3 para variáveis contínuas é 50%.

Outras denominações comumente empregadas são $Q(0{,}10)$: primeiro decil, $Q(0{,}20)$: segundo decil ou vigésimo percentil, $Q(0{,}85)$: octogésimo-quinto percentil etc.

3.3.2 Medidas de dispersão

Duas medidas de dispersão (ou de escala ou de variabilidade) bastante usadas são obtidas tomando-se a média de alguma função positiva dos desvios das observações com relação à sua média. Considere as observações $x_1, \ldots, x_n$, não necessariamente distintas. A **variância** desse conjunto de dados é definida por

$$\text{Var}(x) = \frac{1}{n} \sum_{i=1}^{n} (x_i - \overline{x})^2. \tag{3.6}$$

Neste caso, a função a que nos referimos é quadrática. Para uma tabela de frequências (com K classes), a expressão para cálculo da variância é

$$\text{Var}(x) = \frac{1}{n} \sum_{k=1}^{K} n_k (\widetilde{x}_k - \overline{x})^2 = \sum_{k=1}^{K} f_k (\widetilde{x}_k - \overline{x})^2, \tag{3.7}$$

com a notação estabelecida anteriormente. Para facilitar os cálculos, podemos substituir (3.6) pela expressão equivalente

$$\text{Var}(x) = n^{-1} \sum_{i=1}^{n} x_i^2 - \overline{x}^2. \tag{3.8}$$

Analogamente, podemos substituir (3.7) por

$$\text{Var}(x) = n^{-1} \sum_{k=1}^{K} f_k \widetilde{x}_k^2 - \overline{x}^2. \tag{3.9}$$

Como a unidade de medida da variância é o quadrado da unidade de medida da variável correspondente, cabe definir outra medida de dispersão que mantenha a unidade original. Uma medida com essa propriedade é a raiz quadrada positiva da variância, conhecida por **desvio padrão**.

Para garantir certas propriedades estatísticas úteis para propósitos de inferência, convém modificar as definições mostradas. Em particular, para garantir que a variância obtida de uma amostra de dados de uma população seja um **estimador não enviesado** da variância populacional, basta definir a variância como

$$S^2 = \frac{1}{n-1} \sum_{i=1}^{n} (x_i - \overline{x})^2 \tag{3.10}$$

em substituição à definição (3.6).

Um estimador (a variância amostral S^2, por exemplo) de um determinado parâmetro (a variância populacional σ^2, por exemplo) é dito não enviesado quando seu valor esperado é o próprio parâmetro que está sendo estimado. *Grosso modo*, se um conjunto "infinito" (aqui interpretado como muito grande) de amostras for colhido da população sob investigação e para cada uma delas for calculado o valor desse estimador não enviesado, a média desses valores será o próprio parâmetro (ou estará bem próxima dele).

Dizemos que o estimador S^2 tem $n-1$ **graus de liberdade**, pois "perdemos" um grau de liberdade ao estimar a média populacional μ por meio de $\overline{x}$, ou seja, dado o valor $\overline{x}$, só temos "liberdade" para escolher $n-1$ valores da variável X, pois o último valor, digamos x_n, é obtido como $x_n = n\overline{x} - \sum_{k=1}^{n-1} x_i$.

Note que se n for grande (por exemplo, $n = 100$) (3.10) e (3.6) têm valores praticamente iguais. Para detalhes, veja Bussab e Morettin (2023).

Em geral, S^2 é conhecida por **variância amostral**. A **variância populacional** é definida como em (3.10) com o denominador $n-1$ substituído pelo tamanho populacional N e a média amostral $\overline{x}$ substituída pela média populacional μ. O desvio padrão amostral é usualmente denotado por S.

O **desvio médio** ou **desvio absoluto médio** é definido por

$$\text{dm}(x) = \frac{1}{n} \sum_{i=1}^{n} |x_i - \overline{x}|. \tag{3.11}$$

Neste caso, a função a que nos referimos antes é a função "valor absoluto".

Outra medida de dispersão bastante utilizada é a **distância interquartis** ou **amplitude interquartis**

$$d_Q = Q_3 - Q_1. \tag{3.12}$$

A distância interquartis pode ser utilizada para estimar o desvio padrão conforme indicado na Nota 4.

Podemos também considerar uma medida de dispersão definida em termos de desvios com relação à mediana. Como a mediana é uma medida robusta, nada mais natural que definir o **desvio mediano absoluto** como

$$\mathrm{dma}(x) = \mathrm{md}_{1 \le i \le n} |x_i - \mathrm{md}(x)|. \tag{3.13}$$

Finalmente, uma medida correspondente à média aparada é a **variância aparada**, definida por

$$S^2(\alpha) = \begin{cases} \frac{c_\alpha}{n(1-2\alpha)} \left(\sum_{i=m+2}^{n-m-1} [x_{(i)} - \overline{x}(\alpha)]^2 + A \right), & m+2 \le n-m+1 \\ \frac{1}{2}[(x_{(m+1)} - \overline{x}(\alpha))^2 + (x_{(n-m)} - \overline{x}(\alpha))^2], & \text{em caso contrário} \end{cases} \tag{3.14}$$

em que

$$A = (1 + m - n\alpha)[(x_{(m+1)} - \overline{x}(\alpha))^2 + (x_{(n-m)} - \overline{x}(\alpha))^2],$$

m é como em (3.4) e c_α é uma constante normalizadora que torna $S^2(\alpha)$ um estimador não enviesado para σ^2. Para n grande, $c_\alpha = 1{,}605$. Para amostras pequenas, veja a tabela da página 173 de Johnson e Leone (1964). Em particular, para $n = 10$, $c_\alpha = 1{,}46$.

A menos do fator c_α, a variância aparada pode ser obtida calculando-se a variância amostral das observações restantes, após a eliminação das $100\alpha\%$ iniciais e finais (com denominador $n - l$, em que l é o número de observações desprezadas).

Considere as observações do Exemplo 3.4. Para esse conjunto de dados as medidas de dispersão apresentadas são $S^2 = 4313{,}9$; $S = 65{,}7$; $\mathrm{dm}(x) = 37{,}0$; $d_Q = 23 - 7 = 16$; $S^2(0{,}20) = 34{,}3$; $S(0{,}20) = 5{,}9$ e $\mathrm{dma}(x) = 7{,}0$.

Observemos que as medidas robustas são, em geral, menores do que $\overline{x}$ e S e que $d_Q/1{,}349 = 11{,}9$. Se considerarmos que esses dados constituem uma amostra de uma população com desvio padrão σ, pode-se mostrar que, $\mathrm{dma}/0{,}6745$ é um estimador não enviesado para σ. A constante $0{,}6745$ é obtida por meio de considerações assintóticas. No exemplo, $\mathrm{dma}/0{,}6745 = 10{,}4$. Note que esses dois estimadores do desvio padrão populacional coincidem. Por outro lado, S é muito maior, pois sofre bastante influência do valor 220. Retirando-se esse valor do conjunto de dados, a média dos valores restantes é $14{,}3$ e o correspondente desvio padrão é $9{,}7$.

Uma outra medida de dispersão, menos utilizada na prática é a **amplitude**, definida como $\max(x_1, \ldots, x_n) - \min(x_1, \ldots, x_n)$.

3.3.3 Medidas de forma

Embora sejam menos utilizadas na prática que as medidas de posição e dispersão, as medidas de **assimetria** (*skewness*) e **curtose** são úteis para identificar modelos probabilísticos para análise inferencial.

Na Figura 3.11, estão apresentados histogramas correspondentes a dados com assimetria positiva (ou à direita) ou negativa (ou à esquerda) e simétrico.

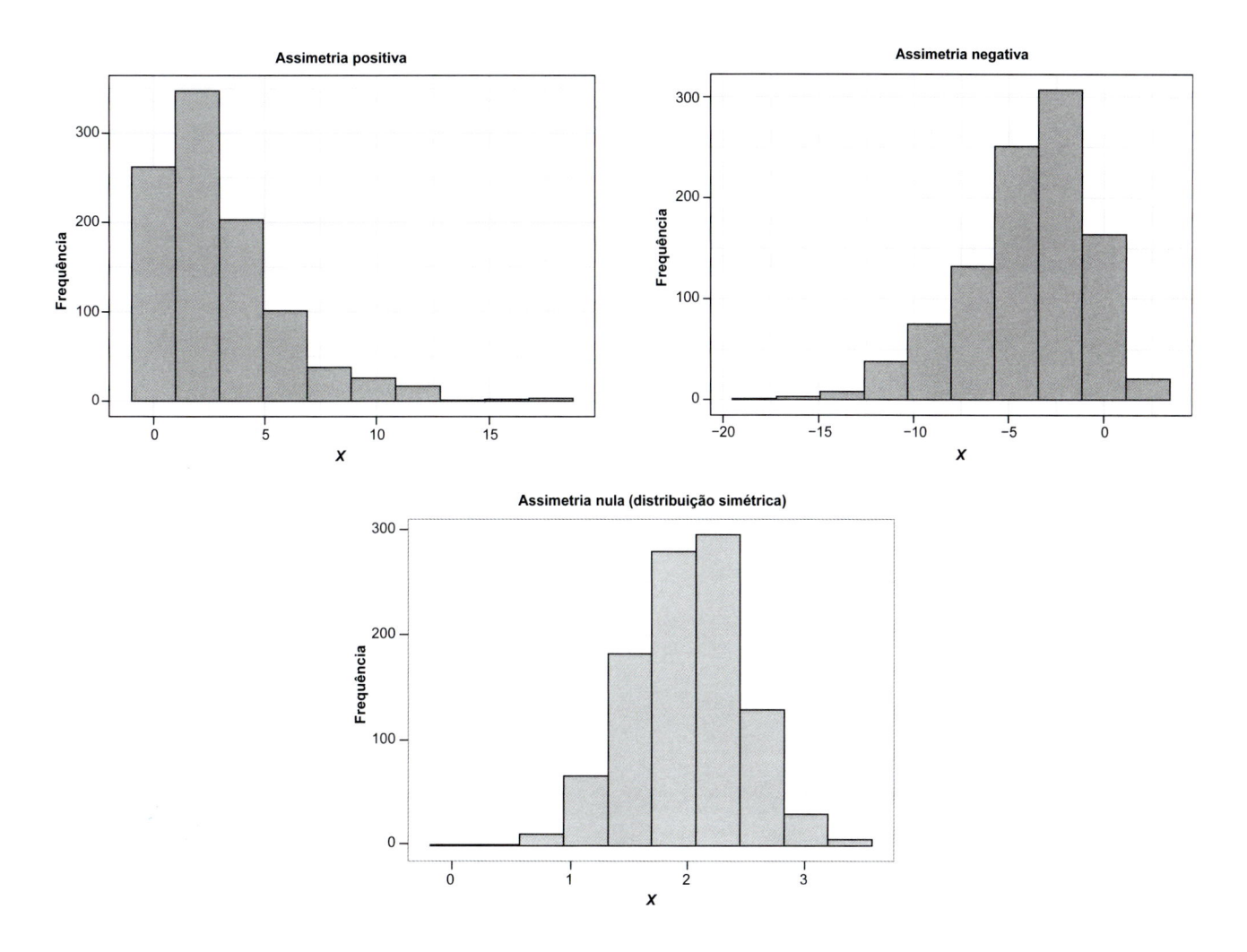

Figura 3.11 Histogramas com assimetria positiva, negativa e nula.

O objetivo das medidas de assimetria é quantificar sua magnitude, que, em geral, é baseada na relação entre o segundo e o terceiro **momentos centrados**, cujos correspondentes amostrais são, respectivamente,

$$m_2 = \frac{1}{n} \sum_{i=1}^{n} (x_i - \overline{x})^2 \quad \text{e} \quad m_3 = \frac{1}{n} \sum_{i=1}^{n} (x_i - \overline{x})^3.$$

Dentre as medidas de assimetria, as mais comuns são:

a) o coeficiente de assimetria de Fisher-Pearson: $g_1 = m_3 / m_2^{3/2}$;

b) o coeficiente de assimetria de Fisher-Pearson ajustado:

$$\frac{\sqrt{n(n-1)}}{n-2} g_1. \tag{3.15}$$

As principais propriedades desses coeficientes são

i) seu sinal reflete a direção da assimetria (sinal negativo corresponde à assimetria à direita e sinal positivo corresponde à assimetria à esquerda);

ii) comparam a assimetria dos dados com aquela da distribuição normal, que é simétrica;

iii) valores mais afastados do zero indicam maiores magnitudes de assimetria e, consequentemente, maior afastamento da distribuição normal;

iv) a estatística indicada em (3.15) tem um ajuste para o tamanho amostral;

v) esse ajuste tem pequeno impacto em grandes amostras.

Outro coeficiente de assimetria mais intuitivo é o chamado **coeficiente de assimetria de Pearson 2**, estimado por

$$Sk_2 = 3[\overline{x} - \mathrm{med}(x_1, \ldots, x_n)]/S.$$

A avaliação de assimetria também pode ser concretizada por meios gráficos. Em particular, o gráfico de $Q(p)$ *versus* p, conhecido como **gráfico de quantis**, é uma ferramenta importante para esse propósito.

A Figura 3.12 mostra o gráfico de quantis para os dados do Exemplo 3.2. Notamos que os pontos correspondentes a São Paulo e Rio de Janeiro são destacados. Se a distribuição dos dados for aproximadamente simétrica, a inclinação na parte superior do gráfico deve ser aproximadamente igual àquela da parte inferior, o que não acontece na figura em questão.

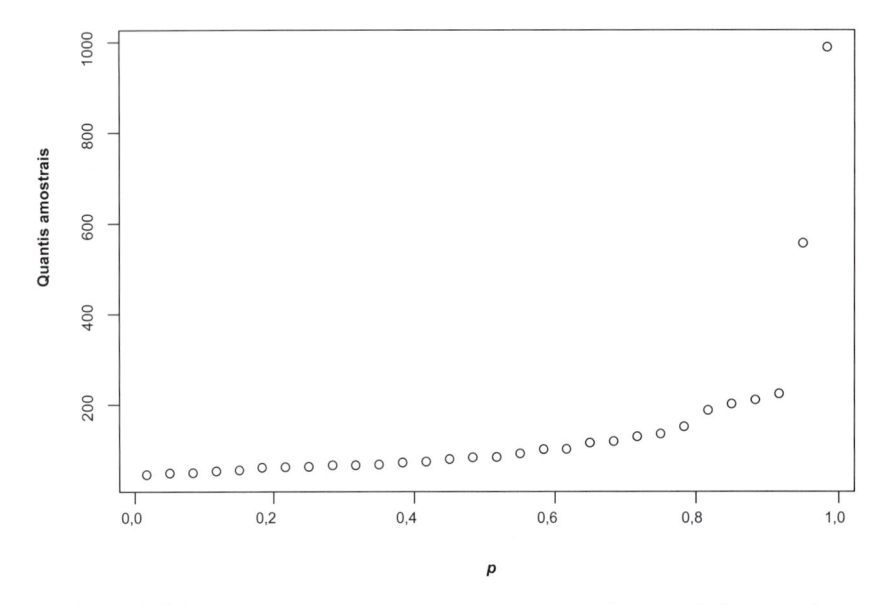

Figura 3.12 Gráfico de quantis para População (10.000 habitantes).

A Figura 3.13 contém o gráfico de quantis para a variável `IMC` do arquivo `esteira` sugerindo que a distribuição correspondente é aproximadamente simétrica, com pequeno desvio na cauda superior.

Os cinco valores $x_{(1)}, Q_1, Q_2, Q_3, x_{(n)}$, isto é, os extremos e os quartis, são medidas de localização importantes para avaliarmos a simetria dos dados. Para uma distribuição simétrica (ou aproximadamente simétrica), espera-se que

a) $Q_2 - x_{(1)} \approx x_{(n)} - Q_2$;

b) $Q_2 - Q_1 \approx Q_3 - Q_2$;

c) $Q_1 - x_{(1)} \approx x_{(n)} - Q_3$.

A condição a) nos diz que a **dispersão inferior** é igual (ou aproximadamente igual) à **dispersão superior**. Para distribuições assimétricas à direita, as diferenças entre os quantis situados à direita da mediana e a mediana são maiores que as diferenças entre a mediana e os quantis situados à sua esquerda.

Além disso, se uma distribuição for (aproximadamente) simétrica, vale a relação

$$Q_2 - x_{(i)} \approx x_{(n+1-i)} - Q_2, \quad i = 1, \ldots, [(n+1)/2], \tag{3.16}$$

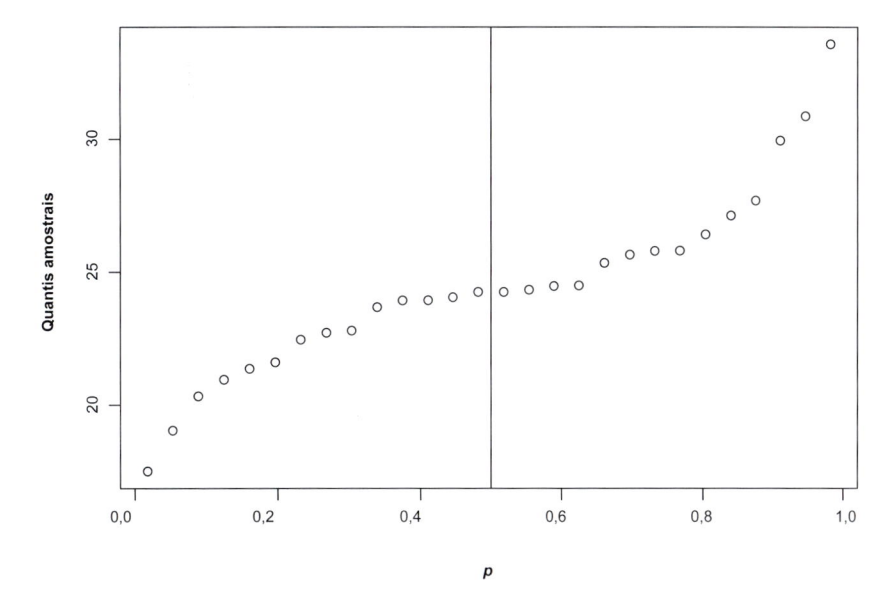

Figura 3.13 Gráfico de quantis para a variável IMC do arquivo `esteira`.

em que $[x]$ representa o maior inteiro contido em x. Definindo $u_i = Q_2 - x_{(i)}$ e $v_i = x_{(n+1-i)} - Q_2$, podemos considerar um **gráfico de simetria**, no qual colocamos os valores u_i como abscissas e os valores v_i como ordenadas. Se a distribuição dos dados for simétrica, os pontos (u_i, v_i) deverão estar sobre ou próximos da reta $u = v$.

O gráfico de simetria para os dados do Exemplo 3.2 está apresentado a Figura 3.14, na qual podemos observar que a maioria dos pontos está acima da reta $u = v$, representada pela linha pontilhada. Essa disposição mostra que a distribuição correspondente apresenta uma assimetria à direita.

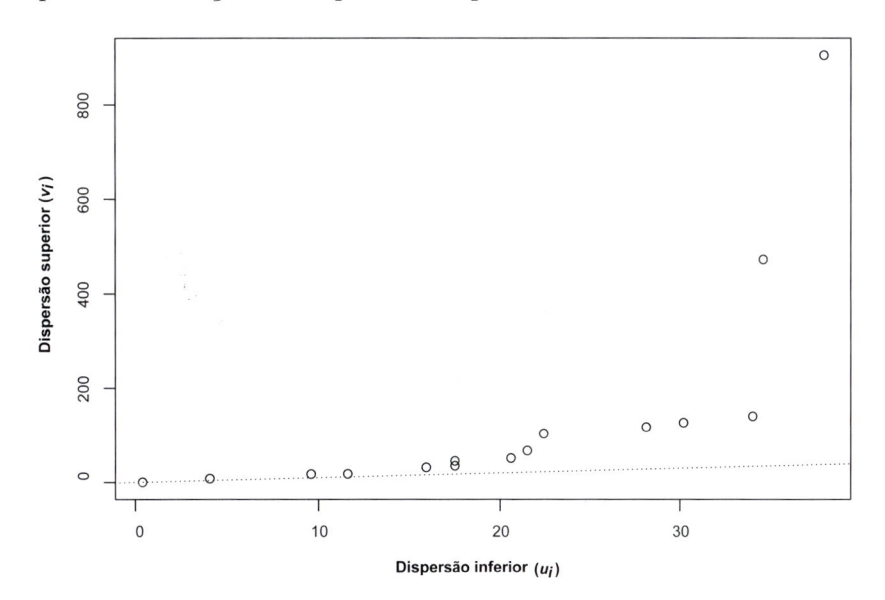

Figura 3.14 Gráfico de simetria para População (10.000 habitantes).

Na Figura 3.15, apresentamos o gráfico de simetria para a variável IMC do arquivo `esteira`; esse gráfico corrobora as conclusões obtidas por meio da Figura 3.13.

Outra medida de interesse para representar a distribuição de frequências de uma variável é a **curtose**, que está relacionada com as frequências relativas em suas caudas. Essa medida envolve momentos centrados de quarta ordem.

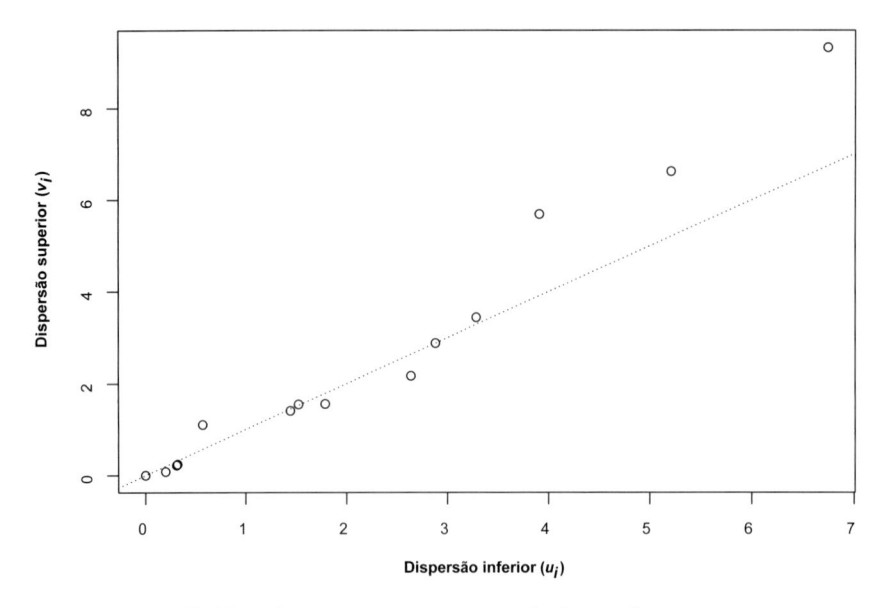

Figura 3.15 Gráfico de simetria para a variável `IMC` do arquivo `esteira`.

Seja X uma variável aleatória qualquer, com média μ e variância σ^2. A **curtose** de X é definida por

$$K(X) = \mathrm{E}\left[\frac{(X - \mu)^4}{\sigma^4}\right]. \tag{3.17}$$

Para uma distribuição normal, $K = 3$, razão pela qual $e(X) = K(X) - 3$ é chamada de **excesso de curtose**. Distribuições com caudas pesadas têm curtose maior do que 3.

Para uma amostra $\{X_1, \ldots, X_n\}$ de X, considere o r-ésimo momento amostral

$$m_r = \frac{1}{n}\sum_{i=1}^{n}(X_i - \overline{X})^r,$$

em que a média μ é estimada por $\overline{X}$. Substituindo os momentos centrados de X pelos respectivos momentos centrados amostrais, obtemos um estimador da curtose, nomeadamente

$$\widehat{K}(X) = \frac{m_4}{m_2^2} = \frac{1}{n}\sum_{i=1}^{n}\left(\frac{X_i - \overline{X}}{\widehat{\sigma}}\right)^4, \tag{3.18}$$

em que $\widehat{\sigma}^2 = \sum_{i=1}^{n}\frac{(X_i - \overline{X})^2}{n}$. Consequentemente, um estimador para o excesso de curtose é $\widehat{e}(X) = \widehat{K}(X) - 3$. Pode-se provar que, para uma amostra suficientemente grande de uma distribuição normal,

$$\widehat{K} \approx \mathcal{N}(3, 24/n), \tag{3.19}$$

ou seja, $\widehat{K}$ tem uma distribuição aproximadamente normal com média 3 e variância $24/n$.

3.4 Boxplots

O *boxplot* é um gráfico baseado nos quantis que serve como alternativa ao histograma para resumir a distribuição dos dados. Considere um retângulo, com base determinada por Q_1 e Q_3, como indicado na Figura 3.16. Nesse retângulo, insira um segmento de reta correspondente à posição da mediana. A partir do retângulo, para cima, coloque um segmento de reta até o ponto que corresponde ao valor que não exceda LS $= Q_3 + (1{,}5)d_Q$, chamado *limite superior*. De modo similar, da parte inferior do retângulo, para baixo, coloque um segmento de reta até o ponto que corresponde ao valor que não seja menor do que LI $= Q_1 - (1{,}5)d_Q$, chamado *limite inferior*.

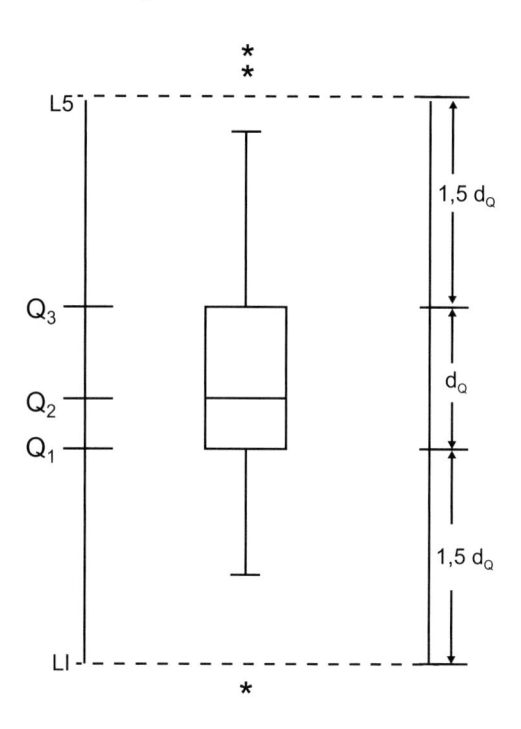

Figura 3.16 Detalhes para a construção de *boxplots*.

Pontos colocados acima do limite superior ou abaixo do limite inferior, considerados **valores atípicos** ou **discrepantes** (*outliers*), são representados por algum símbolo ($*$ ou $\bullet$, por exemplo).

Esse gráfico permite que identifiquemos a posição dos 50% centrais dos dados (entre o primeiro e terceiro quartis), a posição da mediana, os valores atípicos, se existirem, assim como realizemos uma avaliação da simetria da distribuição. *Boxplots* são úteis para a comparação de vários conjuntos de dados, como veremos em capítulos posteriores.

Os *boxplots* apresentados na Figura 3.17 correspondem aos dados do Exemplo 3.2 [painel (a)] e da Temperatura do Exemplo 3.3 [painel (b)].[3] A distribuição dos dados de Temperatura tem uma natureza mais simétrica e mais dispersa do que aquela correspondente às populações de municípios. Há valores atípicos no painel (a), representando as populações do Rio de Janeiro e de São Paulo, mas não os encontramos nos dados de temperatura.

Há uma variante do *boxplot*, denominada ***boxplot* dentado** (*notched boxplot*), que consiste em acrescentar um dente em "v" ao redor da mediana no gráfico. O intervalo determinado pelo dente, dado por

$$Q_2 \pm \frac{1{,}57d_Q}{\sqrt{n}},$$

é um intervalo de confiança para a mediana da população da qual supomos que os dados constituem uma amostra. Para detalhes, veja McGill et al. (1978) ou Chambers et al. (1983). Na Figura 3.18, apresentamos *boxplots* correspondentes àqueles da Figura 3.17 com os dentes (*notchs*) incorporados.

---

[3] Note que tanto a orientação horizontal (como na Figura 3.16) quanto a vertical (como na Figura 3.17) podem ser empregadas na construção dos *boxplots*.

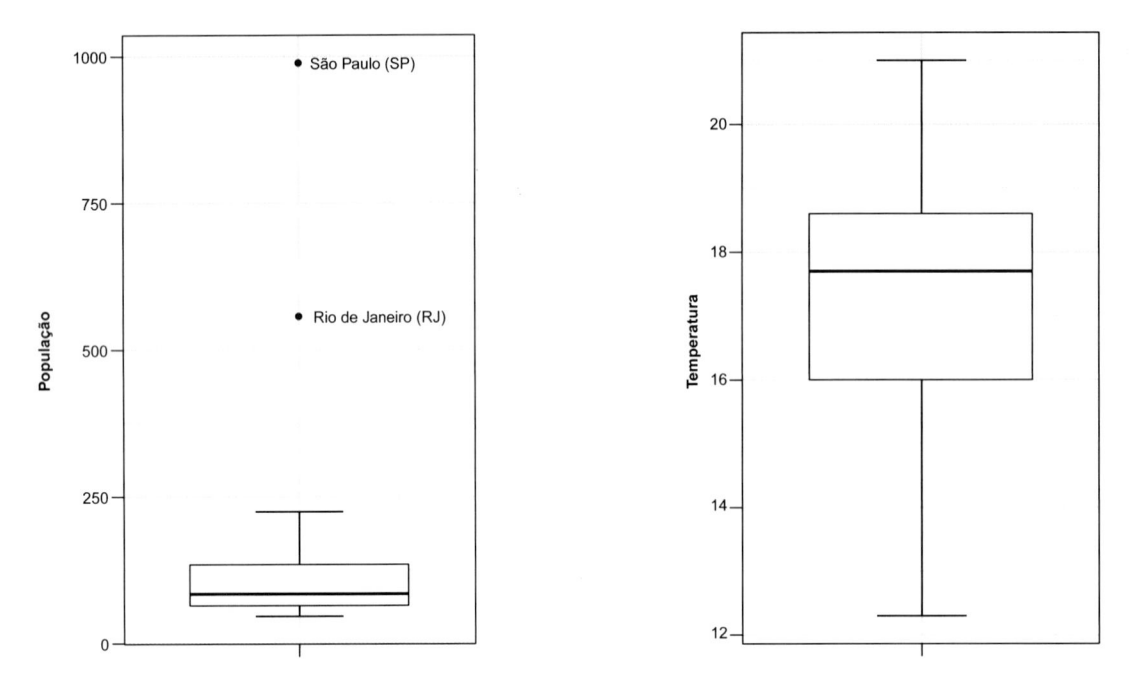

Figura 3.17 *Boxplots* para os dados dos Exemplos 3.2 (População) e 3.3 (Temperatura).

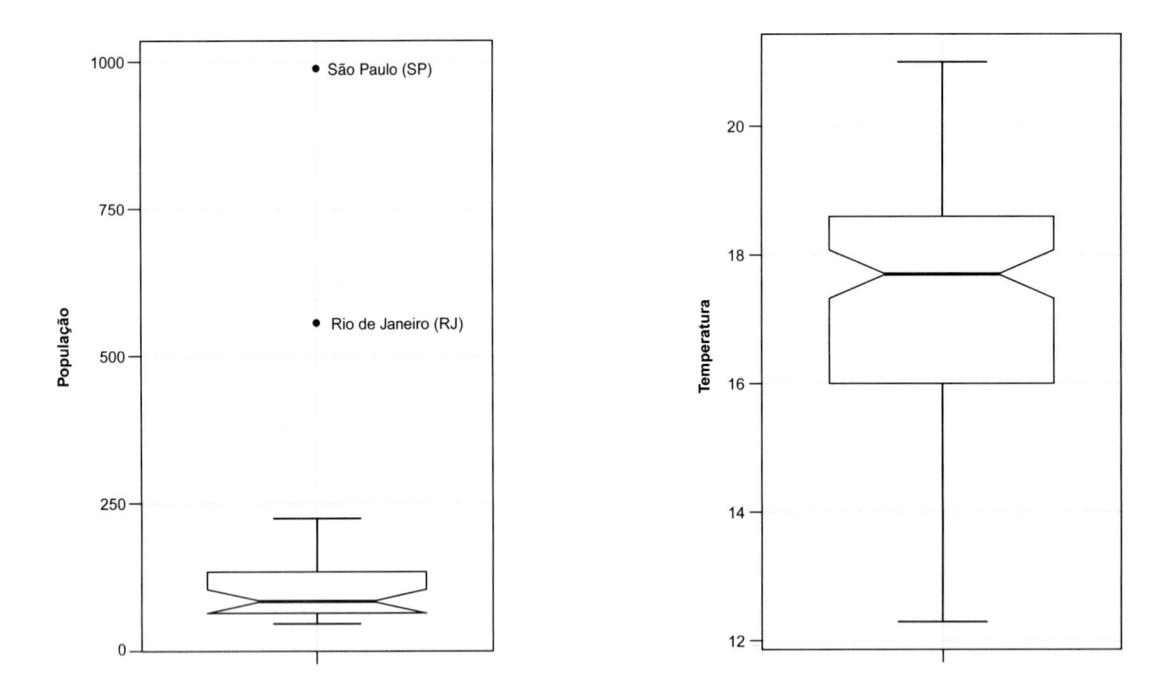

Figura 3.18 *Boxplots* dentados para os dados dos Exemplos 3.2 (População) e 3.3 (Temperatura).

3.5 Modelos probabilísticos

Um dos objetivos da Estatística é fazer inferência (ou tirar conclusões) sobre a distribuição de alguma variável em uma determinada população a partir de dados de parte dela, denominada **amostra**. A ligação entre os dados amostrais e a população depende de **modelos probabilísticos**, ou seja, de modelos que representem a distribuição (desconhecida) da variável na população. Por exemplo, pode ser difícil obter informações sobre a distribuição dos salários de empregados de uma empresa com 40.000

empregados espalhados por diversos países. Nessa situação, costuma-se recorrer a uma amostra dessa população, obter as informações desejadas a partir dos valores amostrais e tentar tirar conclusões sobre toda a população com base em um modelo probabilístico. Esse procedimento é denominado **inferência estatística**. No nosso exemplo, poderíamos escolher uma amostra de 300 empregados da empresa e analisar a distribuição dos salários dessa amostra com o objetivo de tirar conclusões sobre a distribuição dos salários da população de 40.000 empregados. Um dos objetivos da inferência estatística é quantificar a incerteza nessa generalização.

Muitas vezes, a população para a qual se quer tirar conclusões é apenas conceitual e não pode ser efetivamente enumerada, como o conjunto de potenciais consumidores de um produto ou o conjunto de pessoas que sofrem de uma certa doença. Nesses casos, não se pode obter a correspondente distribuição de frequências de alguma característica de interesse associada a essa população e o recurso a modelos para essa distribuição faz-se necessário; esses são os chamados modelos probabilísticos e as frequências relativas correspondentes são denominadas **probabilidades**. Nesse sentido, o conhecido gráfico com formato de sino associado à distribuição normal pode ser considerado um histograma "teórico". Por isso, convém chamar a média da distribuição de probabilidades (que no caso de uma população conceitual não pode ser efetivamente calculada) de **valor esperado**.

Se pudermos supor que a distribuição de probabilidades de uma variável X definida sobre uma população possa ser descrita por um determinado modelo probabilístico representado por uma função, nosso problema reduz-se a estimar os **parâmetros** que a caracterizam. Para a distribuição normal, esses parâmetros são o valor esperado, usualmente representado por μ, e a variância, comumente representada por σ^2.

Há vários modelos probabilísticos importantes usados em situações de interesse prático. As Tabelas 3.8 e 3.9 trazem um resumo das principais distribuições discretas e contínuas, respectivamente, apresentando:

a) a **função de probabilidade** $p(x) = P(X = x)$, no caso discreto, e a **função densidade de probabilidade**, $f(x)$, no caso contínuo;

b) os parâmetros que caracterizam cada distribuição;

c) o valor esperado, representado por $E(X)$, e a variância, representada por $Var(X)$ de cada uma delas.

Lembrando que em um histograma, as frequências relativas correspondem a áreas de retângulos, em um modelo probabilístico, as probabilidades correspondem a áreas sob regiões delimitadas pela função $f(x)$, como indicado na Figura 3.19.

Para muitas distribuições, as probabilidades podem ser obtidas de tabelas apropriadas ou com o uso de pacotes de computador. Detalhes podem ser encontrados em Bussab e Morettin (2023), entre outros.

Tabela 3.8 Modelos probabilísticos para variáveis discretas

Modelo	$P(X = x)$	Parâmetros	$E(X), \text{Var}(X)$
Bernoulli	$p^x(1-p)^{1-x}, \; x = 0,1$	p	$p, \; p(1-p)$
Binomial	$\binom{n}{x}p^x(1-p)^{n-x}, \; x = 0, \ldots, n$	n, p	$np, \; np(1-p)$
Poisson	$\frac{e^{-\lambda}\lambda^x}{x!}, \; x = 0,1,\ldots$	λ	$\lambda, \; \lambda$
Geométrica	$p(1-p)^{x-1}, \; x = 1,2,\ldots$	p	$1/p, \; (1-p)/p^2$
Hipergeométrica	$\frac{\binom{r}{x}\binom{N-r}{n-x}}{\binom{N}{n}}, \; x = 0,1,\ldots$	N, r, n	$nr/N, n\frac{r}{N}\left(1 - \frac{r}{N}\right)\frac{N-n}{N-1}$

Tabela 3.9 Modelos probabilísticos para variáveis contínuas

Modelo	$f(x)$	Parâmetros	$E(X), \text{Var}(X)$
Uniforme	$1/(b-a),\ a < x < b$	a, b	$\frac{a+b}{2},\ \frac{(b-a)^2}{12}$
Exponencial	$\alpha e^{-\alpha x},\ x > 0$	α	$1/\alpha,\ 1/\alpha^2$
Normal	$\frac{1}{\sigma\sqrt{2\pi}}\exp\{(\frac{x-\mu}{\sigma})^2\},\ -\infty < x < \infty$	$\mu,\ \sigma$	$\mu,\ \sigma^2$
Gama	$\frac{\alpha}{\Gamma(r)}(\alpha x)^{r-1}e^{-\alpha x},\ x > 0$	$\alpha > 0,\ r \geq 1$	$r/\alpha,\ r/\alpha^2$
Qui-quadrado	$\frac{2^{-n/2}}{\Gamma(n/2)}x^{n/2-1}e^{-x/2},\ x > 0$	n	$n,\ 2n$
t-Student	$\frac{\Gamma((n+1)/2)}{\Gamma(n/2)\sqrt{\pi n}}(1+\frac{x^2}{n})^{-(n+1)/2},\ -\infty < x < \infty$	n	$0,\ n/(n-2)$

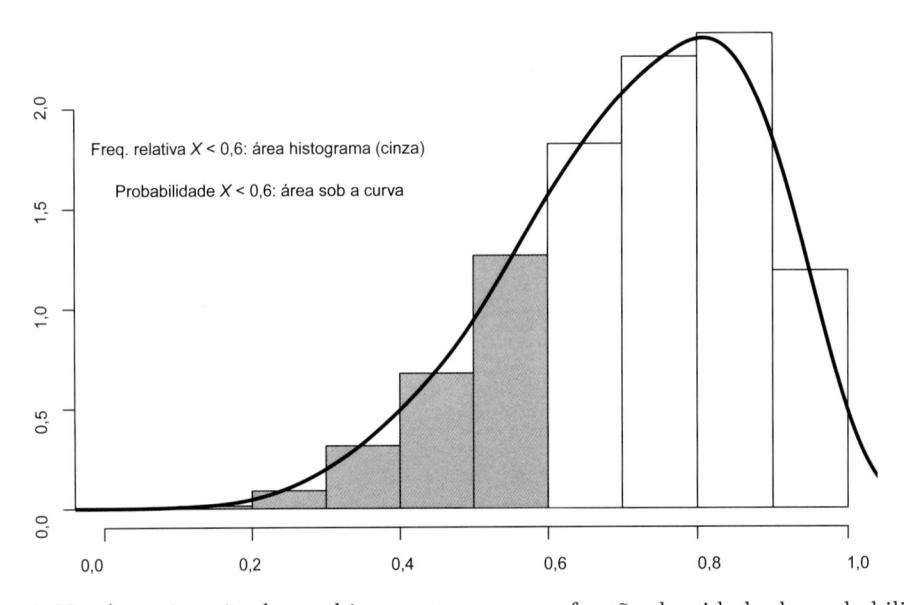

Freq. relativa $X < 0,6$: área histograma (cinza)

Probabilidade $X < 0,6$: área sob a curva

Figura 3.19 Aproximação de um histograma por uma função densidade de probabilidade.

3.6 Dados amostrais

Uma amostra é um subconjunto de uma população e, para que possamos fazer inferências, é preciso que ela satisfaça certas condições. O caso mais comum é o de uma amostra aleatória simples. Dizemos que um conjunto de observações $x_1, \ldots, x_n$ constitui uma **amostra aleatória simples** de tamanho n de uma variável X definida sobre uma população $\mathcal{P}$ se as variáveis $X_1, \ldots, X_n$ que geraram as observações são independentes e têm a mesma distribuição de X. Como consequência, $\text{E}(X_i) = \text{E}(X)$ e $\text{Var}(X_i) = \text{Var}(X)$, $i = 1, \ldots, n$.

Nem sempre nossos dados representam uma amostra aleatória simples de uma população. Por exemplo, dados observados ao longo de um certo período de tempo são, em geral, correlacionados. Nesse caso, os dados constituem uma amostra de uma trajetória de um **processo estocástico** e a população correspondente pode ser considerada como o conjunto de todas as trajetórias de tal processo [detalhes podem ser encontrados em Morettin e Toloi (2018)]. Também podemos ter dados obtidos de um experimento planejado, no qual uma ou mais variáveis explicativas (preditoras) são controladas para produzir valores de uma variável resposta. As observações da resposta para as diferentes combinações dos níveis das variáveis explicativas constituem uma amostra estratificada. Exemplos são apresentados na Seção 4.4.

A não ser quando explicitamente indicado, para propósitos inferenciais, neste texto consideraremos os dados como provenientes de uma amostra aleatória simples.

Denotemos por $x_1, \ldots, x_n$ os valores efetivamente observados das variáveis $X_1, \ldots, X_n$.[4] Além disso, denotemos por $x_{(1)}, \ldots, x_{(n)}$ esses valores observados ordenados em ordem crescente, ou seja, $x_{(1)} \leq \ldots \leq x_{(n)}$. Esses são os valores das **estatísticas de ordem** $X_{(1)}, \ldots, X_{(n)}$.

A **função distribuição acumulada** de uma variável X definida como $F(x) = P(X \leq x)$, $x \in \mathbb{R}$ pode ser estimada a partir dos dados amostrais, por meio da **função distribuição empírica** definida por

$$F_n(x) = \frac{n(x)}{n}, \quad \forall x \in \mathbb{R}, \tag{3.20}$$

em que $n(x)$ é o número de observações amostrais menores ou iguais a x.

Com finalidade ilustrativa, considere novamente as observações do Exemplo 3.4 sem o valor 220. O gráfico de F_n, que é essencialmente uma função em escada, com "saltos" de magnitude $1/n$ em cada $x_{(i)}$, nomeadamente

$$F_n(x_{(i)}) = \frac{i}{n}, \ i = 1, \ldots, n$$

está disposto na Figura 3.20.

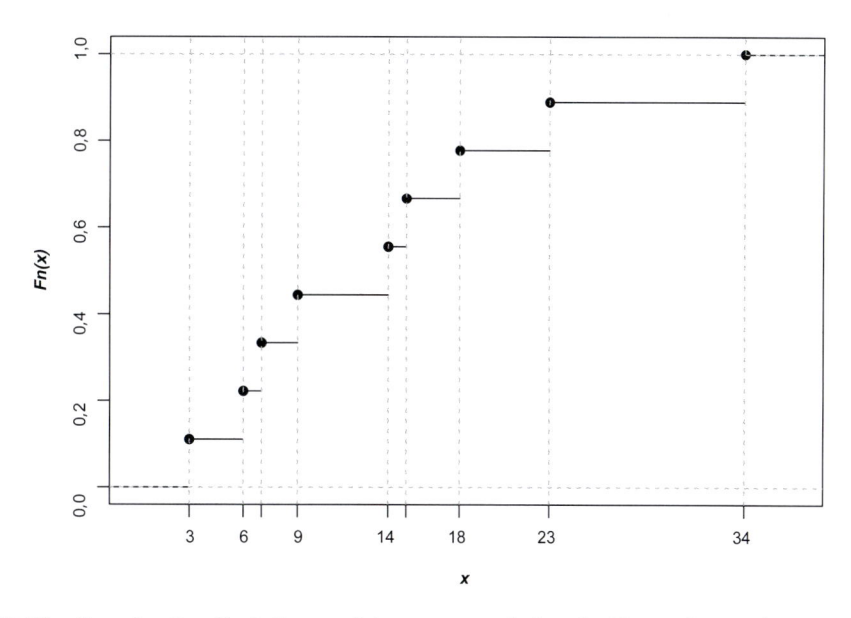

Figura 3.20 Função distribuição empírica para os dados do Exemplo 3.4 (sem o valor 220).

3.7 Gráficos QQ

Uma das questões fundamentais na especificação de um modelo para inferência estatística é a escolha de um modelo probabilístico para representar a distribuição (desconhecida) da variável de interesse na população. Uma possível estratégia para isso é examinar o histograma dos dados amostrais e compará-lo

---

[4] Muitas vezes, não faremos distinção entre a variável e seu valor, ou seja, designaremos, indistintamente, por x a variável e um valor observado dela.

com histogramas teóricos associados a modelos probabilísticos candidatos. Alternativamente, os **gráficos QQ** (*QQ plots*) também podem ser utilizados com essa finalidade.

Essencialmente, gráficos QQ são gráficos cartesianos cujos pontos representam os quantis de mesma ordem obtidos das distribuições amostral (empírica) e teórica. Se os dados amostrais forem compatíveis com o modelo probabilístico proposto, esses pontos devem estar sobre uma reta com inclinação unitária quando os quantis forem padronizados, isto é,

$$Q^\star(p_i) = [Q(p_i) - \overline{x}]/dp(x).$$

Para quantis não padronizados, os pontos no gráfico estarão dispostos em torno de uma reta com inclinação diferente de 1.

Como o modelo normal serve de base para muitos métodos estatísticos de análise, uma primeira tentativa é construir esse tipo de gráfico baseado nos quantis dessa distribuição. Os quantis normais padronizados $Q_N(p_i)$ são obtidos da distribuição normal padrão $[N(0,1)]$ por meio da solução da equação

$$\int_{-\infty}^{Q_N(p_i)} \frac{1}{\sqrt{2\pi}} \exp(-x^2) = p_i, \; i = 1, \ldots, n,$$

cujos resultados estão disponíveis na maioria dos pacotes computacionais destinados à análise estatística. Para facilitar a comparação, convém utilizar os quantis amostrais padronizados. Veja a Nota 5 deste capítulo e a Nota 5 do Capítulo 4.

Consideremos novamente os dados do Exemplo 3.4. Os quantis amostrais, quantis amostrais padronizados e normais padronizados estão dispostos na Tabela 3.10. O correspondente gráfico QQ está representado na Figura 3.21.

Tabela 3.10 Quantis amostrais e normais para os dados do Exemplo 3.4

i	1	2	3	4	5	6	7	8	9	10
p_i	0,05	0,15	0,25	0,35	0,45	0,55	0,65	0,75	0,85	0,95
$Q(p_i)$	3	6	7	9	14	15	18	23	34	220
$Q^\star(p_i)$	−0,49	−0,44	−0,42	−0,39	−0,32	−0,30	−0,26	−0,18	−0,14	2,82
$Q_N(p_i)$	−1,64	−1,04	−0,67	−0,39	−0,13	0,13	0,39	0,67	1,04	1,64

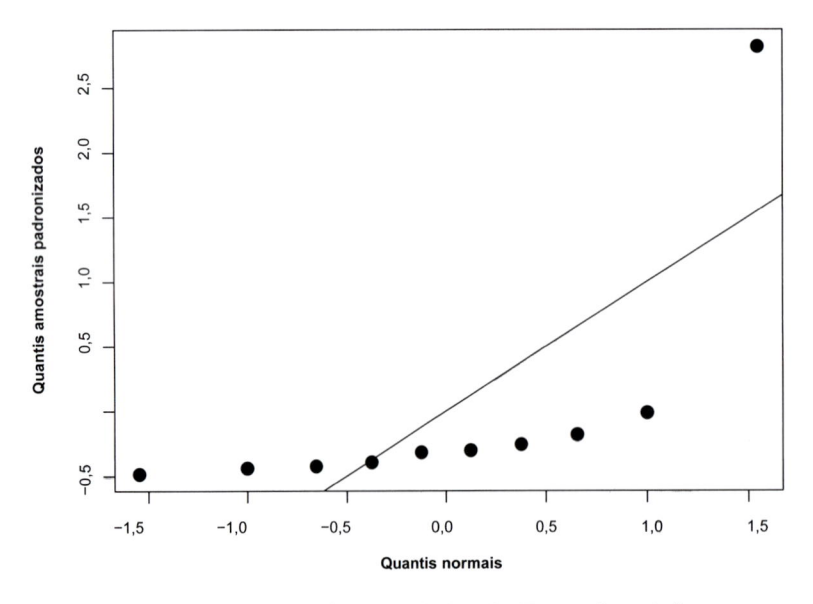

Figura 3.21 Gráfico QQ normal para os dados do Exemplo 3.4 (com reta $y = x$).

Um exame da Figura 3.21 sugere que o modelo normal não parece ser adequado para os dados do Exemplo 3.4. Uma das razões para isso é a presença de um ponto atípico (220). Um gráfico QQ normal para o conjunto de dados obtidos com a eliminação desse ponto está exibido na Figura 3.22 e indica que as evidências contrárias ao modelo normal são menos aparentes.

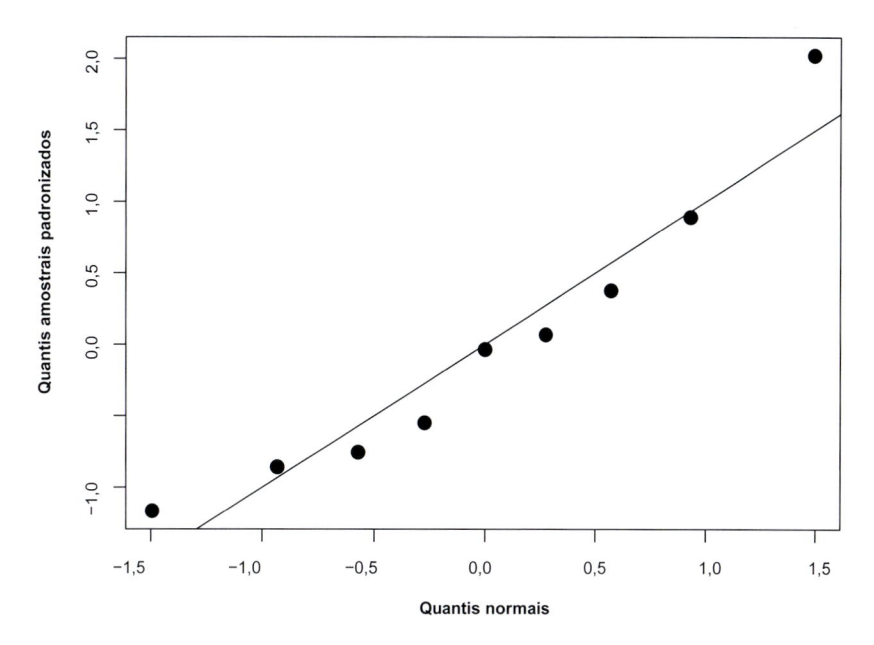

Figura 3.22 Gráfico QQ normal para os dados do Exemplo 3.4 com a eliminação do ponto 220 e reta $y = x$.

Um exemplo de gráfico QQ para uma distribuição amostral com 100 dados gerados a partir de uma distribuição normal padrão está apresentado na Figura 3.23.

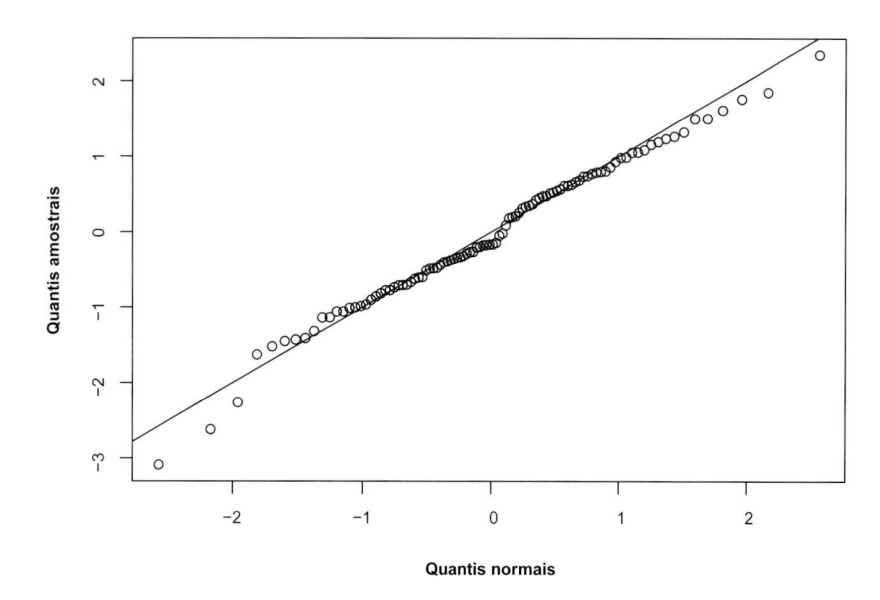

Figura 3.23 Gráfico QQ normal para 100 dados gerados de uma distribuição normal padrão.

Embora os dados correspondentes aos quantis amostrais da Figura 3.23 tenham sido gerados a partir de uma distribuição normal padrão, os pontos não se situam exatamente sobre a reta com inclinação de 45 graus em função de flutuações amostrais. Em geral, a adoção de um modelo probabilístico com base em um exame do gráfico QQ tem uma natureza subjetiva, mas é possível incluir bandas de confiança nesse tipo de gráfico para facilitar a decisão. Essas bandas dão uma ideia sobre a faixa de variação esperada para os pontos no gráfico. Detalhes sobre a construção dessas bandas são tratados na Nota 6.

Um exemplo de gráfico QQ com bandas de confiança para uma distribuição amostral com 100 dados gerados a partir de uma distribuição normal padrão está apresentado na Figura 3.24.

Um exemplo de gráfico QQ em que as caudas da distribuição amostral (obtidas de uma amostra de 100 dados gerados a partir de uma distribuição t com 2 graus de liberdade) são mais pesadas que aquelas da distribuição normal está apresentado na Figura 3.25.

Um exemplo de gráfico QQ normal em que a distribuição amostral (com 100 dados gerados a partir de uma distribuição qui-quadrado com 2 graus de liberdade) é assimétrica está apresentado na Figura 3.26.

O gráfico QQ correspondente, agora obtido por meio dos quantis de uma distribuição qui-quadrado com 2 graus de liberdade, é apresentado na Figura 3.27.

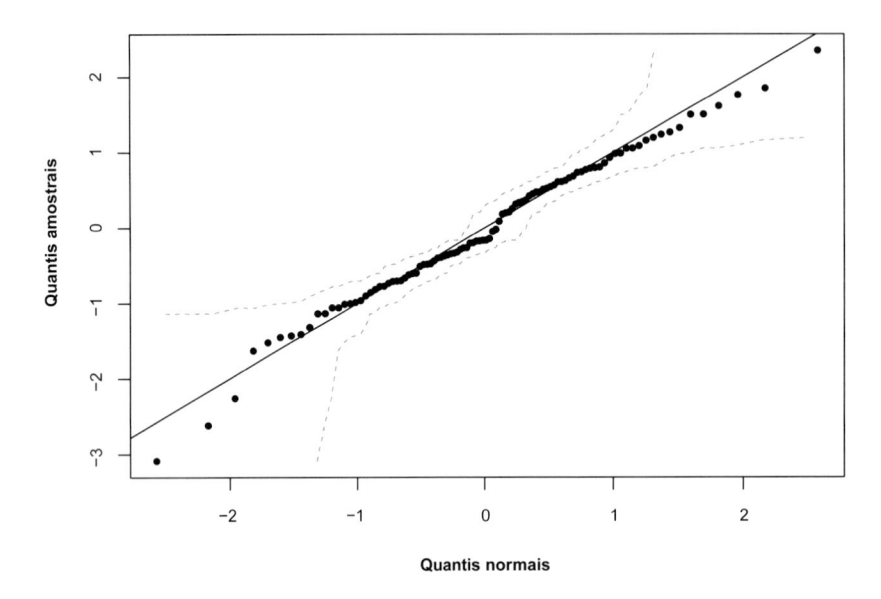

Figura 3.24 Gráfico QQ normal para 100 dados gerados de uma distribuição normal padrão com bandas de confiança.

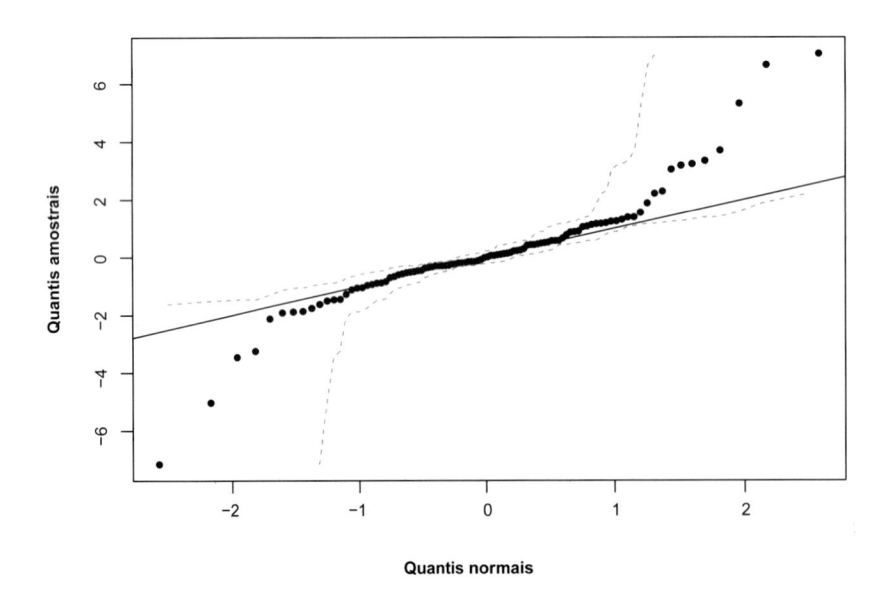

Figura 3.25 Gráfico QQ normal para 100 dados gerados de uma distribuição t com 2 graus de liberdade.

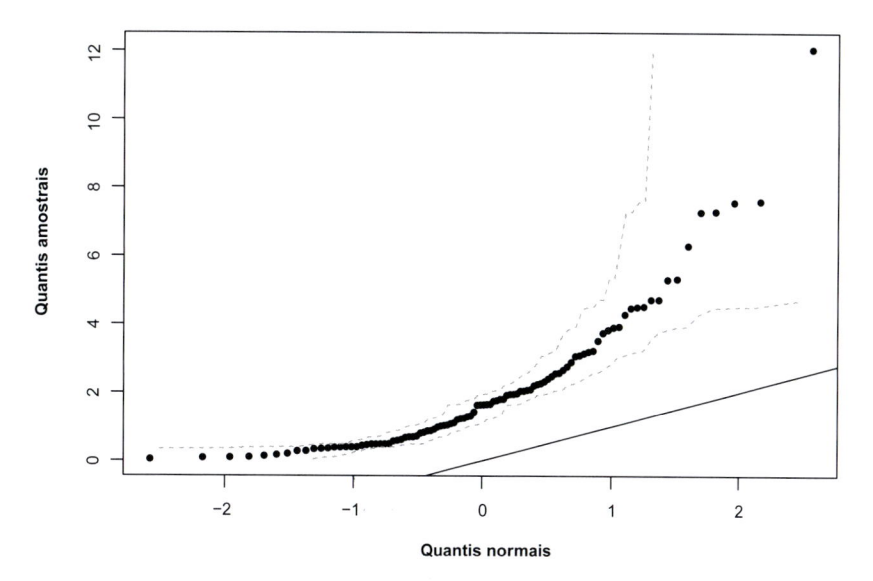

Figura 3.26 Gráfico QQ normal para 100 dados gerados de uma distribuição qui-quadrado com 2 graus de liberdade.

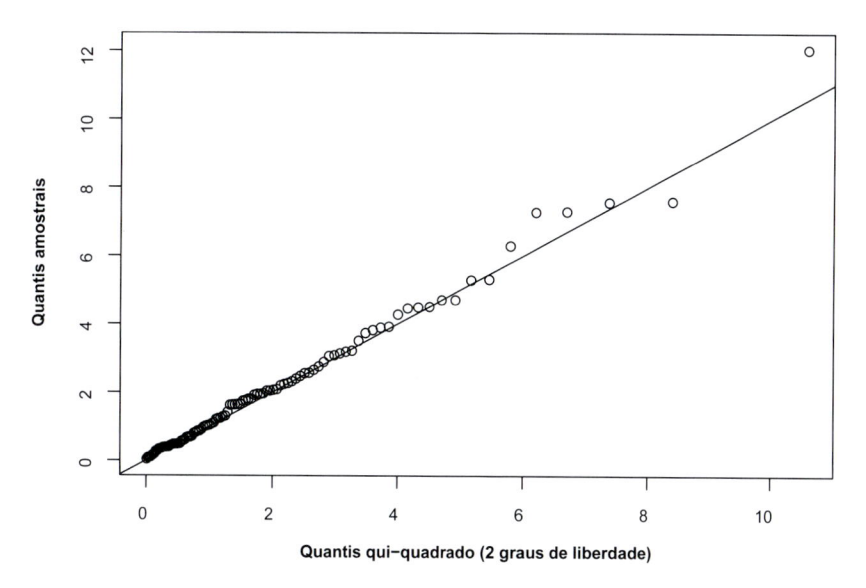

Figura 3.27 Gráfico QQ qui-quadrado para 100 dados gerados de uma distribuição qui-quadrado com 2 graus de liberdade.

3.8 Desvio padrão e erro padrão

Considere uma população para a qual a variável X tem valor esperado μ e variância σ^2. Imaginemos que um número grande, digamos M, de amostras de tamanho n seja obtido dessa população. Denotemos por $X_{i1}, \dots, X_{in}$ os n valores observados da variável X na i-ésima amostra, $i = 1, \dots, M$. Para cada uma das M amostras, calculemos as respectivas médias, denotadas por $\overline{X}_1, \dots, \overline{X}_M$. Pode-se mostrar que o valor esperado e a variância da variável $\overline{X}$ (cujos valores são $\overline{X}_1, \dots, \overline{X}_M$) são, respectivamente, μ e σ^2/n, isto é, o valor esperado do conjunto das médias amostrais é igual ao valor esperado da variável original X e a sua variância é menor (por um fator $1/n$) que a variância da variável original X. Além disso, pode-se demonstrar que o histograma da variável $\overline{X}$ tem o formato da distribuição normal.

Note que a variância σ^2 é uma característica inerente à distribuição da variável original e não depende do tamanho da amostra. A variância σ^2/n da variável $\overline{X}$ depende do tamanho da amostra; quanto maior esse tamanho, mais concentrada (em torno de seu valor esperado, que é o mesmo da variável original) será a sua distribuição. O desvio padrão da variável $\overline{X}$ é conhecido como **erro padrão** (da média).

Lembremos que, dada uma amostra $X_1, \ldots, X_n$, a variância σ^2 da variável X é estimada por

$$S^2 = \frac{1}{n-1} \sum_{i=1}^{n} (X_i - \overline{X})^2.$$

Ao se aumentar o tamanho da amostra, o denominador $n-1$ aumenta, mas o numerador, $\sum_{i=1}^{n}(X_i - \overline{X})^2$, também aumenta de forma que o quociente e também sua raiz quadrada, que é uma estimativa do desvio padrão de X, permanecem estáveis a menos de flutuações aleatórias. Uma estimativa da variância da variável $\overline{X}$ é S^2/n, e dada a estabilidade do numerador S^2, esse quociente, e consequentemente, sua raiz quadrada, que é o erro padrão da média $\overline{X}$, diminuem com o aumento do denominador n. Detalhes podem ser obtidos em Bussab e Morettin (2023).

Uma avaliação desses resultados por meio de simulação está apresentada na Figura 3.28.

Os histogramas apresentados na coluna da esquerda correspondem a dados simulados de uma distribuição normal com valor esperado $\mu = 10$ e desvio padrão $\sigma = 2$. O primeiro deles exibe um histograma obtido com 10.000 dados e mimetiza a população. A média e o desvio padrão correspondentes são, respectivamente, 10,009 e 2,011 que, essencialmente, representam os valores de μ e σ.

Geramos 10.000 amostras de tamanhos $n = 10$ e 10.000 amostras de tamanhos $n = 100$ dessa distribuição e, para cada uma delas, calculamos as médias $(\overline{X})$ e desvios padrões (S). Cada uma dessas 10.000 médias $\overline{X}$ é uma estimativa do valor esperado populacional μ e cada um dos desvios padrões amostrais S é uma estimativa do desvio padrão populacional σ. Os outros dois gráficos exibidos na mesma coluna correspondem aos histogramas das médias (amostrais) das $M = 10.000$ amostras para $n = 10$ e $n = 100$, e salientam o fato de que a dispersão das médias amostrais em torno de sua média (que é, essencialmente, o valor esperado da população de onde foram extraídas) diminui com o aumento do tamanho das amostras. Médias e desvios padrões (erros padrões) dessas distribuições amostrais, além das médias dos desvios padrões amostrais, estão indicados na Tabela 3.11.

Tabela 3.11 Medidas resumo de 10.000 amostras de uma distribuição normal com média 10 e desvio padrão 2

Amostras	média($\overline{X}$)	ep($\overline{X}$)	média(S)
$n = 10$	9,997	$0,636 \approx 2/\sqrt{10}$	$1,945 \approx 2$
$n = 100$	9,999	$0,197 \approx 2/\sqrt{100}$	$1,993 \approx 2$

Os histogramas apresentados na coluna da direita da Figura 3.28 correspondem a dados simulados de uma distribuição exponencial com parâmetro $\lambda = 1,5$ para a qual o valor esperado é $\mu = 0,667 = 1/1,5$ e o desvio padrão também é $\sigma = 0,667 = 1/1,5$. O primeiro deles exibe um histograma obtido com 10.000 dados e mimetiza a população. A média e o desvio padrão correspondentes são, respectivamente, 0,657 e 0,659 que, essencialmente, são os valores de μ e σ.

Os outros dois gráficos exibidos na mesma coluna correspondem aos histogramas das médias (amostrais) de $M = 10.000$ amostras de tamanhos $n = 10$ e $n = 100$, respectivamente, da mesma distribuição exponencial, salientando o fato de que a dispersão das médias amostrais em torno de sua média (que é, essencialmente, o valor esperado da distribuição original) diminui. Além disso, esses histogramas mostram que a distribuição das médias amostrais é aproximadamente normal, apesar de a distribuição de onde as amostras foram geradas ser bastante assimétrica. Médias e desvios padrões (erros padrões) dessas distribuições amostrais, além das médias dos desvios padrões amostrais, estão indicados na Tabela 3.12.

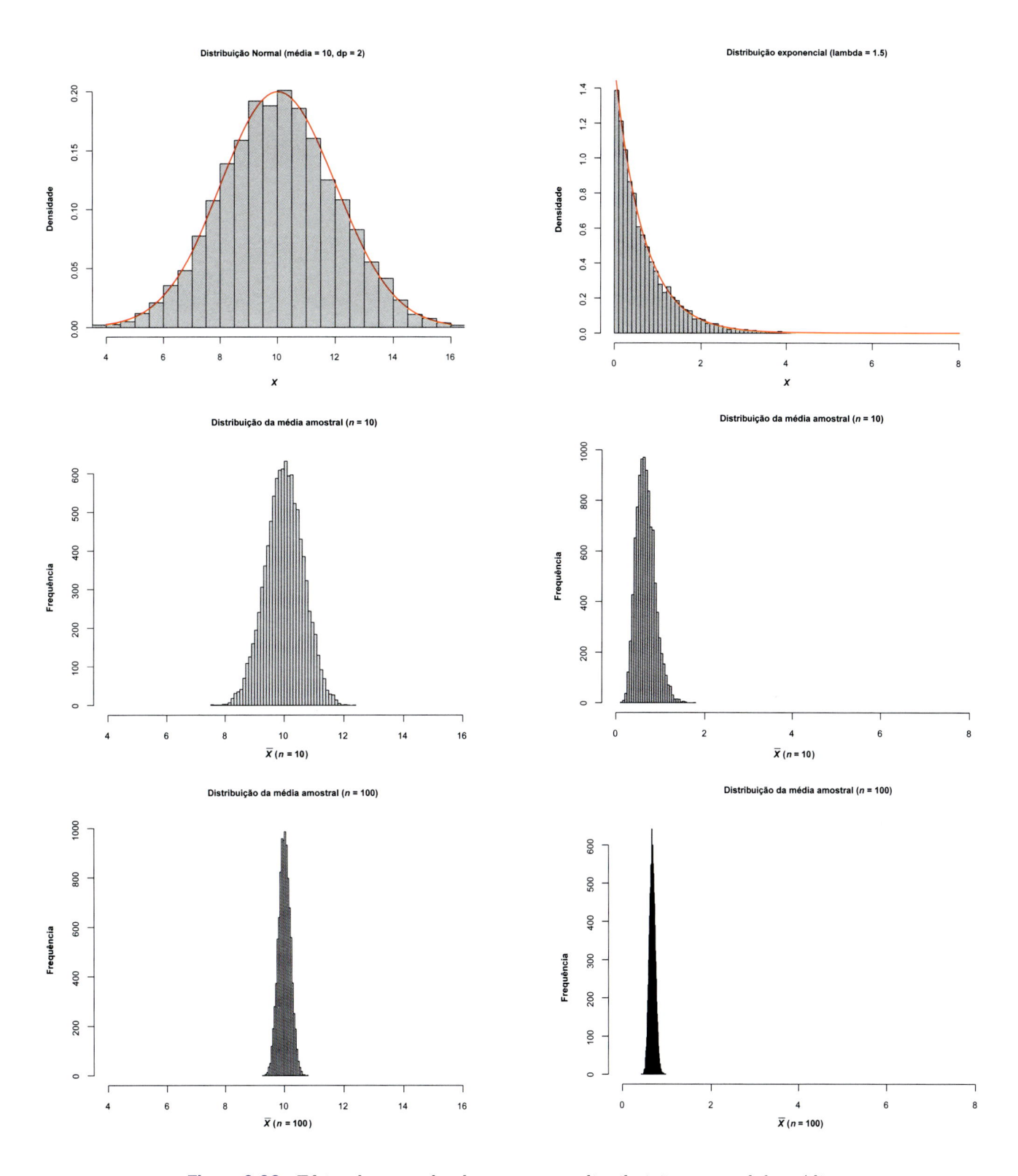

Figura 3.28 Efeito do tamanho da amostra na distribuição amostral da média.

Tabela 3.12 Medidas resumo de 10.000 amostras de uma distribuição exponencial com parâmetro $\lambda = 1,5$ (média = 0,667 e desvio padrão = 0,667)

Amostras	média($\overline{X}$)	ep($\overline{X}$)	média(S)
$n = 10$	0,669	$0,212 \approx 0,667/\sqrt{10}$	$0,617 \approx 0,667$
$n = 100$	0,666	$0,066 \approx 0,667/\sqrt{100}$	$0,659 \approx 0,667$

3.9 Intervalo de confiança e tamanho da amostra

Em muitas situações, dados passíveis de análise estatística provêm de variáveis observadas em unidades de investigação (indivíduos, animais, corpos de prova, residências etc.) obtidas de uma população de interesse por meio de um processo de amostragem. Além de descrever e resumir os dados da amostra, há interesse em utilizá-los para fazer inferência sobre as distribuições populacionais dessas variáveis. Essas populações são, em geral, conceituais. Por exemplo, na avaliação de um determinado medicamento para diminuição da pressão arterial (X), a população de interesse não se resume aos pacientes de um hospital ou de uma região; o foco é a população de indivíduos (vivos ou que ainda nascerão) que poderão utilizar essa droga. Nesse contexto, as características populacionais da diminuição da pressão arterial possivelmente provocada pela administração da droga são desconhecidas e queremos estimá-la (ou adivinhá-las) com base nas suas características amostrais.

Não temos dúvidas sobre as características amostrais. Se a droga foi administrada a n pacientes e a redução média da pressão arterial foi de $\overline{X} = 10$ mmHg com desvio padrão $S = 3$ mmHg, não temos dúvida de que "em média" a droga reduziu a pressão arterial em 10 mmHg **nos indivíduos da amostra**. O problema é saber se o resultado obtido na amostra pode ser extrapolado para a população, ou seja, se podemos utilizar $\overline{X}$ para estimar o valor esperado populacional (μ), que não conhecemos e que não conheceremos a não ser que seja possível fazer um censo. Obviamente, se foram tomados cuidados na seleção da amostra e se o protocolo experimental foi devidamente adotado, faz sentido supor que a redução média da pressão arterial induzida pela droga na população esteja próxima de 10 mmHg, mas precisamos então especificar o que entendemos por "próxima". Isso pode ser feito por intermédio do cálculo da **margem de erro**, que, essencialmente, é uma medida de nossa incerteza na extrapolação dos resultados obtidos na amostra para a população de onde assumimos que foi obtida.

A margem de erro depende do processo amostral, do desvio padrão amostral S, do tamanho amostral n e é dada por $me = kS/\sqrt{n}$, em que k é uma constante que depende do modelo probabilístico adotado e da confiança com que pretendemos fazer a inferência. No caso de uma **amostra aleatória simples** de uma variável X obtida de uma população para a qual supomos um modelo normal, a constante k para um intervalo com **coeficiente de confiança** de 95,4% é igual a 2. Esse valor corresponde à área sob a curva normal entre o valor esperado menos dois desvios padrões ($\mu - 2\sigma$) e o valor esperado mais dois desvios padrões ($\mu + 2\sigma$) como indicado na Figura 3.29.

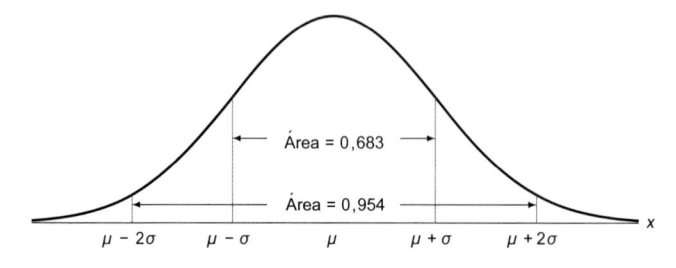

Figura 3.29 Áreas sob a curva normal com valor esperado μ e desvio padrão σ.

Para um coeficiente de confiança igual a 95%, $k = 1{,}96$. Quando o tamanho da amostra é suficientemente grande, podemos utilizar esse valor, mesmo quando a distribuição de onde foi obtida a amostra não é normal. A margem de erro correspondente a um coeficiente de confiança de 95% é $me = 1{,}96S/\sqrt{n}$. Com base nessa margem de erro, podemos construir um **intervalo de confiança** para o valor esperado populacional da variável X. Os limites inferior e superior para esse intervalo são, respectivamente,

$$\overline{X} - 1{,}96S/\sqrt{n} \ \text{ e } \ \overline{X} + 1{,}96S/\sqrt{n}. \tag{3.21}$$

Se considerássemos um grande número de amostras dessa população sob as mesmas condições, o intervalo construído dessa maneira conteria o verdadeiro (mas desconhecido) valor esperado populacional (μ) em 95% dos casos. Dizemos então, que o intervalo de confiança tem confiança de 95%.

À guisa de exemplo, consideremos uma pesquisa eleitoral em que uma amostra de n eleitores é avaliada quanto à preferência por um determinado candidato. Podemos definir a variável resposta como $X = 1$ se o eleitor apoiar o candidato e $X = 0$, em caso contrário. A média amostral de X é a proporção amostral de eleitores favoráveis ao candidato, que representamos por $\widehat{p}$; sua variância, $p(1-p)/n$, pode ser estimada por $\widehat{p}(1-\widehat{p})/n$ (veja o Exercício 32). Pode-se demonstrar que os limites inferior e superior de um intervalo de confiança com 95% de confiança para a proporção populacional p de eleitores favoráveis ao candidato são, respectivamente,

$$\widehat{p} - 1{,}96\sqrt{\widehat{p}(1-\widehat{p})/n} \ \text{ e } \ \widehat{p} + 1{,}96\sqrt{\widehat{p}(1-\widehat{p})/n}. \tag{3.22}$$

Se em uma amostra de tamanho $n = 400$ obtivermos 120 eleitores favoráveis ao candidato, a proporção amostral será $\widehat{p} = 30\%$ e então podemos dizer que com 95% de confiança a proporção populacional p deve estar entre 25,5 e 34,5%.

Uma das perguntas mais frequentes com que o estatístico é defrontado é: *qual é o tamanho da amostra necessário para que meus resultados sejam (estatisticamente) válidos?* Embora a pergunta faça sentido para quem a apresentou, ela não reflete exatamente o que se deseja e precisa ser reformulada para fazer algum sentido passível de análise estatística. Nesse contexto, a pergunta apropriada seria: *qual é o tamanho da amostra necessário para que meus resultados tenham uma determinada precisão?*

Especificamente no caso da estimação da média (populacional) μ de uma variável X, a pergunta seria: *qual é o tamanho da amostra necessário para que a estimativa $\overline{X}$ da média μ tenha uma precisão ε?* A resposta pode ser obtida da expressão (3.21), fazendo $\varepsilon = 1{,}96S/\sqrt{n}$, o que implica

$$n = (1{,}96S/\varepsilon)^2.$$

Então, para a determinação do tamanho da amostra, além da precisão desejada ε, é preciso ter uma ideia sobre o desvio padrão S da variável sob investigação. Essa informação pode ser obtida por meio de uma **amostra piloto** ou por outro estudo com características similares àquelas do estudo que está sendo planejado. Na falta dessas informações, uma estimativa grosseira do desvio padrão pode ser obtida como $S = [\max(X) - \min(X)]/4$ ou $S = [\max(X) - \min(X)]/6$ (veja a Figura 3.29).

Para estimação de proporções amostrais, o cálculo do tamanho da amostra pode ser baseado em (3.22). Nesse caso, $\varepsilon = 1{,}96\sqrt{\widehat{p}(1-\widehat{p})/n}$ o que implica

$$n = \left[1{,}96\sqrt{\widehat{p}(1-\widehat{p})}/\varepsilon\right]^2.$$

Observando que o valor máximo de $\widehat{p}(1-\widehat{p})$ é 0,25 e aproximando 1,96 por 2, o tamanho da amostra necessário para que a precisão aproximada da estimativa da proporção populacional seja de ε pontos percentuais é $n = 1/\varepsilon^2$. Portanto, para que a precisão seja de 3 pontos percentuais como em pesquisas de intenção de votos, em geral, o tamanho da mostra deverá ser aproximadamente $n = 1/(0.03)^2 = 1111$.

Detalhes técnicos sobre a construção de intervalos de confiança e determinação do tamanho da amostra podem ser encontrados em Bussab e Morettin (2023), entre outros.

3.10 Transformação de variáveis

Muitos procedimentos empregados em inferência estatística são baseados na suposição de que os valores de uma (ou mais) das variáveis de interesse provêm de uma distribuição normal, ou seja, de que os dados associados a essa variável constituem uma amostra de uma população na qual a distribuição dessa variável é normal. No entanto, em muitas situações de interesse prático, a distribuição dos dados na amostra é assimétrica e pode conter valores atípicos, como vimos em exemplos anteriores.

Se quisermos utilizar os procedimentos talhados para análise de dados com distribuição normal em situações nas quais a distribuição dos dados amostrais é sabidamente assimétrica, pode-se considerar uma transformação das observações com a finalidade de se obter uma distribuição "mais simétrica" e, portanto, mais próxima da distribuição normal. Uma transformação bastante usada com esse propósito é

$$x^{(p)} = \begin{cases} x^p, & \text{se } p > 0 \\ \log(x), & \text{se } p = 0 \\ -x^p, & \text{se } p < 0. \end{cases} \tag{3.23}$$

Essa transformação com $0 < p < 1$ é apropriada para distribuições assimétricas à direita, pois valores grandes de x decrescem mais relativamente a valores pequenos. Para distribuições assimétricas à esquerda, basta tomar $p > 1$. Normalmente, consideramos valores de p na sequência

$$\ldots, -3, -2, -1, -1/2, -1/3, -1/4, 0, 1/4, 1/3, 1/2, 1, 2, 3, \ldots$$

e para cada um deles construímos gráficos apropriados (histogramas, *boxplots*) com os dados originais e transformados, com o objetivo de escolher o valor mais adequado para p. Hinkley (1977) sugere que para cada valor de p na sequência anterior se calcule a média, a mediana e um estimador de escala (desvio padrão ou algum estimador robusto) e então se escolha o valor que minimiza

$$d_p = \frac{\text{média} - \text{mediana}}{\text{medida de escala}}, \tag{3.24}$$

que pode ser vista como uma medida de assimetria; em uma distribuição simétrica, $d_p = 0$.

Exemplo 3.5 Consideremos a variável concentração de Fe em cascas de árvores da espécie *Tipuana tipu*, disponível no arquivo `arvores`. Nas Figuras 3.30 e 3.31, apresentamos, respectivamente, *boxplots* e histogramas para os valores originais da variável, assim como para seus valores transformados por (3.23) com $p = 0, 1/3$ e $1/2$. Observamos que a transformação obtida com $p = 1/3$ é aquela que gera uma distribuição mais próxima de uma distribuição simétrica.

Muitas vezes, em **Análise de Variância**, por exemplo, é mais importante transformar os dados, de modo a "estabilizar" a variância, do que tornar a distribuição aproximadamente normal. Um procedimento idealizado para essa finalidade é detalhado a seguir.

Suponhamos que X seja uma variável com $\mathrm{E}(X) = \mu$ e variância dependente da média, ou seja, $\mathrm{Var}(X) = h^2(\mu)\sigma^2$, para alguma função h. Notemos que se $h(\mu) = 1$, então $\mathrm{Var}(X) = \sigma^2 = $ constante. Procuremos uma transformação $X \to g(X)$, de modo que $\mathrm{Var}[g(X)] = $ constante. Com esse propósito, consideremos uma **expansão de Taylor** de $g(X)$ ao redor de $g(\mu)$ até primeira ordem,

$$g(X) \approx g(\mu) + (X - \mu)g'(\mu),$$

em que g' denota a derivada de g com relação a μ. Então,

$$\mathrm{Var}[g(X)] \approx [g'(\mu)]^2 \mathrm{Var}(X) = [g'(\mu)]^2 [h(\mu)]^2 \sigma^2.$$

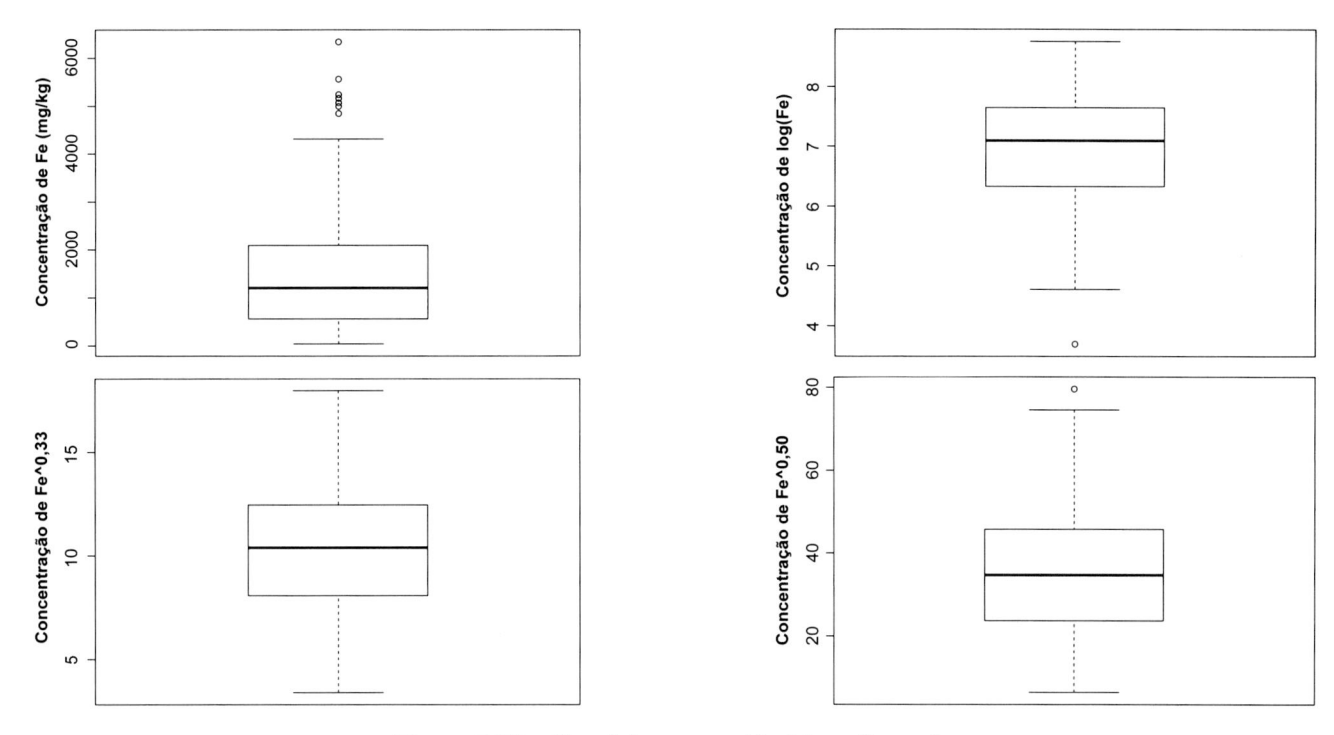

Figura 3.30 *Boxplots* com variável transformada.

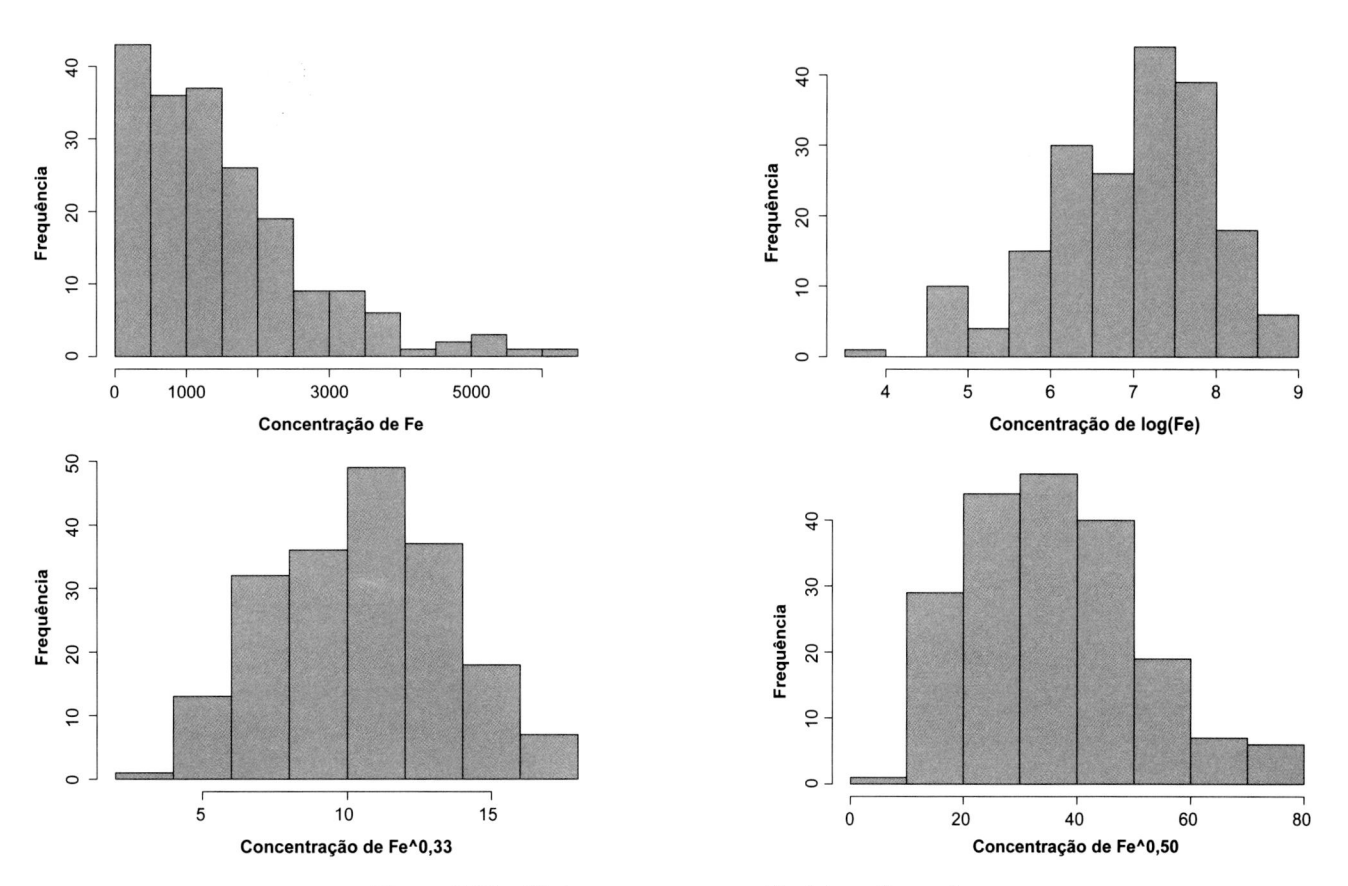

Figura 3.31 Histogramas com variável transformada.

Para que a variância da variável transformada seja constante, devemos tomar

$$g'(\mu) = \frac{1}{h(\mu)}.$$

Por exemplo, se o desvio padrão de X for proporcional a μ, tomamos $h(\mu) = \mu$, logo $g'(\mu) = 1/\mu$ e, portanto, $g(\mu) = \log(\mu)$ e devemos considerar a transformação (3.23) com $p = 0$, ou seja, $y^{(p)} = \log(x)$. Por outro lado, se a variância for proporcional à média, então, usando o resultado anterior, é fácil ver que a transformação adequada é $g(x) = \sqrt{x}$.

A transformação (3.23) é um caso particular das **transformações de Box-Cox** que são da forma

$$g(x) = \begin{cases} (x^p - 1)/p, & \text{se } p \neq 0 \\ \log(x), & \text{se } p = 0. \end{cases} \tag{3.25}$$

Veja Box e Cox (1964) para detalhes.

3.11 Notas de capítulo

NOTA 1: Variáveis contínuas

Conceitualmente, existem variáveis que podem assumir qualquer valor no conjunto dos números reais, como peso ou volume de certos produtos. Como na prática todas as medidas que fazemos têm valores discretos, não é possível obter o valor π (que precisa ser expresso com infinitas casas decimais), por exemplo, para peso ou volume. No entanto, em geral, é possível aproximar as distribuições de frequências de variáveis com essa natureza por funções contínuas (como a distribuição normal) e é essa característica que sugere sua classificação como variáveis contínuas.

NOTA 2: Amplitude de classes em histogramas

Nos casos em que o histograma é obtido a partir dos dados de uma amostra de uma população com densidade $f(x)$, Freedman e Diaconis (1981) mostram que a escolha

$$h = 1{,}349 \widetilde{S} \left(\frac{\log n}{n} \right)^{1/3} \tag{3.26}$$

em que $\widetilde{S}$ é um estimador "robusto" do desvio padrão de X, minimiza o desvio máximo absoluto entre o histograma e a verdadeira densidade $f(x)$. Veja a Nota 4 para detalhes sobre estimadores robustos do desvio padrão. O pacote R usa como *default* o valor de h sugerido por Sturges (1926), dado por

$$h = \frac{W}{1 + 3{,}322 \log(n)}, \tag{3.27}$$

sendo W a amplitude amostral e n o tamanho da amostra.

NOTA 3: Definição de histograma

Consideremos um exemplo com K classes de amplitudes iguais a h. O número de classes a utilizar pode ser obtido aproximadamente como o quociente $(x_{(n)} - x_{(1)})/h$, em que $x_{(1)}$ é o valor mínimo e $x_{(n)}$, o valor máximo do conjunto de dados. Para que a área do histograma seja igual a 1, a altura do k-ésimo retângulo deve ser igual a f_k/h. Chamando $\tilde{x}_k$, $k = 1, \ldots, K$ os pontos médios dos intervalos das classes, o histograma pode ser construído a partir da seguinte função

$$\tilde{f}(x) = \frac{1}{nh} \sum_{i=1}^{n} I(x - \tilde{x}_i; h/2), \tag{3.28}$$

em que $I(z; h)$ é a função indicadora do intervalo $[-h, h]$, ou seja,

$$I(z; h) = \begin{cases} 1, & \text{se } -h \leq z \leq h \\ 0, & \text{em caso contrário} \end{cases}$$

Para representar essa construção, veja a Figura 3.32.

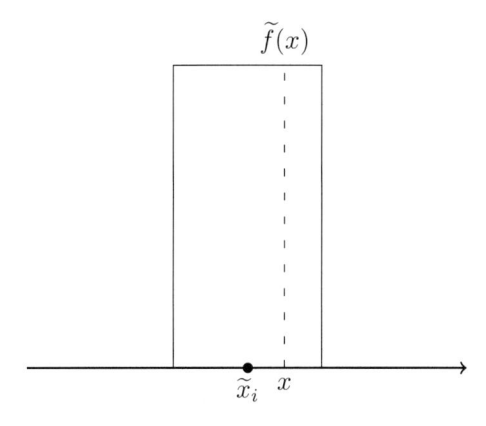

Figura 3.32 Detalhe para a construção de histogramas.

NOTA 4: Um estimador alternativo para o desvio padrão

Pode-se verificar que, para uma distribuição normal, a relação entre a distância interquartis d_Q e o desvio padrão σ satisfaz

$$d_Q = 1{,}349\sigma.$$

Logo, um estimador "robusto" para o desvio padrão populacional é

$$\widetilde{S} = d_Q/1{,}349.$$

Observe que, substituindo $\widetilde{S}$ em (3.26), obtemos

$$h \approx d_Q \left(\frac{\log n}{n} \right)^{1/3},$$

que também pode ser utilizado para a determinação do número de classes de um histograma.

NOTA 5: Padronização de variáveis

Para comparação de gráficos QQ, por exemplo, convém transformar variáveis com diferentes unidades de medida para deixá-las adimensionais, com a mesma média e mesma variância. Para esse efeito, pode-se padronizar uma variável X com média μ e desvio padrão σ por meio da transformação $Z = (X - \mu)/\sigma$.

Pode-se mostrar (veja o Exercício 30) que a variável padronizada Z tem média 0 e desvio padrão 1, independentemente dos valores de μ e σ. Esse tipo de padronização também é útil em Análise de Regressão (veja o Capítulo 6) quando se deseja avaliar a importância relativa de cada variável por meio dos coeficientes do modelo linear adotado.

NOTA 6: Bandas de confiança para gráficos QQ

Seja $\{X_1, \ldots, X_n\}$ uma amostra aleatória de uma variável com função distribuição F desconhecida. A estatística de Kolmogorov-Smirnov [veja Wayne (1990, p. 319-330), por exemplo], dada por

$$KS = sup_x |F_n(x) - F_0(x)|$$

em que F_n é correspondente função distribuição empírica, serve para testar a hipótese $F = F_0$. A distribuição da estatística KS é tabelada de forma que se pode obter o valor crítico t tal que $P(KS \leq t) = 1 - \alpha$, $0 < \alpha < 1$.

Isso implica que, para qualquer valor x, temos $P(|F_n(x) - F_0(x)| \leq t) = 1 - \alpha$, ou seja, que com probabilidade $1 - \alpha$, temos $F_n(x) - t \leq F_0(x) \leq F_n(x) + t$. Consequentemente, os limites inferior e superior de um intervalo de confiança com coeficiente de confiança $1 - \alpha$ para F são, respectivamente, $F_n(x) - t$ e $F_n(x) + t$. Por exemplo, essas bandas conterão a função distribuição normal $N(\mu, \sigma^2)$, denotada por Φ, se

$$F_n(x) - t \leq \Phi[(x - \mu)/\sigma] \leq F_n(x) + t$$

o que equivale a ter uma reta contida entre os limites da banda definida por

$$\Phi^{-1}[F_n(x) - t] \leq (x - \mu)/\sigma \leq \Phi^{-1}[F_n(x) + t].$$

3.12 Exercícios

1) O arquivo `rehabcardio` contém informações sobre um estudo de reabilitação de pacientes cardíacos. Elabore um relatório indicando possíveis inconsistências na matriz de dados e faça uma análise descritiva das variáveis `Peso`, `Altura`, `Coltot`, `HDL`, `LDL`, `Lesoes`, `Diabete` e `HA`. Com essa finalidade,

   a) Construa distribuições de frequências para as variáveis qualitativas.

   b) Construa histogramas, *boxplots* e gráficos de simetria para as variáveis contínuas.

   c) Construa uma tabela com medidas resumo para as variáveis contínuas.

   d) Avalie a compatibilidade de distribuições normais para as variáveis contínuas por meio de gráficos QQ.

2) Considere os dados do arquivo `antracose`.

   a) Construa uma tabela com as medidas de posição e dispersão estudadas para as variáveis desse arquivo.

   b) Construa histogramas e *boxplots* para essas variáveis e verifique que transformação é necessária para tornar mais simétricas aquelas em que a simetria pode ser questionada.

3) Considere as variáveis `Peso` e `Altura` de homens do conjunto de dados `rehabcardio`. Determine o número de classes para os histogramas correspondentes por meio de (3.26) e (3.27) e construa-os.

4) Considere o arquivo `vento`. Observe o valor atípico 61,1, que na realidade ocorreu em decorrência de uma forte tempestade no dia 2 de dezembro. Calcule as medidas de posição e dispersão apresentadas na Seção 3.3. Quantifique o efeito do valor atípico indicado nessas medidas.

5) Construa gráficos ramo-e-folhas e *boxplot* para os dados do Exercício 4.

6) Transforme os dados do Exercício 4 por meio de (3.23) com $p = 0, 1/4, 1/3, 1/2, 3/4$ e escolha a melhor alternativa de acordo com a medida d_p dada em (3.24).

7) Analise a variável `Temperatura` do arquivo `poluicao`.

8) Analise a variável `Salário de administradores`, disponível no arquivo `salarios`.

9) Construa um gráfico ramo-e-folhas e um *boxplot* para os dados de precipitação atmosférica de Fortaleza disponíveis no arquivo `precipitacao`.

10) Construa gráficos de quantis e de simetria para os dados de manchas solares disponíveis no arquivo `manchas`.

11) Uma outra medida de assimetria é

$$A = \frac{(Q_3 - Q_2) - (Q_2 - Q_1)}{Q_3 - Q_1},$$

que é igual a zero no caso de distribuições simétricas. Calcule-a para os dados do Exercício 4.

12) Os dados disponíveis no arquivo `endometriose` são provenientes de um estudo em que o objetivo é verificar se existe diferença entre os grupos de doentes e controles quanto a algumas características observadas.

   a) O pesquisador responsável pelo estudo tem a seguinte pergunta: pacientes doentes apresentam mais dor na menstruação do que as pacientes não doentes? Que tipo de análise você faria para responder essa pergunta utilizando as técnicas discutidas neste capítulo? Faça-a e tire suas conclusões.

   b) Compare as distribuições das variáveis idade e concentração de PCR durante a menstruação (PCRa) para pacientes dos grupos controle e doente utilizando medidas resumo (mínimo, máximo, quartis, mediana, média, desvio padrão etc.), *boxplots*, histogramas, gráficos de médias e gráficos QQ. Como você considerou os valores $< 0,5$ da variável PCRa nesses cálculos? Você sugeriria uma outra maneira para considerar tais valores?

   c) Compare a distribuição da variável número de gestações para os dois grupos por intermédio de uma tabela de frequências. Utilize um método gráfico para representá-la.

13) Os dados encontrados no arquivo `esforco` são provenientes de um estudo sobre teste de esforço cardiopulmonar em pacientes com insuficiência cardíaca. As variáveis medidas durante a realização do teste foram observadas em quatro momentos distintos: repouso (REP), limiar anaeróbio (LAN), ponto de compensação respiratório (PCR) e pico (PICO). As demais variáveis são referentes às características demográficas e clínicas dos pacientes e foram registradas uma única vez.

   a) Descreva a distribuição da variável consumo de oxigênio (VO2) em cada um dos quatro momentos de avaliação utilizando medidas resumo (mínimo, máximo, quartis, mediana, média, desvio padrão etc.), *boxplots* e histogramas. Você identifica algum paciente com valores de consumo de oxigênio discrepantes? Interprete os resultados.

   b) Descreva a distribuição da classe funcional NYHA por meio de uma tabela de frequências. Utilize um método gráfico para representar essa tabela.

14) Na tabela a seguir estão indicadas as durações de 335 lâmpadas.

   a) Esboce o histograma correspondente.

   b) Calcule os quantis de ordem p = 0,1; 0,3; 0,5; 0,7 e 0,9.

Duração (horas)	Nº de lâmpadas
0 ⊢ 100	82
100 ⊢ 200	71
200 ⊢ 300	68
300 ⊢ 400	56
400 ⊢ 500	43
500 ⊢ 800	15

15) Os dados apresentados na Figura 3.33 referem-se aos instantes nos quais o centro de controle operacional de estradas rodoviárias recebeu chamados solicitando algum tipo de auxílio em duas estradas em determinado dia.

    a) Construa um histograma para a distribuição de frequências dos instantes de chamados em cada uma das estradas.

    b) Calcule os intervalos de tempo entre as sucessivas chamadas e descreva-os, para cada uma das estradas, utilizando medidas resumo e gráficos do tipo *boxplot*. Existe alguma relação entre o tipo de estrada e o intervalo de tempo entre as chamadas?

    c) Por intermédio de um gráfico do tipo QQ, verifique se a distribuição da variável `Intervalo de tempo entre as chamadas` em cada estrada é compatível com um modelo normal. Faça o mesmo para um modelo exponencial. Compare as distribuições de frequências correspondentes às duas estradas.

Estrada 1	12:07:00 AM	12:58:00 AM	01:24:00 AM	01:35:00 AM	02:05:00 AM
	03:14:00 AM	03:25:00 AM	03:46:00 AM	05:44:00 AM	05:56:00 AM
	06:36:00 AM	07:26:00 AM	07:48:00 AM	09:13:00 AM	12:05:00 PM
	12:48:00 PM	01:21:00 PM	02:22:00 PM	05:30:00 PM	06:00:00 PM
	07:53:00 PM	09:15:00 PM	09:49:00 PM	09:59:00 PM	10:53:00 PM
	11:27:00 PM	11:49:00 PM	11:57:00 PM		
Estrada 2	12:03:00 AM	01:18:00 AM	04:35:00 AM	06:13:00 AM	06:59:00 AM
	08:03:00 AM	10:07:00 AM	12:24:00 PM	01:45:00 PM	02:07:00 PM
	03:23:00 PM	06:34:00 PM	07:19:00 PM	09:44:00 PM	10:27:00 PM
	10:52:00 PM	11:19:00 PM	11:29:00 PM	11:44:00 PM	

Figura 3.33 Planilha com instantes de realização de chamados solicitando auxílio em estradas.

16) As notas finais de um curso de Estatística foram: 7, 5, 4, 5, 6, 3, 8, 4, 5, 4, 6, 4, 5, 6, 4, 6, 6, 3, 8, 4, 5, 4, 5, 5 e 6.

    a) Calcule a mediana, os quartis e a média.

    b) Separe o conjunto de dados em dois grupos denominados **aprovados**, com nota pelo menos igual a 5, e **reprovados**. Compare a variância das notas desses dois grupos.

17) Considere o seguinte resumo descritivo da pulsação de estudantes com atividade física intensa e fraca:

Atividade	N	Média	Mediana	DP	Min	Max	Q1	Q3
Intensa	30	79,6	82	10,5	62	90	70	85
Fraca	30	73,1	70	9,6	58	92	63	77

DP: desvio padrão   Q1: primeiro quartil   Q3: terceiro quartil

Indique se as seguintes afirmações estão corretas, justificando as suas respostas:

a) 5 e 50% dos estudantes com atividade física intensa e fraca, respectivamente, tiveram pulsação inferior a 70.

b) A proporção de estudantes com fraca atividade física com pulsação inferior a 63 é menor que a proporção de estudantes com atividade física intensa com pulsação inferior a 70.

c) A atividade física não tem efeito na média da pulsação dos estudantes.

d) Mais da metade dos estudantes com atividade física intensa tem pulsação maior que 82.

18) Considere os gráficos *boxplot* da Figura 3.34. Quais deles correspondem às pulsações dos estudantes submetidos à atividade física intensa e fraca?

a) A e B

b) B e D

c) A e C

d) B e C

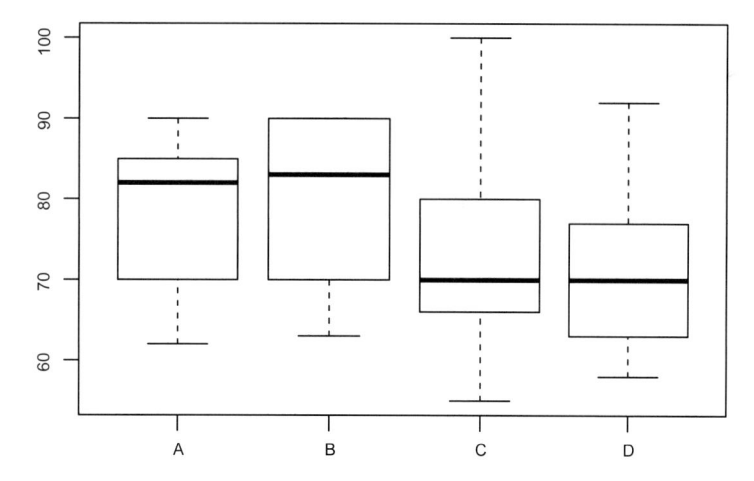

Figura 3.34 *Boxplots* para o Exercício 18.

19) Os histogramas apresentados na Figura 3.35 mostram a distribuição das temperaturas (°C) ao longo de vários dias de investigação para duas regiões (R1 e R2). Indique se as afirmações a seguir estão corretas, justificando as respostas:

a) As temperaturas das regiões R1 e R2 têm mesma média e mesma variância.

b) Não é possível comparar as variâncias.

c) A temperatura média da região R2 é maior que a de R1.

d) As temperaturas das regiões R1 e R2 têm mesma média e variância diferentes.

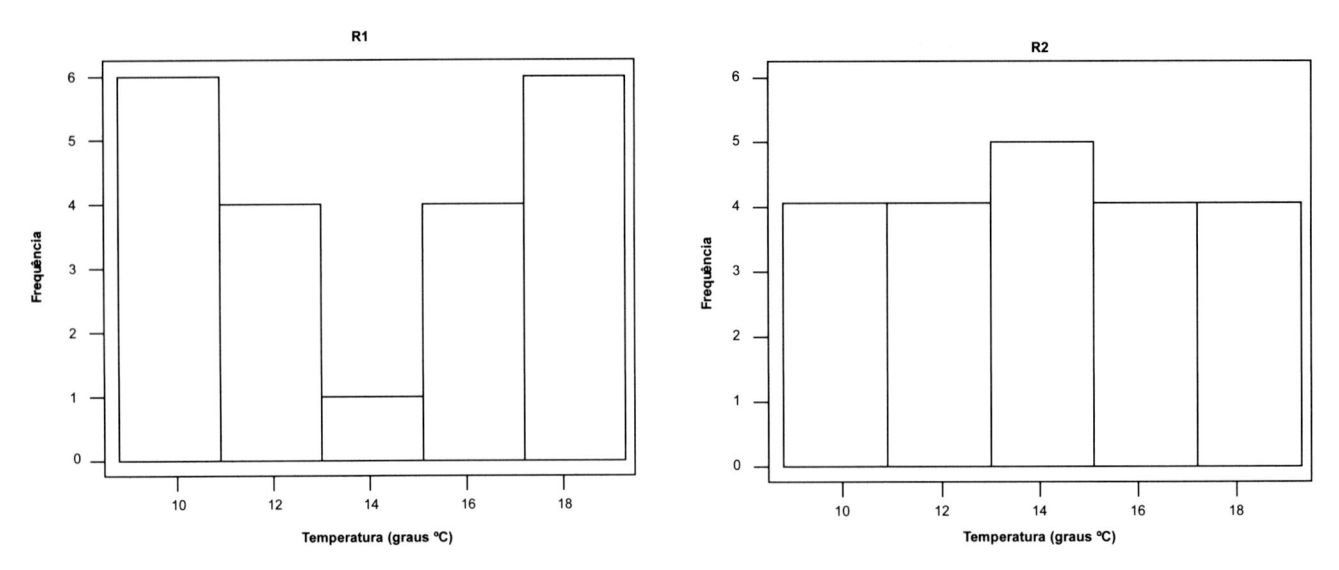

Figura 3.35 Histogramas para o Exercício 19.

20) Na companhia A, a média dos salários é 10.000 unidades e o $3^{\underline{o}}$ quartil é 5000. Responda às seguintes perguntas, justificando sua resposta.

   a) Se você se apresentasse como candidato a funcionário nessa firma e se o seu salário fosse escolhido ao acaso entre todos os possíveis salários, o que seria mais provável: ganhar mais ou menos que 5000 unidades?

   b) Suponha que na companhia B a média dos salários seja 7000 unidades, a variância praticamente zero e o salário também seja escolhido ao acaso. Em qual companhia você se apresentaria para procurar emprego, com base somente no salário?

21) Em um conjunto de dados, o primeiro quartil é 10, a mediana é 15 e o terceiro quartil é 20. Indique quais das seguintes afirmativas são verdadeiras, justificando sua resposta:

   a) A distância interquartis é 5.

   b) O valor 32 seria considerado *outlier*, segundo o critério utilizado na construção do *boxplot*.

   c) A mediana ficaria alterada de 2 unidades, se um ponto com valor acima do terceiro quartil fosse substituído por outro 2 vezes maior.

   d) O valor mínimo é maior do que zero.

22) A bula de um medicamento A para dor de cabeça afirma que o tempo médio para que a droga faça efeito é de 60 s, com desvio padrão de 10 s. A bula de um segundo medicamento B afirma que a média correspondente é de 60 s, com desvio padrão de 30 s. Sabe-se que as distribuições são simétricas. Indique quais das seguintes afirmativas são verdadeiras, justificando sua resposta:

   a) Os medicamentos são totalmente equivalentes com relação ao tempo para efeito, pois as médias são iguais.

   b) Com o medicamento A, a probabilidade de cura de sua dor de cabeça antes de 40 s é maior do que com o medicamento B.

   c) Com o medicamento B, a probabilidade de você ter sua dor de cabeça curada antes de 60 s é maior que com o medicamento A.

23) A tabela a seguir representa a distribuição do número de dependentes por empregado de determinada empresa.

Dependentes	Frequência
1	40
2	50
3	30
4	20
5	10
Total	150

A mediana, média e moda cujos valores foram calculados por quatro estagiários são:

a) 50; 15; 50

b) 1; 2,1; 1

c) 2,7; 2,4; 2,0

d) 2; 2; 2

e) Nenhuma das anteriores.

Indique qual deles está correto, justificando sua resposta.

24) Com relação ao Exercício 23, qual a porcentagem de empregados da empresa com 2 ou mais dependentes?

a) 40,1%

b) 50,1%

c) 60,3%

d) 73,3%

25) Em um estudo na área de Oncologia, o número de vasos que alimentam o tumor está resumido na Tabela 3.13.

Tabela 3.13 Distribuição de frequências do número de vasos que alimentam o tumor

Número de vasos	Frequência
$0 \vdash 5$	8 (12%)
$5 \vdash 10$	23 (35%)
$10 \vdash 15$	12 (18%)
$15 \vdash 20$	9 (14%)
$20 \vdash 25$	8 (12%)
$25 \vdash 30$	6 (9%)
Total	66 (100%)

Indique a resposta correta.

a) O primeiro quartil é 25%.

b) A mediana está entre 10 e 15.

c) O percentil de ordem 10% é 10.

d) A distância interquartis é 50.

e) Nenhuma das anteriores.

26) Utilizando o mesmo enunciado da questão anterior, indique a resposta correta:

a) Não é possível estimar nem a média nem a variância com esses dados.

b) A variância é menor que 30.

c) A média estimada é 12,8.

d) Em apenas 35% dos casos, o número de vasos é maior que 10.

e) Nenhuma das anteriores.

27) Em dois estudos realizados com o objetivo de estimar o nível médio de colesterol total para uma população de indivíduos saudáveis observaram-se os dados indicados na Tabela 3.14:

Tabela 3.14 Medidas descritivas dos estudos A e B

Estudo	n	Média	Desvio padrão
A	100	160 mg/dL	60 mg/dL
B	49	150 mg/dL	35 mg/dL

Indique a resposta correta:

a) Não é possível estimar o nível médio de colesterol populacional só com esses dados.

b) Se os dois estudos foram realizados com amostras da mesma população, não deveria haver diferença entre os desvios padrões amostrais.

c) Com os dados do estudo B, o colesterol médio populacional pode ser estimado com mais precisão do que com os dados do estudo A.

d) Ambos os estudos sugerem que a distribuição do colesterol na população é simétrica.

e) Nenhuma das anteriores.

28) Considere um conjunto de dados $\{X_1, \ldots, X_n\}$.

a) Obtenha a média e a variância de $W_1, \ldots, W_n$, em que $W_i = X_i + k$, com k denotando uma constante, em termos da média e da variância de X.

b) Calcule a média e a variância de $V_1, \ldots, V_n$, em que $V_i = kX_i$, com k denotando uma constante, em termos da média e da variância de X.

29) Prove que S^2, dado por (3.10), é um estimador não enviesado da variância populacional.

30) Considere os valores $X_1, \ldots, X_n$ de uma variável X, com média $\overline{X}$ e desvio padrão S. Mostre que a variável Z, cujos valores são $Z_i = (X_i - \overline{X})/S$, $i = 1, \ldots, n$, tem média 0 e desvio padrão 1.

31) Prove a relação (3.8). Como ficaria essa expressão para S^2?

32) Considere uma amostra aleatória simples $X_1, \ldots, X_n$ de uma variável X que assume o valor 1 com probabilidade $0 < p < 1$ e o valor 0 com probabilidade $1 - p$. Seja $\widehat{p} = n^{-1} \sum_{i=1}^{n} X_i$. Mostre que

i) $\mathrm{E}(X_i) = p$ e $\mathrm{Var}(X_i) = p(1 - p)$.

ii) $\mathrm{E}(\widehat{p}) = p$ e $\mathrm{Var}(\widehat{p}) = p(1 - p)/n$.

iii) $0 < \mathrm{Var}(X_i) < 0{,}25$.

Com base nesses resultados, utilize o Teorema Limite Central [veja Sen et al. (2009), por exemplo] para construir um intervalo de confiança aproximado conservador (isto é, com a maior amplitude possível) para p. Utilize o Teorema de Sverdrup [veja Sen et al. (2009), por exemplo] para construir um intervalo de confiança aproximado para p com amplitude menor que a do intervalo mencionado.

33) Com a finalidade de entender a diferença entre "desvio padrão" e "erro padrão",

    a) Simule 10.000 dados de uma distribuição normal com média 12 e desvio padrão 4. Construa o histograma correspondente, calcule a média e o desvio padrão amostrais e compare os valores obtidos com aqueles utilizados na geração dos dados.

    b) Simule 500 amostras de tamanho $n = 4$ dessa população. Calcule a média amostral de cada amostra, construa o histograma dessas médias e estime o correspondente desvio padrão (que é o erro padrão da média).

    c) Repita os passos a) e b) com amostras de tamanhos $n = 9$ e $n = 100$. Comente os resultados, comparando-os com aqueles preconizados pela teoria.

    d) Repita os passos a) a c) simulando amostras de uma distribuição qui-quadrado com 3 graus de liberdade.

Baixe o material suplementar neste QR Code

uqr.to/1x8so

ANÁLISE DE DADOS DE DUAS VARIÁVEIS

Life is complicated, but not uninteresting.

Jerzy Neyman

4.1 Introdução

Neste capítulo, trataremos da análise descritiva da **associação** entre duas variáveis. De maneira geral, dizemos que existe associação entre duas variáveis se o conhecimento do valor de uma delas nos dá alguma informação sobre alguma característica da distribuição (de frequências) da outra. Podemos estar interessados, por exemplo, na associação entre o grau de instrução e o salário de um conjunto de indivíduos. Diremos que existe associação entre essas duas variáveis se o salário de indivíduos com maior nível educacional for maior (ou menor) que os salários de indivíduos com menor nível educacional. Como na análise de uma única variável, também discutiremos o emprego de tabelas e gráficos para representar a distribuição conjunta das variáveis de interesse, além de medidas resumo para avaliar o tipo e a magnitude da associação. Podemos destacar três casos:

i) as duas variáveis são qualitativas;

ii) as duas variáveis são quantitativas;

iii) uma variável é qualitativa e a outra é quantitativa.

As técnicas para analisar dados nos três casos são distintas. No primeiro caso, a análise é baseada no número de unidades de investigação (amostrais ou populacionais) em cada cela de uma tabela de dupla entrada. No segundo caso, as observações são obtidas por mensurações, e técnicas envolvendo gráficos de dispersão ou de quantis são apropriadas. Na terceira situação, podemos comparar as distribuições da variável quantitativa para cada categoria da variável qualitativa.

Aqui, é importante considerar a classificação das variáveis segundo outra característica, intimamente ligada à forma de coleta dos dados. **Variáveis explicativas** (ou **preditoras**) são aquelas cujas categorias ou valores são fixos, seja por planejamento, seja por condicionamento. **Variáveis respostas** são aquelas cujas categorias ou valores são aleatórios.

Em um estudo em que se deseja avaliar o efeito do tipo de aditivo adicionado ao combustível no consumo de automóveis, cada um de 3 conjuntos de 5 automóveis (de mesmo modelo) foi observado sob o tratamento com um de 4 tipos de aditivo. O consumo (em km/L) foi avaliado após um determinado período de tempo. Nesse contexto, a variável qualitativa "Tipo de aditivo" (com 4 categorias) é considerada como explicativa e a variável quantitativa "Consumo de combustível" é classificada como resposta.

Em outro cenário, em que se deseja estudar a relação entre o nível sérico de colesterol (mg/dL) e o nível de obstrução coronariana (em %), cada paciente de um conjunto de 30 selecionados de um determinado hospital foi submetido a exames de sangue e tomográfico. Nesse caso, tanto a variável "Nível sérico de colesterol" quanto a variável "Nível de obstrução coronariana" devem ser encaradas como respostas. Mesmo assim, sob um **enfoque condicional**, em que se deseja avaliar o "Nível de obstrução coronariana" para pacientes com um determinado "Nível sérico de colesterol", a primeira é encarada como variável resposta e a segunda, como explicativa.

4.2 Duas variáveis qualitativas

Nessa situação, as classes das duas variáveis podem ser organizadas em uma tabela de dupla entrada, em que as linhas correspondem aos níveis de uma das variáveis e as colunas, aos níveis da outra.

Exemplo 4.1 Os dados disponíveis no arquivo `coronarias` referem-se a dados do projeto "Fatores de risco na doença aterosclerótica coronariana", coordenado pela Dra. Valéria Bezerra de Carvalho (Intercor). O arquivo contém informações sobre cerca de 70 variáveis observadas em 1500 indivíduos.

Para fins ilustrativos, consideramos apenas duas variáveis qualitativas nominais, a saber, hipertensão arterial (X) e insuficiência cardíaca (Y) observadas em 50 pacientes, ambas codificadas com os atributos $0 = $ não tem e $1 = $ tem. Nesse contexto, as duas variáveis são classificadas como respostas. A Tabela 4.1 contém a **distribuição de frequências conjunta** das duas variáveis.

Tabela 4.1 Distribuição conjunta das variáveis $X=$ hipertensão arterial e $Y=$ insuficiência cardíaca

Insuficiência cardíaca	Hipertensão arterial		Total
	Tem	Não tem	
Tem	12	4	16
Não tem	20	14	34
Total	32	18	50

Essa distribuição indica, por exemplo, que 12 indivíduos têm hipertensão arterial **e** insuficiência cardíaca, ao passo que 4 indivíduos não têm hipertensão **e** têm insuficiência cardíaca. Para efeito de comparação com outros estudos envolvendo as mesmas variáveis mas com número de pacientes diferentes, convém expressar os resultados na forma de porcentagens. Com esse objetivo, podemos considerar porcentagens com relação ao total da tabela, com relação ao total de suas linhas ou com relação ao total de suas colunas. Na Tabela 4.2, apresentamos as porcentagens correspondentes à Tabela 4.1 calculadas com relação ao seu total.

Os dados da Tabela 4.2 permitem-nos concluir que 24% dos indivíduos avaliados têm hipertensão **e** insuficiência cardíaca, ao passo que 36% dos indivíduos avaliados não sofrem de hipertensão.

Também podemos considerar porcentagens calculadas com relação ao total das colunas, como indicado na Tabela 4.3.

Com base nessa tabela, podemos dizer que, independentemente do *status* desses indivíduos quanto à presença de hipertensão, 32% têm insuficiência cardíaca. Esse cálculo de porcentagens é mais apropriado quando uma das variáveis é considerada explicativa e a outra, considerada resposta.

Tabela 4.2 Porcentagens para os dados da Tabela 4.1 com relação ao seu total

Insuficiência cardíaca	Hipertensão		Total
	Tem	Não tem	
Tem	24%	8%	32%
Não tem	40%	28%	68%
Total	64%	36%	100%

Tabela 4.3 Porcentagens com totais nas colunas

Insuficiência cardíaca	Hipertensão		Total
	Tem	Não tem	
Tem	37,5%	22,2%	32%
Não tem	62,5%	77,8%	68%
Total	100,0%	100,0%	100,0%

No exemplo, apesar de o planejamento do estudo indicar que as duas variáveis são respostas (a frequência de cada uma delas não foi fixada *a priori*), para efeito da análise, uma delas (hipertensão arterial) será considerada explicativa. Isso significa que não temos interesse na distribuição de frequências de hipertensos (ou não) dentre os 50 pacientes avaliados apesar de ainda querermos avaliar a associação entre as duas variáveis. Nesse caso, dizemos que a variável "Hipertensão arterial" é considerada explicativa **por condicionamento**. Se houvéssemos fixado *a priori* um certo número de hipertensos e outro de não hipertensos e então observado quantos dentre cada um desses dois grupos tinham ou não insuficiência cardíaca, diríamos que a variável "Hipertensão arterial" seria considerada explicativa **por planejamento**. Nesse contexto, apenas as porcentagens calculadas como na Tabela 4.3 fariam sentido. Um enfoque análogo poderia ser adotado se fixássemos as frequências de "Insuficiência cardíaca" e considerássemos "Hipertensão arterial" como variável resposta. Nesse cenário, as porcentagens deveriam ser calculadas em relação ao total das linhas da tabela.

Em um estudo idealizado para avaliar a preferência pela cor de um certo produto, selecionaram-se 200 mulheres e 100 homens aos quais foi perguntado se o preferiam nas cores vermelha ou preto. Os resultados estão dispostos na Tabela 4.4.

Tabela 4.4 Distribuição conjunta das variáveis Sexo e Cor de preferência

Sexo	Cor preferida		Total
	Vermelho	Preto	
Feminino	90	110	200
Masculino	30	70	100
Total	120	180	300

Neste caso, Sexo é uma variável explicativa, pois as frequências foram fixadas por planejamento e Cor preferida é a variável resposta. Só faz sentido calcular as frequências relativas tendo como base o total das linhas, como indicado na Tabela 4.5.

Tabela 4.5 Frequências relativas para a Tabela 4.4

Sexo	Cor preferida		Total
	Vermelho	Preto	
Feminino	45%	55%	100%
Masculino	30%	70%	100%
Total	40%	60%	100%

A frequência relativa de mulheres (67%) e de homens (33%) no conjunto de dados não reflete a distribuição de frequências de Sexo na população.

Tabelas com a natureza daquelas descritas aqui são chamadas de **tabelas de contingência** ou **tabelas de dupla entrada**. Essas tabelas são classificadas como tabelas $r \times c$, em que r é o número de linhas e c é o número de colunas. As tabelas apresentadas anteriormente são, portanto, tabelas 2×2. Se a variável X tiver 3 categorias e a variável Y 4 categorias, a tabela de contingência correspondente será uma tabela 3×4.

Suponha, agora, que queiramos verificar se as variáveis X e Y são associadas. No caso da Tabela 4.2 (em que as duas variáveis são consideradas respostas), dizer que as variáveis **não** são associadas equivale a dizer que essas variáveis são **(estatisticamente) independentes**. No caso da Tabela 4.3 (em que uma variável é considerada explicativa, por condicionamento e a outra é considerada resposta), dizer que as variáveis **não** são associadas corresponde a dizer que as distribuições de frequências da variável resposta ("Insuficiência cardíaca") para indivíduos classificados em cada categoria da variável explicativa ("Hipertensão arterial") são **homogêneas**. Esse também é o cenário dos dados da Tabela 4.4, em que a variável Sexo é uma variável explicativa por planejamento e Cor preferida é a variável resposta.

Nas Tabelas 4.2 ou 4.3, por exemplo, há diferenças, que parecem não ser "muito grandes", o que nos leva a conjecturar que **na população de onde esses indivíduos foram extraídos**, as duas variáveis não são associadas. Para avaliar essa conjectura, pode-se construir um **teste formal** para essa **hipótese de inexistência de associação** (independência ou homogeneidade), ou seja, para a hipótese

$$H \ : \ X \text{ e } Y \ \text{ são não associadas.}$$

Convém sempre lembrar que a hipótese H refere-se à associação entre as variáveis X e Y na população (geralmente conceitual) de onde foi extraída a amostra cujos dados estão dispostos na tabela. Não há dúvidas de que na tabela as distribuições de frequências correspondentes às colunas rotuladas por "Tem" e "Não tem" hipertensão são diferentes.

Se as duas variáveis não fossem associadas, deveríamos ter porcentagens iguais (ou aproximadamente iguais) nas colunas da Tabela 4.3 rotuladas "Tem" e "Não tem" . Podemos então calcular as **frequências esperadas** nas celas da tabela **admitindo que a hipótese H seja verdadeira**, ou seja, admitindo que as frequências relativas de pacientes com ou sem hipertensão fossem, respectivamente, 64 e 36%, independentemente de terem ou não insuficiência cardíaca. Por exemplo, o valor 10,2 corresponde a 64% de 16, ou ainda, $10{,}2 = (32 \times 16)/50$. Observe que os valores foram arredondados segundo a regra usual e que as somas de linhas e colunas são as mesmas da Tabela 4.1.

Denotando os valores observados por o_i e os esperados por e_i, $i = 1,2,3,4$, podemos calcular os **resíduos** $r_i = o_i - e_i$ e verificar que $\sum_i r_i = 0$. Uma medida da discrepância entre o valores observados e aqueles esperados sob a hipótese H é a chamada estatística ou **qui-quadrado** de Pearson,

$$\chi^2 = \sum_{i=1}^{4} \frac{(o_i - e_i)^2}{e_i}. \tag{4.1}$$

Tabela 4.6 Valores esperados das frequências na Tabela 4.3 sob H

Insuficiência cardíaca	Hipertensão		Total
	Tem	Não Tem	
Tem	10,2	5,8	16
Não Tem	21,8	12,2	34
Total	32	18	50

No nosso exemplo, $\chi^2 = 1{,}3$. Quanto maior esse valor, maior a **evidência** de que a hipótese H não é verdadeira, ou seja, de que as variáveis X e Y **são** associadas (na população de onde foi extraída a amostra que serviu de base para os cálculos). Resta saber se o valor observado é suficientemente grande para concluirmos que H não é verdadeira. Com essa finalidade, teríamos de fazer um teste formal, o que não será tratado neste texto. Pode-se mostrar que, sob a hipótese H, a estatística (4.1) segue uma distribuição qui-quadrado com número de graus de liberdade igual a $(r-1)(c-1)$ para tabelas $r \times c$ de forma que a decisão de rejeitar ou não a hipótese pode ser baseada nessa distribuição. Para o exemplo, o valor $\chi^2 = 1{,}3$ deve ser comparado com quantis da distribuição qui-quadrado com 1 grau de liberdade. Veja Bussab e Morettin (2023), entre outros, para detalhes.

A própria estatística de Pearson poderia servir como medida da intensidade da associação, mas o seu valor aumenta com o tamanho da amostra; uma alternativa para corrigir esse problema é o **coeficiente de contingência de Pearson**, dado por

$$C = \sqrt{\frac{\chi^2}{\chi^2 + n}}. \tag{4.2}$$

Para o Exemplo 4.1, temos que $C = \sqrt{1{,}3/1{,}3 + 50} = 0{,}16$, que é um valor pequeno. Esse coeficiente tem interpretação semelhante à do **coeficiente de correlação**, a ser tratado na próxima seção. Mas enquanto esse último varia entre 0 e 1 em módulo, o coeficiente C, como definido, não varia nesse intervalo. O valor máximo de C é

$$C_{max} = \sqrt{(k-1)/k}$$

em que $k = \min(r,c)$, com r indicando o número de linhas, e c, o número de colunas da tabela de contingência. Uma modificação de C é o **coeficiente de Tschuprow**,

$$T = \sqrt{\frac{\chi^2/n}{\sqrt{(r-1)(c-1)}}}, \tag{4.3}$$

que atinge o valor máximo igual a 1 quando $r = c$. No Exemplo 4.1, $T = 0{,}16$.

Exemplo 4.2 A Tabela 4.7 contém dados sobre o tipo de escola cursada por estudantes aprovados no vestibular da USP em 2018.

O valor da estatística de Pearson (4.1) correspondente aos dados da Tabela 4.7 é $\chi^2 = 15$; com base na distribuição χ^2 com $6 = (4-1)(3-1)$ graus de liberdade, obtemos $p = 0{,}02$, o que sugere uma associação entre as duas variáveis (Tipo de escola e Área do conhecimento). No entanto, essa conclusão não tem significância prática, pois a estatística de Pearson terá um valor tanto maior quanto maior for o total da tabela, mesmo que a associação entre as variáveis seja muito tênue.[1] Nesse contexto, convém avaliar essa

---

[1] Essa característica é conhecida como maldição (ou praga) da dimensionalidade.

Tabela 4.7 Frequências de estudantes aprovados no vestibular de 2018 na USP

Tipo de escola frequentada	Área do conhecimento			Total
	Biológicas	Exatas	Humanas	
Pública	341	596	731	1668
Privada	1327	1957	2165	5449
Principalmente pública	100	158	178	436
Principalmente privada	118	194	196	508
Total	1886	2905	3270	8061

associação por intermédio dos coeficientes de contingência de Pearson (4.2) ou de Tschuprow (4.3), entre outros. Para o exemplo, seus valores são, respectivamente, 0,043 e 0,027, sugerindo uma associação de pequena intensidade.

Para comparar as preferências de formação profissional entre estudantes que frequentaram diferentes tipos de escola, consideramos as frequências relativas tomando como base os totais das linhas; os resultados estão dispostos na Tabela 4.8.

Tabela 4.8 Frequências relativas de preferências por área de conhecimento (por tipo de escola)

Tipo de escola frequentada	Área do conhecimento			Total
	Biológicas	Exatas	Humanas	
Pública	20,5%	35,7%	43,8%	100,0%
Privada	24,4%	35,9%	39,7%	100,0%
Principalmente pública	23,0%	36,2%	40,8%	100,0%
Principalmente privada	23,2%	38,2%	38,6%	100,0%
Total	23,4%	36,0%	40,6%	100,0%

Sem grande rigor, podemos dizer que cerca de 40% dos estudantes que frequentaram escolas públicas ou privadas, mesmo que parcialmente, matricularam-se em cursos de Ciências Humanas, cerca de 36% de estudantes com as mesmas características matricularam-se em cursos de Ciências Exatas e os demais 24% em cursos de Ciências Biológicas. Note que foi necessário um ajuste em algumas frequências relativas (por exemplo, o valor correspondente à cela Escola Pública/Ciências Biológicas deveria ser 20,4% e não 20,5%) para que o total somasse 100% mantendo os dados da tabela com apenas uma casa decimal.

Se, por outro lado, o objetivo for avaliar o tipo de escola frequentado por estudantes matriculados em cada área do conhecimento, devemos calcular as frequências relativas tomando como base o total de colunas; os resultados estão dispostos na Tabela 4.9 e sugerem que, dentre os estudantes que optaram por qualquer das três áreas, cerca de 21% são oriundos de escolas públicas, cerca de 68% de escolas privadas e com os demais 11% tendo cursado escolas públicas ou privadas parcialmente.

Em estudos que envolvem a mesma característica observada sob duas condições diferentes (gerando duas variáveis, X e Y, cada uma correspondendo à observação da característica sob uma das condições), espera-se que elas sejam associadas e o interesse recai sobre a avaliação da **concordância** dos resultados em ambas as condições. Nesse contexto, consideremos um exemplo em que as redações de 445 estudantes são classificadas por cada um de dois professores (A e B) como "ruim", "média" ou "boa", com os resultados resumidos na Tabela 4.10.

Tabela 4.9 Frequências relativas ao tipo de escola cursada (por área do conhecimento)

Tipo de escola frequentada	Área do conhecimento			Total
	Biológicas	Exatas	Humanas	
Pública	18,1%	20,5%	22,4%	20,7%
Privada	70,3%	67,4%	66,2%	67,6%
Principalmente pública	5,3%	5,4%	5,4%	5,4%
Principalmente privada	6,3%	6,7%	6,0%	6,3%
Total	100,0%	100,0%	100,0%	100,0%

Tabela 4.10 Frequências de redações classificadas por dois professores

	Professor B		
Professor A	ruim	média	boa
ruim	192	1	5
média	2	146	5
boa	11	12	171

Se todas as frequências estivessem dispostas ao longo da diagonal principal da tabela, diríamos que a haveria completa concordância entre os dois professores com relação ao critério de avaliação das redações. Como normalmente isso não acontece, é conveniente construir um índice para avaliar a magnitude da concordância. Uma estimativa do índice denominado κ de Cohen (1960), construído com esse propósito, é

$$\widehat{\kappa} = \frac{\sum_{i=1}^{3} p_{ii} - \sum_{i=1}^{3} p_{i+}p_{+i}}{1 - \sum_{i=1}^{3} p_{i+}p_{+i}}.$$

Nessa expressão, p_{ij} representa frequência relativa associada à cela correspondente à linha i e coluna j da tabela e p_{i+} e p_{+j} representam a soma das frequências relativas associadas à linha i e coluna j, respectivamente. O numerador corresponde à diferença entre a soma das frequências relativas correspondentes à diagonal principal da tabela e a soma das frequências relativas que seriam esperadas se as avaliações dos dois professores fossem independentes. Portanto, quando há concordância completa, $\sum_{i=1}^{3} p_{ii} = 1$, o numerador é igual ao denominador e o valor da estimativa do índice de Cohen é $\widehat{\kappa} = 1$. Quando a concordância entre as duas variáveis é menor do que a esperada pelo acaso, $\widehat{\kappa} < 0$. Uma estimativa da variância de $\widehat{\kappa}$ obtida por meio do método Delta é

$$\text{Var}(\widehat{\kappa}) = n^{-1} \left\{ \frac{\sum_i p_{ii}(1 - \sum_i p_{ii})}{(1 - \sum_i p_{ii})^2} + \frac{2(1 - \sum_i p_{ii})[2 \sum_i p_{ii} \sum_i p_{i+}p_{+i} - \sum_i p_{ii}(p_{i+} + p_{+i})]}{(1 - \sum_i p_{i+}p_{+i})^3} \right.$$
$$\left. + \frac{(1 - \sum_i p_{ii})^2 [\sum_i \sum_j p_{ij}(p_{i+} + p_{+j})^2 - 4 \sum_i p_{i+}p_{+i}]}{(1 - \sum_i p_{i+}p_{+i})^4} \right\}$$

Para os dados da Tabela 4.10, em que há forte evidência de associação entre as duas variáveis ($\chi^2 = 444{,}02, gl = 4, p < 0{,}001$), temos $\widehat{\kappa} = 0{,}87$, sugerindo uma "boa" concordância entre as avaliações dos dois professores.[2] Na Tabela 4.11, por outro lado, temos $\kappa = -0{,}41$, sugerindo uma concordância muito fraca entre as duas variáveis, embora também haja forte evidência de associação ($\chi^2 = 652{,}44, gl = 4, p < 0{,}001$).

Tabela 4.11 Frequências de redações classificadas por dois professores

	Professor B		
Professor A	ruim	média	boa
ruim	1	146	12
média	5	5	71
boa	192	2	11

Embora o nível de concordância medido pelo índice κ seja subjetivo e dependa da área em que se realiza o estudo gerador dos dados, há autores que sugerem regras de classificação, como aquela proposta por Viera e Garrett (2005) e reproduzida na Tabela 4.12.

Tabela 4.12 Níveis de concordância segundo o índice κ de Cohen

κ de Cohen	Nível de concordância
< 0	Menor do que por acaso
0,01–0,20	Leve
0,21–0,40	Razoável
0,41–0,60	Moderado
0,61–0,80	Substancial
0,81–0,99	Quase perfeito

Para salientar discordâncias mais extremas como no exemplo, um professor classifica a redação como "ruim" e o outro como "boa", pode-se considerar o índice κ ponderado, cuja estimativa é

$$\widehat{\kappa}_p = \frac{\sum_{i=1}^{3}\sum_{j=1}^{3} w_{ij}p_{ij} - \sum_{i=1}^{3}\sum_{j=1}^{3} w_{ij}p_{i+}p_{+j}}{1 - \sum_{i=1}^{3}\sum_{j=1}^{3} w_{ij}p_{i+}p_{+j}},$$

em que $w_{ij}, i,j = 1{,}2{,}3$ é um conjunto de pesos convenientes. Por exemplo, $w_{ii} = 1$, $w_{ij} = 1-(i-j)/(I-1)$, com I sendo o número de categorias em que a característica de interesse é classificada. Para o exemplo, $w_{12} = w_{21} = w_{23} = w_{32} = 1 - 1/2 = 1/2$, $w_{13} = w_{31} = 1 - 2/2 = 0$.

Risco atribuível, risco relativo e razão de chances

Em muitas áreas do conhecimento, há interesse em avaliar a associação entre um ou mais **fatores de risco** e uma variável resposta. Em um estudo epidemiológico, por exemplo, pode haver interesse em

---

[2] Para uma interpretação ingênua sobre o significado do valor-p, consulte a Nota 8.

avaliar a associação entre o hábito tabagista (fator de risco) e a ocorrência de algum tipo de câncer pulmonar (variável resposta). Um exemplo na área de Seguros pode envolver a avaliação da associação entre estado civil e sexo (considerados como fatores de risco) e o envolvimento em acidente automobilístico (variável resposta).

No primeiro caso, os dados (hipotéticos) obtidos de uma amostra de 50 fumantes e 100 não fumantes, por exemplo, para os quais se observa a ocorrência de câncer pulmonar após um determinado período, podem ser dispostos no formato da Tabela 4.13. Esse tipo de estudo em que se fixam os níveis do fator de risco (hábito tabagista) e se observa a ocorrência do evento de interesse (câncer pulmonar) após um determinado tempo é conhecido como **estudo prospectivo**.

Para a população da qual essa amostra é considerada oriunda (e para a qual se quer fazer inferência), a tabela correspondente pode ser esquematizada como indicado na Tabela 4.14.

O parâmetro π_0 corresponde à probabilidade[3] de que indivíduos que **sabemos** ser não fumantes contraírem câncer pulmonar; analogamente, π_1 corresponde à probabilidade de que indivíduos que **sabemos** ser fumantes contraírem câncer pulmonar.

Tabela 4.13 Frequências de doentes observados em um estudo prospectivo

Hábito tabagista	Câncer pulmonar		Total
	sem	com	
não fumante	80	20	100
fumante	35	15	50

Tabela 4.14 Probabilidades de ocorrência de doença

Hábito tabagista	Câncer pulmonar		Total
	sem	com	
não fumante	$1 - \pi_0$	π_0	1
fumante	$1 - \pi_1$	π_1	1

Nesse contexto, podemos definir algumas medidas de associação (entre o fator de risco e a variável resposta).

i) **Risco atribuível**: $d = \pi_1 - \pi_0$, que corresponde à diferença entre as probabilidades (ou riscos) de ocorrência do evento de interesse para expostos e não expostos ao fator de risco.

ii) **Risco relativo**: $r = \pi_1/\pi_0$, que corresponde ao quociente entre as probabilidades de ocorrência do evento de interesse para expostos e não expostos ao fator de risco.

iii) **Razão de chances** (*odds ratio*): $\omega = [\pi_1/(1 - \pi_1)]/[\pi_0/(1 - \pi_0)]$, que corresponde ao quociente entre as chances de ocorrência do evento de interesse para expostos e não expostos ao fator de risco.[4]

---

[3] O termo "frequência relativa" é substituído por "probabilidade" quando nos referimos às características populacionais (veja a Seção 3.5).

[4] Lembremos que **probabilidade** é uma medida de frequência de ocorrência de um evento (quanto maior a probabilidade de um evento, maior a frequência com que ele ocorre) cujos valores variam entre 0 e 1 (ou entre 0 e 100%). Uma medida de frequência equivalente mas com valores entre 0 e ∞ é conhecida como **chance** (*odds*). Por exemplo, se um evento ocorre com probabilidade 0,8 (80%), a chance de ocorrência é 4 (= 80% / 20%) ou, mais comumente, de 4 para 1, indicando que, em cinco casos, o evento ocorre em 4 e não ocorre em 1.

No exemplo da Tabela 4.13, essas medidas de associação podem ser estimadas como:

i) Risco atribuível: $\hat{d} = 0{,}30 - 0{,}20 = 0{,}10$ (o risco de ocorrência de câncer pulmonar aumenta de 10% para fumantes relativamente aos não fumantes).

ii) Risco relativo: $\hat{r} = 0{,}30/0{,}20 = 1{,}50$ (o risco de ocorrência de câncer pulmonar para fumantes é 1,5 vez o risco correspondente para não fumantes).

iii) Chances: a estimativa de chance de ocorrência de câncer pulmonar para fumantes é $0{,}429 = 0{,}30/0{,}70$; a estimativa da chance de ocorrência de câncer pulmonar para não fumantes é $0{,}250 = 0{,}20/0{,}80$.

iv) Razão de chances: $\hat{\omega} = 0{,}429/0{,}250 = 1{,}72$ (a chance de ocorrência de câncer pulmonar para fumantes é 1,72 vez a chance correspondente para não fumantes).

Em geral, embora a medida de associação de maior interesse prático pela facilidade de interpretação seja o risco relativo, a razão de chances talvez seja a mais utilizada na prática. Primeiramente, observemos que

$$\omega = \frac{\pi_1/(1 - \pi_1)}{\pi_0/(1 - \pi_0)} = r\frac{1 - \pi_0}{1 - \pi_1} \longrightarrow r, \text{ quando } \pi_0 \text{ e } \pi_1 \longrightarrow 0$$

ou seja, para eventos raros (cujas probabilidade π_1 ou π_0 são muito pequenas), a razão de chances serve como uma boa aproximação do risco relativo.

Em geral, estudos prospectivos com a natureza daquele que motivou a presente discussão não são praticamente viáveis em função do tempo decorrido até o diagnóstico da doença. Uma alternativa é a condução de **estudos retrospectivos** em que, por exemplo, são selecionados 35 pacientes com e 115 pacientes sem câncer pulmonar e se determina (*a posteriori*) quais, dentre eles, eram fumantes e não fumantes. Nesse caso, os papéis das variáveis explicativa e resposta se invertem, sendo o *status* relativo à presença da moléstia encarado como variável explicativa e o hábito tabagista, como variável resposta. A Tabela 4.15 contém dados hipotéticos de um estudo retrospectivo planejado com o mesmo intuito do estudo prospectivo descrito antes, ou seja, avaliar a associação entre tabagismo e ocorrência de câncer de pulmão.

Tabela 4.15 Frequências de fumantes observados em um estudo retrospectivo

Hábito tabagista	Câncer pulmonar	
	sem	com
não fumante	80	20
fumante	35	15
Total	115	35

A Tabela 4.16 representa as probabilidades pertinentes.

O parâmetro p_0 corresponde à probabilidade de que indivíduos que **sabemos** não ter câncer pulmonar serem fumantes; analogamente, p_1 corresponde à probabilidade de que indivíduos que **sabemos** ter câncer pulmonar serem não fumantes. Nesse caso, não é possível calcular nem o risco atribuível nem o risco relativo, pois não se conseguem estimar as probabilidades de ocorrência de câncer pulmonar, π_1 ou π_0 para fumantes e não fumantes, respectivamente. No entanto, pode-se demonstrar (veja a Nota 1) que a razão de chances obtida por meio de um estudo retrospectivo é igual àquela que seria obtida por intermédio de um estudo prospectivo correspondente, ou seja,

$$\omega = \frac{p_1/(1 - p_1)}{p_0/(1 - p_0)} = \frac{\pi_1/(1 - \pi_1)}{\pi_0/(1 - \pi_0)}.$$

Tabela 4.16 Probabilidades de hábito tabagista

Hábito tabagista	Câncer pulmonar	
	sem	com
não fumante	$1 - p_0$	$1 - p_1$
fumante	p_0	p_1
Total	1	1

Em um estudo retrospectivo, pode-se afirmar que a chance de ocorrência do evento de interesse (câncer pulmonar, por exemplo) para indivíduos expostos ao fator de risco é ω vezes a chance correspondente para indivíduos não expostos, embora não se possa estimar quanto valem essas chances.

Detalhes sobre estimativas e intervalos de confiança para o risco relativo e razão de chances são apresentados na Nota 7.

A partir das frequências da Tabela 4.15 podemos **estimar** a chance de um indivíduo ser fumante, dado que tem câncer pulmonar, como $0,428 = 15/35$, e a chance de um indivíduo ser fumante, dado que não tem câncer pulmonar, como $0,304 = 35/115$; a estimativa da razão de chances correspondente é $\omega = 0,750/0,437 = 1,72$. Essas chances não são aquelas de interesse, pois gostaríamos de conhecer as chances de ter câncer pulmonar para indivíduos fumantes e não fumantes. No entanto, a razão de chances tem o mesmo valor que aquela calculada por meio de um estudo prospectivo, ou seja, a partir da análise dos dados da Tabela 4.15, não é possível estimar a chance de ocorrência de câncer pulmonar nem para fumantes nem para não fumantes, mas podemos concluir que a primeira é 1,72 vez a segunda.

Avaliação de testes diagnósticos

Dados provenientes de estudos planejados com o objetivo de avaliar a capacidade de testes laboratoriais ou exames médicos para diagnóstico de alguma doença envolvem a classificação de indivíduos segundo duas variáveis; a primeira corresponde ao verdadeiro *status* relativamente à presença da moléstia (doente ou não doente) e a segunda ao resultado do teste (positivo ou negativo). Dados correspondentes aos resultados de um determinado teste aplicado a n indivíduos podem ser dispostos no formato da Tabela 4.17.

Aqui, n_{ij} corresponde à frequência de indivíduos com o i-ésimo *status* relativo à doença ($i = 1$ para doentes e $i = 2$ para não doentes) e j-ésimo *status* relativo ao resultado do teste ($j = 1$ para resultado positivo e $j = 2$ para resultado negativo). Além disso, $n_{i+} = n_{i1} + n_{i2}$ e $n_{+j} = n_{1j} + n_{2j}$, $i,j = 1,2$. As seguintes características associadas aos testes diagnóstico são bastante utilizadas na prática.

Tabela 4.17 Frequência de pacientes submetidos a um teste diagnóstico

Verdadeiro *status*	Resultado do teste		Total
	positivo (T+)	negativo (T−)	
doente (D)	n_{11}	n_{12}	n_{1+}
não doente (ND)	n_{21}	n_{22}	n_{2+}
Total	n_{+1}	n_{+2}	n

i) **Sensibilidade**: corresponde à probabilidade de resultado positivo para pacientes doentes $[S = P(T+|D)]$ e pode ser estimada por $s = n_{11}/n_{1+}$;

ii) **Especificidade**: corresponde à probabilidade de resultado negativo para pacientes não doentes $[E = P(T-|ND)]$ e pode ser estimada por $e = n_{22}/n_{2+}$;

iii) **Falso positivo**: corresponde à probabilidade de resultado positivo para pacientes não doentes $[FP = P(T+|ND)]$ e pode ser estimada por $fp = n_{21}/n_{2+}$;

iv) **Falso negativo**: corresponde à probabilidade de resultado negativo para pacientes doentes $[FN = P(T-|D)]$ e pode ser estimada por $fn = n_{12}/n_{1+}$;

v) **Valor preditivo positivo**: corresponde à probabilidade de que o paciente seja doente dado que o resultado do teste é positivo $[VPP = P(D|T+)]$ e pode ser estimada por $vpp = n_{11}/n_{+1}$;

vi) **Valor preditivo negativo**: corresponde à probabilidade de que o paciente não seja doente dado que o resultado do teste é negativo $[VPN = P(ND|T-)]$ e pode ser estimada por $vpn = n_{22}/n_{+2}$;

vii) **Acurácia**: corresponde à probabilidade de resultados corretos $[AC = P\{(D \cap T+) \cup (ND \cap T-)\}]$ e pode ser estimada por $ac = (n_{11} + n_{22})/n$.

Estimativas das variâncias dessas características estão apresentadas na Nota 7.

A sensibilidade de um teste corresponde à proporção de doentes identificados por seu intermédio, ou seja, é um indicativo da capacidade de o teste detectar a doença. Por outro lado, a especificidade de um teste corresponde à sua capacidade de identificar indivíduos que não têm a doença.

Quanto maior a sensibilidade de um teste, menor é a possibilidade de que indique falsos positivos. Um teste com sensibilidade de 95%, por exemplo, consegue identificar um grande número de pacientes que realmente têm a doença e, por esse motivo, testes com alta sensibilidade são utilizados em triagens. Quanto maior a especificidade de um teste, maior é a probabilidade de apresentar um resultado negativo para pacientes que não têm a doença. Se, por exemplo, a especificidade de um teste for de 99% dificilmente um paciente que não tem a doença terá um resultado positivo. Um bom teste é aquele que apresenta alta sensibilidade e alta especificidade, mas nem sempre isso é possível.

O valor preditivo positivo indica a probabilidade de um indivíduo ter a doença dado que o resultado do teste é positivo e o valor preditivo negativo indica a probabilidade de um indivíduo não ter a doença dado um resultado negativo no teste.

Sensibilidade e especificidade são características do teste, mas tanto o valor preditivo positivo quanto o valor preditivo negativo dependem da **prevalência** (porcentagem de indivíduos doentes na população) da doença. Consideremos um exemplo em que o mesmo teste diagnóstico é aplicado em duas comunidades com diferentes prevalências de uma determinada doença. A Tabela 4.18 contém os dados (hipotéticos) da comunidade em que a doença é menos prevalente e a Tabela 4.19, os dados (hipotéticos) da comunidade em que a doença é mais prevalente.

Os valores estimados para a sensibilidade, especificidade, valores preditivo positivo e negativo, além da acurácia, estão dispostos na Tabela 4.20.

Tabela 4.18 Frequência de pacientes submetidos a um teste diagnóstico (prevalência da doença = 15%)

Verdadeiro *status*	Resultado do teste		Total
	positivo (T+)	negativo (T−)	
doente (D)	20	10	30
não doente (ND)	80	90	170
Total	100	100	200

Tabela 4.19 Frequência de pacientes submetidos a um teste diagnóstico (prevalência da doença = 30%)

Verdadeiro *status*	Resultado do teste		Total
	positivo (T+)	negativo (T−)	
doente (D)	40	20	60
não doente (ND)	66	74	140
Total	106	94	200

Tabela 4.20 Características do teste aplicado aos dados das Tabelas 4.18 e 4.19

Característica	População com doença	
	menos prevalente	mais prevalente
Sensibilidade	67%	67%
Especificidade	53%	53%
VPP	20%	38%
VPN	90%	79%
Acurácia	55%	57%

4.3 Duas variáveis quantitativas

Uma das principais ferramentas para avaliar a associação entre duas variáveis quantitativas é o **gráfico de dispersão**. Consideremos um conjunto de n pares de valores (x_i, y_i) de duas variáveis X e Y; o gráfico de dispersão correspondente é um gráfico cartesiano em que os valores de uma das variáveis são colocados no eixo das abscissas e os da outra, no eixo das ordenadas.

Exemplo 4.3 Os dados contidos na Tabela 4.21, disponíveis no arquivo `figado`, correspondem a um estudo cujo objetivo principal era avaliar a associação entre o volume (cm^3) do lobo direito de fígados humanos medido ultrassonograficamente e o seu peso (g). Um objetivo secundário era avaliar a concordância de medidas ultrassonográficas do volume (Volume1 e Volume2) realizadas por dois observadores. O volume foi obtido por meio da média das duas medidas ultrassonográficas. Detalhes podem ser obtidos em Zan (2005).

O gráfico de dispersão correspondente às variáveis Volume e Peso está apresentado na Figura 4.1. Nesse gráfico, pode-se notar que a valores menores do volume correspondem valores menores do peso, e a valores maiores do volume correspondem valores maiores do peso, sugerindo uma associação positiva e possivelmente linear entre as duas variáveis. Além disso, o gráfico permite identificar um possível ponto discrepante (*outlier*) correspondente à unidade amostral em que o volume é 725 cm^3 e o peso é 944,7 g.

A utilização dessas constatações para a construção de um modelo que permita estimar o peso como função do volume é o objeto da técnica conhecida como **Análise de Regressão**, que será considerada no Capítulo 6.

Dado um conjunto de n pares (x_i, y_i), a associação (linear) entre as variáveis quantitativas X e Y pode ser quantificada por meio do **coeficiente de correlação (linear)** de Pearson, definido por

$$r_P = \frac{\sum_{i=1}^{n}(x_i - \overline{x})(y_i - \overline{y})}{[\sum_{i=1}^{n}(x_i - \overline{x})^2 \sum_{i=1}^{n}(y_i - \overline{y})^2]^{1/2}}. \tag{4.4}$$

Tabela 4.21 Peso e volume do lobo direito de enxertos de fígado

Volume1 (cm^3)	Volume2 (cm^3)	Volume (cm^3)	Peso (g)
672,3	640,4	656,3	630
686,6	697,8	692,2	745
583,1	592,4	587,7	690
850,1	747,1	798,6	890
729,2	803,0	766,1	825
776,3	823,3	799,8	960
715,1	671,1	693,1	835
634,5	570,2	602,3	570
773,8	701,0	737,4	705
928,3	913,6	920,9	955
916,1	929,5	922,8	990
983,2	906,2	944,7	725
750,5	881,7	816,1	840
571,3	596,9	584,1	640
646,8	637,4	642,1	740
1021,6	917,5	969,6	945

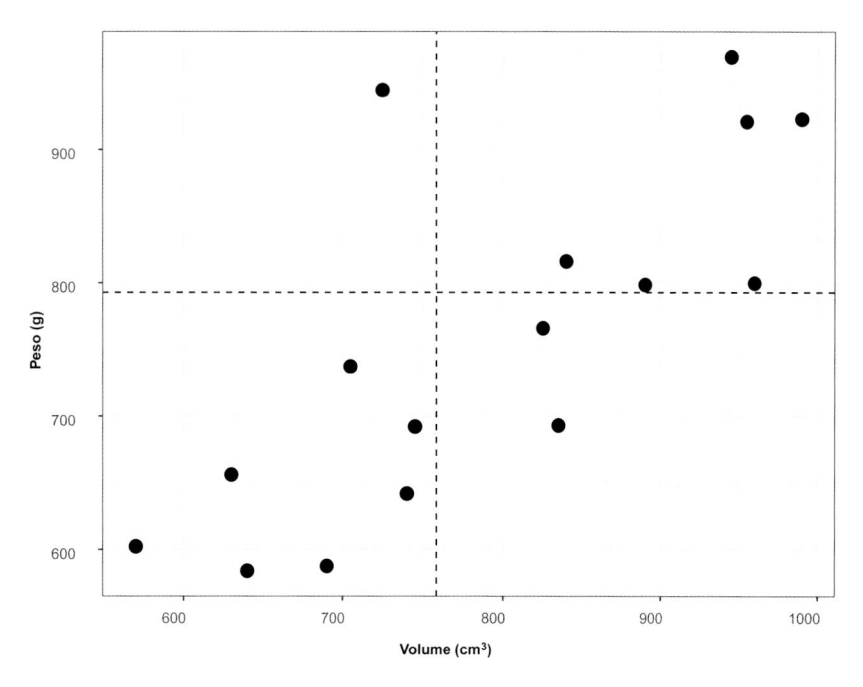

Figura 4.1 Gráfico de dispersão entre peso e volume do lobo direito de enxertos de fígado.

Pode-se mostrar que $-1 \leq r_P \leq 1$ e, na prática, se o valor r_P estiver próximo de -1 ou $+1$, pode-se dizer que as variáveis são fortemente associadas ou (linearmente) correlacionadas; por outro lado, se o valor de r_P estiver próximo de zero, dizemos que as variáveis são não correlacionadas. Quanto mais próximos de uma reta estiverem os pontos (x_i, y_i), maior será a intensidade da correlação (linear) entre elas.

Não é difícil mostrar que

$$r_P = \frac{\sum\limits_{i=1}^{n} x_i y_i - n\overline{x}\,\overline{y}}{\left[\left(\sum\limits_{i=1}^{n} x_i^2 - n\overline{x}^2\right)\left(\sum\limits_{i=1}^{n} y_i^2 - n\overline{y}^2\right)\right]^{1/2}}. \tag{4.5}$$

Essa expressão é mais conveniente que (4.4), pois basta calcular: (a) as médias amostrais $\overline{x}$ e $\overline{y}$; (b) a soma dos produtos $x_i y_i$ e (c) a soma dos quadrados dos x_i e a soma dos quadrados dos y_i.

Para os dados do Exemplo 4.3, o coeficiente de correlação de Pearson é 0,76. Se excluirmos o dado discrepante identificado no gráfico de dispersão, o valor do coeficiente de correlação de Pearson é 0,89, evidenciando a falta de robustez desse coeficiente relativamente a observações com essa natureza. Nesse contexto, uma medida de associação mais robusta é o coeficiente de correlação de Spearman, cuja expressão é similar à (4.4) com os valores das variáveis X e Y substituídos pelos respectivos **postos**.[5] Mais especificamente, o coeficiente de correlação de Spearman é

$$r_S = \frac{\sum\limits_{i=1}^{n} (R_i - \overline{R})(S_i - \overline{S})}{\left[\sum\limits_{i=1}^{n} (R_i - \overline{R})^2 \sum\limits_{i=1}^{n} (S_i - \overline{S})^2\right]^{1/2}}, \tag{4.6}$$

em que R_i corresponde ao posto da i-ésima observação da variável X entre seus valores e $\overline{R}$ à média desses postos e S_i e $\overline{S}$ têm interpretação similar para a variável Y. Para efeito de cálculo, pode-se mostrar que a expressão (4.6) é equivalente a

$$r_S = 1 - 6\sum_{i=1}^{n} (R_i - S_i)^2 / [n(n^2 - 1)]. \tag{4.7}$$

Os dados correspondentes à Figura 4.2 foram gerados a partir da expressão $y_i = 1 + 0{,}25x_i + e_i$ com e_i simulado a partir de uma distribuição normal padrão e com as três últimas observações acrescidas de 15. Para esses dados obtemos $r_P = 0{,}768$ e $r_S = 0{,}926$. Eliminando as três observações com valores discrepantes, os coeficientes de correlação correspondentes são $r_P = 0{,}881$ e $r_S = 0{,}882$, indicando que o coeficiente de Spearman é mais sensível a associações não lineares.

Em resumo, o coeficiente de correlação de Spearman é mais apropriado para avaliar associações não lineares, desde que sejam **monotônicas**, isto é, em que os valores de uma das variáveis só aumentam ou só diminuem conforme a segunda variável aumenta (ou diminui). Os dados representados na Figura 4.3 foram gerados a partir da expressão $y_i = \exp(0{,}4x_i)$, $i = 1, \ldots, 20$.

Nesse caso, os valores dos coeficientes de correlação de Pearson e de Spearman são, respectivamente, $r_P = 0{,}742$ e $r_S = 1$, indicando que apenas este último é capaz de realçar a associação perfeita entre as duas variáveis.

---

[5] O posto de uma observação x_i é o índice correspondente à sua posição no conjunto ordenado $x_{(1)} \leq x_{(2)} \leq \ldots \leq x_{(n)}$. Por exemplo, dado o conjunto de observações $x_1 = 4$, $x_2 = 7$, $x_3 = 5$, $x_4 = 13$, $x_5 = 6$, $x_6 = 5$, o posto correspondente à x_5 é 4. Quando há observações com o mesmo valor, o posto correspondente a cada uma delas é definido como a média dos postos correspondentes. No exemplo, os postos das observações x_3 e x_6 são iguais a $2{,}5 = (2 + 3)/2$.

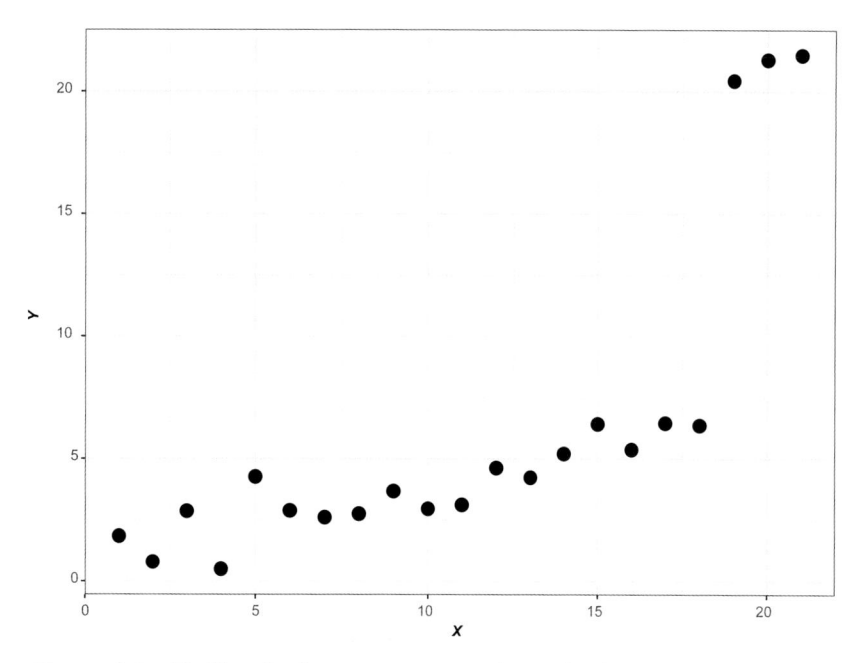

Figura 4.2 Gráfico de dispersão entre valores de duas variáveis X e Y.

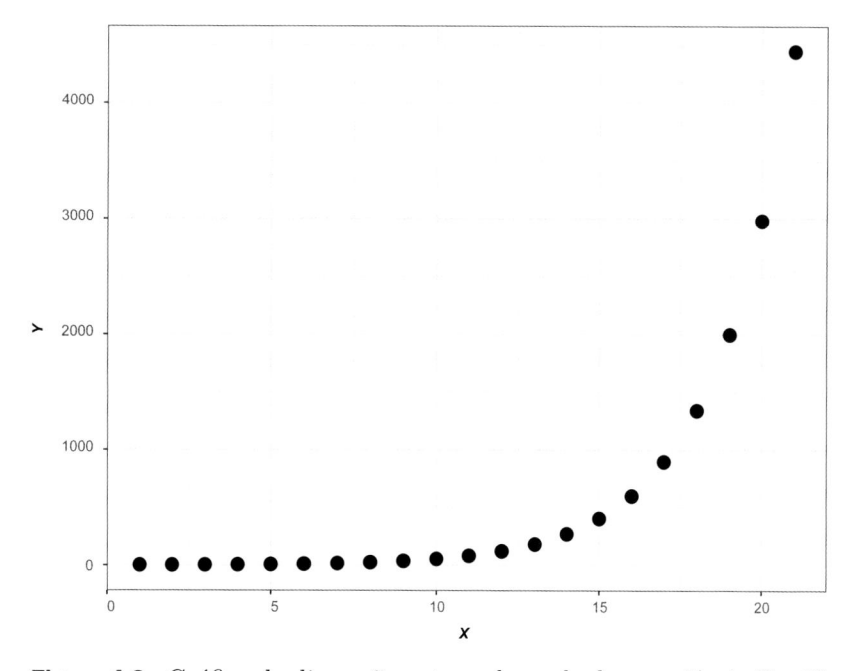

Figura 4.3 Gráfico de dispersão entre valores de duas variáveis X e Y.

Partição e janelamento

Um gráfico de dispersão para as variáveis concentração de monóxido de carbono (CO) e temperatura temp disponíveis no arquivo poluicao está apresentado na Figura 4.4 e não evidencia uma associação linear entre as duas variáveis. Para avaliar uma possível associação não linear é possível considerar diferentes medidas resumo de uma das variáveis (CO, por exemplo) para diferentes intervalos de valores da segunda variável (temp, por exemplo) com o mesmo número de pontos, como indicado na Tabela 4.22.

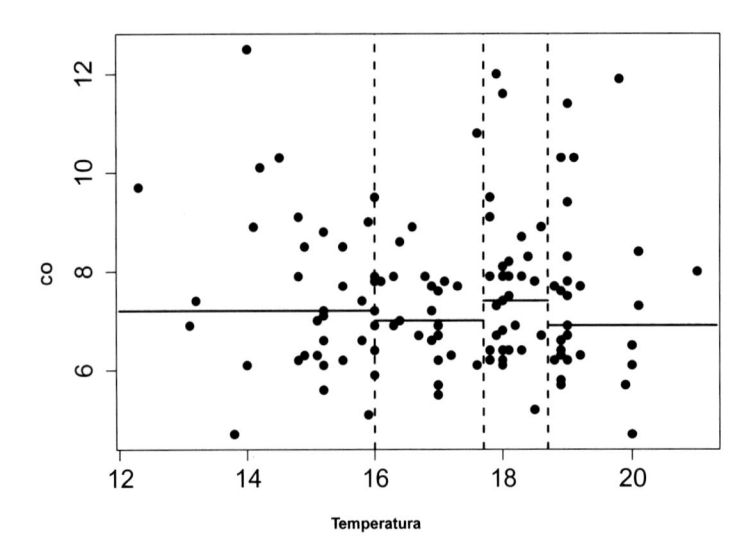

Figura 4.4 Gráfico de dispersão entre valores de duas variáveis X e Y.

Tabela 4.22 Medidas resumo para CO em diferentes intervalos de temp

Medida resumo (CO)	Intervalo de temperatura			
	12,0 – 16,0	16,0 – 17,7	17,7 – 18,7	18,7 – 21,0
n_i	29	31	31	29
Q_1	6,3	6,5	6,4	6,3
Mediana	7,2	7,0	7,4	6,9
Q_3	8,8	7,8	8,2	8,3
Média	7,6	7,2	7,6	7,5

Outra alternativa é considerar *boxplots* para CO em cada intervalo de temperatura como na Figura 4.5.

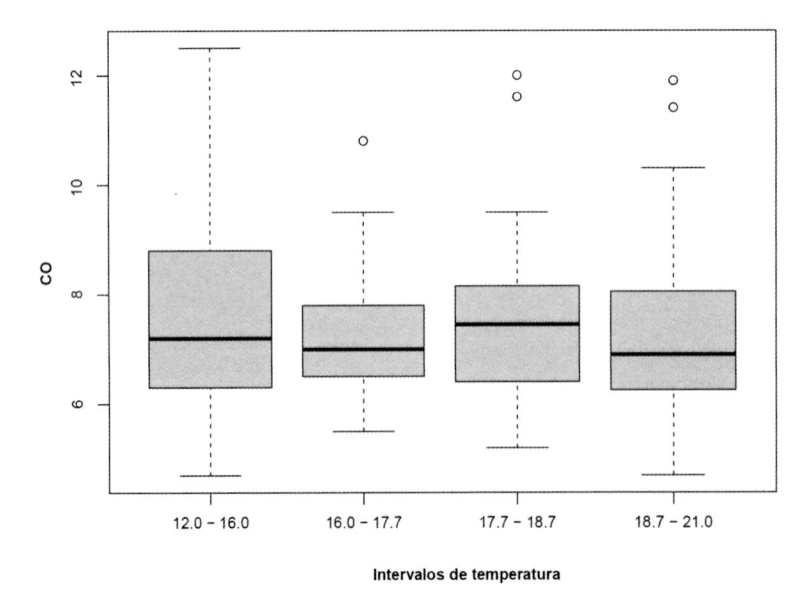

Figura 4.5 *Boxplots* para CO em diferentes intervalos de temperatura.

Embora a mediana de CO varie entre os diferentes intervalos de temperatura, não há uma indicação clara de que essa variação indique uma associação clara entre as variáveis. Os *boxplots* da Figura 4.5 sugerem que a variabilidade da concentração de CO é maior para o intervalo de temperaturas de 12 a 16 graus, atingindo aqui níveis maiores do que nos outros intervalos. Além disso, essa análise mostra que tanto o primeiro quartil quanto a mediana de CO são aproximadamente constantes ao longo dos intervalos, o que não acontece com o terceiro quartil.

Gráficos de perfis individuais

Para dados longitudinais, isto é, aqueles em que a mesma variável resposta é observada em cada unidade amostral mais do que uma vez ao longo do tempo (ou de outra escala ordenada, como distância de uma fonte poluidora, por exemplo), uma das ferramentas descritivas mais importantes são os chamados **gráficos de perfis individuais**. Eles são essencialmente gráficos de dispersão (com o tempo na abscissa e a resposta na ordenada) em que os pontos associados a uma mesma unidade amostral são unidos por segmentos de reta. Em geral, os perfis médios são sobrepostos a eles. Esse tipo de gráfico pode ser utilizado para sugerir modelos de regressão (veja o Capítulo 6) construídos para modelar o comportamento temporal da resposta esperada e também para identificar possíveis unidades ou observações discrepantes.

Exemplo 4.4 Os dados do arquivo lactato foram obtidos de um estudo realizado na Escola de Educação Física da Universidade de São Paulo com o objetivo de comparar a evolução da concentração sérica de lactato de sódio (mmol/L) como função da velocidade de dois grupos de atletas: 14 fundistas e 12 triatletas. A concentração sérica de lactato de sódio tem sido utilizada como um indicador da condição física de atletas. Nesse estudo, cada atleta correu durante certos períodos com velocidades preestabelecidas e a concentração de lactato de sódio foi registrada logo após cada corrida. A observação repetida da resposta em cada atleta caracteriza a natureza longitudinal dos dados. Por meio dos comandos

```
> fundistas <- lactato[which(lactato\$group == 0), ]
> fundistas1 <- fundistas[-1]
> fundistas2 <- melt(fundistas1, id.vars = "ident")
> fundistaslong <- group_by(fundistas2, ident)
> g1 <- ggplot(fundistaslong) +
    + geom_line(aes(variable, value, group = ident))
> g2 <- g1 + theme_bw() + annotate("text", x = 5, y = 5,
                    label = "atleta 9")
> g3 <- g2 + labs(x="velocidade",
            y="Concentração de lactato de sódio")
> g4 <- g3 + theme(text=element_text(size=18))
> g4
```

obtemos o gráfico de perfis individuais para os fundistas que está representado na Figura 4.6 e sugere que: i) a relação entre a concentração esperada de lactato de sódio pode ser representada por uma curva quadrática no intervalo de velocidades considerado; e ii) o perfil do atleta 9 é possivelmente atípico (*outlier*). Na realidade, verificou-se que esse atleta era velocista e não fundista.

Gráficos QQ para comparação de duas distribuições amostrais

Uma ferramenta adequada para comparar as distribuições de uma variável observada sob duas condições diferentes é o gráfico QQ utilizado na Seção 3.7 para a comparação de uma distribuição empírica com uma distribuição teórica. Um exemplo típico é aquele referente ao objetivo secundário mencionado

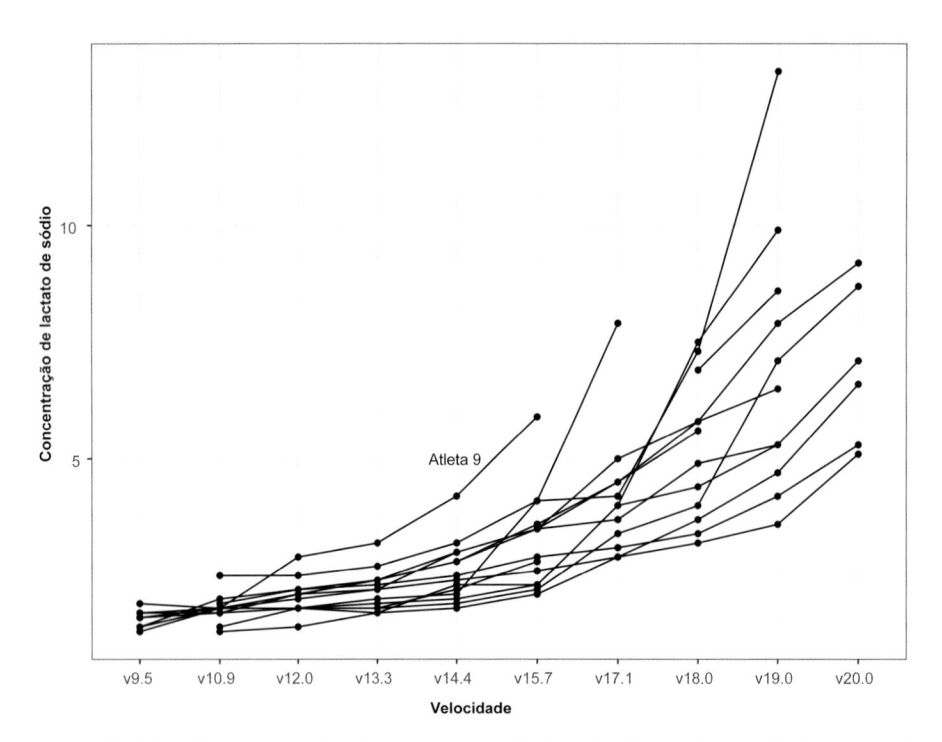

Figura 4.6 Gráfico de perfis individuais para os dados do Exemplo 4.4 (atletas fundistas).

na descrição do Exemplo 4.3, em que se pretende avaliar a concordância entre as duas medidas ultrasso-nográficas do volume do lobo direito do fígado.

Denotando por X uma das medidas e por Y, a outra, sejam $Q_X(p)$ e $Q_Y(p)$ os quantis de ordem p das duas distribuições que pretendemos comparar. O gráfico QQ é um gráfico cartesiano de $Q_X(p)$ em função de $Q_Y(p)$ (ou vice-versa) para diferentes valores de p. Se as distribuições de X e Y forem iguais, os pontos nesse gráfico devem estar sobre a reta $x = y$. Se uma das variáveis for uma função linear da outra, os pontos também serão dispostos sobre uma reta, porém com intercepto possivelmente diferente de zero e com inclinação possivelmente diferente de 1.

Quando os números de observações das duas variáveis forem iguais, o gráfico QQ é essencialmente um gráfico dos dados ordenados de X, ou seja, $x_{(1)} \leq \ldots \leq x_{(n)}$, *versus* os dados ordenados de Y, nomeadamente, $y_{(1)} \leq \ldots \leq y_{(n)}$.

Quando os números de observações das duas variáveis forem diferentes, digamos $m > n$, calculam-se os quantis amostrais referentes àquela variável com menos observações utilizando $p_i = (i - 0{,}5)/n$, $i = 1, \ldots, n$ e obtêm-se os quantis correspondentes à segunda variável por meio de interpolações como aquelas indicadas em (3.5). Consideremos, por exemplo, os conjuntos de valores $x_{(1)} \leq \ldots \leq x_{(n)}$ e $y_{(1)} \leq \ldots \leq y_{(m)}$. Primeiramente, determinemos $p_i = (i - 0{,}5)/n$, $i = 1, \ldots, n$ para obter os quantis $Q_X(p_i)$; em seguida, devemos obter índices j tais que

$$\frac{j - 0{,}5}{m} = \frac{i - 0{,}5}{n}, \quad \text{ou seja,} \quad j = \frac{m}{n}(i - 0{,}5) + 0{,}5.$$

Se j obtido dessa forma for inteiro, o ponto a ser disposto no gráfico QQ será $(x_{(i)}, y_{(j)})$; em caso contrário, teremos $j = [j] + f_j$, em que $[j]$ é o maior inteiro contido em j e $0 < f_j < 1$ é a correspondente parte fracionária ($f_j = j - [j]$). O quantil correspondente para a variável Y será:

$$Q_Y(p_i) = (1 - f_j)y_{([j])} + f_j y_{([j]+1)}.$$

Por exemplo, sejam $m = 45$ e $n = 30$; então, para $i = 1, \ldots, 30$ temos

$$p_i = (i - 0{,}5)/30 \text{ e } Q_X(p_i) = x_{(i)}$$

logo, $j = (45/30)(i - 0,5) + 0,5 = 1,5i - 0,25$ e $[j] = [1,5i - 0,25]$. Consequentemente, no gráfico QQ, o quantil $Q_X(p_i)$ deve ser pareado com o quantil $Q_Y(p_i)$ conforme o seguinte esquema:

i	p_i	j	$[j]$	$j - [j]$	$Q_X(p_i)$	$Q_Y(p_i)$
1	0,017	1,25	1	0,25	$x_{(1)}$	$0{,}75y_{(1)} + 0{,}25y_{(2)}$
2	0,050	2,75	2	0,75	$x_{(2)}$	$0{,}25y_{(2)} + 0{,}75y_{(3)}$
3	0,083	4,25	4	0,25	$x_{(3)}$	$0{,}75y_{(4)} + 0{,}25y_{(5)}$
4	0,117	5,75	5	0,75	$x_{(4)}$	$0{,}25y_{(5)} + 0{,}75y_{(6)}$
5	0,150	7,25	7	0,25	$x_{(5)}$	$0{,}75y_{(7)} + 0{,}25y_{(8)}$
6	0,183	8,75	8	0,75	$x_{(6)}$	$0{,}25y_{(8)} + 0{,}75y_{(9)}$
7	0,216	10,25	10	0,25	$x_{(7)}$	$0{,}75y_{(10)} + 0{,}25y_{(11)}$
8	0,250	11,75	11	0,75	$x_{(8)}$	$0{,}25y_{(11)} + 0{,}25y_{(12)}$
⋮	⋮	⋮	⋮	⋮	⋮	⋮
30	0,983	44,75	44	0,75	$x_{(30)}$	$0{,}25y_{(44)} + 0{,}75y_{(45)}$

Suponha, por exemplo, que duas variáveis, X e Y, sejam tais que $Y = aX + b$, sinalizando que suas distribuições são iguais, exceto por uma transformação linear. Então,

$$p = P[X \leq Q_X(p)] = P[aX + b \leq aQ_X(p) + b)] = P[Y \leq Q_Y(p)],$$

ou seja, $Q_Y(p) = aQ_X(p) + b$, indicando que o gráfico QQ correspondente mostrará uma reta com inclinação a e intercepto b.

Para a comparação das distribuições do volume ultrassonográfico do lobo direito do fígado medidas pelos dois observadores mencionados no Exemplo 4.3, o gráfico QQ está disposto na Figura 4.7.

Os pontos distribuem-se em torno da reta $x = y$, sugerindo que as medidas realizadas pelos dois observadores tendem a ser similares. Em geral, os gráficos QQ são mais sensíveis a diferenças nas caudas das distribuições, se estas forem aproximadamente simétricas e com a aparência de uma distribuição normal. Enquanto os diagramas de dispersão mostram uma relação sistemática global entre X e Y, os gráficos QQ relacionam valores pequenos de X com valores pequenos de Y, valores medianos de X com valores medianos de Y e valores grandes de X com valores grandes de Y.

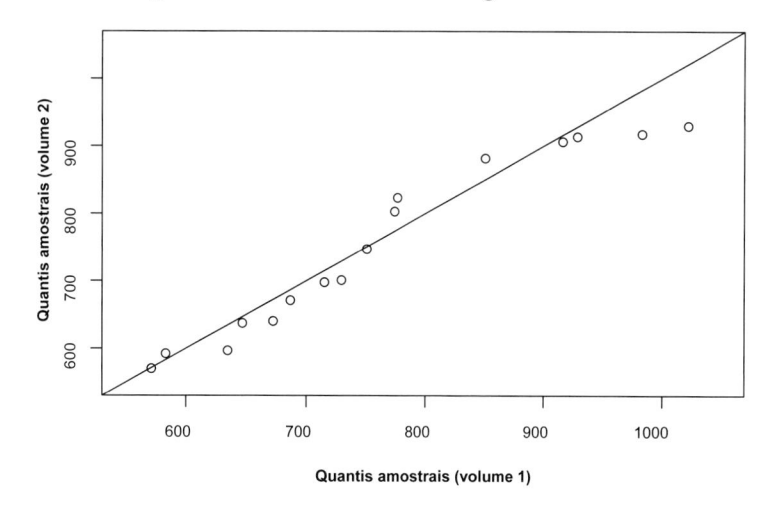

Figura 4.7 Gráfico QQ para avaliação da concordância de duas medidas ultrassonográficas do lobo direito do fígado.

Uma ferramenta geralmente utilizada para avaliar concordância entre as distribuições de duas variáveis contínuas com o mesmo espírito da estatística κ de Cohen é o **gráfico de médias/diferenças** originalmente proposto por Tukey e popularizado como **gráfico de Bland-Altman**. Essencialmente, essa ferramenta consiste em um gráfico das diferenças entre as duas observações pareadas $(X_{2i} - X_{1i})$ em função das médias correspondentes $[(X_{1i} + X_{2i})/2]$, $i = 1, \ldots, n$. Esse procedimento transforma a reta com coeficiente angular igual 1 apresentada no gráfico QQ em uma reta horizontal passando pelo ponto zero no gráfico de médias/diferenças de Tukey e facilita a percepção das diferenças entre as duas medidas da mesma variável.

Note que enquanto gráficos QQ são construídos a partir dos quantis amostrais, gráficos de Bland-Altman baseiam-se nos próprios valores das variáveis em questão. Por esse motivo, para a construção de gráficos de Bland-Altman as observações devem ser pareadas, ao passo que gráficos QQ podem ser construídos a partir de conjuntos de dados desbalanceados (com número diferente de observações para cada variável).

O gráfico de médias/diferenças de Tukey (Bland-Altman) correspondente aos volumes do lobo direito do fígado medidos pelos dois observadores e indicados na Tabela 4.21 está apresentado na Figura 4.8.

Os pontos no gráfico da Figura 4.8 distribuem-se de forma não regular em torno do valor zero e não sugerem evidências de diferenças entre as distribuições correspondentes. Por essa razão, para diminuir a variabilidade, decidiu-se adotar a média das medidas obtidas pelos dois observadores como volume do lobo direito do fígado para avaliar sua associação com o peso correspondente.

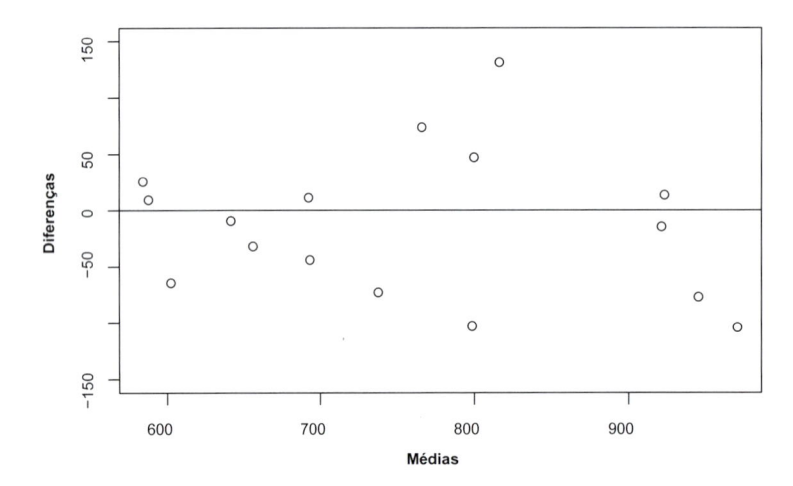

Figura 4.8 Gráfico de médias/diferenças de Tukey (Bland-Altman) para avaliação da concordância de duas medidas ultrassonográficas do lobo direito do fígado.

Exemplo 4.5 Os dados contidos na Tabela 4.23 foram extraídos de um estudo para avaliação de insuficiência cardíaca e correspondem à frequência cardíaca em repouso e no limiar anaeróbio de um exercício em esteira para 20 pacientes. O conjunto de dados completos está disponível no arquivo `esforco`.

Os gráficos QQ e de médias/diferenças de Tukey correspondentes aos dados da Tabela 4.23 estão apresentados nas Figuras 4.9 e 4.10.

Na Figura 4.9, a curva pontilhada corresponde à reta $Q_Y(p) = 1{,}29 Q_X(p)$ sugerindo que a frequência cardíaca no limiar anaeróbio (Y) tende a ser cerca de 30% maior do que aquela em repouso (X) em toda faixa de variação. Isso também pode ser observado, embora com menos evidência, no gráfico de Bland-Altman da Figura 4.10.

Exemplo 4.6 Considere o arquivo `temperaturas`, contendo dados de temperatura para Ubatuba e Cananeia. O gráfico QQ correspondente está apresentado na Figura 4.11. Observamos que a maioria dos pontos está acima da reta $y = x$, mostrando que as temperaturas de Ubatuba são, em geral, maiores do que as de Cananeia para valores maiores do que 17 graus.

O gráfico de Bland-Altman correspondente, apresentado na Figura 4.12, sugere que acima de 17 graus, em média, Ubatuba tende a ser 1 grau mais quente que Cananeia.

Tabela 4.23 Frequência cardíaca em repouso (fcrep) e no limiar anaeróbio (fclan) de um exercício em esteira

paciente	fcrep	fclan	paciente	fcrep	fclan
1	89	110	11	106	157
2	69	100	12	83	127
3	82	112	13	90	104
4	89	104	14	75	82
5	82	120	15	100	117
6	75	112	16	97	122
7	89	101	17	76	140
8	91	135	18	77	97
9	101	131	19	85	101
10	120	129	20	113	150

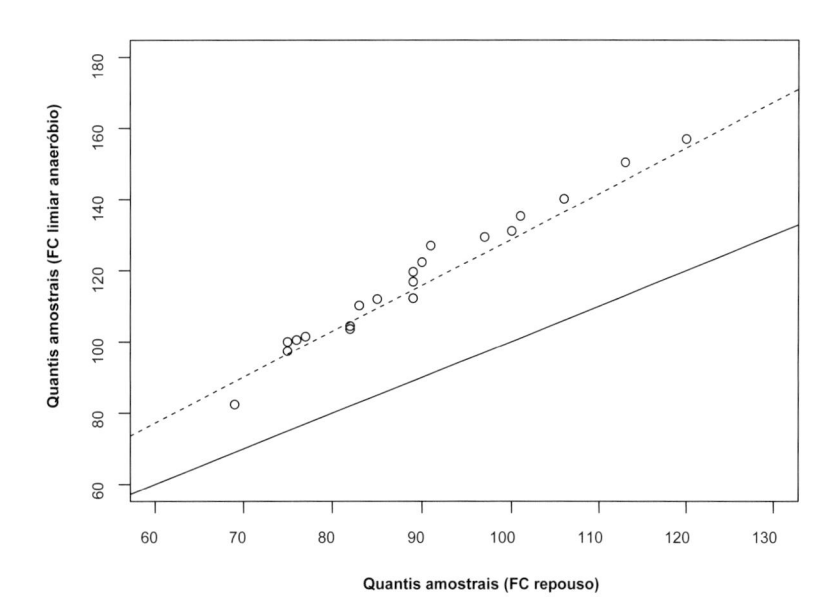

Figura 4.9 Gráfico QQ para comparação das distribuições de frequência cardíaca em repouso e no limiar anaeróbio.

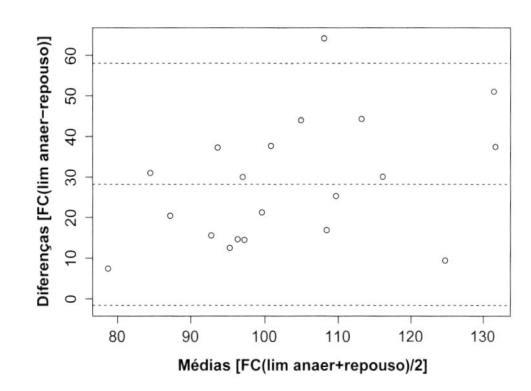

Figura 4.10 Gráfico de médias/diferenças de Tukey (Bland-Altman) para comparação das distribuições de frequência cardíaca em repouso e no limiar anaeróbio.

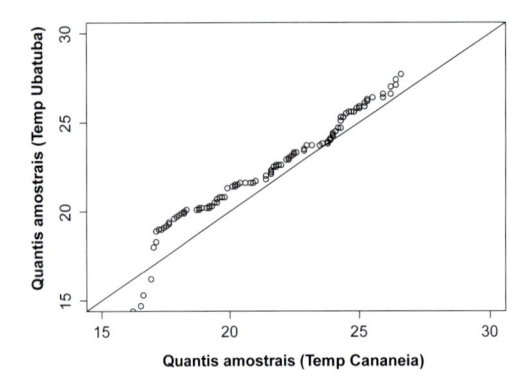

Figura 4.11 Gráfico QQ para comparação das distribuições de temperaturas de Ubatuba e Cananeia.

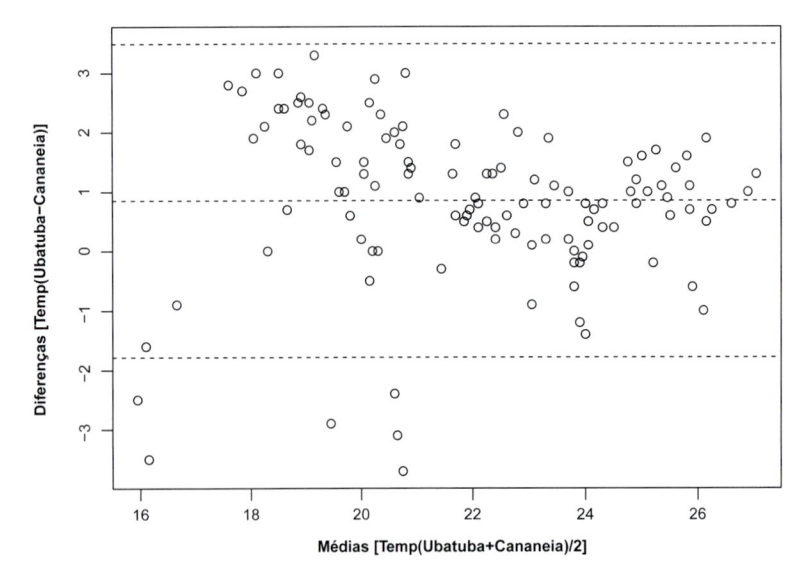

Figura 4.12 Gráfico de médias/diferenças de Tukey (Bland-Altman) para comparação das distribuições de temperaturas de Ubatuba e Cananeia.

4.4   Uma variável qualitativa e outra quantitativa

Um estudo da associação entre uma variável quantitativa e uma qualitativa consiste essencialmente na comparação das distribuições da primeira nos diversos níveis da segunda. Essa análise pode ser conduzida por meio de medidas resumo, histogramas, *boxplots* etc.

Exemplo 4.7 Em um estudo coordenado pelo Laboratório de Poluição Atmosférica Experimental da USP, foram colhidos dados de concentração de vários elementos captados nas cascas de árvores em diversos pontos do centro expandido do município de São Paulo com o intuito de avaliar sua associação com a poluição atmosférica oriunda do tráfego. Os dados disponíveis no arquivo **arvores** foram extraídos desse estudo e contêm a concentração de Zn (ppm), entre outros elementos, em 497 árvores classificadas segundo a espécie (*alfeneiro*, *sibipiruna* e *tipuana*) e a localização em termos da proximidade do tipo de via (arterial, coletora, local I, local II, em ordem decrescente da intensidade de tráfego). Para efeito didático, consideramos primeiramente as 193 *tipuanas*. Medidas resumo para a concentração de Zn, segundo os níveis de espécie e tipo de via, estão indicadas na Tabela 4.24.

Os resultados indicados na Tabela 4.24 mostram que tanto as concentrações média e mediana de Zn quanto o correspondente desvio padrão decrescem à medida que a intensidade de tráfego diminui, sugerindo que essa variável pode ser utilizada como um indicador da poluição produzida por veículos

Tabela 4.24 Medidas resumo para a concentração de Zn (ppm) em cascas de *tipuanas*

Tipo de via	Média	Desvio padrão	Min	Q1	Mediana	Q3	Max	n
Arterial	199,4	110,9	29,2	122,1	187,1	232,8	595,8	59
Coletora	139,7	90,7	35,2	74,4	127,4	164,7	385,5	52
Local I	100,6	73,4	20,1	41,9	73,0	139,4	297,7	48
Local II	59,1	42,1	11,0	31,7	45,7	79,0	206,4	34

Min: mínimo   Max: máximo   Q1: primeiro quartil   Q3: terceiro quartil

automotores. Os *boxplots* apresentados na Figura 4.13 confirmam essas conclusões e também indicam que as distribuições apresentam uma leve assimetria, especialmente para as vias coletoras e locais I, além de alguns pontos discrepantes.

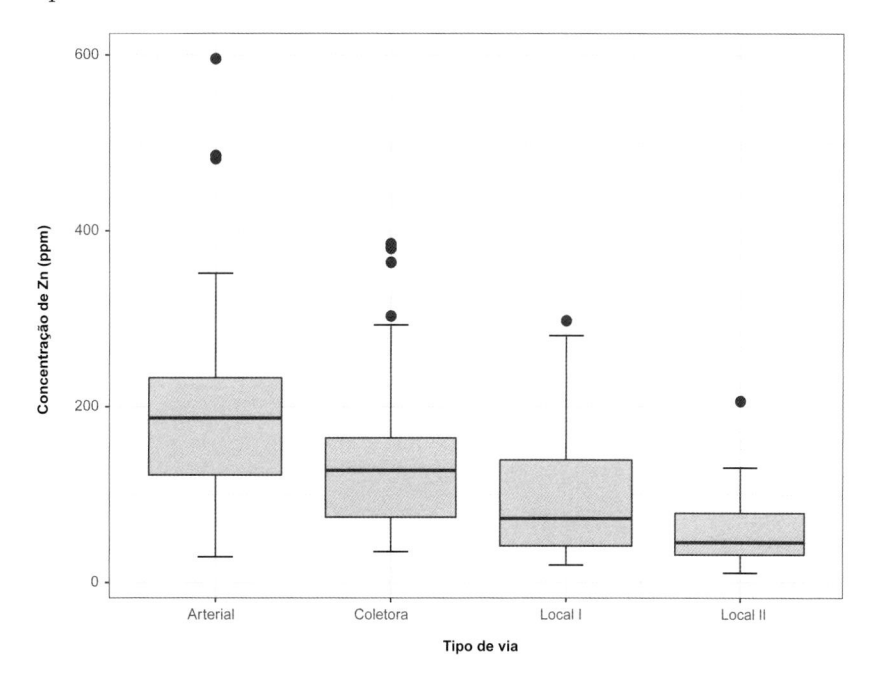

Figura 4.13 *Boxplots* para comparação das distribuições da concentração de Zn nas cascas de *tipuanas*.

Outro tipo de gráfico útil para avaliar a associação entre a variável quantitativa (concentração de Zn, no exemplo) e a variável qualitativa (tipo de via, no exemplo), especialmente quando esta tem níveis ordinais (como no exemplo), é o **gráfico de perfis médios**. Nesse gráfico cartesiano, as médias (e barras representando desvios padrões, erros padrões ou intervalos de confiança – para detalhes, veja a Nota 6) da variável quantitativa são representadas no eixo das ordenadas e os níveis da variável quantitativa, no eixo das abscissas. O gráfico de perfis médios para a concentração de Zn medida nas cascas de *tipuanas* está apresentado na Figura 4.14 e reflete as mesmas conclusões obtidas com as análises anteriores.

No título do gráfico, deve-se sempre indicar o que representam as barras; desvios padrões são úteis para avaliar como a dispersão dos dados em torno da média correspondente varia com os níveis da variável qualitativa (e não dependem do número de observações utilizadas para o cálculo da média); erros padrões são indicados para avaliação da precisão das médias (e dependem do número de observações utilizadas para o cálculo delas); intervalos de confiança servem para comparação das médias populacionais correspondentes e dependem de suposições sobre a distribuição da variável quantitativa.

Os segmentos de reta (linhas tracejadas) que unem os pontos representando as médias não têm interpretação e servem apenas para salientar possíveis tendências de variação dessas médias.

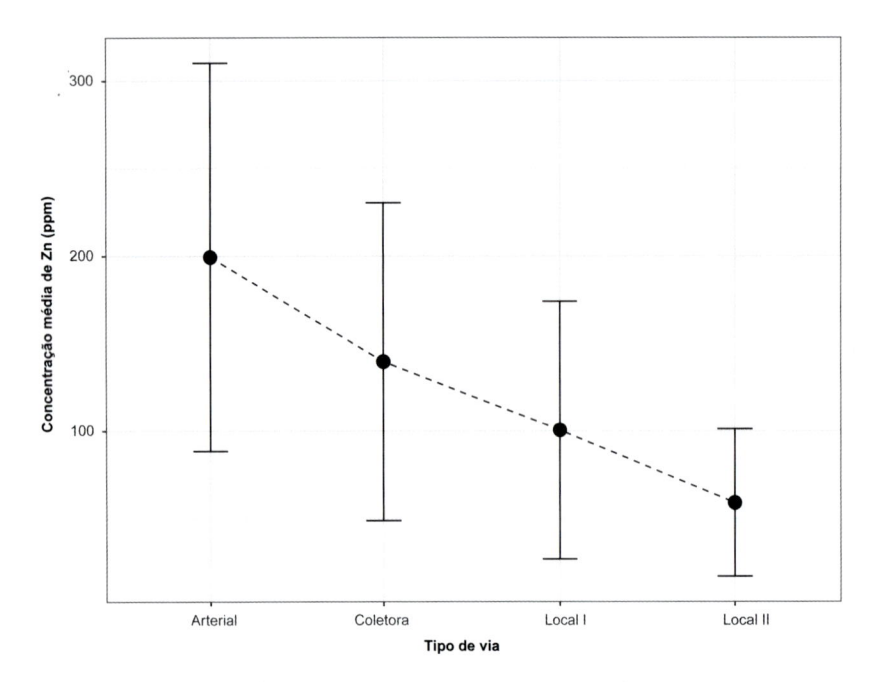

Figura 4.14   Gráfico de perfis médios (com barras de desvios padrões) para comparação das distribuições da concentração de Zn nas cascas de *tipuanas*.

Para propósitos inferenciais, uma técnica apropriada para a análise de dados com essa natureza é a **Análise de Variância** (com um fator), comumente cognominada ANOVA (*ANalysis Of VAriance*). O objetivo desse tipo de análise é avaliar diferenças entre as respostas esperadas das unidades de investigação na população da qual se supõe que os dados correspondem a uma amostra.

Um modelo bastante empregado para representar as distribuições da variável resposta das unidades de investigação submetidas aos diferentes tratamentos é

$$y_{ij} = \mu_i + e_{ij}, \; i = 1, \ldots, a, \; j = 1, \ldots, n_i \tag{4.8}$$

em que y_{ij} representa a resposta da j-ésima unidade de investigação submetida ao i-ésimo tratamento, μ_i denota o valor esperado correspondente e os e_{ij} representam erros aleatórios independentes para os quais se supõem distribuições normais com valores esperados iguais a zero e variância σ^2, constante, mas desconhecida. Uma representação gráfica desse modelo está disposta na Figura 4.15.

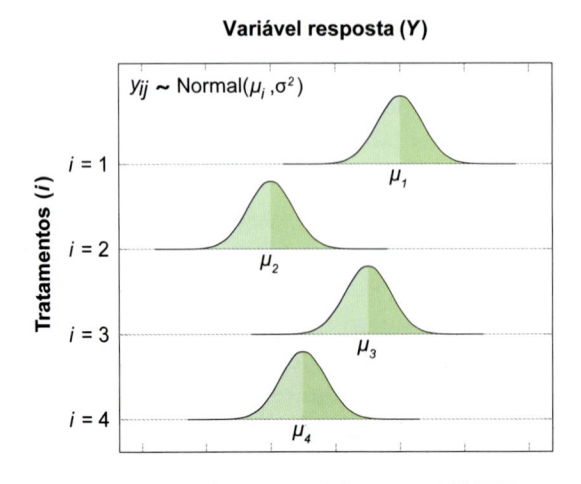

Figura 4.15 Representação de um modelo para ANOVA com um fator.

A hipótese a ser avaliada por meio da ANOVA é que os valores esperados das respostas associados aos a tratamentos são iguais, ou seja,

$$H : \mu_1 = \ldots = \mu_a.$$

Se a ANOVA indicar que não existem evidências contrárias a essa hipótese, dizemos que não há **efeito de tratamentos**. Em caso contrário, dizemos que os dados sugerem que pelo menos uma das médias μ_i é diferente das demais.

A concretização da ANOVA para a comparação dos valores esperados da concentração de Zn referentes aos diferentes tipos de via pode ser realizada por meio da função aov() com os comandos

```
> tipovia <- as.factor(tipuana$tipovia)
> anovaZn <- aov(Zn ~ tipovia, data=tipuana)
> summary(anovaZn)
```

O resultado, disposto na forma de uma tabela de ANOVA, é

```
            Df  Sum Sq  Mean Sq  F value   Pr(>F)
tipovia      3  498525   166175    21.74 3.84e-12 ***
Residuals  189 1444384     7642
```

e sugere uma diferença altamente significativa ($p < 0,001$) entre os correspondentes valores esperados, ou seja, que pelo menos um dos valores esperados é diferente dos demais. O prosseguimento da análise envolve alguma técnica de **comparações múltiplas** para identificar se as concentrações esperadas de Zn correspondentes aos diferentes tipos de via são todas diferentes entre si ou se existem algumas que podem ser consideradas iguais. Para detalhes sobre esse tópico, o leitor pode consultar o excelente texto de Kutner et al. (2004).

Uma análise similar para os 76 *alfeneiros* está resumida na Tabela 4.25 e Figuras 4.16 e 4.17.

Tabela 4.25 Medidas resumo para a concentração de Zn (ppm) em cascas de *alfeneiros*

Tipo de via	Média	Desvio padrão	Min	Q1	Mediana	Q3	Max	n
Arterial	244,2	102,4	58,5	187,4	244,5	283,5	526,0	19
Coletora	234,8	102,7	15,6	172,4	231,6	311,0	468,6	31
Local I	256,3	142,4	60,0	154,9	187,0	403,7	485,3	19
Local II	184,4	96,4	45,8	131,1	180,8	247,6	306,6	7

Min: mínimo   Max: máximo   Q1: primeiro quartil   Q3: terceiro quartil

Os valores dispostos na Tabela 4.25 e as Figuras 4.16 e 4.17 indicam que as concentrações de Zn em *alfeneiros* tendem a ser maiores do que aquelas encontradas em *tipuanas*, porém são menos sensíveis a variações na intensidade de tráfego com exceção de vias locais II; no entanto, convém lembrar que apenas 7 *alfeneiros* foram avaliados nas proximidades desse tipo de via.

A tabela de ANOVA correspondente é

```
            Df Sum Sq Mean Sq F value Pr(>F)
tipovia      3  27482    9161   0.712  0.548
Residuals   72 925949   12860
```

e não sugere que as concentrações esperadas de Zn nas cascas de *alfeneiros* sejam diferentes para árvores dessa espécie localizadas nas cercanias dos diferentes tipos de via ($p < 0,548$).

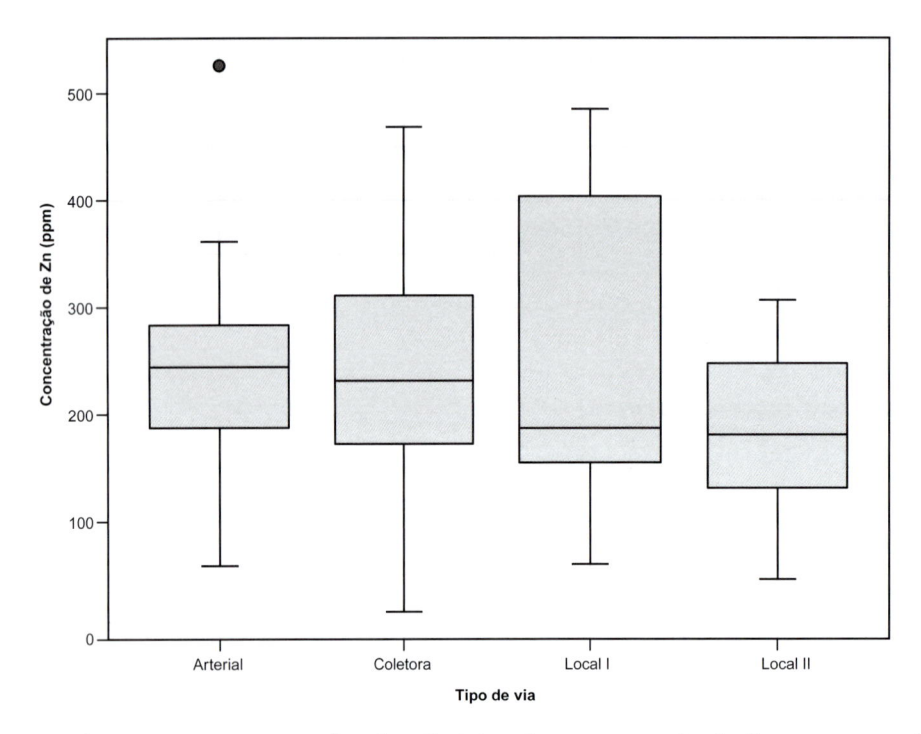

Figura 4.16 *Boxplots* para comparação das distribuições da concentração de Zn nas cascas de *alfeneiros*.

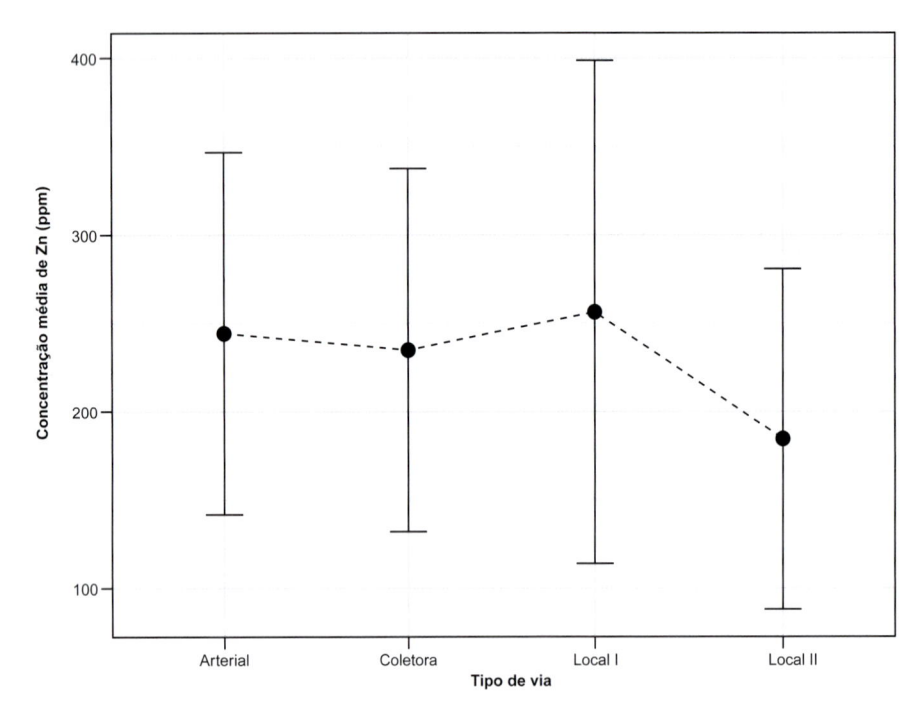

Figura 4.17 Gráfico de perfis médios (com barras de desvios padrões) para comparação das distribuições da concentração de Zn nas cascas de *alfeneiros*.

Exemplo 4.8 Consideremos os dados do arquivo `empresa`, referentes a informações sobre 36 funcionários de uma certa empresa. Nosso objetivo é avaliar a associação entre as variáveis "Salário" (S) expressa em número de salários-mínimos e "Grau de instrução" (GI), com a classificação "fundamental", "médio" ou "superior".

Medidas resumo para "Salário" em função dos níveis de "Grau de instrução" são apresentadas na Tabela 4.26.

Tabela 4.26 Medidas resumo para a variável "Salário" (número de salários-mínimos)

Grau de instrução	n	Média $\overline{S}$	Variância var (S)	Min	Q1	Q2	Q3	Max
Fundamental	12	7,84	7,77	4,00	6,01	7,13	9,16	13,65
Médio	18	11,54	13,10	5,73	8,84	10,91	14,48	19,40
Superior	6	16,48	16,89	10,53	13,65	16,74	18,38	23,30
Todos	36	11,12	20,46	4,00	7,55	10,17	14,06	23,30

Min: mínimo   Max: máximo   Q1: primeiro quartil   Q2: mediana   Q3: terceiro quartil

A leitura desses resultados sugere associação entre salários e grau de instrução: o salário médio tende a aumentar conforme aumenta o grau de instrução. O salário médio dos 36 funcionários é 11,12 salários-mínimos; para funcionários com curso superior, o salário médio é de 16,48 salários-mínimos, enquanto funcionários com primeiro grau completo recebem, em média, 7,84 salários-mínimos.

Embora nos dois exemplos apresentados a variável qualitativa seja ordinal, o mesmo tipo de análise pode ser empregado no caso de variáveis qualitativas nominais, tendo o devido cuidado na interpretação, pois não se poderá afirmar que a média da varável quantitativa aumenta com o aumento dos níveis da variável quantitativa.

Como nos casos anteriores, é conveniente poder contar com uma medida que quantifique o grau de associação entre as duas variáveis. Com esse intuito, observe que as variâncias podem ser usadas como insumos para construir essa medida. A variância da variável quantitativa (Salário) para todos os dados, isto é, calculada sem usar a informação da variável qualitativa (Grau de instrução), mede a dispersão dos dados em torno da média global (média salarial de todos os funcionários). Se as variâncias da variável Salário calculadas dentro de cada categoria da variável qualitativa forem pequenas (comparativamente à variância global), essa variável pode ser usada para melhorar o conhecimento da distribuição da variável quantitativa, sugerindo a existência de uma associação entre ambas.

Na Tabela 4.26, pode-se observar que as variâncias do salário dentro das três categorias são menores do que a variância global e, além disso, que aumentam com o grau de instrução. Uma medida resumo da variância **entre** as categorias da variável qualitativa é a média das variâncias ponderada pelo número de observações em cada categoria, ou seja,

$$\overline{\text{Var}(S)} = \frac{\sum_{i=1}^{k} n_i \text{Var}_i(S)}{\sum_{i=1}^{k} n_i}, \tag{4.9}$$

em que k é o número de categorias ($k = 3$ no exemplo) e $\text{Var}_i(S)$ denota a variância de S dentro da categoria i, $i = 1, \ldots, k$. Pode-se mostrar que $\overline{\text{Var}(S)} \leq \text{Var}(S)$, em que $\text{Var}(S)$ denota a variância da variável Salário obtida sem levar em conta Grau de instrução. Então, podemos definir o grau de associação entre as duas variáveis como o ganho relativo na variância obtido pela introdução da variável qualitativa. Explicitamente,

$$R^2 = \frac{\text{Var}(S) - \overline{\text{Var}(S)}}{\text{Var}(S)} = 1 - \frac{\overline{\text{Var}(S)}}{\text{Var}(S)}. \tag{4.10}$$

Além disso, pode-se mostrar que $0 \leq R^2 \leq 1$.

Quando as médias da variável resposta (salário, no exemplo) nas diferentes categorias da variável explicativa forem iguais, $\overline{\text{Var}(S)} = \text{Var}(S)$ e $R^2 = 0$, indicando a inexistência de associação entre as duas variáveis relativamente às suas médias. Esse é o princípio que norteia a técnica de Análise de Variância, cuja finalidade é comparar médias (populacionais) de distribuições normais independentes com mesma variância. A estatística R^2 também é utilizada para avaliar a qualidade do ajuste de modelos de regressão, tópico abordado no Capítulo 6.

Para os dados do Exemplo 4.8, temos

$$\overline{\text{Var}(S)} = \frac{12 \times 7{,}77 + 18 \times 13{,}10 + 6 \times 16{,}89}{12 + 18 + 6} = 11{,}96.$$

Como $\text{Var}(S) = 20{,}46$, obtemos $R^2 = 1 - (11{,}96/20{,}46) = 0{,}415$, sugerindo que 41,5% da variação total do salário é **explicada** pelo grau de instrução.

4.5 Notas de capítulo

NOTA 1: Probabilidade condicional e razões de chances

Considere a seguinte tabela 2×2 correspondente a um estudo em que o interesse é avaliar a associação entre a exposição de indivíduos a um certo fator de risco e a ocorrência de uma determinada moléstia.

	Doente (D)	Não doentes ($\overline{D}$)	Total
Exposto (E)	n_{11}	n_{12}	n_{1+}
Não exposto ($\overline{E}$)	n_{21}	n_{22}	n_{2+}
Total	n_{+1}	n_{+2}	n_{++}

Em **estudos prospectivos** (*prospective, follow-up, cohort*) o planejamento envolve a escolha de amostras de tamanhos n_{1+} e n_{2+} de indivíduos, respectivamente, expostos e não expostos ao fator de risco e a observação da ocorrência ou não da moléstia após um certo intervalo de tempo. A razão de chances (de doença entre indivíduos expostos e não expostos) é definida como:

$$\omega_1 = \frac{P(D|E)P(\overline{D}|\overline{E})}{P(\overline{D}|E)P(D|\overline{E})}$$

em que $P(D|E)$ denota a probabilidade da ocorrência da moléstia para indivíduos expostos ao fator de risco, com os demais termos dessa expressão tendo interpretação similar.

Em **estudos retrospectivos** ou **caso-controle**, o planejamento envolve a escolha de amostras de tamanhos n_{+1} e n_{+2} de indivíduos não doentes (controles) e doentes (casos), respectivamente, e a observação retrospectiva de sua exposição ou não ao fator de risco. Nesse caso, a razão de chances é definida por:

$$\omega_2 = \frac{P(E|D)P(\overline{E}|\overline{D})}{P(\overline{E}|D)P(E|\overline{D})},$$

com $P(E|D)$ denotando a probabilidade de indivíduos com a moléstia terem sido expostos ao fator de risco e com interpretação similar para os demais termos da expressão. Utilizando a definição de probabilidade condicional [veja Bussab e Morettin (2023), por exemplo], temos

$$\omega_1 = \frac{[P(D \cap E)/P(E)][P(\overline{D} \cap \overline{E})/P(\overline{E})]}{[P(\overline{D} \cap E)/P(E)][P(D \cap \overline{E})/P(\overline{E})]} = \frac{P(D \cap E)P(\overline{D} \cap \overline{E})}{P(\overline{D} \cap E)P(D \cap \overline{E})} = \frac{[P(E|D)/P(D)][P(\overline{E}|\overline{D})/P(\overline{D})]}{[P(E|\overline{D})/P(\overline{D})][P(\overline{E}|D)/P(D)]} = \omega_2$$

Embora não se possa calcular o risco relativo de doença em estudos retrospectivos, a razão de chances obtida por meio desse tipo de estudo é igual àquela que seria obtida por intermédio de um estudo prospectivo, que em muitas situações práticas não pode ser realizado em razão do custo.

NOTA 2: Medidas de dependência entre duas variáveis

Dizemos que X e Y são **comonotônicas** se Y (ou X) for uma função estritamente crescente de X (ou Y) e são **contramonotônicas** se a função for estritamente decrescente.

Consideremos duas variáveis X e Y e seja $\delta(X,Y)$ uma medida de dependência entre elas. As seguintes propriedades são desejáveis para δ (Embrechts et al., 2003):

i) $\delta(X,Y) = \delta(Y,X)$;

ii) $-1 \leq \delta(X,Y) \leq 1$;

iii) $\delta(X,Y) = 1$ se X e Y são comonotônicas e $\delta(X,Y) = -1$ se X e Y são contramonotônicas;

iv) Se T for uma transformação monótona,

$$\delta(T(X),Y) = \begin{cases} \delta(X,Y), & \text{se } T \text{ for crescente,} \\ -\delta(X,Y), & \text{se } T \text{ for decrescente.} \end{cases}$$

v) $\delta(X,Y) = 0$ se, e somente se, X e Y são independentes.

O **coeficiente de correlação (linear)** entre X e Y é definido por

$$\rho = \frac{\text{Cov}(X,Y)}{DP(X)DP(Y)} \tag{4.11}$$

com $\text{Cov}(X,Y) = E(XY) - E(X)E(Y)$ (**covariância** entre X e Y), $DP(X) = \text{E}\{[X - \text{E}(X)]^2\}$ e $DP(Y) = \text{E}\{[Y - \text{E}(Y)]^2\}$. Pode-se provar que $-1 \leq \rho \leq 1$ e que satisfaz às propriedades (i)–(ii). Além disso, ρ requer que as variâncias de X e Y sejam finitas e $\rho = 0$ não implica independência entre X e Y, a não ser que (X,Y) tenha uma distribuição normal bivariada. Também, mostra-se que ρ não é invariante sob transformações não lineares estritamente crescentes.

NOTA 3: Dependência linear entre duas variáveis

Convém reafirmar que $\rho(X,Y)$ mede dependência linear entre X e Y e não outro tipo de dependência. De fato, suponha que uma das variáveis possa ser expressa linearmente em termos da outra, por exemplo, $X = aY + b$, e seja $d = E(|X - aY - b|^2)$. Então, pode-se provar (veja o Exercício 28) que o mínimo de d ocorre quando

$$a = \frac{\sigma_X}{\sigma_Y}\rho(X,Y) \quad \text{e} \quad b = E(X) - aE(Y), \tag{4.12}$$

e é dado por

$$\min d = \sigma_X^2[1 - \rho(X,Y)^2]. \tag{4.13}$$

Portanto, quanto maior o valor absoluto do coeficiente de correlação entre X e Y, melhor a acurácia com que uma das variáveis pode ser representada como uma combinação linear da outra. Obviamente, este mínimo se anula se, e somente se, $\rho = 1$ ou $\rho = -1$. Então, de (4.13), temos

$$\rho(X,Y) = \frac{\sigma_X^2 - \min_{a,b} E(|X - aY - b|^2)}{\sigma_X^2}, \tag{4.14}$$

ou seja, $\rho(X,Y)$ mede a redução relativa na variância de X por meio de uma regressão linear de X sobre Y.

NOTA 4: Medidas de dependência robustas

O coeficiente de correlação não é uma medida robusta. Uma alternativa robusta para a associação entre duas variáveis quantitativas pode ser construída como indicamos na sequência. Considere as variáveis padronizadas

$$\tilde{x}_k = \frac{x_k}{S_x(\alpha)}, \quad \tilde{y}_k = \frac{y_k}{S_y(\alpha)}, \quad k = 1, \ldots, n,$$

em que $S_x^2(\alpha)$ e $S_y^2(\alpha)$ são as variâncias α-aparadas para os dados x_i e y_i, $i = 1, \ldots, n$, respectivamente. Um coeficiente de correlação robusto é definido por

$$r(\alpha) = \frac{S_{\tilde{x}+\tilde{y}}^2(\alpha) - S_{\tilde{x}-\tilde{y}}^2(\alpha)}{S_{\tilde{x}+\tilde{y}}^2(\alpha) + S_{\tilde{x}-\tilde{y}}^2(\alpha)}, \tag{4.15}$$

em que, por exemplo, $S_{\tilde{x}+\tilde{y}}^2(\alpha)$ é a variância α-aparada da soma dos valores padronizados de x_i e y_i, $i = 1, \ldots, n$. Pode-se mostrar que $r(\alpha) = r_P$ se $\alpha = 0$. Esse método é denominado **método de somas e diferenças padronizadas**.

Exemplo 4.9 Consideremos os dados (x_i, y_i), $i = 1, \ldots, n$ apresentados na Tabela 4.27 e dispostos em um diagrama de dispersão na Figura 4.18.

Para $\alpha = 0,05$, obtemos:

$$\overline{x}(\alpha) = 14,86, \ \overline{y}(\alpha) = 15,33, \ S_x(\alpha) = 5,87, \ S_y(\alpha) = 6,40,$$

$$(\overline{\tilde{x} + \tilde{y}})(\alpha) = 4,93, \ (\overline{\tilde{x} - \tilde{y}})(\alpha) = 0,14,$$

$$S_{\tilde{x}+\tilde{y}}^2(\alpha) = 3,93, \ S_{\tilde{x}-\tilde{y}}^2(\alpha) = 0,054.$$

Então, de (4.15), obtemos $r(\alpha) = 0,973$, o que indica uma alta correlação entre as duas variáveis.

Tabela 4.27 Valores hipotéticos de duas variáveis X e Y

x	y	x	y
20,2	24,0	19,3	18,5
50,8	38,8	19,3	18,5
12,0	11,5	19,3	18,5
25,6	25,8	10,2	11,1
20,2	24,0	12,0	12,9
7,2	7,2	7,2	7,2
7,2	7,2	13,5	12,9
7,2	7,2		

NOTA 5: Gráficos PP

Na Figura 4.19, observe que $p_x(q) = P(X \leq q) = F_X(q)$ e que $p_y(q) = P(Y \leq q) = F_Y(q)$. O gráfico cartesiano com os pares $[p_x(q), p_y(q)]$, para qualquer q real, é chamado de gráfico de probabilidades ou **gráfico PP**. O gráfico cartesiano com os pares $[Q_X(p), Q_Y(p)]$, para $0 < p < 1$, é o gráfico de quantis *versus* quantis (gráfico QQ).

Se as distribuições de X e Y forem iguais, então $F_X = F_Y$ e os pontos dos gráficos PP e QQ se situam sobre a reta $x = y$. Em geral, os gráficos QQ são mais sensíveis a diferenças nas caudas das distribuições se estas forem aproximadamente simétricas e com a aparência de uma distribuição normal. Suponha que

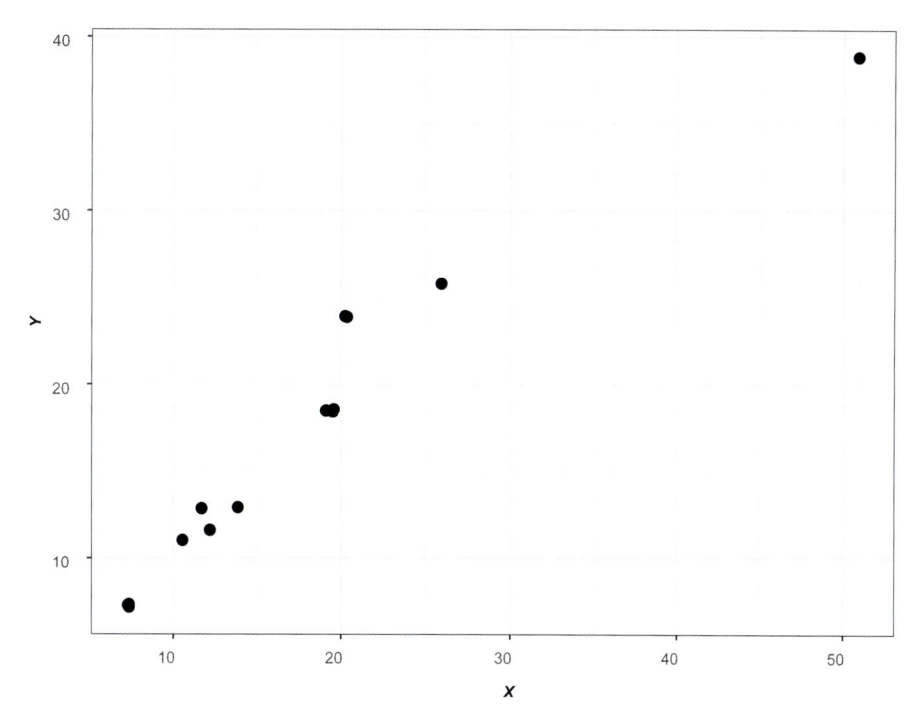

Figura 4.18 Gráfico de dispersão para os dados do Exemplo 4.9.

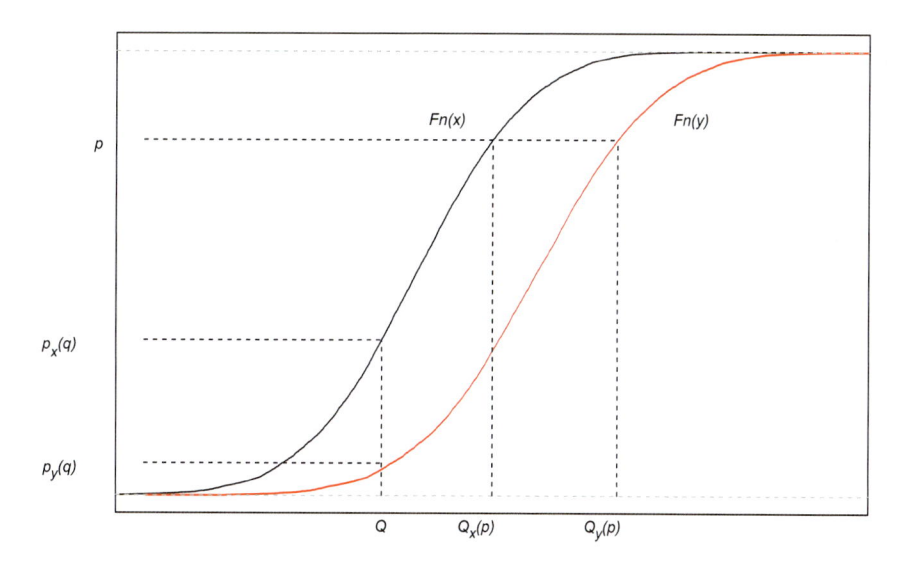

Figura 4.19 Quantis e probabilidades associados a duas distribuições.

$Y = aX + b$, ou seja, que as distribuições de X e Y são as mesmas, exceto por uma transformação linear. Então,

$$p = P[X \leq Q_X(p)] = P[aX + b \leq aQ_X(p) + b] = P[Y \leq Q_Y(p)],$$

ou seja,

$$Q_Y(p) = aQ_X(p) + b.$$

O gráfico QQ correspondente será representado por uma reta com inclinação a e intercepto b. Essa propriedade não vale para gráficos PP.

Gráficos PP e QQ para a distribuição da concentração de Zn em cascas de árvores da espécie *tipuana*, disponíveis no arquivo **arvores**, estão dispostos na Figura 4.20 e salientam a maior capacidade dos últimos para detectar assimetrias em distribuições de frequência.

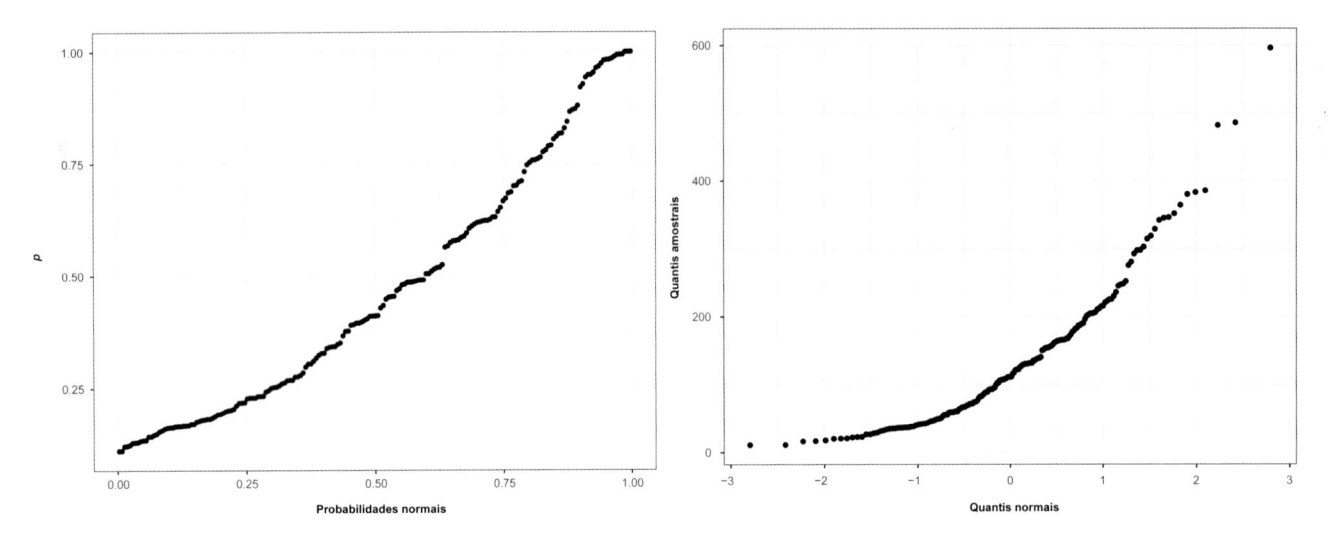

Figura 4.20 Gráficos PP e QQ para concentração de Zn em cascas de árvores da espécie *tipuana*.

NOTA 6: Diferenças significativas

Consideremos a distribuição de uma variável X (pressão arterial, por exemplo) em duas populações, A e B e admitamos que os valores esperados de X sejam μ_A e μ_B (desconhecidos), respectivamente. Além disso, admitamos que ambas as distribuições tenham desvios padrões iguais a $\sigma = 10$ (conhecido). Nosso objetivo é saber se existem evidências de que $\mu_A = \mu_B$ com base em amostras aleatórias $X_{A1}, \ldots, X_{An}$ da população A e $X_{B1}, \ldots, X_{Bn}$ da população B. Admitamos que $n = 100$ e que as correspondentes médias amostrais sejam $\overline{X}_A = 13$ e $\overline{X}_B = 10$, respectivamente. Nesse caso, dizemos que a diferença $|\overline{X}_A - \overline{X}_B| = 3$ é **significativa** com $p < 0{,}05$, concluindo que há evidências para acreditar que $\mu_A \neq \mu_B$. Consideremos agora uma amostra de tamanho $n = 25$ de cada população, com médias $\overline{X}_A = 15$ e $\overline{X}_B = 10$. Nesse caso, dizemos que a diferença $|\overline{X}_A - \overline{X}_B| = 5$ **não é significativa** com $p > 0{,}05$, concluindo que não há razão para acreditar que $\mu_A \neq \mu_B$, embora a diferença entre as médias amostrais $\overline{X}_A$ e $\overline{X}_B$ seja maior que no primeiro caso. Essencialmente, queremos saber qual é a interpretação da expressão "a diferença entre as médias é significativa".

O cerne do problema é que não queremos tirar conclusões sobre as médias amostrais, $\overline{X}_A$ e $\overline{X}_B$ (cuja diferença é evidente, pois a conhecemos), e sim sobre as médias populacionais μ_A e μ_B, que desconhecemos. Para associar as amostras às populações, precisamos de um modelo probabilístico. No caso do exemplo, um modelo simples supõe que as distribuições de frequências da variável X nas populações A e B são normais, independentes, com médias μ_A e μ_B, respectivamente, e desvio padrão comum $\sigma = 10$.

No primeiro caso ($n = 100$), admitindo que as duas distribuições têm médias iguais ($\mu_A = \mu_B$), a probabilidade de que a diferença (em valor absoluto) entre as médias amostrais seja maior ou igual a 3 é

$$P(|\overline{X}_A - \overline{X}_B| \geq 3) = P(|Z| > 3/(\sqrt{2}\sigma/\sqrt{100}) = P(|Z| \geq 2{,}82) < 0{,}05$$

em que Z representa uma distribuição normal padrão, isto é, com média zero e variância 1. Em outras palavras, se as médias populacionais forem iguais, a probabilidade de se obter uma diferença de magnitude 3 entre as médias de amostras de tamanho $n = 100$ é menor que 5% e então dizemos que a diferença (entre as médias amostrais) é significativa ($p < 0{,}05$), indicando que a evidência de igualdade entre as médias populacionais μ_A e μ_B é pequena.

No segundo caso ($n = 25$), temos

$$P(|\overline{X}_A - \overline{X}_B| \geq 5) = P(|Z| > 5/(\sqrt{2}\sigma/\sqrt{25}) = P(|Z| > 1{,}76) > 0{,}05,$$

e então dizemos que a diferença (entre as médias amostrais) não é significativa ($p > 0,05$), indicando que não há evidências fortes o suficiente para acreditarmos que as médias populacionais μ_A e μ_B sejam diferentes.

Apesar de no segundo caso a diferença amostral ser maior do que aquela do primeiro caso, concluímos que a evidência de diferença entre as médias populacionais é menor. Isso ocorre porque o tamanho amostral desempenha um papel importante nesse processo; quanto maior o tamanho amostral, mais fácil será detectar diferenças entre as médias populacionais em questão.

De forma geral, afirmar que uma diferença entre duas médias amostrais é significativa quer dizer que as médias das populações de onde as amostras foram extraídas não devem ser iguais; por outro lado, dizer que a diferença entre as médias amostrais não é significativa quer dizer que não há razões para acreditar que exista diferença entre as médias populacionais correspondentes. A escolha do valor 0,05 para a decisão sobre a significância ou não da diferença é arbitrária embora seja muito utilizada na prática.

NOTA 7: Intervalos de confiança para risco relativo e razão de chances

Consideremos a seguinte tabela 2×2:

Tabela 4.28 Frequência de pacientes

Fator de risco	*Status* do paciente		
	doente	são	Total
presente	n_{11}	n_{12}	n_{1+}
ausente	n_{21}	n_{22}	n_{2+}
Total	n_{+1}	n_{+2}	n

Estimativas dos riscos (populacionais) de doença para pacientes expostos e não expostos ao fator de risco são, respectivamente, $p_1 = n_{11}/n_{1+}$ e $p_2 = n_{21}/n_{2+}$. Sob a suposição de que as distribuições de n_{11} e n_{21} são binomiais, as variâncias de p_1 e p_2 são, respectivamente, estimadas por $\text{Var}(p_1) = p_1(1 - p_1)/n_{1+}$ e $\text{Var}(p_2) = p_2(1 - p_2)/n_{2+}$.

Em vez de estimar a variância associada à estimativa do risco relativo, $rr = p_1/p_2$, é mais conveniente estimar a variância de $\log(rr)$. Com essa finalidade, recorremos ao **método Delta**,[6] obtendo

$$\text{Var}[\log(rr)] = \text{Var}[\log(p_1) - \log(p_2)] = \text{Var}[\log(p_1)] + \text{Var}[\log(p_2)]$$
$$= \frac{p_1(1 - p_1)}{p_1^2 n_{1+}} + \frac{p_2(1 - p_2)}{p_2^2 n_{2+}} = \frac{1 - p_1}{p_1 n_{1+}} + \frac{1 - p_2}{p_2 n_{2+}}$$
$$= \frac{1 - p_1}{n_{11}} + \frac{1 - p_2}{n_{21}}$$
$$= \frac{1}{n_{11}} - \frac{1}{n_{1+}} + \frac{1}{n_{21}} - \frac{1}{n_{2+}}$$

---

[6] O método Delta é utilizado para estimar a variância de funções de variáveis aleatórias. Essencialmente, se x é tal que $\text{E}(X) = \mu$ e $\text{Var}(X) = \sigma^2$, então sob certas condições de regularidade (em geral, satisfeitas nos casos mais comuns), $\text{Var}[g(X)] = [g'(\mu)]^2\sigma^2$, em que g é uma função com derivada $g'(z)$ no ponto z. Para detalhes, o leitor poderá consultar Sen et al. (2009).

Os limites inferior e superior de um intervalo de confiança com coeficiente de confiança aproximado de 95% para o logaritmo do risco relativo (populacional) RR são obtidos de

$$\log(p_1/p_2) \pm 1{,}96\sqrt{\frac{1}{n_{11}} - \frac{1}{n_{1+}} + \frac{1}{n_{21}} - \frac{1}{n_{2+}}}. \tag{4.16}$$

Os limites do intervalo de confiança correspondente para o risco relativo (populacional) podem ser obtidos exponenciando-se os limites indicados em (4.16).

A razão de chances rc de doença entre indivíduos expostos e não expostos ao fator de risco é estimada por $rc = p_1(1 - p_2)/p_2(1 - p_1)$. Como no caso do risco relativo é mais conveniente estimar a variância de $\log(rc)$, que é

$$\mathrm{Var}[\log(rc)] = \frac{1}{n_{11}} + \frac{1}{n_{12}} + \frac{1}{n_{21}} + \frac{1}{n_{22}}.$$

Os limites inferior e superior de um intervalo de confiança com coeficiente de confiança aproximado de 95% para o logaritmo do razão de chances (populacional) RC são obtidos de

$$\log[p_1(1 - p_2)/p_2(1 - p_1)] \pm 1{,}96\sqrt{\frac{1}{n_{11}} + \frac{1}{n_{12}} + \frac{1}{n_{21}} + \frac{1}{n_{22}}}. \tag{4.17}$$

Assim como no caso do risco relativo, os limites do intervalo de confiança aproximado correspondente para a razão de chances podem ser obtidos por meio da exponenciação dos limites indicados em (4.17).

Tendo em conta a forma da estimativa da sensibilidade de um teste diagnóstico, a saber, $\widehat{S} = n_{11}/n_{1+}$, uma estimativa de sua variância, obtida por meio da aproximação da distribuição binomial por uma distribuição normal, é $\widehat{\mathrm{Var}(x)} = S(1-S)/n_{1+}$ e os limites inferior e superior de um intervalo de confiança com coeficiente de confiança aproximado de 95% para a sensibilidade populacional são, respectivamente,

$$S - 1{,}96\sqrt{S(1 - S)/n_{1+}} \quad \text{e} \quad s + 1{,}96\sqrt{S(1 - S)/n_{1+}} \tag{4.18}$$

Intervalos de confiança aproximados para as demais características de testes diagnósticos podem ser construídos de maneira análoga, substituindo em (4.18), $\widehat{S}$ e o denominador n_{1+} pelos valores correspondentes nas definições de especificidade, falsos positivos etc.

NOTA 8: Uma interpretação ingênua sobre o valor-p

Embora haja controvérsias, uma medida de plausibilidade de uma hipótese (nula) estatística é o valor-p.

Considere a hipótese de que a probabilidade de cara, digamos θ, em um lançamento de uma moeda seja igual a 0,5 contra uma hipótese alternativa de que essa probabilidade é maior do que 0,5 e admitamos que o objetivo seja decidir se $\theta = 0{,}5$ ou $\theta < 0{,}5$ com base em 10 lançamentos dessa moeda. Suponhamos que 10 caras tenham sido observadas nesses 10 lançamentos. A probabilidade de que isso ocorra para moedas com $\theta = 0{,}5$ pode ser calculada por meio da distribuição binomial e é igual a $1/1024 \approx 0{,}001$; esse é o valor-p associado ao resultado (10 caras em 10 lançamentos) e indica que, embora esse resultado seja possível, ele é pouco provável. Se com base nesse resultado, decidirmos que θ deve ser menor do 0,5, a probabilidade de termos decidido erroneamente é esse valor-p.

Se tivermos observado 8 em vez de 10 caras nos 10 lançamentos da moeda, o valor-p correspondente é a probabilidade de que 8 ou mais caras sejam observadas, que também podem ser obtidos por meio da distribuição binomial e é igual a $56/1024 \approx 0{,}055$. Neste caso, se optarmos pela decisão de afirmar que θ deve ser menor do 0,5, a probabilidade de essa decisão estar errada é $0{,}055 = 56/1024$.

A tomada da decisão depende das consequências de um possível erro, mas é um problema extra estatístico. A conclusão estatística limita-se ao cálculo da probabilidade de uma decisão errada. Se decidirmos que a maior probabilidade de tomar a decisão errada for de 5%, ou seja, se adotarmos um **nível de significância** $\alpha = 0,05$, optaremos por dizer que $\theta < 0,5$ no primeiro caso (10 caras em 10 lançamentos da moeda), mas não o faremos no segundo caso (8 ou mais caras em 10 lançamentos da moeda).

Para detalhes técnicos e generalizações, o leitor pode consultar Bussab e Morettin (2023), por exemplo.

4.6 Exercícios

1) Considere o conjunto de dados disponível no arquivo `empresa`. Compare as distribuições de frequências das variáveis `Estado civil`, `Grau de instrução` e `Salário` para indivíduos com diferentes procedências.

2) Considere o conjunto de dados disponível no arquivo `regioes`. Avalie a relação entre as variáveis `Região` e `Densidade populacional`.

3) Considere o conjunto de dados disponível no arquivo `salarios`.

   a) Compare as distribuições das variáveis `Salário de professor secundário` e `Salário de administrador` por meio de um gráfico QQ e interprete os resultados.

   b) Calcule o coeficiente de correlação de Pearson e o coeficiente de correlação robusto (4.15) com $\alpha = 0,10$ entre essas duas variáveis.

4) Para os dados do arquivo `salarios`, considere a variável `Região`, com as classes `América do Norte`, `América Latina`, `Europa` e `Outros` e a variável `Salário de professor secundário`. Avalie a associação entre essas duas variáveis.

5) Analise a variável `Preço de veículos` segundo as categorias N (nacional) e I (importado) para o conjunto de dados disponível no arquivo `veiculos`.

6) Considere o conjunto de dados disponível no arquivo `coronarias`.

   a) Construa gráficos QQ para comparar a distribuição da variável `COL` de pacientes masculinos (=1) com aquela de femininos (=0). Repita a análise para a variável `IMC` e discuta os resultados.

   b) Calcule o coeficiente de correlação de Pearson e o coeficiente de correlação de Spearman entre as variáveis `ALTURA` e `PESO`.

   c) Construa uma tabela de contingência para avaliar a distribuição conjunta das variáveis `TABAG4` e `ARTER` e calcule a intensidade de associação entre elas utilizando a estatística de Pearson, o coeficiente de contingência de Pearson e o coeficiente de Tschuprow.

7) Considere os dados do arquivo `endometriose`. Construa um gráfico QQ para comparar as distribuições da variável `Idade` de pacientes dos grupos Controle e Doente.

8) Considere os dados do arquivo `neonatos` contendo pesos de recém-nascidos medidos por via ultrassonográfica (antes do parto) e ao nascer. Construa gráficos QQ e gráficos Bland-Altman para avaliar a concordância entre as duas distribuições. Comente os resultados.

9) Considere o conjunto de dados disponível no arquivo `esforco`.

   a) Compare as distribuições de frequências da variável `VO2` em repouso e no pico do exercício para pacientes classificados em cada um dos níveis da variável `Etiologia` por meio de gráficos QQ e de medidas resumo. Comente os resultados.

   b) Repita o item a) utilizando gráficos de Bland-Altman.

   c) Utilize *boxplots* e gráficos de perfis médios para comparar as distribuições da variável `FC` correspondentes a pacientes nos diferentes níveis da variável `NYHA`. Comente os resultados.

10) Os dados da Tabela 4.29 são provenientes de um estudo em que um dos objetivos era avaliar o efeito da dose de radiação gama (em centigrays) na formação de múltiplos micronúcleos em células de indivíduos normais. Analise os dados descritivamente, calculando o risco relativo de ocorrência de micronúcleos para cada dose tomando como base a dose nula. Repita a análise calculando as razões de chances correspondentes. Quais as conclusões de suas análises?

Tabela 4.29 Número de células

Dose de radiação gama (cGy)	Frequência de células com múltiplos micronúcleos	Total de células examinadas
0	1	2373
20	6	2662
50	25	1991
100	47	2047
200	82	2611
300	207	2442
400	254	2398
500	285	1746

11) Em uma cidade A em que não foi veiculada propaganda, a porcentagem de clientes que desistem do plano de TV a cabo depois de um ano é 14%. Em uma cidade B, em que houve uma campanha publicitária, essa porcentagem é de 6%. Considerando uma aproximação de 2 casas decimais, indique qual é a razão de chances (rc) de desistência entre as cidades A e B, justificando sua resposta.

   a) rc = 2,33

   b) rc = 2,55

   c) rc = 8,00

   d) rc = 1,75

   e) Nenhuma das respostas anteriores.

12) De uma tabela construída para avaliar a associação entre tratamento (com níveis ativo e placebo) e cura (sim ou não) de uma certa moléstia obteve-se uma razão de chances igual a 2,0. Mostre que não se pode concluir daí que a probabilidade de cura para pacientes submetidos ao tratamento ativo é 2 vezes a probabilidade de cura para pacientes submetidos ao placebo.

13) Considere os dados do arquivo esquistossomose. Calcule a sensibilidade, especificidade, taxas de falsos positivos e falsos negativos, valores preditivos positivos e negativos e acurácia correspondentes aos cinco testes empregados para diagnóstico de esquistossomose.

14) Considere os dados do arquivo entrevista. Calcule estatísticas κ sem e com ponderação para quantificar a concordância entre as duas observadoras (G e P) para as variáveis Impacto e Independência e comente os resultados.

15) Um criminologista desejava estudar a relação entre: X (densidade populacional = número de pessoas por unidade de área) e Y (índice de assaltos = número de assaltos por 100.000 pessoas) em grandes cidades. Para isto sorteou 10 cidades, observando em cada uma delas os valores de X e Y. Os resultados obtidos estão dispostos na Tabela 4.30.

Tabela 4.30 Densidade populacional e índice de assaltos em grandes cidades

Cidade	1	2	3	4	5	6	7	8	9	10
X	59	49	75	65	89	70	54	78	56	60
Y	190	180	195	186	200	204	192	215	197	208

a) Classifique as variáveis envolvidas.

b) Calcule a média, mediana, desvio padrão e a distância interquartis para cada variável.

c) Construa o diagrama de dispersão entre Y e X e faça comentários sobre a relação entre as duas variáveis.

16) Considere a seguinte tabela.

X	1	3	4	6	8	9	11	14
Y	1	2	4	4	5	7	8	9

Indique qual a afirmação a seguir sobre a relação entre as variáveis X e Y está correta, justificando sua resposta.

a) Não há associação entre X e Y.

b) Há relação linear positiva.

c) Há relação linear negativa.

d) Há relação quadrática.

17) Em um teste de esforço cardiopulmonar aplicado a 55 mulheres e 104 homens, foram medidas, entre outras, as seguintes variáveis:

– Grupo: Normais, Cardiopatas ou DPOC (portadores de doença pulmonar obstrutiva crônica).

– VO2MAX: consumo máximo de O_2 (ml/min).

– VCO2MAX: consumo máximo de CO_2 (ml/min).

Algumas medidas descritivas e gráficos são apresentados nas Tabelas 4.31 e 4.32 e Figura 4.21 adiante. Coeficiente de correlação entre VO2MAX e VCO2MAX = 0,92.

a) Que grupo tem a maior variabilidade?

b) Compare as médias e as medianas dos 3 grupos.

c) Compare as distâncias interquartis dos 3 grupos para cada variável. Você acha razoável usar a distribuição normal para esse conjunto de dados?

d) O que representam os asteriscos nos *boxplots*?

e) Que tipo de função você ajustaria para modelar a relação entre o consumo máximo de CO_2 e o consumo máximo de O_2? Por quê?

f) Há informações que necessitam verificação quanto a possíveis erros? Quais?

Tabela 4.31 VO2MAX

Grupo	n	Média	Mediana	Desvio padrão
Normais	56	1845	1707	795
Cardiopatas	57	1065	984	434
DPOC	46	889	820	381

Tabela 4.32 VCO2MAX

Grupo	n	Média	Mediana	Desvio padrão
Normais	56	2020	1847	918
Cardiopatas	57	1206	1081	479
DPOC	46	934	860	430

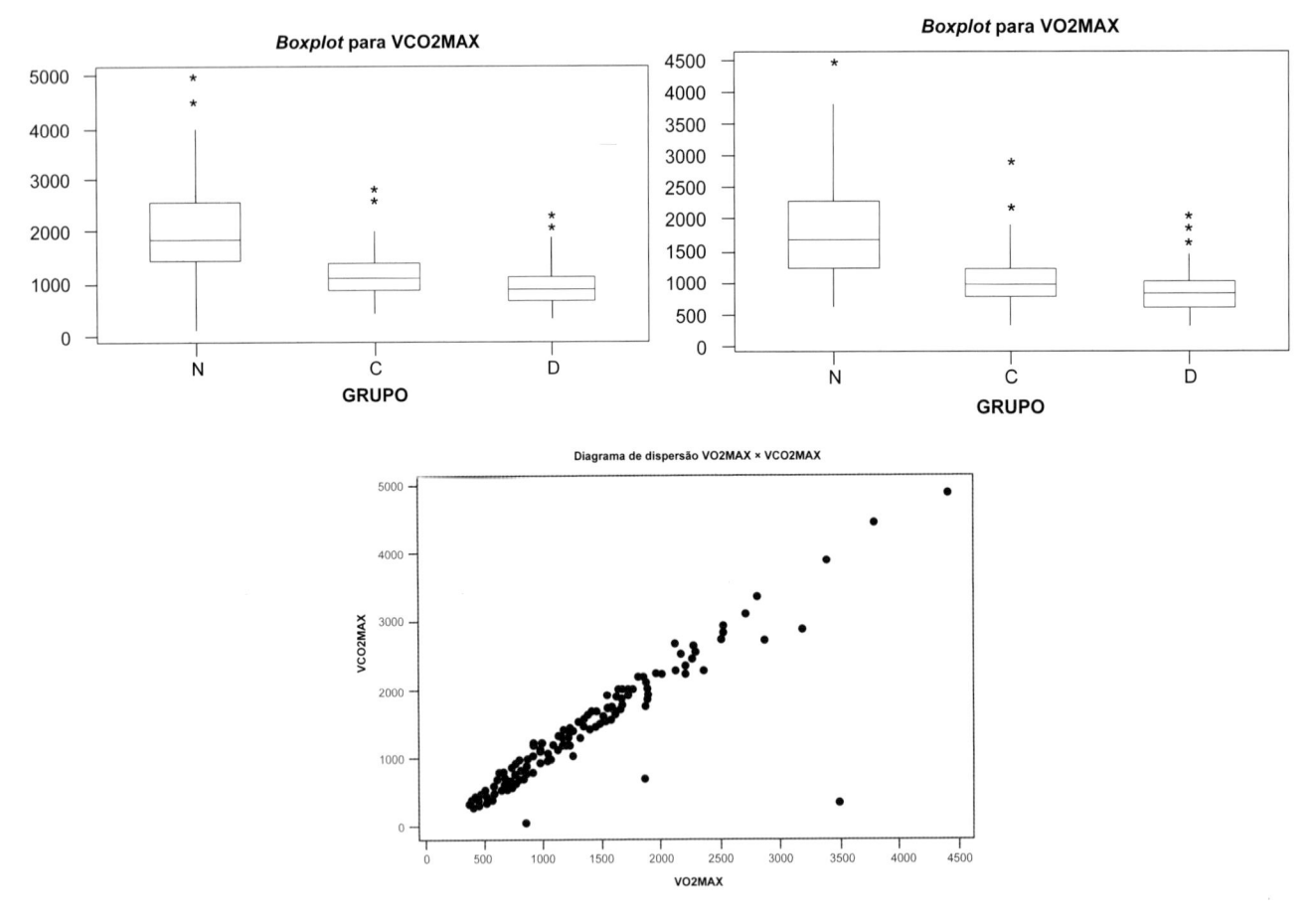

Figura 4.21 Gráficos para o Exercício 17.

18) Para avaliar a associação entre a persistência do canal arterial (PCA) em recém-nascidos pré-termo (RNPT) e óbito ou hemorragia intracraniana, um pesquisador obteve os dados dispostos na seguinte tabela de frequências:

PCA	Óbito			Hemorragia intracraniana		
	Sim	Não	Total	Sim	Não	Total
Presente	8	13	21	7	14	21
Ausente	1	39	40	7	33	40
Total	9	52	61	14	44	61

Um resumo das análises para óbitos e hemorragia intracraniana está disposto na tabela seguinte:

Variável	valor-p	Razão de chances e Intervalo de confiança (95%)		
		Estimativa	Lim inf	Lim sup
Óbito	0,001	24,0	2,7	210,5
Hemorragia intracraniana	0,162	2,4	0,7	8,0

a) Interprete as estimativas das razões de chances, indicando claramente a que pacientes elas se referem.

b) Analogamente, interprete os intervalos de confiança correspondentes, indicando claramente a que pacientes eles se referem.

c) Com base nos resultados anteriores, o que você pode concluir sobre a associação entre persistência do canal arterial e óbito para RNPT em geral? E sobre a associação entre a persistência do canal arterial e a ocorrência de hemorragia interna? Justifique suas respostas.

d) Qual a hipótese nula testada em cada caso?

e) Qual a interpretação dos valores-p em cada caso?

Detalhes podem ser obtidos em Afiune (2000).

19) Em um estudo realizado para avaliar o efeito do tabagismo nos padrões de sono foram consideradas amostras de tamanhos 12 e 15 de duas populações: Fumantes e Não Fumantes, respectivamente. A variável observada foi o tempo, em minutos, que se leva para dormir. Os correspondentes *boxplots* e gráficos de probabilidade normal são apresentados nas Figuras 4.22 e 4.23.

Esses gráficos sugerem que:

a) a variabilidade do tempo é a mesma nas duas populações estudadas;

b) as suposições para a aplicação do teste t-Student para comparar as médias dos tempos nas duas populações estão válidas;

c) os fumantes tendem a apresentar um tempo maior para dormir do que os não fumantes;

d) as informações fornecidas permitem concluir que o estudo foi bem planejado;

e) nenhuma das respostas anteriores.

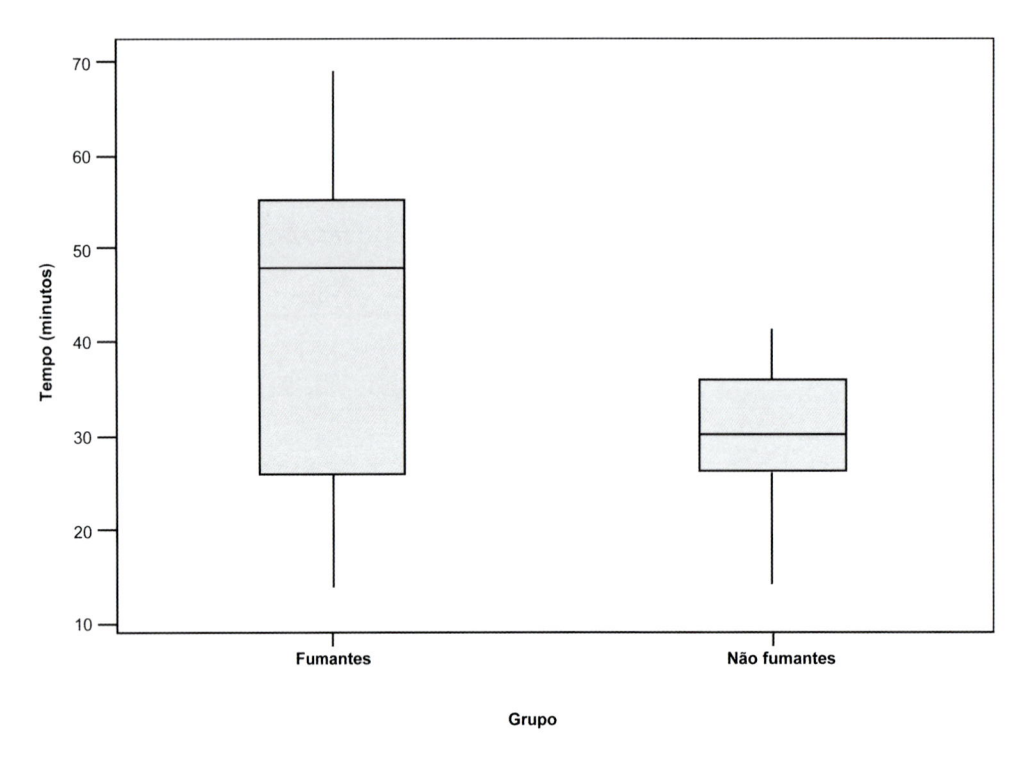

Figura 4.22 *Boxplots* do tempo até dormir nas populações Fumantes e Não Fumantes.

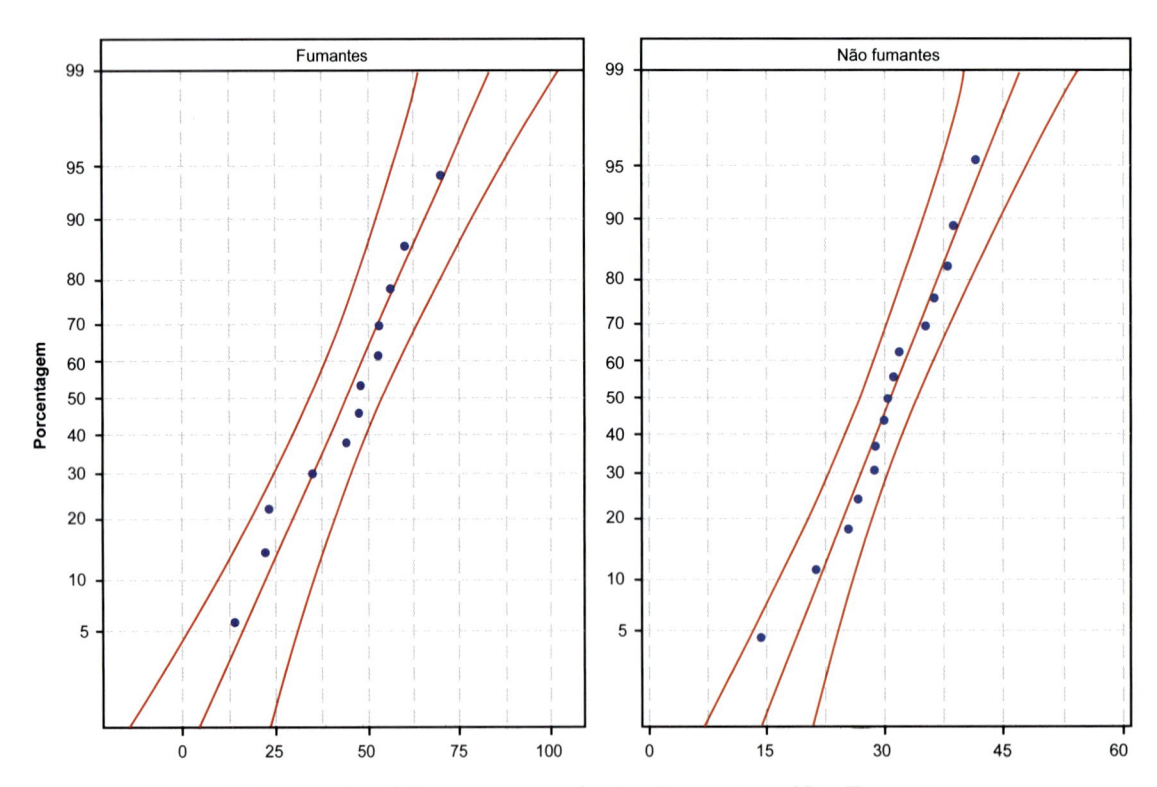

Figura 4.23 Gráfico QQ para as populações Fumantes e Não Fumantes.

20) Em um estudo comparativo de duas drogas para hipertensão, os resultados indicados nas Tabelas 4.33, 4.34 e 4.35 e Figura 4.24 foram usados para descrever a eficácia e a tolerabilidade das drogas ao longo de 5 meses de tratamento.

Tabela 4.33 Frequências absoluta e relativa do efeito colateral para as duas drogas

	Droga 1		Droga 2	
Efeito colateral	n	%	n	%
não	131	61,22	144	65,45
sim	83	38,79	76	34,54

Tabela 4.34 Distribuição de frequências para as drogas 1 e 2

Variação	Droga 1		Droga 2	
Pressão	n	%	n	%
0 ⊢ 5	9	4,20561	5	2,27273
5 ⊢ 10	35	16,3551	29	13,1818
10 ⊢ 20	115	53,7383	125	56,8181
20 ⊢ 30	54	25,2336	56	25,4545
30 ⊢ 40	1	0,46729	5	2,27273

Tabela 4.35 Medidas resumo das drogas 1 e 2

Droga	Média	DP	Mediana
1	15,58	6,09	15,49
2	16,82	6,37	17,43

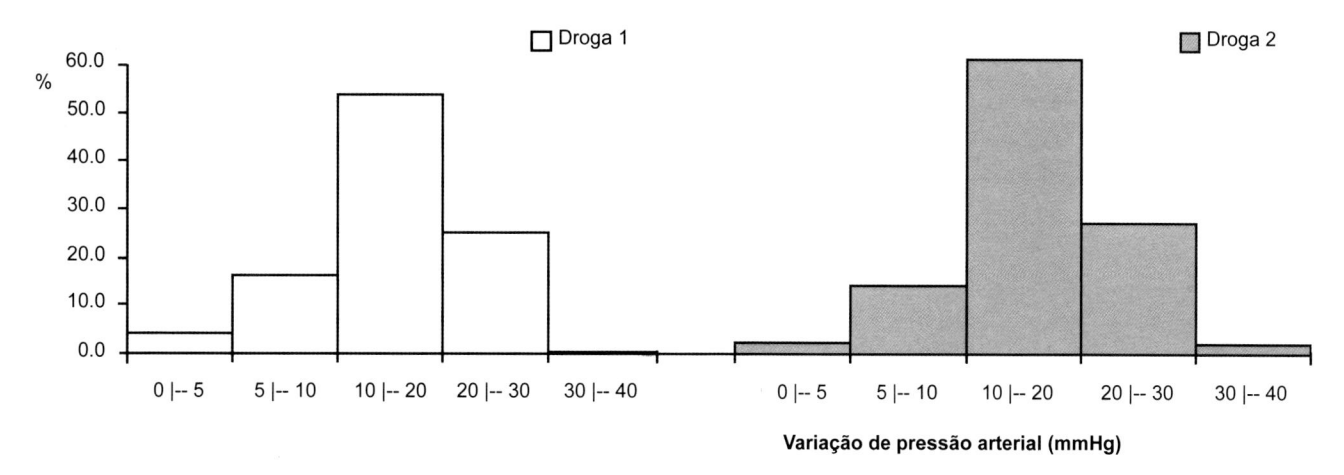

Figura 4.24 Histogramas para a variação de pressão arterial.

a) Com a finalidade de melhorar a apresentação dos resultados, faça as alterações que você julgar necessárias em cada uma das tabelas e figura.

b) Calcule a média, o desvio padrão e a mediana da variação de pressão arterial para cada uma das duas drogas por meio do histograma.

c) Compare os resultados obtidos no item b) com aqueles obtidos diretamente dos dados da amostra (Tabela 4.35).

21) Considere duas amostras de uma variável X com n unidades amostrais cada. Utilize a definição (4.9) para mostrar que $\overline{\mathrm{Var}(X)} = \mathrm{Var}(X)$ quando as médias das duas amostras são iguais.

22) Utilize o método Delta para calcular uma estimativa da variância da razão de chances (veja a Nota 7).

23) Utilizando a definição da Nota 4, prove que se $\alpha = 0$, então $r(\alpha) = r$.

24) Mostre que para a hipótese de inexistência de associação em uma tabela $r \times s$, a estatística (4.1) pode ser escrita como

$$\chi^2 = \sum_{i=1}^{r} \sum_{j=1}^{s} \frac{(n_{ij} - n_{i+}n_{+j}/n)^2}{n_{i+}n_{+j}/n},$$

em que n_{ij} é a frequência absoluta observada na linha i e coluna j e n_{i+} e n_{+j} são, respectivamente, os totais das linhas e colunas.

25) Prove que a expressão da estatística de Pearson do Exercício 10 pode ser escrita como

$$\chi^2 = n \sum_{i=1}^{r} \sum_{j=1}^{s} \frac{(f_{ij} - f_{ij}^*)^2}{f_{ij}^*},$$

em que f_{ij} e f_{ij}^* representam, respectivamente, as frequências relativas observada e esperada (sob a hipótese de inexistência de associação) correspondentes à cela i,j.

26) Prove que (4.4) e (4.5) são equivalentes.

27) Prove as relações (4.12)–(4.14).

ANÁLISE DE DADOS DE VÁRIAS VARIÁVEIS

Nothing would be done at all if a man waited 'til he could do it so well that no one could find fault with it.

John Henry Newman

5.1 Introdução

Em várias situações práticas, os valores de mais de duas variáveis são observados em cada unidade amostral (ou populacional). Por exemplo, o conjunto de dados disponível no arquivo `veiculos` corresponde a uma amostra de 30 veículos, em cada qual foram observadas 4 variáveis: preço (`preco`), comprimento (`comp`), potência do motor (`motor`) e procedência (`proc`). As três primeiras são variáveis quantitativas contínuas e a quarta é uma variável qualitativa nominal. O conjunto de dados disponível no arquivo `poluicao` contém 4 variáveis quantitativas contínuas, nomeadamente, concentrações atmosféricas de monóxido de carbono (`CO`) e ozônio (`O3`), além de temperatura (`temp`) e umidade do ar (`umid`) observadas ao longo de 120 dias.

Embora seja possível considerar cada variável separadamente e aplicar as técnicas do Capítulo 3, a análise da relação entre elas precisa ser avaliada de forma conjunta, pois os modelos probabilísticos apropriados para esse tipo de dados envolvem distribuições conjuntas para as p variáveis, digamos $X_1, \ldots, X_p$, sob investigação. No caso discreto, eles são especificados por funções de probabilidade $P(X_1 = x_1, \ldots, X_p = x_p)$, e no caso contínuo, por funções densidade de probabilidade, $f(x_1, \ldots, x_p)$, que levam em consideração a provável correlação entre as variáveis observadas na mesma unidade amostral. Em geral, as observações realizadas em duas unidades amostrais diferentes não são correlacionadas embora haja exceções. No exemplo de dados de poluição, as unidades amostrais são os n diferentes dias e o conjunto das n observações de cada variável corresponde a uma **série temporal**. Nesse contexto, também se esperam correlações entre as observações realizadas em unidades amostrais diferentes.

Quando todas as p variáveis são observadas em cada uma de n unidades amostrais, podemos dispô-las em uma matriz com dimensão $n \times p$, chamada **matriz de dados**. No exemplo dos veículos, essa matriz tem dimensão 30×4 e nem todos os seus elementos são numéricos. No conjunto de dados de poluição, a matriz de dados correspondente tem dimensão 120×4.

Recursos gráficos para representar as relações entre as variáveis são mais complicados quando temos mais de duas variáveis. Neste livro, trataremos apenas de alguns casos, com ênfase em três variáveis. Mais opções e detalhes podem ser encontrados em Chambers et al. (1983).

Muitas análises de dados multivariados, isto é, dados de várias variáveis, consistem na redução de sua dimensionalidade considerando algum tipo de transformação que reduza o número de variáveis mas conserve a maior parte da informação do conjunto original. Com essa finalidade, uma técnica bastante utilizada é a **Análise de Componentes Principais**, também conhecida por Análise de Funções Empíricas Ortogonais em muitas ciências físicas. Esse tópico será discutido no Capítulo 14.

5.2 Gráficos para três variáveis

Gráfico do desenhista (*draftsman's display*)

Esse tipo de gráfico consiste em uma matriz (ou dos componentes situados abaixo ou acima da diagonal principal) cujos elementos são painéis com gráficos de dispersão para cada par de variáveis. Muitas vezes, incluem-se coeficientes de correlação entre os diferentes pares de variáveis nos painéis situados acima ou abaixo da diagonal.

Exemplo 5.1 O gráfico do desenhista para as variáveis `preco`, `comp` e `motor` do arquivo `veiculos`, apresentado na Figura 5.1 pode ser gerado por meio dos comandos

```
> pairs(~preco + comp + motor, data=dados, upper.panel=panel.cor,
        cex=1.2, pch=19, cex.labels=3, cex.axis = 1.5)
```

Os coeficientes de correlação indicados nos painéis superiores podem ser calculados com a utilização da função

```
> panel.cor <- function(x, y, digits = 2, cex.cor, ...){
  usr <- par("usr"); on.exit(par(usr))
  par(usr = c(0, 1, 0, 1))
  # correlation coefficient
  r <- cor(x, y)
  txt <- format(c(r, 0.123456789), digits = digits)[1]
  txt <- paste("r= ", txt, sep = "")
  text(0.5, 0.5, txt, cex=1.8)}
```

Observam-se associações positivas tanto entre potência do motor e comprimento quanto entre potência do motor e preço: maiores potências do motor estão associadas tanto com maiores comprimentos quanto com preços maiores. Esse tipo de relação não é tão aparente quando consideramos as variáveis preço e comprimento: veículos com preços até 15.000 apresentam comprimentos variando entre 3,5 e 4,0 m, enquanto veículos com preços maiores que 15.000 têm comprimento em torno de 4,5 m.

A Figura 5.2 contém o mesmo tipo de gráfico para as variáveis CO, O3 e temp do arquivo `poluicao` e não mostra evidência considerável de associação entre cada par dessas variáveis.

Gráfico de dispersão simbólico

Gráficos de dispersão simbólicos ou **estéticos** (*aesthetic*) são essencialmente gráficos de dispersão em que mais de duas variáveis são representadas. Para distingui-las usam-se diferentes símbolos, cores ou forma dos pontos.

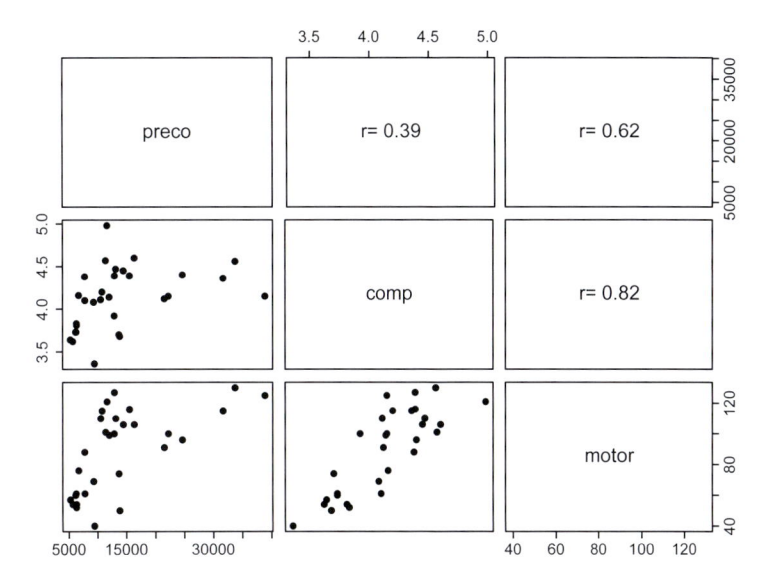

Figura 5.1 Gráfico do desenhista para os dados do arquivo `veiculos`.

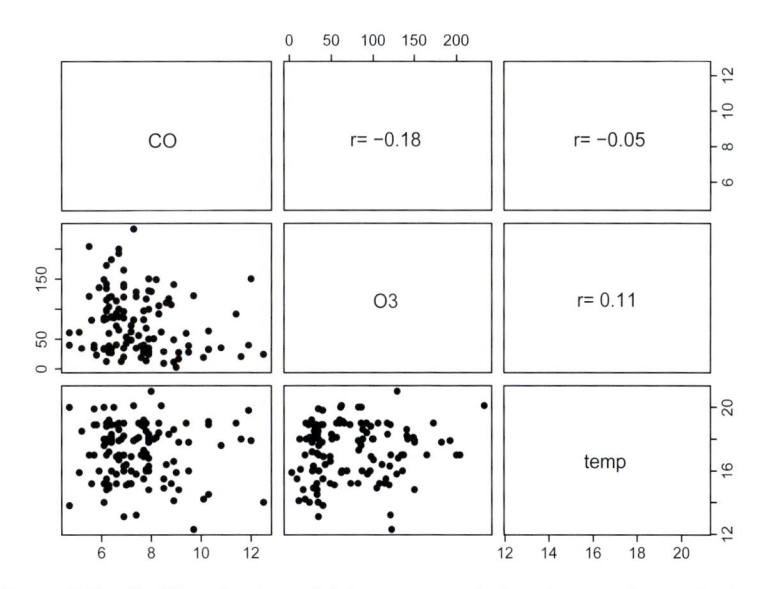

Figura 5.2 Gráfico do desenhista para os dados do arquivo `poluicao`.

Exemplo 5.2 Consideremos novamente os dados do arquivo `veiculos`, concentrando a atenção em duas variáveis quantitativas `preco` e `comp` e em uma terceira variável qualitativa, `proc` (categorias `nacional` ou `importado`). Para cada par (`preco`, `comp`) usamos o símbolo △, para representar a categoria `nacional` e o símbolo ○, para indicar a categoria `importado`. O gráfico de dispersão disposto na Figura 5.3, em que se pode notar que os preços maiores correspondem, de modo geral, a carros importados, pode ser construído por meio dos comandos

```
> g1 <- ggplot(veiculos, aes(comp, preco)) +
  geom_point(aes(shape=proc, color=proc), size=3) + theme_bw() +
  scale_color_manual(values=c("red", "blue")) +
  theme(axis.title = element_text(size=23)) +
  theme(legend.position="bottom", legend.direction="horizontal",
  legend.text=element_text(size=20))
  theme(axis.text.x = element_text(face="plain", size=13),
  axis.text.y = element_text(face="plain", size=13))
```

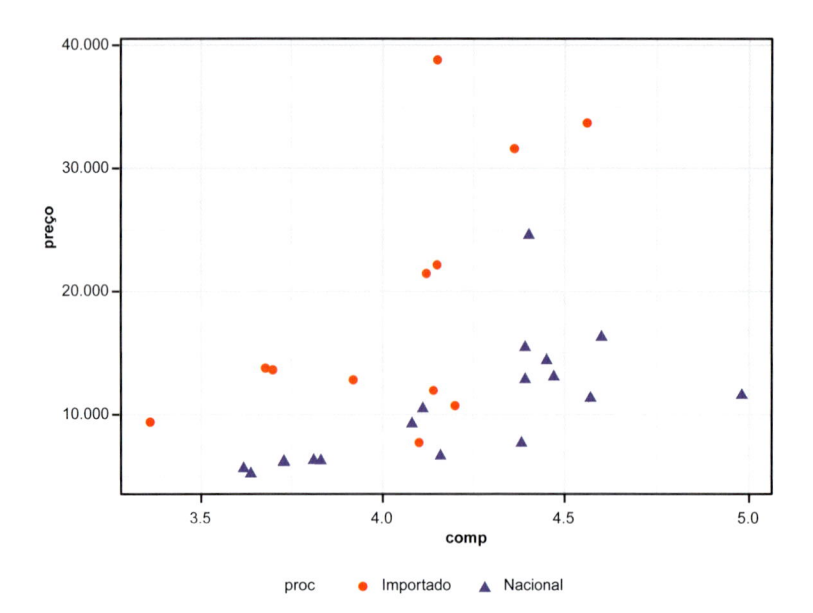

Figura 5.3 Gráfico de dispersão simbólico para as variáveis `preco`, `comp` e `proc` (Exemplo 5.2).

Uma alternativa para a representação gráfica das associações entre três variáveis quantitativas desse conjunto de dados consiste em um gráfico de dispersão com símbolos de diferentes tamanhos para representar uma delas. Por exemplo, na Figura 5.4, apresentamos o gráfico de dispersão de `preco` *versus* `comp`, com a variável `motor` representada por círculos com tamanhos variando conforme a potência: círculos menores para potências entre 40 e 70, círculos médios para potências entre 70 e 100 e círculos maiores para potências entre 100 e 130. O gráfico permite evidenciar que carros com maior potência do motor são, em geral, mais caros e têm maior comprimento. Os comandos do pacote `ggplot2` utilizados para a construção do gráfico disposto na Figura 5.4 são

```
> categ_motor=rep(NA,length(motor))
> categ_motor[motor>=40 & motor<70]="Baixa Potencia"
> categ_motor[motor>=70 & motor<100]="Media Potencia"
> categ_motor[motor>=100 & motor<=130]="Alta Potencia"
> categ_motor=factor(categ_motor)
> potencia = 2*c(categ_motor == "Baixa Potencia")+
  4*c(categ_motor == "Media Potencia")+
  8*c(categ_motor== "Alta Potencia")
> ggplot(veiculos, aes(comp,preco))
      + geom_point(aes(size = factor(potencia)))
> g1 <- ggplot(veiculos,aes(comp,preco))
      + geom_point(aes(size = factor(potencia))) + theme_bw()
> g2 <- g1 + theme(axis.title = element_text(size=23))
> g3 <- g2 + theme(legend.position="bottom",
 legend.direction="horizontal",
 legend.text=element_text(size=15))
> g4 <- g3 + theme(axis.text.x = element_text(face="plain",
    size=13), axis.text.y = element_text(face="plain", size=13))
> g5 <- g4 + scale_size_manual(labels = c("Baixa", "Media",
                    "Alta"), values = c(2, 4, 8))
```

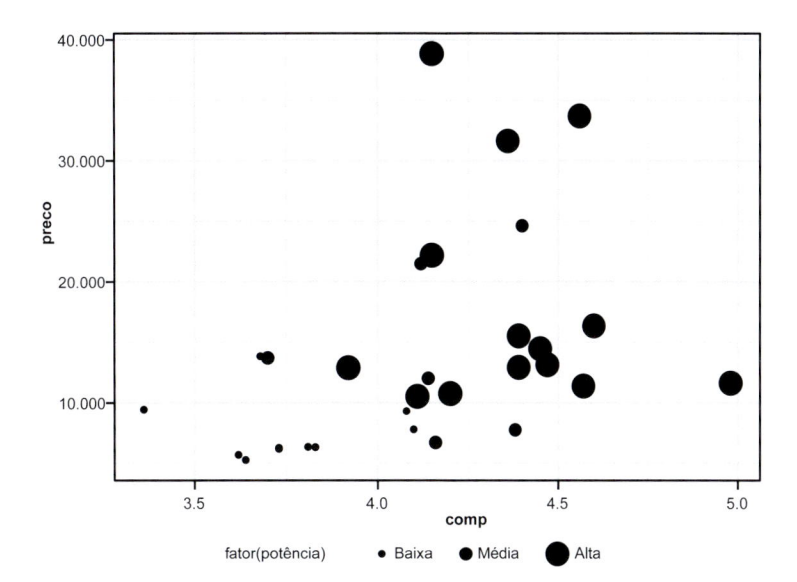

Figura 5.4 Gráfico de dispersão simbólico para as variáveis `preco`, `comp` e `motor` (Exemplo 5.2).

Exemplo 5.3 No pacote `ggplot2` encontramos o conjunto de dados `mpg`, que consiste em observações de 38 modelos de carros norte-americanos, com várias variáveis, dentre as quais destacamos: `displ` = potência do motor, `hwy` = eficiência do carro em termos de gasto de combustível, `class` = tipo do carro (duas portas, compacto, SUV etc.) e `drv` = tipo de tração (4 rodas, rodas dianteiras e rodas traseiras). Um gráfico de dispersão para as variáveis `hwy` *versus* `displ`, categorizado pela variável `drv`, pode ser construído por meio dos comandos

```
> g1 <- ggplot(data=mpg) +
geom_point(mapping=aes(x=displ, y=hwy, color=drv)) +
geom_smooth(mapping=aes(x=displ, y=hwy, color=drv), se=FALSE) +
theme_bw() +
theme(legend.position="bottom", legend.direction="horizontal",
legend.text=element_text(size=20)) +
theme(axis.text.x = element_text(face="plain", size=18),
axis.text.y = element_text(face="plain", size=18)) +
theme(axis.title = element_text(size=23))
```

Incluímos a opção `geom_smooth` para ajustar curvas suaves aos dados (usando o procedimento de suavização ***lowess***) de cada conjunto de pontos da variável `drv`, ou seja, uma curva para os pontos com o valor 4 (*four-wheel drive*), outra para os pontos com o valor f (*front-wheel drive*) e uma curva para os pontos com valor r (*rear-wheel drive*). O resultado está apresentado na Figura 5.5. As curvas *lowess* são úteis para identificar possíveis modelos de regressão que serão discutidos no Capítulo 6. Detalhes sobre curvas *lowess* podem ser obtidos na Nota 2.

Partição e janelamento

Uma abordagem alternativa aos gráficos de dispersão simbólicos consiste em dividir as n observações disponíveis em subconjuntos de acordo com os valores de uma das variáveis e construir um gráfico de dispersão envolvendo as outras duas variáveis para cada subconjunto.

Por exemplo, para os dados do arquivo `veiculos`, podemos construir gráficos de dispersão para as variáveis `motor` e `comp` de acordo com a faixa de preço (baixo, entre 5000 e 7000, médio, entre 5000 e 7000 ou alto, entre 12.000 e 40.000), como na Figura 5.6.

Esse gráfico sugere uma associação positiva entre comprimento e motor (potência), independentemente da faixa de preço, com menos intensidade para veículos mais baratos.

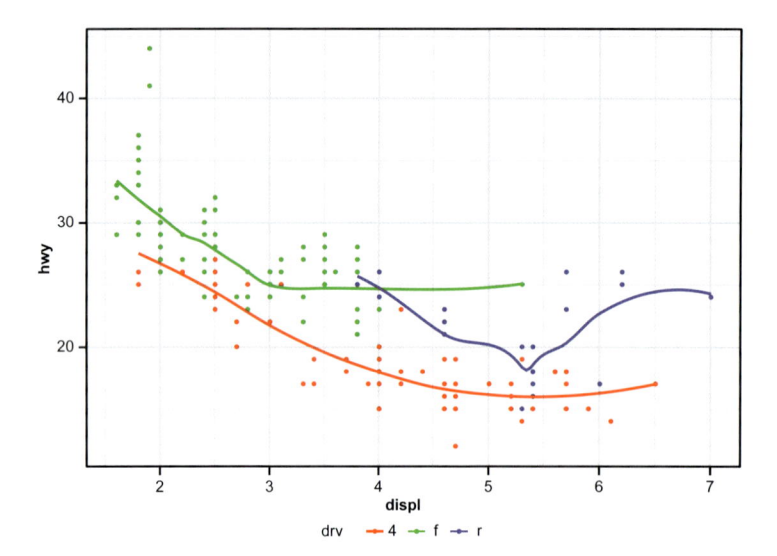

Figura 5.5 Gráfico de dispersão simbólico das variáveis `hwy` *versus* `displ`, categorizado pela variável `drv` com pontos e curvas *lowess*.

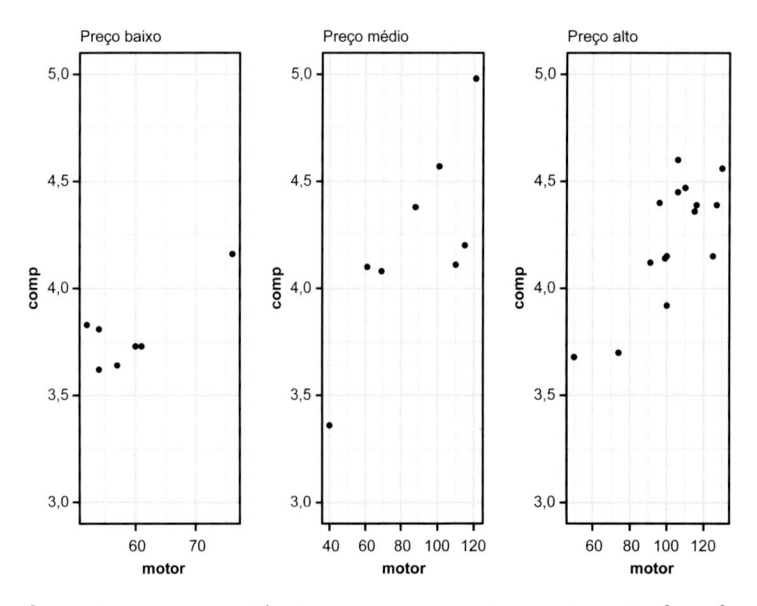

Figura 5.6 Janelamento para as variáveis `comp` *versus* `motor`, categorizado pela variável `preco`.

Gráfico de perfis médios

Os gráficos de perfis médios considerados no Capítulo 4 para duas variáveis podem ser facilmente estendidos para acomodar situações com duas variáveis explicativas categorizadas, usualmente denominadas **fatores** e uma variável resposta. Como ilustração, consideremos os dados do arquivo `arvores` com o objetivo de comparar as concentrações médias de Mg obtidas nas cascas de três espécies de árvores localizadas nas proximidades de vias com diferentes intensidades de tráfego. Nesse contexto, estamos diante de um problema com dois fatores, nomeadamente, `Espécie de árvores` e `Tipo de via` e uma variável resposta contínua, `Concentração de Mg`. O gráfico de perfis médios correspondente, apresentado na Figura 5.7, pode ser obtido por intermédio dos seguintes comandos

```
> resumo <- ddply(arvores, c("especie", "tipovia"), summarise,
    + N = sum(!is.na(Mg)), mean = mean(Mg, na.rm=TRUE),
    + sd  sd(Mg, na.rm=TRUE), se = sd / sqrt(N))
> pd <- position_dodge(0.1)
> ggplot(resumo, aes(x=tipovia, y=mean, colour=especie)) +
+ geom_errorbar(aes(ymin=mean-se, ymax=mean+se), width=.1,
                  position=pd) +
+ geom_line(aes(group = especie)) + geom_point(position=pd) +
+ theme_bw() + labs(x="Tipo de via", y="Concentração de Mg") +
+ theme(text=element_text(size=18))
```

O gráfico permite concluir que as concentrações médias de Mg nas *tipuanas* são mais elevadas que aquelas obtidas em *alfeneiros*, cujas concentrações médias de Mg são mais elevadas que aquelas obtidas em *sibipirunas*. Além disso, nota-se que a variação das concentrações médias de Mg é similar para *tipuanas* e *alfeneiros* localizadas nas proximidades dos quatro tipos de vias considerados. As concentrações médias de Mg em *sibipirunas*, por outro lado, seguem um padrão diferente.

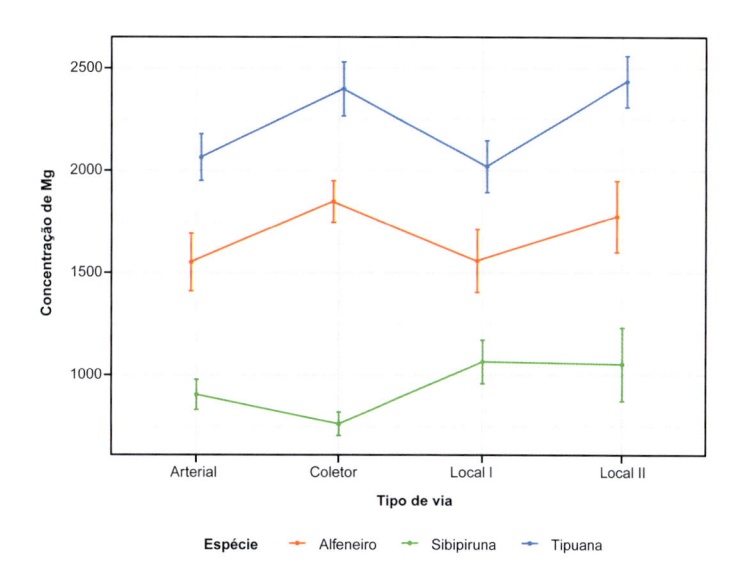

Figura 5.7 Gráfico de perfis médios para a concentração de Mg em cascas de árvores (as barras correspondem a erros padrões).

Quando as observações são independentes e a distribuição (populacional) da variável resposta é normal com a mesma variância para todas as combinações dos níveis dos fatores, as comparações de interesse restringem-se aos correspondentes valores esperados. Esse é o típico figurino dos problemas analisados por meio da técnica conhecida como **Análise de Variância** (com dois fatores). Nesse tipo de estudo, o objetivo inferencial é avaliar o "**efeito**" de cada fator e da "**interação**" entre eles em alguma característica da distribuição de uma variável resposta quantitativa contínua. Os termos "efeito" e "interação" estão entre aspas porque precisam ser definidos.

Com o objetivo de definir os "efeitos" dos fatores e de sua "interação", consideremos um exemplo simples em que cada um dos dois fatores tem dois níveis. Um dos fatores, que representamos por A, por exemplo, pode ser o tipo de droga (com níveis ativa e placebo) e o outro, digamos B, pode ser faixa etária (com níveis < 60 anos e ≥ 60 anos) e a variável resposta poderia ser pressão diastólica.

De forma geral, admitamos que m unidades amostrais tenham sido observadas sob cada tratamento, isto é, sob cada combinação dos 2 níveis do fator A e dos 2 níveis do fator B e que a variável resposta seja denotada por y. A estrutura de dados coletados sob esse esquema está apresentada na Tabela 5.1.

Tabela 5.1 Estrutura de dados para ANOVA com dois fatores

Droga	Idade	Paciente	PDiast	Droga	Idade	Paciente	PDiast
Ativa	< 60	1	y_{111}	Placebo	< 60	1	y_{211}
Ativa	< 60	2	y_{112}	Placebo	< 60	2	y_{212}
Ativa	< 60	3	y_{113}	Placebo	< 60	3	y_{213}
Ativa	≥ 60	1	y_{121}	Placebo	≥ 60	1	y_{221}
Ativa	≥ 60	2	y_{122}	Placebo	≥ 60	2	y_{222}
Ativa	≥ 60	3	y_{123}	Placebo	≥ 60	3	y_{223}

Os "efeitos" de cada um dos fatores e da "interação" entre eles podem ser definidos em termos dos valores esperados das distribuições da resposta sob os diferentes tratamentos (combinações dos níveis dos dois fatores).

Para casos em que o fator A tem a níveis e o fator B tem b níveis, um modelo comumente considerado para análise inferencial de dados com essa estrutura é

$$y_{ijk} = \mu_{ij} + e_{ijk}, \tag{5.1}$$

$i = 1, \ldots, a$, $j = 1, \ldots, b$, $k = 1, \ldots, m$, em que $\mathrm{E}(e_{ijk}) = 0$, $\mathrm{Var}(e_{ijk}) = \sigma^2$ e $\mathrm{E}(e_{ijk}e_{i'j'k'}) = 0$, $i \neq i'$ ou $j \neq j'$ ou $k \neq k'$, ou seja, os e_{ijk} são erros não correlacionados, têm valor esperado nulo e variância σ^2. Aqui, y_{ijk} denota a resposta observada para a k-ésima unidade amostral submetida ao tratamento definido pela combinação do nível i do fator A e nível j do fator B.

Esta é a **parametrização** conhecida como de **parametrização de médias de celas**, pois o **parâmetro de localização** μ_{ij} corresponde ao valor esperado da resposta de unidades amostrais submetidas ao tratamento correspondente à combinação do nível i do fator A e nível j do fator B. Outra parametrização bastante utilizada está discutida na Nota 3.

Fazendo $a = b = 2$ para facilidade de exposição, o **efeito do fator A (droga) para unidades submetidas ao nível j do fator B (faixa etária)** pode ser definido como a diferença $\mu_{1j} - \mu_{2j}$, que, no exemplo, corresponde à diferença entre o valor esperado da pressão diastólica de indivíduos com faixa etária j submetidos à droga 1 (ativa) e o valor esperado da pressão diastólica de indivíduos com essa mesma faixa etária submetidos à droga 2 (placebo). Analogamente, o **efeito do fator B (faixa etária) para indivíduos submetidos ao nível i do fator A (droga)** pode ser definido como a diferença $\mu_{i1} - \mu_{i2}$.

A **interação entre os fatores** A e B pode ser definida como a diferença entre o efeito do fator A para indivíduos submetidos ao nível 1 do fator B e o efeito do fator A para indivíduos submetidos ao nível 2 do fator B, nomeadamente, $(\mu_{11} - \mu_{21}) - (\mu_{12} - \mu_{22})$. Outras definições equivalentes, como $(\mu_{22} - \mu_{12}) - (\mu_{21} - \mu_{11})$, também podem ser utilizadas. A escolha entre as alternativas deve ser feita em função dos detalhes do problema; por exemplo, se a droga 1 for uma droga padrão e a faixa etária 1 corresponder a indivíduos mais jovens, esta última proposta pode ser mais conveniente.

Quando a interação é nula, o efeito do fator A é o mesmo para unidades submetidas a qualquer um dos níveis do fator B e pode-se definir o **efeito principal do fator A** como $(\mu_{11} + \mu_{12})/2 - (\mu_{21} + \mu_{22})/2$, que corresponde à diferença entre o valor esperado da resposta para unidades submetidas ao nível 1 do fator A e o valor esperado da resposta para unidades submetidas ao nível 2 do fator A (**independentemente do nível do fator B**). Similarmente, o efeito principal do fator B pode ser definido como $(\mu_{11} + \mu_{21})/2 - (\mu_{12} + \mu_{22})/2$.

Em muitos casos, essas definições de efeitos principais podem ser consideradas mesmo na presença de interação, desde que ela seja **não essencial**. A interação entre os fatores A e B é não essencial quando as diferenças $\mu_{11} - \mu_{21}$ e $\mu_{12} - \mu_{22}$ têm o mesmo sinal, mas magnitudes diferentes. Por exemplo, se

$\mu_{11} - \mu_{21} = K_1 > 0$ e $\mu_{12} - \mu_{22} = K_2 > 0$ com $K_1 \neq K_2$, a resposta esperada sob o nível 1 do fator A é maior que a resposta esperada sob o nível 2 do fator A tanto no nível 1 quanto no nível 2 do fator B, embora as magnitudes das diferenças não sejam iguais. Se essas magnitudes tiverem sinais diferentes, a interação é **essencial**. Por outro lado, se $K_1 = K_2$, não há interação. O leitor pode consultar Kutner et al. (2004) para uma discussão sobre a consideração de efeitos principais em situações com interação não essencial. Na Figura 5.8, apresentamos gráficos de perfis médios (populacionais) com interações essencial e não essencial entre dois fatores, A e B, cada um com dois níveis.

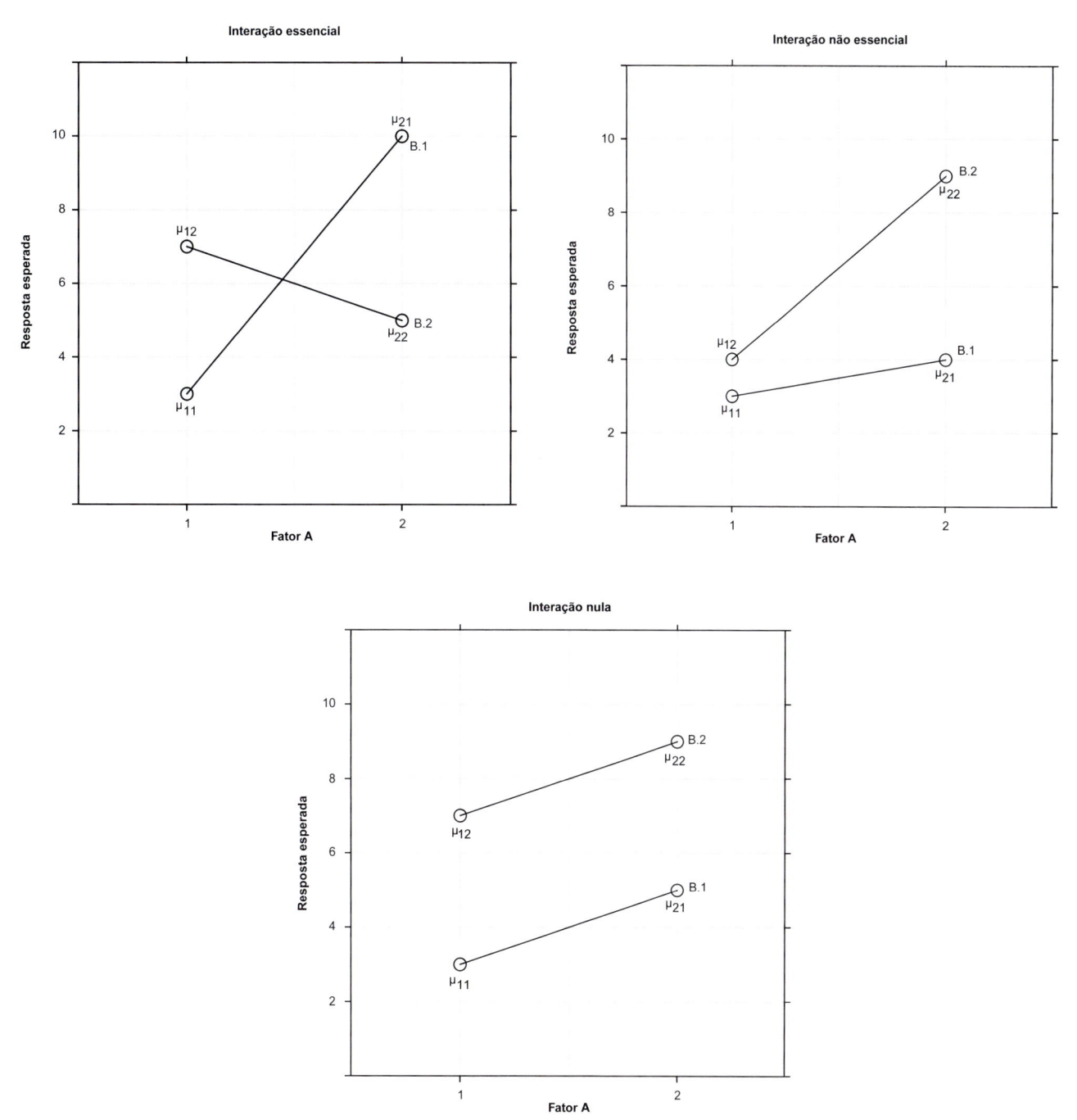

Figura 5.8 Gráfico de perfis médios (populacionais) com diferentes tipos de interação.

Na prática, tanto a interação entre os fatores bem como seus efeitos (parâmetros populacionais) são estimados pelas correspondentes funções das médias amostrais $\overline{y}_{ij} = m^{-1} \sum_{k=1}^{m} y_{ijk}$. Os correspondentes gráficos de perfis médios são construídos com essas médias amostrais e desvios padrões (ou erros padrões) associados e servem para sugerir uma possível interação entre os fatores envolvidos ou os seus efeitos.

Exemplo 5.4 Consideremos um estudo cujo objetivo é avaliar o efeito de dois fatores, a saber, tipo de adesivo odontológico e instante em que foi aplicada uma carga cíclica na resistência à tração (variável resposta) de corpos de prova odontológicos. O fator **Adesivo** tem três níveis (CB, RX e RXQ) e o fator **Instante** tem três níveis (início, após 15 minutos e após 2 horas) para os adesivos CB e RXQ e quatro níveis (após fotoativação, além de início, após 15 minutos e após 2 horas) para o adesivo RX. Os dados disponíveis no arquivo `adesivo` estão dispostos na Tabela 5.2 e contêm omissões causadas pela quebra acidental dos corpos de prova. Detalhes sobre o estudo podem ser encontrados em Witzel et al. (2000).

Tabela 5.2 Resistência à tração de corpos de prova de um estudo sobre cimentos odontológicos

Adesivo	Instante carga	Repet	Resist	Adesivo	Instante carga	Repet	Resist
CB	inic	1	8,56	RX	2h	1	16,76
CB	inic	2	5,01	RX	2h	2	16,80
CB	inic	3	2,12	RX	2h	3	13,07
CB	inic	4	1,70	RX	2h	4	11,47
CB	inic	5	4,78	RX	2h	5	15,86
CB	15min	1	5,67	RX	fativ	1	13,42
CB	15min	2	4,07	RX	fativ	2	13,82
CB	15min	3	5,99	RX	fativ	3	19,63
CB	15min	4	5,52	RX	fativ	4	15,60
CB	15min	5		RX	fativ	5	17,87
CB	2h	1	8,57	RXQ	inic	1	3,95
CB	2h	2	6,94	RXQ	inic	2	6,49
CB	2h	3		RXQ	inic	3	4,60
CB	2h	4		RXQ	inic	4	6,59
CB	2h	5		RXQ	inic	5	4,78
RX	inic	1	20,81	RXQ	15min	1	8,14
RX	inic	2	12,14	RXQ	15min	2	3,70
RX	inic	3	9,96	RXQ	15min	3	
RX	inic	4	15,95	RXQ	15min	4	
RX	inic	5	19,27	RXQ	15min	5	
RX	15min	1	14,25	RXQ	2h	1	4,39
RX	15min	2	14,21	RXQ	2h	2	6,76
RX	15min	3	13,60	RXQ	2h	3	4,81
RX	15min	4	11,04	RXQ	2h	4	10,68
RX	15min	5	21,08	RXQ	2h	5	

Médias e desvios padrões da resistência à tração para as observações realizadas sob cada tratamento (correspondentes ao cruzamento dos níveis de cada fator) estão apresentados na Tabela 5.3. O gráfico de perfis médios correspondente está apresentado na Figura 5.9.

Tabela 5.3 Medidas resumo para os dados da Tabela 5.2

Adesivo	Instante	n	Média	Desvio Padrão
	0 min	5	4,43	2,75
CB	15 min	4	5,31	0,85
	120 min	2	7,76	1,15
	0 min	5	5,28	1,19
RXQ	15 min	2	5,92	3,14
	120 min	4	6,66	2,87
	0 min	5	15,63	4,60
RX	15 min	5	14,84	3,73
	120 min	5	14,79	2,40
	fativ	5	16,07	2,66

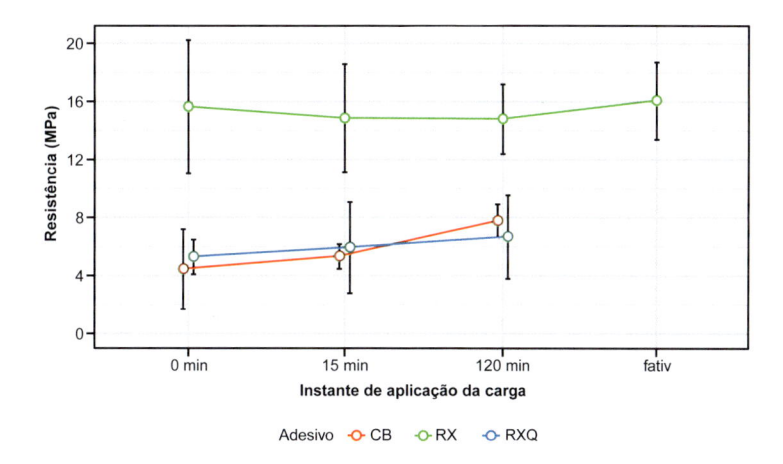

Figura 5.9 Gráfico de perfis de médias (com barras de desvios padrões) para os dados da Tabela 5.2.

Esse gráfico **sugere** que não existe interação entre os dois fatores, pois os perfis são "paralelos" (lembremos que os perfis apresentados são amostrais e que servem apenas para sugerir o comportamento dos perfis populacionais correspondentes). Além disso, a variabilidade dos dados (aqui representada pelas barras de desvios padrões) deve ser levada em conta para avaliar as possíveis diferenças entre os valores esperados populacionais. Nesse contexto, podemos esperar um efeito principal do fator Adesivo, segundo o qual os adesivos CB e RXQ têm respostas esperadas iguais, mas menores que a resposta esperada do adesivo RX. Também é razoável esperar que não exista um efeito principal de Instante de aplicação, dado que os três perfis são "paralelos" ao eixo das abscissas. Finalmente, convém reafirmar que essas conclusões são apenas exploratórias e precisam ser confirmadas por técnicas de ANOVA para efeitos inferenciais. Os seguintes comandos geram a tabela ANOVA apresentada em seguida.

```
> adesivo.anova <- aov(resistencia ~ adesivo + instante +
adesivo*instante, data=adesivo)
> summary(adesivo.anova)

          Df Sum Sq Mean Sq F value   Pr(>F)
adesivo    2  987.8   493.9  59.526 1.65e-11 ***
instante   3    9.3     3.1   0.373    0.773
```

```
adesivo:instante  4   16.5   4.1   0.498   0.737
Residuals        32  265.5   8.3
```

O resultado não sugere evidências nem de interação entre Adesivo e Instante de aplicação ($p = 0{,}737$) nem de efeito principal de Instante de aplicação ($p = 0{,}773$), mas sugere forte evidência de efeito de Adesivo ($p < 0{,}001$).

Comparações múltiplas entre os níveis de Adesivo realizadas por meio da técnica de Tukey a partir do comando

```
> TukeyHSD(adesivo.anova, which = "adesivo")
```

corroboram a sugestão de que os efeitos dos adesivos CB e RXQ são iguais ($p < 0{,}899$), porém diferentes do efeito do adesivo RXQ ($p < 0{,}001$).

```
              diff         lwr         upr      p adj
RX-CB    9.9732273    7.316138  12.630317  0.0000000
RXQ-CB   0.5418182   -2.476433   3.560069  0.8986306
RXQ-RX  -9.4314091  -12.088499  -6.774319  0.0000000
```

5.3   Gráficos para quatro ou mais variáveis

Os mesmos tipos de gráficos examinados na seção anterior podem ser considerados para a análise conjunta de quatro ou mais variáveis. Como ilustração, consideremos dados de concentração de elementos químicos observados em cascas de diferentes espécies de árvores na cidade de São Paulo, utilizados para avaliar os níveis de poluição. Os dados estão disponíveis no arquivo `arvores`.

Exemplo 5.5 Na Figura 5.10, apresentamos um gráfico do desenhista com $\binom{4}{2} = 6$ painéis correspondentes aos elementos Mn, Fe, Cu e Zn observados em árvores da espécie *tipuana* localizadas junto a vias coletoras. Aqui também observam-se evidências de correlações moderadas entre as variáveis.

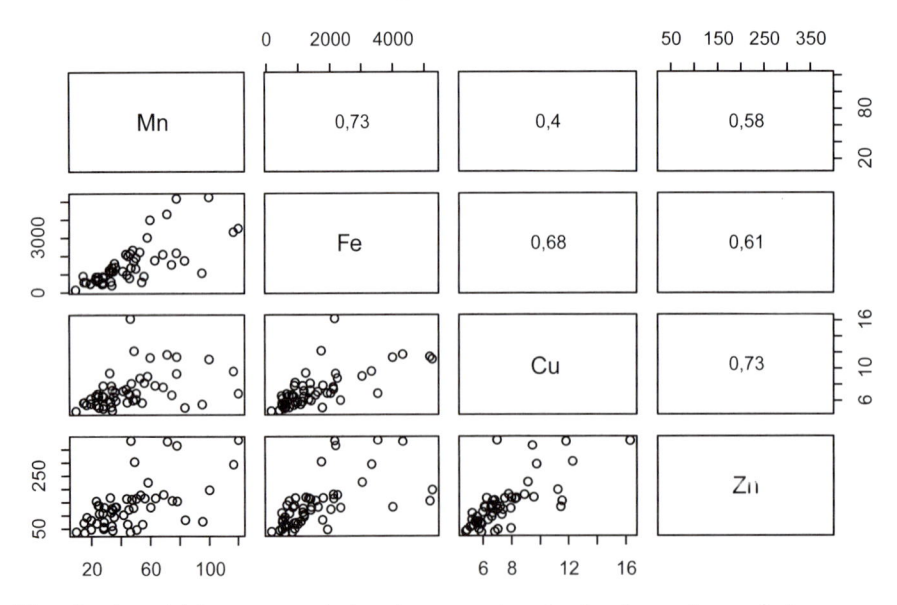

Figura 5.10   Gráfico do desenhista para os dados da concentração de elementos químicos em cascas de árvores.

Outros tipos de gráficos podem ser encontrados em Cleveland (1979) e Chambers et al. (1983), por exemplo.

5.4 Medidas resumo multivariadas

Consideremos valores de p variáveis $X_1, \ldots, X_p$, medidas em n unidades amostrais dispostos na forma de uma matriz de dados $\mathbf{X}$, de ordem $n \times p$, ou seja,

$$\mathbf{X} = \begin{bmatrix} x_{11} & x_{12} & \cdots & x_{1v} & \cdots & x_{1p} \\ x_{21} & x_{22} & \cdots & x_{2v} & \cdots & x_{2p} \\ \vdots & \vdots & & \vdots & & \vdots \\ x_{ii} & x_{i2} & \cdots & x_{iv} & \cdots & x_{ip} \\ \vdots & \vdots & & \vdots & & \vdots \\ x_{n1} & x_{n2} & \cdots & x_{nv} & \cdots & x_{np} \end{bmatrix}. \tag{5.2}$$

Para cada variável X_i podemos considerar as medidas resumo já estudadas no Capítulo 3 (média, mediana, quantis, variância etc.). Para cada par de variáveis, X_i e X_j, também podemos considerar as medidas de correlação (linear) já estudadas no Capítulo 4, a saber, covariância e coeficiente de correlação. O vetor de dimensão $p \times 1$ contendo as p médias é chamado de **vetor de médias**. Similarmente, a matriz simétrica com dimensão $p \times p$ contendo as variâncias ao longo da diagonal principal e as covariâncias dispostas acima e abaixo dessa diagonal é chamada de **matriz de covariâncias** de $X_1, \ldots, X_p$ ou, equivalentemente, do vetor $\mathbf{X} = (X_1, \ldots, X_p)^\top$. Tanto o vetor de médias quanto a matriz de covariâncias (ou de correlações) correspondentes ao vetor de variáveis podem ser facilmente calculados por meio de operações matriciais, como detalhado na Nota 1.

Exemplo 5.6 Consideremos as variáveis CO, O3, TEMP e UMID do arquivo `poluicao`. A matriz de covariâncias correspondente é

	CO	O3	Temp	Umid
CO	2.38	-14.01	-0.14	1.46
O3	-14.01	2511.79	9.43	-239.02
Temp	-0.14	9.43	3.10	0.14
Umid	1.46	-239.02	0.14	153.63

Note que $\text{Cov(CO,O3)} = -14{,}01 = \text{Cov(O3,CO)}$ etc. Para obter a correspondente **matriz de correlações**, basta usar a definição (4.4) para cada par de variáveis, obtendo-se a matriz

	CO	O3	Temp	Umid
CO	1.00	-0.18	-0.05	0.08
O3	-0.18	1.00	0.11	-0.38
Temp	-0.05	0.11	1.00	0.01
Umid	0.08	-0.38	0.01	1.00

As correlações entre as variáveis são muito pequenas, exceto para O3 e Umid.

5.5 Tabelas de contingência de múltiplas entradas

A análise de dados de três ou mais variáveis qualitativas (ou quantitativas categorizadas) pode ser realizada nos moldes daquela abordada na Seção 4.2 para duas variáveis. A distribuição de frequências conjunta correspondente pode ser representada por meio de tabelas de contingência de múltiplas entradas. Nesse contexto, as frequências de um conjunto de dados com três variáveis qualitativas com 3, 3 e 2 níveis, respectivamente, são representadas em uma tabela $3 \times 3 \times 2$. Como ilustração, consideremos o seguinte exemplo.

Exemplo 5.7 A tabela de frequências para a distribuição conjunta das variáveis `dismenorreia`, `esterili-dade` e `endometriose` apresentadas no arquivo `endometriose2` pode ser obtida por meio dos seguintes comandos

```
> endomet1 <-read.xls("/home/jmsinger/Desktop/endometriose2.xls",
            sheet='dados', method="tab")
> endomet1$dismenorreia <- reorder(endomet1$dismenorreia,
                    new.order=c("nao", "leve", "moderada",
                    "intensa", "incapacitante"))
> attach(endomet1)
> tab <- ftable(dismenorreia, esterilidade, endometriose)
                    endometriose nao sim
dismenorreia  esterelidade
nao           nao                 482  36
              sim                 100  27
leve          nao                 259  31
              sim                  77  14
moderada      nao                  84  71
              sim                  31  45
intensa       nao                 160 134
              sim                  52  67
incapacitante nao                 106  43
              sim                  28  24
```

Quando o objetivo é estudar as relações de dependência entre as três variáveis encaradas como respostas, as frequências relativas calculadas com relação ao total de pacientes são obtidas por meio dos comandos

```
> tabprop <- prop.table(tab)
> tabprop <- round(tabprop, 2)
```

cujo resultado é

```
                    endometriose  nao   sim
dismenorreia  esterilidade
nao           nao                0.26  0.02
              sim                0.05  0.01
leve          nao                0.14  0.02
              sim                0.04  0.01
moderada      nao                0.04  0.04
              sim                0.02  0.02
intensa       nao                0.09  0.07
              sim                0.03  0.04
incapacitante nao                0.06  0.02
              sim                0.01  0.01
```

Nesse caso, as análises de interesse geralmente envolvem hipóteses de independência conjunta, independência marginal e independência condicional e podem ser estudadas com técnicas de **análise de dados categorizados**, por meio de **modelos log-lineares**. Detalhes podem ser obtidos em Paulino e Singer (2006), por exemplo.

Alternativamente, o interesse pode recair na avaliação do efeito de duas das variáveis (encaradas como fatores) e de sua interação na distribuição da outra variável, encarada como variável resposta, com o mesmo espírito daquele envolvendo problemas de ANOVA. As frequências relativas correspondentes devem ser calculadas com relação ao total das linhas da tabela. Com essa finalidade, consideremos os comandos

```
> tabprop12 <- prop.table(tab,1)
> tabprop12 <- round(tabprop12,2)
```

cujo resultado é

```
                      endometriose  nao  sim
dismenorreia  esterilidade
nao           nao                  0.93 0.07
              sim                  0.79 0.21
leve          nao                  0.89 0.11
              sim                  0.85 0.15
moderada      nao                  0.54 0.46
              sim                  0.41 0.59
intensa       nao                  0.54 0.46
              sim                  0.44 0.56
incapacitante nao                  0.71 0.29
              sim                  0.54 0.46
```

Medidas de associação entre `esterilidade` e `endometriose` podem ser obtidas para cada nível de `dismenorreia` por meio das tabelas marginais; para `dismenorreia`=não, os comandos do pacote `vcd` são

```
> nao <- subset(endomet1, dismenorreia =="nao", na.rm=TRUE)
> attach(nao)
> tab1 <- ftable(esterilidade, endometriose)
```

com o seguinte resultado

```
              endometriose nao sim
esterilidade
nao                        482  36
sim                        100  27
assocstats(tab1)
                  X^2 df   P(> X^2)
Likelihood Ratio 19.889  1 8.2064e-06
Pearson          23.698  1 1.1270e-06
Phi-Coefficient    : 0.192
Contingency Coeff.: 0.188
Cramer's V         : 0.192
```

Razões de chances (e intervalos de confiança) correspondentes às variáveis `esterilidade` e `endometriose` podem ser obtidas para cada nível da variável `dismenorreia` por meio dos seguintes comandos do pacote `epiDisplay`

```
> endomet1 %$% mhor(esterilidade, endometriose, dismenorreia,
                    graph = F)
Stratified analysis by  dismenorreia
                           OR lower lim. upper lim.  P value
dismenorreia nao          3.61      2.008       6.42 7.73e-06
dismenorreia leve         1.52      0.708       3.12 2.63e-01
dismenorreia moderada     1.71      0.950       3.12 6.86e-02
dismenorreia intensa      1.54      0.980       2.42 5.11e-02
dismenorreia incapacitante 2.10     1.042       4.25 2.69e-02
M-H combined              1.91      1.496       2.45 1.36e-07
M-H Chi2(1) = 27.77 , P value = 0
Homogeneity test, chi-squared 4 d.f. = 6.9 , P value = 0.141
```

O resultado obtido por meio da razão de chances combinada pelo **método de Mantel-Haenszel** sugere que a chance de endometriose para pacientes com sintomas de esterilidade é 1,91 (IC95%: 1,5 – 2,45) vez a chance de endometriose para pacientes sem esses sintomas, independentemente da intensidade da dismenorreia. Detalhes sobre a técnica de Mantel-Haenszel são apresentados na Nota 4.

5.6 Notas de capítulo

NOTA 1: Notação matricial para variáveis multivariadas

Nesta seção, iremos formalizar a notação matricial usualmente empregada para representar medidas resumo multivariadas.

Denotemos cada coluna da matriz de dados $\mathbf{X}$ por $\mathbf{x}_j$, $j = 1, \ldots, p$, com elementos x_{ij}, $i = 1, \ldots, n$. Então, definindo $\overline{x}_j = n^{-1} \sum_{i=1}^{n} x_{ij}$, o vetor de médias é expresso como $\overline{\mathbf{x}} = (\overline{x}_1, \ldots, \overline{x}_p)^\top$.

Se denotarmos por $\mathbf{1}_n$ o vetor coluna de ordem $n \times 1$ contendo todos os elementos iguais a um, podemos escrever o vetor de médias como

$$\overline{\mathbf{x}}^\top = \frac{1}{n}\mathbf{1}_n^\top \mathbf{X} = (\overline{x}_1, \ldots, \overline{x}_p). \tag{5.3}$$

A matriz de desvios de cada observação com relação à média correspondente é

$$\mathbf{Y} = \mathbf{X} - \mathbf{1}_n\overline{\mathbf{x}}^\top \tag{5.4}$$

de forma que a matriz de covariâncias pode ser expressa como

$$\mathbf{S} = \frac{1}{n-1}\mathbf{Y}^\top\mathbf{Y}. \tag{5.5}$$

Na diagonal principal de $\mathbf{S}$ constam as variâncias amostrais S_{jj}, $j = 1, \ldots, p$ e nas demais diagonais encontram-se as **covariâncias amostrais**

$$S_{uv} = \frac{1}{n-1}\sum_{i=1}^{n}(x_{iu} - \overline{x}_u)(x_{iv} - \overline{x}_v), \quad u,v = 1, \ldots, p,$$

em que $S_{uv} = S_{vu}$, para todo u, v. Ou seja,

$$\mathbf{S} = \begin{bmatrix} S_{11} & S_{12} & \cdots & S_{1p} \\ S_{21} & S_{22} & \cdots & S_{2p} \\ \vdots & \vdots & & \vdots \\ S_{p1} & S_{p2} & \cdots & S_{pp} \end{bmatrix}.$$

O desvio padrão amostral da j-ésima componente é $S_j = (S_{jj})^{1/2}$, $j = 1, \ldots, p$. Denotando por $\mathbf{D}$ a matriz diagonal de ordem $p \times p$ com o j-ésimo elemento da diagonal principal igual a S_j, a **matriz de correlações** é definida por

$$\mathbf{R} = \mathbf{D}^{-1}\mathbf{S}\mathbf{D}^{-1} = [r_{uv}], \tag{5.6}$$

em que $r_{vv} = r_v = 1$, $v = 1, \ldots, p$ e $r_v \geq r_{uv}$ para todo $u \neq v$.

O coeficiente de correlação amostral entre as variáveis X_u e X_v é

$$r_{uv} = \frac{S_{uv}}{\sqrt{S_u S_v}}, \tag{5.7}$$

com $-1 \leq r_{uv} \leq 1$ e $r_{uv} = r_{vu}$ para todo u,v.

Em muitas situações, também são de interesse as somas de quadrados de desvios, nomeadamente

$$W_{vv} = \sum_{i=1}^{n}(x_{iv} - \overline{x}_v)^2, \quad v = 1, \ldots, p \tag{5.8}$$

e as somas dos produtos de desvios, a saber,

$$W_{uv} = \sum_{i=1}^{n}(x_{iu} - \overline{x}_u)(x_{iv} - \overline{x}_v), \quad u,v = 1,\ldots,p. \tag{5.9}$$

Exemplo 5.8 Os dados dispostos na Tabela 5.4 correspondem a cinco agentes de seguros para os quais foram observados os valores das variáveis $X_1 = $ número de anos de serviço e $X_2 = $ número de clientes.

Tabela 5.4 Número de anos de serviço (X_1) e número de clientes (X_2) para cinco agentes de seguros

Agente	X_1	X_2
A	2	48
B	4	56
C	5	64
D	6	60
E	8	72

A matriz de dados é

$$\mathbf{X}^{\top} = \begin{bmatrix} 2 & 4 & 5 & 6 & 8 \\ 48 & 56 & 64 & 60 & 72 \end{bmatrix},$$

de modo que

$$\overline{x}_1 = \frac{1}{5}\sum_{i=1}^{5} x_{i1} = \frac{1}{5}(2 + 4 + 5 + 6 + 8) = 5$$

e

$$\overline{x}_2 = \frac{1}{5}\sum_{i=1}^{5} x_{i2} = \frac{1}{5}(48 + 56 + 64 + 60 + 72) = 60,$$

e o vetor de médias é

$$\overline{\mathbf{x}} = \begin{bmatrix} \overline{x}_1 \\ \overline{x}_2 \end{bmatrix} = \begin{bmatrix} 5 \\ 60 \end{bmatrix}.$$

A matriz de desvios com relação às médias é

$$\mathbf{Y} = \begin{bmatrix} 2 & 48 \\ 4 & 56 \\ 5 & 64 \\ 6 & 60 \\ 8 & 72 \end{bmatrix} - \begin{bmatrix} 1 \\ 1 \\ 1 \\ 1 \\ 1 \end{bmatrix} \begin{bmatrix} 5 & 60 \end{bmatrix} = \begin{bmatrix} 2-5 & 48-60 \\ 4-5 & 56-60 \\ 5-5 & 64-60 \\ 6-5 & 60-60 \\ 8-5 & 72-60 \end{bmatrix} = \begin{bmatrix} -3 & -12 \\ -1 & -4 \\ 0 & 4 \\ 1 & 0 \\ 3 & 12 \end{bmatrix}$$

e as correspondentes matrizes de covariâncias e correlações são, respectivamente,

$$\mathbf{S} = \frac{1}{5-1}\mathbf{Y}^{\top}\mathbf{Y} = \begin{bmatrix} 5 & 19 \\ 19 & 80 \end{bmatrix} \quad \text{e} \quad \mathbf{R} = \begin{bmatrix} 1 & 0{,}95 \\ 0{,}95 & 1 \end{bmatrix}.$$

As variâncias e covariâncias amostrais são, respectivamente,

$$S_{11} = \frac{1}{4}\sum_{i=1}^{5}(x_{i1} - \overline{x}_1)^2 = 5, \quad S_{22} = \frac{1}{4}\sum_{i=1}^{5}(x_{i2} - \overline{x}_2)^2 = 80,$$

$$S_{12} = S_{21} = \frac{1}{4} \sum_{i=1}^{5} (x_{i1} - \overline{x}_1)(x_{i2} - \overline{x}_2) = 19$$

ao passo que as correlações amostrais são dadas por

$$r_{11} = r_{22} = 1 \ \text{ e } \ r_{12} = r_{21} = \frac{S_{12}}{\sqrt{S_{11}S_{22}}} = \frac{19}{\sqrt{5 \times 80}} = 0{,}95.$$

NOTA 2: *Lowess*

Muitas vezes, gráficos de dispersão (simbólicos ou não) são utilizados para a identificação de curvas que possam representar a relação entre as variáveis sob avaliação. Por exemplo, pode haver interesse em saber se uma variável resposta é uma função linear ou quadrática de uma variável explicativa (preditora). O ajuste de uma curva suave aos dados pode ser realizado por meio da técnica conhecida como **lowess** (*locally weighted regression scatterplot smoothing*). Essa técnica de **suavização** é realizada mediante sucessivos ajustes de retas por mínimos quadrados ponderados (veja o Capítulo 6) a subconjuntos dos dados.

Consideremos as coordenadas (x_j, y_j), $j = 1, \ldots, n$ dos elementos de um conjunto de dados, por exemplo, correspondentes aos pontos associados aos veículos `drv=4` na Figura 5.5. O ajuste de uma curva suave a esses pontos por meio da técnica *lowess* é baseado na substituição da coordenada y_j por um valor suavizado $\widehat{y}_j$ obtido segundo os seguintes passos:

i) Escolha uma faixa vertical centrada em (x_j, y_j) contendo q pontos, conforme ilustrado na Figura 5.11 (em que $q = 9$). Em geral, escolhemos $q = n \times p$, em que $0 < p < 1$, tendo em conta que, quanto maior for p, maior será o grau de suavização.

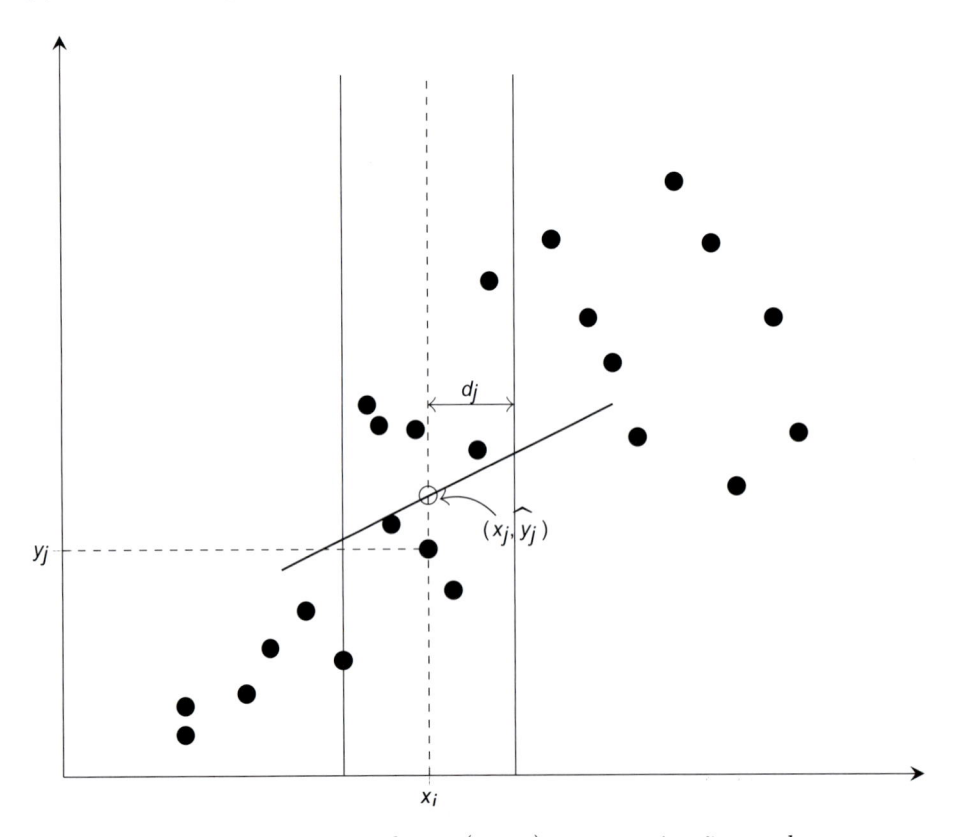

Figura 5.11 Faixa centrada em (x_j, y_j) para suavização por *lowess*.

ii) Use uma função simétrica em torno de x_j para atribuir pesos aos pontos na vizinhança de (x_j, y_j). Essa função é escolhida de forma que o maior peso seja atribuído a (x_j, y_j) e que os demais pesos diminuam à medida que x se afasta de x_j. Com essa finalidade, utiliza-se, por exemplo, a **função tricúbica**

$$h(u) = \begin{cases} (1 - |u|^3)^3, & \text{se } |u| < 1 \\ 0, & \text{em caso contrário.} \end{cases}$$

O peso atribuído a (x_k, y_k) é $h[(x_j - x_k)/d_j]$, em que d_j é a distância entre x_j e seu vizinho mais afastado dentro da faixa selecionada em i), conforme ilustrado na Figura 5.12.

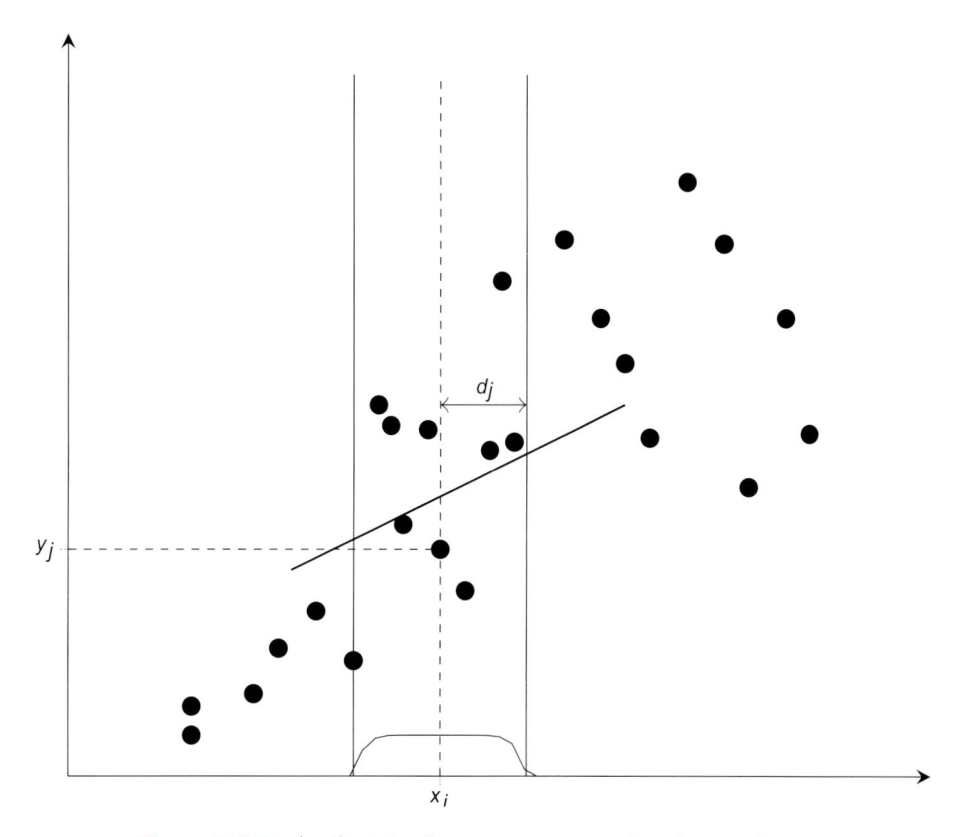

Figura 5.12 Atribuição de pesos para suavização por *lowess.*

iii) Ajuste uma reta $y = \alpha + \beta x + e$ aos q pontos da faixa centrada em x_j, por meio da minimização de

$$\sum_{k=1}^{q} h_j(x_k)(y_k - \alpha - \beta x_k)^2,$$

obtendo os estimadores $\widehat{\alpha}$ e $\widehat{\beta}$. O valor suavizado de y_k é $\widehat{y}_k = \widehat{\alpha} + \widehat{\beta} x_k$, $k = 1, \ldots, q$.

iv) Calcule os resíduos $\widehat{e}_k = y_k - \widehat{y}_k$, $k = 1, \ldots, q$ e por meio de um gráfico de dispersão, por exemplo, identifique possíveis pontos atípicos (*outliers*). Quando existirem, refaça os cálculos, atribuindo pesos menores aos maiores resíduos, por exemplo, por meio da **função biquadrática**

$$g(u) = \begin{cases} (1 - |u|^2)^2, & \text{se } |u| < 1 \\ 0, & \text{em caso contrário.} \end{cases}$$

O peso atribuído ao ponto (x_k, y_k) é $g(x_k) = g(\widehat{e}_k/6m)$, em que m é a mediana dos valores absolutos dos resíduos ($|\widehat{e}_k|$). Se o valor absoluto do resíduo $\widehat{e}_k$ for muito menor do que $6m$, o peso a ele atribuído será próximo de 1; em caso contrário, será próximo de zero. A razão pela qual utilizamos o denominador $6m$ é que se os resíduos tiverem uma distribuição normal com variância σ^2, então $m \approx 2/3$ e $6m \approx 4\sigma$. Isso implica que para resíduos normais, raramente teremos pesos pequenos.

v) Finalmente, ajuste uma nova reta aos pontos (x_k, y_k) com pesos $h(x_k)g(x_k)$. Se (x_k, y_k) corresponder a um ponto discrepante, o resíduo $\widehat{e}_k$ será grande, mas o peso atribuído a ele será pequeno.

vi) Repita o procedimento duas ou mais vezes, observando que a presença de pontos discrepantes exige um maior número de iterações.

Gráficos das funções tricúbica $[h(u)]$ e biquadrática $[g(u)]$ estão exibidos na Figura 5.13.

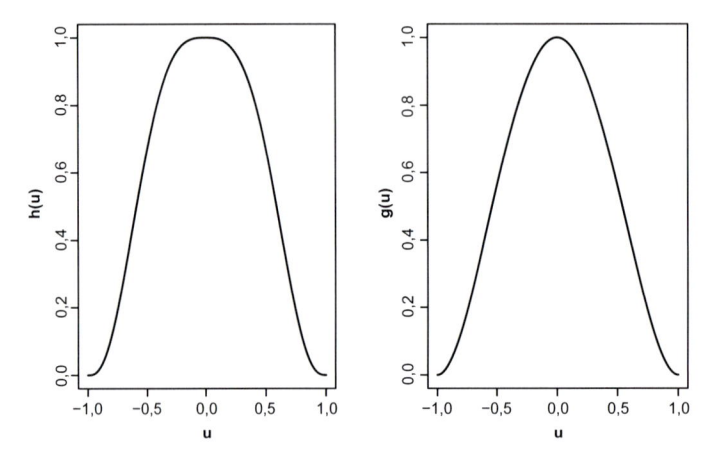

Figura 5.13 Gráficos das funções tricúbica $[h(u)]$ e biquadrática $[g(u)]$.

Para mais detalhes sobre o método *lowess*, bem como sobre outros métodos de suavização, o leitor poderá consultar Morettin e Toloi (2018), por exemplo.

O gráfico da Figura 5.14 contém curvas *lowess* (com dois níveis de suavização) ajustadas aos pontos do conjunto de dados `rotarod` obtidos de um estudo cujo objetivo era propor um modelo para avaliar a evolução de uma variável ao longo do tempo. O gráfico sugere um modelo de **regressão segmentada**, isto é, em que a resposta média assume um valor constante até um ponto de mudança, a partir do qual uma curva quadrática pode representar a sua variação temporal. Os comandos utilizados para a construção da figura são

```
> par(mar=c(5.1,5.1,4.1,2.1))
> plot(rotarod$tempo, rotarod$rotarod, type='p',
        xlab = "Tempo", ylab ="Rotarod",
        cex.axis = 1.3, cex.lab = 1.6)
> lines(lowess(rotarod$rotarod ~ rotarod$tempo, f=0.1),
        col=1, lty=2, lwd =2)
> lines(lowess(rotarod$rotarod ~ rotarod$tempo, f=0.4),
        col=2, lty=1, lwd =2)
```

NOTA 3: Parametrização de desvios médios

Com a finalidade de explicitar efeitos principais e interação no modelo em que se deseja avaliar o efeito de dois fatores no valor esperado de uma variável resposta, é comum considerar-se a reparametrização $\mu_{ij} = \mu + \alpha_i + \beta_j + \alpha\beta_{ij}$, que implica o modelo

$$y_{ijk} = \mu + \alpha_i + \beta_j + \alpha\beta_{ij} + e_{ijk}, \tag{5.10}$$

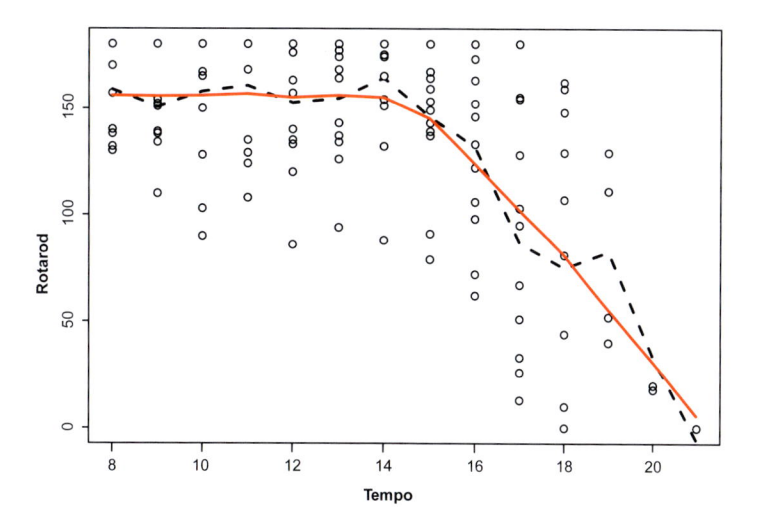

Figura 5.14 Curvas *lowess* com diferentes parâmetros de suavização ajustadas a um conjunto de dados.

$i = 1, \ldots, a$, $j = 1, \ldots, b$, $k = 1, \ldots, m$. Alguns autores interpretam incorretamente os parâmetros μ, α_i, β_j, $\alpha\beta_{ij}$, respectivamente, como "média geral", "efeito principal do nível i do fator A", "efeito principal do nível j do fator B" e "interação entre os níveis i do fator A e j do fator B". Esse modelo é **inidentificável**[1] e seus parâmetros não têm interpretação nem são estimáveis. Para torná-los interpretáveis e estimáveis, é preciso acrescentar **restrições de identificabilidade**, dentre as quais as mais frequentemente utilizadas são aquelas correspondentes à **parametrização de desvios de médias** e à **parametrização de cela de referência**, respectivamente, definidas por

$$\sum_{i=1}^{a} \alpha_i = \sum_{j=1}^{b} \beta_j = \sum_{i=1}^{a} \alpha\beta_{ij} = \sum_{j=1}^{b} \alpha\beta_{ij} = 0 \tag{5.11}$$

e

$$\alpha_1 = \beta_1 = \alpha\beta_{11} = \ldots = \alpha\beta_{1b} = \alpha\beta_{21} = \ldots = \alpha\beta_{a1} = 0 \tag{5.12}$$

Sob as restrições (5.11), pode-se mostrar que

$$\mu = (ab)^{-1} \sum_{i=1}^{a} \sum_{j=1}^{b} \mu_{ij}, \quad \alpha_i = b^{-1} \sum_{j=1}^{b} \mu_{ij} - \mu, \quad \beta_j = a^{-1} \sum_{i=1}^{a} \mu_{ij} - \mu$$

e que

$$\alpha\beta_{ij} = \mu_{ij} - b^{-1} \sum_{j=1}^{b} \mu_{ij} - a^{-1} \sum_{i=1}^{a} \mu_{ij}.$$

É nesse contexto que o parâmetro μ pode ser interpretado como **média geral** e representa a média dos valores esperados da resposta sob as diversas combinações dos níveis dos fatores A e B. O parâmetro α_i, chamado de **efeito do nível** i do fator A, corresponde à diferença entre o valor esperado da resposta sob o nível i do do fator A e a média geral μ. O parâmetro β_j tem uma interpretação análoga e o parâmetro

---

[1] Um modelo $F(\theta)$, dependendo do parâmetro $\theta \subset \Theta$, é identificável se, para todo $\theta_1, \theta_2 \subset \Theta$, $\theta_1 \neq \theta_2$, temos $F(\theta_1) \neq F(\theta_2)$. Em caso contrário, o modelo é dito inidentificável. Por exemplo, consideremos o modelo $y_i \sim N(\mu + \alpha_i, \sigma^2)$, $i = 1,2$, em que y_1 e y_2 são independentes. Tomando $\boldsymbol{\theta} = (\mu, \alpha_1, \alpha_2)^{\top}$ como parâmetro, o modelo é inidentificável, pois tanto para $\boldsymbol{\theta}_1 = (5,1,0)^{\top}$ quanto para $\boldsymbol{\theta}_2 = (4,2,1)^{\top} \neq \boldsymbol{\theta}_1$ a distribuição conjunta de (y_1, y_2) é $N_2[(6,6)^{\top}, \sigma^2 \mathbf{I}_2]$. O leitor poderá consultar Bickel e Doksum (2015), entre outros, para detalhes.

$\alpha\beta_{ij}$ corresponde à interação entre os níveis i do fator A e j do fator B e pode ser interpretado como a diferença entre o valor esperado da resposta sob a combinação desses níveis dos fatores A e B e aquela que seria esperada quando não existe interação entre os dois fatores.

Sob as restrições (5.12), temos

$$\mu = \mu_{11}, \quad \alpha_i = \mu_{ij} - \mu_{1j}, \quad i = 2, \ldots, a, \quad \beta_j = \mu_{ij} - \mu_{i1}, \quad j = 2, \ldots, b,$$

e

$$\alpha\beta_{ij} = \mu_{ij} - (\mu_{11} + \alpha_i + \beta_j), \quad i = 2, \ldots, a, \ j = 2, \ldots, b,$$

de forma que o parâmetro μ é interpretado como referência, os parâmetros α_i, $i = 2, \ldots, a$ são interpretados como diferenças entre as respostas esperadas das unidades submetidas ao nível i do fator A relativamente àquelas obtidas por unidades submetidas ao tratamento associado ao nível 1 do mesmo fator, mantido fixo o nível correspondente ao fator B. Analogamente, os parâmetros β_j, $j = 2, \ldots, b$ podem ser interpretados como diferenças entre as respostas esperadas das unidades submetidas ao nível j do fator B relativamente àquelas obtidas por unidades submetidas ao tratamento associado ao nível 1 do mesmo fator, mantido fixo o nível correspondente do fator A. Os parâmetros $\alpha\beta_{ij}$, $i = 2, \ldots, a, \ j = 2, \ldots b$ podem ser interpretados como diferenças entre as respostas esperadas das unidades submetidas ao tratamento correspondente à cela (i,j) e aquela esperada sob um modelo sem interação.

Em resumo, as definições do **efeito de um fator** e da **interação entre dois fatores** dependem da parametrização utilizada e são importantes para a interpretação dos resultados da análise, embora a conclusão seja a mesma, independentemente da alternativa adotada.

NOTA 4: Estatística de Mantel-Haenszel

A estatística de Mantel-Haenszel é utilizada para avaliar a associação em conjuntos de tabelas 2×2 obtidas de forma estratificada segundo o paradigma indicado na Tabela 5.5, em que consideramos apenas dois estratos para efeito didático.

Uma estimativa da razão de chances para o estrato h é

$$rc_h = \frac{n_{h11}n_{h22}}{n_{h12}n_{h21}}.$$

Tabela 5.5 Frequência de pacientes

		Status do paciente		
Estrato	Fator de risco	doente	são	Total
1	presente	n_{111}	n_{112}	n_{11+}
	ausente	n_{121}	n_{122}	n_{12+}
	Total	n_{1+1}	n_{1+2}	n_{1++}
2	presente	n_{211}	n_{212}	n_{21+}
	ausente	n_{221}	n_{222}	n_{22+}
	Total	n_{2+1}	n_{2+2}	n_{2++}

A estimativa da razão de chances comum proposta por Mantel e Haenszel (1959) é uma média ponderada das razões de chances de cada um dos H ($H = 2$ no exemplo) estratos com pesos

$$w_h = \frac{n_{h12}n_{h21}}{n_{h++}} \bigg/ \sum_{h=1}^{H} \frac{n_{h12}n_{h21}}{n_{h++}},$$

ou seja,

$$rc_{MH} = \sum_{h=1}^{H} w_h rc_h = \sum_{h=1}^{H} \frac{n_{h12}n_{h21}}{n_{h++}} \times \frac{n_{h11}n_{h22}}{n_{h12}n_{h21}} \bigg/ \sum_{h=1}^{H} \frac{n_{h12}n_{h21}}{n_{h++}} = \sum_{h=1}^{H} \frac{n_{h11}n_{h22}}{n_{h++}} \bigg/ \sum_{h=1}^{H} \frac{n_{h12}n_{h21}}{n_{h++}}.$$

Consideremos, por exemplo, os dados hipotéticos dispostos na Tabela 5.6 provenientes de um estudo cujo objetivo é avaliar a associação entre um fator de risco e a ocorrência de uma determinada moléstia com dados obtidos em três clínicas diferentes.

Tabela 5.6 Frequências de pacientes em um estudo com três estratos

Clínica	Fator de risco	Doença		Total	Razão de chances
		sim	não		
A	presente	5	7	12	2,86
	ausente	2	8	10	
B	presente	3	9	12	2,00
	ausente	1	6	7	
C	presente	3	4	7	2,63
	ausente	2	7	9	

A estimativa da razão de chances de Mantel-Haenszel é

$$rc_{MH} = \frac{(5 \times 8)/22 + (3 \times 6)/19 + (3 \times 7)/16}{(7 \times 2)/22 + (9 \times 1)/19 + (4 \times 2)/16} = 2{,}53.$$

Uma das vantagens da razão de chances de Mantel-Haenszel é que ela permite calcular a razão de chances comum mesmo quando há frequências nulas. Vamos admitir que uma das frequências da Tabela 5.6, fosse nula, como indicado na Tabela 5.7.

Tabela 5.7 Tabela com frequência nula

Clínica	Fator de risco	Doença		Total	Razão de chances
		sim	não		
A	presente	5	7	12	∞
	ausente	0	10	10	
B	presente	3	9	12	2,00
	ausente	1	6	7	
C	presente	3	4	7	2,63
	ausente	2	7	9	

Embora a razão de chances para o estrato A seja "infinita", a razão de chances de Mantel-Haenszel pode ser calculada como

$$rc_{MH} = \frac{(5 \times 10)/22 + (3 \times 6)/19 + (3 \times 8)/16}{(7 \times 0)/22 + (9 \times 1)/19 + (4 \times 2)/16} = 6{,}56.$$

Outra vantagem da estatística de Mantel-Haenszel é que ela não é afetada pelo **Paradoxo de Simpson**, que ilustramos por meio de um exemplo. Com o objetivo de avaliar a associação entre a divulgação de propaganda e a intenção de compra de um certo produto, uma pesquisa foi conduzida em duas regiões. Os dados (hipotéticos) estão dispostos na Tabela 5.8.

Tabela 5.8 Frequências relacionadas com a intenção de compra de um certo produto

Região	Propaganda	Intenção de compra		Total	Razão de chances
		sim	não		
1	não	50	950	1000	0,47
	sim	1000	9000	10000	
	Total	1050	9950	10000	
2	não	5000	5000	10000	0,05
	sim	95	5	100	
	Total	5095	5005	10100	

Segundo a Tabela 5.8, em ambas as regiões, a chance de intenção de compra com a divulgação de propaganda é pelo menos o dobro da chance de intenção de compra sem divulgação de propaganda. Se agruparmos os dados somando os resultados de ambas as regiões, obteremos as frequências dispostas na Tabela 5.9.

Tabela 5.9 Frequências agrupadas correspondentes à Tabela 5.8

Propaganda	Intenção de compra		Total	Razão de chances
	sim	não		
não	5050	5950	11000	6,98
sim	1095	9005	10100	
Total	6145	9950	21100	

A razão de chances obtida com os dados agrupados indica que a chance de intenção de compra quando não há divulgação de propaganda é cerca de 7 vezes aquela em que há divulgação de propaganda, invertendo a direção da associação encontrada nas duas regiões. Essa aparente incongruência é conhecida como o Paradoxo de Simpson e pode ser explicada por uma forte associação (com $rc = 0{,}001$) entre as variáveis Região e Divulgação de propaganda como indicado na Tabela 5.10.

Tabela 5.10 Frequências de divulgação de propaganda

Propaganda	Região		Total	Razão de chances
	1	2		
não	1000	10000	11000	0,001
sim	10000	100	10100	
Total	11000	10100	21100	

A estatística de Mantel-Haenszel correspondente é

$$rc_{MH} = \frac{(50 \times 9000)/11000 + (5000 \times 5)/10100}{(950 \times 1000)/11000 + (5000 \times 95)/10100} = 0{,}33$$

preservando a associação entre as duas variáveis de interesse obtida nas duas regiões, em que a divulgação de propaganda está positivamente associada com a intenção de compra. Detalhes sobre o Paradoxo de Simpson podem ser encontrados em Paulino e Singer (2006), por exemplo.

5.7 Exercícios

1) Considere os dados do arquivo `tipofacial`.

    a) Construa um gráfico de dispersão simbólico para avaliar a relação entre as variáveis `altfac`, `proffac` e `grupo` e comente os resultados.

    b) Construa um gráfico do desenhista para avaliar a relação entre as variáveis `nsba`, `ns` e `sba` e comente os resultados.

2) Considere os dados do arquivo `antracose`.

    a) Categorize a variável `antracose` em três níveis (baixo, médio e alto).

    b) Construa um gráfico de dispersão simbólico para avaliar a relação entre as variáveis `htransp`, `ses` e `antracose` utilizando símbolos de tamanhos diferentes para os três níveis de `antracose` obtidos no item a). Comente os resultados.

3) Os dados dispostos na Figura 5.15 foram extraídos do arquivo `esforco` com a finalidade de avaliar a associação entre as variáveis `vo2rep` e `vo2pico` para pacientes chagásicos (CH) e controles (C).

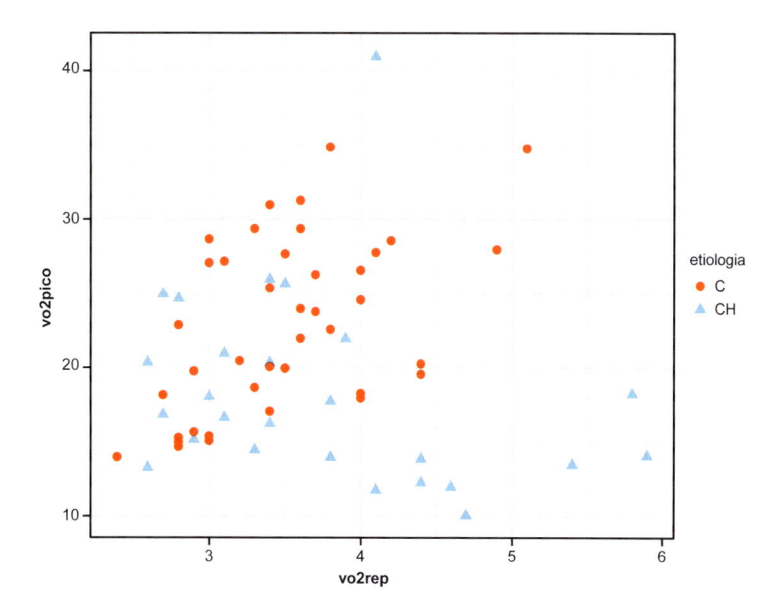

Figura 5.15   Gráfico de `vo2pico` *versus* `vo2rep` por etiologia.

Comente as seguintes afirmações:

a) Há pontos atípicos em ambos os casos.

b) As variáveis são positivamente correlacionadas nos dois grupos de pacientes.

c) Cada uma das variáveis têm dispersão semelhante nos dois grupos de pacientes.

4) Um experimento foi realizado em dois laboratórios de modo independente com o objetivo de verificar o efeito de três tratamentos (A1, A2 e A3) na concentração de uma substância no sangue de animais (dados hipotéticos). As concentrações observadas nos dois laboratórios são apresentadas na Tabela 5.11.

Tabela 5.11 Concentração de uma substância no sangue de animais

	Laboratório 1				Laboratório 2		
	A1	A2	A3		A1	A2	A3
	8	4	3		4	6	5
	3	8	2		5	7	4
	1	10	8		3	7	6
	4	6	7		5	8	5
Total	16	28	20	Total	16	28	20

a) Compare, descritivamente, as médias dos três tratamentos nos dois laboratórios.

b) Sem nenhum cálculo, apenas olhando os dados, em qual dos dois laboratórios será observado o maior valor da estatística F em uma análise de variância? Justifique sua resposta.

5) Um laboratório de pesquisa desenvolveu uma nova droga para febre tifoide com a mistura de duas substâncias químicas (A e B). Foi realizado um ensaio clínico com o objetivo de estabelecer as dosagens adequadas (baixa ou alta, para a substância A, e baixa, média ou alta, para a substância B) na fabricação da droga. Vinte e quatro voluntários foram aleatoriamente distribuídos em 6 grupos de 4 indivíduos e cada grupo foi submetido a um dos 6 tratamentos. A resposta observada foi o tempo para o desaparecimento dos sintomas (em dias). Os resultados obtidos estão dispostos na Tabela 5.12.

Tabela 5.12 Tempo para o desaparecimento dos sintomas (dias)

Dose da substância A	Dose da substância B		
	baixa	média	alta
baixa	10,4	8,9	4,8
baixa	12,8	9,1	4,5
baixa	14,6	8,5	4,4
baixa	10,5	9,0	4,6
alta	5,8	8,9	9,1
alta	5,2	9,1	9,3
alta	5,5	8,7	8,7
alta	5,3	9,0	9,4

a) Faça uma análise descritiva dos dados com o objetivo de avaliar qual a combinação de dosagens das substâncias contribui para que os sintomas desapareçam em menos tempo.

b) Especifique o modelo para a comparação dos 6 tratamentos quanto ao tempo esperado para o desaparecimento dos sintomas. Identifique os fatores e seus níveis.

c) Construa o gráfico dos perfis médios e interprete-o. Com base nesse gráfico, você acha que existe interação entre os fatores? Justifique sua resposta.

d) Confirme suas conclusões do item c) por meio de uma ANOVA com dois fatores.

6) Um estudo foi realizado com o objetivo de avaliar a influência da exposição ao material particulado fino (MP2,5) na capacidade vital forçada (% do predito) em indivíduos que trabalham em ambiente externo. Deseja-se verificar se o efeito da exposição depende da ocorrência de hipertensão ou diabetes. Os 101 trabalhadores na amostra foram classificados quanto à exposição ao material particulado fino e presença de diabetes ou hipertensão. As médias da capacidade vital forçada para cada combinação das categorias de diabetes ou hipertensão e exposição ao MP2,5 estão representadas na Figura 5.16.

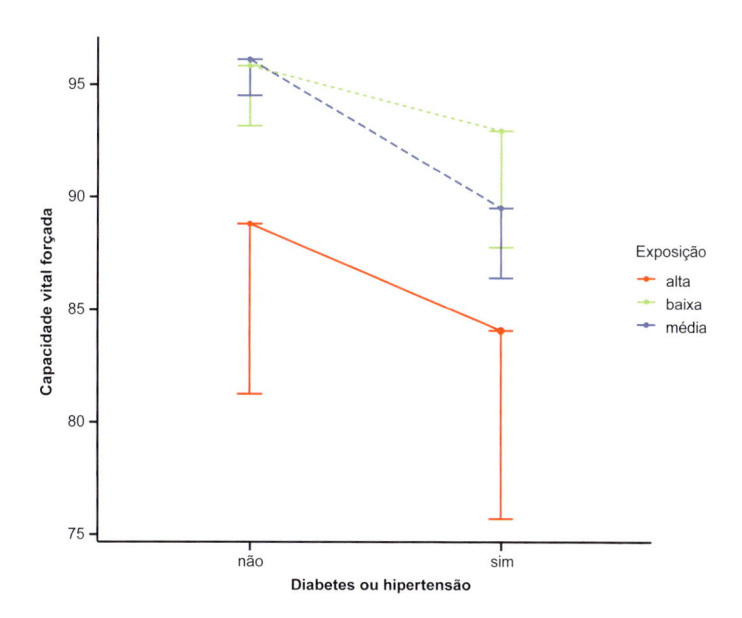

Figura 5.16 Capacidade vital forçada (% do predito).

a) Comente descritivamente os resultados obtidos, discutindo a possível interação entre diabetes/hipertensão e exposição ao material particulado.

b) Que comparações você faria para explicar essa possível interação? Justifique sua resposta.

7) Um novo tipo de bateria está sendo desenvolvido. Sabe-se que o tipo de material da placa e a temperatura podem afetar o tempo de vida da bateria. Há três materiais possíveis a testar em três temperaturas escolhidas de forma a serem consistentes com o ambiente de uso do produto: −9 °C, 21 °C e 50 °C. Quatro baterias foram testadas em cada combinação de material e temperatura em ordem aleatória. As médias observadas do tempo de vida (h) e intervalos de confiança de 95% para as médias populacionais em cada combinação de temperatura e material estão representados no gráfico da Figura 5.17.

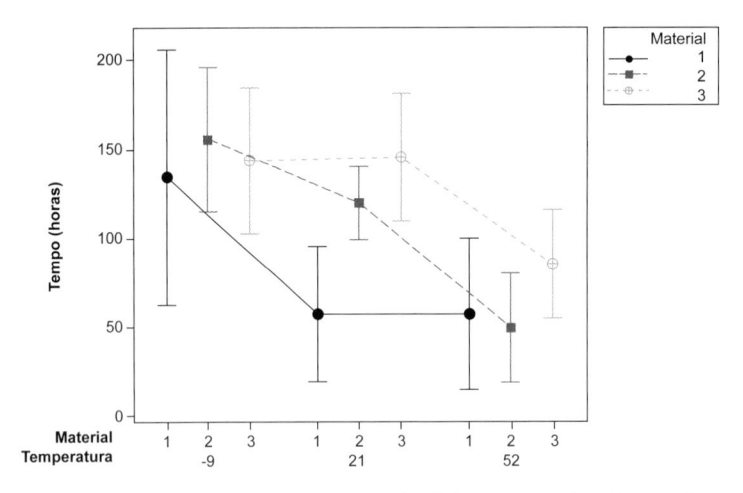

Figura 5.17 Gráfico das médias observadas do tempo de vida (h) e intervalos de confiança de 95% para as médias populacionais em cada combinação de temperatura e material.

Com base nesse gráfico comente as seguintes afirmações:

a) a escolha do material com o qual é obtida a maior média do tempo de vida independe da temperatura;

b) as menores médias de tempo de vida foram observadas quando foi utilizado o material 1;

c) a temperatura em que foram observadas as maiores médias do tempo de vida é a de 21 °C;

d) há interação entre Temperatura e Tempo de vida.

8) Considere os dados do arquivo `esforco`.

a) Construa gráficos do desenhista (*draftman's plots*) separadamente para cada etiologia (CH, ID e IS) com a finalidade de avaliar a associação entre os consumos de oxigênio (VO2) medidos nos três momentos de exercício (LAN, PCR e Pico) e indique os coeficientes de correlação de Pearson e de Spearman correspondentes.

b) Para cada etiologia (CH, ID e IS), construa um gráfico de dispersão simbólico para representar a relação entre carga e VO2 no momento PCR do exercício, e sobreponha curvas *lowess*. Que tipo de função você utilizaria para representar a relação entre as duas variáveis?

c) Para cada um dos quatro momentos de exercício (Repouso, LAN, PCR e Pico), construa gráficos de perfis médios da frequência cardíaca para as diferentes combinações dos níveis de etiologia (CH, ID e IS) e gravidade da doença avaliada pelo critério NYHA. Em cada caso, avalie descritivamente as evidências de efeitos dos fatores Etiologia e Gravidade da doença e de sua interação.

d) Utilize ANOVA para avaliar se as conclusões descritivas podem ser extrapoladas para a população de onde a amostra foi obtida.

9) Considere os dados do arquivo `arvores`. Obtenha os vetores de médias e matrizes de covariâncias e correlações entre as concentrações dos elementos Mn, Fe, Cu, Zn para cada combinação dos níveis de espécie e tipo de via. De uma forma geral, qual a relação entre os vetores de médias e matrizes de covariâncias para os diferentes níveis de espécie e tipo de via?

10) Considere os dados do arquivo `arvores`. Construa gráficos de perfis médios (com barras de desvios padrões) para avaliar o efeito de espécie de árvores e tipo de via na concentração de Fe. Utilize uma ANOVA com dois fatores para avaliar a possível interação e efeitos dos fatores na variável resposta. Traduza os resultados sem utilizar o jargão estatístico.

11) Os dados do arquivo `palato` provêm de um estudo realizado no Laboratório Experimental de Poluição Atmosférica da Faculdade de Medicina da Universidade de São Paulo para avaliar os efeitos de agentes oxidantes no sistema respiratório. Espera-se que a exposição a maiores concentrações de agentes oxidantes possa causar danos crescentes às células ciliares e excretoras de muco, que constituem a principal defesa do sistema respiratório contra agentes externos. Cinquenta e seis palatos de sapos foram equitativa e aleatoriamente alocados a um de seis grupos; cada grupo de 8 palatos foi imerso por 35 minutos em uma solução de peróxido de hidrogênio em uma concentração especificada, nomeadamente 0, 1, 8, 16, 32 ou 64 μM. A variável resposta de interesse é a velocidade de transporte mucociliar relativa (mm/s), definida como o quociente entre a velocidade de transporte mucociliar em determinado instante e aquela obtida antes da intervenção experimental. Essa variável foi observada a cada cinco minutos após a imersão.

a) Obtenha os vetores de médias e matrizes de covariâncias/correlações para os dados correspondentes aos diferentes níveis do fator interunidades amostrais (concentração de peróxido de hidrogênio).

b) Construa gráficos de perfis individuais com perfis médios e curvas *lowess* sobrepostas para os diferentes níveis da concentração de peróxido de hidrogênio.

c) Compare os resultados obtidos sob os diferentes níveis do fator interunidades amostrais.

12) Os dados a seguir reportam-se a uma avaliação do desempenho de um conjunto de 203 estudantes universitários em uma disciplina introdutória de Álgebra e Cálculo. Os estudantes, agrupados segundo os quatro cursos em que estavam matriculados, foram ainda aleatoriamente divididos em dois grupos por curso, a cada um dos quais foi atribuído um de dois professores que lecionaram a mesma matéria. O desempenho de cada estudante foi avaliado por meio da mesma prova.

Tabela 5.13 Frequências de aprovação/reprovação de estudantes

Curso	Professor	Desempenho	
		Aprovado	Reprovado
Ciências Químicas	A	8	11
	B	11	13
Ciências Farmacêuticas	A	10	14
	B	13	9
Ciências Biológicas	A	19	25
	B	20	18
Bioquímica	A	14	2
	B	12	4

a) Para valiar a associação entre Professor e Desempenho, calcule a razão de chances em cada estrato.

b) Calcule a razão de chances de Mantel-Haenszel correspondente.

c) Expresse suas conclusões de forma não técnica.

13) Com base nos dados do arquivo **coronarias**, construa uma tabela de contingência $2\times2\times2\times2$ envolvendo os fatores sexo (**SEXO**), idade (**IDA55**) e hipertensão arterial (**HA**) e a variável resposta lesão obstrutiva coronariana $\geq 50\%$ (**LO3**). Obtenha as razões de chances entre cada fator e a variável resposta por meio das correspondentes distribuições marginais. Comente os resultados, indicando possíveis problemas com essa estratégia.

PARTE II

APRENDIZADO SUPERVISIONADO

A ideia fundamental do aprendizado supervisionado é utilizar preditores (dados de entrada ou *inputs*) para prever uma ou mais respostas (dados de saída ou *outputs*), que podem ser quantitativas ou qualitativas (categorias, atributos ou fatores). O caso de respostas qualitativas corresponde a problemas de **classificação** e aquele de respostas quantitativas, a problemas de **regressão**.

Nos Capítulos 6 a 11, tratamos tanto dos métodos de regressão como dos de classificação. Consideramos técnicas de regressão, essenciais para o entendimento da associação entre uma ou mais variáveis explicativas e uma variável resposta. Nesse contexto, incluímos análise de sobrevivência, em que a variável resposta é o tempo até a ocorrência de um evento de interesse. Consideramos métodos utilizados para a classificação de unidades de investigação em dois ou mais grupos (cujos elementos são de alguma forma parecidos entre si) com base em preditores. Por exemplo, pode-se querer classificar clientes de um banco como bons ou maus pagadores de um empréstimo com base nos salários, idades, classe social etc. Esses métodos envolvem tanto técnicas clássicas de regressão logística, função discriminante linear e método do vizinho mais próximo quanto aqueles baseados em árvores e florestas, em máquinas de suporte vetorial (*support vector machines*) e redes neurais.

Também tratamos dos métodos de previsão, em que se pretende prever o **valor esperado** de uma variável resposta ou o **valor específico** para uma unidade de investigação. Por exemplo, pode haver interesse em prever o saldo médio de clientes de um banco com base em salários, idades, classe social etc. Previsões podem ser concretizadas, seja por meio de técnicas de regressão, seja por métodos baseados em árvores, algoritmos de suporte vetorial ou redes neurais.

O Capítulo 12, sobre redes neurais, é tratado nesta parte, dado que uma rede neural pode ser entendida como aprendizado supervisionado.

ANÁLISE DE REGRESSÃO

Models are, for the most part, caricatures of reality, but if they are good, like good caricatures, they portray, though perhaps in a disturbed manner, some features of the real world.

Mark Kac

6.1 Introdução

Neste capítulo, avaliamos, de modo exploratório, um dos modelos estatísticos mais utilizados na prática, conhecido como **modelo de regressão**. O exemplo mais simples serve para a análise de dados pareados $(x_1, y_1), \ldots, (x_n, y_n)$ de duas variáveis contínuas X e Y em um contexto em que sabemos *a priori* que a distribuição de frequências de Y pode depender de X, ou seja, na linguagem introduzida no Capítulo 4, em que X é a variável explicativa (preditora) e Y é a variável resposta.

Exemplo 6.1[1] Para efeito de ilustração, considere os dados apresentados na Tabela 6.1 (disponíveis no arquivo `distancia`), oriundos de um estudo cujo objetivo é avaliar como a distância com que motoristas conseguem distinguir um determinado objeto (doravante indicada simplesmente como distância) varia com a idade.

Aqui, a variável resposta é a distância e a variável explicativa é a idade. O gráfico de dispersão correspondente está apresentado na Figura 6.1 e mostra uma tendência decrescente da distância com a idade.

O objetivo da análise de regressão é quantificar essa tendência. Como a resposta para motoristas com a mesma idade (ou com idades bem próximas) varia, o foco da análise é a estimação de uma tendência média (representada pela reta sobreposta aos dados na Figura 6.1).

No caso geral em que temos n pares de dados, o modelo de regressão utilizado para essa quantificação é

$$y_i = \alpha + \beta x_i + e_i, \quad i = 1, \ldots, n, \tag{6.1}$$

em que α e β são coeficientes (usualmente chamados de **parâmetros**) desconhecidos (e que se pretende estimar com base nos dados) e e_i são erros aleatórios que representam desvios entre as observações da

---

[1] Exemplo adaptado de `https://courses.lumenlearning.com/wmopen-concepts-statistics`. Acesso em: 02 out. 2024

Tabela 6.1 Distância com que motoristas conseguem distinguir certo objeto

Ident	Idade (anos)	Distância (m)	Ident	Idade (anos)	Distância (m)
1	18	170	16	55	140
2	20	197	17	63	117
3	22	187	18	65	140
4	23	170	19	66	100
5	23	153	20	67	137
6	25	163	21	68	100
7	27	187	22	70	130
8	28	170	23	71	107
9	29	153	24	72	123
10	32	137	25	73	93
11	37	140	26	74	140
12	41	153	27	75	153
13	46	150	28	77	120
14	49	127	29	79	103
15	53	153	30	82	120

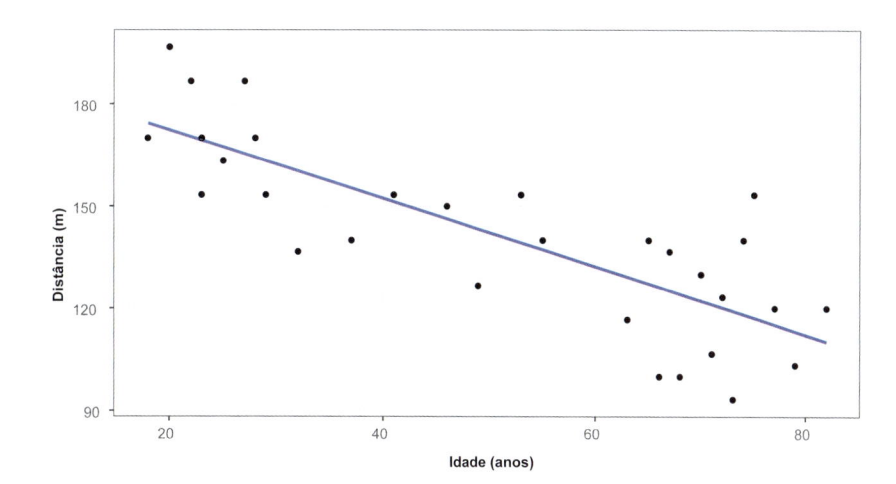

Figura 6.1 Gráfico de dispersão para os dados da Tabela 6.1 com reta de mínimos quadrados.

variável resposta y_i e os pontos $\alpha + \beta x_i$, que correspondem aos valores esperados sob o modelo (6.1) para valores da variável explicativa iguais a x_i.[2] Em geral, supõe-se que a média (ou valor esperado) dos erros é nula, o que significa, de modo genérico, que existe uma compensação entre erros positivos e negativos e que, consequentemente, o objetivo da análise é modelar o valor esperado da variável resposta

$$\mathrm{E}(y_i) = \alpha + \beta x_i.$$

Uma representação gráfica desse modelo está apresentada na Figura 6.2.

---

[2] Uma notação mais elucidativa para (6.1) é $y_i|x_i = \alpha + \beta x_i + e_i$, cuja leitura como "valor observado y_i da variável resposta Y para um dado valor x_i da variável explicativa X" deixa claro que o interesse da análise está centrado na distribuição de Y, e não naquela de X.

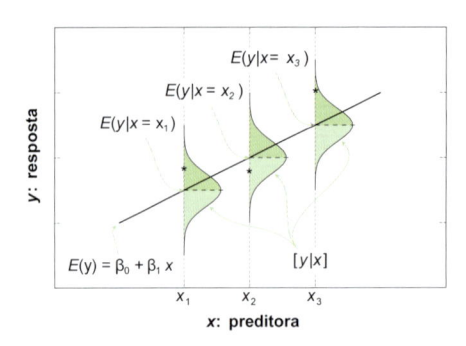

Figura 6.2 Representação gráfica do modelo (6.1).

No contexto do Exemplo 6.1, podemos interpretar o parâmetro α como a distância esperada com que um recém-nascido, isto é, um motorista com idade $x = 0$, consegue distinguir determinado objeto e o parâmetro β como a diminuição esperada nessa distância para cada aumento de um ano na idade. Como a interpretação de α não faz muito sentido nesse caso, um modelo mais adequado é

$$y_i = \alpha + \beta(x_i - 18) + e_i, \quad i = 1, \ldots, n. \tag{6.2}$$

Para esse modelo, o parâmetro α corresponde à distância esperada com que um motorista com idade $x = 18$ anos consegue distinguir determinado objeto e o parâmetro β tem a mesma interpretação apresentada para o modelo (6.1).

O modelo (6.1) é chamado de **regressão linear simples** e o adjetivo **linear** refere-se ao fato de os parâmetros α e β serem incluídos de forma linear. Nesse sentido, o modelo

$$y_i = \alpha + \exp(\beta x_i) + e_i, \quad i = 1, \ldots, n \tag{6.3}$$

seria um **modelo não linear**. Por outro lado, o modelo

$$y_i = \alpha + \beta x_i + \gamma x_i^2 + e_i, \quad i = 1, \ldots, n, \tag{6.4}$$

é também um modelo linear, pois embora a variável explicativa x esteja elevada ao quadrado, os parâmetros α, β e γ aparecem de forma linear. Modelos como esse, que envolvem funções polinomiais da variável explicativa, são conhecidos como **modelos de regressão polinomial** e serão analisados na Seção 6.3.

Nosso principal objetivo não é discutir em detalhes o problema da estimação dos parâmetros desses modelos, mas considerar métodos gráficos que permitam avaliar se eles são ou não adequados para descrever conjuntos de dados com a estrutura descrita. No entanto, não poderemos prescindir de apresentar alguns detalhes técnicos. Um tratamento mais aprofundado sobre o ajuste de modelos lineares e não lineares pode ser encontrado em inúmeros textos, dentre o quais destacamos Kutner et al. (2004) para uma primeira abordagem.

Vários pacotes computacionais dispõem de códigos que permitem ajustar esses modelos. Em particular, mencionamos a função `lm()`. Na Seção 6.2, discutiremos, com algum pormenor, o ajuste de modelos da forma (6.1) e depois indicaremos como o caso geral de uma **regressão linear múltipla** (com mais de duas variáveis explicativas) pode ser abordado.

6.2 Regressão linear simples

Consideramos o modelo (6.1), supondo que os erros e_i são não correlacionados, tenham média 0 e variância σ^2. Nosso primeiro objetivo é estimar os parâmetros α e β. Um possível método para obtenção dos estimadores consiste em determinar $\widehat{\alpha}$ e $\widehat{\beta}$ que minimizem a distância entre cada observação e o valor esperado, definido por $E(y_i) = \alpha + \beta x_i$. Com esse objetivo, consideremos a soma dos quadrados dos erros e_i,

$$Q(\alpha, \beta) = \sum_{i=1}^{n} e_i^2 = \sum_{i=1}^{n} (y_i - \alpha - \beta x_i)^2. \tag{6.5}$$

Os **estimadores de mínimos quadrados** são obtidos minimizando-se (6.5) com relação a α e β. Com essa finalidade, derivamos $Q(\alpha, \beta)$ com relação a esses parâmetros e, igualando as expressões resultantes a zero, obtemos as **equações de estimação**. A solução dessas equações são os estimadores de mínimos quadrados,

$$\widehat{\beta} = \frac{\sum_{i=1}^{n} (x_i - \overline{x})(y_i - \overline{y})}{\sum_{i=1}^{n} (x_i - \overline{x})^2} \tag{6.6}$$

e

$$\widehat{\alpha} = \overline{y} - \widehat{\beta}\overline{x}, \tag{6.7}$$

em que $\overline{x} = n^{-1} \sum_{i=1}^{n} x_i$ e $\overline{y} = n^{-1} \sum_{i=1}^{n} y_i$. Um estimador não enviesado de σ^2 é

$$S^2 = \frac{1}{n-2} Q(\widehat{\alpha}, \widehat{\beta}) = \frac{1}{n-2} \sum_{i=1}^{n} \widehat{e}_i^2 = \frac{1}{n-2} \sum_{i=1}^{n} (y_i - \widehat{\alpha} - \widehat{\beta} x_i)^2, \tag{6.8}$$

em que $Q(\widehat{\alpha}, \widehat{\beta}) = \sum_{i=1}^{n} \widehat{e}_i^2$ é a **soma dos quadrados dos resíduos**, abreviadamente, SQRes. Os **resíduos** são definidos como

$$\widehat{e}_i = y_i - \widehat{y}_i = y_i - (\widehat{\alpha} + \widehat{\beta} x_i), \ i = 1, \ldots, n.$$

Em um contexto inferencial, ou seja, em que os dados correspondem a uma amostra de uma população (geralmente conceitual), os valores dos parâmetros α, β e σ^2 não podem ser conhecidos, a menos que toda a população seja avaliada. Consequentemente, os erros e_i não são conhecidos, mas os resíduos $\widehat{e}_i$ podem ser calculados e correspondem a "estimativas" desses erros.

Note que no denominador de (6.8) temos $n - 2$, pois perdemos dois graus de liberdade em função da estimação de dois parâmetros (α e β).

A proposta de um modelo de regressão linear simples pode ser baseada em argumentos teóricos, como no caso em que dados são coletados para a avaliação do espaço percorrido em um movimento uniforme ($s = s_0 + vt$), ou em um gráfico de dispersão entre a variável resposta e a variável explicativa como aquele da Figura 6.1, em que parece razoável representar a variação da distância esperada com a idade por meio de uma reta.

Uma vez ajustado o modelo, convém avaliar a qualidade do ajuste, e um dos indicadores mais utilizados para essa finalidade é o **coeficiente de determinação** definido como

$$R^2 = \frac{SQ\text{Tot} - SQ\text{Res}}{SQ\text{Tot}} = \frac{SQ\text{Reg}}{SQ\text{Tot}} = 1 - \frac{SQ\text{Res}}{SQ\text{Tot}},$$

em que a **soma de quadrados total** é $SQ\text{Tot} = \sum_{i=1}^{n} (y_i - \overline{y})^2$, a **soma de quadrados dos resíduos** é $SQ\text{Res} = \sum_{i=1}^{n} (y_i - \widehat{y}_i)^2$ e a **soma de quadrados da regressão** é $SQ\text{Reg} = \sum_{i=1}^{n} (\widehat{y}_i - \overline{y})^2$. Para mais detalhes, veja a Nota 3. Em essência, esse coeficiente mede a porcentagem da variação total dos valores da variável resposta (y_i), com relação à sua média ($\overline{y}$), explicada pelo modelo de regressão.

O coeficiente de determinação deve ser acompanhado de outras ferramentas para a avaliação do ajuste, pois não está direcionado para identificar se todas as suposições do modelo são compatíveis com os dados sob investigação. Em particular, mencionamos os **gráficos de resíduos**, **gráficos de Cook** e **gráficos de influência local**. Tratamos dos dois primeiros na sequência e remetemos os últimos para as Notas 4 e 5.

Resultados do ajuste do modelo de regressão linear simples $distancia_i = \alpha + \beta(idade_i - 18) + e_i$, $i = 1, \ldots, n$ aos dados da Tabela 6.1 por meio da função `lm()` do pacote `MASS` estão apresentados a seguir. Note que a variável preditora está especificada como `id= idade – 18`.

```
> lm(formula = distancia ~ id, data = distancia)
Residuals:
    Min      1Q  Median      3Q     Max
-26.041 -13.529   2.388  11.478  35.994
Coefficients:
             Estimate Std. Error t value Pr(>|t|)
(Intercept) 174.2296     5.5686  31.288  < 2e-16 ***
id           -1.0039     0.1416  -7.092 1.03e-07 ***
Residual standard error: 16.6 on 28 degrees of freedom
Multiple R-squared:  0.6424,       Adjusted R-squared:  0.6296
F-statistic: 50.29 on 1 and 28 DF,  p-value: 1.026e-07
```

As estimativas dos parâmetros α (distância esperada para motoristas com 18 anos) e β (diminuição da distância esperada para cada ano adicional na idade) com erros padrões entre parênteses são, respectivamente, $\widehat{\alpha} = 174{,}2$ (5,6) e $\widehat{\beta} = -1{,}004$ (0,14).

A estimativa do desvio padrão dos erros (σ) é $S = 16{,}6$, com $30 - 2 = 28$ graus de liberdade, e o coeficiente de determinação é $R^2 = 0{,}64$. Detalhes sobre o coeficiente de determinação ajustado serão apresentados na Nota 3. Se usássemos o modelo (6.1), a estimativa de α seria 192,3 (7,8) e a de β seria a mesma.

Uma das ferramentas mais úteis para a avaliação da qualidade do ajuste de modelos de regressão é o **gráfico de resíduos** em que os resíduos ($\widehat{e}_i$) são dispostos no eixo das ordenadas e os correspondentes valores da variável explicativa (x_i), no eixo das abscissas.

O gráfico de resíduos correspondente ao modelo ajustado aos dados da Tabela 6.1 está apresentado na Figura 6.3.

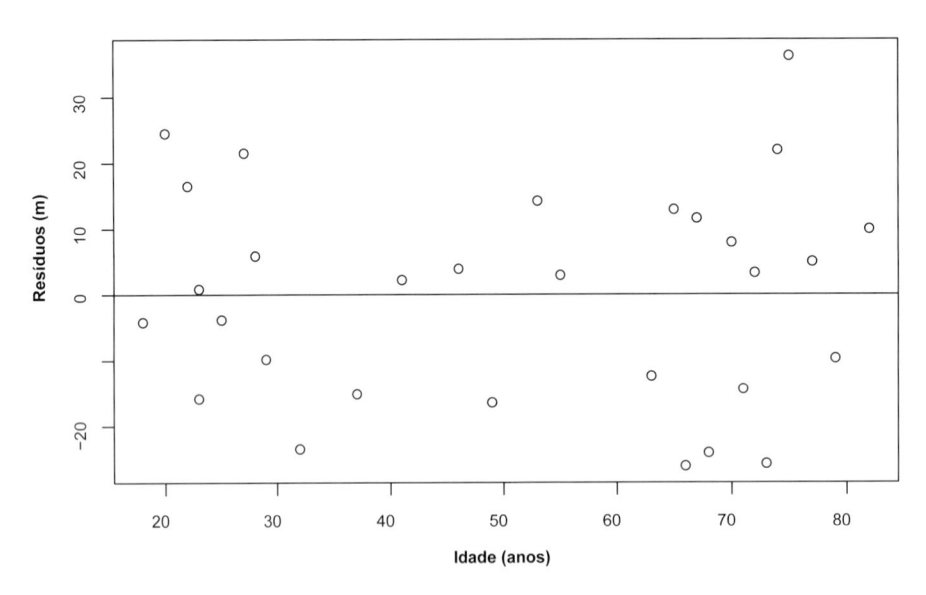

Figura 6.3 Gráfico de resíduos para o ajuste do modelo de regressão linear simples aos dados da Tabela 6.1.

Para facilitar a visualização com relação à dispersão dos resíduos e para efeito de comparação entre ajustes de modelos em que as variáveis respostas têm unidades de medida diferentes, convém padronizá-los, isto é, dividi-los pelo respectivo desvio padrão para que tenham variância igual a 1. Como os resíduos (ao contrário dos erros) são correlacionados, pode-se mostrar que seu desvio padrão é

$$DP(\widehat{e}_i) = \sigma\sqrt{1 - h_{ii}} \quad \text{com} \quad h_{ii} = \frac{1}{n} + \frac{(x_i - \overline{x})^2}{\sum\limits_{i=1}^{n}(x_i - \overline{x})^2},$$

de forma que os **resíduos padronizados**, também chamados de **resíduos estudentizados**, são definidos por

$$\widehat{e}_i^* = \widehat{e}_i/(S\sqrt{1 - h_{ii}}). \tag{6.9}$$

Os resíduos padronizados são adimensionais e têm variância igual a 1, independentemente da variância dos erros (σ^2). Além disso, para erros com distribuição normal, cerca de 99% dos resíduos padronizados têm valor entre -3 e $+3$.

O gráfico de resíduos padronizados correspondente àquele da Figura 6.3 está apresentado na Figura 6.4.

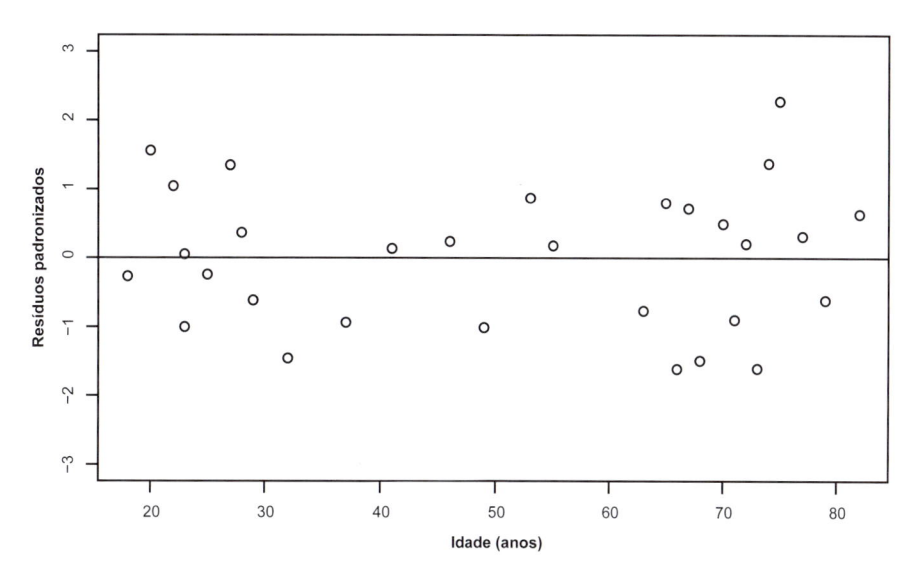

Figura 6.4 Gráfico de resíduos padronizados para o ajuste do modelo de regressão linear simples aos dados da Tabela 6.1.

Na Figura 6.4, nota-se que resíduos positivos e negativos estão distribuídos sem algum padrão sistemático e que sua variabilidade é razoavelmente uniforme ao longo dos diferentes valores da variável explicativa, sugerindo que relativamente à suposição de **homocedasticidade** (variância constante) o modelo adotado é (pelo menos, aproximadamente) adequado.

Exemplo 6.2 O ajuste de um modelo de regressão linear simples $CO_i = \alpha + \beta\, tempo_i + e_i, \quad i = 1, \ldots, n$ em que CO representa a concentração atmosférica de monóxido de carbono no dia (tempo) i contado a partir de 1º de janeiro de 1991 aos dados do arquivo `poluicao` pode ser obtido por meio da função `lm()`:

```
> lm(formula = CO ~ tempo, data = dados)
Coefficients:
            Estimate Std. Error t value Pr(>|t|)
(Intercept) 6.264608   0.254847  24.582  < 2e-16 ***
tempo       0.019827   0.003656   5.424 3.15e-07 ***
Residual standard error: 1.387 on 118 degrees of freedom
Multiple R-squared:  0.1996,      Adjusted R-squared:  0.1928
F-statistic: 29.42 on 1 and 118 DF,  p-value: 3.148e-07
```

O coeficiente de determinação correspondente é 0,19, sugerindo que o modelo de regressão linear simples explica apenas uma pequena parcela da variabilidade dos dados.

Os gráficos de dispersão e de resíduos padronizados correspondentes ao ajuste desse modelo estão apresentados nas Figuras 6.5 e 6.6. Ambos sugerem uma deficiência no ajuste: no primeiro, observa-se uma curvatura não compatível com o ajuste de uma reta; no segundo, nota-se um padrão na distribuição dos resíduos, que são positivos nos primeiros dias, negativos em seguida e espalhados ao final das observações diárias. Além disso, a dispersão dos resíduos varia com o tempo.

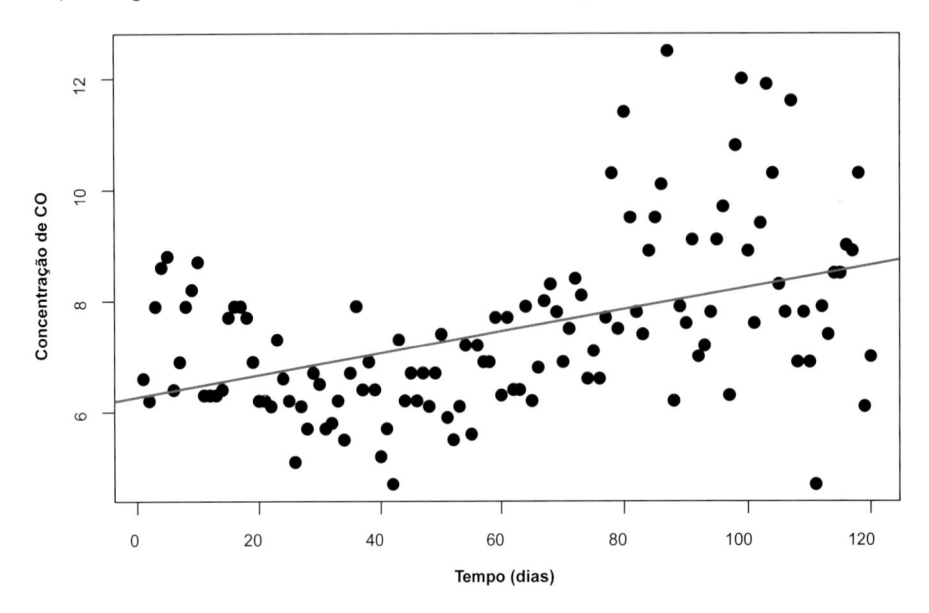

Figura 6.5 Gráfico de dispersão para os dados de monóxido de carbono.

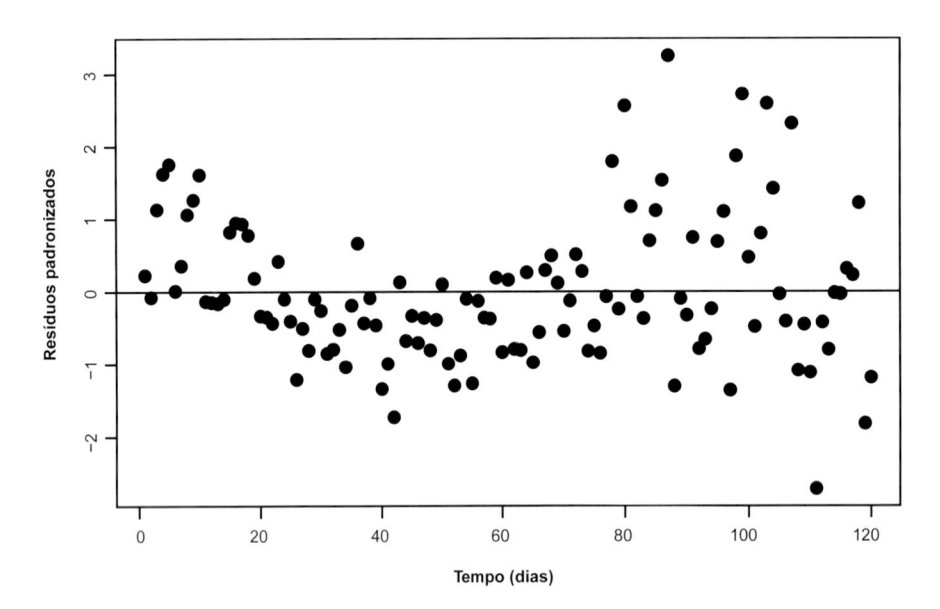

Figura 6.6 Gráfico de resíduos padronizados para o ajuste do modelo de regressão linear simples aos dados da concentração de CO.

Um modelo (linear) de regressão polinomial alternativo em que termos quadrático e cúbico são incluídos, isto é, $CO_i = \alpha + \beta\ tempo_i + \gamma\ tempo_i^2 + \delta\ tempo_i^3 + e_i,\ \ i = 1, \ldots, n$ tem um melhor ajuste, como se pode notar tanto pelo acréscimo no coeficiente de determinação, cujo valor é 0,35, quanto pelo gráfico de resíduos padronizados disposto na Figura 6.7. Detalhes sobre o ajuste de modelos de regressão polinomial como esse serão apresentados na Seção 6.3. Ainda assim, esse modelo polinomial não é o mais adequado em virtude da presença de **heteroscedasticidade**, ou seja, de variâncias que não são constantes ao longo do tempo. Há modelos que incorporam heterogeneidade de variâncias, mas estão fora do objetivo deste texto. Para detalhes, pode-se consultar Kutner et al. (2004), por exemplo.

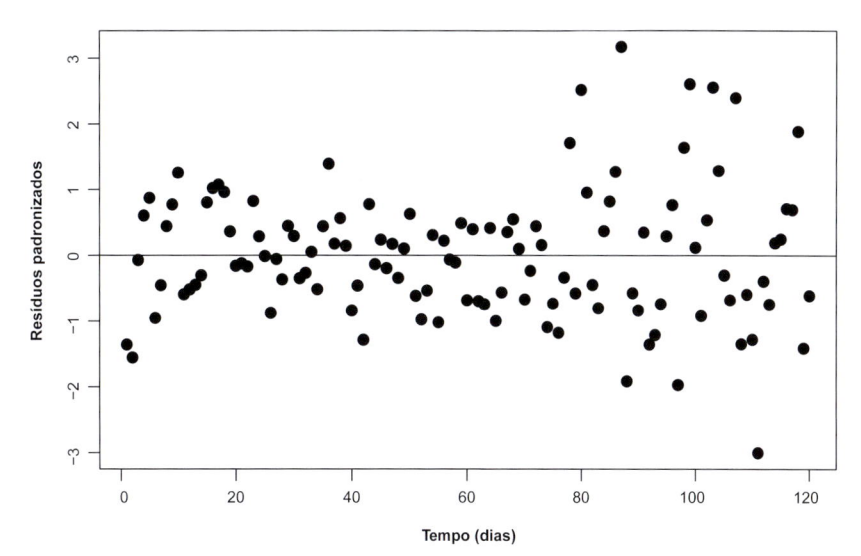

Figura 6.7 Gráfico de resíduos padronizados para o ajuste do modelo de regressão polinomial aos dados da concentração de CO.

Exemplo 6.3 Os dados da Tabela 6.2 são provenientes da mensuração da velocidade do vento no aeroporto de Philadelphia (Estados Unidos), sempre a uma hora da manhã, para os primeiros 15 dias de dezembro de 1974 (Graedel e Kleiner, 1985). Esses dados estão disponíveis no arquivo `vento`.

Tabela 6.2 Velocidade do vento no aeroporto de Philadelphia (v_t)

t	v_t	t	v_t
1	22,2	9	20,4
2	61,1	10	20,4
3	13,0	11	20,4
4	27,8	12	11,1
5	22,2	13	13,0
6	7,4	14	7,4
7	7,4	15	14,8
8	7,4		

O diagrama de dispersão dos dados no qual está indicada a reta obtida pelo ajuste de um modelo linear simples, nomeadamente,

$$\widehat{v}_t = 30{,}034 - 1{,}454t, \quad t = 1, \ldots, 15$$

e o correspondente gráfico de resíduos padronizados estão apresentados nas Figuras 6.8 e 6.9.

Nesses gráficos, pode-se notar que tanto a observação associada ao segundo dia ($t = 2$, com $v_t = 61{,}1$) quanto o resíduo correspondente destoam dos demais, gerando estimativas dos coeficientes da reta diferentes daqueles que se espera. Essa é uma **observação atípica (*outlier*)**. Na Nota 8, apresentamos um modelo alternativo com a finalidade de obtenção de estimativas **resistentes** (também chamadas de **robustas**) a pontos desse tipo.

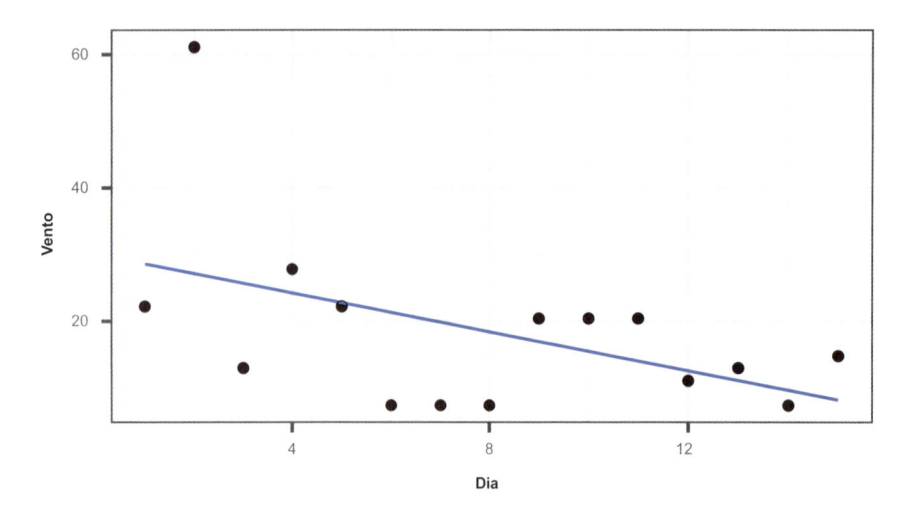

Figura 6.8 Gráfico de dispersão para os dados da Tabela 6.2 com reta de mínimos quadrados sobreposta.

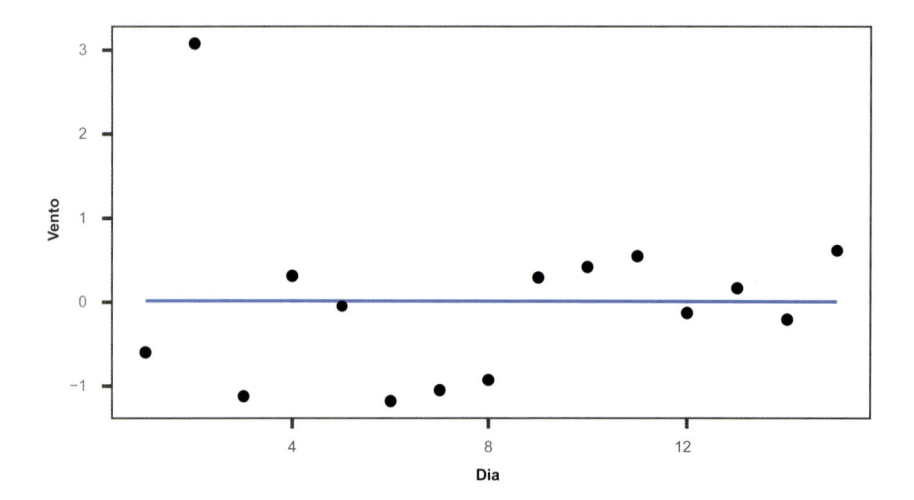

Figura 6.9 Gráfico de resíduos padronizados para o ajuste do modelo de regressão linear simples aos dados da Tabela 6.2.

Exemplo 6.4 Consideremos agora os dados (hipotéticos) dispostos na Tabela 6.3 aos quais ajustamos um modelo de regressão linear simples.

Tabela 6.3 Dados hipotéticos

X	10	8	13	9	11	14	6	4	12	7	5	18
Y	8,04	6,95	7,58	8,81	8,33	9,96	7,24	4,26	10,84	4,82	5,68	6,31

O gráfico de dispersão (com os dados representados por círculos e com a reta de regressão representada pela linha sólida) e o correspondente gráfico de resíduos padronizados estão apresentados nas Figuras 6.10 e 6.11.

Os dois gráficos contêm indicações de que o ponto associado aos valores ($X = 18, Y = 6.31$) pode ser um ponto atípico. Isso fica mais evidente quando consideramos outra ferramenta diagnóstica conhecida como **gráfico de Cook** apresentado na Figura 6.12.

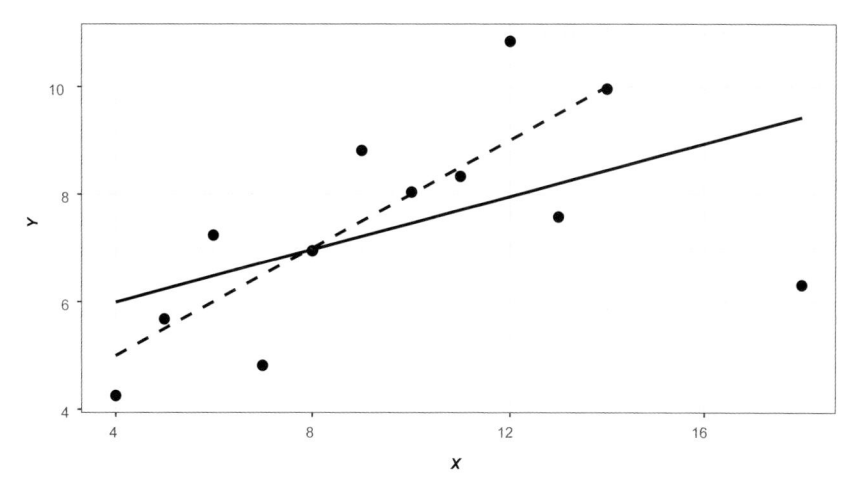

Figura 6.10 Gráfico de dispersão (com retas de regressão sobrepostas) para os dados da Tabela 6.3; linha sólida para dados completos e linha tracejada para dados com ponto influente eliminado.

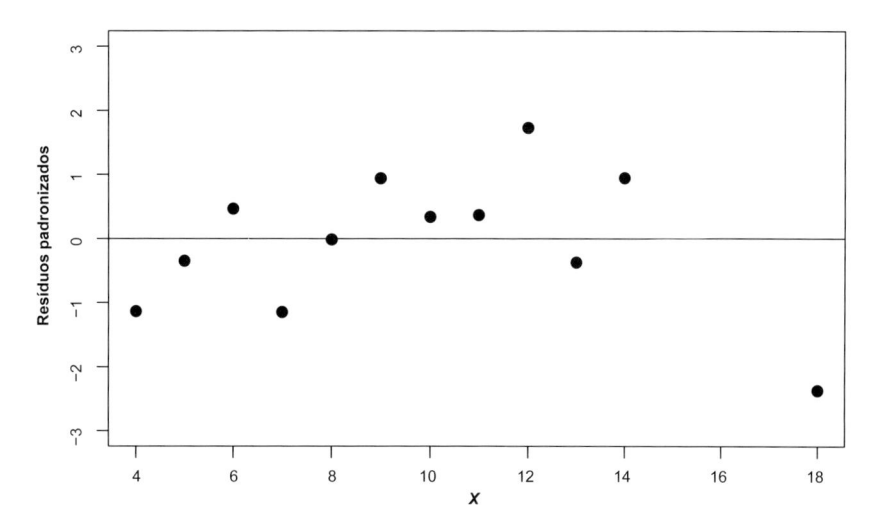

Figura 6.11 Gráfico de resíduos padronizados para o ajuste do modelo de regressão linear simples aos dados da Tabela 6.3.

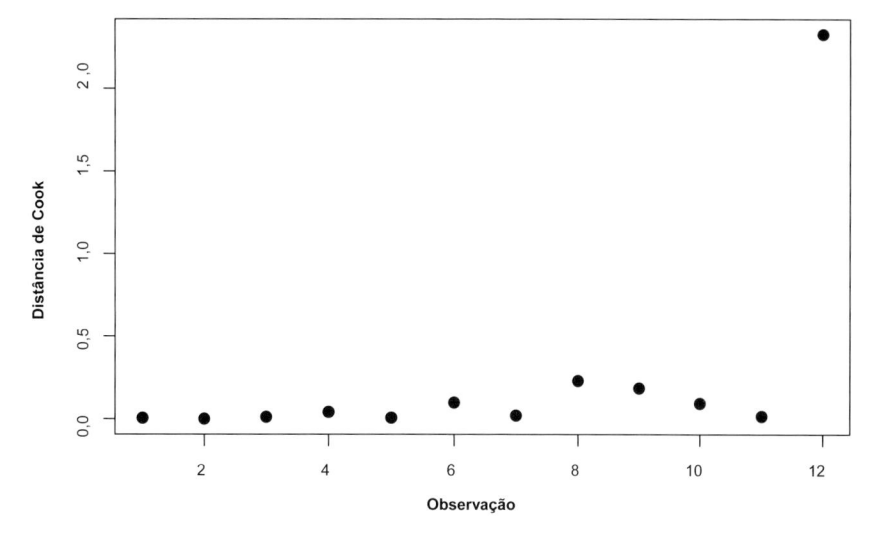

Figura 6.12 Gráfico de Cook correspondente ao ajuste do modelo de regressão linear simples aos dados da Tabela 6.3.

Esse gráfico é baseado na chamada **distância de Cook** (veja a Nota 4) que serve para indicar as observações que têm grande influência em alguma característica do ajuste do modelo. Em particular, salienta os pontos [chamados de **pontos influentes** ou **pontos alavanca** (*high leverage points*)] que podem alterar de forma relevante as estimativas dos parâmetros. Em geral, como no caso estudado aqui, esses pontos apresentam valores das respectivas abscissas afastadas daquelas dos demais pontos do conjunto de dados. Para detalhes, consulte a Nota 5.

Neste exemplo, a eliminação do ponto mencionado altera as estimativas do intercepto [de 5,01 (1,37) para 3,00 (1,12)] e da inclinação [de 0,25 (0,13) para 0,50 (0,12)] da reta ajustada. A reta correspondente ao ajuste quando o ponto influente ($X = 18, Y = 6.31$) é eliminado do conjunto de dados está representada na Figura 6.10 pela linha tracejada.

Nos casos em que se supõe que os erros têm distribuição normal, pode-se utilizar gráficos QQ com o objetivo de avaliar se os dados são compatíveis com essa suposição. É importante lembrar que esses gráficos QQ devem ser construídos com os quantis amostrais baseados nos resíduos e não com as observações da variável resposta, pois apesar de suas distribuições também serem normais, suas médias variam com os valores associados da variável explicativa, ou seja, a média da variável resposta correspondente a x_i é $\alpha + \beta x_i$.

Convém observar que, sob normalidade dos erros, os resíduos padronizados seguem uma distribuição t com $n - 2$ graus de liberdade e é dessa distribuição que se deveriam obter os quantis teóricos para a construção do gráfico QQ. No entanto, para valores de n maiores que 20 ou 30, os quantis da distribuição t se aproximam daqueles da distribuição normal, tornando-as intercambiáveis para a construção do correspondente gráfico QQ. Na prática, mesmo com valores de n menores, é comum construir esses gráficos baseados na distribuição normal.

Gráficos QQ (com bandas de confiança) correspondentes aos ajustes de modelos de regressão linear simples aos dados das Tabelas 6.1 e 6.3 (com e sem a eliminação da observação influente) estão, respectivamente, apresentados nas Figuras 6.13, 6.14 e 6.15.

Nos três casos, não há evidências fortes contra a suposição de normalidade dos erros (apesar do ponto fora da banda de confiança salientado na Figura 6.14). Especialmente com poucos dados, é difícil observar casos em que essa suposição não parece razoável.

Cabe lembrar que se o objetivo for avaliar a inclinação da reta de regressão (β), ou seja, avaliar a taxa com que a resposta esperada muda por unidade de variação da variável explicativa, essa suposição de normalidade da variável resposta tem efeito marginal na distribuição do estimador de mínimos quadrados desse parâmetro ($\widehat{\beta}$). Pode-se mostrar que esse estimador segue uma distribuição **aproximadamente** Normal quando o tamanho da amostra é suficientemente grande, por exemplo, 30 ou mais, mesmo quando a suposição de normalidade para a variável resposta não for verdadeira. Mais detalhes e uma referência estão apresentados na Nota 1.

Em geral, a suposição de que os erros do modelo linear são não correlacionados deve ser questionada com base no procedimento de coleta de dados. Como ilustração, consideramos dois exemplos nos quais essa característica justifica a dúvida. O primeiro exemplo é um caso simples dos problemas abordados pelas técnicas de análise de **séries temporais**o segundo exemplo é o caso típico de análise de **dados longitudinais** e será abordado na Seção 6.4. Ambos são apresentados aqui com a finalidade de mostrar como as técnicas de análise de regressão podem ser empregadas para analisar modelos mais gerais do que aqueles governados pelo paradigma de Gauss-Markov (veja a Nota 1).

Exemplo 6.5 Na Tabela 6.4, apresentamos valores do peso de um bezerro observado a cada duas semanas após o nascimento com o objetivo de avaliar seu crescimento nesse período. O gráfico de dispersão correspondente está disposto na Figura 6.16.

Tendo em vista o gráfico apresentado na Figura 6.16, um possível modelo para representar o valor esperado do peso em função do tempo é

$$y_t = \alpha + \beta t + \gamma t^2 + e_t, \tag{6.10}$$

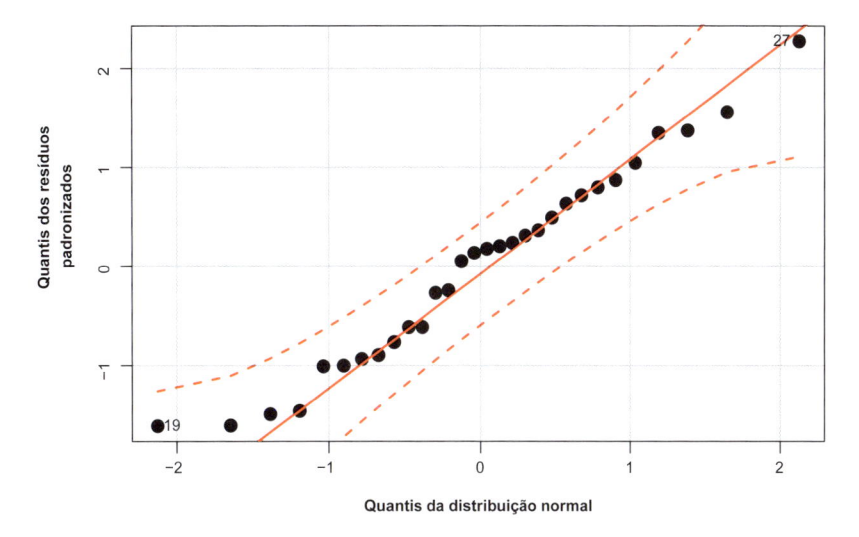

Figura 6.13 Gráfico QQ correspondente ao ajuste do modelo de regressão linear simples aos dados da Tabela 6.1.

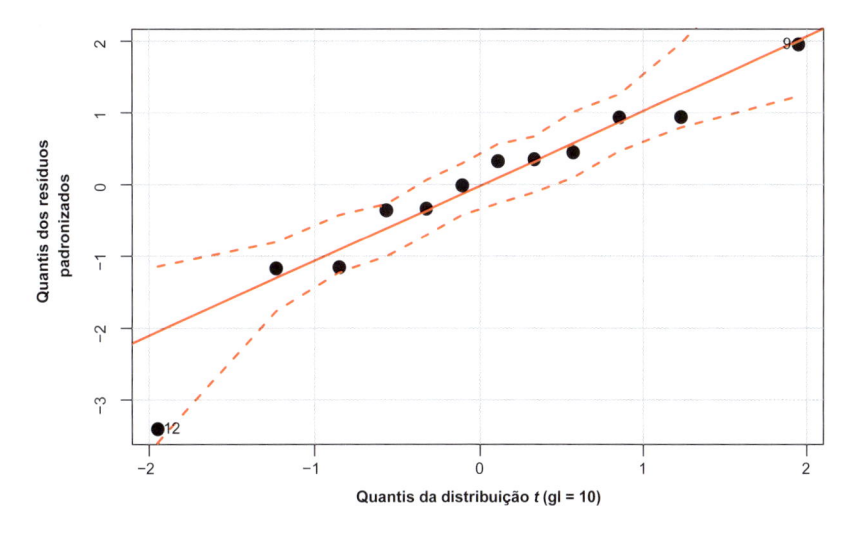

Figura 6.14 Gráfico QQ correspondente ao ajuste do modelo de regressão linear simples aos dados da Tabela 6.3 (com todas as observações).

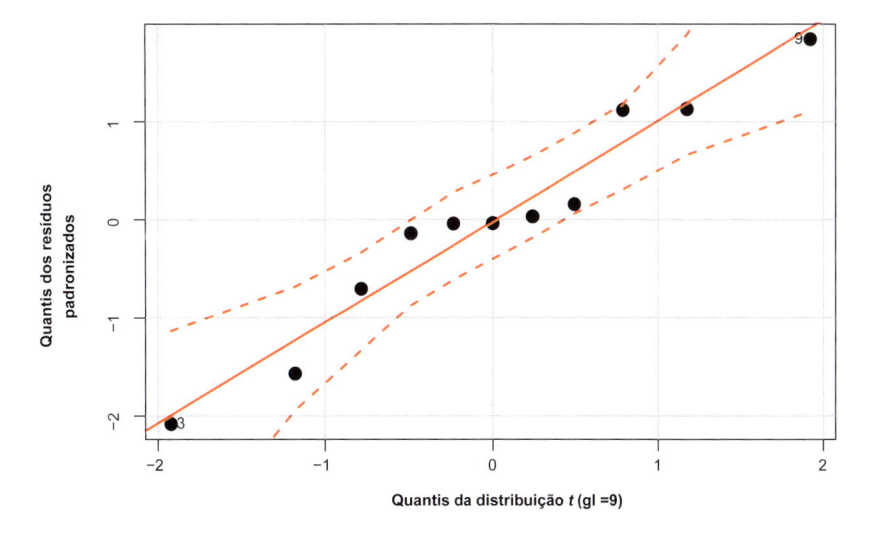

Figura 6.15 Gráfico QQ correspondente ao ajuste do modelo de regressão linear simples aos dados da Tabela 6.3 (sem a observação influente).

Tabela 6.4 Peso (kg) de um bezerro nas primeiras 26 semanas após o nascimento

Semana	Peso	Semana	Peso
0	32,0	14	81,1
2	35,5	16	84,6
4	39,2	18	89,8
6	43,7	20	97,4
8	51,8	22	111,0
10	63,4	24	120,2
12	76,1	26	134,2

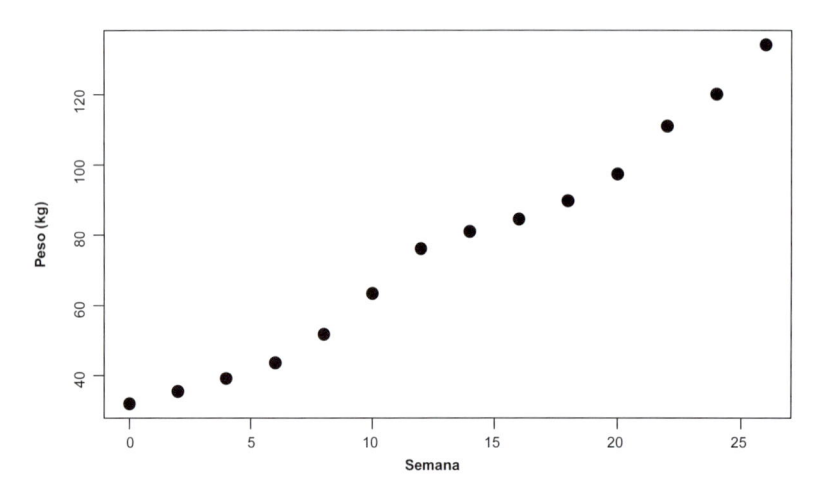

Figura 6.16 Gráfico de dispersão para os dados da Tabela 6.4.

$t = 1, \ldots, 14$, em que y_t representa o peso do bezerro no instante t, α denota o valor esperado de seu peso ao nascer, β e γ representam os coeficientes dos termos linear e quadrático da curva que rege a variação temporal do peso esperado no intervalo de tempo estudado e e_t denota um erro aleatório com média 0 e variância σ^2. Utilizamos t como índice para salientar que as observações são colhidas sequencialmente ao longo do tempo.

O coeficiente de determinação ajustado, $R_{aj}^2 = 0{,}987$, indica que o ajuste (por mínimos quadrados) do modelo com $\widehat{\alpha} = 29{,}9$ (2,6), $\widehat{\beta} = 2{,}7$ (2,5) e $\widehat{\gamma} = 0{,}05$ (0,02) é excelente (sob essa ótica, obviamente). Por outro lado, o gráfico de resíduos apresentado na Figura 6.17 mostra sequências de resíduos positivos seguidas de sequências de resíduos negativos, sugerindo uma possível correlação positiva entre eles (**autocorrelação**).

Uma maneira de contornar esse problema é modificar os componentes aleatórios do modelo para incorporar essa possível autocorrelação nos erros. Nesse contexto, podemos considerar o modelo (6.10) com

$$e_t = \rho e_{t-1} + u_t, \quad t = 1, \ldots, n \tag{6.11}$$

em que $u_t \sim N(0, \sigma^2)$, $t = 1, \ldots, n$ são variáveis aleatórias independentes e e_0 é uma constante (geralmente igual a zero). Essas suposições implicam que $\mathrm{Var}(e_t) = \sigma^2/(1 - \rho^2)$ e que $\mathrm{Cov}(e_t, e_{t-s}) = \rho^s[\sigma^2/(1 - \rho^2)]$. O termo ρ é conhecido como **coeficiente de autocorrelação**.

Para testar a hipótese de que os erros são não correlacionados, pode-se utilizar a **estatística de Durbin-Watson**:

$$D = \sum_{t=2}^{n} (\widehat{e}_t - \widehat{e}_{t-1})^2 / \sum_{t=1}^{n} \widehat{e}_t^2, \tag{6.12}$$

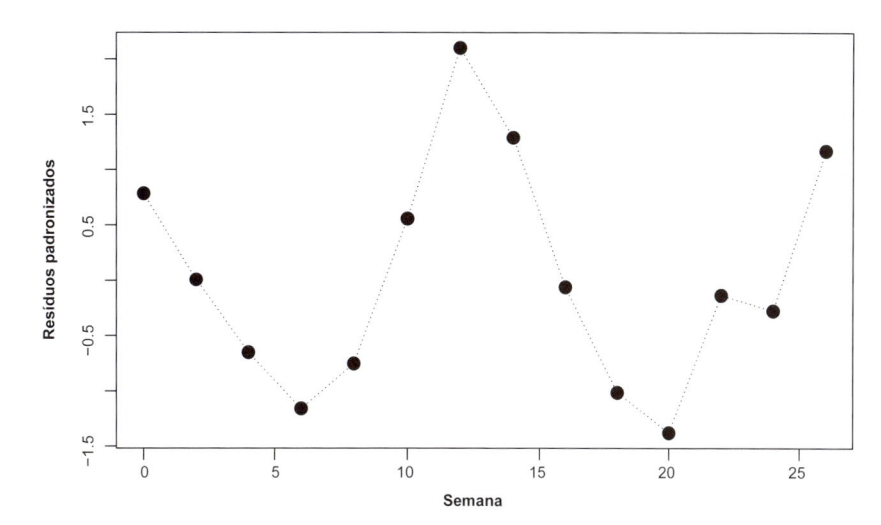

Figura 6.17 Resíduos estudentizados obtidos do ajuste do modelo (6.10).

em que $\hat{e}_t$, $t = 1, \ldots, n$ são os resíduos obtidos do ajuste do modelo (6.10) por mínimos quadrados. Expandindo (6.12), obtemos

$$D = \frac{\sum\limits_{t=2}^{n} \hat{e}_t^2}{\sum\limits_{t=1}^{n} \hat{e}_t^2} + \frac{\sum\limits_{t=2}^{n} \hat{e}_{t-1}^2}{\sum\limits_{t=1}^{n} \hat{e}_t^2} - 2\frac{\sum\limits_{t=2}^{n} \hat{e}_t\hat{e}_{t-1}}{\sum\limits_{t=1}^{n} \hat{e}_t^2} \approx 2 - 2\frac{\sum\limits_{t=2}^{n} \hat{e}_t\hat{e}_{t-1}}{\sum\limits_{t=1}^{n} \hat{e}_t^2}. \tag{6.13}$$

Se os resíduos não forem correlacionados, então $\sum_{t=2}^{n} \hat{e}_t\hat{e}_{t-1} \approx 0$ e, consequentemente, $D \approx 2$; se, por outro lado, os resíduos tiverem uma forte correlação positiva, esperamos que $\sum_{t=2}^{n} \hat{e}_t\hat{e}_{t-1} \approx \sum_{t=2}^{n} \hat{e}_t^2$ e então $D \approx 0$; finalmente, se os resíduos tiverem uma grande correlação negativa, esperamos que $\sum_{t=2}^{n} \hat{e}_t\hat{e}_{t-1} \approx -\sum_{t=2}^{n} \hat{e}_t^2$ e, nesse caso, $D \approx 4$. Durbin e Watson (1950, 1951, 1971) produziram tabelas da distribuição da estatística D que podem ser utilizadas para avaliar a suposição de que os erros não são correlacionados.

O valor da estatística de Durbin-Watson para os dados do Exemplo 6.5 sob o modelo (6.10) é $D = 0,91$ ($p < 0,0001$), sugerindo um alto grau de autocorrelação dos resíduos. Uma estimativa do coeficiente de autocorrelação ρ é 0,50. Nesse caso, o modelo (6.10) – (6.11) poderá ser ajustado pelo **método de mínimos quadrados generalizados** ou por métodos de **Séries Temporais**. Para detalhes sobre essas técnicas o leitor pode consultar Kutner et al. (2004) ou Morettin e Toloi (2018), respectivamente.

Exemplo 6.6 Os dados dispostos na Tabela 6.5 são extraídos de um estudo conduzido na Faculdade de Odontologia da Universidade de São Paulo e correspondem a medidas de um índice de placa bacteriana obtidas de 26 crianças em idade pré-escolar, antes e depois do uso de uma escova de dentes experimental (Hugger) e de uma escova convencional (dados disponíveis no arquivo `placa`). O objetivo do estudo era comparar os dois tipos de escovas com respeito à eficácia na remoção da placa bacteriana. Os dados do estudo foram analisados por Singer e Andrade (1997) e são apresentados aqui apenas com intuito didático para mostrar a flexibilidade dos modelos de regressão. Analisamos somente os dados referentes à escova experimental e não incluímos a variável sexo, porque a análise dos dados completos não indicou diferenças entre meninas e meninos com relação à remoção da placa bacteriana.

Embora as duas variáveis (índices de placa bacteriana antes e depois da escovação) correspondam essencialmente a variáveis respostas, é possível considerar uma **análise condicional**, tomando o índice pré-escovação como variável explicativa (x_i) e o índice pós-escovação como variável resposta (y_i). Nesse contexto, a pergunta que se deseja responder é "qual é o valor esperado do índice pós-escovação **dado** um determinado valor do índice pré-escovação?".

Tabela 6.5 Índices de placa bacteriana antes e depois da escovação com uma escova de dentes experimental

ident	antes	depois	ident	antes	depois
1	2,18	0,43	14	1,40	0,24
2	2,05	0,08	15	0,90	0,15
3	1,05	0,18	16	0,58	0,10
4	1,95	0,78	17	2,50	0,33
5	0,28	0,03	18	2,25	0,33
6	2,63	0,23	19	1,53	0,53
7	1,50	0,20	20	1,43	0,43
8	0,45	0,00	21	3,48	0,65
9	0,70	0,05	22	1,80	0,20
10	1,30	0,30	23	1,50	0,25
11	1,25	0,33	24	2,55	0,15
12	0,18	0,00	25	1,30	0,05
13	3,30	0,90	26	2,65	0,25

O gráfico de dispersão dos dados da Tabela 6.5 está apresentado na Figura 6.18 (a linha tracejada corresponde ao modelo de regressão linear simples ajustado aos dados originais) em que se pode notar um aumento da dispersão do índice de placa observado pós-escovação com o aumento do índice pré-escovação. Isso invalida a adoção de um modelo como (6.1) cujo ajuste exige homocedasticidade (variância constante).

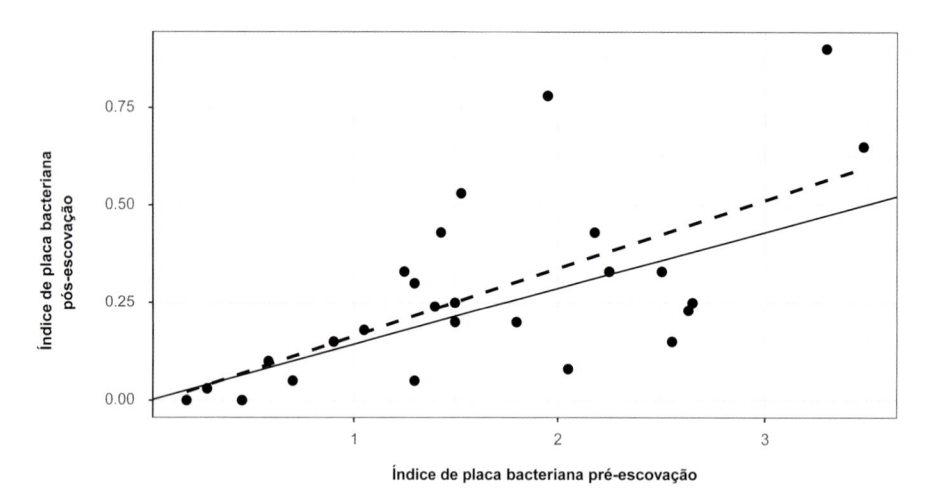

Figura 6.18 Gráfico de dispersão para os dados da Tabela 6.5; linha sólida para o modelo de regressão linear simples sem intercepto e linha tracejada para o modelo linearizado (6.20).

Singer e Andrade (1997) analisaram os dados do estudo completo por meio de um modelo não linear da forma

$$y_i = \beta x_i^\gamma e_i, \quad i = 1, \ldots, 26, \tag{6.14}$$

em que $\beta > 0$ e γ são parâmetros desconhecidos e e_i são erros (multiplicativos) positivos, justificando-o por meio das seguintes constatações:

i) os índices de placa bacteriana são positivos ou nulos;

ii) a relação entre X e Y deve ser modelada por uma função que passa pela origem (uma medida nula de X implica uma medida nula de Y);

iii) espera-se que a variabilidade de Y seja menor para valores menores de X, pois o índice de placa pós-escovação deve ser menor ou igual ao índice pré-escovação.

Note que y/x denota a taxa de redução do índice de placa e $E(y)/x$ denota a taxa esperada de redução do índice de placa. Por (6.14), temos

$$\frac{\mathrm{E}(y_i)}{x_i} = \frac{\beta x_i^{\gamma} \mathrm{E}(e_i)}{x_i} = \beta x_i^{\gamma-1} \mathrm{E}(e_i),$$

lembrando que $\mathrm{E}(e_i) > 0$. Logo, se $\gamma = 1$, essa taxa de redução esperada é constante; se $\gamma > 1$, a taxa de redução esperada aumenta e se $\gamma < 1$, ela diminui com o aumento do índice de placa x_i. Por outro lado, quanto menor for β $(0 < \beta < 1)$, maior será a redução do índice de placa.

Na Figura 6.19, apresentamos o histograma de X e o respectivo *boxplot*, mostrando que a distribuição do índice de placa pré-escovação é moderadamente assimétrica à direita. Embora não faça sentido construir o histograma e o *boxplot* correspondente ao índice de placa bacteriana pós-escovação Y (pois sob o modelo, sua média depende de X), é razoável supor que a distribuição condicional de Y dado X também seja assimétrica.

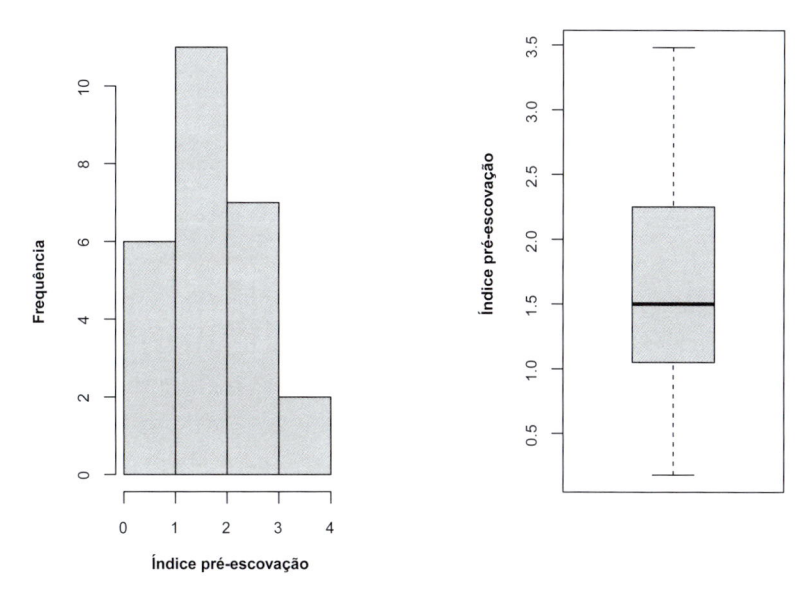

Figura 6.19 Histograma e *boxplot* para o índice de placa bacteriana pré-escovação.

Esses resultados sugerem que uma transformação da forma $z^{(\theta)}$, com $0 \leq \theta < 1$, pode ser adequada para tornar os dados mais simétricos e estabilizar a variância (consulte a Seção 3.10 para detalhes sobre transformações de variáveis). Poderíamos considerar, por exemplo, os casos $\theta = 0$, ou seja, a transformação logarítmica, $\theta = 1/3$ (raiz cúbica) ou $\theta = 1/2$ (raiz quadrada). A transformação logarítmica é mais conveniente, pois permite a **linearização** do modelo, deixando-o no formato de um modelo de regressão linear simples para o qual dispomos de técnicas de ajuste amplamente conhecidas. Esse modelo, no entanto, exige que eliminemos os dois pares de casos para os quais $Y = 0$, reduzindo para 24 o número de observações. O modelo resultante obtido com a transformação logarítmica é

$$y_i^* = \beta^* + \gamma x_i^* + e_i^*, \quad i = 1, \ldots, 24, \tag{6.15}$$

em que $y_i^* = \log(y_i)$, $x_i^* = \log(x_i)$, $\beta^* = \log \beta$ e $e_i^* = \log(e_i)$ são erros, que supomos ter média 0 e variância σ^2. Se, adicionalmente, supusermos que e_i^* tem distribuição normal, os erros originais e_i terão distribuição log-normal, definida apenas para valores positivos, o que é compatível com as suposições adotadas para o modelo (6.14).

Na Figura 6.20 apresentamos o diagrama de dispersão entre $\log x_i$ e $\log y_i$, sugerindo que a transformação induz uma menor dispersão dos dados, embora ainda haja um maior acúmulo de pontos para valores "grandes" de X.

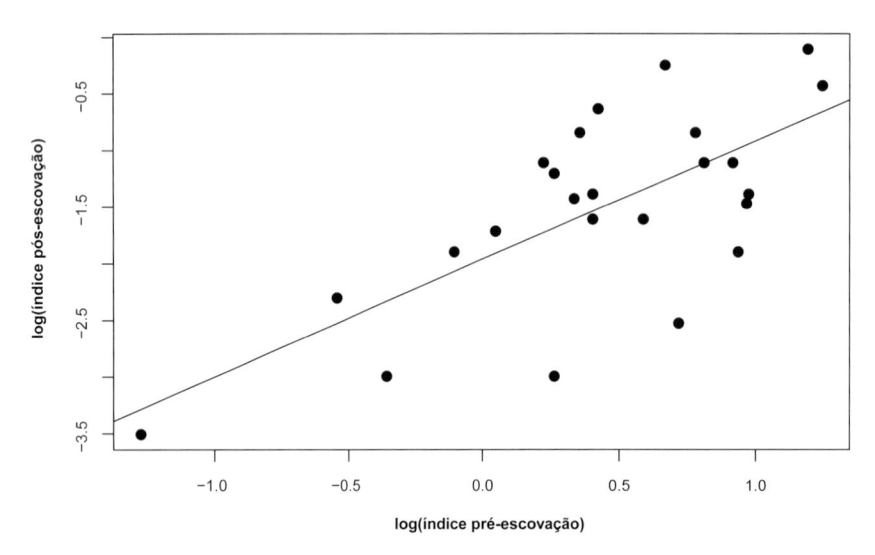

Figura 6.20 Gráfico de dispersão para os dados da Tabela 6.5 sob transformação logarítmica.

Usando o método de mínimos quadrados, a reta ajustada é

$$\widehat{y}_i^* = -1{,}960 + 1{,}042 x_i^*, \tag{6.16}$$

que corresponde a

$$\widehat{y}_i = 0{,}141 x_i^{1{,}042} \tag{6.17}$$

na concepção original, já que $\widehat{\beta} = \exp(\widehat{\beta}^*) = \exp(-1{,}960) = 0.141$. Note que $\widehat{\beta} < 1$ e $\widehat{\gamma}$ tem valor muito próximo de 1. Podemos testar a hipótese $\gamma = 1$, para avaliar se esse resultado traz evidência suficiente para concluir que a taxa de redução do índice de placa bacteriana na população para a qual se deseja fazer inferência é constante. Para testar $H_0 : \gamma = 1$ contra a alternativa $H_A : \gamma > 1$ usamos a estatística

$$t = \frac{\widehat{\gamma} - 1}{S / \sqrt{\sum (x_i^* - \overline{x}^*)^2}}$$

cuja distribuição sob H_0 é t com $n - 2$ graus de liberdade (veja a Seção 5.2 e Bussab e Morettin, 2023, por exemplo). O valor-p correspondente ao valor observado da estatística t é

$$p = P(\widehat{\gamma} > 1{,}042) = P\left[t_{22} > \frac{1{,}042 - 1}{S} \sqrt{\sum (x_i^* - \overline{x}^*)^2} \right].$$

Como $\sum_i x_i^* = 10{,}246$, $\overline{x}^* = 0{,}427$, $\sum_i y_i^* = -36{,}361$, $\overline{y}^* = -1{,}515$, $\sum_i (x_i^* - \overline{x}^*)^2 = \sum_i (x_i^*)^2 - 24(\overline{x}^*)^2 = 12{,}149 - 24 \times 0{,}182) = 7{,}773$, obtemos $S^2 = 7{,}773/22 = 0{,}353$ e $S = 0{,}594$. Então

$$p = P[t_{22} > 0{,}42 \times 2{,}788/0{,}594] = P[t_{22} > 1{,}971] \approx 0{,}06$$

indicando que não há evidências fortes para rejeitar H_0. Como consequência, podemos dizer que a taxa esperada de redução da placa,

$$\mathrm{E}(y_i)/x_i = \beta \mathrm{E}(e_i),$$

é constante. Como concluímos que $\gamma = 1$, o modelo linear nos logaritmos das variáveis (6.15) fica reduzido a

$$y_i^* = \beta^* + x_i^* + e_i^*, \tag{6.18}$$

e para estimar β^* basta considerar a soma de quadrados dos erros

$$Q(\beta^*) = \sum_i (y_i^* - \beta^* - x_i^*)^2,$$

derivá-la em relação a β^* e obter o estimador de mínimos quadrados de β^* como

$$\widehat{\beta^*} = \overline{y}^* - \overline{x}^*.$$

No nosso caso, $\widehat{\beta^*} = -1{,}515 - 0{,}427 = -1{,}942$, e o modelo ajustado é

$$\widehat{y_i^*} = -1{,}942 + x_i^* \tag{6.19}$$

que em termos das variáveis originais corresponde a

$$\widehat{y}_i = 0{,}1434 x_i, \quad i = 1, \dots, 24. \tag{6.20}$$

Esse modelo corresponde a uma reta que passa pela origem e está representada por meio de uma linha sólida na Figura 6.18.

Os resíduos dos modelos (6.14) e (6.15) estão representados nas Figuras 6.21 e 6.22, respectivamente. Esses gráficos sugerem que os resíduos dos dois modelos estão aleatoriamente distribuídos em torno de zero, mas não são totalmente compatíveis com a distribuição adotada, pois sua variabilidade não é constante. Para uma análise do conjunto de dados do qual este exemplo foi extraído e em que a suposição de heterocedasticidade é levada em conta, o leitor deve consultar Singer e Andrade (1997).

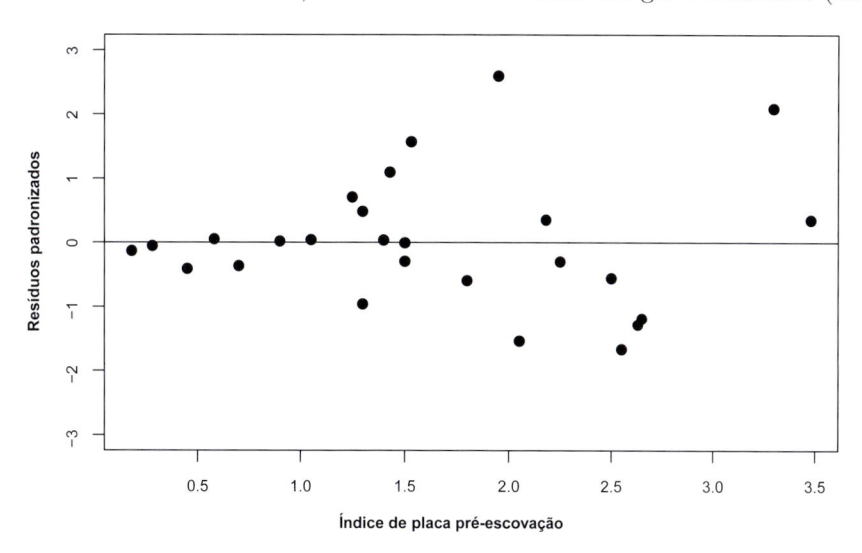

Figura 6.21 Gráfico de resíduos padronizados para o ajuste do modelo de regressão linear aos dados da Tabela 6.5.

6.3 Regressão linear múltipla

Com p variáveis explicativas $X_1, \dots, X_p$ e uma variável resposta Y, o **modelo de regressão linear múltipla** é expresso como

$$y_i = \beta_0 + \beta_1 x_{i1} + \beta_2 x_{i2} + \dots + \beta_p x_{ip} + e_i, \quad i = 1, \dots, n. \tag{6.21}$$

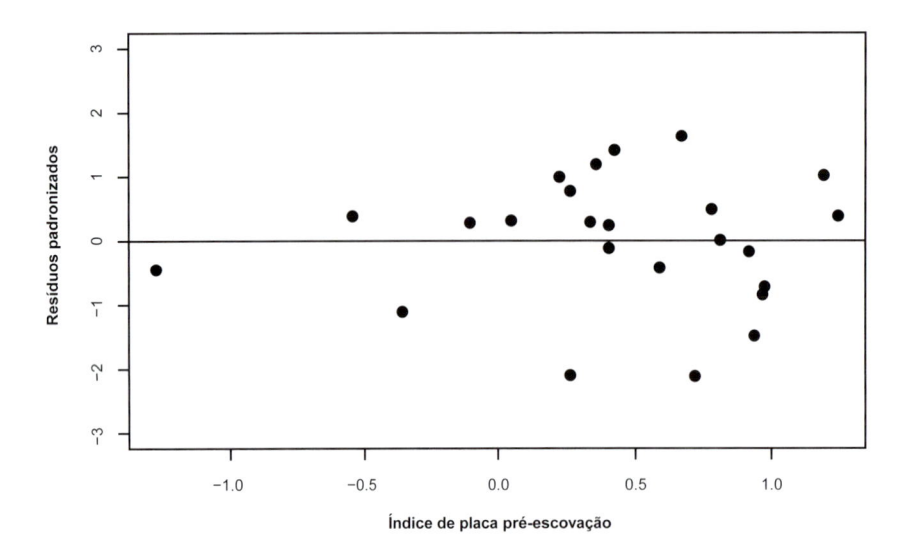

Figura 6.22 Gráfico de resíduos padronizados para o ajuste do modelo de regressão linear aos dados logaritmizados da Tabela 6.5.

O coeficiente β_0 é o chamado **intercepto** e a variável explicativa associada a ele, x_{i0}, tem valor constante igual a 1. Para completar a especificação do modelo, supõe-se que os erros e_i são não correlacionados, tenham média zero e variância comum (desconhecida) σ^2.

Se quisermos testar hipóteses a respeito dos coeficientes do modelo ou construir intervalos de confiança para eles por meio de estatísticas com distribuições exatas, a suposição de que a distribuição de frequências dos erros é normal deve ser adicionada. O modelo (6.21) tem $p + 2$ parâmetros desconhecidos, a saber, $\beta_0, \beta_1 \ldots, \beta_p$ e σ^2, que precisam ser estimados com base nos dados observados.

Definindo $x_{i0} = 1$, $i = 1, \ldots, n$, podemos escrever (6.21) na forma

$$y_i = \sum_{j=0}^{p} \beta_j x_{ij} + e_i, \quad i = 1, \ldots, n.$$

Minimizando a soma dos quadrados do erros e_i, isto é,

$$Q(\beta_0, \ldots, \beta_p) = \sum_{i=1}^{n} e_i^2 = \sum_{i=1}^{n} [y_i - \sum_{j=0}^{p} \beta_j x_{ij}]^2,$$

com relação a $\beta_0, \ldots, \beta_p$ obtemos os **estimadores de mínimos quadrados** $\widehat{\beta}_j$, $j = 1, \ldots, p$, de modo que

$$\widehat{y}_i = \sum_{j=0}^{p} \widehat{\beta}_j x_{ij}, \quad i = 1, \ldots, n$$

são os **valores estimados** (sob o modelo). Os termos

$$\widehat{e}_i = y_i - \widehat{y}_i, \quad i = 1, \ldots, n \tag{6.22}$$

são os **resíduos**, cuja análise é fundamental para avaliar se modelos da forma (6.21) se ajustam bem aos dados.

Para efeitos computacionais, os dados correspondentes a problemas de regressão linear múltipla devem ser dispostos como indicado na Tabela 6.6.

Em geral, a variável correspondente ao intercepto (que é constante e igual a um) não precisa ser incluída na matriz de dados; os pacotes computacionais incluem-na naturalmente no modelo a não ser que se indique o contrário.

Tabela 6.6 Matriz de dados apropriada para ajuste de modelos de regressão

Y	X_1	X_2	$\cdots$	X_p
y_1	x_{11}	x_{12}	$\cdots$	x_{1p}
y_2	x_{21}	x_{22}	$\cdots$	x_{2p}
$\vdots$	$\vdots$	$\vdots$		$\vdots$
y_n	x_{n1}	x_{n2}	$\cdots$	x_{np}

Para facilitar o desenvolvimento metodológico, convém expressar o modelo na forma matricial

$$\mathbf{y} = \mathbf{X}\boldsymbol{\beta} + \mathbf{e}, \tag{6.23}$$

em que $\mathbf{y} = (y_1, \ldots, y_n)^\top$ é o vetor cujos elementos são os valores da variável resposta Y, $\mathbf{X} = (\mathbf{1}, \mathbf{x}_1, \ldots, \mathbf{x}_p)$ é a matriz cujos elementos são os valores das variáveis explicativas, com $\mathbf{x}_j = (x_{1j}, \ldots, x_{nj})^\top$ contendo os valores da variável X_j, $\boldsymbol{\beta} = (\beta_0, \beta_1 \ldots, \beta_p)^\top$ contém os respectivos coeficientes e $\mathbf{e} = (e_1, \ldots, e_n)^\top$ é o vetor de **erros aleatórios**.

Exemplo 6.7 Os dados da Tabela 6.7 (disponíveis no arquivo `esteira`) foram extraídos de um estudo em que um dos objetivos era avaliar o efeito do índice de massa corpórea (IMC) e da carga aplicada em uma esteira ergométrica no consumo de oxigênio (VO2) em determinada fase do exercício.

Tabela 6.7 VO2, IMC e carga na esteira ergométrica para 28 indivíduos

ident	VO2 (mL/kg/min)	IMC (kg/m²)	carga (W)	ident	VO2 (mL/kg/min)	IMC (kg/m²)	carga (W)
1	14,1	24,32	71	15	22,0	22,45	142
2	16,3	27,68	91	16	13,2	30,86	62
3	9,9	23,93	37	17	16,2	25,79	86
4	9,5	17,50	32	18	13,4	33,56	86
5	16,8	24,46	95	19	11,3	22,79	40
6	20,4	26,41	115	20	18,7	25,65	105
7	11,8	24,04	56	21	20,1	24,24	105
8	29,0	20,95	104	22	24,6	21,36	123
9	20,3	19,03	115	23	20,5	24,48	136
10	14,3	27,12	110	24	29,4	23,67	189
11	18,0	22,71	105	25	22,9	21,60	135
12	18,7	20,33	113	26	26,3	25,80	189
13	9,5	25,34	69	27	20,3	23,92	95
14	17,5	29,93	145	28	31,0	24,24	151

Para associar a distribuição do consumo de oxigênio (Y) com as informações sobre IMC (X_1) e carga na esteira ergométrica (X_2), consideramos o seguinte modelo de regressão linear múltipla:

$$y_i = \beta_0 + \beta_1 x_{1i} + \beta_2 x_{2i} + e_i, \tag{6.24}$$

$i = 1, \ldots, 28$ com as suposições usuais sobre os erros (média zero, variância constante σ^2 e não correlacionados). Aqui, o parâmetro β_1 representa a variação esperada no VO2 por unidade do IMC para indivíduos com a mesma carga na esteira. O parâmetro β_2 tem interpretação semelhante com a substituição de IMC por carga na esteira e carga na esteira por IMC. Como não temos dados para indivíduos com IMC menor que 17,50 e carga menor que 32, o parâmetro β_0 deve ser interpretado como um fator de ajuste do plano que aproxima a verdadeira função que relaciona o valor esperado da variável resposta com as variáveis explicativas na região em que há dados disponíveis. Se substituíssemos X_1 por $X_1 - 17,50$ e X_2 por $X_2 - 32$, o termo β_0 corresponderia ao VO2 esperado para um indivíduo com IMC = 17,50 submetido a uma carga igual a 32 na esteira ergométrica.

O modelo (6.24) pode ser expresso na forma matricial (6.23) com

$$\mathbf{y} = \begin{bmatrix} 14,1 \\ 16,3 \\ \vdots \\ 31,0 \end{bmatrix}, \ \mathbf{X} = \begin{bmatrix} 1 & 24,32 & 71 \\ 1 & 27,68 & 91 \\ \vdots & \vdots & \vdots \\ 1 & 24,34 & 151 \end{bmatrix}, \ \boldsymbol{\beta} = \begin{bmatrix} \beta_0 \\ \beta_1 \\ \beta_2 \end{bmatrix}, \ \mathbf{e} = \begin{bmatrix} e_1 \\ e_2 \\ \vdots \\ e_{28} \end{bmatrix}.$$

Para problemas com diferentes tamanhos de amostra (n) e diferentes números de variáveis explicativas (p), basta alterar o número de elementos do vetor de respostas $\mathbf{y}$ e do vetor de coeficientes $\boldsymbol{\beta}$ e modificar a matriz com os valores das variáveis explicativas, alterando o número de linhas e colunas convenientemente. Note que o modelo de regressão linear simples também pode ser expresso em notação matricial; nesse caso, a matriz $\mathbf{X}$ terá 2 colunas e o vetor $\boldsymbol{\beta}$, dois elementos (α e β).

Uma das vantagens da expressão do modelo de regressão linear múltipla em notação matricial é que o método de mínimos quadrados utilizado para estimar o vetor de parâmetros $\boldsymbol{\beta}$ no modelo (6.23) pode ser desenvolvido de maneira universal e corresponde à minimização da forma quadrática

$$Q(\boldsymbol{\beta}) = \mathbf{e}^\top \mathbf{e} = (\mathbf{y} - \mathbf{X}\boldsymbol{\beta})^\top (\mathbf{y} - \mathbf{X}\boldsymbol{\beta}) = \sum_{i=1}^{n} e_i^2. \tag{6.25}$$

Por meio da utilização de operações matriciais, obtém-se a seguinte expressão para os estimadores de mínimos quadrados

$$\widehat{\boldsymbol{\beta}} = (\mathbf{X}^\top \mathbf{X})^{-1} \mathbf{X}^\top \mathbf{y}. \tag{6.26}$$

Sob a suposição de que $E(\mathbf{e}) = \mathbf{0}$ e $\text{Var}(\mathbf{e}) = \sigma^2 \mathbf{I}_n$, em que $\mathbf{I}_n$ denota a matriz identidade de dimensão n, pode-se demonstrar que

i) $E(\widehat{\boldsymbol{\beta}}) = \boldsymbol{\beta}$;

ii) $\text{Var}(\widehat{\boldsymbol{\beta}}) = \sigma^2 (\mathbf{X}^\top \mathbf{X})^{-1}$.

Além disso, se adicionarmos a suposição de que os erros têm distribuição normal, pode-se mostrar que o estimador (6.26) tem uma distribuição normal multivariada, o que permite a construção de intervalos de confiança para ou testes de hipóteses sobre os elementos (ou combinações lineares deles) de $\boldsymbol{\beta}$ por meio de estatísticas com distribuições exatas. Mesmo sem a suposição de normalidade para os erros, um recurso ao **Teorema Limite Central** (veja a Nota 1) permite mostrar que a distribuição **aproximada** do estimador (6.26) é normal, com média $\boldsymbol{\beta}$ e matriz de covariâncias $\sigma^2 (\mathbf{X}^\top \mathbf{X})^{-1}$.

Um estimador não enviesado de σ^2 é

$$S^2 = [n - (p+1)]^{-1} (\mathbf{y} - \mathbf{X}\widehat{\boldsymbol{\beta}})^\top (\mathbf{y} - \mathbf{X}\widehat{\boldsymbol{\beta}}) = [n - (p+1)]^{-1} \mathbf{y}^\top [\mathbf{I}_n - \mathbf{X}(\mathbf{X}^\top \mathbf{X})^{-1} \mathbf{X}^\top] \mathbf{y}.$$

Com duas variáveis explicativas, o gráfico de dispersão precisa ser construído em um espaço tridimensional, que ainda pode ser representado em duas dimensões; para mais do que 2 variáveis explicativas, o gráfico de dispersão requer um espaço com mais do que três dimensões que não pode ser representado no plano. Por isso, uma alternativa é construir gráficos de dispersão entre a variável resposta e cada uma das variáveis explicativas, e também dos valores ajustados.

Para os dados da Tabela 6.7, o gráfico de dispersão com três dimensões incluindo o plano correspondente ao modelo de regressão múltipla ajustado está disposto na Figura 6.23. Os gráficos de dispersão correspondentes a cada uma das duas variáveis explicativas estão dispostos na Figura 6.24 e indicam que a distribuição do VO2 varia positivamente com a carga na esteira e negativamente com o IMC.

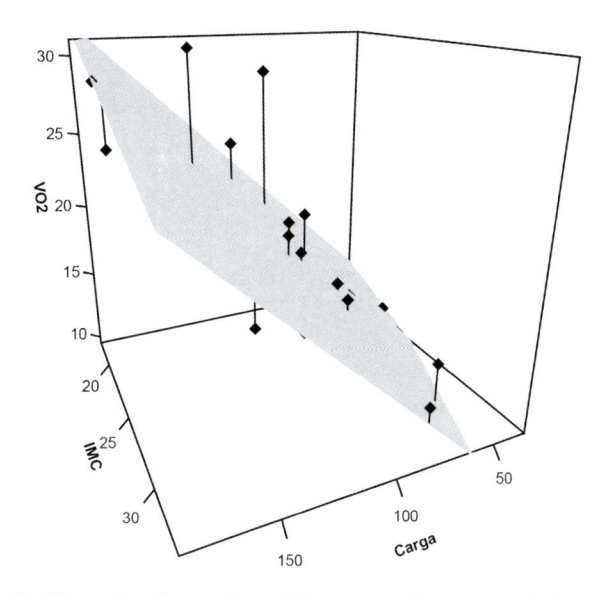

Figura 6.23 Gráficos de dispersão tridimensional para os dados da Tabela 6.7.

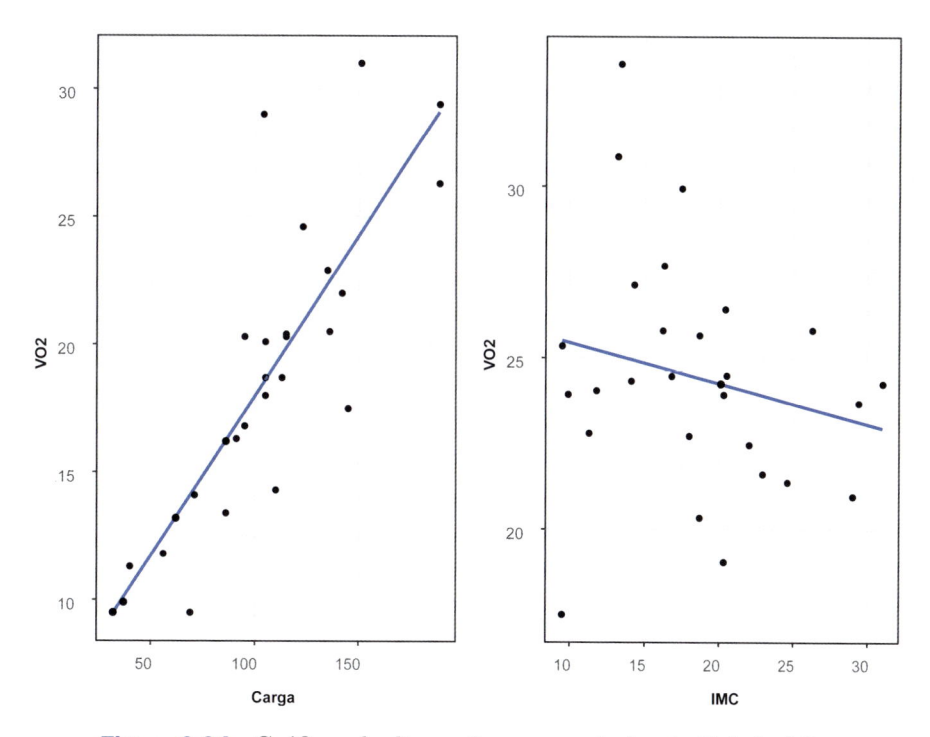

Figura 6.24 Gráficos de dispersão para os dados da Tabela 6.7.

Por meio da função lm(), podemos ajustar o modelo, obtendo os seguintes resultados:

```
> lm(formula = VO2 ~ IMC + carga, data = esteira)
Coefficients:
            Estimate Std. Error t value Pr(>|t|)
(Intercept) 15.44726    4.45431   3.468  0.00191 **
```

```
IMC           -0.41317    0.17177   -2.405   0.02389 *
carga          0.12617    0.01465    8.614 5.95e-09 ***
Residual standard error: 3.057 on 25 degrees of freedom
Multiple R-squared:  0.759,        Adjusted R-squared:  0.7397
F-statistic: 39.36 on 2 and 25 DF,  p-value: 1.887e-08
```

Esses resultados indicam que os coeficientes e erros padrões (entre parênteses) correspondentes ao ajuste do modelo (6.24) aos dados da Tabela 6.7 são $\widehat{\beta}_0 = 15,45$ (4,45), $\widehat{\beta}_1 = 0,13$ (0,01) e $\widehat{\beta}_2 = -0,41$ (0,17). Então, segundo o modelo, o valor esperado do VO2 para indivíduos com o mesmo IMC aumenta de 0,13 unidade para cada aumento de uma unidade da carga na esteira; similarmente, o valor esperado do VO2 para indivíduos submetidos à mesma carga na esteira diminui de 0,41 unidade com o aumento de uma unidade no IMC.

Embora o coeficiente de determinação ajustado, $R^2_{aj} = 0,74$, sugira a adequação do modelo, convém avaliá-la por meio de outras ferramentas diagnósticas. No caso de regressão linear múltipla, gráficos de resíduos podem ter cada uma das variáveis explicativas ou os valores ajustados no eixo das abscissas. Para o exemplo, esses gráficos estão dispostos na Figura 6.25 juntamente com o gráfico contendo as distâncias de Cook.

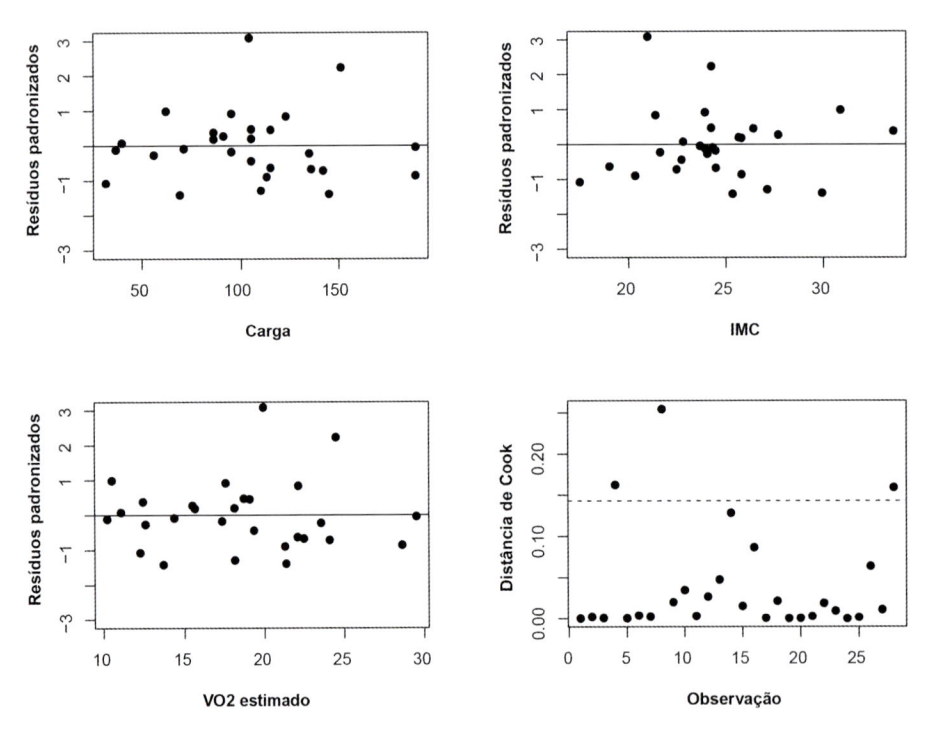

Figura 6.25 Gráficos de resíduos padronizados e distâncias de Cook para o ajuste do modelo (6.24) aos dados da Tabela 6.7.

Os gráficos de resíduos padronizados não indicam um comprometimento da hipótese de homocedasticidade, embora seja possível suspeitar de dois ou três pontos atípicos (correspondentes aos indivíduos com identificação 4, 8 e 28) que também são salientados no gráfico das distâncias de Cook. A identificação desses pontos está baseada em um critério bastante utilizado na literatura (não sem controvérsias), em que resíduos associados a distâncias de Cook maiores que $4/n$ [ou $4/(n-p)$] são considerados resíduos associados a **pontos influentes**. Em todo o caso, convém lembrar que o propósito dessas ferramentas é essencialmente exploratório e que as decisões sobre a exclusão de pontos atípicos ou a escolha do modelo dependem de outras considerações. Esses pontos também fazem com que a suposição de normalidade possa ser posta em causa, como se observa pelo painel esquerdo da Figura 6.26.

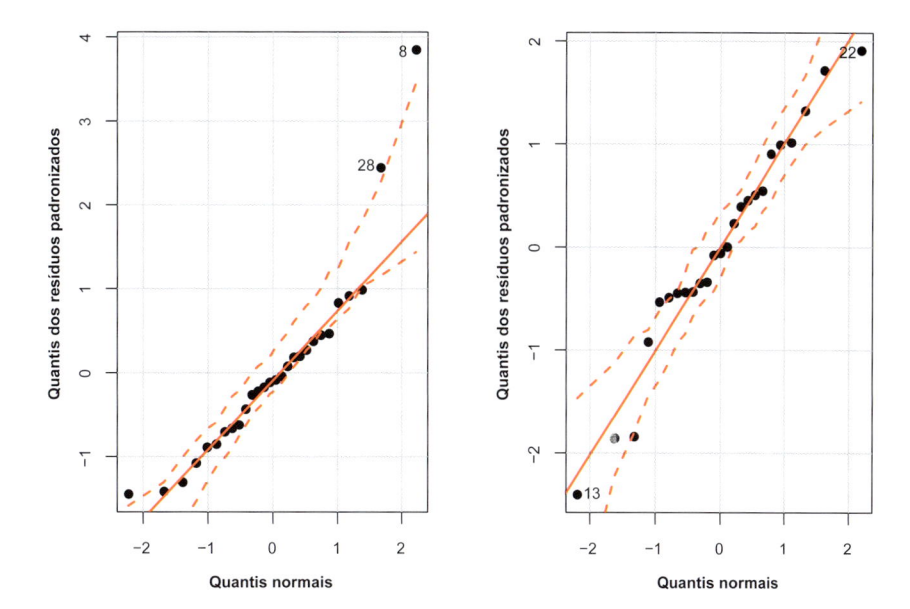

Figura 6.26 Gráficos QQ correspondentes ao ajuste do modelo (6.24) aos dados da Tabela 6.7 com (painel esquerdo) e sem (painel direito) os pontos com rótulos 4, 8 e 28.

O ajuste do modelo aos 25 dados obtidos com a exclusão dos pontos rotulados 4, 8 e 28 pode ser realizado por meio dos comandos

```
> esteirasem <- subset(dados, (dados$ident!=4 & dados$ident!=8 &
                      dados$ident!=28))
> esteirasem.fit <- lm(VO2 ~ IMC + carga, data = esteirasem)
> summary(esteirasem.fit)
Coefficients:
            Estimate Std. Error t value Pr(>|t|)
(Intercept) 14.89307    3.47071    4.291 0.000296 ***
IMC         -0.35631    0.12606   -2.827 0.009823 **
carga        0.11304    0.01052   10.743 3.23e-10 ***
Residual standard error: 1.987 on 22 degrees of freedom
Multiple R-squared:  0.8581,        Adjusted R-squared:  0.8452
```

O coeficiente de determinação ajustado é $R^2_{aj} = 0{,}85$. Os gráficos de dispersão, resíduos padronizados e de distâncias de Cook correspondentes estão dispostos na Figura 6.27 e também sugerem um ajuste melhor.

Sob o modelo ajustado aos dados com as três observações excluídas, uma estimativa do valor esperado do VO2 **para indivíduos** com IMC = 25 submetido a uma carga na esteira igual a 100 e o correspondente intervalo de confiança podem ser obtidos por meio dos comandos

```
> beta0 <- esteirasem.fit$coefficients[1]
> beta1 <- esteirasem.fit$coefficients[2]
> beta2 <- esteirasem.fit$coefficients[3]
> yestim <- beta0 + beta1*25 + beta2*100
> round(yestim, 2)
     17.29
> s <- summary(esteirasem.fit)$sigma
> xtxinv <-summary(esteirasem.fit)$cov.unscaled
> s
[1] 1.987053
> xtxinv
```

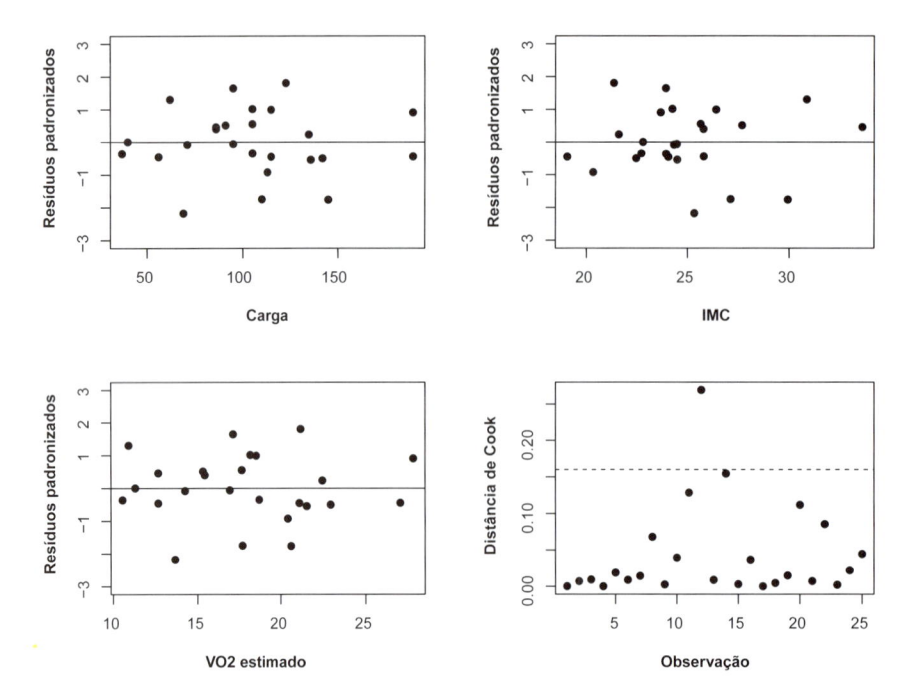

Figura 6.27 Gráficos de dispersão, resíduos padronizados e de distância de Cook correspondentes ao ajuste do modelo (6.24) aos dados da Tabela 6.7 sem os pontos com rótulos 4, 8 e 28.

```
              (Intercept)           IMC          carga
(Intercept)   3.050826884  -1.044085e-01  -3.970913e-03
IMC          -0.104408474   4.024411e-03   4.174432e-05
carga        -0.003970913   4.174432e-05   2.804206e-05
> xval <- c(1, 25, 100)
> varyestim <-s^2*xval%*%xtxinv%*%xval
> liminfic95 <- yestim - 1.96**sqrt(varyestim)
> limsupic95 <- yestim + 1.96**sqrt(varyestim)
> round(liminfic95, 2)
     15.98
> round(limsupic95, 2)
    18.6
```

A previsão para o valor do VO2 para um **um indivíduo genérico** é a mesma que aquela obtida para a estimação do correspondente valor esperado, ou seja 17,29. No entanto, ao intervalo de previsão associado, deve ser acrescentada a variabilidade da resposta relativamente à sua média (veja a Nota 2). Esse intervalo é obtido com os comandos

```
> liminfip95 <- yestim - 1.96*sqrt(varyestim + s^2)
> limsupip95 <- yestim + 1.96*sqrt(varyestim + s^2)
> round(liminfip95, 2)
        [,1]
[1,] 13.32
> round(limsupip95, 2)
        [,1]
[1,] 21.26
```

Exemplo 6.8 Os dados dispostos na Tabela 6.8 (disponíveis no arquivo `producao`) contêm informações sobre a produção (ton), potência instalada (1000 kW) e área construída (m²) de 10 empresas de uma certa indústria. O objetivo é avaliar como a produção esperada varia em função da potência instalada e da área construída. Os gráficos de dispersão entre a variável resposta (produção) e cada uma das variáveis explicativas estão dispostos na Figura 6.28 e sugerem que essas duas variáveis são linear e positivamente associadas com a produção.

Tabela 6.8 Produção (ton), potência instalada (1000 kW) e área construída (100 m^2) de empresas de uma certa indústria

Produção	4,5	5,9	4,2	5,2	8,1	9,7	10,7	11,9	12,0	12,3
Potência	0,9	2,5	1,3	1,8	3,1	4,6	6,1	6,0	5,9	6,1
Área	7,1	10,4	7,2	8,2	8,5	11,9	12,1	12,5	12,0	11,3

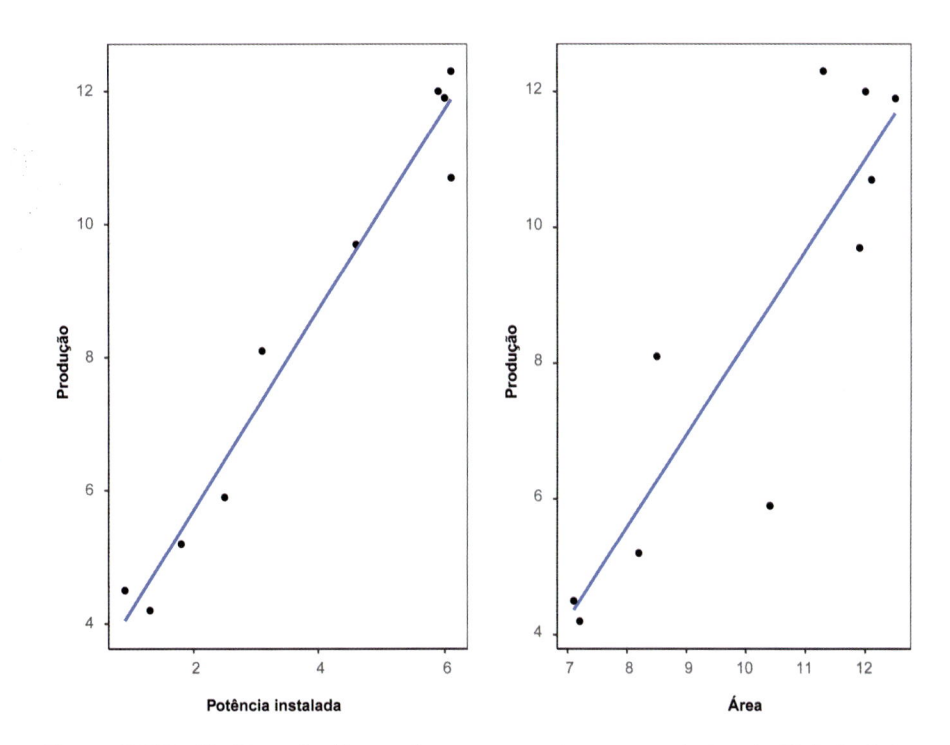

Figura 6.28 Gráficos de dispersão correspondentes aos dados da Tabela 6.8.

Estimativas dos coeficientes (com erros padrões entre parênteses) correspondentes ao intercepto, potência instalada e área construída de um modelo de regressão linear múltipla ajustado aos dados são, respectivamente, $\widehat{\beta}_0 = 4{,}41$ (1,74), $\widehat{\beta}_1 = 1{,}75$ (0,26) e $\widehat{\beta}_2 = -0{,}26$ (0,26). O coeficiente de determinação associado é $R^2 = 0{,}972$. Chama a atenção o valor negativo do coeficiente relativo à área construída, pois o gráfico de dispersão da Figura 6.28 sugere uma associação positiva. A justificativa está no fato de as duas variáveis explicativas serem altamente correlacionadas (coeficiente de correlação de Pearson $= 0{,}93$) de forma que a contribuição de uma delas não acrescenta poder de explicação da produção esperada na presença da outra. O valor-p associado ao teste da hipótese de que $\beta_2 = 0$ é $p = 0{,}34$ e sugere que esse coeficiente pode ser considerado nulo. Em resumo, a potência instalada é suficiente para explicar a variação da produção média.

O ajuste de um modelo de regressão linear simples tendo unicamente a potência instalada como variável explicativa indica que o intercepto e o coeficiente associado a essa variável são estimados, respectivamente, por $\widehat{\beta}_0 = 2{,}68$ (0,42) e $\widehat{\beta}_1 = 1{,}50$ (0,10), com um coeficiente de determinação $R^2 = 0{,}9681$. Gráficos de resíduos padronizados correspondentes aos dois modelos estão apresentados na Figura 6.29 e corroboram a conclusão de que apenas a variável potência instalada é suficiente para a explicação da variação da produção esperada.

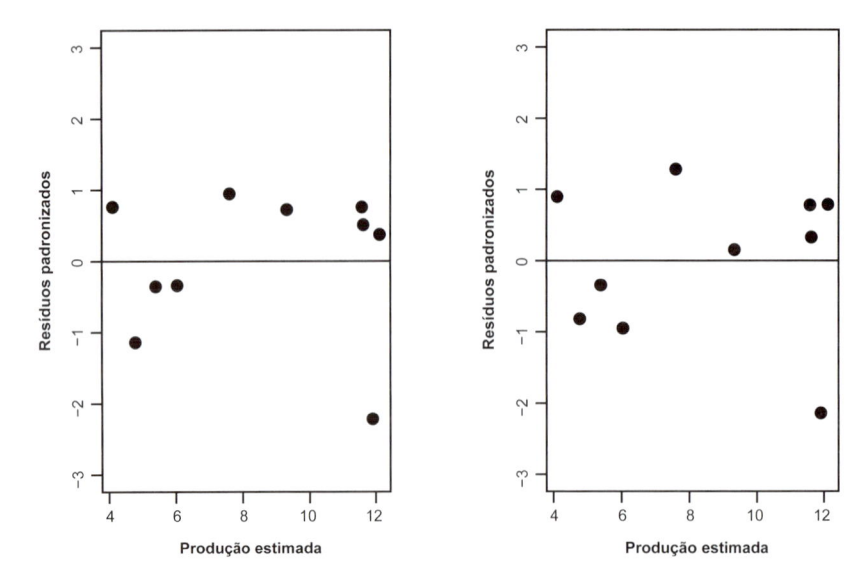

Figura 6.29 Gráficos de resíduos padronizados correspondentes aos modelos ajustados aos dados da Tabela 6.8 com duas (painel esquerdo) ou uma (painel direito) variável explicativa (potência).

Note que o valor do coeficiente de determinação do modelo com duas variáveis explicativas, $R^2 = 0{,}9723$, é maior do que aquele correspondente ao modelo que inclui apenas uma delas, $R^2 = 0{,}9681$. Pela definição desse coeficiente, quanto mais variáveis forem acrescentadas ao modelo, maior será ele. Por esse motivo, convém utilizar o **coeficiente de determinação ajustado** que inclui uma penalidade pelo acréscimo de variáveis explicativas. Para o exemplo, temos $R^2_{aj} = 0{,}9644$ quando duas variáveis explicativas são consideradas e $R^2_{aj} = 0{,}9641$ quando apenas uma delas é incluída no modelo (veja a Nota 3 para detalhes).

Uma outra ferramenta útil para avaliar a importância marginal de uma variável explicativa na presença de outras é o **gráfico da variável adicionada**. Consideremos o modelo de regressão linear múltipla

$$y_i = \beta_0 + \beta_1 x_{1i} + \beta_2 x_{2i} + e_i, \ i = 1, \dots, n$$

com as suposições usuais. Para avaliar a importância marginal da variável X_2 na presença da variável X_1, o gráfico da variável adicionada é construído por meio dos seguintes passos:

i) Obtenha os resíduos $\widehat{e}_{1i}$ do modelo $y_i = \beta_0 + \beta_1 x_{1i} + e_{1i}$.

ii) Obtenha os resíduos $\widehat{d}_{1i}$ do modelo $x_{2i} = \gamma_0 + \gamma_1 x_{1i} + d_{1i}$.

iii) Construa o gráfico de dispersão de $\widehat{e}_{1i}$ em função de $\widehat{d}_{1i}$.

Uma tendência "relevante" nesse gráfico indica que a variável X_2 contribui para explicar a variação na média da variável resposta. Na realidade, a inclinação de uma reta ajustada aos valores de $\widehat{e}_{1i}$ em função de $\widehat{d}_{1i}$ é exatamente o coeficiente de X_2 no modelo original com duas variáveis.

Para o exemplo da Tabela 6.8, o gráfico da variável adicionada está apresentado na Figura 6.30. O coeficiente da reta ajustada $(-0{,}26)$ não é significativo, sugerindo que a variável X_2 não precisa ser utilizada para explicar a variação esperada da variável resposta. Compare a inclinação (negativa) da reta representada nessa figura com aquela (positiva) da reta representada no painel direito da Figura 6.28.

6.4 Regressão para dados longitudinais

Consideremos os dados do Exemplo 2.3 (disponíveis no arquivo `bezerros` e dispostos na Tabela 2.2) correspondentes a um estudo cujo objetivo é avaliar a variação de peso de bezerros entre a $12^{\underline{a}}$ e a $26^{\underline{a}}$

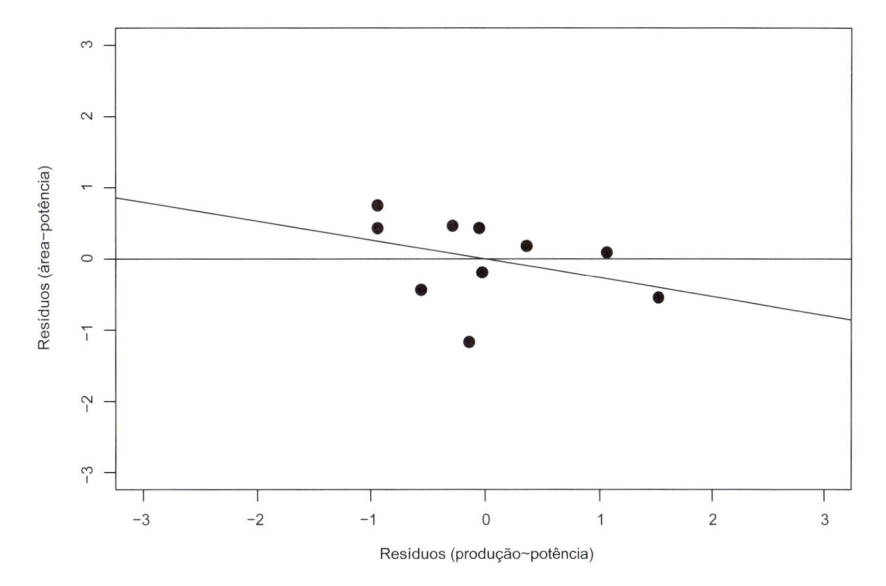

Figura 6.30 Gráfico da variável adicionada correspondente ao modelo ajustado aos dados da Tabela 6.8.

semanas após o nascimento. Como cada animal é avaliado em 8 instantes (semanas 12, 14, 16, 18, 20, 22, 24 e 26), convém dispor os dados no formato da Planilha 2.3 em que ficam caracterizadas tanto a variável resposta (peso) quanto a variável explicativa (tempo). O gráfico de dispersão correspondente está apresentado na Figura 6.31.

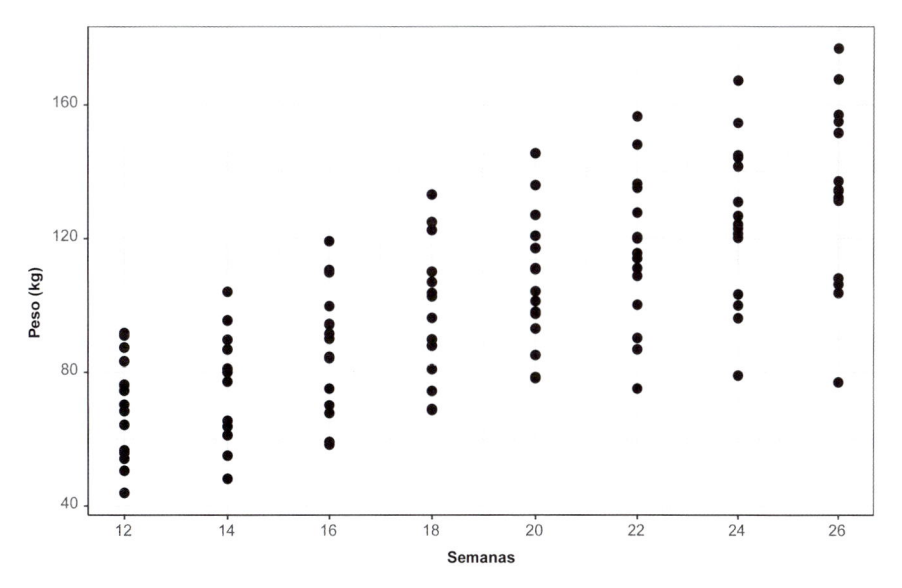

Figura 6.31 Gráfico de dispersão para os dados da Tabela 2.2.

Esse gráfico sugere que o crescimento dos animais poderia ser representado pelo seguinte modelo de regressão:

$$y_{ij} = \alpha + \beta(x_j - 12) + e_{ij}, \tag{6.27}$$

em que y_{ij} corresponde ao peso do i-ésimo animal no j-ésimo instante de observação, x_j corresponde ao número de semanas pós-nascimento no j-ésimo instante de observação e os erros e_{ij} têm média zero, variância constante σ^2 e são não correlacionados. Aqui, o parâmetro α denota o peso esperado para animais na 12ª semana pós-nascimento e β corresponde ao ganho esperado de peso por semana.

Como cada animal é pesado várias vezes, a suposição de que os erros e_{ij} não são correlacionados pode não ser adequada, pois animais com peso acima ou abaixo da média na 12ª semana tendem a manter esse padrão ao longo das observações. Para avaliar esse comportamento, convém construir um **gráfico de perfis** em que as observações realizadas em um mesmo animal são ligadas por segmentos de reta, como indicado na Figura 6.32. A correlação entre as observações realizadas no mesmo animal fica evidenciada no gráfico do desenhista disposto na Figura 6.33.

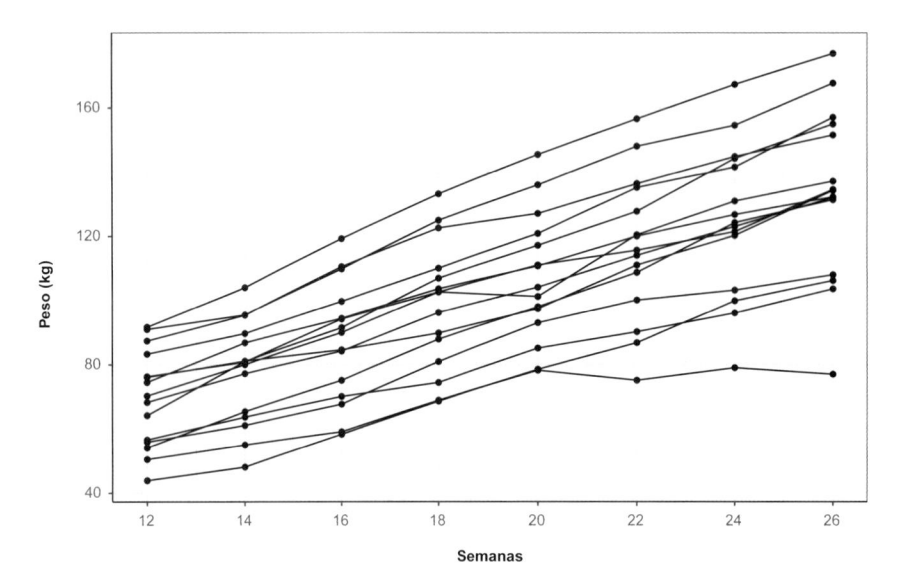

Figura 6.32 Gráfico de perfis para os dados da Tabela 2.2.

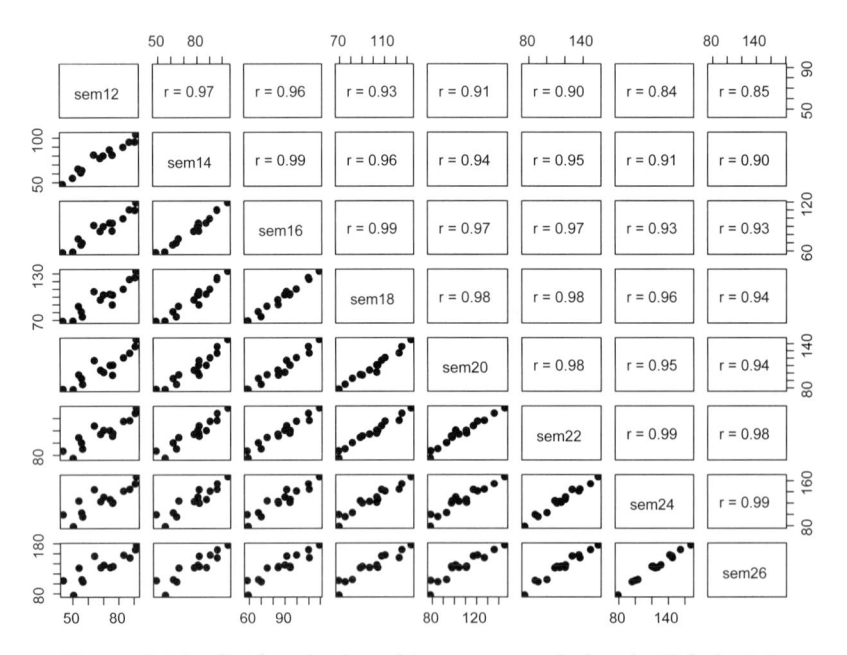

Figura 6.33 Gráfico do desenhista para os dados da Tabela 2.2.

Pode-se notar que, no gráfico de perfis, a variabilidade da resposta é similar em todos os instantes de observação e que os perfis individuais têm aproximadamente as mesmas inclinações. Além disso, no gráfico do desenhista, podem-se observar correlações lineares com magnitudes semelhantes entre as medidas realizadas em cada par de instantes de observação. Um modelo alternativo que incorpora essas características é um **modelo linear misto** expresso por

$$y_{ij} = \alpha + \beta(x_j - 12) + a_i, \tag{6.28}$$

em que os termos y_{ij}, x_j, α, β e e_{ij} são definidos como no modelo (6.27) e a_i é um **efeito aleatório** com média zero e variância σ_a^2, independente de e_{ij}. Esse modelo é homocedástico, com variância de y_{ij} igual a $\sigma_a^2 + \sigma^2$ e covariância entre y_{ij} e y_{ik}, $j \neq k$ igual a σ_a^2.

Essencialmente, esse modelo considera que o crescimento de cada bezerro pode ser modelado por uma reta com a mesma inclinação β, porém com intercepto $\alpha + a_i$ que varia de bezerro para bezerro. O intercepto tem um componente aleatório (a_i) porque admitimos que os animais constituem uma amostra de uma população para a qual se quer fazer inferência. Os parâmetros α e β constituem as características populacionais de interesse. Se o foco da análise se restringisse apenas aos 15 animais observados, um modelo de regressão linear simples expresso como

$$y_{ij} = \alpha_i + \beta(x_j - 12) + e_{ij}$$

com as suposições usuais para os erros e_{ij} seria adequado. Nesse caso, o parâmetro α_i corresponderia ao valor esperado do peso do i-ésimo animal na semana 12 e não haveria elementos para se fazer inferência sobre o correspondente valor esperado populacional.

As estimativas dos parâmetros α e β obtidas do ajuste dos modelos (6.27) e (6.28) são iguais ($\widehat{\alpha} = 69,9$ e $\widehat{\beta} = 4,7$), porém os erros padrões correspondentes são menores sob o modelo (6.28), nomeadamente, 5,6 *versus* 7,8 para $\widehat{\alpha}$ e 0,1 *versus* 0,4 para $\widehat{\beta}$.

Como existem três tipos de resíduos para essa classe de modelos, nomeadamente, **resíduos condicionais** (associados à variabilidade intraunidades amostrais), **resíduos dos efeitos aleatórios** (associados à variabilidade interunidades amostrais) e **resíduos marginais** (associados à variabilidade de cada observação com relação aos valores populacionais), ferramentas diagnósticas são bem mais complexas do que aquelas apropriadas para os modelos lineares usais. Detalhes sobre a análise de modelos mistos podem ser obtidos em Singer et al. (2018).

6.5 Regressão logística

Exemplo 6.9 O conjunto de dados apresentado na Tabela 6.9 (disponível no arquivo `inibina`) foi obtido de um estudo cuja finalidade era avaliar a utilização da inibina B como marcador da reserva ovariana de pacientes submetidas à fertilização *in vitro*. A variável explicativa é a diferença entre a concentração sérica de inibina B após estímulo com o hormônio FSH e sua concentração sérica pré-estímulo, e a variável resposta é a classificação das pacientes como boas ou más respondedoras com base na quantidade de oócitos recuperados. Detalhes podem ser obtidos em Dzik et al. (2000).

A diferença entre esse problema e aqueles estudados nas seções anteriores está no fato de a variável resposta ser dicotômica e não contínua. Se definirmos a variável resposta Y com valor igual a 1 no caso de resposta positiva e igual a zero no caso de resposta negativa, a resposta esperada será igual à probabilidade $p = E(Y)$ de que pacientes tenham resposta positiva. Assim como no caso de modelos de regressão linear, o objetivo da análise é modelar a resposta esperada, que neste caso é uma probabilidade, como função da variável explicativa. Por razões técnicas e de interpretação, em vez de modelar essa resposta esperada, convém modelar uma função dela, a saber, o logaritmo da chance de resposta positiva (consulte a Seção 4.2) para evitar estimativas de probabilidades com valores fora do intervalo (0, 1). O modelo correspondente pode ser escrito como

$$\log \frac{P(Y_i = 1 | X = x_i)}{P(Y_i = 0 | X = x_i)} = \alpha + \beta x_i, \ i = 1, \ldots, n \tag{6.29}$$

ou, equivalentemente (veja o Exercício 20), como

$$P(Y_i = 1 | X = x_i) = \frac{\exp(\alpha + \beta x_i)}{1 + \exp(\alpha + \beta x_i)}, \ i = 1, \ldots, n. \tag{6.30}$$

Tabela 6.9 Concentração de inibina B antes e após estímulo hormonal em pacientes submetidas à fertilização *in vitro*

ident	resposta	inibpre	inibpos	ident	resposta	inibpre	inibpos
1	pos	54,03	65,93	17	pos	128,16	228,48
2	pos	159,13	281,09	18	pos	152,92	312,34
3	pos	98,34	305,37	19	pos	148,75	406,11
4	pos	85,30	434,41	20	neg	81,00	201,40
5	pos	127,93	229,30	21	neg	24,74	45,17
6	pos	143,60	353,82	22	neg	3,02	6,03
7	pos	110,58	254,07	23	neg	4,27	17,80
8	pos	47,52	199,29	24	neg	99,30	127,93
9	pos	122,62	327,87	25	neg	108,29	129,39
10	pos	165,95	339,46	26	neg	7,36	21,27
11	pos	145,28	377,26	27	neg	161,28	319,65
12	pos	186,38	1055,19	28	neg	184,46	311,44
13	pos	149,45	353,89	29	neg	23,13	45,64
14	pos	33,29	100,09	30	neg	111,18	192,22
15	pos	181,57	358,45	31	neg	105,82	130,61
16	pos	58,43	168,14	32	neg	3,98	6,46

pos: resposta positiva   neg: resposta negativa

Neste contexto, o parâmetro α é interpretado como o logaritmo da chance de resposta positiva para pacientes com $x_i = 0$ (concentrações de inibina pré e pós-estímulo iguais) e o parâmetro β corresponde ao logaritmo da razão de chances de resposta positiva para pacientes em que a variável explicativa difere por uma unidade (veja o Exercício 21).

O ajuste desse modelo é realizado pelo **método de máxima verossimilhança**.[3]

Dada uma amostra $\{\mathbf{x}, \mathbf{y}\} = \{(x_1, y_1), \ldots, (x_n, y_n)\}$, a função de verossimilhança a ser maximizada é

$$\ell(\alpha, \beta | \{\mathbf{x}, \mathbf{y}\}) = \prod_{i=1}^{n} [p(x_i)]^{y_i} [1 - p(x_i)]^{1 - y_i}$$

com

$$p(x_i) = \frac{\exp(\alpha + \beta x_i)}{1 + \exp(\alpha + \beta x_i)}.$$

Sua maximização pode ser concretizada por meio da maximização de seu logaritmo

$$L(\alpha, \beta | \{\mathbf{x}, \mathbf{y}\}) = \sum_{i=1}^{n} \left\{ y_i \log[p(x_i)] + (1 - y_i) \log[1 - p(x_i)] \right\}.$$

Os estimadores de máxima verossimilhança de α e β correspondem à solução das **equações de estimação**

$$\sum_{i=1}^{n} \left\{ y_i - \frac{\exp(\widehat{\alpha} + \widehat{\beta} x_i)}{1 + \exp(\widehat{\alpha} + \widehat{\beta} x_i)} \right\} = 0 \quad \text{e} \quad \sum_{i=1}^{n} x_i \left\{ y_i - \frac{\exp(\widehat{\alpha} + \widehat{\beta} x_i)}{1 + \exp(\widehat{\alpha} + \widehat{\beta} x_i)} \right\} = 0.$$

---

[3] Para detalhes sobre o método de máxima verossimilhança, o leitor poderá consultar Bussab e Morettin (2023) ou Bickel e Doksum (2015), entre outros.

Como esse sistema de equações não tem solução explícita, deve-se recorrer a métodos iterativos, como os métodos **Newton-Raphson** ou **Fisher** *scoring*. Para detalhes, o leitor poderá consultar Paulino e Singer (2006), por exemplo.

O ajuste do modelo de regressão logística aos dados do Exemplo 6.9 por meio da função `glm()` produz os resultados a seguir:

```
> modelo1 <- glm(formula = resposta ~ difinib, family = binomial,
               data = dados)
Coefficients:
            Estimate Std. Error z value Pr(>|z|)
(Intercept) -2.310455   0.947438   -2.439  0.01474 *
inib         0.025965   0.008561    3.033  0.00242 **
(Dispersion parameter for binomial family taken to be 1)
    Null deviance: 43.230  on 31  degrees of freedom
Residual deviance: 24.758  on 30  degrees of freedom
AIC: 28.758
Number of Fisher Scoring iterations: 6
```

As estimativas dos parâmetros α e β (com erro padrão entre parênteses) correspondentes ao modelo ajustado aos dados da Tabela 6.9 são, respectivamente, $\widehat{\alpha} = -2{,}310$ (0,947) e $\widehat{\beta} = 0{,}026$ (0,009). Consequentemente, uma estimativa da chance de resposta positiva para pacientes com mesmo nível de inibina B pré e pós-estímulo hormonal é $\exp(\widehat{\alpha}) = 0{,}099$ (0,094). Essa chance fica multiplicada por $\exp(\widehat{\beta}) = 1{,}026$ (0,009) para cada aumento de uma unidade na diferença entre os níveis de inibina B pré e pós-estímulo hormonal.[4]

Dada a natureza não linear do modelo adotado, intervalos de confiança para essa chance e para essa razão de chances devem ser calculados a partir da exponenciação dos limites dos intervalos de confiança associados aos parâmetros α e β. Para os dados do exemplo em análise, esses intervalos de confiança podem ser obtidos por intermédio dos comandos

```
> ic95chance0 <- exp(modelo1$coefficients[1] +
    c(-1, 1) * 1.96*sqrt(summary(modelo1)$cov.scaled[1,1]))
> ic95chance0
[1] 0.01549197 0.63541545
> ic95razaochances <- exp(modelo1$coefficients[2] +
    c(-1, 1) * 1.96*sqrt(summary(modelo1)$cov.scaled[2,2]))
> ic95razaochances
[1] 1.009228 1.043671
```

A função `predict.glm()` pode ser usada para estimar a probabilidade de resposta positiva, dado algum valor da variável explicativa. Os dados da Tabela 6.10 indicam diferentes níveis da diferença inibina B pré e pós-estímulo hormonal e as correspondentes probabilidades de resposta positiva previstas pelo modelo.

Tabela 6.10 Diferenças entre os níveis de inibina B pré e pós-estímulo hormonal e probabilidades de resposta positiva previstas

Difinib	10	50	100	200	300	400	500
Prob	0,11	0,27	0,57	0,95	0,99	1,00	1,00

---

[4] Os erros padrões de $\exp(\widehat{\alpha})$ e $\exp(\widehat{\beta})$ são calculados por meio do **método Delta**. Veja a Nota 6.

Por exemplo, o valor 0,57 correspondente a uma diferença inibina B pré e pós igual a 100 foi obtido calculando-se

$$\widehat{P}(X = 1|X = 100) = \frac{\exp\{-2{,}310455 + (0{,}025965)(100)\}}{1 + \exp\{-2{,}310455 + (0{,}025965)(100)\}}. \tag{6.31}$$

Para classificar a resposta como positiva ou negativa, é preciso converter essas probabilidades previstas em rótulos de classes, "positiva" ou "negativa". Considerando respostas positivas como aquelas cuja probabilidade seja maior do que 0,7, digamos, podemos utilizar a função `table()` para obter a seguinte tabela:

```
         resposta
glm.pred negativa positiva
negativa    11        5
positiva     2       14
```

Os elementos da diagonal dessa tabela indicam os números de observações corretamente classificadas pelo modelo. Ou seja, a proporção de respostas corretas será $(11+14)/32 = 78\%$. Esse valor depende do limiar fixado, igual a 0,7, no caso. Um *default* usualmente fixado é 0,5, e nesse cenário, a proporção de respostas corretas pode diminuir. A utilização de Regressão Logística nesse contexto de classificação será detalhada no Capítulo 9.

Uma das vantagens do modelo de regressão logística é que, com exceção do intercepto, os coeficientes podem ser interpretados como razões de chances e suas estimativas são as mesmas, independentemente de os dados terem sido obtidos prospectiva ou retrospectivamente (veja a Seção 4.2).

Quando todas as variáveis envolvidas são categorizadas, é comum apresentar os dados na forma de uma tabela de contingência e, nesse caso, as estimativas também podem ser obtidas pelo método de **mínimos quadrados generalizados** [para detalhes, consulte Paulino e Singer (2006), por exemplo].

Exemplo 6.10 Em um estudo epidemiológico, 1448 pacientes com problemas cardíacos foram classificados segundo o sexo (feminino ou masculino), idade (< 55 anos ou ≥ 55 anos) e *status* relativo à hipertensão arterial (sem ou com). Por meio de um procedimento de cineangiocoronariografia, o grau de lesão das artérias coronarianas foi classificado como $< 50\%$ ou $\geq 50\%$. Os dados estão resumidos na Tabela 6.11.

Tabela 6.11 Frequência de pacientes avaliados em um estudo epidemiológico

Sexo	Idade	Hipertensão arterial	Grau de lesão $< 50\%$	Grau de lesão $\geq 50\%$
Feminino	< 55	sem	31	17
Feminino	< 55	com	42	27
Feminino	≥ 55	sem	55	42
Feminino	≥ 55	com	94	104
Masculino	< 55	sem	80	112
Masculino	< 55	com	70	130
Masculino	≥ 55	sem	74	188
Masculino	≥ 55	com	68	314

Fonte: Singer e Ikeda (1996).

Nesse caso, um modelo de regressão logística apropriado (escrito de forma geral) para a análise é

$$\log\{P(Y_{ijk} = 1)/[1 - P(Y_{ijk} = 1)]\} = \alpha + \beta x_i + \gamma v_j + \delta w_k, \tag{6.32}$$

$i = 1, \ldots, I$, $j = 1, \ldots, J$, $k = 1, \ldots, K$, em que $Y_{ijk} = 1$ se um paciente do sexo i ($i = 1$: feminino, $i = 2$: masculino), idade j ($j = 1$: < 55 , $j = 2$: ≥ 55) e *status* relativo à hipertensão k ($k = 1$: sem, $k = 2$: com) tiver lesão coronariana $\geq 50\%$ e $Y_{ijk} = 0$, em caso contrário. Aqui, I, J e K são iguais a 2 e $x_1 = 0$ e $x_2 = 1$ para pacientes femininos ou masculinos, respectivamente, $v_1 = 0$ e $v_2 = 1$ para pacientes com idades < 55 ou ≥ 55, respectivamente, e $w_1 = 0$ e $w_2 = 1$ para pacientes sem ou com hipertensão, respectivamente.

a) O parâmetro α corresponde ao logaritmo da chance de lesão coronariana $\geq 50\%$ para mulheres não hipertensas com menos de 55 anos (consideradas como referência).

b) O parâmetro β corresponde ao logaritmo da razão entre a chance de lesão coronariana $\geq 50\%$ para homens não hipertensos com menos de 55 anos e a chance correspondente para mulheres com as mesmas características (de idade e de hipertensão).

c) O parâmetro γ corresponde ao logaritmo da razão entre a chance de lesão coronariana $\geq 50\%$ para pacientes com 55 anos ou mais e a chance correspondente para pacientes com as mesmas características (de sexo e de hipertensão) e menos de 55 anos.

d) O parâmetro δ corresponde ao logaritmo da razão entre a chance de lesão coronariana $\geq 50\%$ para pacientes hipertensos e a chance correspondente para pacientes com as mesmas características (de sexo e de idade) não hipertensos.

Com o recurso ao pacote `ACD` e à função `loglinWLS()`, as estimativas dos parâmetros obtidas pelo método de mínimos quadrados generalizados (com erros padrões entre parênteses) são: $\hat{\alpha} = -0{,}91$ $(0{,}15)$, $\hat{\beta} = 1{,}23$ $(0{,}13)$, $\hat{\gamma} = 0{,}67$ $(0{,}12)$, $\hat{\delta} = 0{,}41$ $(0{,}12)$. Um intervalo de confiança aproximado com coeficiente de confiança de 95% correspondente à chance de lesão coronariana $\geq 50\%$ para mulheres não hipertensas com menos de 55 anos pode ser obtido por meio da exponenciação dos limites de um intervalo de confiança para o parâmetro α; o mesmo procedimento pode ser empregado para a obtenção de intervalos de confiança para as razões de chances associadas ao sexo, idade e *status* de hipertensão. Esses intervalos estão dispostos na Tabela 6.12.

Tabela 6.12 Estimativas (e intervalos de confiança de 95%) para a chance e razões de chances associadas aos dados da Tabela 6.11

	Estimativa	Limite inferior	Limite superior
Chance de lesão $\geq 50\%$ mulheres < 55 não hipertensas	0,40	0,30	0,54
Razão de chances para sexo masculino	3,43	2,69	4,38
Razão de chances para idade ≥ 55	1,95	1,55	2,48
Razão de chances para hipertensão	1,51	1,20	1,89

Se os 1448 pacientes avaliados no estudo puderem ser considerados como uma amostra aleatória de uma população de interesse, a chance de lesão coronariana $\geq 50\%$ para uma mulher não hipertensa com idade < 55 é de 0,40 [IC(95%) = 0,30 a 0,54]. Independentemente dessa suposição, isto é, mesmo que essa chance não possa ser estimada (como em estudos retrospectivos), ela fica multiplicada por 3,43 [IC(95%) = 2,69 a 4,38] para homens não hipertensos e de mesma idade, por 1,95 [IC(95%) = 1,55 a 2,48] para mulheres não hipertensas com idade ≥ 55 ou por 1,51 [IC(95%) = 1,20 a 1,89] para mulheres hipertensas com idade < 55. O modelo ainda permite estimar as chances para pacientes com diferentes níveis dos três fatores, conforme indicado na Tabela 6.13.

Tabela 6.13 Estimativas das chances de lesão coronariana para $\geq 50\%$ para pacientes com diferentes níveis dos fatores de risco obtidas com os dados da Tabela 6.11

Sexo	Idade	Hipertensão	Chance (lesão $\geq 50\%$)/(lesão $< 50\%$)
Fem	< 55	sem	R
Fem	< 55	com	R×1,51
Fem	≥ 55	sem	R×1,95
Fem	≥ 55	com	R×1,51×1,95
Masc	< 55	sem	R×3,43
Masc	< 55	com	R×3,43×1,51
Masc	≥ 55	sem	R×3,43×1,95
Masc	≥ 55	com	R×3,43×1,95×1,51

Quando o estudo não permite estimar a chance de lesão coronariana $\geq 50\%$ para o grupo de referência (neste caso, mulheres não hipertensas com idade < 55) como em estudos retrospectivos, as razões de chances estimadas continuam válidas. Nesse contexto, por exemplo, a chance de lesão coronariana $\geq 50\%$ para homens hipertensos com idade ≥ 55 é $2,94 (= 1,95 \times 1,51)$ vezes a chance correspondente para homens não hipertensos com idade < 55. O cálculo do erro padrão dessa razão de chances depende de uma estimativa da matriz de covariâncias dos estimadores dos parâmetros do modelo e está fora do escopo deste texto. O leitor pode consultar Paulino e Singer (2006) para detalhes.

A avaliação da qualidade do ajuste de modelos de regressão é baseada em resíduos da forma $y_i - \hat{y}_i$, em que y_i é a resposta observada para a i-ésima unidade amostral e $\hat{y}_i$ é o correspondente valor ajustado, isto é, predito pelo modelo. Para regressão logística, a avaliação do ajuste é mais complexa, pois os resíduos podem ser definidos de diferentes maneiras. Apresentamos alguns detalhes na Nota 7.

O modelo de regressão logística pode ser generalizado para o caso em que a variável resposta tem mais do que dois possíveis valores. Por exemplo, em um estudo em que se quer avaliar a associação entre textura, cor, gosto de um alimento e o seu destino comercial, a variável resposta pode ter as categorias "descarte", "varejo nacional" ou "exportação". Nesse caso, o modelo é conhecido como **regressão logística politômica** ou **regressão logística multinomial** e não será abordado neste texto. O leitor poderá consultar Paulino e Singer (2006) para detalhes. Para efeito de classificação, técnicas alternativas e mais empregadas na prática serão abordadas no Capítulo 9.

6.6 Notas de capítulo

NOTA 1: Inferência baseada em modelos de regressão linear simples

Para o modelo (6.1), fizemos a suposição de que os erros são não correlacionados, têm média 0 e variância constante σ^2. Se quisermos testar hipóteses sobre os parâmetros α e β ou construir intervalos de confiança para eles por meio de estatísticas com distribuições exatas, devemos fazer alguma suposição adicional sobre a distribuição dos erros. Usualmente, supõe-se que os e_i têm uma distribuição normal. Se a distribuição dos erros tiver caudas mais longas (pesadas) do que as da distribuição normal, os estimadores de mínimos quadrados podem se comportar de forma inadequada e estimadores robustos devem ser usados.

Como

$$\widehat{\beta} = \frac{\sum_{i=1}^{n}(x_i - \overline{x})y_i}{\sum_{i=1}^{n}(x_i - \overline{x})^2} = \sum_{i=1}^{n} w_i y_i,$$

com $w_i = (x_i - \overline{x})/\sum_{i=1}^{n}(x_i - \overline{x})^2$, o estimador $\widehat{\beta}$ é uma função linear das observações y_i. O mesmo vale para $\widehat{\alpha}$. Utilizando esse resultado, pode-se demonstrar (veja a seção de exercícios) que:

a) $\mathrm{E}(\widehat{\alpha}) = \alpha$ e $\mathrm{E}(\widehat{\beta}) = \beta$, ou seja, os estimadores de mínimos quadrados são não enviesados.

b) $\mathrm{Var}(\widehat{\alpha}) = \sigma^2 \sum_{i=1}^{n} x_i^2 / [n \sum_{i=1}^{n}(x_i - \overline{x})^2]$.

c) $\mathrm{Var}(\widehat{\beta}) = \sigma^2 / \sum_{i=1}^{n}(x_i - \overline{x})^2$.

d) $\mathrm{Cov}(\widehat{\alpha},\widehat{\beta}) = -\sigma^2 \overline{x} / \sum_{i=1}^{n}(x_i - \overline{x})^2$.

Com a suposição adicional de normalidade, pode-se mostrar que:

e) $y_i \sim N(\alpha + \beta x_i, \sigma^2)$.

f) As estatísticas

$$t_{\widehat{\alpha}} = \frac{\widehat{\alpha} - \alpha}{S}\sqrt{\frac{n \sum(x_i - \overline{x})^2}{\sum x_i^2}} \qquad \text{e} \qquad t_{\widehat{\beta}} = \frac{\widehat{\beta} - \beta}{S}\sqrt{\sum(x_i - \overline{x})^2}$$

têm distribuição t de Student com $(n-2)$ graus de liberdade. Nesse cenário, os resíduos padronizados, definidos em (6.9), também seguem uma distribuição t de Student com $(n-2)$ graus de liberdade. Daí a denominação alternativa de **resíduos estudentizados**.

Com esses resultados é possível testar as hipóteses $H_0 : \alpha = \alpha_0$ e $H_0 : \beta = \beta_0$, em que α_0 e β_0 são constantes conhecidas (usualmente iguais a zero), bem como construir intervalos de confiança para esses parâmetros.

Um teorema importante, conhecido como **Teorema de Gauss-Markov** (e que não inclui a suposição de normalidade dos erros), afirma que os estimadores de mínimos quadrados têm variância mínima na classe dos estimadores não enviesados que sejam funções lineares das observações y_i.

Quando os erros não seguem uma distribuição normal, mas o tamanho da amostra é suficientemente grande, pode-se mostrar, com o auxílio do **Teorema Limite Central**, que sob certas condições de regularidade (usualmente satisfeitas na prática), os estimadores de mínimos quadrados, $\widehat{\alpha}$ e $\widehat{\beta}$, têm distribuições aproximadamente normais com variâncias que podem ser estimadas pelas expressões apresentadas nos itens b) e c) indicados anteriormente. Detalhes podem ser obtidos em Sen et al. (2009).

NOTA 2: Estimação e previsão sob modelos de regressão linear simples

Um dos objetivos da análise de regressão é fazer previsões sobre a variável resposta com base em valores das variáveis explicativas. Por simplicidade, trataremos do caso de regressão linear simples. Uma estimativa para o valor esperado $\mathrm{E}(Y|X = x_0)$ da variável resposta Y dado um valor x_0 da variável explicativa é $\widehat{y} = \widehat{\alpha} + \widehat{\beta}x_0$, e, com base nos resultados apresentados na Nota 1, pode-se mostrar que a variância de $\widehat{y}$ é

$$\mathrm{Var}(\widehat{y}) = \sigma^2 \left[\frac{1}{n} + \frac{(x_0 - \overline{x})^2}{\sum\limits_{i=1}^{n}(x_i - \overline{x})^2} \right].$$

Então, os limites superior e inferior para um **intervalo de confiança aproximado** com coeficiente de confiança de 95% para o **valor esperado** de Y dado $X = x_0$ são

$$\widehat{y} \pm 1{,}96S \sqrt{\frac{1}{n} + \frac{(x_0 - \overline{x})^2}{\sum\limits_{i=1}^{n}(x_i - \overline{x})^2}},$$

com S^2 denotando uma estimativa de σ^2. Sem muito rigor, podemos dizer que esse intervalo deve conter o verdadeiro valor esperado de $\mathrm{E}(Y|X = x_0)$, ou seja, o valor esperado de Y para todas as observações em que $X = x_0$. Isso não significa que esperamos que o intervalo contenha o verdadeiro valor de Y, digamos Y_0, associado a uma determinada unidade de investigação para a qual $X = x_0$. Nesse caso, precisamos levar em conta a variabilidade de $Y|X = x_0$ em torno de seu valor esperado $\mathrm{E}(Y|X = x_0)$.

Como $Y_0 = \widehat{y} + e_0$, sua variância é

$$\mathrm{Var}(Y_0) = \mathrm{Var}(\widehat{y}) + \mathrm{Var}(e_0) = \sigma^2 \left[\frac{1}{n} + \frac{(x_0 - \overline{x})^2}{\sum\limits_{i=1}^{n}(x - \overline{x})^2} \right] + \sigma^2.$$

Então, os limites superior e inferior de um **intervalo de previsão** (aproximado) para Y_0 são

$$\widehat{y} \pm 1{,}96S \sqrt{1 + \frac{1}{n} + \frac{(x_0 - \overline{x})^2}{\sum\limits_{i=1}^{n}(x_i - \overline{x})^2}}.$$

Note que, se aumentarmos indefinidamente o tamanho da amostra, a amplitude do intervalo de confiança para o valor esperado tenderá para zero, porém a amplitude do intervalo de previsão correspondente a uma unidade de investigação específica tenderá para $2 \times 1{,}96 \times \sigma$.

NOTA 3: Coeficiente de determinação

Consideremos um conjunto de dados pareados $\{(x_1, y_1), \ldots, (x_n, y_n)\}$ de duas variáveis contínuas X e Y. Se não levarmos em conta a variável X para explicar a variabilidade da variável Y como no modelo de regressão linear simples, a melhor previsão para Y é $\overline{y}$ e uma estimativa da variância de Y é $S^2 = \sum\limits_{i=1}^{n}(y_i - \overline{y})^2/(n-1)$. Para relacionar esse resultado com aquele obtido por meio de um modelo de regressão linear, para os mesmos dados, podemos escrever

$$y_i - \overline{y} = (y_i - \widehat{y}_i) + (\widehat{y}_i - \overline{y}). \tag{6.33}$$

Uma representação gráfica dessa relação está apresentada na Figura 6.34.

Pode-se mostrar (veja o Exercício 17) que

$$\sum_{i=1}^{n}(y_i - \overline{y})^2 = \sum_{i=1}^{n}\widehat{e}_i^2 + \sum_{i=1}^{n}(\widehat{y}_i - \overline{y})^2$$

ou, de forma abreviada,

$$SQ\mathrm{Tot} = SQ\mathrm{Res} + SQ\mathrm{Reg}.$$

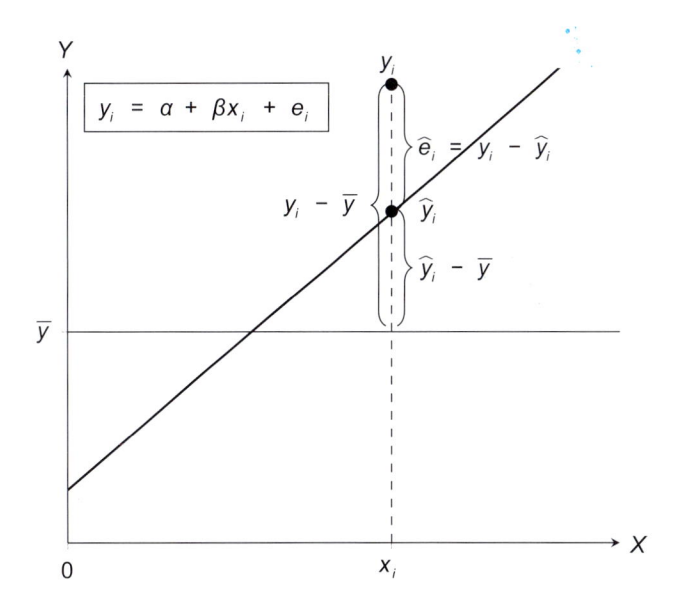

Figura 6.34 Representação gráfica da decomposição (6.33).

Esse resultado indica que a soma de quadrados total (SQTot) pode ser escrita como a soma de um termo correspondente à variabilidade dos resíduos (SQRes) com outro correspondente à variabilidade explicada pela regressão (SQReg). Quanto maior for esse último termo, maior é a evidência de que a variável X é útil para explicar a variabilidade da variável Y. Tendo em vista a expressão (6.6), pode-se calcular a soma de quadrados devida à regressão por meio de

$$SQ\text{Reg} = \widehat{\beta}^2 \sum_{i=1}^{n}(x_i - \overline{x})^2.$$

Nesse contexto, a estatística $R^2 = SQ\text{Reg}/SQ\text{Tot}$ corresponde à porcentagem da variabilidade de Y explicada pelo modelo, ou seja, pela introdução da variável X no modelo mais simples, $y_i = \mu + e_i$.

Como a soma de quadrados SQReg (e, consequentemente, o coeficiente R^2) sempre aumenta quando mais variáveis explicativas são introduzidas no modelo, convém considerar uma penalidade correspondente ao número de variáveis explicativas. Nesse sentido, para comparação de modelos com números diferentes de variáveis explicativas, costuma-se utilizar o **coeficiente de determinação ajustado**

$$R_{aj}^2 = 1 - (1 - R^2)\frac{n-1}{n-p-1} = 1 - \frac{SQ\text{Res}/(n-p-1)}{SQ\text{Tot}/(n-1)}$$

em que p é o número de variáveis explicativas do modelo. Lembrando que

$$R^2 = 1 - \frac{SQ\text{Res}}{SQ\text{Tot}} = 1 - \frac{SQ\text{Res}/n}{SQ\text{Tot}/n},$$

o coeficiente R_{aj}^2 é obtido por meio de um aumento maior no numerador do que no denominador de R^2, com mais intensidade quanto maior for o número de variáveis explicativas.

NOTA 4: Distância de Cook

A distância de Cook é uma estatística que mede a mudança nos valores preditos pelo modelo de regressão quando eliminamos uma das observações. Denotando por $\widehat{\mathbf{y}}$ o vetor (de dimensão n) com os valores preditos, obtidos do ajuste do modelo baseado nas n observações, e por $\widehat{\mathbf{y}}^{(-i)}$ o correspondente vetor (de dimensão n) com valores preditos, obtidos do ajuste do modelo baseado nas $n-1$ observações restantes após a eliminação da i-ésima, a distância de Cook é definida como

$$D_i = \frac{(\widehat{\mathbf{y}} - \widehat{\mathbf{y}}^{(-i)})^\top (\widehat{\mathbf{y}} - \widehat{\mathbf{y}}^{(-i)})}{(p+1)S},$$

em que p é o número de coeficientes de regressão e S é uma estimativa do desvio padrão. É possível mostrar que a distância de Cook pode ser calculada sem a necessidade de ajustar o modelo com a omissão da i-ésima observação por meio da expressão

$$D_i = \frac{1}{p+1} \widehat{e}_i^2 \frac{h_{ii}}{(1-h_{ii})^2},$$

lembrando que

$$h_{ii} = \frac{1}{n} + \frac{(x_i - \overline{x})^2}{\displaystyle\sum_{i=1}^n x_i^2 - n\overline{x}^2}.$$

Para o modelo de regressão linear simples, $p = 2$. Detalhes podem ser obtidos em Kutner et al. (2004).

NOTA 5: Influência local e alavancagem

Influência local é o efeito de uma pequena variação no valor da variável resposta nas estimativas dos parâmetros do modelo. Consideremos uma observação (x_j, y_j) e quantifiquemos o efeito de uma mudança de y_j para $y_j + \Delta y_j$ nos valores de $\widehat{\alpha}$ e $\widehat{\beta}$. Com esse propósito, observando que

$$\widehat{\beta} + \Delta\widehat{\beta}(y_j) = \frac{\displaystyle\sum_{i\neq j}(x_i - \overline{x})y_i + (x_j - \overline{x})(y_j + \Delta y_j)}{\displaystyle\sum_{i=1}^n (x_i - \overline{x})^2},$$

podemos concluir que

$$\Delta\widehat{\beta}(y_j) = \frac{(x_j - \overline{x})\Delta y_j}{\displaystyle\sum_{i=1}^n (x_i - \overline{x})^2}. \tag{6.34}$$

Este resultado indica que, fixado Δy_j, a variação em $\widehat{\beta}$ é diretamente proporcional a $x_j - \overline{x}$ e inversamente proporcional a $(n-1)S^2$. Portanto, o efeito da variação no valor de y_j será grande se x_j estiver bastante afastado da média dos x_i e se a variabilidade dos x_i for pequena.

Lembrando que a estimativa do intercepto é

$$\widehat{\alpha} = \overline{y} - \widehat{\beta}\overline{x} = \frac{\displaystyle\sum_i y_i}{n} - \widehat{\beta}\overline{x},$$

quando y_j é substituído por $y_j + \Delta y_j$, teremos

$$\widehat{\alpha} + \Delta\widehat{\alpha}(y_j) = \frac{\displaystyle\sum_{i\neq j} y_i + (y_j + \Delta y_j)}{n} - (\widehat{\beta} + \Delta\widehat{\beta})\overline{x}$$

e, portanto,

$$\Delta\widehat{\alpha}(y_j) = \frac{\Delta y_j}{n} - (\Delta\widehat{\beta})\overline{x},$$

ou, ainda,

$$\Delta\widehat{\alpha}(y_j) = \left[\frac{1}{n} - \frac{\overline{x}(x_j - \overline{x})}{\sum\limits_i (x_i - \overline{x})^2}\right]\Delta y_j. \tag{6.35}$$

Se $x_j = \overline{x}$, então $\Delta\widehat{\beta} = 0$, mas $\Delta\widehat{\alpha} = \Delta y_j/n$, ou seja, Δy_j não afeta a inclinação, mas afeta o intercepto. Gráficos de (6.34) e (6.35), em função dos índices de cada observação, indicam para que pontos a variação nos valores da variável resposta tem maior influência nas estimativas dos parâmetros.

Alavancagem (*leverage*) mede o efeito de uma variação na ordenada de um ponto particular (x_j, y_j) sobre o valor ajustado $\widehat{y}_j$. Observe que

$$\widehat{y}_j - \overline{y} = \widehat{\alpha} + \widehat{\beta}x_j - (\widehat{\alpha} + \widehat{\beta}\overline{x}) = \widehat{\beta}(x_j - \overline{x})$$

e, portanto,

$$\widehat{y}_j = \frac{\sum\limits_i y_i}{n} + \frac{\sum\limits_i (x_i - \overline{x})y_i}{\sum\limits_i (x_i - \overline{x})^2}(x_j - \overline{x}),$$

e, quando y_j é alterado para $y_j + \Delta y_j$, temos

$$\widehat{y}_j + \Delta\widehat{y}_j = \frac{\sum\limits_i y_i + \Delta y_j}{n} + \frac{\sum\limits_i (x_i - \overline{x})y_i + (x_j - \overline{x})\Delta y_j}{\sum\limits_i (x_i - \overline{x})^2}(x_j - \overline{x})$$

e, então,

$$\Delta\widehat{y}_j = \left[\frac{1}{n} + \frac{(x_j - \overline{x})^2}{\sum\limits_i (x_i - \overline{x})^2}\right]\Delta y_j = h_{jj}\Delta y_j.$$

O fator h_{jj} é chamado **repercussão** e depende, basicamente, da distância entre x_j e $\overline{x}$. Se x_j for muito menor ou muito maior que $\overline{x}$, um acréscimo no valor de $\widehat{y}_j$ vai "empurrar" a ordenada do ponto correspondente, y_j, para baixo ou para cima, respectivamente.

NOTA 6: Método Delta

Considere um parâmetro β para o qual se dispõe de um estimador $\widehat{\beta}$ cuja variância é $\sigma_{\widehat{\beta}}^2$ e suponha que haja interesse em obter a variância de uma função $g(\widehat{\beta})$. Por meio de uma expansão de Taylor, pode-se mostrar que, sob certas condições usualmente válidas na prática,

$$\text{Var}[g(\widehat{\beta})] \approx [g'(\widehat{\beta})]^2\sigma_{\widehat{\beta}}^2,$$

em que $g'(\widehat{\beta})$ denota a primeira derivada de g calculada no ponto $\widehat{\beta}$.

No caso multivariado, em que $\widehat{\boldsymbol{\beta}}$ é um estimador de dimensão $p \times 1$ com matriz de covariâncias $\text{Var}(\widehat{\boldsymbol{\beta}}) = \mathbf{V}(\widehat{\boldsymbol{\beta}})$, sob certas condições usualmente satisfeitas na prática, a variância de uma função $g(\widehat{\boldsymbol{\beta}})$ pode ser aproximada por

$$\text{Var}[g(\widehat{\boldsymbol{\beta}})] \approx [\partial g(\widehat{\boldsymbol{\beta}})/\partial\widehat{\boldsymbol{\beta}}]^\top\mathbf{V}(\widehat{\boldsymbol{\beta}})[\partial g(\widehat{\boldsymbol{\beta}})/\partial\widehat{\boldsymbol{\beta}}]$$

em que $[\partial g(\widehat{\boldsymbol{\beta}})/\partial\widehat{\boldsymbol{\beta}}] = [\partial g(\widehat{\boldsymbol{\beta}})/\partial\widehat{\beta}_1, \ldots, \partial g(\widehat{\boldsymbol{\beta}})/\partial\widehat{\beta}_p]^\top$.

Detalhes podem ser obtidos em Sen et al. (2009).

NOTA 7: Análise do ajuste de modelos de regressão logística

Nos casos em que todas as variáveis explicativas utilizadas em um modelo de regressão logística são categorizadas, podemos agrupar as respostas y_i segundo os diferentes padrões definidos pelas combinações dos níveis dessas variáveis. Quando o modelo envolve apenas uma variável explicativa dicotômica (Sexo, por exemplo), há apenas dois padrões, nomeadamente, M e F. Se o modelo envolver duas variáveis explicativas dicotômicas (Sexo e Faixa etária com dois níveis, ≤ 40 anos e > 40 anos, por exemplo), estaremos diante de uma situação com quatro padrões, a saber, (F e ≤ 40), (F e > 40), (M e ≤ 40) e (M e > 40). A introdução de uma ou mais variáveis explicativas contínuas no modelo, pode gerar um número de padrões igual ao número de observações.

Para contornar esse problema, consideremos um caso com p variáveis explicativas $\mathbf{x} = (x_1, \ldots, x_p)^\top$ e seja M o número de padrões (correspondente ao número de valores distintos de $\mathbf{x}$) e m_j, $j = 1, \ldots, M$, o número de observações com o mesmo valor $\mathbf{x}_j$ de $\mathbf{x}$. Note que, no caso mais comum, em que existe pelo menos uma variável contínua, $m_j \approx 1$ e $M \approx n$. Além disso, seja $\widetilde{y}_j$ o número de respostas $Y = 1$ observadas entre as m_j unidades amostrais com o mesmo valor $\mathbf{x}_j$. A frequência esperada correspondente à frequência observada $\widetilde{y}_j$ é

$$m_j \widehat{p}_j = m_j \frac{\exp(\mathbf{x}_j^\top \widehat{\boldsymbol{\beta}})}{1 + \exp(\mathbf{x}_j^\top \widehat{\boldsymbol{\beta}})},$$

em que $\widehat{\boldsymbol{\beta}}$ é o estimador do vetor de parâmetros de modelo.

O **resíduo de Pearson** é definido como

$$\widehat{e}_j = \frac{\widetilde{y}_j - m_j \widehat{p}_j}{\sqrt{m_j \widehat{p}_j (1 - \widehat{p}_j)}}$$

e uma medida resumo para a avaliação do ajuste do modelo é a **estatística de Pearson**

$$Q_p = \sum_{j=1}^{M} \widehat{e}_j^2.$$

Para M suficientemente grande, a estatística Q_P tem distribuição aproximada χ^2 com $M - (p+1)$ graus de liberdade, quando o modelo está bem ajustado.

Para evitar problemas com a distribuição aproximada de Q_P quando $M \approx n$, convém agrupar os dados de alguma forma. Hosmer e Lemeshow (1980, 2013) sugerem que os dados sejam agrupados segundo percentis das probabilidades $\widehat{p}_i$, $i = 1, \ldots, n$ estimadas sob o modelo. Por exemplo, podem-se considerar $g = 10$ grupos, sendo o primeiro formado pelas unidades amostrais com os 10% menores valores das probabilidades estimadas (ou seja, aquelas para as quais $\widehat{p}_i$ sejam menores os iguais ao primeiro decil; o segundo grupo deve conter as unidades amostrais para as quais $\widehat{p}_i$ estejam entre o primeiro e o segundo decil etc. O último grupo conterá as unidades amostrais cujas probabilidades estimadas sejam maiores que o nono decil. Com esse procedimento, cada grupo deverá conter $n_j^* = n/10$ unidades amostrais. A estatística proposta por esses autores é

$$\widehat{C} = \sum_{j=1}^{g} \frac{(o_j - n_j^* \overline{p}_j)^2}{n_j^* \overline{p}_j (1 - \overline{p}_j)},$$

com $o_j = \sum_{i=1}^{c_j} y_i$ denotando o número de respostas $Y = 1$ dentre as unidades amostrais incluídas no j-ésimo grupo (c_j representa o número de padrões de covariáveis encontrados no j-ésimo grupo), e $\overline{p}_j = \sum_{i=1}^{c_j} m_i \widehat{p}_i / n_j^*$ denota a média das probabilidades estimadas no j-ésimo grupo. A estatística $\widehat{C}$ tem distribuição aproximada χ^2 com $g - 2$ graus de liberdade, quando o modelo está correto.

Os chamados **resíduos da desviância** (*deviance residuals*) são definidos a partir da logaritmo da função de verossimilhança e também podem ser utilizados com o propósito de avaliar a qualidade do ajuste de modelos de regressão logística. O leitor poderá consultar Hosmer e Lemeshow (2013) para detalhes.

NOTA 8: Regressão resistente

Os estimadores $\widehat{\alpha}$ e $\widehat{\beta}$ em (6.7) e (6.6) considerados para o ajuste do modelo (6.1) a um conjunto de dados $(x_i, y_i), i = 1, \ldots, n$ são baseados em $\overline{x}, \overline{y}$ e nos desvios com relação a essas médias. Esses estimadores podem ser severamente afetados pela presença de observações atípicas (*outliers*). Como alternativa, podemos considerar modelos de **regressão resistente**, em que os estimadores são baseados em medianas.

Para o ajuste de um desses modelos, inicialmente, dividimos o conjunto de n pontos em três grupos de tamanhos aproximadamente iguais. Chamemos esses grupos de E, C e D (de esquerdo, central e direito). Se $n = 3k$, cada grupo terá k pontos. Se $n = 3k + 1$, colocamos k pontos nos grupos E e D e $k + 1$ pontos no grupo C. Finalmente, se $n = 3k + 2$, colocamos $k + 1$ pontos nos grupos E e D e k pontos no grupo C.

Para cada grupo, obtemos um **ponto resumo**, cujas coordenadas são a mediana dos x_i e a mediana dos y_i naquele grupo. Denotemos esses pontos por $(x_E, y_E), (x_C, y_C), (x_D, y_D)$.

Os estimadores resistentes de β e α são dados, respectivamente, por

$$b_0 = \frac{y_D - y_E}{x_D - x_E}$$

e

$$a_0 = \frac{1}{3}\left[(y_E - b_0 x_E) + (y_C - b_0 x_C) + (y_D - b_0 x_D)\right].$$

Convém notar as diferenças entre b_0 e (6.6) e entre a_0 e (6.7). A correspondente reta resistente ajustada é

$$\widetilde{y}_i = a_0 + b_0 x_i, \quad i = 1, \ldots, n.$$

Exemplo 6.11 Consideremos novamente os dados da Tabela 6.2, aos quais um modelo de regressão linear simples foi ajustado; tanto o gráfico de dispersão apresentado na Figura 6.8 quanto o gráfico de resíduos (Figura 6.9) revelam um ponto discrepante, (2; 61,1), que afeta as estimativas dos parâmetros do modelo. O gráfico de dispersão com a reta de mínimos quadrados e com a reta resistente está disposto na Figura 6.35.

Como nesse caso $n = 3 \times 5$, consideramos os grupos E, C e D com 5 pontos cada. Os pontos resumo são $(x_E, y_E) = (3,0; 22,2)$, $(x_C, y_C) = (8,0; 7,4)$ e $(x_D, y_D) = (13,0; 13,0)$ e as correspondentes estimativas resistentes são $b_0 = -0,92$ e $a_0 = 21,56$. Portanto, a reta resistente estimada ou ajustada é

$$\widetilde{v}_t = 21,56 - 0,92t.$$

Esta reta não é tão afetada pelo ponto discrepante (que não foi eliminado da análise).

NOTA 9: Formulação geral do modelo de regressão

O modelo de regressão múltipla (6.21) pode ser escrito na forma

$$y_i = f(\mathbf{x}_i, \boldsymbol{\beta}) + e_i, \ i = 1, \ldots, n, \tag{6.36}$$

em que

$$f(\mathbf{x}_i, \boldsymbol{\beta}) = \beta_0 + \beta_1 x_{i1} + \beta_2 x_{i2} + \ldots + \beta_p x_{ip},$$

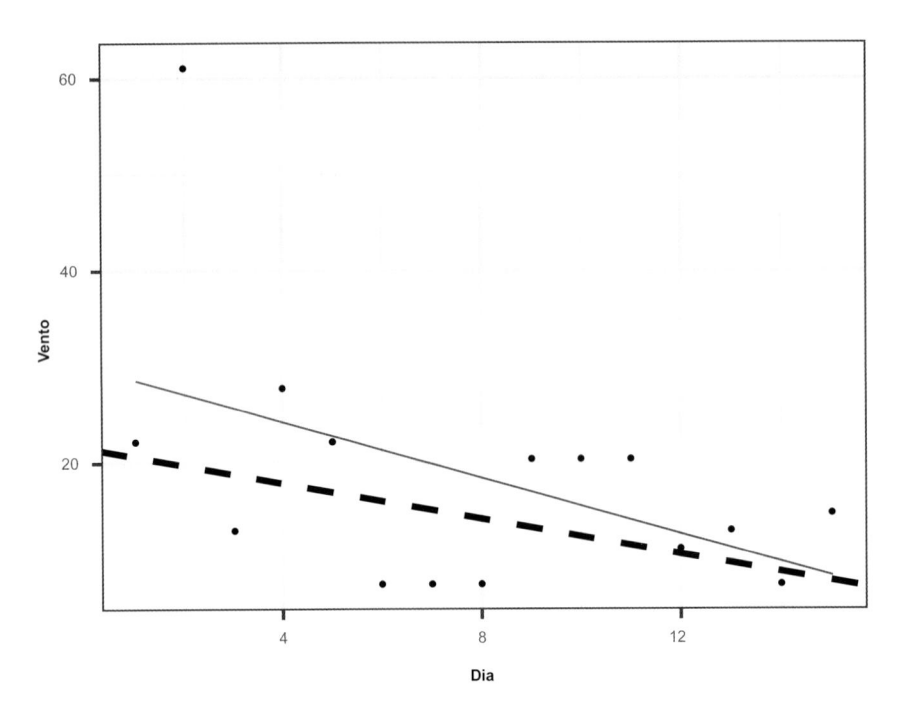

Figura 6.35 Gráfico de dispersão com retas de mínimos quadrados (linha cheia) e resistente (linha tracejada) correspondentes ao ajuste do modelo de regressão linear simples aos dados da Tabela 6.2.

com $\mathbf{x}_i = (x_{i1}, \ldots, x_{ip})^\top$ e $\boldsymbol{\beta} = (\beta_0, \beta_1, \ldots, \beta_p)^\top$. Esse modelo pode ser generalizado como

$$f(\mathbf{x}, \boldsymbol{\beta}) = \sum_{j=0}^{M-1} \beta_j \phi_j(\mathbf{x}),$$

em que $\phi_j(\cdot)$, $j = 0, \ldots, M-1$ com $\phi_0(x) = 1$ são funções pertencentes a uma base de funções. Essa formulação é útil no contexto das **redes neurais** apresentadas no Capítulo 14.

Em notação matricial, temos

$$f(\mathbf{x}, \boldsymbol{\beta}) = \boldsymbol{\beta}^\top \boldsymbol{\phi}(\mathbf{x}),$$

com $\boldsymbol{\phi}(\mathbf{x}) = [\phi_0(\mathbf{x}), \ldots, \phi_{M-1}(\mathbf{x})]^\top$.

O caso $\boldsymbol{\phi}(\mathbf{x}) = \mathbf{x}$ corresponde ao modelo de regressão linear múltipla. Outras bases comumente usadas são:

a) polinômios $[\phi_j(x) = x^j]$;

b) *splines*;

c) gaussiana $[\phi_j(x) = \exp\{[-(x - \mu_j)/(2s)]^2\}]$, com μ_j denotando parâmetros de posição e s denotando o parâmetro de dispersão;

d) sigmoide $[\phi_j(x) = \sigma\{(x - \mu_j)/s\}]$, em que $\sigma(a)$ pode ser qualquer uma das funções a)–d) da Seção 10.5;

e) Fourier, em que $[\phi_j(x)]$ é uma cossenoide [veja Morettin (2014)];

f) ondaletas, em que $[\phi_j(x)]$ é uma ondaleta [veja Morettin (2014)].

Tanto a técnica de mínimos quadrados quanto as técnicas de regularização apresentadas no Capítulo 8 podem ser aplicadas a essa formulação mais geral.

6.7 Exercícios

1) Em um estudo realizado na Faculdade de Medicina da Universidade de São Paulo foram colhidos dados de 16 pacientes submetidos a transplante intervivos e, em cada um deles, obtiveram-se medidas tanto do peso (g) real do lobo direito do fígado quanto de seu volume (cm^3), previsto pré-operatoriamente por métodos ultrassonográficos. O objetivo é estimar o peso real por meio do volume previsto. Os dados estão dispostos na Tabela 6.14.

Tabela 6.14 Peso real e volume obtido ultrassonograficamente do lobo direito do fígado de pacientes submetidos a transplante

Volume USG (cm^3)	Peso real (g)	Volume USG (cm^3)	Peso real (g)
656	630	737	705
692	745	921	955
588	690	923	990
799	890	945	725
766	825	816	840
800	960	584	640
693	835	642	740
602	570	970	945

i) Proponha um modelo de regressão linear simples para analisar os dados e interprete seus parâmetros.

ii) Construa um gráfico de dispersão apropriado.

iii) Ajuste o modelo e utilize ferramentas de diagnóstico para avaliar a qualidade do ajuste.

iv) Construa intervalos de confiança para seus parâmetros.

v) Construa uma tabela com intervalos de confiança para o peso esperado do lobo direito do fígado correspondentes a volumes (estimados ultrassonograficamente) de 600, 700, 800, 900 e 1000 cm^3.

vi) Repita os itens anteriores considerando um modelo linear simples sem intercepto. Qual dos dois modelos você acha mais conveniente? Justifique a sua resposta.

2) Para investigar a associação entre tipo de escola (particular ou pública), cursada por calouros de uma universidade, e a média no curso de Cálculo I, obtiveram-se os seguintes dados:

Escola	Média no curso de Cálculo I								
Particular	8,6	8,6	7,8	6,5	7,2	6,6	5,6	5,5	8,2
Pública	5,8	7,6	8,0	6,2	7,6	6,5	5,6	5,7	5,8

Seja y_i a nota obtida pelo i-ésimo aluno, $x_i = 1$ se o aluno cursou escola particular e $x_i = -1$ se o aluno cursou escola pública, $i = 1, \ldots, 18$. Considere o modelo $y_i = \alpha + \beta x_i + e_i$, $i = 1, \ldots, 18$, em que os e_i são erros aleatórios não correlacionados com $\mathrm{E}(e_i) = 0$ e $\mathrm{Var}(e_i) = \sigma^2$.

i) Interprete os parâmetros α e β.

ii) Estime α e β pelo método de mínimos quadrados. Obtenha também uma estimativa de σ^2.

iii) Avalie a qualidade do ajuste do modelo por meio de técnicas de diagnóstico.

iv) Construa intervalos de confiança para α e β.

v) Com base nas estimativas obtidas no item ii), construa intervalos de confiança para os valores esperados das notas dos alunos das escolas particulares e públicas.

vi) Ainda utilizando o modelo proposto, especifique e teste a hipótese de que ambos os valores esperados são iguais.

vii) Repita os itens i)–vi), definindo $x_i = 1$ se o aluno cursou escola particular e $x_i = 0$ se o aluno cursou escola pública, $i = 1, \ldots, 18$.

3) Os dados da Tabela 6.15 são provenientes de uma pesquisa cujo objetivo é propor um modelo para a relação entre a área construída de um determinado tipo de imóvel e o seu preço.

Tabela 6.15 Área e Preço de imóveis

Imóvel	Área (m^2)	Preço (R\$)
1	128	10.000
2	125	9000
3	200	17.000
4	4000	200.000
5	258	25.000
6	360	40.000
7	896	70.000
8	400	25.000
9	352	35.000
10	250	27.000
11	135	11.000
12	6492	120.000
13	1040	35.000
14	3000	300.000

i) Construa um gráfico de dispersão apropriado para o problema.

ii) Ajuste um modelo de regressão linear simples e avalie a qualidade do ajuste (obtenha estimativas dos parâmetros e de seus erros padrões, calcule o coeficiente de determinação e construa gráficos de resíduos e um gráfico do tipo QQ).

iii) Ajuste o modelo linearizável (por meio de uma transformação logarítmica)

$$y = \beta x^{\gamma} e$$

em que y representa o preço e x representa a área, e avalie a qualidade do ajuste comparativamente ao modelo linear ajustado no item ii); construa um gráfico de dispersão com os dados transformados.

iv) Utilizando o modelo com o melhor ajuste, construa intervalos de confiança com coeficiente de confiança (aproximado) de 95% para os preços esperados de imóveis com 200, 500 e 1000 m^2.

4) Os dados a seguir correspondem ao faturamento de empresas similares, de um mesmo setor industrial, nos últimos 15 meses.

mês	jan	fev	mar	abr	maio	jun	jul	ago	set	out	nov	dez	jan	fev	mar
vendas	1,0	1,6	1,8	2,0	1,8	2,2	3,6	3,4	3,3	3,7	4,0	6,4	5,7	6,0	6,8

Utilize técnicas de análise de regressão para quantificar o crescimento do faturamento de empresas desse setor ao longo do período observado. Com essa finalidade:

a) Proponha um modelo adequado, interpretando todos os parâmetros e especificando as suposições.

b) Estime os parâmetros do modelo e apresente os resultados em uma linguagem não técnica.

c) Utilize técnicas de diagnóstico para avaliar o ajuste do modelo.

5) A Tabela 6.16 contém dados obtidos de diferentes institutos de pesquisa, coletados entre fevereiro de 2008 e março de 2010, e correspondem às porcentagens de eleitores favoráveis a cada um dos dois principais candidatos à presidência do Brasil.

Tabela 6.16 Porcentagem de eleitores favoráveis

Fonte	Data	Dilma	Serra	Fonte	Data	Dilma	Serra
sensus	16/02/2008	4,5	38,2	sensus	13/08/2009	19	39,5
dataf	27/03/2008	3	38	ibope	04/09/2009	14	34
sensus	25/04/2008	6,2	36,4	sensus	14/09/2009	21,7	31,8
sensus	19/09/2008	8,4	38,1	ibope	20/11/2009	17	38
dataf	28/11/2008	8	41	vox	30/11/2009	17	39
sensus	30/11/2008	10,4	46,5	vox	07/12/2009	18	39
ibope	12/12/2008	5	42	dataf	14/12/2009	23	37
sensus	14/12/2008	13,3	42,8	vox	18/12/2009	27	34
dataf	30/01/2009	11	41	sensus	17/01/2010	27	33,2
sensus	19/03/2009	16,3	45,7	ibope	29/01/2010	25	36
dataf	27/03/2009	16	38	dataf	06/02/2010	28	32
sensus	28/05/2009	23,5	40,4	ibope	25/02/2010	30	35
ibobe	29/05/2009	18	38	dataf	27/03/2010	27	36
dataf	01/06/2009	17	36	vox	31/03/2010	31	34

a) Construa um diagrama de dispersão apropriado, evidenciando os pontos correspondentes a cada um dos candidatos.

b) Especifique um modelo polinomial de segundo grau, homocedástico, que represente a variação da preferência eleitoral de cada candidato ao longo do tempo.

c) Ajuste o modelo especificado no item anterior.

d) Avalie o ajuste do modelo e verifique, por meio de testes de hipóteses adequadas, se ele pode ser simplificado; em caso afirmativo, ajuste o modelo mais simples.

e) Com base no modelo escolhido, estime a porcentagem esperada de eleitores favoráveis a cada um dos candidatos em 3 de outubro de 2010 e construa um intervalo de confiança para a diferença entre essas porcentagens esperadas.

f) Faça uma crítica da análise e indique o que poderia ser feito para melhorá-la (mesmo que não saiba implementar suas sugestões).

6) Uma fábrica de cadeiras dispõe dos seguintes dados sobre sua produção mensal:

Número de cadeiras produzidas	105	130	141	159	160	172
Custos fixos e variáveis (R$)	1700	1850	1872	1922	1951	1970

a) Proponha um modelo de regressão linear simples para a relação entre o custo e o número de cadeiras produzidas e interprete os parâmetros.

b) Utilize um intervalo de confiança com coeficiente de confiança de 95% para estimar o custo esperado de produção para 200 cadeiras. Observe que o modelo proposto tem respaldo estatístico para valores do número de cadeiras variando entre 105 e 172; inferência para valores fora desse intervalo dependem da suposição de que o modelo também é válido nesse caso.

c) Admitindo que o preço de venda é de R$ 20,00 por unidade, qual a menor quantidade de cadeiras que deve ser produzida para que o lucro seja positivo?

7) Os dados disponíveis no arquivo **profilaxia** são provenientes de um estudo realizado na Faculdade de Odontologia da Universidade de São Paulo para avaliar o efeito do uso contínuo de uma solução para bochecho no pH da placa bacteriana dentária. O pH da placa dentária retirada de 21 voluntários, antes e depois de um período de uso de uma solução para bochecho, foi avaliado ao longo de 60 minutos após a adição de sacarose ao meio em que as unidades experimentais foram colocadas.

a) Construa um gráfico de perfis para os dados obtidos antes do período de uso da solução para bochecho. Obtenha a matriz de covariâncias, bem como o gráfico do desenhista correspondente.

b) Concretize as solicitações do item a) para os dados obtidos após a utilização da solução para bochecho.

c) Construa gráficos de perfis médios para os dados obtidos antes e depois da utilização da solução para bochecho colocando-os no mesmo painel.

d) Com base nos resultados dos itens a)–c), proponha um modelo de regressão polinomial que permita a comparação dos parâmetros correspondentes.

8) Os dados disponíveis no arquivo **esforco** são oriundos de um estudo realizado na Faculdade de Medicina da Universidade de São Paulo para avaliar pacientes com insuficiência cardíaca. Foram estudados 87 pacientes com algum nível de insuficiência cardíaca, avaliada pelo critério NYHA, além de 40 pacientes controle (coluna K). Para cada paciente foram registradas algumas características físicas (altura, peso, superfície corporal, idade, sexo). Eles foram submetidos a um teste de esforço cardiopulmonar em cicloergômetro em que foram medidos a frequência cardíaca, o consumo de oxigênio, o equivalente ventilatório de oxigênio, o equivalente ventilatório de dióxido de carbono, o pulso de oxigênio e a pressão parcial de dióxido de carbono ao final da expiração, em três momentos diferentes: no limiar anaeróbio, no ponto de compensação respiratória e no pico do exercício.

Ajuste um modelo linear tendo como variável resposta o consumo de oxigênio no pico do exercício (coluna AW) e como variáveis explicativas a carga na esteira ergométrica (coluna AU), a classificação NYHA (coluna K) além de frequência cardíaca (coluna AV), razão de troca respiratória (coluna AX), peso (coluna H), sexo (coluna D) e idade (coluna F). Com essa finalidade, você deve:

a) Construir gráficos de dispersão convenientes.

b) Interpretar os diferentes parâmetros do modelo.

c) Estimar os parâmetros do modelo e apresentar os respectivos erros padrões.

    d) Avaliar a qualidade do ajuste do modelo por meio de gráficos de diagnóstico (resíduos, QQ, distância de Cook etc.).

    e) Identificar as variáveis significativas.

    f) Reajustar o modelo com base nas conclusões do item e) e avaliar o seu ajuste.

    g) Apresentar conclusões evitando jargão técnico.

9) Considere a seguinte reta de regressão ajustada a um conjunto de dados em que se pretendia estimar o volume de certos recipientes (V) a partir de seus diâmetros (D): $E(V) = 7{,}68 + 0{,}185D$.

Verifique se as afirmações a seguir estão corretas, justificando sua resposta:

    a) O volume esperado não pode ser estimado a partir do diâmetro.

    b) O coeficiente de correlação linear entre as duas variáveis é nulo.

    c) Há um aumento médio de 0,185 unidade no volume com o aumento de uma unidade de diâmetro.

    d) O valor estimado do volume é 7,68 unidades para diâmetros iguais a 1 unidade.

10) Os dados a seguir são provenientes de uma pesquisa cujo objetivo é avaliar o efeito da dosagem de uma certa droga (X) na redução de pressão arterial (Y) de pacientes hipertensos.

Homens		Mulheres	
Dose	Redução de pressão	Dose	Redução de pressão
1	3	2	4
3	5	3	7
4	9	5	11
6	15	6	14
		6	13

O pesquisador sugeriu o seguinte modelo para a análise dos dados

$$y_{ij} = \alpha_i + \beta(x_{ij} - \bar{x}) + e_{ij}$$

$i = 1{,}2$, $j = 1, \ldots, n_i$ em que os erros e_{ij} seguem distribuições $N(0, \sigma^2)$ independentes e $\bar{x}$ denota a dose média empregada no estudo.

    a) Interprete os parâmetros do modelo.

    b) Escreva o modelo na forma matricial.

11) Para avaliar o efeito da dose (D) de uma certa droga na redução da pressão arterial $(RedPA)$ controlando o sexo (S) do paciente, o seguinte modelo de regressão foi ajustado a um conjunto de dados:

$$E(RedPA) = 2 + 0{,}3S + 1{,}2(D - 10)$$

em que $S = 0$ (Masculino) e $S = 1$ (Feminino). Verifique se as afirmações a seguir estão corretas, justificando sua resposta:

    a) A redução esperada da PA (mmHg) para uma dose de 20 mg é igual para homens e mulheres.

    b) Com dose de 10 mg, a redução de PA esperada para mulheres é menor do que para homens.

c) O coeficiente da variável Sexo não poderia ser igual a 0,3.

d) Uma dose de 20 mg reduz a PA esperada para homens de 12 mmHg.

12) O gráfico QQ da Figura 6.36 corresponde ao ajuste de um modelo de regressão linear múltipla.

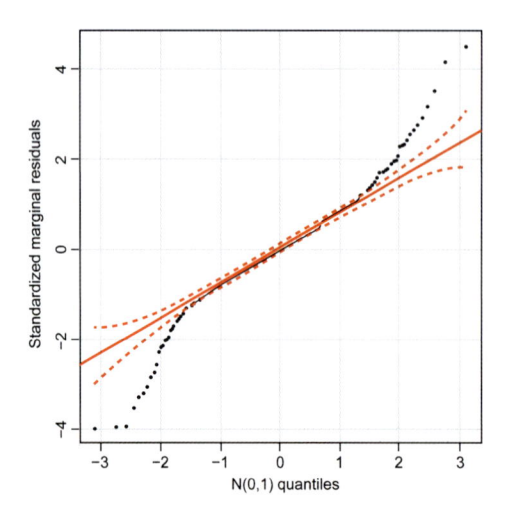

Figura 6.36 Gráfico QQ correspondente ao ajuste de um modelo de regressão linear múltipla.

Pode-se afirmar que:

a) Há indicações de que a distribuição dos erros é Normal.

b) Há evidências de que a distribuição dos erros é assimétrica.

c) Há evidências de que a distribuição dos erros tem caudas mais leves do que aquelas da distribuição Normal.

d) Há evidências de que a distribuição dos erros tem caudas mais pesadas que aquelas da distribuição Normal.

e) Nenhuma das anteriores.

13) Os dados da tabela a seguir foram obtidos de um estudo cujo objetivo era avaliar a relação entre a quantidade de um certo aditivo (X) e o tempo de vida (Y) de um determinado alimento. Os valores substituídos por ? ficaram ilegíveis depois que o responsável pelo estudo derramou café sobre eles.

X (g/kg)	5	10	15	20	30
Y (dias)	3.2	?	?	?	?

Um modelo de regressão linear simples (com a suposição de normalidade e independência dos erros) foi ajustado aos dados gerando os seguintes resultados:

Tabela de ANOVA

Fonte de variação	gl	SQ	QM	F	Valor-p
Regressão	1	42,30	42,30	156,53	0,001
Resíduo	3	0,81	0,27		
Total	4	43,11			

Intervalos de confiança (95%)

Parâmetro	Limite inferior	Limite superior
Intercepto	−0,19	2,93
X	0,25	0,42

Resíduos

Observação	Resíduos
1	0,14
2	−0,55
3	0,66
4	−0,23
5	−0,01

$$(\mathbf{X}^t\mathbf{X})^{-1} = \begin{pmatrix} 0{,}892 & -0{,}043 \\ -0{,}043 & 0{,}003 \end{pmatrix}$$

a) Escreva o modelo na forma matricial e interprete seus parâmetros.

b) Construa um intervalo de confiança para o valor esperado do tempo de vida do produto quando a quantidade de aditivo utilizada é de 25 g/kg.

c) Construa um intervalo de previsão para o valor do tempo de vida do produto quando a quantidade de aditivo utilizada é de 25 g/kg.

d) Reconstrua a tabela dos dados, isto é, calcule os valores de Y substituídos por ?.

Nota: o quantil de ordem 97,5% da distribuição t com 3 graus de liberdade é 3,182.

14) Considere o modelo ajustado para o Exemplo 6.3 e avalie a qualidade do ajuste utilizando todas as técnicas de diagnóstico discutidas neste capítulo.

15) Considere o modelo

$$y_i = \beta x_i + e_i, \quad i = 1, \ldots, n$$

em que $\mathrm{E}(e_i) = 0$ e $\mathrm{Var}(e_i) = \sigma^2$ são erros aleatórios não correlacionados.

a) Obtenha o estimador de mínimos quadrados de β e proponha um estimador não enviesado para σ^2.

b) Especifique a distribuição aproximada do estimador de β.

c) Especifique um intervalo de confiança aproximado para o parâmetro β com coeficiente de confiança γ, $0 < \gamma < 1$.

16) Considere o modelo especificado no Exercício 14 e mostre que o parâmetro β corresponde à variação esperada para a variável Y por unidade de variação da variável X.

Sugestão: subtraia $\mathrm{E}(y_i|x_i)$ de $\mathrm{E}(y_i|x_i + 1)$.

17) Mostre que $SQ\mathrm{Tot} = SQ\mathrm{Res} + SQ\mathrm{Reg}$.

18) Para estudar a associação entre gênero (1 = Masc, 0 = Fem) e idade (anos) e a preferência (1 = sim, 0 = não) pelo refrigerante Kcola, o seguinte modelo de regressão logística foi ajustado aos dados de 50 crianças escolhidas ao acaso:

$$\log\left\{\frac{\pi_i(x_i, w_i)}{1 - \pi_i(x_i, w_i)}\right\} = \alpha + \beta x_i + \gamma(w_i - 5),$$

em que x_i (w_i) representa o gênero (idade) da i-ésima criança e $\pi_i(x_i, w_i)$ a probabilidade de uma criança do gênero x_i e idade w_i preferir Kcola. As seguintes estimativas para os parâmetros foram obtidas:

Parâmetro	Estimativa	Erro padrão	Valor-p
α	0,69	0,12	< 0,01
β	0,33	0,10	< 0,01
γ	−0,03	0,005	< 0,01

a) Interprete os parâmetros do modelo por intermédio de chances e razões de chances.

b) Com as informações mostradas, estime a razão de chances de preferência por Kcola correspondente à comparação de crianças do mesmo gênero com 10 e 15 anos.

c) Construa intervalos de confiança (com coeficiente de confiança aproximado de 95%) para $\exp(\beta)$ e $\exp(\gamma)$ e traduza o resultado em linguagem não técnica.

d) Estime a probabilidade de meninos com 15 anos preferirem Kcola.

19) Mostre que as expressões (6.29) e (6.30) são equivalentes e que garantem que a probabilidade de que $Y = 1$ estará no intervalo (0, 1) independentemente dos valores de α, β e x_i.

20) Mostre que o parâmetro β no modelo (6.29) corresponde ao logaritmo da razão de chances de resposta positiva para pacientes com diferença de uma unidade na variável explicativa.

21) A Tabela 6.17 contém dados de uma investigação cujo objetivo era estudar a relação entre a duração de diabetes e a ocorrência de retinopatia (uma moléstia dos olhos). Ajuste um modelo de regressão logística para avaliar a intensidade dessa relação.

Sugestão: considere o ponto médio de cada intervalo como valor da variável explicativa.

Tabela 6.17 Frequências de retinopatia

Duração do Diabetes (anos)	Retinopatia	
	Sim	Não
0 − 2	17	215
3 − 5	26	218
6 − 8	39	137
9 − 11	27	62
12 − 14	35	36
15 − 17	37	16
18 − 20	26	13
21 − 23	23	15

22) Considere os dados do arquivo `endometriose2`. Com objetivo inferencial, ajuste um modelo de regressão logística, tendo `endometriose` como variável resposta e `idade`, `dormenstrual`, `dismenor-reia` e `tipoesteril` como variáveis explicativas. Interprete os coeficientes do modelo em termos de chances e razões de chances.

ANÁLISE DE SOBREVIVÊNCIA

All models are wrong, but some are useful.

George Box

7.1 Introdução

Análise de Sobrevivência lida com situações em que o objetivo é avaliar o tempo decorrido até a ocorrência de um ou mais eventos, como a morte ou cura de pacientes submetidos a um certo tratamento, a quebra de um equipamento mecânico ou o fechamento de uma conta bancária. Em Engenharia, esse tipo de problema é conhecido sob a denominação de **Análise de Confiabilidade**.

Nesse domínio, duas características são importantes: as definições do tempo de sobrevivência e do evento, também chamado de **falha**.[1] Nosso objetivo aqui é apresentar os principais conceitos envolvidos nesse tipo de análise. O leitor pode consultar Colosimo e Giolo (2006) ou Lee e Wang (2003), entre outros, para uma exposição mais detalhada.

Um dos problemas encontrados em estudos de sobrevivência é que nem sempre o instante de ocorrência do evento e, consequentemente, o tempo exato de sobrevivência, são conhecidos. Essa característica é chamada de **censura** (à direita). No entanto, sabe-se que o tempo é maior que um determinado valor chamado de **tempo de censura** (veja a Nota 1). No caso de estudos na área de saúde, possíveis razões para censura são:

i) o evento não ocorre antes do fim do estudo;

ii) há perda de contato com o paciente durante o estudo;

iii) o paciente sai do estudo por outros motivos (morte por outra razão/fim do tratamento em razão de efeitos colaterais etc.).

Por esse motivo, em estudos de sobrevivência, a variável resposta é definida pelo par (T, δ), em que T é o tempo associado à unidade amostral, que pode corresponder a uma falha se o indicador de censura

---

[1] Apesar dessa terminologia, falha pode ter tanto uma conotação negativa, como a morte de um paciente, quanto positiva, como a sua cura.

δ tiver valor 1, ou a uma censura se o indicador δ tiver valor 0. Um exemplo de organização de dados dessa natureza está apresentado na Tabela 7.1.

Tabela 7.1 Modelo para organização de dados censurados

Unidade amostral	Tempo	Censura
A	5,0	1
B	12,0	0
C	3,5	0
D	8,0	0
E	6,0	0
F	3,5	1

Na Tabela 7.1, há indicação de que a unidade amostral A falhou no tempo 5,0, de que a unidade amostral B não falhou até o tempo 12,0 e foi censurada nesse instante.

Um esquema indicando a estrutura de dados de sobrevivência está disposto na Figura 7.1, em que t_0 e t_c indicam, respectivamente, os instantes de início e término do estudo. Os casos com $\delta = 1$ indicam falhas e aqueles com $\delta = 0$ indicam censuras.

Para caracterizar a variável resposta (que é positiva), usualmente emprega-se a **função de sobrevivência** definida como

$$S(t) = P(T > t) = 1 - P(T \leq t) = 1 - F(t)$$

em que $F(t)$ é a função distribuição acumulada da variável T. Essencialmente, a função de sobrevivência, calculada no instante t, é a probabilidade de sobrevivência por mais do que t. Uma representação gráfica da função de sobrevivência está apresentada na Figura 7.2.

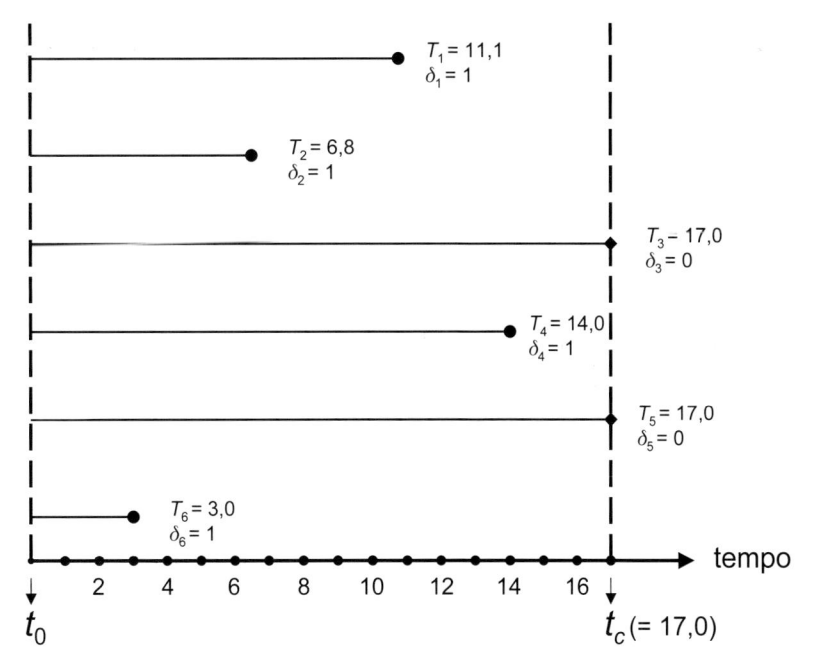

Figura 7.1 Representação esquemática de dados de sobrevivência.

Na prática, como os tempos em que ocorrem falhas são medidos como variáveis discretas, a função de sobrevivência tem o aspecto indicado na Figura 7.3. Os "saltos" ocorrem nos instantes em que há falhas. Em muitos casos, as censuras também são representadas nesse tipo de gráfico, como veremos adiante.

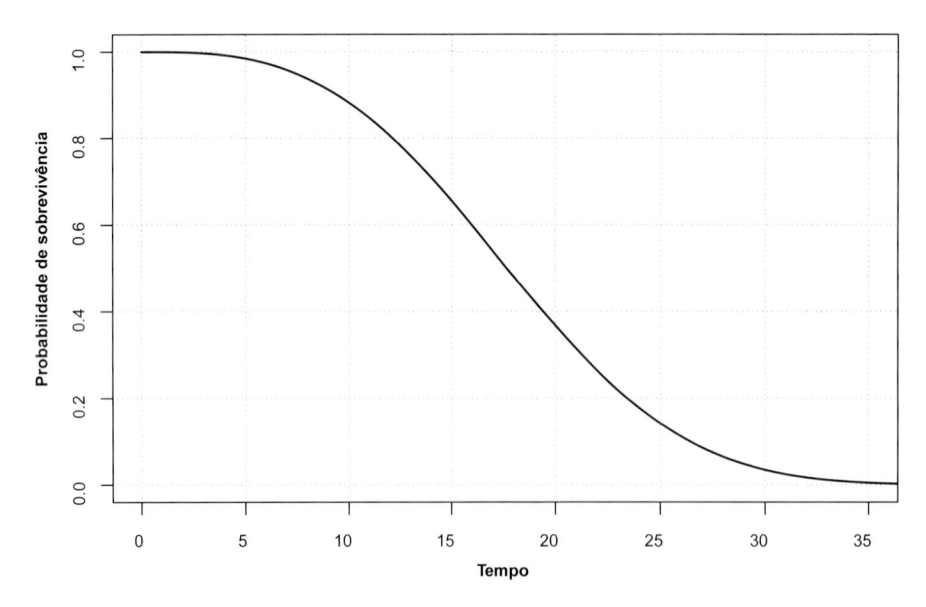

Figura 7.2 Função de sobrevivência teórica.

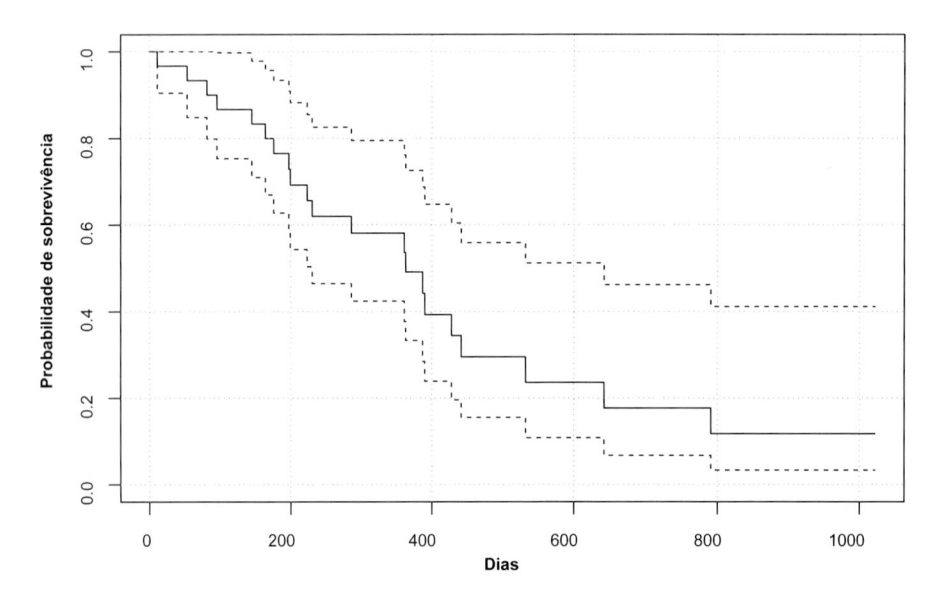

Figura 7.3 Função de sobrevivência observada.

Outra função de interesse na análise de dados de sobrevivência é a **função de risco** (*hazard function*) também conhecida como **função de taxa de falhas**, definida como

$$h(t) = \lim_{dt \to 0} \frac{P(t \leq T < t + dt | T \geq t)}{dt} \approx \frac{P(T = t)}{P(T > t)}.$$

Essa função corresponde ao "potencial instantâneo de ocorrência do evento de interesse por unidade de tempo, dado que a falha não ocorreu até o instante t", ou seja, "ao risco de ocorrência do evento de interesse no instante t para uma unidade amostral ainda não sujeita ao evento". Note que $h(t) \geq 0$ e não tem um valor máximo. Na prática, essa função dá uma ideia do comportamento da taxa condicional de falha e fornece informação para a escolha de um modelo probabilístico adequado ao fenômeno estudado.

Exemplos de funções de risco com diferentes padrões estão apresentados na Figura 7.4. No painel a), o risco de falha é constante e corresponde ao risco para pessoas sadias, por exemplo; nesse caso, um modelo probabilístico adequado é o **modelo exponencial**. No painel b), o risco de falha decresce com o tempo e usualmente é empregado para representar riscos pós-cirúrgicos; um modelo probabilístico adequado nesse caso é um modelo **modelo Weibull**. No painel c), o risco de falha cresce com o tempo e usualmente é empregado para representar o risco para pacientes com alguma doença grave; um modelo probabilístico adequado também é um modelo Weibull. No painel d), inicialmente o risco de falha cresce e posteriormente decresce, sendo adequado para situações em que um tratamento tem um certo tempo para fazer efeito, por exemplo; um modelo probabilístico adequado nesse caso é o **modelo log-normal**.

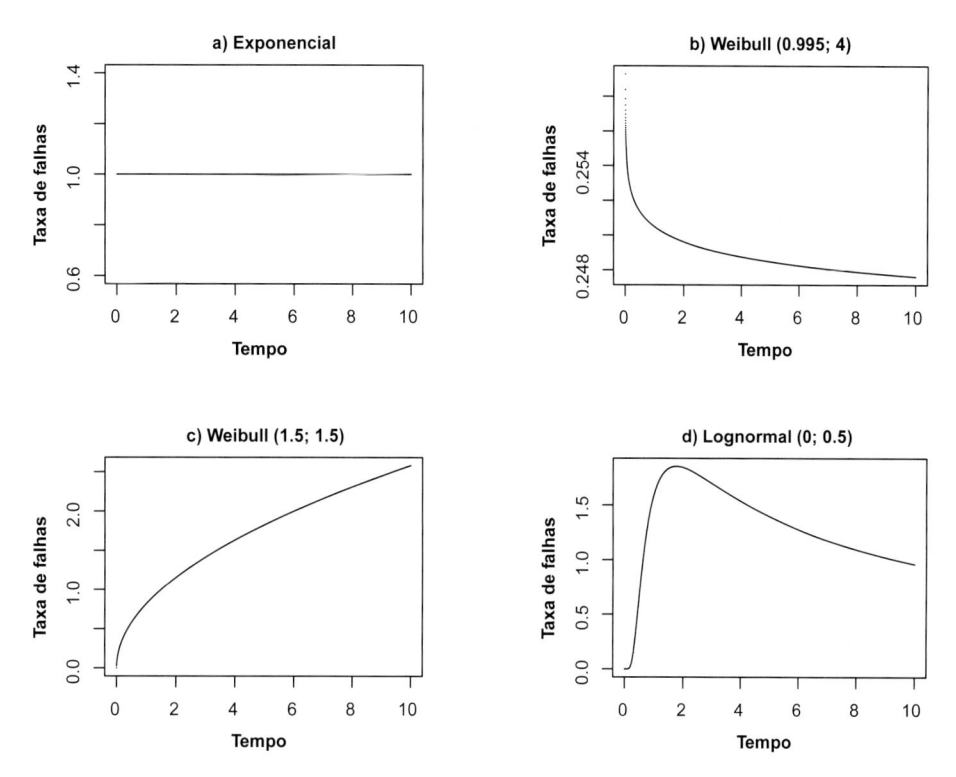

Figura 7.4 Exemplos de funções de risco.

As funções de sobrevivência e de risco contêm a mesma informação e cada uma delas pode ser obtida a partir da outra por meio das relações

$$h(t) = -\frac{S'(t)}{S(t)} \quad e \quad S(t) = \exp[-\int_0^t h(s)ds]$$

em que $S'(t)$ indica a derivada de S calculada no instante t.

A **função de risco acumulado** (ou de **taxa de falhas acumuladas**) é definida como

$$H(t) = \int_0^t h(s)ds.$$

Os objetivos operacionais da Análise de Sobrevivência são:

a) estimar e interpretar a função de sobrevivência;

b) interpretar funções de risco;

c) comparar funções de sobrevivência (ou funções de risco);

d) averiguar a contribuição de fatores de interesse (variáveis explicativas) para a ocorrência de falhas.

7.2 Estimação da função de sobrevivência

Para dados não censurados, a função distribuição empírica da variável T é

$$\widehat{F}(t) = \frac{\text{número de observações} \leq t}{\text{número de observações}}$$

e, consequentemente, um estimador da função de sobrevivência é $\widehat{S}(t) = 1 - \widehat{F}(t)$. Para dados censurados, o **estimador de Kaplan-Meier**, também conhecido como **estimador do limite de produtos** (*product limit estimator*), é o mais utilizado na prática e é baseado na representação da sobrevivência em um instante t como um produto de probabilidades condicionais de sobrevivência a intervalos de tempo disjuntos anteriores a t. Consideremos um exemplo em que o tempo até a cura de uma moléstia é medido em dias e que ocorreram falhas nos instantes $t = 2$, $t = 5$ e $t = 8$; a função de sobrevivência calculada no dia 10 (aqui interpretada como a probabilidade de cura após o décimo dia) pode ser calculada a partir de

$$\begin{aligned}
S(10) &= P(T > 10) \\
&= P(T > 10 \cap T > 8) \\
&= P(T > 10 | T > 8) P(T > 8) \\
&= P(T > 10 | T > 8) P(T > 8 | T > 5) P(T > 5) \\
&= P(T > 10 | T > 8) P(T > 8 | T > 5) P(T > 5 | T > 2) P(T > 2).
\end{aligned}$$

Considerando os instantes de falha ordenados, $t_{(0)} \leq t_{(1)} \leq \ldots \leq t_{(n)}$, definindo $t_{(0)} = t_0 = 0$ como o início do estudo, e que $S(0) = P(T > 0) = 1$, podemos generalizar esse resultado, obtendo

$$S[t_{(j)}] = \prod_{i=1}^{j} P[T > t_{(i)} | P(T > t_{(i-1)}].$$

Na prática, para a estimação da função de sobrevivência, os instantes ordenados $t_{(j)}$ de interesse são aqueles em que ocorreram falhas ou censuras. Definindo $R[t_{(i)}]$ como o número de unidades em risco no instante $t_{(i)}$, isto é, para as quais o evento de interesse não ocorreu ou que não foram censuradas até o instante imediatamente anterior a $t_{(i)}$, e M_i como o número de falhas ocorridas exatamente nesse instante, uma estimativa da probabilidade de que uma unidade sobreviva ao instante $t_{(i)}$ é

$$P(T > t_{(i)}) = \{R[t_{(i)}] - M_i\}/R[t_{(i)}] = 1 - M_i/R[t_{(i)}].$$

Nesse contexto, o estimador de Kaplan-Meier para a curva de sobrevivência é definido como

$$\widehat{S}(t) = 1 \ \text{ se } \ t < t_{(1)}$$

e

$$\widehat{S}(t) = \prod_{t_{(i)} < t} \{1 - M_i/R[t_{(i)}]\} \ \text{ se } \ t_{(i)} < t.$$

A variância desse estimador pode ser estimada pela **fórmula de Greenwood**

$$\widehat{\text{Var}}[\widehat{S}(t)] = [\widehat{S}(t)]^2 \sum_{t_{(i)} < t} \frac{M_i}{R[t_{(i)}]\{R[t_{(i)}] - M_i\}}.$$

Para detalhes, consulte Lee e Wang (2003), entre outros. O **tempo médio de acompanhamento limitado à duração do estudo (T)** é definido como

$$\mu_T = \int_0^T S(t) dt$$

e pode ser estimado pela área sob a curva baseada no estimador de Kaplan-Meier,

$$\widehat{\mu}_T = \sum_{t_{(k)} \leq T} \widehat{S}(t_{(k-1)})[t_{(k)} - t_{(k-1)}].$$

O tempo médio de acompanhamento, $\widehat{\mu}_T$, corresponde à soma das áreas dos retângulos cujas bases são os *plateaux* definidos pelas falhas consecutivas no gráfico de $\widehat{S}(t)$ (veja a Nota 2 e a Figura 7.3). Um estimador da variância de $\widehat{\mu}_T$ é

$$\widehat{\text{Var}}(\widehat{\mu}_T) = \sum_{j=1}^{D} \left\{ \sum_{i=j}^{D} [\widehat{S}(t_{(i)})[t_{(i+1)} - t_{(i)}]^2 \frac{M_j}{R_{(j)}[R_{(j)} - M_j]} \right\}$$

em que $R[t_{(j)}]$ representa o número de unidades em risco, M_j é o número de falhas ocorridas exatamente nesse instante e D representa o número de instantes distintos em que ocorreram eventos.

Além disso, um estimador do **tempo mediano de sobrevivência** é

$$\widehat{t}_{\text{med}} = \{\inf t : \widehat{S}(t) \leq 0,5\}$$

ou seja, é o menor valor de t para o qual o valor da função de sobrevivência $\widehat{S}(t)$ é menor ou igual a 0,5. De uma forma mais geral, um estimador do p-ésimo quantil ($0 < p < 1$) do tempo de sobrevivência é $\widehat{t}_p = \{\inf t : \widehat{S}(t) \leq 1 - p\}$. Expressões para as correspondentes variâncias são bastante complicadas e não são indicadas neste texto. Em geral, os pacotes computacionais calculam intervalos de confiança para os quantis.

Exemplo 7.1 Consideremos um conjunto de $n = 21$ unidades para as quais os tempos de falhas ou censuras (representadas por +) são 6, 6, 6, 7, 10, 13, 16, 22, 23, 6+, 9+, 10+, 11+, 17+, 19+, 20+, 25+, 32+, 32+, 34+, 35+. O formato usual para apresentação desses dados é aquele da Tabela 7.2.

Tabela 7.2 Formato usual para apresentação dos dados do Exemplo 7.1

ident	tempo	evento	ident	tempo	evento
1	6	1	12	17	0
2	6	1	13	19	0
3	6	1	14	20	0
4	6	0	15	22	1
5	7	1	16	23	1
6	9	0	17	25	0
7	10	1	18	32	0
8	10	0	19	32	0
9	11	0	20	34	0
10	13	1	21	35	0
11	16	1			

Para efeito do cálculo do estimador de Kaplan-Meier, convém dispor os dados com o formato das quatro primeiras colunas da Tabela 7.3.

Para os dados da Tabela 7.3, o gráfico da função de sobrevivência estimada pelo método de Kaplan-Meier está apresentado na Figura 7.5. Os "saltos" representam as falhas e as cruzes representam as censuras.

Tabela 7.3 Formato apropriado para cálculo do estimador de Kaplan-Meier (Exemplo 7.1)

j	Tempo $t_{(j)}$	Falhas em $t_{(j)}$	Censuras em $(t_{(j-1)},t_{(j)})$	Unidades em risco $(R[t_{(j)}])$	$\widehat{S}[t_{(j)}]$
0	0	0	0	21	1
1	6	3	0	21	$1 \times 18/21 = 0{,}86$
2	7	1	1	$17 = 21 - (3+1)$	$0{,}86 \times 16/17 = 0{,}81$
3	10	1	1	$15 = 17 - (1+1)$	$0{,}81 \times 14/15 = 0{,}75$
4	13	1	2	$12 = 15 - (1+2)$	$0{,}75 \times 11/12 = 0{,}69$
5	16	1	0	$11 = 12 - (1+0)$	$0{,}69 \times 10/11 = 0{,}63$
6	22	1	3	$7 = 11 - (1+3)$	$0{,}63 \times 6/7 = 0{,}54$
7	23	1	0	$6 = 7 - (1+0)$	$0{,}54 \times 5/6 = 0{,}45$

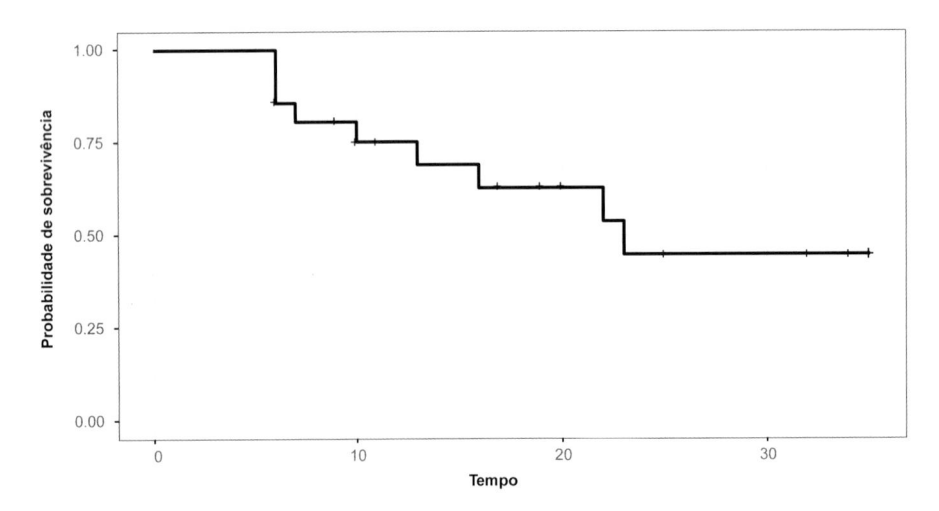

Figura 7.5 Curva de sobrevivência estimada para o Exemplo 7.1.

Esse gráfico, bem com medidas resumo para os dados, pode ser obtido por meio das funções `Surv()`, `survfit()` e `ggsurvplot()` dos pacotes `survival` e `survminer` conforme os comandos:

```
> surv_object <- Surv(time = dados$tempo, event = dados$evento)
> mod1 <- survfit(surv_object ~ 1, data = dados)
> print(mod1, rmean = 35)
          n     events     *rmean *se(rmean)      median
      21.00      9.00      23.29       2.83       23.00
    * restricted mean with upper limit =   35
summary(mod1)
time n.risk n.event survival std.err lower 95% CI upper 95% CI
    6     21       3    0.857  0.0764        0.720        1.000
    7     17       1    0.807  0.0869        0.653        0.996
   10     15       1    0.753  0.0963        0.586        0.968
   13     12       1    0.690  0.1068        0.510        0.935
   16     11       1    0.627  0.1141        0.439        0.896
   22      7       1    0.538  0.1282        0.337        0.858
   23      6       1    0.448  0.1346        0.249        0.807

> km <- ggsurvplot(mod1, data = dados, xlab = "Tempo",
      ylab = "Probabilidade de Sobrevivência",
```

```
legend = 'none' , conf.int = F, palette = 'black',
ggtheme = theme_bw() + theme(aspect.ratio = 0.5),
    font.x = c(18), font.y = c(18), font.tickslab = c(16))
```

Os resultados indicam que o tempo médio de sobrevivência (limitado a tempo = 35) é 23,3 (com erro padrão 2,8) e o tempo mediano de sobrevivência é 23,0.

Exemplo 7.2 Em um estudo realizado no Instituto de Ciências Biológicas (ICB) da Universidade de São Paulo, o objetivo era verificar se lesões em áreas do sistema nervoso de ratos influenciam o padrão de memória. Com essa finalidade, três grupos de ratos foram submetidos a diferentes tipos de cirurgias, a saber,

GRUPO 1: em que lesões pequenas foram induzidas no giro denteado dorsal (região supostamente envolvida com memória espacial);

GRUPO 2: em que lesões pequenas foram induzidas no giro denteado ventral;

GRUPO 3: (controle) em que apenas o trauma cirúrgico (sem lesões induzidas) foi aplicado.

Após a recuperação da cirurgia, os ratos foram submetidos a um treinamento em que eram deixados em uma piscina de água turva contendo uma plataforma fixa. Se não encontrasse a plataforma em até 2 minutos, o rato era conduzido até ela. Após uma semana, mediu-se o tempo até o rato encontrar a plataforma. Nesse estudo, a variável resposta é o tempo até o encontro da plataforma (evento ou falha). A origem do tempo é o instante em que o animal é colocado na piscina. A censura ocorreu para os animais que não encontraram a plataforma em até 2 minutos. Os dados estão disponíveis no arquivo `piscina`.

Estimativas para as curvas de sobrevivência referentes ao Exemplo 7.2 estão dispostas na Figura 7.6 e estatísticas daí decorrentes, na Tabela 7.4. Os comandos utilizados para a obtenção desses resultados são

```
> surv_object <- Surv(time = ratos$Tempo, event = ratos$Delta)
> mod1 <- survfit(surv_object ~ ratos$Grupo, data = ratos)
> summary(mod1)
> print(survfit(surv_object ~ ratos$Grupo, data = ratos), print.rmean=TRUE)
> quant <- quantile(mod1, probs = c(0.25, 0.5, 0.75))
> km <- ggsurvplot(mod1, data = ratos, xlab = "Segundos",
ylab = "Probabilidade de Sobrevivência",
conf.int = F, palette = 'colors', legend = c(0.7, 0.7),
legend.title = "Grupo",
legend.labs = c("Giro denteado dorsal", "Giro denteado ventral", "Controle"), break.x.by = 10,
ggtheme = theme_bw() + theme(aspect.ratio = 0.6),
font.x = c(20), font.y = c(20), font.tickslab = c(18),
font.legend = c(18))
```

Tabela 7.4 Medidas resumo com erros padrões ou intervalos de confiança aproximados (95%) entre parênteses (Exemplo 7.2)

Tratamento	Censuras	Tempo médio	Primeiro quartil	Tempo mediano	Terceiro quartil
Grupo 1	10,0%	39,5 (3,5)	11	26 (17-33)	49
Grupo 2	7,6%	33,3 (2,8)	11	18 (15-25)	48
Grupo 3	5,5%	28,6 (3,0)	9	14 (11-19)	38

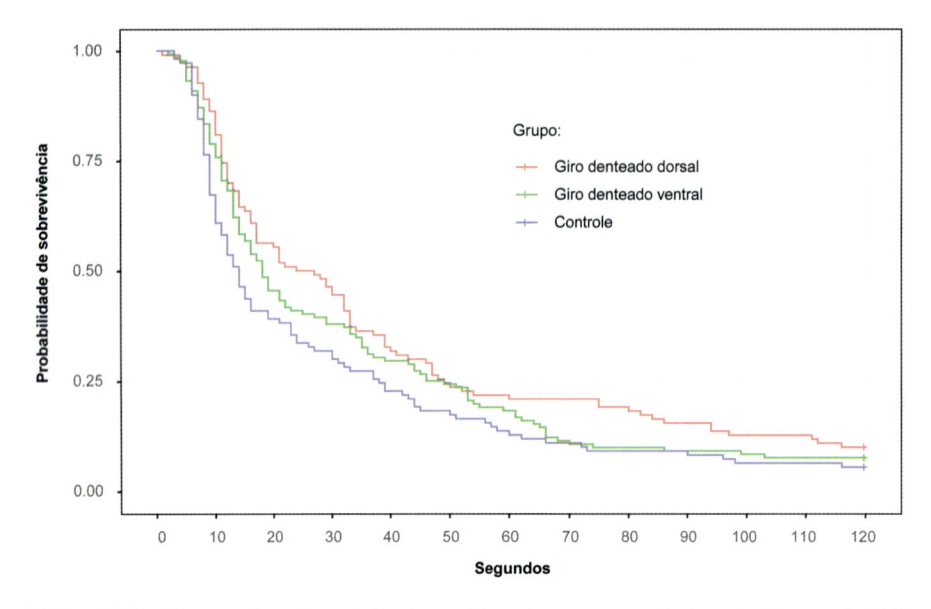

Figura 7.6 Curvas de sobrevivências estimadas para os dados do Exemplo 7.2.

Em muitos casos, os arquivos com dados de sobrevivência contêm as datas de início do estudo e ocorrência do evento de interesse ou de censura e essas datas precisam ser transformadas em intervalos de tempo.

Exemplo 7.3 Os dados disponíveis no arquivo `hiv` foram obtidos de um estudo cujo objetivo era avaliar o efeito do uso de drogas intravenosas no tempo de sobrevivência de pacientes HIV positivos e têm o formato indicado na Tabela 7.5.

Tabela 7.5 Formato dos dados correspondentes ao Exemplo 7.3

ident	datainicio	datafim	idade	droga	delta
1	15mai90	14out90	46	0	1
2	19set89	20mar90	35	1	0
3	21abr91	20dez91	30	1	1
4	03jan91	04abr91	30	1	1
⋮	⋮	⋮	⋮	⋮	⋮
98	02abr90	01abr95	29	0	0
99	01mai91	30jun91	35	1	0
100	11mai89	10jun89	34	1	1

Nesse exemplo, a variável `delta` = 1 indica a ocorrência do evento (óbito) e `delta` = 0, uma censura. A primeira dificuldade é ler as datas no formato indicado utilizando alguma função do R. Uma sugestão é utilizar o comando *find/replace* ou equivalente na própria planilha em que os dados estão disponíveis e substituir **jan** por **/01/**, por exemplo. Em seguida, pode-se utilizar a função `as.Date()` para transformar as datas exibidas no formato **dd/mm/aa** no número de dias desde 01 de janeiro de 1970, com datas anteriores assumindo valores negativos, deixando os dados no formato indicado na Tabela 7.1. Consequentemente, o intervalo de tempo entre as datas de início do estudo e aquela de ocorrência do evento ou de censura pode ser calculado por diferença. A partir daí podem-se utilizar as mesmas funções empregadas para análise do dados do Exemplo 7.2 para gerar as curvas de Kaplan-Meier dispostas na Figura 7.7.

Tabela 7.6 Estatísticas descritivas com erros padrões ou intervalos de confiança entre parênteses para os dados do Exemplo 7.3

Tratamento	Censuras	Tempo médio	Primeiro quartil	Tempo mediano	Terceiro quartil
Droga A	17,6%	20,3 (2,9)	5,1	11,1 (8,1 − 30,4)	34,5
Droga B	22,4%	8,4 (2,6)	3,0	5,1 (3,0 − 7,1)	8,1

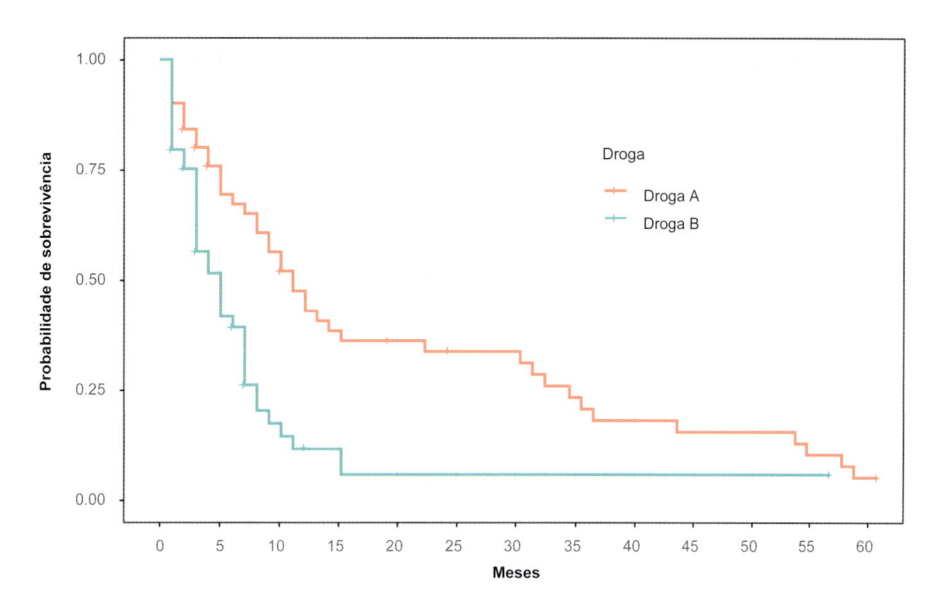

Figura 7.7 Curvas de sobrevivência estimadas para o Exemplo 7.3.

7.3 Comparação de curvas de sobrevivência

Um dos problemas oriundos de estudos como aquele descrito nos Exemplos 7.2 e 7.3 é a comparação das curvas de sobrevivência associadas aos tratamentos. Para efeito didático, simplifiquemos o problema, restringindo-nos à comparação das curvas de sobrevivência de dois grupos. Essencialmente, queremos saber se, com base nas curvas de Kaplan-Meier, $\widehat{S}_1(t)$ e $\widehat{S}_2(t)$, obtidas de duas amostras, podemos concluir que as curvas de sobrevivência $S_1(t)$ e $S_2(t)$, associadas às populações de onde as amostras foram selecionadas, são iguais. Uma alternativa disponível para esse propósito é o teste *log rank*, baseado na comparação de valores esperados e observados.

Sejam $t_{(j)}$, $j = 1, \ldots, J$ os tempos ordenados em que ocorreram falhas em qualquer dos dois grupos. Para cada um desses tempos, sejam R_{1j} e R_{2j} os números de unidades em risco nos grupos 1 e 2, respectivamente, e seja $R_j = R_{1j} + R_{2j}$. Similarmente, sejam O_{1j} e O_{2j}, respectivamente, os números de falhas nos grupos 1 e 2 no tempo $t_{(j)}$ e seja $O_j = O_{1j} + O_{2j}$. Dado que o número de falhas (em ambos os grupos) ocorridas no tempo $t_{(j)}$ é O_j, a estatística O_{1j} tem uma distribuição hipergeométrica quando a hipótese de igualdade das funções de sobrevivência é verdadeira. Sob essas condições, o valor esperado e a variância de O_{1j} são, respectivamente,

$$\mathrm{E}(O_{1j}) = E_{1j} = O_{1j}\frac{O_j}{R_j} \quad \text{e} \quad \mathrm{Var}(O_{1j}) = V_j = \frac{O_j(R_{1J}/R_j)(R_j - O_j)}{R_j - 1}.$$

A estatística *log rank* de teste,

$$LR = \frac{\sum_{j=1}^{J} [O_{1j} - E_{1j}]^2}{\sum_{j=1}^{J} V_j},$$

tem uma distribuição aproximada χ_1^2 (qui-quadrado com um grau de liberdade) sob a hipótese nula.

A comparação das curvas de sobrevivência correspondentes aos efeitos das duas drogas consideradas no Exemplo 7.3 pode ser concretizada por meio do comando

```
> survdiff(Surv(hiv$tempomeses,hiv$delta) ~ hiv$droga)
```

cujo resultado é

```
            N Observed Expected (O-E)^2/E (O-E)^2/V
hiv$droga=0 51       42     54.9      3.02      11.9
hiv$droga=1 49       38     25.1      6.60      11.9
 Chisq= 11.9  on 1 degrees of freedom, p= 6e-04
```

sugerindo uma diferença significativa ($p < 0{,}001$) entre as curvas (populacionais) associadas.

Extensões desse teste para a comparação de três ou mais curvas de sobrevivência, assim como outros testes construídos para os mesmos propósitos, podem ser encontrados nas referências citadas no início deste capítulo. Para o Exemplo 7.2, a estatística de teste obtida com essa generalização tem valor 6,4 que, comparado com uma distribuição qui-quadrado com 2 graus de liberdade, sugere que as curvas de sobrevivência (populacionais) associadas aos três grupos são diferentes ($p = 0{,}041$).

7.4 Regressão para dados de sobrevivência

Problemas em que o objetivo é avaliar o efeito de variáveis explicativas na distribuição do tempo de falhas (sobrevivência) são similares àqueles tratados no Capítulo 6, com a diferença de que a variável resposta (tempo) só pode assumir valores positivos. A distribuição adotada deve ser escolhida entre aquelas que têm essa característica, como as distribuições exponencial, Weibull, log normal ou Birnbaum-Saunders. Modelos nessa classe são chamados **modelos paramétricos**, geralmente expressos na forma do **modelo de tempo de falha acelerado** (*accelerated failure time models*),

$$\log(T) = \alpha + \mathbf{x}^\top \boldsymbol{\beta} + \sigma e,$$

em que α e $\boldsymbol{\beta}$ são parâmetros, $\mathbf{x}$ é um vetor com valores de variáveis explicativas, $\sigma > 0$ é uma constante conhecida e e é um erro aleatório com distribuição de forma conhecida. Com uma única variável explicativa dicotômica x, com valores 0 ou 1, o modelo é

$$\log(T) = \alpha + \beta x + \sigma e.$$

O tempo de falha para uma unidade com $x = 0$ é $T_0 = \exp(\alpha + \sigma e)$; para uma unidade com $x = 1$, o tempo de falha é $T_1 = \exp(\alpha + \beta + \sigma e)$. Então, se $\beta > 0$, teremos $T_1 > T_0$; por outro lado, se $\beta < 0$, teremos $T_1 < T_0$, o que implica que a covariável x **acelera** ou **desacelera** o tempo de falha. A relação entre algumas distribuições para T e $\log(T)$ está indicada na Tabela 7.7.

Esses modelos podem ser ajustados por meio do método da máxima verossimilhança e a função `survreg()` pode ser utilizada com esse propósito. Detalhes podem ser obtidos nas referências citadas no início do capítulo.

Tabela 7.7 Relação entre algumas distribuições para T e $\log(T)$

Distribuição de	
T	$\log(T)$
exponencial	Valores extremos
Weibull	Valores extremos
log-logística	logística
log-normal	normal

Os comandos e o resultado do ajuste de um modelo de tempo de falha acelerado Weibull aos dados do Exemplo 7.2 são

```
> survreg(formula = Surv(ratos$Tempo, ratos$Delta) ~ factor(ratos$Grupo),
                data = ratos, dist = "weibull", scale = 1)
                   Value Std. Error     z       p
(Intercept)         3.783      0.101 37.64 <2e-16
factor(ratos$Grupo)2 -0.199     0.135 -1.47 0.1407
factor(ratos$Grupo)3 -0.373     0.140 -2.66 0.0078
Scale fixed at 1
Weibull distribution
Loglik(model)= -1491.2   Loglik(intercept only)= -1494.7
        Chisq= 7.1 on 2 degrees of freedom, p= 0.029
Number of Newton-Raphson Iterations: 4
```

Esses resultados sugerem que animais do Grupo 2 têm o tempo de falha retardado por um fator $\exp(-0{,}199) = 0{,}82$ (IC95%: $0{,}79 - 0{,}85$), relativamente aos animais do Grupo 1; para os animais do Grupo 3, esse fator de desaceleração é $\exp(-0{,}373) = 0{,}69$ (IC95%: $0{,}66 - 0{,}72$), relativamente aos animais do Grupo 1.

Uma alternativa são os **modelos semiparamétricos** em que se destaca o **modelo de riscos proporcionais** (*proportional hazards model*), também conhecido como **modelo de regressão de Cox**, e expresso como

$$h(t|\mathbf{X} = \mathbf{x}) = h_0(t)\exp(\boldsymbol{\beta}^\top \mathbf{x}),$$

em que $h_0(t)$ representa uma **função de risco basal**, arbitrária, mas não negativa, ou seja, é o risco para unidades com $\mathbf{X} = \mathbf{0}$; e $\exp(\boldsymbol{\beta}^\top \mathbf{x})$ é a **função de risco relativo** com parâmetro $\boldsymbol{\beta}$ e cujo valor no ponto $\mathbf{x}$ corresponde ao quociente entre o risco de falha para uma unidade com variáveis explicativas iguais a $\mathbf{x}$ e o risco de falha para uma unidade com variáveis explicativas iguais a $\mathbf{0}$.

Essa classe de modelos é uma das mais utilizadas na análise de dados de sobrevivência e tem as seguintes vantagens:

i) não requer a especificação da forma da função de risco;

ii) os resultados obtidos por meio da formulação mais simples (com apenas dois grupos) são equivalentes àqueles obtidos com o teste *log rank*;

iii) permite a avaliação de várias variáveis explicativas simultaneamente.

Consideremos um estudo em que pacientes com as mesmas características são submetidos de forma aleatória a dois tratamentos: placebo ($x = 0$) e ativo ($x = 1$). Então, sob o modelo de Cox, temos:

$$\frac{h(t|x = 1)}{h(t|x = 0)} = \frac{h_0(t)\exp(\alpha + \beta)}{h_0(t)\exp(\alpha)} = \exp(\beta),$$

indicando que, para qualquer valor de t, o risco relativo de falha é constante. Daí a denominação riscos proporcionais. Por essa razão, o modelo de Cox só deve ser considerado nessa situação (veja a Nota 3). Uma ferramenta útil para avaliação dessa suposição é o gráfico das curvas de sobrevivência obtido por intermédio do estimador de Kaplan-Meier. Análise de resíduos também pode ser utilizada com esse propósito.

O ajuste de modelos de riscos proporcionais pode ser realizado por meio das funções `coxph()` e `cox.zph()`. Para os dados do Exemplo 7.3, esses comandos e resultados correspondentes são:

```
> coxmod1 <- coxph(formula = Surv(hiv$tempomeses, hiv$delta) ~ hiv$droga)
            coef exp(coef) se(coef)     z       p
hiv$droga 0.8309    2.2953   0.2418 3.436 0.00059
Likelihood ratio test=11.6  on 1 df, p=0.0006593
n= 100, number of events= 80
> summary(coxmod1)
          exp(coef) exp(-coef) lower .95 upper .95
hiv$droga     2.295     0.4357     1.429     3.687
cox.zph(coxmod1)
          chisq df    p
hiv$droga 0.555  1 0.46
GLOBAL    0.555  1 0.46
```

e sugerem que a hipótese de riscos proporcionais é aceitável ($p = 0{,}46$). Além disso, o fator droga é signifcativamente ($p < 0{,}001$) importante para o padrão de sobrevivência dos pacientes, indicando que o risco de óbito para pacientes tratados com a Droga B é 2,30 (IC95%: $1{,}43 - 3{,}68$) vezes o risco de óbito para pacientes tratados com a Droga A.

7.5   Notas de capítulo

NOTA 1: Tipos de censura

Três tipos de censura podem ser considerados em estudos de sobrevivência:

a) **censura à direita**, para a qual se conhece o instante em que uma característica de interesse (por exemplo, contaminação pelos vírus HIV) ocorreu, porém a falha (por exemplo, morte do paciente) não foi obervada após a inclusão da unidade no estudo;

b) **censura à esquerda**, para a qual não se conhece o instante de ocorrência da característica de interesse, porém a falha foi observada após a inclusão da unidade no estudo;

c) **censura intervalar**, para a qual não se conhece o instante em que a falha ocorreu, mas sabe-se que ocorreu em um intervalo de tempo conhecido.

NOTA 2: Tempo médio de sobrevivência

Para cálculo do tempo médio de sobrevivência, seria necessário acompanhar todas as unidades investigadas até que todas falhassem. Como em geral esse não é o caso, calcula-se o tempo médio de sobrevivência restrito à duração do estudo em questão, digamos τ. Então,

$$\mu_\tau = \int_0^\tau t f(t) dt$$

em que f é a função densidade da variável de interesse, T (tempo). Fazendo $t = u$ e $f(t)dt = dv$ de forma que $v = F(t)$, a função distribuição de T, e integrando essa expressão por partes, temos

$$\mu_\tau = tF(t)\big|_0^\tau - \int_0^\tau F(t)dt = \tau - \int_0^\tau F(t)dt = \int_0^\tau [1 - F(t)]dt = \int_0^\tau S(t)dt.$$

NOTA 3: Riscos não proporcionais

Para situações em que os riscos não são proporcionais, algumas alternativas podem ser consideradas para o modelo de Cox, lembrando que não são isentas de dificuldades de interpretação. Entre elas, destacamos:

a) Determinação dos instantes de tempo em que ocorrem mudanças no padrão da sobrevivência.

b) Ajuste de modelos diferentes para intervalos de tempo distintos.

c) Refinamento do modelo com a inclusão de variáveis explicativas dependentes do tempo.

d) Introdução de estratos.

7.6 Exercícios

1) Suponha que 6 ratos foram expostos a um material cancerígeno. O tempo até o desenvolvimento de um tumor com certas características foi registrado para cada um dos animais. Os ratos A, B e C desenvolvem o tumor em 10, 15 e 25 semanas, respectivamente. O rato D morreu sem tumor na vigésima semana de observação. O estudo terminou após 30 semanas, sem que os ratos E e F apresentassem o tumor.

   a) Defina cuidadosamente a resposta do estudo.

   b) Identifique o tipo de resposta (falha ou censura) para cada um dos ratos do estudo.

   c) Construa uma planilha de dados adequada para a análise por meio de alguma função do pacote `R`.

2) Os dados do arquivo `freios` são tempos de vida (em quilômetros) de pastilhas de freios de uma amostra de 40 carros do mesmo modelo selecionada aleatoriamente. Cada veículo foi monitorado para avaliar a influência dos seguintes fatores na duração das pastilhas: Ano do modelo (1 ou 2), Região de uso do carro (N: Norte ou S: Sul), Condições de dirigibilidade (A: predominantemente na cidade, B: predominantemente em estrada ou C: uso misto).

   a) Construa as curvas de sobrevivência de Kaplan-Meier considerando cada um dos fatores separadamente.

   b) Teste a hipótese de que os níveis de cada fator (individualmente) não alteram a durabilidade das pastilhas (use o teste *log-rank* ou outro teste mais conveniente).

   c) Considere apenas os fatores significativamente associados ao tempo de falha, construa as curvas de Kaplan-Meier correspondentes e calcule os tempos médios e medianos de sobrevivência das pastilhas de freios.

3) Em um estudo realizado no Instituto do Coração da FMUSP, candidatos a transplante foram acompanhados durante o período de espera por um coração. O tempo até o evento de interesse (aqui chamado de tempo de sobrevivência) foi definido como o número de dias decorridos entre a primeira consulta de avaliação e o procedimento cirúrgico. Para detalhes, consulte Pedroso de Lima et al. (2000). Entre possíveis fatores que poderiam influenciar o tempo até o transplante, está

a presença de insuficiência tricúspide. Para avaliar a importância desse fator, foram construídas curvas de sobrevivência pelo método de Kaplan-Meier e realizada uma análise baseada no modelo de riscos proporcionais de Cox, com ajuste por sexo, idade e etiologia. Os resultados estão indicados na Figura 7.8 e na Tabela 7.8.

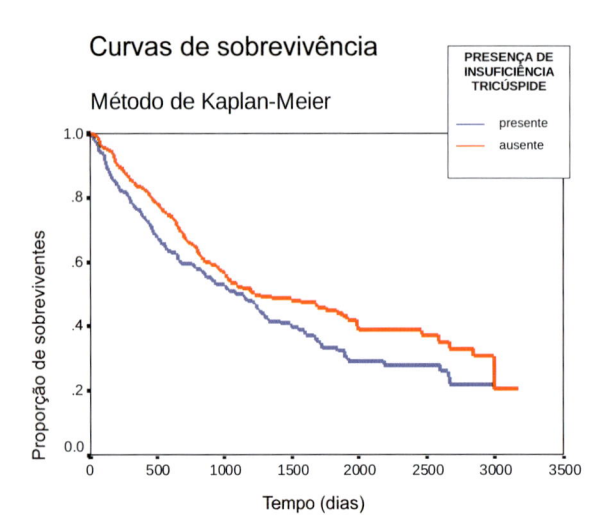

Figura 7.8 Curva de sobrevivência estimada para o estudo de transplante cardíaco.

Tabela 7.8 Resultados para a variável explicativa Insuficiência tricúspide obtidos por meio do modelo de Cox para o estudo de transplante cardíaco

			Intervalo de confiança (95%)	
Número de casos	Valor-p	Risco relativo	lim inferior	lim superior
868	0,039	1,25	1,01	1,54

a) Estime descritivamente a proporção de pacientes com e sem insuficiência tricúspide cujo tempo até a ocorrência do transplante é de 1500 dias.

b) Existem evidências de que a presença de insuficiência tricúspide contribui para um pior prognóstico? Justifique sua resposta.

c) Interprete o risco relativo da Tabela 7.8.

d) Qual a razão para se incluir um intervalo de confiança na análise?

4) Os dados da Tabela 7.9 foram extraídos de um estudo cuja finalidade era avaliar o efeito da contaminação de um estuário por derramamento de petróleo na fauna local. Cada um de oito grupos de 32 siris (*Callinectes danae*) foi submetido a um tratamento obtido da classificação cruzada dos níveis de dois fatores, a saber, Contaminação por petróleo (sim ou não) e Salinidade de aclimatação (0,8%, 1,4%, 2,4%, 3,4%). Os animais foram observados por 72 horas e o número de sobreviventes foi registrado a cada 12 horas. Detalhes podem ser encontrados em Paulino e Singer (2006).

a) Para cada um dos oito tratamentos, construa tabelas com o formato da Tabela 7.10.

b) Construa curvas de sobrevivência obtidas por meio do estimador de Kaplan-Meier.

c) Utilize testes *log-rank* para avaliar o efeito da Contaminação por petróleo e da Salinidade na sobrevivência dos siris.

Tabela 7.9 Dados de sobrevivência de siris

Grupo	Salinidade	Tempo (horas)					
		12	24	36	48	60	72
Petróleo	0,8%	30	26	20	17	16	15
	1,4%	32	31	31	29	27	22
	2,4%	32	30	29	26	26	21
	3,4%	32	30	29	27	27	21
Controle	0,8%	31	27	25	19	18	18
	1,4%	32	31	31	31	31	30
	2,4%	32	31	31	28	27	26*
	3,4%	32	32	30	30	29*	28

*: um animal foi retirado do estudo

Tabela 7.10 Dados de sobrevivência de siris do grupo Controle submetido à salinidade 3,4% no formato de tabela atuarial

Intervalo	Em risco	Sobreviventes	Mortos	Retirados do estudo
0 – 12	32	32	0	0
12 – 24	32	32	0	0
24 – 36	32	30	2	0
36 – 48	30	30	0	0
48 – 60	30	29	0	1
60 – 72	29	28	1	0

5) O arquivo `sondas` contém dados de pacientes com câncer que recebem um de dois tipos de sondas (protpla e WST) para facilitar o fluxo de fluidos do órgão. Uma possível complicação do uso dessas sondas é que após algum tempo pode ocorrer obstrução. O número de dias até a obstrução (ou censura em função do término do estudo/óbito) é apresentado na coluna rotulada "evento".

a) Construa curvas de sobrevivência para pacientes submetidos a cada um dos tipos de sonda. Coloque as curvas em um mesmo gráfico e, a partir delas, obtenha o tempo médio e o tempo mediano para obstrução em cada tipo de sonda. Comente os resultados.

b) Utilize o teste *log-rank* para comparar as duas curvas.

c) Defina dois grupos de pacientes com base na idade mediana, denotando-os "jovens" e "idosos". Construa 4 estratos, formados pela combinação dos níveis de idade e tipo de sonda, e obtenha as curvas de sobrevivência correspondentes.

6) O arquivo `rehabcardio` contém dados de um estudo cujo objetivo era avaliar a sobrevivência de pacientes infartados submetidos ou a tratamento clínico ou a um programa de exercícios. Com essa finalidade, considere que:

i) o evento de interesse é definido como revascularização miocárdica, ocorrência de um segundo infarto ou óbito pós-admissão no estudo;

ii) os pacientes foram acompanhados até 31/12/2000;

iii) datas incompatíveis com a data de nascimento devem ser descartadas.

Construa curvas de Kaplan-Meier para comparar o padrão de sobrevivência dos pacientes submetidos a cada grupo e, com base nelas, estime o primeiro quartil e o tempo médio de sobrevivência correspondentes.

REGULARIZAÇÃO E MODELOS ADITIVOS GENERALIZADOS

It is better to solve the right problem approximately than to solve the wrong problem exactly.

John Tukey

8.1 Introdução

O objetivo das técnicas abordadas neste capítulo é selecionar modelos de regressão que, segundo algum critério, sejam eficientes para prever valores de variáveis respostas contínuas ou discretas. Neste contexto, a estratégia do aprendizado estatístico consiste em ajustar vários modelos a um conjunto de dados de treinamento e escolher aquele que gere as melhores previsões com dados de um conjunto de dados de validação. Em geral, esse processo é concretizado por meio de **validação cruzada** (veja a Nota 1).

Se a associação entre as variáveis preditoras e a variável resposta for linear, os modelos de regressão ajustados por mínimos quadrados gerarão previsores não enviesados, mas com variância grande, a não ser que o número de dados (n) seja bem maior que o número de variáveis preditoras (p).

Nos casos em que n não for muito maior que p, os estimadores de mínimos quadrados (EMQ) apresentarão muita variabilidade (sobreajuste) e previsões ruins.

Se $p > n$, não existirão EMQ univocamente determinados. Aumentando-se p, $R^2 \to 1$, o EQM de treinamento tenderá a zero e o EQM de teste crescerá. Nesse caso, não use MQ. Os modelos de regularização podem gerar previsões com menor variância sem alterar o viés consideravelmente.

Possíveis alternativas para remover variáveis irrelevantes de um modelo de regressão linear múltipla, de modo a obter maior interpretabilidade, são:

- **Seleção de subconjuntos de variáveis** (*subset selection*): vários procedimentos podem ser usados [*stepwise* (*forward* e *backward*)], uso de critérios de informação (AIC, BIC), R^2 ajustado, validação cruzada.

- **Encolhimento** (*shrinkage*): usa todos os preditores, mas os coeficientes são encolhidos para zero; pode funcionar para selecionar variáveis. Reduz variância. Também chamado **regularização**.

- **Redução da dimensão**: projetar os preditores sobre um subespaço de dimensão menor $q < p$, que consiste em obter combinações lineares (ou projeções) dos preditores. Essas q projeções são usadas como novos preditores no ajuste de MQ. Técnicas como ACP (Análise de Componentes Principais), AF (Análise Fatorial) e ICA (Análise de Componentes Independentes) podem ser usadas.

- **Triagem de covariáveis** (*screening*): medidas de correlação são usadas para selecionar covariáveis que tenham dependência linear ou não linear com a variável resposta e, portanto, podem ser descartadas.

Como alternativas aos modelos de regressão linear múltipla empregados com o objetivo de previsão, abordaremos **modelos de regularização** e **modelos aditivos generalizados**. Faremos algumas observações sobre técnicas de triagem na Nota 5.

8.2 Regularização

Modelos de regularização têm a característica de reduzir ou anular os coeficientes das variáveis preditoras cuja associação com a variável resposta seja irrelevante. Quando o objetivo é inferencial, a eliminação de variáveis preditoras deve ser avaliada com cautela, pois mesmo que a associação entre elas e a variável resposta não seja evidenciada pelos dados, é importante mantê-las no modelo por razões subjacentes ao problema investigado. Esse é o caso da variável "Idade" em problemas da área médica, pois em muitos casos, sabe-se que, independentemente de seu coeficiente não ser significativo, ela pode estar associada com a resposta.

Os modelos aditivos generalizados, por sua vez, permitem avaliar associações não lineares com forma não especificada entre as variáveis preditoras e a variável resposta e podem servir como sugestão para a inclusão de termos não lineares em modelos de regressão ajustados por mínimos quadrados.

Os critérios mais usados para a escolha do melhor modelo são o erro quadrático médio (MSE), sua raiz quadrada ($RMSE$), o coeficiente de determinação (R^2) cujas definições estão nas Seções 1.6 e 6.2 para variáveis respostas contínuas ou a taxa de erros no caso de variáveis respostas discretas.

Consideremos um exemplo proposto em Bishop (2006), cujo objetivo é ajustar um modelo de regressão polinomial a um conjunto de 10 pontos gerados por meio da expressão $y_i = \text{sen}(2\pi x_i) + e_i$, em que e_i segue uma distribuição normal com média nula e variância σ^2. Os dados estão representados na Figura 8.1 por pontos em azul. A curva verde corresponde a $y_i = \text{sen}(2\pi x_i)$; em vermelho, estão representados os ajustes baseados em regressões polinomiais de graus, 0, 1, 3 e 9. Claramente, a curva baseada no polinômio do terceiro grau consegue reproduzir o padrão da curva geradora dos dados sem, no entanto, predizer os valores observados com total precisão. A curva baseada no polinômio de grau 9, por outro lado, tem um ajuste perfeito, mas não reproduz o padrão da curva utilizada para gerar os dados. Esse fenômeno é conhecido como **sobreajuste** (*overfitting*).

O termo **regularização** refere-se a um conjunto de técnicas utilizadas para especificar modelos que se ajustem a um conjunto de dados evitando o sobreajuste. Em termos gerais, essas técnicas servem para ajustar modelos de regressão baseados em uma função de perda que contém um termo de penalização. Esse termo tem a finalidade de reduzir a influência de coeficientes responsáveis por flutuações excessivas.

Embora haja várias técnicas de regularização, consideraremos apenas três: a regularização L_2 ou **Ridge**, a regularização L_1 ou **Lasso** (*least absolute shrinkage and selection operator*) e uma mistura dessas duas, chamada de regularização **Elastic Net**.

O componente de regularização da técnica *Lasso* usa uma soma de valores absolutos dos parâmetros e um **coeficiente de penalização** que os encolhe para zero. Essa técnica serve para seleção de modelos, porque associa pesos nulos a parâmetros que têm contribuição limitada para efeito de previsão. Isso pode

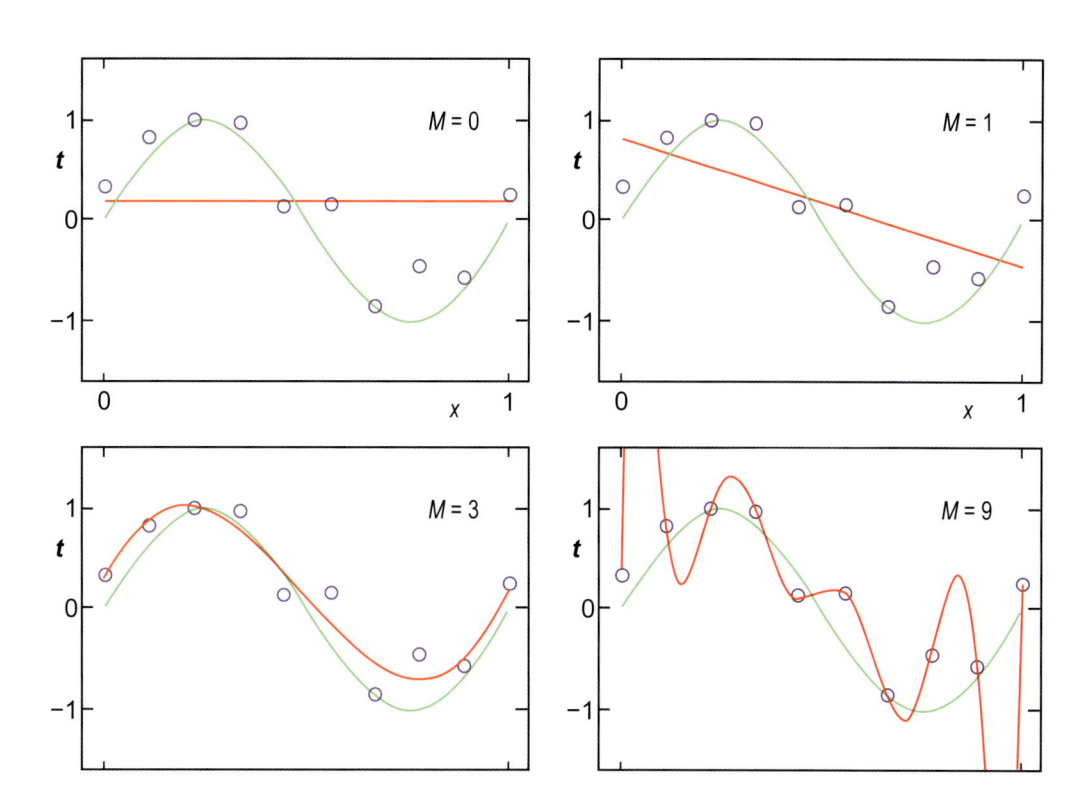

Figura 8.1 Ajuste de modelos polinomiais a um conjunto de dados hipotéticos (M indica o grau do polinômio ajustado).

implicar uma **solução esparsa**.[1] Na regularização *Ridge*, por outro lado, o termo de regularização usa uma soma de quadrados dos parâmetros e um termo de penalização que força alguns pesos a serem pequenos, mas não os anula e, consequentemente, não conduz a soluções esparsas. Essa técnica de regularização não é robusta com relação a valores atípicos, pois pode conduzir a valores muito grandes do termo de penalização.

Neste capítulo, seguimos as ideias apresentadas em Hastie et al. (2017), James et al. (2017) e Medeiros (2019).

8.2.1 Regularização L_2 (*Ridge*)

A técnica de regressão *Ridge* foi introduzida por Hoerl e Kennard (1970) para tratar do problema da multicolinearidade, mas também pode ser utilizada para corrigir problemas ligados ao sobreajuste. Consideremos o modelo de regressão

$$y_t = \beta_0 + \beta_1 x_{1t} + \ldots + \beta_p x_{pt} + e_t, \quad t = 1,2,\ldots,n, \tag{8.1}$$

com as p variáveis preditoras reunidas no vetor $\mathbf{x}_t = (x_{1t}, \ldots, x_{pt})^\top$, y_t representando a variável resposta, e_t indicando erros de média zero e $\boldsymbol{\beta} = (\beta_0, \beta_1, \ldots, \beta_p)^\top$ denotando os parâmetros a serem estimados. Os **estimadores de mínimos quadrados penalizados** correspondem à solução de

$$\widehat{\boldsymbol{\beta}}_{Ridge}(\lambda) = \arg\min_{\boldsymbol{\beta}} \left[\sum_{t=1}^{n} (y_t - \boldsymbol{\beta}^\top \mathbf{x}_t)^2 + \lambda \sum_{j=1}^{p} \beta_j^2 \right], \tag{8.2}$$

---

[1] Dizemos que um modelo é esparso se a maioria dos elementos do correspondente vetor de parâmetros é nula ou desprezável.

em que $\lambda \geq 0$ é o **coeficiente de regularização**, que controla a importância relativa entre a minimização da soma de quadrados dos erros [o primeiro termo do segundo membro de (8.2)] e o termo de penalização, $\lambda \sum_{j=1}^{p} \beta_j^2$. Se $\lambda = \infty$, não há variáveis a serem incluídas no modelo e se $\lambda = 0$, obtemos os estimadores de mínimos quadrados. A escolha de λ deve ser um dos componentes da estratégia para a determinação de estimadores regularizados. Convém lembrar que o intercepto não é considerado no termo de penalização, dado que o interesse está na associação entre as variáveis preditoras e a variável resposta.

Algumas propriedades dessa classe de estimadores são:

i) O estimador *Ridge* não é consistente; no entanto, pode-se mostrar que é assintoticamente consistente sob condições sobre λ, p e n.

ii) O estimador *Ridge* é enviesado para os parâmetros não nulos.

iii) A técnica de regularização *Ridge* não serve para a seleção de modelos.

iv) A escolha do coeficiente de regularização, λ, pode ser feita via validação cruzada ou por meio de algum critério de informação. Detalhes são apresentados na Nota 3.

Obter o mínimo em (8.2) é equivalente a minimizar a soma de quadrados não regularizada $[\sum_{t=1}^{n}(y_t - \boldsymbol{\beta}^\top \mathbf{x}_t)^2]$ sujeita à restrição

$$\sum_{j=1}^{p} \beta_j^2 \leq m, \tag{8.3}$$

para algum valor apropriado m, ou seja, é um problema de otimização com **multiplicadores de Lagrange**. O **estimador *Ridge*** pode ser expresso como

$$\widehat{\boldsymbol{\beta}}_{Ridge}(\lambda) = \left(\mathbf{X}^\top \mathbf{X} + \lambda \mathbf{I}\right)^{-1} \mathbf{X}^\top \mathbf{y}, \tag{8.4}$$

em que $\mathbf{X} = (\mathbf{x}_1^\top, \ldots, \mathbf{x}_n^\top)^\top$ é a matriz de especificação do modelo e $\mathbf{y} = (y_1, \ldots, y_n)^\top$ é o vetor de respostas.

8.2.2 Regularização L_1 (*Lasso*)

Consideremos, agora, o **estimador *Lasso***, obtido de

$$\widehat{\boldsymbol{\beta}}_{Lasso}(\lambda) = \arg\min_{\boldsymbol{\beta}} \left[\sum_{t=1}^{n} (y_t - \boldsymbol{\beta}^\top \mathbf{x}_t)^2 + \lambda \sum_{j=1}^{p} |\beta_j| \right]. \tag{8.5}$$

Neste caso, a restrição (8.3) é substituída por

$$\sum_{j=1}^{p} |\beta_j| \leq m. \tag{8.6}$$

Algumas propriedades estatísticas do estimador *Lasso* são:

i) Parâmetros que correspondem a preditores redundantes são encolhidos para zero.

ii) O estimador *Lasso* é enviesado para parâmetros não nulos.

iii) Sob certas condições, o estimador *Lasso* descarta as variáveis irrelevantes do modelo atribuindo pesos nulos aos respectivos coeficientes.

iv) Quando $p = n$, ou seja, quando o número de variáveis preditoras é igual ao número de observações, a técnica *Lasso* corresponde à aplicação de um **limiar brando** (*soft threshold*) a $Z_j = \mathbf{x}_j^\top \mathbf{y}/n$, ou seja,

$$\widehat{\beta}_j(\lambda) = \text{sinal}(Z_j)\left(|Z_j| - \lambda/2\right)_+, \tag{8.7}$$

em que $(x)_+ = \max\{x,0\}$.

Para outras propriedades, veja Medeiros (2019) e Bühlmann e van de Geer (2011).

A característica de geração de soluções esparsas pode ser esquematizada por meio da Figura 8.2.

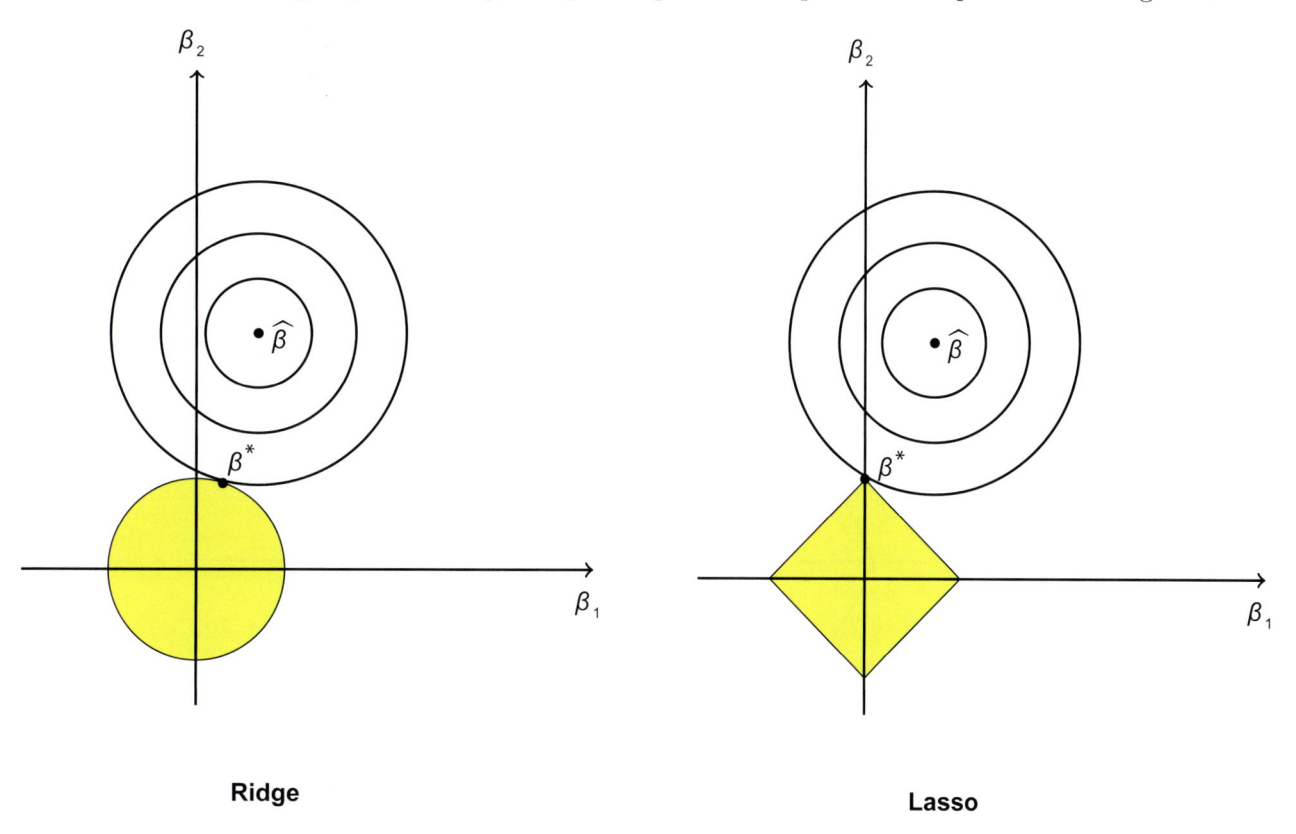

Ridge

Lasso

Figura 8.2 Esparsidade dos modelos *Ridge* e *Lasso*.

No painel esquerdo, representamos o estimador de mínimos quadrados $\widehat{\boldsymbol{\beta}}$ e o estimador $\widehat{\boldsymbol{\beta}}_{Ridge}$ (representado por $\boldsymbol{\beta}^*$). Os círculos concêntricos representam curvas cujos pontos correspondem a somas de quadrados de resíduos $[\sum_{i=1}^n (y_i - \widehat{y}_i)^2]$ constantes. Quanto mais afastados esses círculos estiverem de $\widehat{\boldsymbol{\beta}}$, maior será o valor da soma de quadrados de resíduos correspondente. A região colorida representa a restrição $\sum_{j=1}^p \beta_j^2 \leq m$, em que m depende do coeficiente de penalização λ. O estimador $\widehat{\boldsymbol{\beta}}_{Ridge}$ corresponde ao ponto em que um dos círculos tangencia a região de restrição. Note que ambos os componentes de $\boldsymbol{\beta}^*$ são diferentes de zero. No painel direito, a região colorida corresponde à restrição $\sum_{j=1}^p |\beta_j| \leq m$ e, nesse caso, a regularização *Lasso* pode gerar uma solução esparsa, ou seja, com algum elemento do vetor $\widehat{\boldsymbol{\beta}}_{Lasso}$ (representado por $\boldsymbol{\beta}^*$) igual a zero. Na figura, o componente β_1 de $\boldsymbol{\beta}^*$ é nulo.

8.2.3 Outras propostas

O estimador *Elastic Net* (*EN*) é definido por

$$\widehat{\boldsymbol{\beta}}_{EN}(\lambda_1,\lambda_2) = \arg\min_{\boldsymbol{\beta}} \left[\sum_{t=1}^n (y_t - \boldsymbol{\beta}^\top \mathbf{x}_t)^2 + \lambda_1 \sum_{i=1}^p \beta_i^2 + \lambda_2 \sum_{i=1}^p |\beta_i| \right], \tag{8.8}$$

em que $\lambda_1 \geq 0$ e $\lambda_2 \geq 0$ são coeficientes de regularização. Para esse estimador, a restrição de penalização (8.3) é substituída por

$$\lambda_1 \sum_{j=1}^{p} \beta_j^2 + \lambda_2 \sum_{j=1}^{p} |\beta_j| \leq m. \tag{8.9}$$

Pode-se mostrar que, sob determinadas condições, o estimador *Elastic Net* é consistente.

Na Figura 8.3, apresentamos esquematicamente uma região delimitada pela restrição

$$J(\boldsymbol{\beta}) = (1 - \alpha) \sum_{j=1}^{p} \beta_j^2 + \alpha \sum_{j=1}^{p} |\beta_j| \leq m$$

para algum m, com $\alpha = \lambda_2/(\lambda_1 + \lambda_2)$, além daquelas delimitadas pelas restrições *Ridge* e *Lasso*.

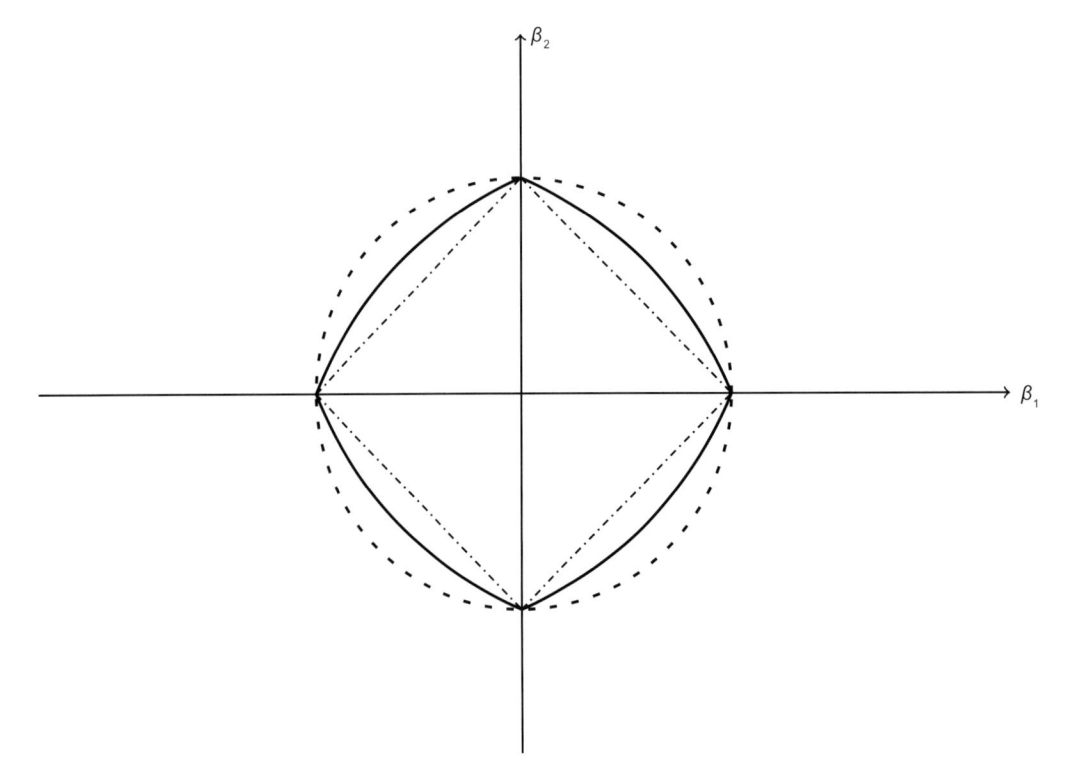

Figura 8.3 Geometria das restrições *Elastic Net* (curva contínua), *Ridge* (curva tracejada) e *Lasso* (curva pontilhada).

O estimador **Lasso adaptativo** (AL) é definido por

$$\widehat{\boldsymbol{\beta}}_{AL}(\lambda) = \arg\min_{\boldsymbol{\beta}} \left[\sum_{t=1}^{n} (y_t - \boldsymbol{\beta}^\top \mathbf{x}_t)^2 + \lambda \sum_{i=1}^{p} w_i |\widetilde{\beta}_i| \right], \tag{8.10}$$

em que $w_1, \ldots, w_p$ são pesos não negativos predefinidos e $\widetilde{\beta}_i$, $i = 1, \ldots, p$ são estimadores iniciais (por exemplo, estimadores *Lasso*). Usualmente, toma-se $w_j = |\widetilde{\beta}_j|^{-\tau}$, para $0 < \tau \leq 1$.

O estimador **Lasso adaptativo** é consistente sob condições não muito fortes.

A função `adalasso()` do pacote `parcor` pode ser usada para calcular esse estimador. O pacote `glmnet` pode ser usado para obter estimadores *Lasso* e *Elastic Net* sob modelos de regressão linear, regressão logística e multinomial, regressão Poisson, além de modelos de Cox. Para detalhes, veja Friedman et al. (2010).

Exemplo 8.1 Consideremos os dados do arquivo `antracose2`, extraídos de um estudo cuja finalidade era avaliar o efeito da idade (`idade`), tempo vivendo em São Paulo (`tmunic`), horas diárias em trânsito (`htransp`), carga tabágica (`cargatabag`), classificação socioeconômica (`ses`), densidade de tráfego na região onde habitou (`densid`) e distância mínima entre a residência a vias com alta intensidade de tráfego (`distmin`) em um índice de antracose (`antracose`), que é uma medida de fuligem (*black carbon*) depositada no pulmão. Detalhes sobre esse estudo podem ser obtidos em Takano et al. (2019).

Como o índice de antracose varia entre 0 e 1, consideramos

$$logrc = \log[\text{índice de antracose}/(1 - \text{índice de antracose})]$$

como variável resposta.

O conjunto de dados para a análise pode ser preparado por meio dos comandos

```
> pulmao0 <- read.xls("/home/julio/Desktop/antracose2.xls",
sheet='dados', method="tab")
> pulmao1 <- na.omit(pulmao0)
> pulmao <- pulmao1[which(pulmao1$antracose != 0),]
> pulmao$logrc <- log(pulmao$antracose/(1-pulmao$antracose))
```

Os estimadores de mínimos quadrados dos coeficientes de um modelo linear podem ser obtidos por meio dos comandos

```
> pulmao_lm <- lm(logrc ~ idade + tmunic + htransp + cargatabag +
                        ses + densid + distmin, data=pulmao)
Coefficients:
             Estimate Std. Error t value Pr(>|t|)
(Intercept) -3.977e+00  2.459e-01 -16.169  < 2e-16 ***
idade        2.554e-02  2.979e-03   8.574  < 2e-16 ***
tmunic       2.436e-04  2.191e-03   0.111 0.911485
htransp      7.505e-02  1.634e-02   4.592 5.35e-06 ***
cargatabag   6.464e-03  1.055e-03   6.128 1.61e-09 ***
ses         -4.120e-01  1.238e-01  -3.329 0.000926 ***
densid       7.570e+00  6.349e+00   1.192 0.233582
distmin      3.014e-05  2.396e-04   0.126 0.899950
Residual standard error: 1.014 on 598 degrees of freedom
Multiple R-squared:  0.1965,       Adjusted R-squared:  0.1871
F-statistic: 20.89 on 7 and 598 DF,  p-value: < 2.2e-16
```

Utilizando o pacote `glmnet`, ajustamos um modelo de regressão *Ridge* por meio de validação cruzada com os comandos

```
> y <- pulmao$logrc
> X <- pulmao[,-c(5,9)]
> X <- data.matrix(X)
> regridgecv = cv.glmnet(X, y, alpha = 0)
> plot(regridgecv)
```

O parâmetro $\alpha = 0$ indica regressão *Ridge* e o comando `plot` gera o gráfico da Figura 8.4. Nesse gráfico, a curva em vermelho representa a variação do erro quadrático médio (MSE) em função do logaritmo do coeficiente de regularização λ, juntamente com a indicação dos desvios padrões correspondentes. Uma das linhas verticais pontilhadas indica o valor de $\log(\lambda)$ correspondente ao menor erro quadrático médio obtido no ajuste e a outra correspondente ao valor de $\log(\lambda)$ associado ao modelo com a maior regularização em que o erro quadrático médio obtido por validação cruzada não seja maior do que o correspondente erro mínimo mais um desvio padrão.

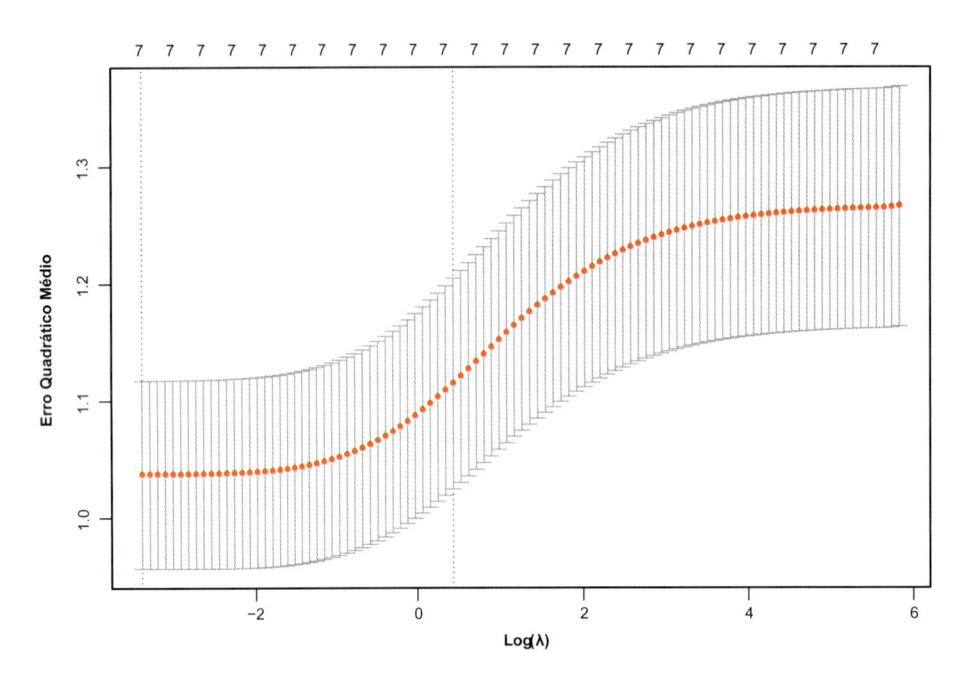

Figura 8.4 Gráfico para avaliação do efeito do coeficiente de regularização *Ridge* aos dados do Exemplo 8.1.

Os coeficientes do ajuste correspondente ao valor mínimo do coeficiente λ juntamente com esse valor são obtidos com os comandos

```
>
coef(regridgecv, s = "lambda.min")
8 x 1 sparse Matrix of class "dgCMatrix"
(Intercept) -3.905299e+00
idade        2.456715e-02
tmunic       4.905597e-04
htransp      7.251095e-02
cargatabag   6.265919e-03
ses         -3.953787e-01
densid       7.368120e+00
distmin      3.401372e-05
> regridgecv$lambda.min
[1] 0.03410028
```

Note que a abscissa da linha pontilhada situada à esquerda na Figura 8.4 corresponde a $\log(0{,}03410028)$ $=-3{,}37845$. Segundo o modelo, todas as 7 variáveis são mantidas e algumas (`idade`, `htransp`, `cargatabag`, `ses` e `densid`) têm coeficientes "encolhidos" em direção a zero quando comparadas com aquelas obtidas por mínimos quadrados. Os valores preditos para os elementos do conjunto de dados e a correspondente raiz quadrada do MSE ($RMSE$) são obtidos por meio dos comandos

```
> predict(regridgecv, X, s = "lambda.min")
> sqrt(regridgecv$cvm[regridgecv$lambda == regridgecv$lambda.min])
[1] 1.050218
```

Para o modelo de regressão *Ridge*, a $RMSE = 1{,}050218$ é ligeiramente maior do que aquela obtida por meio do modelo de regressão linear múltipla, $RMSE = 1{,}014$.

O ajuste do modelo de regressão *Lasso* ($\alpha = 1$) juntamente com o gráfico para a escolha do coeficiente λ, disposto na Figura 8.5, são obtidos com

```
> reglassocv = cv.glmnet(X, y, alpha = 1)
> plot(reglassocv)
```

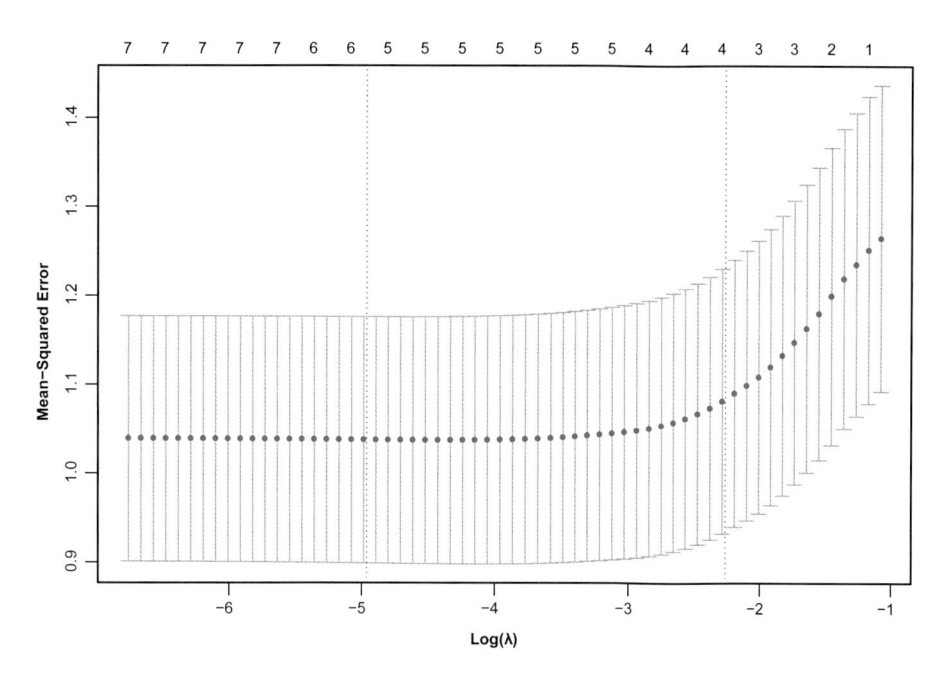

Figura 8.5 Gráfico para avaliação do efeito do coeficiente de regularização *Lasso* aos dados do Exemplo 8.1.

As duas linhas pontilhadas que indicam os limites para valores $\log(\lambda)$ sugerem que o modelo associado ao menor erro quadrático médio é obtido com 5 das 7 variáveis disponíveis. Os coeficientes correspondentes à regularização *Lasso*, o valor mínimo do coeficiente λ e o $RMSE$ são gerados por intermédio dos comandos

```
> coef(reglassocv, s = "lambda.min")
8 x 1 sparse Matrix of class "dgCMatrix"
(Intercept) -3.820975473
idade        0.024549358
tmunic       .
htransp      0.069750435
cargatabag   0.006177662
ses         -0.365713282
densid       5.166969594
distmin      .
> reglassocv$lambda.min
[1] 0.01314064
> sqrt(reglassocv$cvm[reglassocv$lambda == reglassocv$lambda.min])
[1] 1.018408
```

Neste caso, todos os coeficientes foram encolhidos em direção ao zero e aqueles correspondentes às variáveis `tmunic` e `distmin` foram anulados.

Para o modelo *Elastic Net* com $\alpha = 0,5$, os resultados são

```
> regelncv = cv.glmnet(X, y, alpha = 0.5)
> regelncv$lambda.min
[1] 0.02884367
> coef(regelncv, s = "lambda.min")
8 x 1 sparse Matrix of class "dgCMatrix"
(Intercept) -3.776354935
idade        0.024089256
```

```
tmunic         .
htransp        0.068289153
cargatabag     0.006070319
ses           -0.354080190
densid         4.889074555
distmin        .           .
> sqrt(regelncv$cvm[regelncv$lambda == regelncv$lambda.min])
[1] 1.0183
```

Quando avaliados com relação aos valores preditos para os elementos do conjunto de dados, os 3 procedimentos de regularização produzem erros quadráticos médios similares, com pequena vantagem para aquele obtido por meio de *Elastic Net*.

Exemplo 8.2 Consideremos os dados do arquivo `coronarias`, selecionando os 1032 elementos sem observações omissas para as seguintes variáveis: LO3 (resposta) e IDADE1, IMC, HA, PDR, PSR, COLS, TRIGS e GLICS (preditoras). Um modelo de regressão logística pode ser ajustado com os seguintes comandos

```
> glm(formula = LO3 ~ IDADE1 + IMC + HA + PDR + PSR + COLS + TRIGS +
    GLICS, family = "binomial", data = coronarias)
Deviance Residuals:
    Min       1Q   Median       3Q      Max
-2.0265  -1.2950   0.7234   0.8983   1.5563
Coefficients:
             Estimate Std. Error z value Pr(>|z|)
(Intercept)  0.1712877  0.8172749   0.210  0.83399
IDADE1       0.0362321  0.0070450   5.143  2.7e-07 ***
IMC         -0.0075693  0.0175103  -0.432  0.66554
HA           0.4767869  0.1545457   3.085  0.00203 **
PDR         -0.0016821  0.0808568  -0.021  0.98340
PSR         -0.0737184  0.0436001  -1.691  0.09088 .
COLS        -0.0019213  0.0010348  -1.857  0.06336 .
TRIGS        0.0009716  0.0008296   1.171  0.24153
GLICS       -0.0038084  0.0017947  -2.122  0.03384 *
---
Signif. codes:  0 '***' 0.001 '**' 0.01 '*' 0.05 '.' 0.1 ' ' 1
(Dispersion parameter for binomial family taken to be 1)
    Null deviance: 1295.0  on 1031  degrees of freedom
Residual deviance: 1242.6  on 1023  degrees of freedom
AIC: 1260.6
Number of Fisher Scoring iterations: 4
```

Para avaliar o desempenho do modelo relativamente à previsão para os elementos do conjunto de dados, podemos construir uma tabela de confusão (em que a classe predita é aquela com maior valor da probabilidade predita pelo modelo) por meio dos comandos

```
> yhat <- ifelse(modreglog$fitted.values > 0.5, 1, 0)
> table(coronarias$LO3, yhat)
   yhat
     0   1
  0 32 299
  1 30 671
```

A taxa de classificações erradas correspondente é de $31{,}9\% = [(299 + 30)/1032]$.

Utilizaremos técnicas de regularização para ajuste de um modelo com as mesmas variáveis, dividindo o conjunto de dados em um conjunto de treinamento e em um conjunto de validação. Com essa finalidade, consideramos os comandos

```
> y <- coronarias$LO3
> X <- coronarias[, c("IDADE1", "IMC", "HA", "PDR", "PSR", "COLS",
"TRIGS", "GLICS")]
> X <- data.matrix(X)
> cor.rows <- sample(1:1032, .67*1034)
> cor.train <- X[cor.rows, ]
> cor.valid <- X[-cor.rows, ]
> y.train <- y[cor.rows]
> y.valid <- y[-cor.rows]
```

Os comandos para o ajuste do modelo de regressão *Ridge* aos dados de treinamento com escolha do parâmetro λ por meio de validação cruzada e construção do gráfico correspondente juntamente com os resultados são

```
> regridgecv = cv.glmnet(cor.train, y.train, alpha = 0, family="binomial",
type.measure = "class")
> plot(regridgecv)
> coef(regridgecv, s = "lambda.min")
9 x 1 sparse Matrix of class "dgCMatrix"
(Intercept)   0.4293387897
IDADE1        0.0323811126
IMC          -0.0022071010
HA            0.4674088493
PDR          -0.0294993531
PSR          -0.0727593423
COLS         -0.0021478285
TRIGS         0.0007545016
GLICS        -0.0026381393
> regridgecv$lambda.min
[1] 0.01557885
```

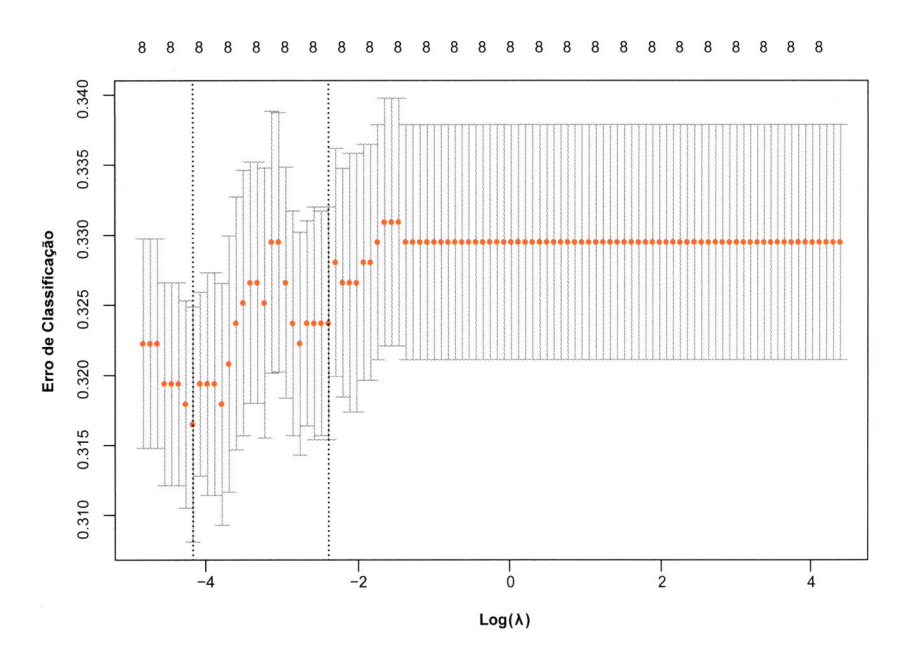

Figura 8.6 Gráfico para avaliação do efeito do coeficiente de regularização *Ridge* aos dados do Exemplo 8.2.

O comando para obtenção de medidas de desempenho do modelo *Ridge* para os dados de validação obtidos com o valor mínimo do parâmetro λ é

```
> assess.glmnet(regridgecv, newx = cor.valid, newy = y.valid,
type.measure="class")
```

Dentre as medidas de desempenho produzidas está a taxa de erros de classificação, que no caso é 0,3117647. Comandos similares podem ser considerados para produzir taxas de erros de classificação para os dados de treinamento (0,316474) e para os dados do conjunto completo (0,3149225).

Uma tabela de confusão para comparação entre as classes observadas e preditas pelo modelo *Ridge* no conjunto completo é obtida com o comando

```
> confusion.glmnet(regridgecv, newx = X, newy = y, s = "lambda.min",
type.measure="class")
          True
Predicted   0   1 Total
      0    35  29    64
      1   296 672   968
   Total 331 701  1032
 Percent Correct:  0.6851
```

Os comandos `glmnet` para uma análise similar envolvendo o ajuste de um modelo de regressão *Lasso*, juntamente com os resultados produzidos, são

```
> reglassocv = cv.glmnet(cor.train, y.train, alpha = 1, family="binomial",
type.measure="class")
> coef(reglassocv, s = "lambda.min")
9 x 1 sparse Matrix of class "dgCMatrix"
(Intercept) -0.3550130628
IDADE1       0.0263456404
IMC          .
HA           0.2655187474
PDR          .
PSR         -0.0254148108
COLS        -0.0008159609
TRIGS        .
GLICS       -0.0011471304
> reglassocv$lambda.min
[1] 0.01670469
```

Aqui vale notar a natureza esparsa da solução, em que os coeficientes das variáveis `IMC`, `PDR` e `TRIGS` foram zerados. As taxas de erros de classificação obtidas por meio desse modelo para os dados dos conjuntos de validação, de treinamento e completo são, respectivamente, 0,3058824, 0,316474 e 0,3129845.

Os resultados do ajuste com regularização *Elastic Net* são

```
> regelncv = cv.glmnet(cor.train, y.train, alpha = 0.5, family="binomial",
type.measure="class")
> coef(regelncv, s = "lambda.min")
9 x 1 sparse Matrix of class "dgCMatrix"
(Intercept)  0.1006473735
IDADE1       0.0310848999
IMC          .
HA           0.4100168033
PDR         -0.0107214867
PSR         -0.0631703734
COLS        -0.0016021300
TRIGS        0.0003340047
GLICS       -0.0021747061
> regelncv$lambda.min
[1] 0.01200671
```

Neste caso, há um compromisso entre a regularização *Ridge*, em que nenhum dos coeficientes é zerado, e a regularização *Lasso*, em que três coeficientes são zerados. As taxas de erros de classificação obtidas por meio do modelo de regularização *Elastic Net* para os dados dos conjuntos de validação, de treinamento e completo são, respectivamente, 0,3088235, 0,316474 e 0,3139535.

8.3 Modelos aditivos generalizados (*GAM*)

Modelos lineares têm um papel muito importante na análise de dados, tanto pela facilidade de ajuste quanto de interpretação. De uma forma geral, os modelos lineares podem ser expressos como

$$y_i = \beta_0 + \beta_1 f_1(x_{i1}) + \ldots + \beta_p f_p(x_{ip}) + e_i \tag{8.11}$$

$i = 1, \ldots, n$ em que as funções f_i são conhecidas. No modelo de regressão polinomial de segundo grau, por exemplo, $f_1(x_{i1}) = x_{i1}$ e $f_2(x_{i1}) = x_{i1}^2$. Em casos mais gerais, poderíamos ter $f_1(x_{i1}) = x_{i1}$ e $f_2(x_{i1}) = \exp(x_{i1})$. Em muitos problemas reais, no entanto, nem sempre é fácil especificar a forma das funções f_i e uma alternativa proposta por Hastie e Tibshirani (1996) envolve os chamados **Modelos Aditivos Generalizados** (*Generalized Additive Models, GAM*) que são expressos como (8.11) sem a especificação da forma das funções f_i.

Quando a distribuição da variável resposta y_i pertence à **família exponencial**, o modelo pode ser considerado uma extensão dos **Modelos Lineares Generalizados** (*Generalized Linear Models, GLM*) e é expresso como

$$g(\mu_i) = \beta_0 + \beta_1 f_1(x_{i1}) + \ldots + \beta_p f_p(x_{ip}) \tag{8.12}$$

em que g é uma **função de ligação** e $\mu_i = \mathrm{E}(y_i)$ (veja a Nota 4).

Existem diversas propostas para a representação das funções f_i que incluem o uso de *splines* naturais, *splines* suavizados e regressões locais. A suavidade dessas funções é controlada por parâmetros de suavização, que devem ser determinados *a priori*. Curvas muito suaves podem ser muito restritivas, enquanto curvas muito rugosas podem causar sobreajuste.

O procedimento de ajuste dos modelos aditivos generalizados depende da forma escolhida para as funções f_i. A utilização de *splines* naturais, por exemplo, permite a aplicação direta do método de mínimos quadrados, graças à sua construção a partir de **funções base**. Para *splines* penalizados, o processo de estimação envolve algoritmos um pouco mais complexos, como aqueles conhecidos sob a denominação de **retroajustamento** (*backfitting*). Para detalhes sobre o ajuste dos modelos aditivos generalizados, consulte Hastie e Tibshirani (1990) e Hastie et al. (2008).

Para entender o conceito de *splines*, consideremos o seguinte modelo linear com apenas uma variável explicativa

$$y_i = \beta_0 + \beta_1 x_i + e_i, \quad i = 1, \ldots, n. \tag{8.13}$$

A ideia subjacente aos modelos aditivos generalizados consiste na substituição do termo $\beta_1 x_i$ em (8.13) por um conjunto de transformações conhecidas, $b_1(x_i), \ldots, b_t(x_i)$, gerando o modelo

$$y_i = \alpha_0 + \alpha_1 b_1(x_i) + \ldots + \alpha_t b_t(x_i) + e_i, \quad i = 1, \ldots, n. \tag{8.14}$$

O modelo de regressão polinomial de grau t é um caso particular de (8.14) com $b_j(x_i) = x_i^j$, $j = 1, \ldots, t$.

Uma proposta para aumentar a flexibilidade da curva ajustada consiste em segmentar o domínio da variável preditora e ajustar diferentes polinômios de grau d aos dados de cada um dos intervalos gerados pela segmentação. Cada ponto de segmentação é chamado de **nó** e uma segmentação com k nós envolve

$k + 1$ polinômios. Na Figura 8.7, apresentamos um exemplo com 5 polinômios de terceiro grau e 4 nós. Nesse exemplo, o modelo aditivo generalizado é expresso como

$$y_i = \begin{cases} \alpha_{01} + \alpha_{11}x_i + \alpha_{21}x_i^2 + \alpha_{31}x_i^3 + e_i, & \text{se } x_i \leq -0{,}5, \\ \alpha_{02} + \alpha_{12}x_i + \alpha_{22}x_i^2 + \alpha_{32}x_i^3 + e_i, & \text{se } -0{,}5 < x_i \leq 0, \\ \alpha_{02} + \alpha_{13}x_i + \alpha_{23}x_i^2 + \alpha_{33}x_i^3 + e_i, & \text{se } 0 < x_i \leq 0{,}5, \\ \alpha_{02} + \alpha_{14}x_i + \alpha_{24}x_i^2 + \alpha_{34}x_i^3 + e_i, & \text{se } 0{,}5 < x_i \leq 1, \\ \alpha_{05} + \alpha_{15}x_i + \alpha_{25}x_i^2 + \alpha_{35}x_i^3 + e_i, & \text{se } x_i > 1, \end{cases} \tag{8.15}$$

com as funções base, $b_1(x), b_2(x), ..., b_k(x)$, construídas com a ajuda de funções indicadoras. Esse modelo é conhecido como **modelo polinomial cúbico segmentado**.

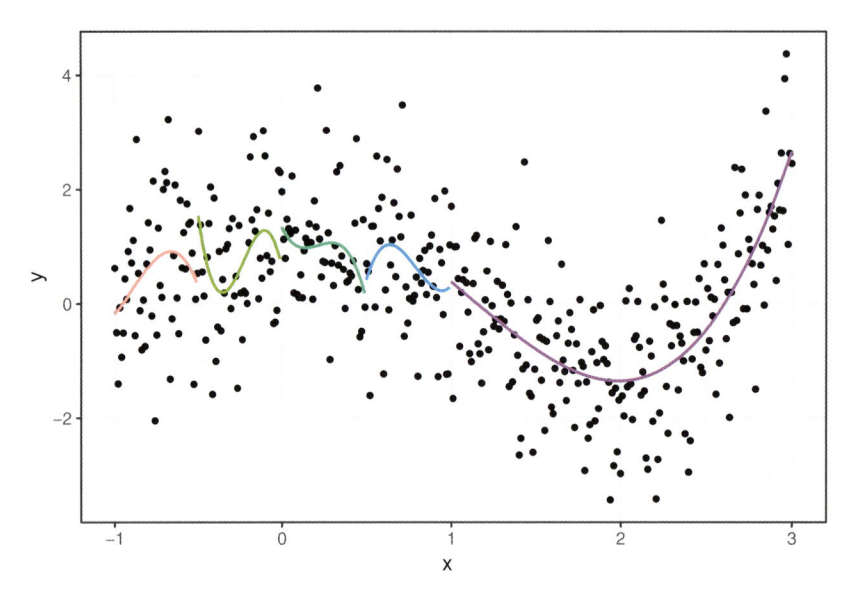

Figura 8.7 Polinômios de terceiro grau ajustados aos dados de cada região segmentada da variável X. Os nós são os pontos $x = -0{,}5$, $x = 0$, $x = 0{,}5$ e $x = 1$.

A curva formada pela junção de cada um dos polinômios na Figura 8.7 não é contínua, apresentando "saltos" nos nós. Essa característica não é desejável, pois essas descontinuidades não são interpretáveis. Para contornar esse problema, podemos definir um *spline* de grau d como um polinômio segmentado de grau d com as $d-1$ primeiras derivadas contínuas em cada nó. Essa restrição garante a continuidade e suavidade (ausência de vértices) da curva obtida.

Utilizando a representação por bases (8.14), um *spline* cúbico com k nós pode ser expresso como

$$y_i = \alpha_0 + \alpha_1 b_1(x_i) + \alpha_2 b_2(x_i) + \ldots + \alpha_{k+3} b_{k+3}(x_i) + e_i, \quad i = 1, ..., n, \tag{8.16}$$

com as funções $b_1(x), b_2(x), \ldots, b_{k+3}(x)$ escolhidas apropriadamente. Usualmente, essas funções envolvem três termos polinomiais, a saber, x, x^2 e x^3 e k termos $h(x, c_1), \ldots, h(x, c_k)$ da forma

$$h(x, c_j) = (x - c_j)_+^3 = \begin{cases} (x - c_j)^3, & \text{se } x < c_j, \\ 0, & \text{em caso contrário,} \end{cases}$$

com $c_1, \ldots, c_k$ indicando os nós. Com a inclusão do termo α_0, o ajuste de um *spline* cúbico com k nós envolve a estimação de $k+4$ parâmetros e, portanto, utiliza $k+4$ graus de liberdade. Mais detalhes sobre a construção desses modelos podem ser encontrados em James et al. (2017).

Além das restrições sobre as derivadas, podemos adicionar **restrições de fronteira**, exigindo que a função seja linear nas regiões em que $x < c_1$ e $x > c_k$. Essas restrições diminuem a variância dos valores extremos gerados pela variável preditora, produzindo estimativas mais estáveis. Um *spline* cúbico com restrições de fronteira é chamado de *spline* natural.

No ajuste de *splines* cúbicos ou naturais, o número de nós determina o grau de suavidade da curva e a sua escolha pode ser feita por validação cruzada conforme indicado em James et al. (2017). De uma forma geral, a maior parte dos nós é posicionada nas regiões em que há mais informação sobre a variável preditora, isto é, com mais observações. Por pragmatismo, para modelos com mais de uma variável preditora, costuma-se adotar o mesmo número de nós para todas.

Os *splines* suavizados constituem uma classe de funções suavizadoras que não utilizam a abordagem por funções bases. De maneira resumida, um *spline* suavizado é uma função f que minimiza

$$\sum_{i=1}^{n}[y_i - f(x_i)]^2 + \lambda \int f''(u)^2 du \tag{8.17}$$

em que f'' corresponde à segunda derivada da função f e indica sua curvatura; quanto maior for a curvatura, maior a penalização. O primeiro termo dessa expressão garante que f se ajustará bem aos dados, enquanto o segundo penaliza a sua variabilidade, isto é, controla a suavidade de f, que é regulada pelo parâmetro $\lambda \geq 0$. A função f se torna mais suave conforme λ aumenta. A escolha desse parâmetro é geralmente feita por validação cruzada.

Outro método bastante utilizado no ajuste de funções não lineares para a relação entre a variável preditora X e a variável resposta Y é conhecido como **regressão local**. Esse método consiste em ajustar modelos de regressão simples em regiões em torno de cada observação x_0 da variável preditora X. Essas regiões são formadas pelos k pontos mais próximos de x_0, sendo que o parâmetro $s = k/n$ determina o quão suave ou rugosa será a curva ajustada.

O ajuste é feito por meio de mínimos quadrados ponderados, com pesos inversamente proporcionais à distância entre x_0 e cada ponto da região centrada em x_0. Aos pontos dessas regiões mais afastados de x_0 são atribuídos pesos menores. Um exemplo é o *lowess*, discutido na Nota 2 do Capítulo 5.

Para uma excelente exposição sobre *splines* e penalização, o leitor pode consultar Eilers e Marx (1996, 2021).

Modelos aditivos generalizados podem ser ajustados utilizando-se a função `gam()` do pacote `mgcv`. Essa função permite a utilização de *splines* como funções suavizadoras. Para regressão local, é necessário usar a função `gam()` do pacote `gam`. Também é possível utilizar o pacote `caret`, a partir da função `train()` e `method = "gam"`.

Exemplo 8.3 Consideremos os dados do arquivo `esforco` com o objetivo de prever os valores da variável `vo2fcpico` (VO2/FC no pico do exercício) a partir das variáveis `NYHA`, `idade`, `altura`, `peso`, `fcrep` (frequência cardíaca em repouso) e `vo2rep` (VO2 em repouso). Um modelo inicial de regressão linear múltipla também pode ser ajustado por meio dos seguintes comandos da função `gam()`

```
> mod0 <- gam(vo2fcpico ~ NYHA + idade + altura + peso + fcrep
                       + vo2rep, data=esforco)
```

Como não especificamos nem a distribuição da resposta nem a função de ligação, a função `gam()` utiliza a distribuição normal com função de ligação identidade, conforme indica o resultado

```
Family: gaussian
Link function: identity
Formula:
vo2fcpico ~ NYHA + idade + altura + peso + fcrep + vo2rep
Parametric coefficients:
            Estimate Std. Error t value Pr(>|t|)
(Intercept) -4.80229    4.43061  -1.084 0.280642
NYHA1       -0.45757    0.50032  -0.915 0.362303
```

```
NYHA2        -1.78625     0.52629   -3.394 0.000941 ***
NYHA3        -2.64609     0.56128   -4.714 6.75e-06 ***
NYHA4        -2.43352     0.70532   -3.450 0.000780 ***
idade        -0.05670     0.01515   -3.742 0.000284 ***
altura        0.09794     0.02654    3.690 0.000342 ***
peso          0.08614     0.01739    4.953 2.48e-06 ***
fcrep        -0.07096     0.01318   -5.382 3.84e-07 ***
vo2rep        0.35564     0.24606    1.445 0.151033
---
R-sq.(adj) =  0.607   Deviance explained = 63.5%
GCV =  4.075  Scale est. = 3.7542    n = 127
```

Para avaliar a qualidade do ajuste, produzimos gráficos de dispersão entre os resíduos do ajuste do modelo e cada uma das variáveis preditoras. Esses gráficos estão dispostos na Figura 8.8 e sugerem relações possivelmente não lineares, pelo menos em alguns casos.

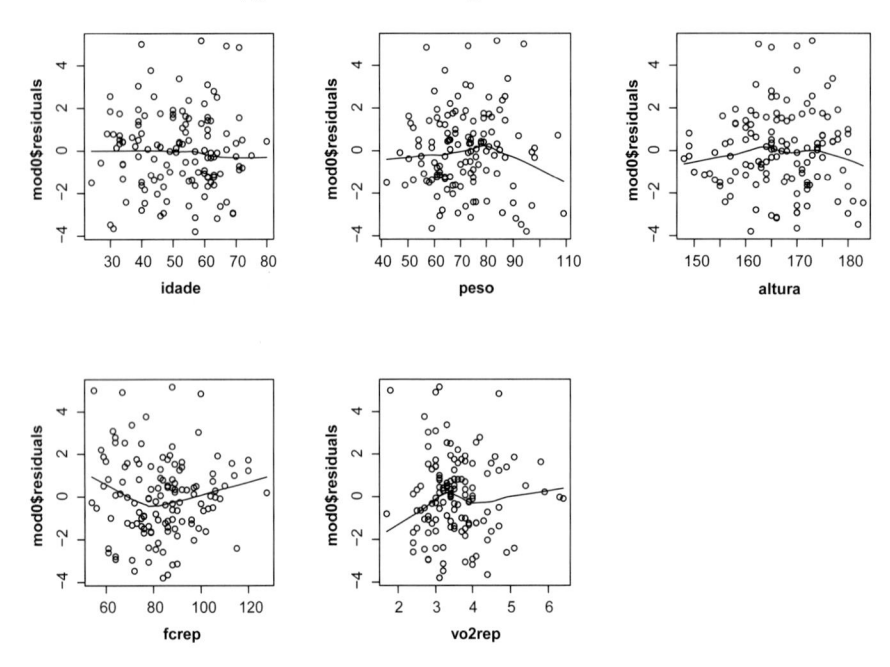

Figura 8.8 Gráficos de dispersão (com curva *lowess*) entre `vo2fcpico` e cada variável preditora contínua considerada no Exemplo 8.3.

Uma alternativa é considerar modelos *GAM* do tipo (8.11) em que as funções f_i são expressas em termos de *splines*. Em particular, um modelo *GAM* com *splines* cúbicos para todas as variáveis preditoras contínuas pode ser ajustado por meio do comando

```
> mod1 <- gam(vo2fcpico ~ NYHA + s(idade) + s(altura) + s(peso) +
                  s(fcrep) + s(vo2rep), data=esforco)
```

gerando os seguintes resultados:

```
Family: gaussian
Link function: identity
Formula:
vo2fcpico ~ NYHA + s(idade) + s(altura) + s(peso) + s(fcrep) +
    s(vo2rep)
Parametric coefficients:
            Estimate Std. Error t value Pr(>|t|)
(Intercept)  10.2101     0.3207  31.841  < 2e-16 ***
```

```
NYHA1           -0.5498      0.4987  -1.103 0.272614
NYHA2           -1.8513      0.5181  -3.573 0.000522 ***
NYHA3           -2.8420      0.5664  -5.018 1.99e-06 ***
NYHA4           -2.5616      0.7031  -3.643 0.000410 ***
---
Approximate significance of smooth terms:
            edf Ref.df      F  p-value
s(idade)  1.000  1.000 15.860  0.00012 ***
s(altura) 5.362  6.476  3.751  0.00142 **
s(peso)   1.000  1.000 22.364 6.32e-06 ***
s(fcrep)  1.742  2.185 16.236 3.95e-07 ***
s(vo2rep) 1.344  1.615  0.906  0.47319
---
R-sq.(adj) =   0.64   Deviance explained = 68.2%
GCV = 3.9107  Scale est. = 3.435     n = 127
```

O painel superior contém estimativas dos componentes paramétricos do modelo e o painel inferior, os resultados referentes aos termos suavizados. Neste caso, apenas a variável categorizada `NYHA` não foi suavizada, dada sua natureza categorizada.

A coluna rotulada `edf` contém os graus de liberdade efetivos associados a cada variável preditora. Para cada variável preditora contínua não suavizada, perde-se um grau de liberdade; para as variáveis suavizadas, a atribuição de graus de liberdade é mais complexa em virtude do número de funções base e do número de nós utilizados no processo de suavização. Variáveis com `edf=1` têm efeito linear e poderiam ser incluídas sem suavização no modelo. A coluna rotulada `Ref.df` corresponde a graus de liberdade aproximados utilizados para o cálculo da estatística `F`. A suavização é irrelevante apenas para a variável `vo2rep` e dado que ela também não apresentou contribuição significativa no modelo de regressão linear múltipla, pode-se considerar um novo modelo *GAM* obtido com a sua eliminação.

Os gráficos dispostos na Figura 8.9, produzidos por meio do comando `plot(mod1, se=TRUE)`, evidenciam esse fato; além disso, mostram a natureza "mais não linear" da variável `altura` (com `edf=` 5.362).

Um modelo que incorpora essas conclusões pode ser ajustado por meio do comando

```
mod2 <- gam(vo2fcpico ~ NYHA + idade + s(altura) + peso + s(fcrep),
            data=esforco)
summary(mod2)
```

O resultado correspondente, apresentado a seguir, sugere que todas as variáveis preditoras contribuem significativamente para explicar sua relação com a variável resposta.

```
Family: gaussian
Link function: identity
Formula:
vo2fcpico ~ NYHA + idade + s(altura) + peso + s(fcrep)
Parametric coefficients:
            Estimate Std. Error t value Pr(>|t|)
(Intercept)  7.90755    1.31397   6.018 2.24e-08 ***
NYHA1       -0.58181    0.49853  -1.167 0.245650
NYHA2       -1.83849    0.51605  -3.563 0.000539 ***
NYHA3       -2.96692    0.55123  -5.382 4.04e-07 ***
NYHA4       -2.48232    0.69802  -3.556 0.000551 ***
idade       -0.06152    0.01523  -4.040 9.79e-05 ***
peso         0.07656    0.01623   4.718 6.88e-06 ***
Approximate significance of smooth terms:
            edf Ref.df      F  p-value
s(altura) 5.311  6.426  3.857  0.00119 **
s(fcrep)  1.856  2.337 14.865 1.28e-06 ***
```

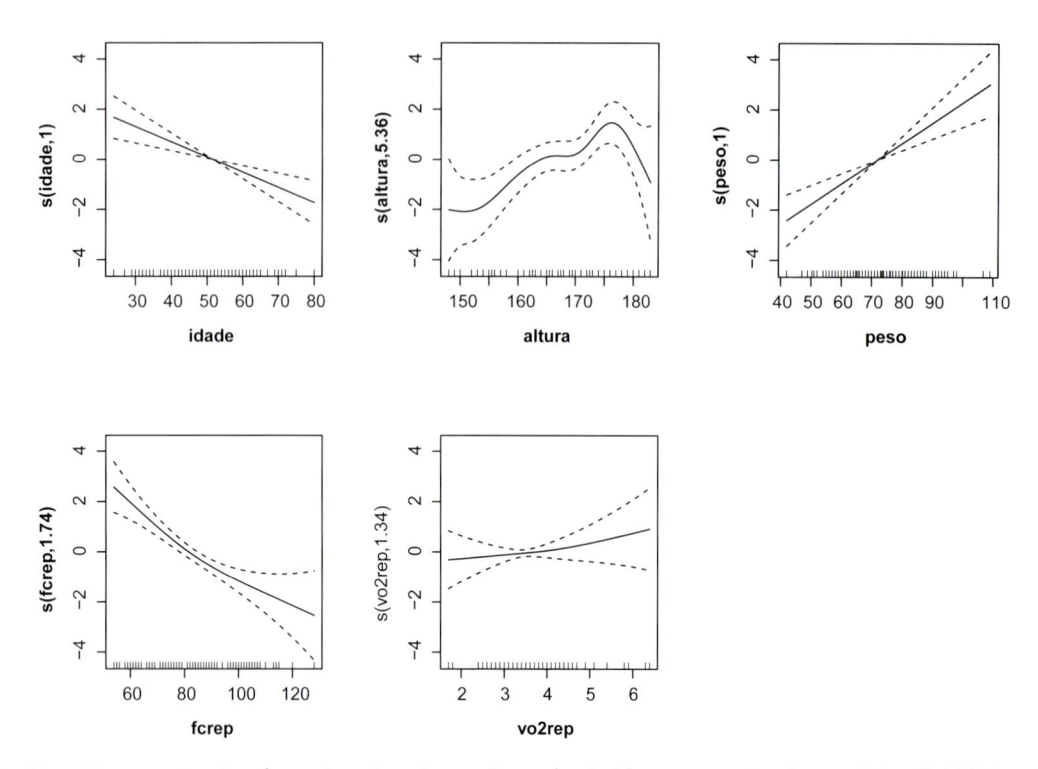

Figura 8.9 Funções suavizadas (com bandas de confiança) obtidas por meio do modelo GAM (mod1) para os dados do Exemplo 8.3.

```
R-sq.(adj) =   0.64   Deviance explained = 67.8%
GCV = 3.8663  Scale est. = 3.435     n = 127
```

A qualidade do ajuste avaliada pelo coeficiente de determinação ajustado $R^2_{aj} = 0{,}64$ é ligeiramente superior ao valor obtido do ajuste do modelo de regressão linear múltipla, $R^2_{aj} = 0{,}61$. Uma avaliação adicional pode ser realizada por meio de uma análise de resíduos e de comparação dos valores observados e preditos. Para essa finalidade, o comando `gam.check(mod2)` gera os gráficos apresentados na Figura 8.10 que não evidenciam problemas no ajuste.

Além disso, é possível comparar os modelos por meio de uma **análise de desviância**, que pode ser obtida com o comando `anova(mod0, mod1, mod2, test= "F")`.

```
Analysis of Deviance Table
Model 1: vo2fcpico ~ NYHA + idade + altura + peso + fcrep + vo2rep
Model 2: vo2fcpico ~ NYHA + s(idade) + s(altura) + s(peso) + s(fcrep) +
    s(vo2rep)
Model 3: vo2fcpico ~ NYHA + idade + s(altura) + peso + s(fcrep)
  Resid. Df Resid. Dev     Df Deviance      F  Pr(>F)
1    117.00     439.24
2    109.72     383.18  7.2766   56.052 2.2425 0.03404 *
3    111.24     387.58 -1.5129   -4.399 0.8465 0.40336
```

Esses resultados mostram que ambos os modelos GAM são essencialmente equivalentes ($p = 0.403$), mas significativamente diferentes ($p = 0.034$) do modelo de regressão linear múltipla.

A previsão para um novo conjunto de dados em que apenas os valores das variáveis preditoras estão disponíveis pode ser obtida por meio do comando `predict(mod2, newdata=esforcoprev, se=TRUE, type="response")`. Consideremos, por exemplo, o seguinte conjunto com dados de 5 novos pacientes:

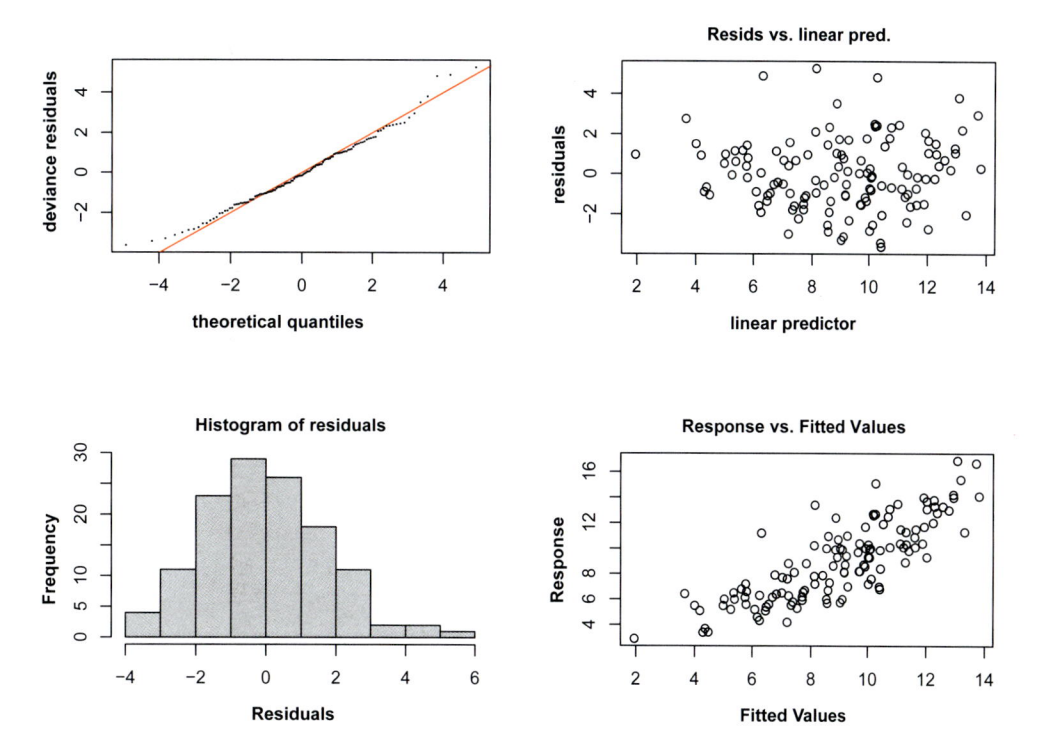

Figura 8.10 Gráficos diagnósticos para o ajuste do modelo GAM aos dados do Exemplo 8.3.

```
idade  altura  peso  NYHA  fcrep  vo2rep
  66     159     50     2     86     3,4
  70     171     77     4    108     4,8
  64     167     56     2     91     2,5
  42     150     67     2     70     3,0
  54     175     89     2     91     2,9
```

O resultado da previsão com o modelo adotado é

```
$fit
       1          2          3          4          5
4.632615   5.945157   5.928703   7.577097  10.273719
$se.fit
       1          2          3          4          5
0.6747203  0.7155702  0.6255449  0.7731991  0.5660150
```

Exemplo 8.4 Consideremos novamente os dados do arquivo `coronarias` analisados no Exemplo 8.2. O modelo de regressão logística ali considerado também pode ser ajustado por meio do comando

```
mod1 <- gam(LO3 ~  IDADE1 + IMC + HA + PDR + PSR + COLS + TRIGS +
        GLICS, data=coronarias, family = "binomial")
```

Sob esse modelo, todas as variáveis (com exceção de `HA`, que é categorizada) têm um efeito linear no logaritmo da chance de $LO3$. Para avaliar essa suposição, podemos recorrer a um modelo aditivo generalizado ajustado por meio do comando

```
mod2 <- gam(LO3 ~ s(IDADE1) + s(IMC) + HA + s(PDR) + s(PSR) +
                s(COLS) + s(TRIGS) + s(GLICS),
            data=coronarias, family = "binomial")
summary(mod2)
```

obtendo os seguintes resultados

```
Parametric coefficients:
            Estimate Std. Error z value Pr(>|z|)
(Intercept)   0.6281      0.1179   5.329  9.9e-08 ***
HA            0.3714      0.1608   2.309   0.0209 *
Approximate significance of smooth terms:
            edf Ref.df Chi.sq  p-value
s(IDADE1) 5.817  6.909 32.053 5.17e-05 ***
s(IMC)    1.269  1.494  2.934 0.212418
s(PDR)    1.260  1.476  0.210 0.890799
s(PSR)    3.251  4.085  7.428 0.118488
s(COLS)   5.612  6.625 16.617 0.013485 *
s(TRIGS)  2.971  3.770  5.129 0.313417
s(GLICS)  3.288  3.988 21.673 0.000242 ***
R-sq.(adj) =  0.0853   Deviance explained = 9.09%
UBRE = 0.19011  Scale est. = 1          n = 1032
```

Segundo esse modelo, além de `HA`, as variáveis `IDADE1`, `COLS` e `GLICS` são significativamente importantes para previsão, as três de forma não linear. Um modelo reduzido à luz dessas conclusões, ajustado por meio do comando

```
mod3 <- gam(LO3 ~  HA + s(IDADE1) + s(COLS) + s(GLICS), data=coronarias,
          family = "binomial")
summary(mod3)
```

gerando os seguintes resultados

```
Parametric coefficients:
            Estimate Std. Error z value Pr(>|z|)
(Intercept)   0.6755      0.1096   6.161 7.25e-10 ***
HA            0.2595      0.1428   1.817   0.0692 .
Approximate significance of smooth terms:
            edf Ref.df Chi.sq  p-value
s(IDADE1) 5.499  6.596  26.06 0.000298 ***
s(COLS)   3.412  4.172  14.71 0.006339 **
s(GLICS)  3.217  3.908  22.31 0.000196 ***
R-sq.(adj) =  0.0715   Deviance explained = 7.01%
UBRE = 0.19422  Scale est. = 1          n = 1032
```

Os gráficos apresentados na Figura 8.11 salientam o comportamento não linear das variáveis suavizadas. Ferramentas de diagnóstico para dados com resposta dicotômica são mais complicadas do que aquelas destinadas a respostas contínuas. Uma alternativa é aquela descrita na Nota 7 do Capítulo 6.

Valores preditos pelo modelo para o conjunto original e a tabela de confusão associada são obtidos por meio de

```
> pred <- predict(mod3, newdata=coronarias)
> conf_gam <- table(pred>.5, coronarias$LO3)
> conf_gam
          0   1
  FALSE 159 191
  TRUE  172 510
```

e indicam um erro de previsão de $35,2\% = (191 + 172)/1032$.

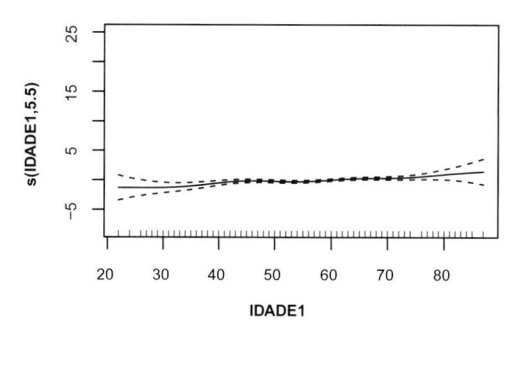
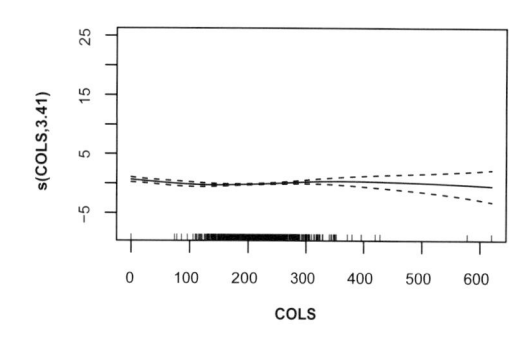
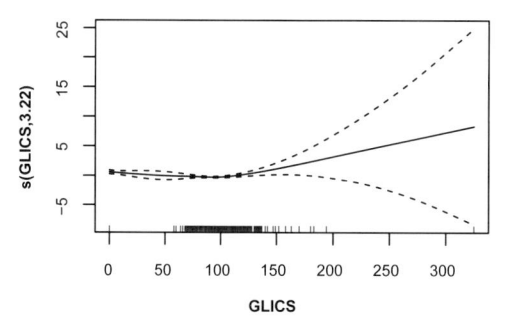

Figura 8.11 Funções suavizadas (com bandas de confiança) obtidas por meio do modelo *GAM* (mod3) para os dados do Exemplo 8.4.

8.4 Notas de capítulo

NOTA 1: Validação cruzada

Validação cruzada é a denominação atribuída a um conjunto de técnicas utilizadas para avaliar o erro de previsão de modelos estatísticos. O erro de previsão é uma medida da precisão com que um modelo pode ser usado para prever o valor de uma nova observação, isto é, uma observação diferente daquelas utilizadas no ajuste do modelo.

Em modelos de regressão, o erro de previsão é definido como $EP = \mathrm{E}(y_0 - \widehat{y}_0)^2$, em que y_0 representa uma nova observação e $\widehat{y}_0$ é a previsão obtida pelo modelo. O **erro quadrático médio** (MSE) dos resíduos pode ser usado como uma estimativa do erro de previsão (EP), mas tende, em geral, a ser muito otimista, ou seja, a subestimar o seu verdadeiro valor. Uma razão é que os mesmos dados são utilizados para ajustar e avaliar o modelo.

No processo de validação cruzada, o modelo é ajustado a um subconjunto dos dados (**dados de treinamento**) e o resultado é empregado em outro subconjunto (**dados de validação**) para avaliar se ele tem um bom desempenho ou não.

O algoritmo proposto por Efron e Tibshirani (1993), conhecido por ***LOOCV*** (*Leave-One-Out Cross Validation*) e bastante utilizado nesse processo é o seguinte:

i) Dado um conjunto com n elementos, $(\mathbf{x}_1, y_1), \ldots, (\mathbf{x}_n, y_n)$, o modelo é ajustado n vezes, em cada uma delas eliminando um elemento; o valor previsto para o elemento eliminado, denotado por $\widehat{y}_{-i}$, é calculado com base no modelo ajustado aos demais $n - 1$ elementos.

ii) O erro de previsão é estimado por

$$MSE_{(-i)} = \frac{1}{n}\sum_{i=1}^{n}(y_i - \widehat{y}_{-i})^2. \tag{8.18}$$

Como alternativa para (8.18) pode-se considerar

$$MSE_{(-i)} = \frac{1}{n} \sum_{i=1}^{n} \left(\frac{y_i - \widehat{y}_{-i}}{1 - h_i} \right)^2, \tag{8.19}$$

em que h_i é a **alavanca** (*leverage*), definida por

$$h_i = \frac{1}{n} + \frac{(x_i - \overline{x})^2}{\sum\limits_{j=1}^{n} (x_j - \overline{x})^2}.$$

Na chamada **validação cruzada de ordem** k (*k-fold cross validation*), o conjunto de dados original é subdividido em dois, sendo um deles utilizado como conjunto de treinamento e o segundo como conjunto de validação. Esse processo é repetido k vezes (usualmente, considera-se $k = 5$ ou $k = 10$) com conjuntos de treinamento e validação diferentes, como mostra o esquema indicado na Figura 8.12 para o caso $k = 5$.

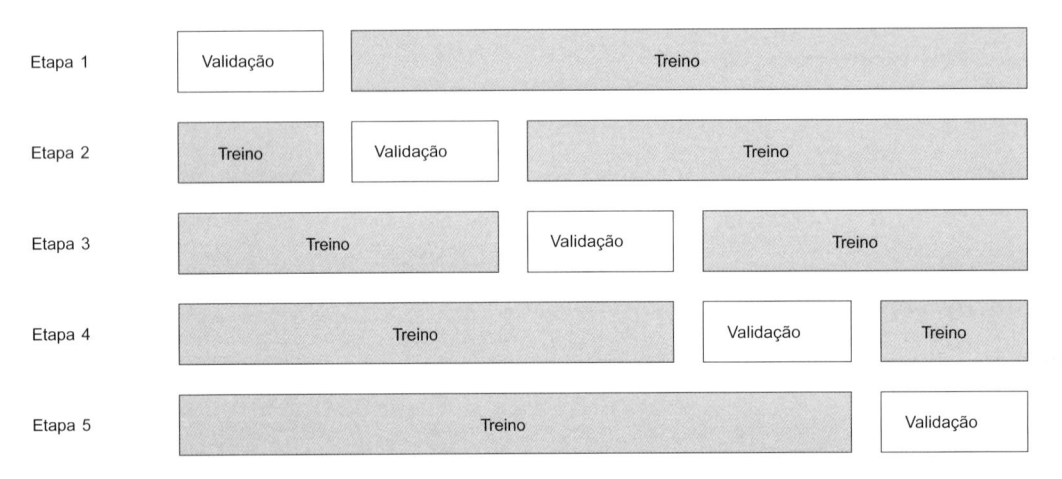

Figura 8.12 Representação esquemática da divisão dos dados para validação cruzada de ordem $k = 5$.

O correspondente erro de previsão é estimado por

$$MSE_{(k-fold)} = \frac{1}{k} \sum_{i=1}^{k} MSE_i, \tag{8.20}$$

em que o erro quadrático médio (MSE) obtido no i-ésimo ajuste, $i = 1, \ldots, k$, é

$$MSE_i = \sum_{j=1}^{n_i} (y_{0j} - \widehat{y}_{0j})^2 / n_i$$

com y_{0j}, $\widehat{y}_{0j}$ e n_i denotando, respectivamente, os valores observado e predito para o j-ésimo elemento e o número de elementos do i-ésimo conjunto de validação.

Nos casos em que o interesse é classificação, o MSE é substituído pela **taxa de erros** associada a um classificador $\widehat{g}$, obtido do ajuste do modelo aos dados de treinamento $\mathcal{T} = \{(\mathbf{x}_1^{(\mathcal{T})}, y_1^{(\mathcal{T})}), \ldots, (\mathbf{x}_t^{(\mathcal{T})}, y_t^{(\mathcal{T})})\}$. Essa taxa é definida como

$$TE = \frac{1}{v} \sum_{i=1}^{v} I[y_i^{(\mathcal{V})} \neq \widehat{y}_i^{(\mathcal{V})}] \tag{8.21}$$

em que $y_i^{(\mathcal{V})}$ denota a classe correspondente ao i-ésimo elemento do conjunto de dados de validação, $\mathcal{V} = \{(\mathbf{x}_1^{(\mathcal{V})}, y_1^{(\mathcal{V})}), \ldots, (\mathbf{x}_v^{(\mathcal{V})}, y_v^{(\mathcal{V})})\}$, $\widehat{y}_i^{(\mathcal{V})}$, o valor predito correspondente obtido por meio do classificador $\widehat{g}$ e a média é calculada com relação a todos os v dados desse conjunto.

NOTA 2: Viés da regularização *Ridge*

Fazendo $\mathbf{R} = \mathbf{X}^\top \mathbf{X}$, o estimador *Ridge* (8.2) pode ser expresso como

$$\widehat{\boldsymbol{\beta}}_{Ridge}(\lambda) = (\mathbf{I} + \lambda \mathbf{R}^{-1})^{-1} \widehat{\boldsymbol{\beta}}_{\mathrm{MQ}}, \tag{8.22}$$

em que $\widehat{\boldsymbol{\beta}}_{\mathrm{MQ}}$ denota o estimador de mínimos quadrados ordinários. A esperança condicional de (8.22), dada $\mathbf{X}$, é

$$\mathrm{E}[\widehat{\boldsymbol{\beta}}_{Ridge}(\lambda)] = (\mathbf{I} + \lambda \mathbf{R}^{-1})^{-1} \boldsymbol{\beta} \neq \boldsymbol{\beta} \tag{8.23}$$

indicando que o estimador *Ridge* é enviesado.

NOTA 3: Escolha do parâmetro de regularização λ

A escolha do parâmetro de regularização λ pode ser baseada em validação cruzada ou em algum critério de informação.

Considerando a decomposição em valores singulares de $\mathbf{X}$, nomeadamente, $\mathbf{X} = \mathbf{U}\mathbf{D}\mathbf{V}^\top$, em que $\mathbf{U}$ denota uma matriz ortogonal de dimensão $n \times p$, $\mathbf{V}$ uma matriz ortogonal de dimensão $p \times p$ e $\mathbf{D}$ uma matriz diagonal com dimensão $p \times p$, contendo os correspondentes valores singulares $d_1 \geq d_2 \geq \ldots \geq d_p \geq 0$ (raízes quadradas dos valores próprios de $\mathbf{X}^\top \mathbf{X}$), pode-se provar que

$$\widehat{\boldsymbol{\beta}}_{Ridge}(\lambda) = \mathbf{V} \left[\mathrm{diag} \left(\frac{d_1}{d_1^2 + \lambda}, \frac{d_2}{d_2^2 + \lambda}, \ldots, \frac{d_p}{d_p^2 + \lambda} \right) \right] \mathbf{U}^\top \mathbf{y}.$$

Seja $\Lambda = \{\lambda_1, \ldots, \lambda_M\}$ uma grade de valores para λ. Para a escolha de um valor apropriado para λ, podemos usar um critério de informação do tipo

$$\widehat{\lambda} = \arg\min_{\lambda \in \Lambda} [-\log \text{verossimilhança} + \text{penalização}],$$

como

$$AIC = \log[\widehat{\sigma}^2(\lambda)] + \mathrm{gl}(\lambda)\frac{2}{n},$$
$$BIC = \log[\widehat{\sigma}^2(\lambda)] + \mathrm{gl}(\lambda)\frac{\log n}{n},$$
$$HQ = \log[\widehat{\sigma}^2(\lambda)] + \mathrm{gl}(\lambda)\frac{\log \log n}{n},$$

em que $\mathrm{gl}(\lambda)$ é o número de graus de liberdade associado a λ, nomeadamente,

$$\mathrm{gl}(\lambda) = \mathrm{tr}\left[\mathbf{X}(\mathbf{X}^\top \mathbf{X} + \lambda \mathbf{I})^{-1} \mathbf{X}^\top \right] = \sum_{j=1}^{p} \frac{d_j^2}{d_j^2 + \lambda}$$

e

$$\widehat{\sigma}^2(\lambda) = \frac{1}{n - \mathrm{gl}(\lambda)} \sum_{t=1}^{n} [y_t - \widehat{\boldsymbol{\beta}}_{Ridge}(\lambda)^\top \mathbf{x}_t]^2.$$

NOTA 4: Modelos Lineares Generalizados

Com a finalidade de avaliar a relação entre variáveis respostas com distribuição na classe da **família exponencial** e variáveis explicativas, Nelder e Wedderburn (1972) propuseram os chamados **Modelos Lineares Generalizados** (*Generalized Linear Models*).

A função densidade (de probabilidade) de variáveis com distribuição na família exponencial pode ser expressa de uma forma geral como

$$f(y|\theta, \phi) = \exp\{[a(\phi)]^{-1}[y\theta - b(\theta)]\} + c(y, \theta), \tag{8.24}$$

em que θ e ϕ são parâmetros e a, b e c são funções conhecidas. Pode-se mostrar que

$$\mathrm{E}(y) = \mu = b'(\theta) = db(\theta)/d\theta$$

e que

$$\mathrm{Var}(y) = a(\phi)b''(\theta) = a(\phi)d^2b(\theta)/d\theta^2 = a(\phi)V(\mu),$$

com

$$V(\mu) = d^2b(\theta)/d\theta^2 = d\mu(\theta)/d\theta. \tag{8.25}$$

A expressão (8.25) é conhecida como **função de variância** e relaciona a variância com o valor esperado de y.

Muitas distribuições podem ser expressas na forma (8.24). Em particular, para mostrar que a distribuição normal com parâmetros μ e σ^2 pertence a essa família, basta fazer

$$a(\theta) = \sigma^2, \ \theta = \mu, \ b(\theta) = \theta^2/2, \ \text{e } c(y, \theta = -[y^2/\sigma^2 + \log(2\pi\sigma^2)]/2.$$

Para a distribuição binomial com parâmetros n e p , os termos de (8.24) são

$$a(\phi) = 1, \ \theta = \log[p/(1-p)], \ b(\theta) = -n\log(1-p)$$

e

$$c(y, \phi) = \log\{n!/[y!(n-y)!]\}.$$

O modelo linear generalizado para variáveis da família exponencial é definido como

$$g(\mu) = \mathbf{x}^\top \boldsymbol{\beta},$$

em que $\mathbf{x}$ é um vetor com os valores de variáveis explicativas, $\boldsymbol{\beta}$ é um vetor de coeficientes a serem estimados e g, conhecida como **função de ligação**, identifica a função do valor esperado (μ) que se pretende modelar linearmente. Para a distribuição normal, definindo $g(\mu)$ como a função identidade, o modelo se reduz ao modelo linear gaussiano padrão. Para a distribuição binomial, definindo $g(\mu)$ como $\log[\mu/(1-\mu)]$, obtemos o modelo de regressão logística.

A vantagem dessa formulação generalizada é que vários modelos podem ser ajustados por meio de um único algoritmo. Dada uma amostra aleatória $[(y_1, \mathbf{x}_1), \ldots, (y_1, \mathbf{x}_1)]^\top$, em que a distribuição de Y pertence à família exponencial, a função log-verossimilhança é

$$\ell[\boldsymbol{\theta}(\boldsymbol{\beta})|\mathbf{y}] = \sum_{i=1}^{n}\{\phi[y_i\theta_i - b(\theta_i)] + c(y_i, \phi)\}, \tag{8.26}$$

com $\boldsymbol{\theta} = (\theta_1, \ldots, \theta_n)^\top$ e $\mu_i = \mathrm{E}(y_i) = b'(\theta_i) = g^{-1}(\mathbf{x}_i^\top \boldsymbol{\beta})$.

Em geral, a maximização de (8.26) requer métodos iterativos como aqueles discutidos no Apêndice A. Nesse contexto, o algoritmo de Newton-Raphson pode ser implementado por meio do processo iterativo

$$\boldsymbol{\beta}^{(k+1)} = \boldsymbol{\beta}^{(k)} + [\mathbf{I}(\boldsymbol{\beta}^{(k)})]^{-1}\mathbf{u}(\boldsymbol{\beta}^{(k)}), \ k = 0,1\ldots$$

em que

$$\mathbf{u}(\boldsymbol{\beta}) = \frac{\partial\ell[\boldsymbol{\theta}(\boldsymbol{\beta})|\mathbf{y}]}{\partial\boldsymbol{\beta}} \ \text{e } \mathbf{I}(\boldsymbol{\beta}) = -\mathrm{E}\left\{\frac{\partial^2\ell[\boldsymbol{\theta}(\boldsymbol{\beta})|\mathbf{y}]}{\partial\boldsymbol{\beta}\partial\boldsymbol{\beta}^\top}\right\}$$

denotam, respectivamente, a **função escore** e a correspondente matriz de **informação de Fisher**.

NOTA 5: Triagem de covariáveis

Vimos alguns métodos de regularização para lidar com o problema de regressão linear múltipla quando $p > n$. Na era atual dos megadados (*big data*), muita aplicações, especialmente em Biologia e Genética, podem ter milhares ou mesmo centenas de milhares de covariáveis.

Em tais cenários, o que se faz é uma triagem inicial para descartar covariáveis irrelevantes para a análise, reduzindo o problema a $p_n << p$ covariáveis.

Triagem (*screening*) consiste em calcular uma medida de utilidade marginal para cada covariável e selecionar aquelas com os maiores escores. A medida mais popular é a correlação de Pearson entre a resposta e a covariável. Fan e Lv (2008) estudaram esta abordagem. Como a correlação de Pearson aplica-se a relações lineares, Hall e Miller (2009) propuseram usar uma correlação generalizada, na qual a medida de utilidade é a correlação de Pearson entre a resposta e a estimativa de uma função suave ajustada a acada variável. Especificamente,

$$\rho(X_j, Y) = \sup_{f_j \in \mathcal{H}} \frac{\text{Cov}\{f_j(X_j), Y\}}{\sqrt{\text{Var}\{f_j(X_j)\}\text{Var}(Y)}},$$

em que $\mathcal{H}$ é algum espaço de funções.

Fan et al. (2011) ajustaram *splines* a essa função e usaram a norma da função ajustada como medida de utilidade. Fonseca et al. (2024) ajustaram ondaletas a essa função e também usaram a norma da função ajustada.

Outras propostas são: *model-free screening* (Zhu et al., 2011), triagem baseada em *distance-correlations* (Li et al., 2012), triagem para resposta categórica (Mai e Zhou, 2013) e triagem para dados dependentes (Yousuf, 2018). Fan et al. (2020, cap. 8) fazem uma revisão da literatura sobre o assunto.

8.5 Exercícios

1) Obtenha os estimadores *Ridge*, *Lasso* e *Elastic Net* para os dados do Exemplo 6.7 e comente os resultados.

2) Repita a análise do Exemplo 8.2. Justifique possíveis diferenças encontradas.

3) Ajuste um modelo *GAM* aos dados do Exemplo 6.9 e compare os resultados com aqueles obtidos por meio do modelo de regressão linear.

4) Reanalise os dados do Exemplo 8.3 adotando uma distribuição gama com função de ligação logarítmica para a variável resposta. Compare os resultados com aqueles obtidos sob a suposição de normalidade.

5) Considere o conjunto de dados `esforco`, centrando o interesse na predição da variável resposta Y: VO2 (consumo de oxigênio) com base nas variáveis preditoras X_1: Idade, X_2: Peso, X_3: Superfície corpórea e X_4: IMC (índice de massa corpórea) ($n = 126$).

    a) Ajuste um modelo de regressão linear aos dados, utilizando o método de mínimos quadrados e analise os resultados.

    b) Ajuste o mesmo modelo por meio de regularização *Ridge*, obtenha λ, a raiz do erro quadrático médio e o coeficiente R^2.

    c) Repita o procedimento utilizando regularização *Lasso* e *Elastic Net*.

    d) Compare os resultados obtidos com os ajustes obtidos nos itens a), b) e c).

6) Considere o conjunto de dados `antracose`, selecionando aleatoriamente 70% das observações para treinamento e as restantes para validação.

a) Ajuste modelos de regressão linear múltipla e de regularização *Ridge*, *Lasso* e *Elastic Net* ao conjunto de treinamento, com o objetivo de previsão da variável `antracose`, com base nas variáveis preditoras `idade`, `tmunic`, `htransp`, `cargatabag`, `ses`, `densid` e `distmin`.

b) Compare o desempenho dos modelos no conjunto de validação.

c) Repita os itens a) e b) com outra seleção aleatória dos conjuntos de treinamento e de validação.

d) Construa uma tabela com as medidas de desempenho de todos os modelos ajustados e comente os resultados.

e) Utilize modelos *GAM* para avaliar se as variáveis preditoras estão linearmente associadas com a variável resposta e compare o resultado do modelo adotado sob esse enfoque com aqueles dos demais modelos.

7) Mostre que o estimador *Ridge* pode ser expresso como (8.22) e que seu valor esperado é (8.23).

CLASSIFICAÇÃO POR MEIO DE TÉCNICAS CLÁSSICAS

Finding the question is more important than finding the answer.

John Tukey

9.1 Introdução

Consideremos um conjunto de dados, $(\mathbf{x}_i, y_i)$, $i = 1, \ldots, n$, em que $\mathbf{x}_i$ representa os valores de p variáveis preditoras e y_i representa o valor de uma variável resposta indicadora da classe a que o i-ésimo elemento desse conjunto pertence. O objetivo é construir modelos (algoritmos) que, segundo algum critério, permitam classificar certo elemento em uma das classes identificadas pelos valores da variável resposta com base nos correspondentes valores das variáveis preditoras. Em geral, esses algoritmos são utilizados para classificar um ou mais elementos de um conjunto de **dados para previsão**, para os quais dispomos apenas dos valores das variáveis preditoras.

Se tivermos p variáveis preditoras e uma resposta dicotômica (isto é, duas classes), um **classificador** é uma função que mapeia um espaço p-dimensional sobre $\{-1,1\}$. Formalmente, seja $(\mathbf{X}, Y)$ um vetor aleatório, tal que $\mathbf{X} \in \mathbb{R}^p$ e $Y \in \{-1,1\}$. Então, um classificador é uma função $g : \mathbb{R}^p \to \{-1,1\}$.

A acurácia de um estimador de g, digamos $\widehat{g}$, pode ser avaliada pela **função erro** ou **risco** que é a probabilidade de erro, $L(g) = P\{g(\mathbf{X}) \neq Y\}$. Um estimador de $L(g)$, chamado de **taxa de erros**, é a proporção de erros gerados pela aplicação de $\widehat{g}$ aos elementos do conjunto de dados, ou seja,

$$\widehat{L}(\widehat{g}) = \frac{1}{n} \sum_{i=1}^{n} I(y_i \neq \widehat{y}_i), \tag{9.1}$$

com $\widehat{y}_i = \widehat{g}(x_i)$ indicando o rótulo (-1 ou 1) da classe prevista por meio de $\widehat{g}$. Se $I(y_i \neq \widehat{y}_i) = 0$, o i-ésimo elemento estará classificado corretamente.

Sob o enfoque de aprendizado automático, o objetivo é comparar diferentes modelos para identificar aquele com menor taxa de erros. Nesse contexto, a partir de um conjunto de **dados de treinamento**, $(\mathbf{x}_i, y_i)$, $i = 1, \ldots, n$, constrói-se o algoritmo, cuja acurácia é avaliada em um conjunto de **dados de**

validação, com elemento típico denotado aqui por $(\mathbf{x}_0, y_0)$. O interesse é minimizar a **taxa de erros de validação** associada ao conjunto de dados de validação que pode ser estimada por

$$\text{Média}[I(y_0 \neq \widehat{y}_0)], \tag{9.2}$$

em que a média é calculada relativamente aos elementos desse conjunto. O classificador (ou modelo) ótimo é aquele que minimiza (9.2). Com o objetivo de classificar os elementos do conjunto original de dados, deve-se ajustar o classificador ótimo ao conjunto de dados disponíveis (treinamento e validação) e utilizar a estimativa $\widehat{g}$ daí obtida para classificar os elementos do conjunto de dados para previsão.

Quando dispomos de apenas um conjunto de dados, podemos recorrer ao processo de **validação cruzada** (veja a Nota 1 do Capítulo 8) para dividi-lo em conjuntos de dados de treinamento e de dados de validação.

Neste capítulo, concretizaremos o processo de classificação por meio de técnicas clássicas como regressão logística, análise discriminante linear (que inclui a função discriminante linear de Fisher) e o método do vizinho mais próximo. Mencionaremos também algumas extensões, como análise discriminante quadrática e regularizada. Outras técnicas serão consideradas nos capítulos subsequentes.

9.2 Classificação por regressão logística

Juntamente com os modelos de regressão múltipla, os modelos de **regressão logística** estudados no Capítulo 6 estão entre os mais utilizados com o objetivo de classificação. Para ilustrá-los, consideremos o seguinte exemplo.

Exemplo 9.1 Os dados da Tabela 9.1, também disponíveis no arquivo `disco`, foram extraídos de um estudo realizado no Hospital Universitário da Universidade de São Paulo com o objetivo de avaliar se algumas medidas obtidas ultrassonograficamente poderiam ser utilizadas como substitutas de medidas obtidas por métodos de ressonância magnética, considerada padrão ouro para avaliação do deslocamento do disco da articulação temporomandibular (doravante referido simplesmente como disco). Distâncias cápsula-côndilo (em mm) com boca aberta ou fechada (referidas, respectivamente, como distância aberta ou fechada no restante do texto) foram obtidas ultrassonograficamente de 104 articulações e o disco correspondente foi classificado como deslocado (1) ou não (0), segundo a avaliação por ressonância magnética. A variável resposta é o *status* do disco (1 = deslocado ou 0 = não). Mais detalhes podem ser obtidos em Elias et al. (2006).

Com intuito didático, consideremos um modelo logístico para a chance de deslocamento do disco, tendo apenas a distância aberta como variável preditora. Nesse contexto, o modelo (6.29) corresponde a

$$\log[\theta(x_i; \alpha, \beta)]/[1 - \theta(x_i; \alpha, \beta)] = \alpha + x_i\beta, \tag{9.3}$$

$i = 1, \ldots, 104$, em que $\theta(x_i; \alpha, \beta)$ representa a probabilidade de deslocamento do disco quando o valor da distância aberta é x_i, α denota o logaritmo da chance de deslocamento do disco quando a distância aberta tem valor $x_i = 0$ e β é interpretado como a variação no logaritmo da chance de deslocamento do disco por unidade de variação da distância aberta (logaritmo da razão de chances).

Consequentemente, a razão de chances de deslocamento do disco correspondente a uma diferença de d unidades da distância aberta será $\exp(d \times \beta)$. Como não temos dados correspondentes a distâncias abertas menores que 0,5, convém substituir os valores x_i por valores "centrados", ou seja, por $x_i^* = x_i - x_0$. Uma possível escolha para x_0 é o mínimo de x_i, que é 0,5. Essa transformação na variável explicativa altera somente a interpretação do parâmetro α que passa a ser o logaritmo da chance de deslocamento do disco quando a distância aberta tem valor $x_i = 0,5$.

Tabela 9.1 Dados de um estudo odontológico

Dist aberta	Dist fechada	Desloc disco	Dist aberta	Dist fechada	Desloc disco	Dist aberta	Dist fechada	Desloc disco
2.2	1.4	0	0.9	0.8	0	1.0	0.6	0
2.4	1.2	0	1.1	0.9	0	1.6	1.3	0
2.6	2.0	0	1.4	1.1	0	4.3	2.3	1
3.5	1.8	1	1.6	0.8	0	2.1	1.0	0
1.3	1.0	0	2.1	1.3	0	1.6	0.9	0
2.8	1.1	1	1.8	0.9	0	2.3	1.2	0
1.5	1.2	0	2.4	0.9	0	2.4	1.3	0
2.6	1.1	0	2.0	2.3	0	2.0	1.1	0
1.2	0.6	0	2.0	2.3	0	1.8	1.2	0
1.7	1.5	0	2.4	2.9	0	1.4	1.9	0
1.3	1.2	0	2.7	2.4	1	1.5	1.3	0
1.2	1.0	0	1.9	2.7	1	2.2	1.2	0
4.0	2.5	1	2.4	1.3	1	1.6	2.0	0
1.2	1.0	0	2.1	0.8	1	1.5	1.1	0
3.1	1.7	1	0.8	1.3	0	1.2	0.7	0
2.6	0.6	1	0.8	2.0	1	1.5	0.8	0
1.8	0.8	0	0.5	0.6	0	1.8	1.1	0
1.2	1.0	0	1.5	0.7	0	2.3	1.6	1
1.9	1.0	0	2.9	1.6	1	1.2	0.4	0
1.2	0.9	0	1.4	1.2	0	1.0	1.1	0
1.7	0.9	1	3.2	0.5	1	2.9	2.4	1
1.2	0.8	0	1.2	1.2	0	2.5	3.3	1
3.9	3.2	1	2.1	1.6	1	1.4	1.1	0
1.7	1.1	0	1.4	1.5	1	1.5	1.3	0
1.4	1.0	0	1.5	1.4	0	0.8	2.0	0
1.6	1.3	0	1.6	1.5	0	2.0	2.1	0
1.3	0.5	0	4.9	1.2	1	3.1	2.2	1
1.7	0.7	0	1.1	1.1	0	3.1	2.1	1
2.6	1.8	1	2.0	1.3	1	1.7	1.2	0
1.5	1.5	0	1.5	2.2	0	1.6	0.5	0
1.8	1.4	0	1.7	1.0	0	1.4	1.1	0
1.2	0.9	0	1.9	1.4	0	1.6	1.0	0
1.9	1.0	0	2.5	3.1	1	2.3	1.6	1
2.3	1.0	0	1.4	1.5	0	2.2	1.8	1
1.6	1.0	0	2.5	1.8	1			

Dist aberta: distância cápsula-côndilo com boca aberta (mm)

Dist fechada: distância cápsula-côndilo com boca fechada (mm)

Desloc disco: deslocamento do disco da articulação temporomandibular (1=sim, 0=não)

Usando a função `glm()`, obtemos os seguintes resultados:

```
> glm(formula = deslocamento ~ (distanciaAmin), family = binomial,
    data = disco)
Coefficients:
             Estimate Std. Error z value Pr(>|z|)
(Intercept)   -5.8593     1.1003  -5.325 1.01e-07 ***
distanciaAmin  3.1643     0.6556   4.827 1.39e-06 ***
---
(Dispersion parameter for binomial family taken to be 1)
    Null deviance: 123.11  on 103  degrees of freedom
Residual deviance:  71.60  on 102  degrees of freedom
AIC: 75.6
Number of Fisher Scoring iterations: 6
```

Estimativas (com erros padrões entre parênteses) dos parâmetros desse modelo ajustado por máxima verossimilhança aos dados da Tabela 9.1 são, $\widehat{\alpha} = -5{,}86$ $(1{,}10)$ e $\widehat{\beta} = 3{,}16$ $(0{,}66)$ e, então, segundo o modelo, uma estimativa da chance de deslocamento do disco para articulações com distância aberta $x = 0{,}5$ (que corresponde à distância aberta transformada $x^* = 0{,}0$) é $\exp(-5{,}86) = 0{,}003$; um intervalo de confiança (95%) para essa chance pode ser obtido exponenciando os limites (LI e LS) do intervalo para o parâmetro α, nomeadamente,

$$LI = \exp[\widehat{\alpha} - 1{,}96 EP(\widehat{\alpha})] = \exp(-5{,}86 - 1{,}96 \times 1{,}10) = 0{,}000,$$
$$LS = \exp[\widehat{\alpha} + 1{,}96 EP(\widehat{\alpha})] = \exp(-5{,}86 + 1{,}96 \times 1{,}10) = 0{,}025.$$

Os limites de um intervalo de confiança para a razão de chances correspondente a uma variação de uma unidade no valor da distância aberta podem ser obtidos de maneira similar e são 6,55 e 85,56. Refira-se ao Exercício 19 para entender a razão pela qual a amplitude desse intervalo é aparentemente muito grande.

Substituindo os parâmetros α e β por suas estimativas $\widehat{\alpha}$ e $\widehat{\beta}$ em (9.3), podemos estimar a probabilidade de sucesso (deslocamento do disco, no caso sob investigação); por exemplo, para uma articulação cuja distância aberta é 2,1 (correspondente à distância aberta transformada igual a 1,6), a estimativa dessa probabilidade é

$$\widehat{\theta} = \exp(-5{,}86 + 3{,}16 \times 1{,}6)/[1 + \exp(-5{,}86 + 3{,}16 \times 1{,}6)] = 0{,}31.$$

Lembrando que o objetivo do estudo é substituir o processo de identificação de deslocamento do disco realizado via ressonância magnética por aquele baseado na medida da distância aberta por meio de ultrassonografia, podemos estimar as probabilidades de sucesso para todas as articulações e identificar um **ponto de corte** d_0, segundo o qual distâncias abertas com valores acima dele sugerem decidirmos pelo deslocamento do disco e distâncias abertas com valores abaixo dele sugerem a decisão oposta. Obviamente, não esperamos que todas as decisões tomadas dessa forma sejam corretas e, consequentemente, a escolha do ponto de corte deve ser feita com o objetivo de minimizar os erros (decidir pelo deslocamento quando ele não existe ou vice-versa).

Nesse contexto, um contraste entre as decisões tomadas com base em um determinado ponto de corte d_0 e o padrão ouro definido pela ressonância magnética para todas as 104 articulações pode ser resumido por meio da Tabela 9.2, em que as frequências da diagonal principal correspondem a decisões corretas e aquelas da diagonal secundária às decisões erradas.

O quociente $n_{11}/(n_{11}+n_{21})$ é conhecido como **sensibilidade** do processo de decisão e é uma estimativa da probabilidade de decisões corretas quando o disco está realmente deslocado. O quociente $n_{22}/(n_{12} + n_{22})$ é conhecido como **especificidade** do processo de decisão e é uma estimativa da probabilidade de decisões corretas quando o disco realmente não está deslocado. A situação ideal é aquela em que tanto

Tabela 9.2 Frequência de decisões para um ponto de corte d_0

		Deslocamento real do disco	
		sim	não
Decisão baseada na	sim	n_{11}	n_{12}
distância aberta d_0	não	n_{21}	n_{22}

a sensibilidade quanto a especificidade do processo de decisão são iguais a 100%. Consulte a Seção 4.2 para detalhes sobre sensibilidade e especificidade.

O problema a resolver é determinar o ponto de corte d_{eq} que gere o melhor equilíbrio entre sensibilidade e especificidade. Com essa finalidade, podemos construir tabelas com o mesmo formato da Tabela 9.2 para diferentes pontos de corte e um gráfico cartesiano entre a sensibilidade e especificidade obtidas de cada uma delas. Esse gráfico, conhecido como **curva ROC** (*Receiver Operating Characteristic*), gerado para os dados da Tabela 9.1 por meio dos comandos

```
> g <- roc(deslocamento ~ distanciaAmin, data = disco)
> plot(g, print.thres=T, xlab = "Especificidade",
                    ylab = "Sensibilidade")
```

está apresentado na Figura 9.1.

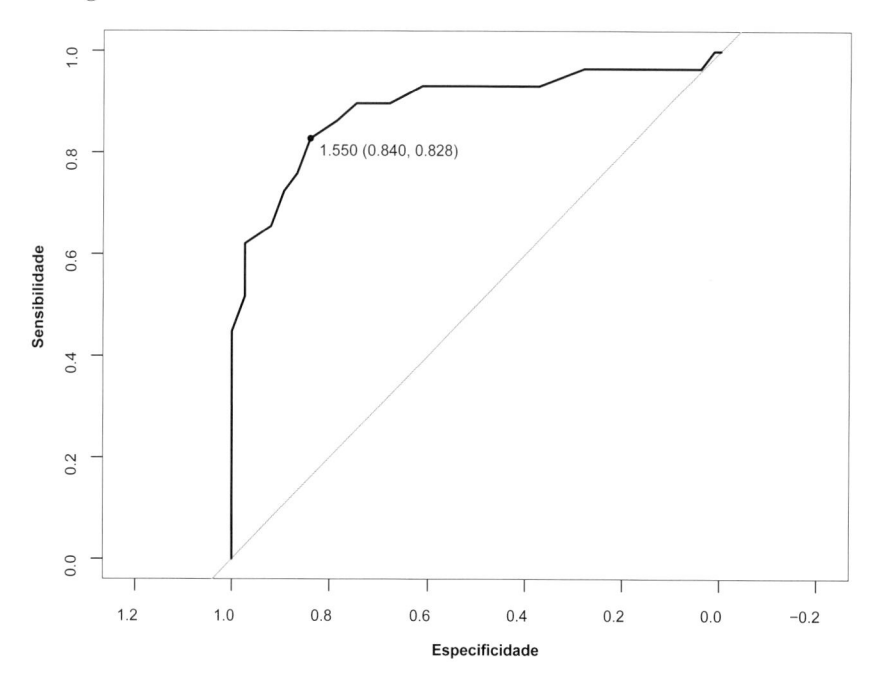

Figura 9.1 Curva ROC para os dados da Tabela 9.1 com base no modelo (9.3) com distância aberta como variável preditora.

O ponto de corte ótimo é aquele mais próximo do vértice superior esquerdo (em que tanto a sensibilidade quanto a especificidade seriam iguais a 100%. Para o exemplo, esse ponto está salientado na Figura 9.1 e corresponde à distância aberta com valor $d_{eq} = 2{,}05$ ($= 1{,}55 + 0{,}50$). A sensibilidade e a especificidade associadas à decisão baseada nesse ponto de corte são, respectivamente, 83 e 84%, e as frequências de decisões corretas ou incorretas estão indicadas na Tabela 9.3.

Com esse procedimento de decisão, a porcentagem de acertos (**acurácia**) é 84% [$= (24 + 63)/104$]. A porcentagem de **falsos positivos** é 16% [$= 12/(12 + 63)$] e a porcentagem de **falsos negativos** é 17% [$= 5/(24 + 5)$].

Tabela 9.3 Frequência de decisões para um ponto de corte para distância aberta $d_{eq} = 2{,}05$

		Deslocamento real do disco	
		sim	não
Decisão baseada na	sim	24	12
distância aberta $d_{max} = 2{,}05$	não	5	63

Um gráfico de dispersão com o correspondente ponto de corte de equilíbrio com base apenas na distância aberta está apresentado na Figura 9.2, com círculos indicando casos com deslocamento do disco e triângulos indicando casos sem deslocamento.

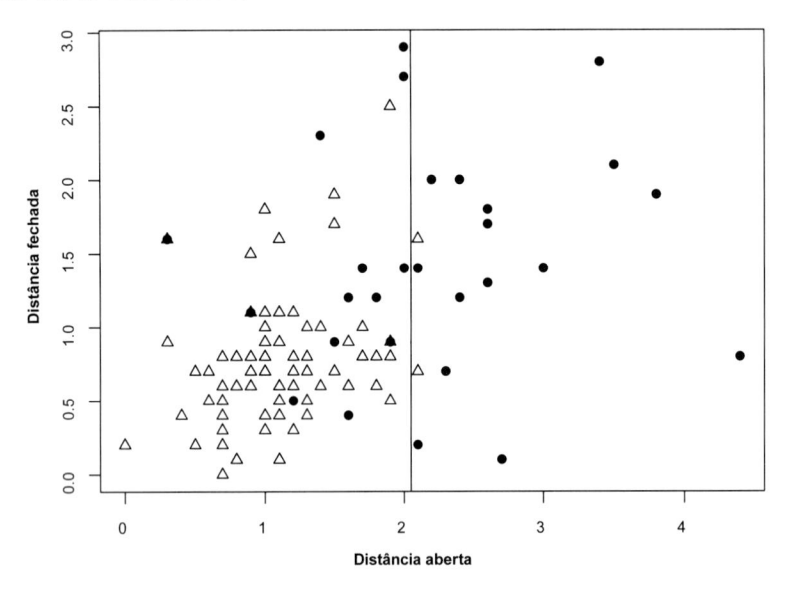

Figura 9.2 Gráfico de dispersão para os dados da Tabela 9.1 com ponto de corte de equilíbrio baseado apenas na distância aberta.

Uma análise similar com base na distância fechada transformada por meio da subtração de seu valor mínimo (0,4) gera a curva ROC apresentada na Figura 9.3 e frequências de decisões mostradas na Tabela 9.4.

Tabela 9.4 Frequências de decisões com base na distância fechada com $d_{eq} = 1{,}6$

		Deslocamento real do disco	
		sim	não
Decisão baseada na	sim	20	9
distância fechada $d_{max} = 1{,}6$	não	9	66

A acurácia associada a processo de decisão baseado apenas na distância fechada, 83% $[= (20+66)/104]$ é praticamente igual àquela obtida com base apenas na distância aberta; no entanto aquele processo apresenta um melhor equilíbrio entre sensibilidade e especificidade (83 e 84%, respectivamente, *versus* 69 e 88%).

Se quisermos avaliar o processo de decisão com base nas observações das distâncias aberta e fechada simultaneamente, podemos considerar o modelo

$$\log[\theta(x_i; \alpha, \beta, \gamma)]/[1 - \theta(x_i; \alpha, \beta, \gamma)] = \alpha + x_i\beta + w_i\gamma, \tag{9.4}$$

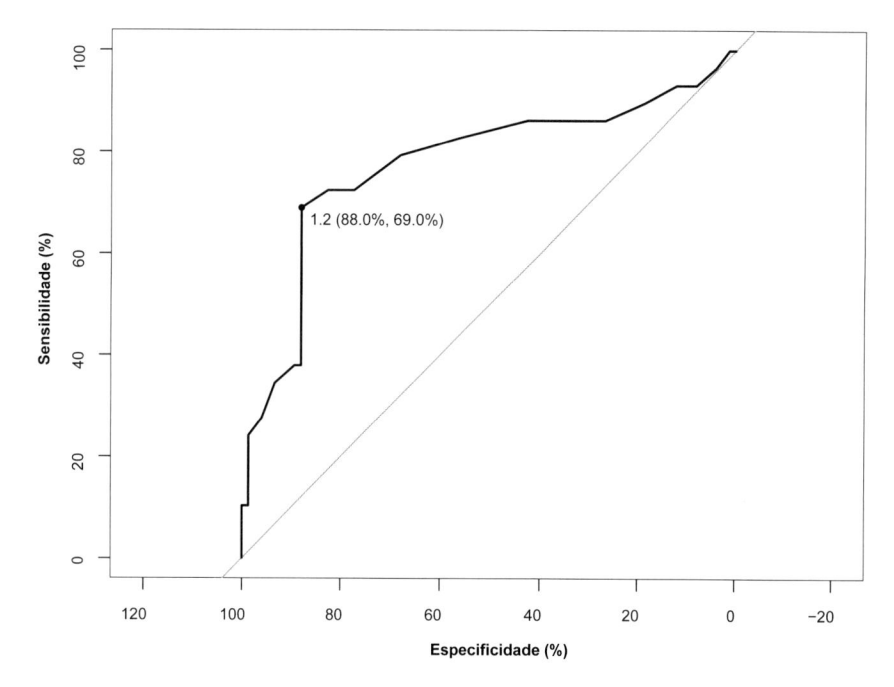

Figura 9.3 Curva ROC para os dados da Tabela 9.1 baseada no modelo (9.3) com distância fechada como variável explicativa.

$i = 1, \ldots, 104$, em que w_i corresponde à distância fechada observada na i-ésima articulação. Neste caso, γ corresponde à razão entre a chance de deslocamento do disco para articulações com distância fechada $w + 1$ e a chance de deslocamento do disco para articulações com distância fechada w para aquelas com mesmo valor da distância aberta; uma interpretação similar vale para o parâmetro β. Estimativas dos parâmetros (com erros padrões entre parênteses) do modelo (9.4) obtidas após a transformação das variáveis explicativas segundo o mesmo figurino adotado nas análises univariadas são $\widehat{\alpha} = -6{,}38$ (1,19), $\widehat{\beta} = 2{,}83$ (0,67) e $\widehat{\gamma} = 0{,}98$ (0,54). A estimativa do parâmetro γ é apenas marginalmente significativa, ou seja, a inclusão da variável explicativa distância fechada não acrescenta muito poder de discriminação além daquele correspondente à distância aberta. Uma das razões para isso é que as duas variáveis são correlacionadas (com coeficiente de correlação de Pearson igual a 0,46). Se essa correlação for suficientemente alta, os resultados obtidos com uma ou várias variáveis preditoras são, em geral, bem parecidos.

A determinação de pontos de corte para modelos com duas ou mais variáveis explicativas é bem mais complexa do que no caso univariado e não será abordada neste texto. O leitor poderá consultar Pepe et al. (2006) para detalhes. Nesse contexto, para efeito de comparação com as análises anteriores, as frequências de decisões baseadas no modelo (9.4) obtidas com os pontos de corte utilizados naquelas estão dispostas na Tabela 9.5, e correspondem a uma sensibilidade de 62%, especificidade de 97% e acurácia de 88%.

Tabela 9.5 Frequências de decisões obtidas com o modelo (9.4) utilizando pontos de corte $d_{eq} = 2{,}05$ para distância aberta e $d_{eq} = 1{,}6$ para distância fechada

		Deslocamento real do disco	
		sim	não
Decisão baseada em	sim	18	2
ambas as distâncias	não	11	73

Em uma segunda análise, agora sob o paradigma de aprendizado automático, a escolha do modelo ótimo é baseada apenas nas porcentagens de classificação correta (acurácia) obtidas por cada modelo em um conjunto de dados de validação a partir de seu ajuste a um conjunto de dados de treinamento. Como neste caso não dispomos desses conjuntos *a priori*, podemos recorrer à técnica de **validação cruzada** mencionada na Seção 1.3 e detalhada na Nota 1 do Capítulo 8. Neste exemplo, utilizamos validação cruzada de ordem 5 com 5 repetições (VC5/5), em que o conjunto de dados é dividido em dois, cinco vezes, gerando cinco conjuntos de dados de treinamento e de teste. A análise é repetida cinco vezes em cada conjunto e a acurácia média obtida das 25 análises serve de base para a escolha do melhor modelo.

Comparamos quatro modelos de regressão logística, os dois primeiros com apenas uma das variáveis preditoras (distância aberta ou distância fechada), o terceiro com ambas incluídas aditivamente e o último com ambas as distâncias e sua interação. Esse tipo de análise pode ser concretizado por meio dos pacotes `caret` e `proc`. Os comandos para o ajuste do modelo com apenas a distância aberta como variável explicativa são

```
> set.seed(369321)
> train_control = trainControl(method="repeatedcv", number=5,
              repeats=5)
> model1 = train(deslocamento ~ distanciaAmin, data=disco,
      method="glm", family=binomial, trControl=train_control)
Generalized Linear Model
104 samples
  1 predictor
  2 classes: '0', '1'
No pre-processing
Resampling: Cross-Validated (5 fold, repeated 5 times)
Summary of sample sizes: 83, 83, 83, 83, 84, 84, ...
Resampling results:
  Accuracy   Kappa
  0.8410476  0.5847185
disco\$predito1 = predict(model1, newdata=disco, type="raw")
> table(disco\$deslocamento, disco\$predito1)
     0   1
  0 69   6
  1 10  19
```

A estatística *Kappa* apresentada juntamente com a acurácia serve para avaliar a concordância entre a classificação obtida pelo modelo e a classificação observada (veja a Seção 4.2). Para o ajuste com o método *LOOCV*, basta substituir a especificação `method="repeatedcv"` por `method="LOOCV"`.

Os resultados correspondentes aos ajustes obtidos por validação cruzada VC5/5 e por validação cruzada *LOOCV* estão dispostos na Tabela 9.6.

Tabela 9.6 Acurácia obtida por validação cruzada para as regressões logísticas ajustadas aos dados do Exemplo 9.1

Modelo	Variáveis	Acurácia VC5/5	Acurácia *LOOCV*
1	Distância aberta	84,8%	84,6%
2	Distância fechada	75,2%	74,0%
3	Ambas (aditivamente)	85,7%	85,6%
4	Ambas + Interação	83,6%	83,6%

Com ambos os critérios, o melhor modelo é aquele que inclui as duas variáveis preditoras de forma aditiva. Para efeito de classificar uma nova articulação (para a qual só dispomos dos valores das variáveis preditoras), o modelo selecionado deve ser ajustado ao conjunto de dados original (treinamento + validação) para obtenção dos coeficientes do classificador.

A seleção obtida por meio de aprendizado automático corresponde ao modelo (9.4). Embora a variável Distância fechada seja apenas marginalmente significativa, sua inclusão aumenta a proporção de acertos (acurácia) de 84% no modelo que inclui apenas Distância aberta para 86%.

Como a divisão do conjunto original nos subconjuntos de treinamento e de validação envolve uma escolha aleatória, os resultados podem diferir (em geral de forma desprezável) para diferentes aplicações dos mesmos comandos, a não ser que se especifique a mesma semente do processo aleatório de divisão por meio do comando `set.seed()`.

O modelo de **regressão logística politômica (ou multinomial)**, isto é, em que o número de classes é $K > 2$, mencionado no Capítulo 6, não é muito usado para classificação pelos seguintes motivos [James et al. (2017)]:

i) Esse tipo de modelo requer modelar diretamente $P(Y = k|\mathbf{X} = \mathbf{x})$, $k = 1, \ldots, K$ sujeito à restrição $\sum_{k=1}^{K} P(Y = k|\mathbf{X} = \mathbf{x}) = 1$. Um método alternativo é a **Análise Discriminante Linear**, estudada a seguir, que consiste em modelar a distribuição preditora separadamente em cada classe e depois usar o teorema de Bayes para estimar essas probabilidades condicionais.

ii) Quando as classes são bem separadas, as estimativas baseadas em regressão logística politômica são muito instáveis, o contrário ocorrendo com a análise discriminante linear. Se n for pequeno e a distribuição das variáveis preditoras em cada classe for aproximadamente Normal, análise discriminante linear é mais estável que regressão logística multinomial.

iii) Análise discriminante linear é mais popular quando temos mais de duas classes.

9.3 Análise discriminante linear

Consideremos novamente um conjunto de dados, $(\mathbf{x}_i, y_i)$, $i = 1, \ldots, n$, em que $\mathbf{x}_i$ representa os valores de p variáveis preditoras e y_i representa o valor de uma variável resposta indicadora de uma classe a que o i-ésimo elemento desse conjunto pertence. O problema consiste em classificar cada elemento do conjunto de dados em uma das $K \geq 2$ classes definidas pela variável resposta. Os modelos de regressão logística são mais facilmente utilizados quando $K = 2$. As técnicas abordadas nesta seção, tanto sob o enfoque bayesiano quanto sob a perspectiva frequentista, também são adequadas para $K > 2$. No primeiro caso, é necessário conhecer (ou estimar) as densidades das variáveis preditoras e usualmente supõe-se que sejam gaussianas. No segundo caso, não há necessidade de se conhecer essas densidades.

9.3.1 Classificador de Bayes

Seja π_k a probabilidade *a priori* de que um elemento com valor das variáveis preditoras $\mathbf{x} = (x_1, \ldots, x_p)$ pertença à classe C_k, $k = 1, \ldots, K$ e seja $f_k(\mathbf{x})$ a função densidade de probabilidade da variável preditora $\mathbf{X}$ para valores $\mathbf{x}$ associados a elementos dessa classe. Por um abuso de notação escrevemos $f_k(\mathbf{x}) = P(\mathbf{X} = \mathbf{x}|Y = k)$ (que em rigor só vale no caso discreto). Pelo teorema de Bayes,

$$P(Y = k|\mathbf{X} = \mathbf{x}) = p_k(\mathbf{x}) = \frac{\pi_k f_k(\mathbf{x})}{\sum_{\ell=1}^{K} \pi_\ell f_\ell(\mathbf{x})}, \quad k = 1, \ldots, K, \tag{9.5}$$

é a probabilidade *a posteriori* de que um elemento com valor das variáveis preditoras igual a $\mathbf{x}$ pertença à k-ésima classe. Para calcular essa probabilidade é necessário conhecer π_k e $f_k(\mathbf{x})$; em muitos casos, supõe-se que, para os elementos da k-ésima classe, os valores de $\mathbf{X}$ tenham uma distribuição normal p-variada com vetor de médias $\boldsymbol{\mu}_k$ e matriz de covariâncias comum a todas as classes, $\boldsymbol{\Sigma}$.

Suponha que $\mathbf{X} \in \mathcal{X} \subset \mathbb{R}^p$. Uma **regra de classificação**, R, consiste em dividir $\mathcal{X}$ em K regiões disjuntas $\mathcal{X}_1, \ldots, \mathcal{X}_K$, tal que se $\mathbf{x} \in \mathcal{X}_k$, o elemento correspondente é classificado em C_k.

A probabilidade (condicional) de classificação incorreta, isto é, de classificar um elemento na classe C_k quando de fato ele pertence a C_j, $j \neq k$, usando a regra R, é

$$P(C_k|C_j, R) = \int_{\mathcal{X}_k} P(\mathbf{X} = \mathbf{x}|Y = j)\mathbf{dx} = \int_{\mathcal{X}_k} f_j(\mathbf{x})\mathbf{dx}. \tag{9.6}$$

Se $k = j$ em (9.6), obtemos a probabilidade de classificação correta do elemento com valor das variáveis preditoras $\mathbf{x}$ em C_k.

O **classificador de Bayes** consiste em classificar na classe C_k um elemento com valor das variáveis preditoras $\mathbf{x}$, quando a probabilidade de classificação errada for mínima, ou seja, quando

$$e_k(\mathbf{x}) = \sum_{j=1, j \neq k}^{K} \pi_j \int_{\mathcal{X}_k} f_j(\mathbf{x})\mathbf{dx} = \int_{\mathcal{X}_k} [\sum_{j=1, j \neq k}^{K} \pi_j f_j(\mathbf{x})]\mathbf{dx} \tag{9.7}$$

for mínima, $k = 1, \ldots K$. Minimizar (9.7) é equivalente a classificar em C_k um elemento com valor das variáveis preditoras igual a $\mathbf{x}$, se

$$\pi_k f_k(\mathbf{x}) = max_{1 \leq j \leq K}[\pi_j f_j(\mathbf{x})], \tag{9.8}$$

pois (9.7) é mínima quando o componente omitido da soma for máximo. Em particular, se $K = 2$, elementos com valor das variáveis preditoras igual a $\mathbf{x}$ devem ser classificados em C_1, se

$$\frac{f_1(\mathbf{x})}{f_2(\mathbf{x})} \geq \frac{\pi_2}{\pi_1}, \tag{9.9}$$

e em C_2, em caso contrário. Esse procedimento supõe que os custos de classificação incorreta são iguais; quando essa suposição não é aceitável, (9.7) pode ser modificada com a inclusão de custos diferentes como indicado na Nota 1. Veja Johnson e Wichern (1988) e Ferreira (2011), para detalhes.

Suponha que $K = 2$ com $\mathbf{x}$ seguindo distribuições normais, com médias $\boldsymbol{\mu}_1$ para elementos da classe C_1, $\boldsymbol{\mu}_2$ para elementos da classe C_2 e matriz de covariâncias $\boldsymbol{\Sigma}$ comum. Usando (9.5), obtemos

$$P(Y = k|\mathbf{X} = \mathbf{x}) = \frac{\pi_k \exp\{-(\mathbf{x} - \boldsymbol{\mu}_k)^\top \boldsymbol{\Sigma}^{-1}(\mathbf{x} - \boldsymbol{\mu}_k)/2\}}{\sum_{\ell=1}^{K} \pi_\ell \exp\{-(\mathbf{x} - \boldsymbol{\mu}_\ell)^\top \boldsymbol{\Sigma}^{-1}(\mathbf{x} - \boldsymbol{\mu}_\ell)/2\}}, \quad k = 1,2. \tag{9.10}$$

Então, elementos com valores das variáveis preditoras iguais a $\mathbf{x}$ são classificados em C_1 se

$$\mathbf{d}^\top \mathbf{x} = (\boldsymbol{\mu}_1 - \boldsymbol{\mu}_2)^\top \boldsymbol{\Sigma}^{-1}\mathbf{x} \geq \frac{1}{2}(\boldsymbol{\mu}_1 - \boldsymbol{\mu}_2)^\top \boldsymbol{\Sigma}^{-1}(\boldsymbol{\mu}_1 + \boldsymbol{\mu}_2) + \log(\pi_2/\pi_1), \tag{9.11}$$

em que $\mathbf{d} = \boldsymbol{\Sigma}^{-1}(\boldsymbol{\mu}_1 - \boldsymbol{\mu}_2)$ contém os coeficientes da função discriminante.

No caso geral ($K \geq 2$), o classificador de Bayes associa um elemento com valor das variáveis preditoras igual a $\mathbf{x}$ à classe para a qual

$$d_k(\mathbf{x}) = \boldsymbol{\mu}_k^\top \boldsymbol{\Sigma}^{-1}\mathbf{x} - \frac{1}{2}\boldsymbol{\mu}_k^\top \boldsymbol{\Sigma}^{-1}\boldsymbol{\mu}_k + \log \pi_k \tag{9.12}$$

for **máxima**. Em particular, para $p = 1$, devemos maximizar

$$d_k(x) = \frac{\mu_k}{\sigma^2}x - \frac{\mu_k^2}{2\sigma^2} + \log \pi_k. \tag{9.13}$$

Quando há apenas duas classes, C_1 e C_2, um elemento com valor da variável preditora igual a x deve ser classificado na classe C_1 se

$$\frac{\mu_1 - \mu_2}{\sigma^2} x \geq \frac{\mu_1^2 - \mu_2^2}{2\sigma^2} + \log \frac{\pi_2}{\pi_1} \tag{9.14}$$

e na classe C_2, em caso contrário. Veja os Exercícios 9.1 e 9.2.

As fronteiras de Bayes [valores de $\mathbf{x}$ para os quais $d_k(\mathbf{x}) = d_\ell(\mathbf{x})$] são obtidas como soluções de

$$\boldsymbol{\mu}_k^\top \boldsymbol{\Sigma}^{-1} \mathbf{x} - \frac{1}{2} \boldsymbol{\mu}_k^\top \boldsymbol{\Sigma}^{-1} \boldsymbol{\mu}_k + \log \pi_k = \boldsymbol{\mu}_\ell^\top \boldsymbol{\Sigma}^{-1} \mathbf{x} - \frac{1}{2} \boldsymbol{\mu}_\ell^\top \boldsymbol{\Sigma}^{-1} \boldsymbol{\mu}_\ell + \log \pi_\ell, \tag{9.15}$$

para $k \neq \ell$.

No paradigma bayesiano, os termos utilizados para cálculo das probabilidades *a posteriori* (9.5) são conhecidos, o que na prática não é realista. No caso $p = 1$, pode-se aproximar o classificador de Bayes substituindo π_k, μ_k, $k = 1 \ldots, K$ e σ^2 pelas estimativas

$$\widehat{\pi}_k = n_k/n$$

em que n_k corresponde ao número dos n elementos do conjunto de dados de treinamento pertencentes à classe k,

$$\overline{x}_k = \frac{1}{n_k} \sum_{i:y_i=k} x_i \ \text{ e } \ S^2 = \frac{1}{n - K} \sum_{k=1}^{K} \sum_{i:y_i=k} (x_i - \overline{x}_k)^2.$$

Com esses estimadores, a fronteira de decisão de Bayes corresponde à solução de

$$(\overline{x}_1 - \overline{x}_2)x = (\overline{x}_1^2 - \overline{x}_2^2)/2 + [\log(\widehat{\pi}_2/\widehat{\pi}_1)]S^2. \tag{9.16}$$

No caso $K = 2$ e $p \geq 2$, os parâmetros $\boldsymbol{\mu}_1$, $\boldsymbol{\mu}_2$ e $\boldsymbol{\Sigma}$ são desconhecidos e têm de ser estimados a partir de amostras das variáveis preditoras associadas aos elementos de C_1 e C_2. Com os dados dessas amostras, podemos obter estimativas $\overline{\mathbf{x}}_1, \overline{\mathbf{x}}_2, \mathbf{S}_1$ e $\mathbf{S}_2$, das respectivas médias e matrizes de covariâncias. Uma estimativa não enviesada da matriz de covariâncias comum $\boldsymbol{\Sigma}$ é

$$\mathbf{S} = \frac{(n_1 - 1)\mathbf{S}_1 + (n_2 - 1)\mathbf{S}_2}{n_1 + n_2 - 2}. \tag{9.17}$$

Quando $\pi_1 = \pi_2$, elementos com valor das variáveis preditoras igual a $\mathbf{x}$ são classificados em C_1 se

$$\widehat{\mathbf{d}}^\top \mathbf{x} = (\overline{\mathbf{x}}_1 - \overline{\mathbf{x}}_2)^\top \mathbf{S}^{-1} \mathbf{x} \geq \frac{1}{2}(\overline{\mathbf{x}}_1 - \overline{\mathbf{x}}_2)^\top \mathbf{S}^{-1} (\overline{\mathbf{x}}_1 + \overline{\mathbf{x}}_2) \tag{9.18}$$

com $\widehat{\mathbf{d}} = \mathbf{S}^{-1}(\overline{\mathbf{x}}_1 - \overline{\mathbf{x}}_2)$. Nesse contexto, (9.18) é denominada regra de classificação linear de Fisher.

Quando as variáveis preditoras são medidas em escalas com magnitudes muito diferentes, por exemplo, $X_1 = $ idade (em anos) e $X_2 = $ saldo bancário (em R\$), convém realizar um **pré-processamento** que consiste em padronizá-las de forma que tenham média zero e variância unitária. Em caso contrário, a classificação poderá ser muito influenciada pela variável com maiores valores.

Exemplo 9.2 Suponha que $f_1(\mathbf{x})$ seja a densidade de uma distribuição normal padrão e $f_2(x)$ seja a densidade de uma distribuição normal com média 2 e variância 1. Supondo $\pi_1 = \pi_2 = 1/2$, elementos com valor das variáveis preditoras igual a $\mathbf{x}$ são classificados em C_1 se $f_1(\mathbf{x})/f_2(\mathbf{x}) \geq 1$, o que equivale a

$$\frac{f_1(\mathbf{x})}{f_2(\mathbf{x})} = e^{-x^2/2} e^{(x-2)^2/2} \geq 1,$$

ou seja, se $x \leq 1$. Consequentemente, as duas probabilidades de classificação incorretas são iguais a 0,159.

Exemplo 9.3 Consideremos os dados do arquivo `inibina`, analisados por meio de regressão logística no Exemplo 6.9. Um dos objetivos é classificar as pacientes como tendo resposta positiva ou negativa ao tratamento com inibina com base na variável preditora `difinib` = `inibpos-inibpre`. Das 32 pacientes do conjunto de dados, 19 (59,4%) apresentaram resposta positiva (classe C_1) e 13 (40,6%) apresentaram resposta negativa (classe C_2).

Estimativas das médias das duas classes são, respectivamente, $\overline{x}_1 = 202,7$ e $\overline{x}_0 = 49,0$. Estimativas das correspondentes variâncias são $S_1^2 = 31630,5$ e $S_0^2 = 2852,8$ e uma estimativa da variância comum é $S^2 = (18 \times S_1^2 + 12 \times S_0^2)/30 = 20119,4$.

De (9.14), obtemos o coeficiente da função discriminante $d = (\overline{x}_1 - \overline{x}_0)/S^2 = 0,0076$. Para decidir em que classe uma paciente com valor de `difinib` = x deve ser alocada, devemos comparar dx com $(\overline{x}_1^2 - \overline{x}_0^2)/(2S^2) + [\log(\widehat{\pi}_0/\widehat{\pi}_1)] = 0,58191$.

Esses resultados podem ser concretizados por meio da função `lda()` do pacote `MASS`. Os comandos e resultados da aplicação dessa função estão indicados a seguir:

```
> lda(inibina$resposta ~ inibina$difinib, data = inibina)
Prior probabilities of groups:
negativa positiva
 0.40625  0.59375
Group means:
          inibina$difinib
negativa          49.01385
positiva         202.70158
Coefficients of linear discriminants:
                    LD1
inibina$difinib 0.007050054
```

A função `lda()` considera as proporções de casos negativos (40,6%) e positivos (59,4%) no conjunto de dados como probabilidades *a priori*, visto que elas não foram especificadas no comando. Além disso, o coeficiente da função discriminante é $1/S = 0,00705$, obtido da seguinte transformação de (9.16)

$$\frac{1}{S}x = \frac{\overline{x}_1 + \overline{x}_2}{2S} + \frac{[\log(\widehat{\pi}_2/\widehat{\pi}_1)]S}{\overline{x}_1 - \overline{x}_2}.$$

Uma tabela relacionando a classificação predita com os valores reais da resposta para todas as 32 pacientes do conjunto original pode ser obtida por meio dos comandos

```
> predito <- predict(fisher)
> table(predito$class, inibina$resposta)
          negativa positiva
  negativa       9        2
  positiva       4       17
```

indicando que a probabilidade de classificação correta é 81%, ligeiramente superior ao que foi conseguido com o emprego de regressão logística (veja o Exemplo 6.9). Histogramas para os valores da função discriminante calculada para cada elemento do conjunto de dados estão dispostos na Figura 9.4.

Exemplo 9.4 Consideremos agora uma análise dos dados do arquivo `disco` por meio do classificador de Bayes. Tomemos as variáveis `distanciaA` e `distanciaF` "centradas" como no Exemplo 9.1 para variáveis preditoras e a variável `deslocamento` com valores 1 ou 0 para variável resposta. Para efeito de predição, dividimos o conjunto de dados aleatoriamente em dois, o primeiro para treinamento com 70% das observações e o segundo, com 30% delas, para validação. Para isso, podemos usar os seguintes comandos

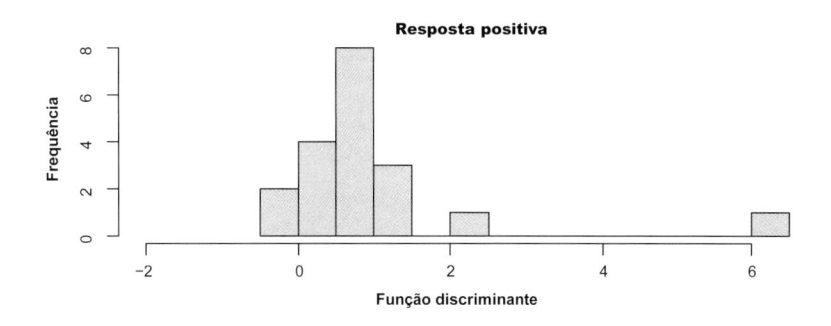

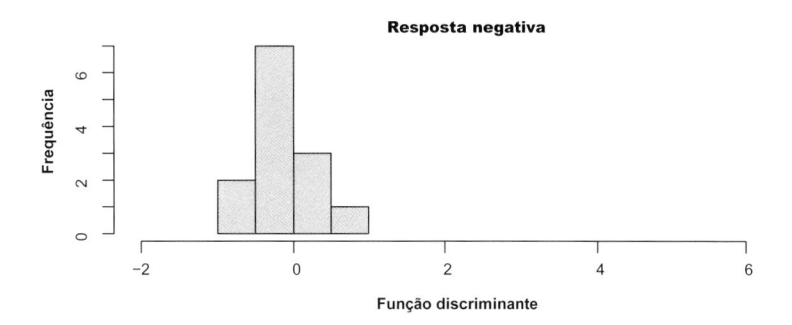

Figura 9.4 Histogramas para valores da função discriminante.

```
> disco$distanciaAmin <- disco$distanciaA - 0.5
> disco$distanciaFmin <- disco$distanciaF - 0.4
> disco$deslocamento <- as.factor(disco$deslocamento)
> set.seed(123)
> aux = sort(sample(nrow(disco), nrow(disco)*.7))
> train <- disco[aux,]
> valid <- disco[-aux,]
```

Com os dados do conjunto `train`, calculamos os vetores de médias $\overline{\mathbf{x}}_0 = (1,11; \; 0,77)^\top$, $\overline{\mathbf{x}}_1 = (2,10; \; 1,34)^\top$ e as matrizes de covariâncias

$$\mathbf{S}_0 = \begin{bmatrix} 0,2094 & 0,0913 \\ 0,0913 & 0,1949 \end{bmatrix} \quad \text{e} \quad \mathbf{S}_1 = \begin{bmatrix} 1,0082 & 0,0676 \\ 0,0676 & 0,5719 \end{bmatrix}$$

para a construção da matriz de covariâncias ponderada por meio de (9.17)

$$\mathbf{S} = \begin{bmatrix} 0,4034 & 0,0856 \\ 0,0856 & 0,2864 \end{bmatrix}.$$

Com esses resultados, obtemos os coeficientes da função discriminante,

$$\widehat{\mathbf{d}} = \mathbf{S}^{-1}(\overline{\mathbf{x}}_1 - \overline{\mathbf{x}}_0) = (2,1640; \; 1,3318)^\top. \tag{9.19}$$

Para classificar um elemento com valor das variáveis preditoras $\mathbf{x}$, comparamos $\widehat{\mathbf{d}}^\top \mathbf{x}$ com

$$\frac{1}{2}(\overline{\mathbf{x}}_1 - \overline{\mathbf{x}}_0)^\top \mathbf{S}^{-1}(\overline{\mathbf{x}}_1 + \overline{\mathbf{x}}_0) + \log(\widehat{\pi}_0/\widehat{\pi}_1) = 5,9810$$

para a decisão.

Os comandos da função `lda()` para a obtenção dos resultados são

```
> mod1 <- lda(deslocamento ~ distanciaAmin + distanciaFmin, data = train,
    method = "moment")
Prior probabilities of groups:
    0         1
0.6805556 0.3194444

Group means:
distanciaAmin distanciaFmin
0     1.030612    0.7346939
1     2.313043    1.3608696

Coefficients of linear discriminants:
                    LD1
distanciaAmin 1.4799063
distanciaFmin 0.4042774
```

Embora os coeficientes da função discriminante sejam diferentes daqueles indicados em (9.18) em razão da padronização utilizada pela função `lda()`, os resultados são equivalentes.

A tabela de confusão correspondente ao dados do conjunto de validação, obtida por meio dos comandos

```
> pred1 <- predict(mod1, valid)
> pred1$class
> table(pred1$class, valid$deslocamento)
```

é

```
    0  1
0  25  3
1   1  3
```

e corresponde a uma taxa de erros de 12,5%.

Exemplo 9.5 Os dados do arquivo `tipofacial` foram extraídos de um estudo odontológico realizado pelo Dr. Flávio Cotrim Vellini. Um dos objetivos era utilizar medidas entre diferentes pontos do crânio para caracterizar indivíduos com diferentes tipos faciais, a saber, braquicéfalos, mesocéfalos e dolicocéfalos. O conjunto de dados contém observações de 11 variáveis em 101 pacientes. Para efeitos didáticos, utilizaremos apenas a altura facial (`altfac`) e a profundidade facial (`proffac`) como variáveis preditoras. A Figura 9.5 mostra um gráfico de dispersão com os três grupos (correspondentes à classificação do tipo facial).

O objetivo aqui é utilizar o classificador de Bayes para decidir pelo tipo facial com base nos valores das duas variáveis preditoras, com 70% dos dados servindo para treinamento e os 30% restantes, para validação. Os comandos da função `lda()` para concretização da análise e os correspondentes resultados são

```
> set.seed(123)
> aux = sort(sample(nrow(tipofacial), nrow(tipofacial)*.7))
> train <- tipofacial[aux,]
> valid <- tipofacial[-aux,]
> mod1 <- lda(grupo ~ proffac + altfac, data=train, method="moment")
Prior probabilities of groups:
    braq    dolico     meso
0.3571429 0.2857143 0.3571429
Group means:
```

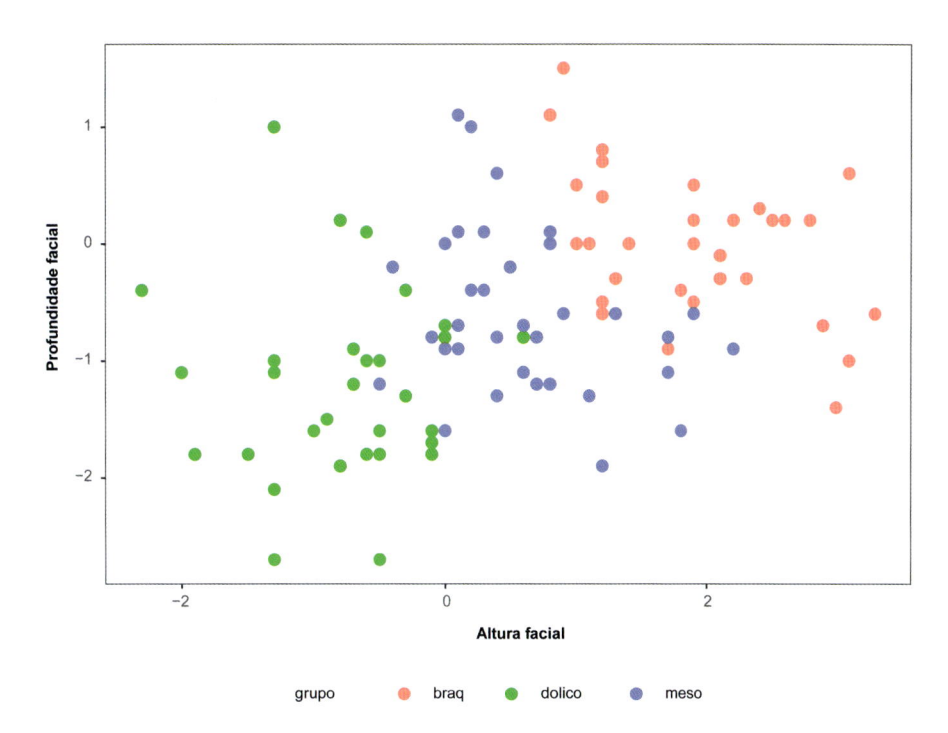

Figura 9.5 Gráfico de dispersão com identificação dos três tipos faciais.

```
       proffac altfac
braq     0.068  1.836
dolico  -1.185 -0.810
meso    -0.556  0.596
Coefficients of linear discriminants:
              LD1         LD2
proffac -0.8394032 -1.1376476
altfac  -1.3950292  0.5394292
Proportion of trace:
   LD1    LD2
0.9999 0.0001
```

Os coeficientes LD1 e LD2 em conjunto com as probabilidades a *priori* associadas aos três grupos são utilizados no cálculo de (9.12) para cada elemento do conjunto de treinamento. Em cada caso, a decisão é classificar o elemento com maior valor de $d_k(\mathbf{x})$, $k = braq, dolico, meso$ no grupo correspondente. Como exemplo, apresentamos valores de $d_k(\mathbf{x})$ para 6 elementos do conjunto de treinamento com a classificação associada, obtidos por meio dos comandos `pred1 <- predict(mod1, train)` e `pred1$posterior`

```
posterior
      braq    dolico    meso  classificação

28 5.47e-06 9.68e-01 0.032380     dolico
29 5.15e-03 3.21e-01 0.673745     meso
30 2.66e-04 7.76e-01 0.224170     dolico
31 2.51e-06 9.79e-01 0.021169     dolico
32 8.82e-07 9.88e-01 0.011940     dolico
33 1.93e-08 9.98e-01 0.001527     dolico
34 1.31e-06 9.85e-01 0.014604     dolico
```

Os valores rotulados como `Proportion of trace` sugerem que uma das funções discriminantes é responsável pela explicação de 99,9% da variabilidade dos dados. Esse fato pode ser comprovado por meio dos histogramas correspondentes, apresentados nas Figuras 9.6 e 9.7.

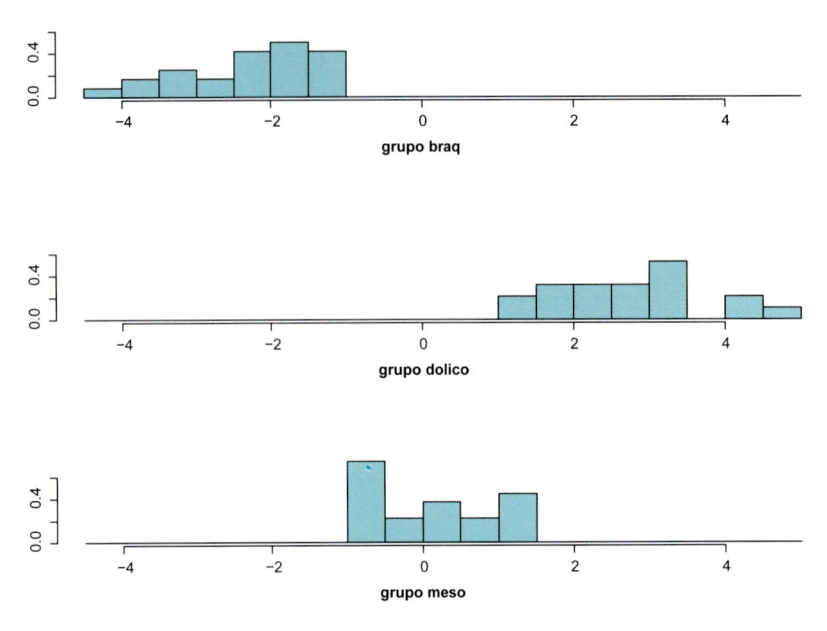

Figura 9.6 Histogramas com identificação dos três tipos faciais obtida com a primeira função linear discriminante (LD1).

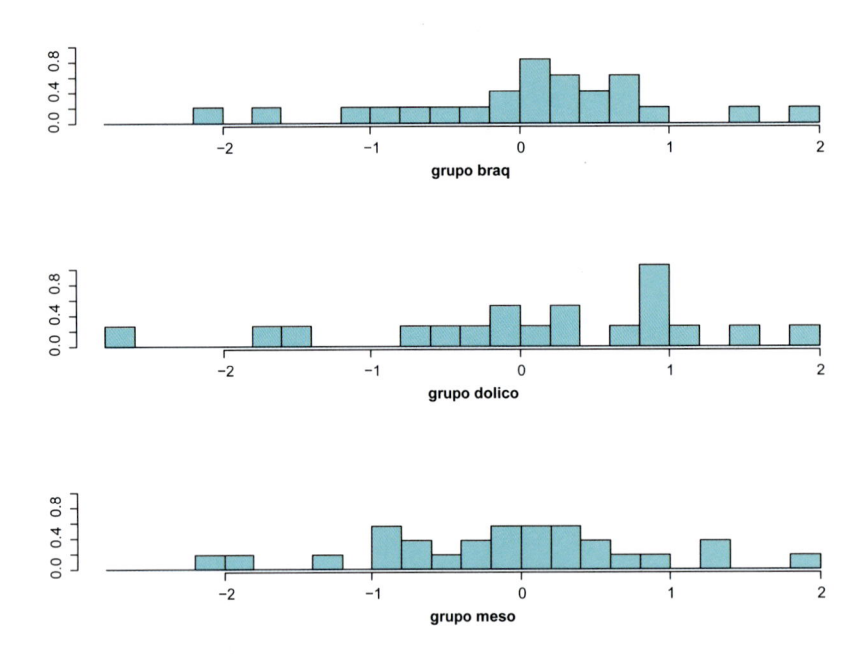

Figura 9.7 Histogramas com identificação dos três tipos faciais obtida com a segunda função linear discriminante (LD2).

Predições para os elementos do conjunto de validação e a tabela de confusão correspondente podem ser obtidas por meio dos comandos

```
> pred2 <- predict(mod1, valid)
> table(pred2$class, valid$grupo)
        braq dolico meso
  braq     8      0    1
  dolico   0      8    0
  meso     0      3   11
```

e indicam uma taxa de erros de 13%.

9.3.2 Classificador linear de Fisher

Consideremos novamente o caso de duas classes, C_1 e C_2, para as quais pretendemos obter um classificador com base em um vetor de variáveis preditoras, $\mathbf{x} = (x_1, \ldots, x_p)^\top$.

A ideia de Fisher é considerar uma combinação linear $W = \mathbf{d}^\top \mathbf{x}$, com $\mathbf{d} = (d_1, \ldots, d_p)^\top$ de modo que o conjunto de variáveis preditoras seja transformado em uma variável escalar W que servirá para discriminar as duas classes. Sejam μ_{1W} e μ_{2W}, as médias de W obtidas dos valores de $\mathbf{x}$, respectivamente, associados aos elementos das classes C_1 e C_2. O princípio usado para a classificação consiste em selecionar a combinação linear que maximiza a distância quadrática entre essas duas médias, relativamente à variabilidade dos valores de W.

Como na seção anterior, uma suposição adicional da proposta de Fisher é que as matrizes de covariâncias

$$\boldsymbol{\Sigma}_i = \mathrm{E}(\mathbf{x} - \boldsymbol{\mu}_i)(\mathbf{x} - \boldsymbol{\mu}_i)^\top, \tag{9.20}$$

$i = 1,2$, em que $\boldsymbol{\mu}_1 = \mathrm{E}(\mathbf{x}|C_1)$ e $\boldsymbol{\mu}_2 = \mathrm{E}(\mathbf{x}|C_2)$, sejam iguais para as duas classes, isto é, $\boldsymbol{\Sigma}_1 = \boldsymbol{\Sigma}_2 = \boldsymbol{\Sigma}$. Então

$$\sigma_W^2 = \mathrm{Var}(\mathbf{d}^\top \mathbf{x}) = \mathbf{d}^\top \boldsymbol{\Sigma} \mathbf{d}$$

também será igual para ambas as classes. Logo,

$$\mu_{1W} = \mathrm{E}(W|C_1) = \mathbf{d}^\top \boldsymbol{\mu}_1 \ \text{ e } \ \mu_{2W} = \mathrm{E}(W|C_2) = \mathbf{d}^\top \boldsymbol{\mu}_2$$

e a razão a maximizar é

$$\frac{(\mu_{1W} - \mu_{2W})^2}{\sigma_W^2} = \frac{(\mathbf{d}^\top \boldsymbol{\mu}_1 - \mathbf{d}^\top \boldsymbol{\mu}_2)^2}{\mathbf{d}^\top \boldsymbol{\Sigma} \mathbf{d}} = \frac{\mathbf{d}^\top (\boldsymbol{\mu}_1 - \boldsymbol{\mu}_2)(\boldsymbol{\mu}_1 - \boldsymbol{\mu}_2)^\top \mathbf{d}}{\mathbf{d}^\top \boldsymbol{\Sigma} \mathbf{d}} = \frac{[\mathbf{d}^\top (\boldsymbol{\mu}_1 - \boldsymbol{\mu}_2)]^2}{\mathbf{d}^\top \boldsymbol{\Sigma} \mathbf{d}}. \tag{9.21}$$

Pode-se mostrar que essa razão é maximizada se

$$\mathbf{d} = c \boldsymbol{\Sigma}^{-1} (\boldsymbol{\mu}_1 - \boldsymbol{\mu}_2) \tag{9.22}$$

para qualquer $c \neq 0$.

No caso $c = 1$, obtemos a **função discriminante linear de Fisher**

$$W = \mathbf{d}^\top \mathbf{x} = (\boldsymbol{\mu}_1 - \boldsymbol{\mu}_2)^\top \boldsymbol{\Sigma}^{-1} \mathbf{x} \tag{9.23}$$

e o valor máximo da razão (9.21) é $(\boldsymbol{\mu}_1 - \boldsymbol{\mu}_2)^\top \boldsymbol{\Sigma}^{-1} (\boldsymbol{\mu}_1 - \boldsymbol{\mu}_2)$.

A variância de W, nesse caso, é

$$\sigma_W^2 = (\boldsymbol{\mu}_1 - \boldsymbol{\mu}_2)^\top \boldsymbol{\Sigma}^{-1} (\boldsymbol{\mu}_1 - \boldsymbol{\mu}_2),$$

denominada **distância de Mahalanobis** entre as médias das duas populações normais multivariadas.

Seja

$$\mu = \frac{\mu_{1W} + \mu_{2W}}{2} = \frac{1}{2}(\mathbf{d}^\top \boldsymbol{\mu}_1 + \mathbf{d}^\top \boldsymbol{\mu}_2) \tag{9.24}$$

o ponto médio entre as médias (univariadas) obtidas das combinações lineares das variáveis preditoras associadas aos elementos das duas classes. Em virtude de (9.22), esse ponto médio pode ser expresso como

$$\mu = \frac{(\boldsymbol{\mu}_1 - \boldsymbol{\mu}_2)^\top \boldsymbol{\Sigma}^{-1} (\boldsymbol{\mu}_1 + \boldsymbol{\mu}_2)}{2}. \tag{9.25}$$

Consequentemente,

$$\mathrm{E}(W|C_1) - \mu \geq 0 \ \text{ e } \ \mathrm{E}(W|C_2) - \mu < 0.$$

Então, para um novo elemento com valor das variáveis preditoras igual a $\mathbf{x}_0$, seja $w_0 = (\boldsymbol{\mu}_1 - \boldsymbol{\mu}_2)^\top \boldsymbol{\Sigma}^{-1} \mathbf{x}_0$ e a **regra de classificação** é

- classifique o elemento para o qual o valor das variáveis preditoras é $\mathbf{x}_0$ em C_1 se $w_0 \geq \mu$;

- classifique-o em C_2 se $w_0 < \mu$.

Na prática, $\boldsymbol{\mu}_1$, $\boldsymbol{\mu}_2$ e $\boldsymbol{\Sigma}$ são desconhecidas e têm de ser estimadas a partir de amostras das variáveis preditoras associadas aos elementos de C_1 e C_2, denotadas por $\mathbf{X}_1 = [\mathbf{x}_{11}, \ldots, \mathbf{x}_{1n_1}]$, uma matriz com dimensão $p \times n_1$ e $\mathbf{X}_2 = [\mathbf{x}_{21}, \ldots, \mathbf{x}_{2n_2}]$, uma matriz com dimensão $p \times n_2$, como vimos na seção anterior.

A função discriminante linear estimada é $\widehat{\mathbf{d}}^\top \mathbf{x} = (\bar{\mathbf{x}}_1 - \bar{\mathbf{x}}_2)^\top \mathbf{S}^{-1} \mathbf{x}$. Para um elemento com valor das variáveis explicativas igual a $\mathbf{x}_0$, seja $w_0 = \widehat{\mathbf{d}}^\top \mathbf{x}_0$ e a regra de classificação é:

- classifique o elemento para o qual o valor das variáveis preditoras é $\mathbf{x}_0$ em C_1 se $w_0 \geq \widehat{\mu}$;

- classifique-o em C_2 se $w_0 < \widehat{\mu}$,

em que $\widehat{\mu} = (\bar{\mathbf{x}}_1 - \bar{\mathbf{x}}_2)^\top \mathbf{S}^{-1} (\bar{\mathbf{x}}_1 + \bar{\mathbf{x}}_2)$.

Outra suposição comumente adotada é que as variáveis preditoras têm distribuição normal multivariada. Nesse caso, a solução encontrada por meio da função discriminante linear de Fisher é ótima. A técnica aqui abordada pode ser generalizada para três ou mais classes.

Exemplo 9.6 Essencialmente, o classificador linear de Fisher é equivalente ao classificador linear de Bayes com probabilidades *a priori* iguais para as duas classes. A análise de dados do Exemplo 9.4 por meio do classificador linear de Fisher pode ser implementada pelo comando

```
> mod1<-lda(deslocamento ~ distanciaAmin + distanciaFmin, data=train,
        method="moment", prior=c(0.5, 0.5))
```

Deixamos a comparação dos resultados para o leitor.

9.4 Classificador do vizinho mais próximo

De forma geral, pode-se dizer que o classificador do K-**ésimo vizinho mais próximo** (*K-nearest neighbor*, *KNN*) é um método para estimar a distribuição condicional da variável resposta Y dados os valores das variáveis preditoras $\mathbf{X}$ empregada no classificador de Bayes.

No caso de duas classes, pode-se mostrar que (9.21) é minimizada por um classificador que associa cada elemento à classe mais provável, dados os valores das variáveis preditoras. Quando dispomos de apenas uma variável preditora X, o **classificador de Bayes** associa um elemento do conjunto de dados com valor da variável preditora igual a x_0 à classe j para a qual

$$P(Y = j | X = x_0) \tag{9.26}$$

é maior, ou seja, o elemento será associado à Classe 1 se $P(Y = 1 | X = x_0) > 0{,}5$ e à Classe 2, se $P(Y = 0 | X = x_0) < 0{,}5$. A **fronteira de Bayes** é $P(Y = 1 | X = x_0) = 0{,}5$.

Quando há mais do que duas classes, o classificador de Bayes produz a menor taxa de erros de validação possível, dada por $1 - \max_j P(Y = j | X = x_0)$. A **taxa de erro de Bayes global** é $1 - \mathrm{E}(\max_j P(Y = j | X))$, obtida com base na média de todas as taxas de erro sobre todos os possíveis valores de X.

Na prática, como não conhecemos a distribuição condicional de Y, dado X, precisamos estimá-la, o que pode ser efetivado por meio do método *KNN*. O algoritmo associado a esse método é:

i) fixe $K > 0$ e uma observação do conjunto de dados de validação, x_0;

ii) identifique K pontos do conjunto de dados de treinamento que sejam os mais próximos de x_0 segundo alguma medida de distância; denote esse conjunto por $\mathcal{V}_0$;

iii) estime a probabilidade condicional de que o elemento selecionado do conjunto de dados pertença à Classe C_j como a fração dos pontos de $\mathcal{V}_0$ cujos valores de Y sejam iguais a j, ou seja, como

$$P(Y = j|X = x_0) = \frac{1}{K} \sum_{i \in \mathcal{V}_0} I(y_i = j); \tag{9.27}$$

iv) classifique esse elemento com valor x_0 na classe associada à maior probabilidade.

A função `knn()` do pacote `caret` pode ser utilizada com essa finalidade.

Exemplo 9.7 Consideremos, novamente, os dados do arquivo `inibina` utilizando a variável `difinib` como preditora e adotemos a estratégia de validação cruzada por meio do método $LOOCV$ (veja a Nota 1 do Capítulo 8). Além disso, avaliemos o efeito de considerar entre 1 e 5 vizinhos mais próximos no processo de classificação. Os comandos necessários para a concretização da análise são

```
> set.seed(2327854)
> trControl <- trainControl(method  = "LOOCV")
> fit <- train(resposta ~ difinib, method = "knn", data = inibina
           tuneGrid = expand.grid(k = 1:5),
           trControl  = trControl, metric = "Accuracy")
```

e os resultados correspondentes são

```
k-Nearest Neighbors
32 samples
 1 predictor
 2 classes: 'negativa', 'positiva'
No pre-processing
Resampling: Leave-One-Out Cross-Validation
Summary of sample sizes: 31, 31, 31, 31, 31, 31, ...
Resampling results across tuning parameters:
  k  Accuracy  Kappa
  1  0.71875   0.4240000
  2  0.78125   0.5409836
  3  0.81250   0.6016598
  4  0.78125   0.5409836
  5  0.81250   0.6016598
Accuracy was used to select the optimal model using the largest value.
The final value used for the model was k = 5.
```

Segundo esse processo, o melhor resultado (com $K = 5$ vizinhos) gera uma acurácia (média) de 81,3%, ligeiramente maior do que aquela obtida por meio do classificador de Bayes no Exemplo 9.3. A tabela de classificação obtida por meio do ajuste do modelo final ao conjunto de dados original, juntamente com estatísticas descritivas, pode ser obtida por meio dos comandos

```
> predito <- predict(fit)
> confusionMatrix(predito, inibina\$resposta)
```

que geram os seguintes resultados

```
Confusion Matrix and Statistics
          Reference
Prediction negativa positiva
  negativa        9        1
  positiva        4       18
```

```
            Accuracy : 0.8438
              95% CI : (0.6721, 0.9472)
 No Information Rate : 0.5938
 P-Value [Acc > NIR] : 0.002273
               Kappa : 0.6639
Mcnemar's Test P-Value : 0.371093
         Sensitivity : 0.6923
         Specificity : 0.9474
      Pos Pred Value : 0.9000
      Neg Pred Value : 0.8182
          Prevalence : 0.4062
      Detection Rate : 0.2812
Detection Prevalence : 0.3125
   Balanced Accuracy : 0.8198
     'Positive' Class : negativa
```

9.5 Algumas extensões

Nesta seção, abordamos brevemente Análise Discriminante Quadrática e Análise Discriminante Regularizada.

9.5.1 Análise discriminante quadrática

O classificador obtido por meio de Análise Discriminante Quadrática supõe, como na Análise Discriminante Linear usual, que as observações são extraídas de uma distribuição gaussiana multivariada, mas não necessita da suposição de homocedasticidade (matrizes de covariâncias iguais), ou seja, admite que a cada classe esteja associada uma matriz de covariância, $\boldsymbol{\Sigma}_k$.

Como no caso da Análise Discriminante Linear, não é difícil ver que o classificador de Bayes associa um elemento com valor das variáveis preditoras igual a $\mathbf{x}$ à classe para a qual a função quadrática

$$
\begin{aligned}
d_k(\mathbf{x}) &= -\frac{1}{2}(\mathbf{x} - \boldsymbol{\mu}_k)^\top \boldsymbol{\Sigma}_k^{-1}(\mathbf{x} - \boldsymbol{\mu}_k) - \frac{1}{2}\log|\boldsymbol{\Sigma}_k| + \log \pi_k \\
&= -\frac{1}{2}\mathbf{x}^\top \boldsymbol{\Sigma}_k^{-1}\mathbf{x} + \mathbf{x}^\top \boldsymbol{\Sigma}_k^{-1}\boldsymbol{\mu}_k - \frac{1}{2}\boldsymbol{\mu}_k^\top \boldsymbol{\Sigma}_k^{-1}\boldsymbol{\mu}_k - \frac{1}{2}\log|\boldsymbol{\Sigma}_k| + \log \pi_K.
\end{aligned}
\tag{9.28}
$$

é **máxima**. Como os elementos de (9.28) não são conhecidos, pode-se estimá-los por meio de

$$
\overline{\mathbf{x}}_k = \frac{1}{n_k}\sum_{i=1}^{n_k} \mathbf{x}_i, \quad \mathbf{S}_k = \frac{1}{n_k}\sum_{i=1}^{n_k}(\mathbf{x}_i - \overline{\mathbf{x}}_k)(\mathbf{x}_i - \overline{\mathbf{x}}_k)^\top
$$

e $\widehat{\pi}_k = n_k/n$, em que n_k é o número de observações na classe C_k e n é o número total de observações no conjunto de dados. O primeiro termo do segundo membro da primeira igualdade de (9.28) é a distância de Mahalanobis.

O número de parâmetros a estimar, $Kp(p+1)/2$, é maior que no caso de Análise Discriminante Linear, na qual a matriz de covariâncias é comum. Além disso, a versão linear gera resultados com variância substancialmente menor, mas com viés maior do que a versão quadrática. A Análise Discriminante Quadrática é recomendada se o número de dados for grande; em caso contrário, convém usar Análise Discriminante Linear.

9.5.2 Análise discriminante regularizada

A Análise Discriminante Regularizada foi proposta por Friedman (1989) e é um compromisso entre Análise Discriminante Linear e Análise Discriminante Quadrática. O método proposto por Friedman consiste em "encolher" (*shrink*) as matrizes de covariâncias consideradas em Análise Discriminante Quadrática na direção de uma matriz de covariâncias comum.

Com finalidade de regularização, Friedman (1989) propõe a seguinte expressão para matriz de covariâncias

$$\mathbf{\Sigma}_k(\lambda,\gamma) = (1 - \gamma)\mathbf{\Sigma}_k(\lambda) + \frac{\gamma}{p}\mathrm{tr}[\mathbf{\Sigma}_k(\lambda)]\mathbf{I}, \tag{9.29}$$

em que $\mathrm{tr}(\mathbf{A})$ indica o traço da matriz $\mathbf{A}$, $\mathbf{I}$ é a matriz identidade e

$$\mathbf{\Sigma}_k(\lambda) = \lambda\mathbf{\Sigma}_k + (1 - \lambda)\mathbf{\Sigma} \tag{9.30}$$

com $\mathbf{\Sigma} = \sum_{k=1}^{K} n_k\mathbf{\Sigma}_k/n$, K representando o número de classes e n_k indicando o número de elementos na classe C_k. O parâmetro $\lambda \in [0,1]$ controla o grau segundo o qual a matriz de covariâncias ponderada pode ser usada e $\gamma \in [0,1]$ controla o grau de encolhimento em direção ao autovalor médio. Na prática, λ e γ são escolhidos por meio de $LOOVC$ para cada ponto de uma grade no quadrado unitário.

Quando $\lambda = 1$ e $\gamma = 0$, a Análise Discriminante Regularizada reduz-se à Análise Discriminante Linear. Se $\lambda = 0$ e $\gamma = 0$, o método reduz-se à Análise Discriminante Quadrática. Se $p > n_k$, para todo k e $p < n$, $\mathbf{\Sigma}_k$ é singular, mas nem a matriz ponderada $\mathbf{\Sigma}$ nem $\mathbf{\Sigma}_k(\lambda)$ em (9.30) o são. Se $p > n$, todas essas matrizes são singulares e a matriz $\mathbf{\Sigma}_k(\lambda,\gamma)$ é regularizada por (9.29).

Essas análises podem ser concretizadas por meio das funções `qda()` do pacote `MASS` e `rda()` do pacote `klaR`.

Exemplo 9.8 Consideremos novamente o conjunto de dados `disco` analisado no Exemplo 9.1. Na segunda análise realizada por meio de regressão logística, a classificação foi concretizada via validação cruzada VC5/5 e $LOOCV$, tendo como variáveis preditoras a distância aberta, a distância fechada ou ambas. A melhor acurácia, 85,7%, foi obtida com ambas as variáveis preditoras e VC5/5.

Agora, consideramos a classificação realizada por intermédio de Análises Discriminantes Linear, Quadrática e Regularizada, novamente separando os dados em um conjunto de treinamento contendo 70% (72) dos elementos, selecionados aleatoriamente, e em um conjunto de validação com os restantes 32 elementos. Lembremos que $y = 1$ corresponde a discos deslocados e $y = 0$ a discos não deslocados.

Inicialmente, indicamos os comandos utilizados para seleção dos conjuntos de treinamento e de validação juntamente com aqueles empregados para o pré-processamento, isto é, para centrar e tornar as variáveis com variâncias unitárias.

```
> set.seed(123)
> aux = sort(sample(nrow(disco), nrow(disco)*.7))
> train <- disco[aux,]
> valid <- disco[-aux,]
> preproc.param <- train %>% preProcess(method = c("center", "scale"))
> train.transformed <- preproc.param %>% predict(train)
> valid.transformed <- preproc.param %>% predict(valid)
```

Em seguida, apresentamos os comandos para obter a classificação por meio de análise discriminante linear juntamente com os resultados.

```
> modelLDA <- lda(deslocamento~distanciaAmin + distanciaFmin,
            data = train.transformed)
Prior probabilities of groups:
       0             1
```

```
0.6805556 0.3194444
Group means:
  distanciaAmin distanciaFmin
0    -0.4551666    -0.3091476
1     0.9697028     0.6586189
Coefficients of linear discriminants:
                    LD1
distanciaAmin 1.1789008
distanciaFmin 0.2971954
```

Histogramas (dispostos na Figura 9.8) com os valores da função discriminante linear para os dois grupos e a acurácia correspondente podem ser gerados por meio dos comandos

```
> plot(modelLDA)
> predictions <- modelLDA %>% predict(valid.transformed)
> mean(predictions$class==valid.transformed$deslocamento)
[1] 0.9375
```

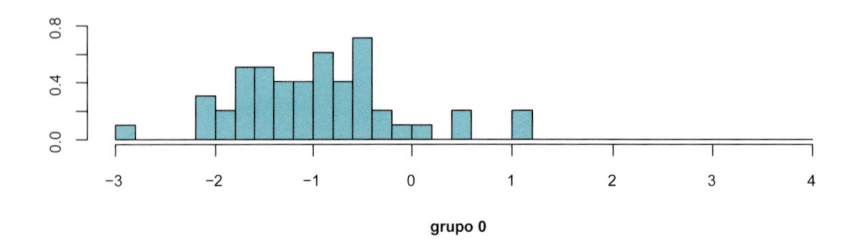

grupo 0

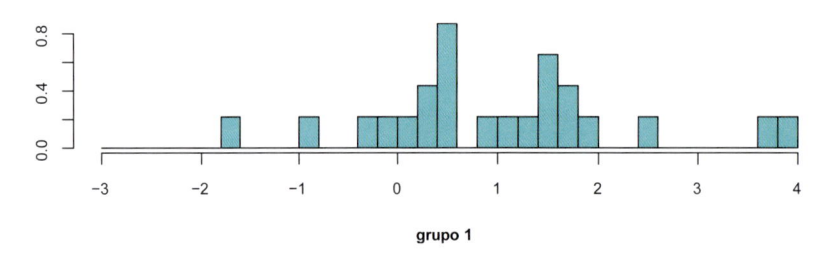

grupo 1

Figura 9.8 Histogramas com valores da função linear discriminante (LD1) para os dados do Exemplo 9.8.

Para obtenção dos resultados de uma análise discriminante quadrática, os comandos e a acurácia resultante são

```
> modelQDA <- qda(deslocamento~distanciaAmin + distanciaFmin,
> data = train.transformed)
> predictions <- modelQDA %>% predict(valid.transformed)
> mean(predictions$class == valid.transformed$deslocamento)
Prior probabilities of groups:
        0           1
0.6805556 0.3194444
Group means:
  distanciaAmin distanciaFmin
0    -0.4551666    -0.3091476
1     0.9697028     0.6586189
> predictions <- modelQDA %>% predict(valid.transformed)
> mean(predictions$class == valid.transformed$deslocamento)
[1] 0.8125
```

No caso de uma análise discriminante regularizada, os comandos e a acurácia resultante são

```
> modelRDA <- rda(deslocamento ~ distanciaAmin + distanciaFmin,
          data = train.transformed)
> predictions <- modelRDA %>% predict(valid.transformed)
> mean(predictions$class == valid.transformed$deslocamento)
[1] 0.875
```

Para efeito de classificação, uma análise discriminante linear produz uma acurácia (94%) melhor do que aquelas correspondentes às análises discriminantes quadrática (81%) ou regularizada (88%).

9.6 Notas de capítulo

NOTA 1: Custo de classificação incorreta

Em muitos casos, é possível incluir um **custo** de classificação incorreta no procedimento de classificação. Denotando por $Q(C_k|C_j)$ o custo associado à classificação na classe C_k de um elemento pertencente à classe C_j, o custo médio de classificação incorreta de um elemento com valor das variáveis preditoras igual a $\mathbf{x}$ segundo a regra R é dado por

$$e(\mathbf{x}) = \sum_{k=1}^{K} \pi_k \left[\sum_{j=1, j \neq k}^{K} p(C_j|C_k, R)Q(C_j|C_k) \right]. \qquad (9.31)$$

Nesse caso, o classificador de Bayes é obtido por meio da minimização desse custo médio. Se os custos de classificação errada forem iguais, (9.31) se reduz a

$$e(\mathbf{x}) = \sum_{k=1}^{K} \pi_k \left[\sum_{j=1, j \neq k}^{K} p(C_j|C_k, R) \right].$$

Detalhes podem ser obtidos em Johnson e Wichern (1998), entre outros.

NOTA 2: Teste de McNemar

É um teste para dados qualitativos pareados, dispostos em uma tabela de contingência 2×2 [McNemar (1947)]. Considere a Tabela 9.7 com resultados (positivo ou negativo) de dois testes aplicados em n indivíduos escolhidos ao acaso de uma população.

Tabela 9.7 Resultado de dois testes para n indivíduos

	Teste 2		
Teste 1	Positivo	Negativo	
Positivo	n_{11}	n_{12}	n_{1+}
Negativo	n_{21}	n_{22}	n_{2+}
	n_{+1}	n_{+2}	n

Nessa tabela, $n_{ij}, i = 1, j = 1,2$ denota a frequência de indivíduos com resposta no nível i do Teste 1 e nível j do Teste 2. Sejam $n_{i+}, i = 1,2$ e $n_{+j}, j = 1,2$ os totais de suas linhas e colunas, respectivamente.

Além disso, sejam $\widehat{p}_{ij} = n_{ij}/n$, $i,j = 1,2$, $\widehat{p}_{i+} = n_{i+}/n$ e $\widehat{p}_{+j} = n_{+j}/n$ estimativas das respectivas probabilidades associadas à população da qual os indivíduos foram selecionados, nomeadamente, p_{ij}, p_{i+} e p_{+j}.

A hipótese nula de homogeneidade marginal afirma que as duas probabilidades marginais associadas a cada teste são iguais, isto é, $p_{11} + p_{12} = p_{11} + p_{21}$ e $p_{21} + p_{22} = p_{12} + p_{22}$, ou seja, $p_{1+} = p_{+1}$ e $p_{2+} = p_{+2}$, o que é equivalente a

$$H_0 : p_{12} = p_{21} \quad versus \quad H_1 : p_{12} \neq p_{21}.$$

A estatística de McNemar é

$$M = \frac{(n_{12} - n_{21})^2}{n_{12} + n_{21}}, \tag{9.32}$$

cuja distribuição aproximada sob a hipótese H_0 é qui-quadrado com 1 grau de liberdade.

Se n_{12} e n_{21} forem pequenos (por exemplo, soma < 25), então M não é bem aproximada pela distribuição qui-quadrado e um teste binomial exato pode ser usado. Se $n_{12} > n_{21}$, o valor-p exato é

$$p = 2 \sum_{i=n_{12}}^{N} \binom{N}{i} (0,5)^i (0,5)^{N-i},$$

com $N = n_{12} + n_{21}$.

Edwards (1948) propôs a seguinte correção de continuidade para a estatística de McNemar:

$$M_c = \frac{(|n_{12} - n_{21}| - 1)^2}{n_{12} + n_{21}}.$$

O teste de McNemar pode ser usado para comparar técnicas de classificação no caso de algoritmos usados em conjuntos de dados grandes e que não podem ser repetidos por meio algum método de reamostragem, como validação cruzada.

Com o objetivo de avaliar a probabilidade de erro de tipo I, Dietterich (1998) comparou 5 testes para determinar se um algoritmo de classificação é melhor do que outro em um determinado conjunto de dados e concluiu que os seguintes testes não devem ser usados:

a) teste para a diferença de duas proporções;

b) teste t pareado com base em partições aleatórias dos conjuntos de treinamento/validação;

c) teste t pareado com base em validação cruzada com 10 repetições.

Todos esses testes exibem altas probabilidades de erro do tipo I, o que não ocorre com o teste de McNemar.

NOTA 3: Comparação de classificadores

A comparação de dois classificadores, g_1 e g_2, quanto à previsão para os elementos de um conjunto de dados de validação, pode ser respondida medindo-se a acurácia de cada um e aplicando o teste de McNemar. Com essa finalidade, dividimos o conjunto de dados original em um conjunto de treinamento $\mathcal{T}$ (com n observações) e um conjunto validação $\mathcal{V}$ (com m observações). Treinamos os algoritmos g_1 e g_2 no conjunto $\mathcal{T}$, obtendo os classificadores $\widehat{g}_1$ e $\widehat{g}_2$ e utilizamos os elementos do conjunto $\mathcal{V}$ para comparação. Para cada $\mathbf{x} \in \mathcal{V}$, registramos como esse ponto foi classificado e construímos uma tabela segundo o molde da Tabela 9.8.

Aqui, $\sum_i \sum_j n_{ij} = m$. A rejeição da hipótese nula implica que os dois algoritmos terão desempenho diferentes quando treinados em $\mathcal{T}$.

Tabela 9.8 Comparação de dois classificadores

Classificação pelo classificador $\widehat{g}_1$	Classificação pelo classificador $\widehat{g}_2$	
	correta	incorreta
correta	n_{11}	n_{12}
incorreta	n_{21}	n_{22}

Note que esse teste tem dois problemas: primeiro, não mede diretamente a variabilidade causada pela escolha de $\mathcal{T}$ nem a aleatoriedade interna do algoritmo, pois um único conjunto de treinamento é escolhido. Segundo, ele não compara os desempenhos dos algoritmos em conjuntos de treinamento de tamanho $n + m$, mas sobre conjuntos de tamanho m, em geral bem menor do que n.

9.7 Exercícios

1) Obtenha o máximo de (9.12) e (9.13).

2) Mostre que a igualdade (9.28) é válida.

3) Reanalise os dados do Exemplo 9.4 por meio da função discriminante linear de Fisher incluindo ambas as variáveis preditoras.

4) Reanalise os dados do Exemplo 9.3 considerando duas varáveis preditoras `inibpre` e `inibpos` e validação cruzada de ordem k com diferentes valores de k. Avalie o efeito da semente nos resultados.

5) Considere os dados do arquivo `endometriose2`. Com propósitos de previsão, ajuste modelos de regressão logística com validação cruzada de ordem 5 tendo `endometriose` como variável resposta e

   i) `idade`, `dormenstrual`, `dismenorreia` ou `tipoesteril` separadamente como variáveis explicativas (4 modelos);
   ii) cada par das variáveis do item i) como variáveis explicativas (6 modelos);
   iii) cada trio das variáveis do item i) como variáveis explicativas (4 modelos);
   iv) as quatro variáveis do item i) como variáveis explicativas (1 modelo).

   Escolha o melhor modelo com base na acurácia.

6) Repita a análise do Exercício 5 com as diferentes técnicas de classificação consideradas neste capítulo. Compare-as e discuta os resultados.

7) Use os métodos de regressão logística e do classificador KNN para os dados do arquivo `iris`, disponível em `library(datasets)`, com as quatro variáveis preditoras, nomeadamente, comprimento de pétala e sépala e largura de pétala e sépala.

8) Use os métodos discutidos neste capítulo para os dados sobre cifose obtidos por meio do comando `data("kyphosis",package="gam")`.

9) Considere o conjunto de dados do Exemplo 9.1 e distância aberta como variável preditora. Use $LOOCV$ e o classificador KNN, com vizinhos mais próximos de 1 a 5.

   a) Qual o melhor classificador baseado na acurácia?

b) Obtenha a matriz de confusão e realize o teste de McNemar.

c) Obtenha a sensibilidade e a especificidade e explique seus significados nesse caso.

10) Compare os classificadores construídos no Exercício 7 usando o teste de McNemar.

11) Prove que (9.22) maximiza (9.21).

12) Obtenha classificadores produzidos com Análise Discriminante Quadrática e Análise Discriminante Regularizada para os dados do Exemplo 9.1.

13) Considere o caso de duas populações exponenciais, uma com média 1 e outra com média 0,5. Supondo $\pi_1 = \pi_2$, encontre o classificador de Bayes. Quais são as probabilidades de classificação incorreta? Construa um gráfico, mostrando a fronteira de decisão e as regiões de classificação em cada população. Generalize para o caso de as médias serem $\alpha > 0$ e $\beta > 0$, respectivamente.

14) Simule 200 observações de cada distribuição exponencial do Exercício 13. Usando os dados para estimar os parâmetros, supostos agora desconhecidos, obtenha o classificador de Bayes, a fronteira de decisão e as probabilidades de classificação incorreta com a regra obtida no exercício anterior. Compare os resultados.

15) Obtenha a função discriminante linear de Fisher para os dados gerados no Exercício 14. Compare-a com o classificador de Bayes.

16) Como seria a função discriminante linear de Fisher se as matrizes de covariâncias fossem diferentes? Idem para o classificador bayesiano.

17) No contexto do Exemplo 9.1, obtenha um intervalo de confiança com coeficiente de confiança aproximado de 95% para a variação na chance de deslocamento do disco associada a um aumento de 0,1 unidade na distância aberta.

18) Simule 200 observações de cada distribuição normal indicada no Exemplo 9.2. Usando os dados para estimar os parâmetros, agora supostamente desconhecidos, obtenha o classificador de Bayes, a fronteira de decisão e as probabilidades de classificação incorreta com a regra obtida no exemplo. Compare com aquelas obtidas no exemplo.

ALGORITMOS DE SUPORTE VETORIAL

*Não é o ângulo reto que me atrai, nem a linha reta, dura, inflexível,
criada pelo homem. De curvas é feito todo o universo, o universo curvo
de Einstein.*

Oscar Niemeyer

10.1   Introdução

Algoritmos de Suporte Vetorial, conhecidos na literatura anglo-saxônica como *Support Vector Machines* (*SVM*),[1] foram introduzidos por V. Vapnik e coautores trabalhando no AT&T Bell Laboratories e englobam técnicas úteis para classificação, com inúmeras aplicações, dentre as quais destacamos: reconhecimento de padrões, classificação de imagens, reconhecimento de textos escritos à mão, expressão de genes em DNA etc. Em particular, Cortes e Vapnik (1995) desenvolveram essa classe de algoritmos para classificação binária. Vapnik e Chervonenkis (1964, 1974) foram, talvez, os primeiros a usar o termo **Aprendizado com Estatística** (*Statistical Learning*) em conexão com problemas de reconhecimento de padrões e inteligência artificial.

Algoritmos de suporte vetorial são generalizações não lineares do algoritmo *Generalized Portrait*, desenvolvido por Vapnik e Chervonenkis (1964). Um excelente tutorial sobre o tema pode ser encontrado em Smola e Schölkopf (2004). Outras referências importantes são Vapnik (1995, 1998), Hastie et al. (2017) e James et al. (2017).

Os algoritmos de suporte vetorial competem com outras técnicas bastante utilizadas, como Modelos Lineares Generalizados (*GLM*), Modelos Aditivos Generalizados (*GAM*), Redes Neurais, modelos baseados em árvores etc. A comparação com esses métodos é usualmente focada em três características: interpretabilidade do modelo usado, desempenho na presença de valores atípicos e poder preditivo. Por exemplo, os modelos lineares generalizados têm baixo desempenho na presença de valores atípicos, valor preditivo moderado e boa interpretabilidade. Por outro lado, os algoritmos de suporte vetorial

---

[1] Embora a tradução literal do termo proposto por Vapnik seja **Máquinas** de Suporte Vetorial, optamos por utilizar **Algoritmos** de Suporte Vetorial para que o leitor não pense que algum tipo de máquina esteja ligado a essas técnicas. Aparentemente, Vapnik utilizou esse termo para enfatizar o aspecto computacional intrínseco à aplicação dos algoritmos.

têm desempenho moderado na presença de valores atípicos, alto poder preditivo e baixa interpretabilidade. Trilhando a mesma estratégia empregada por outras técnicas de predição, a construção de modelos baseados nesses algoritmos é realizada a partir de um **conjunto de dados de treinamento** e a avaliação de sua capacidade preditiva é concretizada em um **conjunto de dados de validação**.

A abordagem de Cortes e Vapnik (1995) para o problema de classificação baseia-se nas seguintes premissas (Meyer, 2018):

a) **Separação de classes**: procura-se o melhor hiperplano separador (veja a Nota 1) das classes, maximizando a **margem**, que é a menor distância entre os pontos do conjunto de dados e o hiperplano separador. Os pontos situados sobre as fronteiras dessas classes são chamados **vetores suporte** (*support vectors*).

b) **Superposição de classes**: pontos de uma classe que estão no outro lado do hiperplano separador são ponderados com baixo peso para reduzir sua influência.

c) **Não linearidade**: quando não é possível encontrar um separador linear, utilizamos um ***kernel***[2] para mapear os dados do conjunto original em um espaço de dimensão mais alta [chamado de **espaço característico** (*feature space*)]. Os hiperplanos separadores são construídos nesse espaço. O sucesso das aplicações dos algoritmos de suporte vetorial depende da escolha desse *kernel*. Os *kernels* mais populares são: gaussiano, polinomial, de base exponencial (*exponential radial basis*), *splines* e, mais recentemente, aqueles baseados em ondaletas (veja a Nota 5).

d) **Solução do problema**: envolve otimização quadrática e pode ser resolvida com técnicas conhecidas.

Essencialmente, um algoritmo de suporte vetorial é implementado por um código computacional. No R, há pacotes como o `e1071` e a função `svm()` desenvolvidos com essa finalidade. Outras alternativas são o pacote `kernlab` e a função `ksvm()`.

Nas seções seguintes, apresentamos os conceitos que fundamentam os algoritmos de suporte vetorial. Detalhes técnicos são abordados nas Notas de Capítulo.

10.2 Fundamentação dos algoritmos de suporte vetorial

Nesta seção, apresentamos as ideias básicas sobre algoritmos de suporte vetorial, concentrando-nos no problema de classificação dicotômica, isto é, em que os dados devem ser classificados em uma de duas classes possíveis. Para alguns detalhes sobre o caso de mais de duas classes, veja a Nota 6. Adotaremos uma abordagem heurística, mais próxima daquela usualmente empregada no Aprendizado com Estatística ou Aprendizado Automático, deixando para as Notas 3, 4 e 5 a abordagem original (e mais formal).

Seja a resposta $y \in \{-1,1\}$ e seja $\mathcal{X}$ o **espaço dos padrões**, gerado pelas variáveis preditoras; em geral, $\mathcal{X} = \mathbb{R}^p$, em que p corresponde ao número de variáveis preditoras. Por exemplo, podemos ter dados de várias variáveis preditoras (idade, peso, taxa de colesterol etc.) e uma variável resposta (doença cardíaca, com $y = 1$ em caso afirmativo e $y = -1$ em caso negativo) observadas em vários indivíduos (nos conjuntos de dados de treinamento e de validação). Nesse caso, o problema de classificação consiste na determinação de dois subconjuntos de $\mathcal{X}$, um dos quais estará associado a indivíduos com doença cardíaca e o outro a indivíduos sãos. O classificador indicará em qual das classes deveremos incluir novos indivíduos pertencentes a algum **conjunto de previsão** para os quais conhecemos apenas os valores das variáveis preditoras. A escolha do classificador é feita com base em seu desempenho no **conjunto de dados de validação**. Quando esse conjunto não está disponível, costuma-se usar a técnica de **validação cruzada**. Veja a Nota 1 do Capítulo 8.

---

[2] Optamos por manter a palavra em inglês em vez de utilizar **núcleo**, que é a tradução em português.

Vamos considerar três situações:

1) Os dois subconjuntos de $\mathcal{X}$ são perfeitamente separáveis por uma fronteira linear como na Figura 10.1. Note que podemos ter mais de uma reta separando os dois subconjuntos. Nesse caso, procura-se o separador ou **classificador de margem máxima**. Para os dados dispostos na Figura 10.1, esse classificador está representado na Figura 10.3. Para duas variáveis preditoras, o classificador é uma reta; para três variáveis preditoras, o classificador é um plano. No caso de p variáveis preditoras, o separador é um **hiperplano** de dimensão $p-1$.

2) Não há um hiperplano que separe os dois subconjuntos de $\mathcal{X}$, como no exemplo apresentado na Figura 10.2, que corresponde à Figura 10.1 com pontos trocados de lugar. Neste caso, o separador também é uma reta, conhecida como **classificador de margem flexível**. Um exemplo está apresentado na Figura 10.4.

3) Um separador linear pode não conduzir a resultados satisfatórios, exigindo a definição de fronteiras de separação não lineares. Para isso, recorremos ou a funções não lineares das variáveis preditoras ou a *kernels* para mapear o espaço dos dados em um espaço de dimensão maior. Neste caso, o separador é o **classificador de margem não linear**. Um exemplo está representado na Figura 10.8.

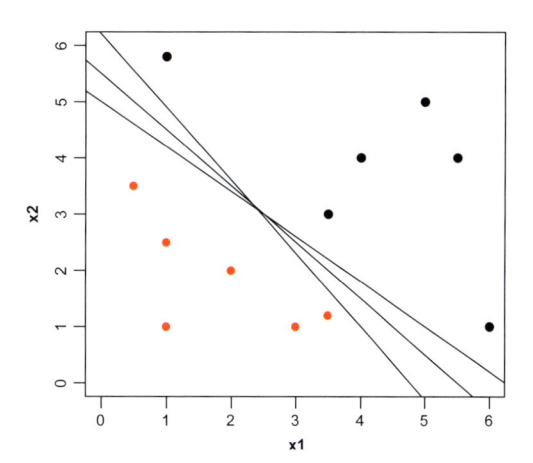

Figura 10.1 Dois subconjuntos de pontos perfeitamente separáveis por uma reta.

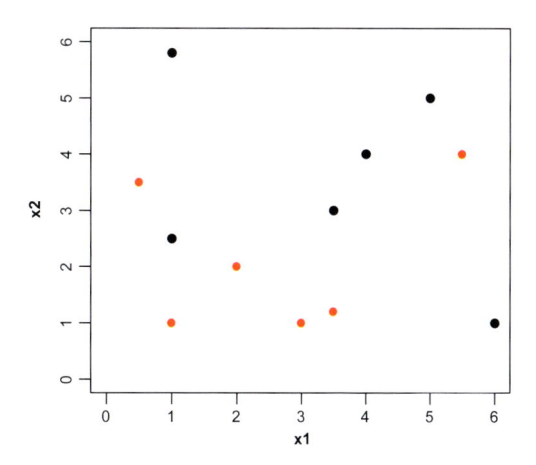

Figura 10.2 Dois subconjuntos de pontos não separáveis por uma reta.

10.3 Classificador de margem máxima

No caso de duas variáveis preditoras, X_1 e X_2, o hiperplano separador é uma reta com equação

$$\alpha + \beta_1 X_1 + \beta_2 X_2 = 0.$$

Essa reta separa o plano em duas regiões, uma em que $\alpha + \beta_1 X_1 + \beta_2 X_2 > 0$ e outra em que $\alpha + \beta_1 X_1 + \beta_2 X_2 < 0$.

Consideremos o caso geral, com n observações das variáveis preditoras $X_1, \ldots, X_p$, dispostas na forma de uma matriz $\mathbf{X}$, de ordem $n \times p$. Seja $\mathbf{x}_i = (x_{i1}, \ldots, x_{ip})^\top$, o vetor correspondente à i-ésima linha de $\mathbf{X}$. Além disso, sejam $y_1, \ldots, y_n \in \{-1, 1\}$, os valores da variável resposta indicadora de duas classes e seja $\mathcal{T} = \{(\mathbf{x}_1, y_1), \ldots, (\mathbf{x}_n, y_n)\}$ o conjunto de dados de treinamento. Dado um vetor $\mathbf{x}_0 = (x_{10}, \ldots, x_{p0})^\top$ de variáveis preditoras associado a um elemento do conjunto de previsão, o objetivo é classificá-lo em uma das duas classes.

Queremos desenvolver um classificador usando um hiperplano separador no espaço $\mathbb{R}^p$ com base no conjunto de treinamento $\mathcal{T}$, ou seja, construir uma função $f(\mathbf{x}) = \alpha + \boldsymbol{\beta}^\top \mathbf{x}$ com $\boldsymbol{\beta} = (\beta_1, \ldots, \beta_p)^\top$, tal que

$$\alpha + \boldsymbol{\beta}^\top \mathbf{x}_i > 0, \quad \text{se} \quad y_i = 1,$$
$$\alpha + \boldsymbol{\beta}^\top \mathbf{x}_i < 0, \quad \text{se} \quad y_i = -1.$$

Classificaremos o elemento cujo valor das variáveis preditoras é $\mathbf{x}_0$ a partir do sinal de $f(\mathbf{x}_0) = \alpha + \boldsymbol{\beta}^\top \mathbf{x}_0$; se o sinal for positivo, esse elemento será classificado na Classe 1 (para a qual $y = 1$, digamos), e se o sinal for negativo, na Classe 2 (para a qual $y = -1$). Em qualquer dos dois casos, $y_i(\alpha + \boldsymbol{\beta}^\top \mathbf{x}_i) \geq 0$.

Como vimos, podem existir infinitos hiperplanos separadores se os dados de treinamento estiverem perfeitamente separados. A sugestão de Vapnik e colaboradores é escolher um hiperplano, chamado de **hiperplano de margem máxima**, que esteja o mais afastado das observações das variáveis preditoras do conjunto de treinamento. A **margem** é a menor distância entre o hiperplano e os pontos do conjunto de treinamento.

A distância entre um ponto $\mathbf{x}$ do conjunto de dados e o hiperplano separador, $\alpha + \boldsymbol{\beta}\mathbf{x} = 0$, é

$$m(\alpha, \boldsymbol{\beta}, \mathbf{x}) = |\alpha + \boldsymbol{\beta}\mathbf{x}|/||\boldsymbol{\beta}||.$$

O classificador de margem máxima é a solução (se existir) do seguinte problema de otimização:

$$\text{maximizar}_{(\alpha, \boldsymbol{\beta})} \ m(\alpha, \boldsymbol{\beta}, \mathbf{x}_i) \tag{10.1}$$

sujeito a

$$\sum_{i=1}^{p} \beta_i^2 = 1 \ \text{ e } \ y_i(\alpha + \boldsymbol{\beta}^\top \mathbf{x}_i) \geq m, \ i = 1, \ldots, n.$$

O valor $m = m(\alpha^*, \boldsymbol{\beta}^*, \mathbf{x}_i^*)$ que maximiza (10.1) é conhecido como a **margem** do hiperplano separador. Um ponto $\mathbf{x}$ do conjunto de dados estará do lado correto do hiperplano se $m(\alpha, \boldsymbol{\beta}, \mathbf{x}) > 0$.

Os chamados **vetores suporte** são definidos pelos pontos cujas distâncias ao hiperplano separador sejam iguais à margem. Eles se situam sobre as **fronteiras de separação**, que são retas paralelas cujas distâncias ao hiperplano separador são iguais à margem. O classificador depende desses vetores, mas não dos demais vetores correspondentes aos valores das variáveis preditoras.

Como o interesse está nos pontos corretamente classificados, devemos ter $y_i(\alpha + \boldsymbol{\beta}^\top \mathbf{x}_i) > 0$, $i = 1, \ldots, n$. Então, a distância entre $\mathbf{x}_i$ e o hiperplano separador é

$$\frac{y_i f(\mathbf{x}_i)}{||\boldsymbol{\beta}||} = \frac{y_i(\alpha + \boldsymbol{\beta}^\top \mathbf{x}_i)}{||\boldsymbol{\beta}||}, \tag{10.2}$$

e queremos escolher α e $\boldsymbol{\beta}$ de modo a maximizá-la. A margem máxima é encontrada resolvendo

$$\text{argmax}_{\alpha,\boldsymbol{\beta}} \left\{ \frac{1}{||\boldsymbol{\beta}||} \min_i \left[y_i(\alpha + \boldsymbol{\beta}^\top \mathbf{x}_i) \right] \right\}. \tag{10.3}$$

A solução de (10.3) é complicada e sua **formulação canônica** pode ser convertida em um problema mais fácil por meio do uso de multiplicadores de Lagrange. Veja a Nota 2 para mais detalhes sobre esse problema.

Exemplo 10.1 Consideremos os 12 pontos dispostos na Figura 10.1, sendo 6 em cada classe. Usando a função `svm()` do pacote `e1071` obtemos o seguinte resultado

```
> svm(formula = type ~ ., data = my.data, type = "C-classification",
kernel = "linear", scale = FALSE)
Parameters:
   SVM-Type:  C-classification
 SVM-Kernel:  linear
       cost:  1
Number of Support Vectors:  3
 ( 1 2 )
Number of Classes:  2
Levels:
 -1 1
```

Observe que a função usa o *kernel* linear, que corresponde ao classificador de margem máxima. A interpretação do parâmetro `cost` será explicada adiante. Os coeficientes do hiperplano separador, que nesse caso é uma reta, podem ser obtidos por meio de

```
> coef(svm.model)
(Intercept)            x1            x2
  5.3658534   -0.8780489   -1.0975609
```

A equação do hiperplano separador, disposto na Figura 10.3, é $5{,}366 - 0{,}878X_1 - 1{,}098X_2 = 0$. Na mesma figura, indicamos as fronteiras de separação e os vetores suporte, dados pela solução de (10.1).[3] Neste caso, há três vetores suporte (envolvidos por círculos azuis), um na Classe 1 (ponto vermelho) e dois na Classe 2 (pontos pretos). Os demais pontos estão em lados separados, delimitados pelas fronteiras de separação (não há pontos entre as fronteiras). A margem é $m = 1/(0{,}878^2 + 1{,}098^2)^{1/2} = 0{,}711$ (veja a Nota 2).

Consideremos agora dois novos elementos, para os quais conhecemos apenas os valores da variável preditora, digamos, $\mathbf{x}_1 = (1, 4)$ e $\mathbf{x}_2 = (3,3)$, e vamos classificá-los usando o algoritmo. Esses pontos são agrupados no conjunto

```
prev
  x1 x2
1  1  4
2  3  3
```

---

[3] Note que os coeficientes $\beta_1 = 0{,}8780489$ e $\beta_2 = -1{,}097561$ não satisfazem à restrição indicada em (10.1), pois foram obtidos por meio da formulação canônica do problema em que a restrição é imposta ao numerador de (10.2). Para detalhes, consulte a Nota 2.

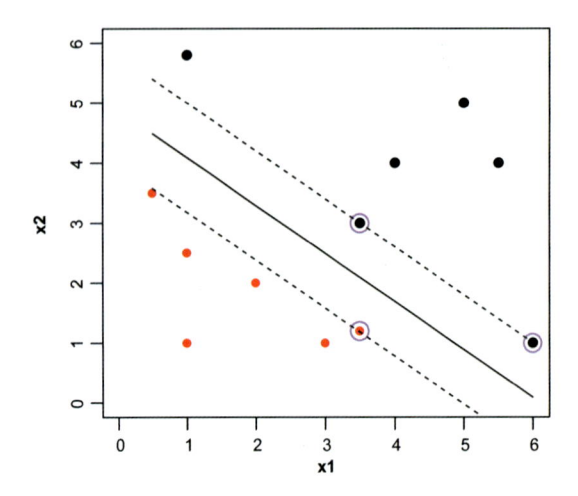

Figura 10.3 Hiperplano (reta) separador, margem, fronteiras e vetores suporte.

No contexto de Aprendizado com Estatística, o conjunto contendo esses dois pontos é o chamado conjunto de previsão. A classificação pode ser obtida por meio do comando

```
> predict(svm.model, prev)
 1  2
 1 -1
Levels: -1 1
```

indicando que o ponto $\mathbf{x}_1$ foi classificado na classe $y = -1$ e que o ponto $\mathbf{x}_2$ foi classificado na classe $y = 1$. Na Figura 10.4, observamos que esses pontos, representados nas cores verde e azul, estão classificados em lados diferentes do hiperplano separador.

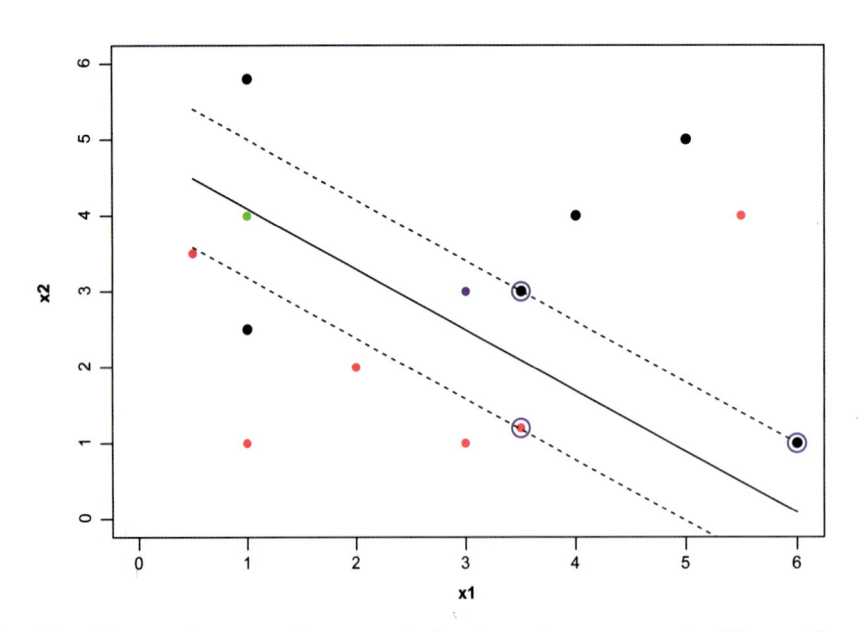

Figura 10.4 Classificação de novos elementos indicados pelas cores verde (Classe 1) e azul (Classe 2).

Se o problema não tiver solução, não existirá hiperplano separador, como é o caso apresentado na Figura 10.2. Então, precisamos recorrer a um classificador que quase separa as duas classes. É o que veremos na próxima seção.

10.4 Classificador de margem flexível

Se não existir um hiperplano separador, como aquele do Exemplo 10.1, elementos do conjunto de dados podem estar dentro do espaço delimitado pelas fronteiras de separação ou mesmo do hiperplano, correspondendo nesse caso a classificações erradas.

O **classificador de margem flexível**, também conhecido como **classificador baseado em suporte vetorial**,[4] é escolhido de modo a classificar corretamente a maioria dos elementos do conjunto de dados, o que se consegue com a introdução de **variáveis de folga**, $\boldsymbol{\xi} = (\xi_1, \ldots, \xi_n)^\top$, no seguinte problema de otimização:

$$\text{maximizar}_{(\alpha,\boldsymbol{\beta},\boldsymbol{\xi})} \; m_{\boldsymbol{\xi}}(\alpha, \boldsymbol{\beta}, \mathbf{x}_i) \tag{10.4}$$

sujeito a

$$\sum_{i=1}^{p} \beta_i^2 = 1, \quad y_i(\alpha + \boldsymbol{\beta}^\top \mathbf{x}_i) \geq m(\alpha, \boldsymbol{\beta}, \mathbf{x}_i)(1 - \xi_i), \quad \xi_i \geq 0, \quad \sum_{i=1}^{n} \xi_i \leq C$$

em que C é uma constante positiva. Mais detalhes sobre a constante C serão apresentados posteriormente.

As variáveis de folga permitem que elementos do conjunto de dados estejam dentro do espaço limitado pelas fronteiras de separação ou do hiperplano separador. Elementos para os quais $\xi_i = 0$ são corretamente classificados e estão ou sobre a fronteira de separação ou do lado correto dela. Elementos para os quais $0 < \xi_i \leq 1$ estão dentro da região delimitada pelas fronteiras de separação, mas do lado correto do hiperplano, e elementos para os quais $\xi_i > 1$ estão do lado errado do hiperplano e serão classificados incorretamente. Veja a Figura 10.5, extraída de Bishop (2006), em que a margem m está normalizada apropriadamente. Mais detalhes podem ser obtidos nas Notas 3 e 4.

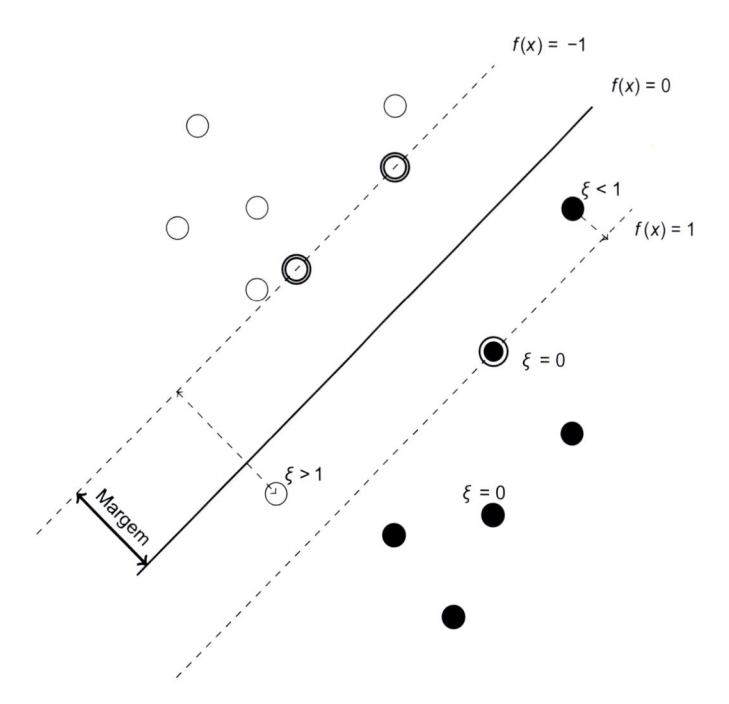

Figura 10.5 Detalhes sobre o classificador de margem flexível.

---

[4] Embora esse tipo de classificador seja conhecido como *support vector classifier* ou *soft margin classifier*, optamos por denominá-lo "classificador de margem flexível" para diferenciá-lo do "classificador de margem máxima", que também é baseado em vetores suporte.

Como o objetivo é maximizar a margem, podemos minimizar

$$C\sum_{i=1}^{n}\xi_i + \frac{1}{2}||\boldsymbol{\beta}||^2, \tag{10.5}$$

em que $C > 0$ controla o equilíbrio entre a penalidade das variáveis de folga e a margem.

Qualquer elemento classificado incorretamente satisfaz $\xi_i > 1$ e um limite superior para o número de classificações incorretas é $\sum_{i=1}^{n}\xi_i$. O objetivo então é minimizar (10.5) sujeito às restrições de (10.4). Detalhes podem ser obtidos na Nota 4.

A constante $C \geq 0$ pode ser interpretada como o **custo** (em termos do número e da gravidade das classificações erradas) permitido pelo algoritmo. Se $C = 0$, o problema se reduz ao de obtenção do classificador de margem máxima (se as classes forem separáveis). Quando C aumenta, a margem fica mais larga e, consequentemente, o número de classificações erradas diminui; o contrário ocorre quando C decresce. O valor de C também está ligado à relação viés-variância: quando a constante C é pequena, o viés é pequeno e a variância é grande; se C é grande, o viés é grande e a variância é pequena (veja o Exercício 1).

A constante C normalmente é escolhida por **validação cruzada** (veja a Nota 1 do Capítulo 8). O pacote e1071 tem uma função, tune(), que realiza esse procedimento para diferentes valores de C, com o intuito de escolher o melhor modelo. Na realidade, essa função permite escolher a melhor combinação da constante C e do parâmetro gamma, que tem relevância quando se usam *kernels* não lineares. Para valores de gamma grandes, o algoritmo tenta classificar todos os elementos do conjunto de treinamento exatamente, podendo gerar sobreajuste. Para *kernels* lineares, gamma é uma constante igual a 0,5 (veja o Exercício 5).

Exemplo 10.1 (continuação) Consideremos agora os dados dispostos na Figura 10.2 em que os elementos do conjunto de dados não são perfeitamente separáveis. Nesse caso, a utilização da função tune() do pacote e1071 gera o seguinte resultado, indicando que a melhor opção é considerar $C = 4$ e gamma = 0,5.

```
> tune.svm(type~., data = my.data, gamma = 2^(-1:1), cost = 2^(2:4))
> summary(escolhaparam)
Parameter tuning of 'svm':
-sampling method: 10-fold cross validation
- best parameters:
 gamma cost
   0.5    4
- best performance: 0.4
- Detailed performance results:
   gamma cost error dispersion
1   0.5    4   0.4  0.5163978
2   1.0    4   0.5  0.5270463
3   2.0    4   0.6  0.5163978
4   0.5    8   0.6  0.5163978
5   1.0    8   0.6  0.5163978
6   2.0    8   0.6  0.5163978
7   0.5   16   0.6  0.5163978
8   1.0   16   0.6  0.5163978
9   2.0   16   0.6  0.5163978
```

Com os parâmetros selecionados, as funções svm() e summary() geram o seguinte resultado, indicando que há 8 vetores suporte, 4 em cada subconjunto de dados.

```
> svm(formula = type ~ ., data = my.data, type = "C-classification",
kernel = "linear", gamma = 0.5, cost = 4, scale = FALSE)
```

```
Parameters:
   SVM-Type:  C-classification
 SVM-Kernel:  linear
       cost:  4
      gamma:  0.5
Number of Support Vectors:  8
 ( 4 4 )
Number of Classes:  2
Levels:
 -1 1
```

Um gráfico indicando os vetores suporte e as regiões de classificação correspondentes está apresentado na Figura 10.6. A equação do hiperplano classificador é

$$3{,}760 - 0{,}676x_1 - 0{,}704x_2 = 0$$

ou, equivalentemente,

$$x_2 = 3{,}760/0{,}704 - 0{,}676/0{,}704x_1 = 5{,}339 - 0{,}960x_1.$$

A margem correspondente é $m = 1/(0{,}676^2 + 0{,}704^2)^{1/2} = 1{,}025$. Os oito vetores suporte são os pontos envolvidos por círculos azuis na Figura 10.6. Para detalhes, consulte as Notas 2 e 3.

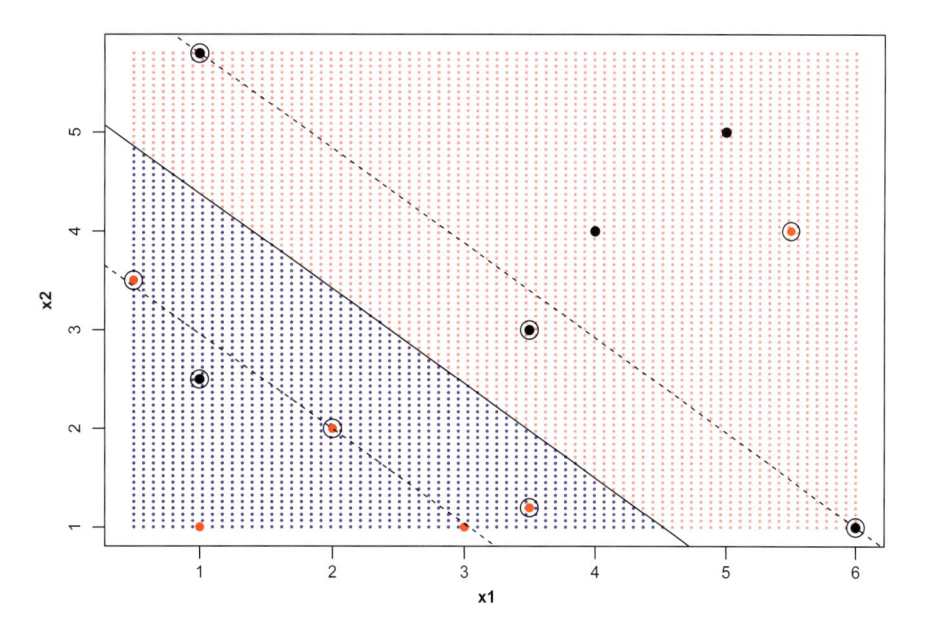

Figura 10.6 Vetores suporte para os dados da Figura 10.2.

Com os comandos `svm.pred <- predict(svm.model, my.data)` e `table(svm.pred, ys)`, pode-se obter uma tabela com a verdadeira classificação dos elementos do conjunto de treinamento, assim como a classificação determinada pelo algoritmo. No exemplo, há 2 elementos incorretamente classificados, conforme indicado na Tabela 10.1 (em negrito).

Exemplo 10.2 Consideremos os dados do arquivo `tipofacial` analisados no Exemplo 9.5. Um dos objetivos era utilizar medidas entre diferentes pontos do crânio para caracterizar indivíduos com diferentes tipos faciais, a saber, braquicéfalos, mesocéfalos e dolicocéfalos. O conjunto de dados contém observações de 11 variáveis em 101 pacientes. Para efeitos didáticos, utilizaremos apenas a altura facial e a profundidade facial como variáveis preditoras e não dividiremos o conjunto de dados. A Figura 9.5 mostra um gráfico de dispersão com os três grupos (correspondentes à classificação do tipo facial).

Tabela 10.1 Coordenadas e classificação dos elementos do Exemplo 10.1 com posições trocadas e classificação predita pelo algoritmo

observação	x1	x2	y	y predito
1	0,5	3,5	1	1
2	1,0	1,0	1	1
3	1,0	2,5	−1	**1**
4	2,0	2,0	1	1
5	3,0	1,0	1	1
6	3,5	1,2	1	1
7	1,0	5,8	−1	−1
8	3,5	3,0	−1	−1
9	4,0	4,0	−1	−1
10	5,0	5,0	−1	−1
11	5,5	4,0	1	**−1**
12	6,0	1,0	−1	−1

Utilizando a função `tune.svm()` do pacote `e1071` por meio dos seguintes comandos

```
> escolhaparam <- tune.svm(grupo ~ altfac + proffac, data = face,
            gamma = 2^(-2:2), cost = 2^2:5,
            na.action(na.omit(c(1, NA))))
> summary(escolhaparam)
```

obtemos os resultados, apresentados a seguir, que indicam que as melhores opções para os parâmetros C e `gamma` (por meio de validação cruzada de ordem 10) são $C = 4$ e `gamma`=2. No entanto, como pretendemos utilizar um *kernel* linear, necessariamente `gamma`=0,5 e esse parâmetro pode ser omitido no ajuste do modelo.

```
Parameter tuning of 'svm':
- sampling method: 10-fold cross validation
- best parameters:
 gamma cost
     2    4
- best performance: 0.1281818
- Detailed performance results:
   gamma cost     error dispersion
1   0.25    4 0.1481818  0.1774759
2   0.50    4 0.1681818  0.1700348
3   1.00    4 0.1681818  0.1764485
4   2.00    4 0.1281818  0.1241648
5   4.00    4 0.1581818  0.1345127
6   0.25    5 0.1481818  0.1774759
7   0.50    5 0.1681818  0.1700348
8   1.00    5 0.1481818  0.1503623
9   2.00    5 0.1281818  0.1148681
10  4.00    5 0.1772727  0.1453440
```

Por intermédio da função `svm()` com o parâmetro $C = 4$, obtemos o seguinte resultado com o classificador de margem flexível:

```
> svm.model <- svm(grupo ~ altfac + proffac, data = face,
                kernel = "linear", cost=4)
> summary(svm.model)
Parameters:
   SVM-Type:  C-classification
 SVM-Kernel:  linear
       cost:  4
Number of Support Vectors:  43
 ( 12 10 21 )
Number of Classes:  3
Levels:
 braq dolico meso
```

A tabela de classificação obtida com os comandos apresentados a seguir indica o número de classificações certas (85) e erradas (16).

```
> svm.pred  <- predict(svm.model, face)
> table(pred = svm.pred, true = face\$grupo)
        true
pred      braq dolico meso
  braq     26      0    2
  dolico    0     28    4
  meso      7      3   31
```

Na Figura 10.7, apresentamos o gráfico de classificação correspondente, obtido por meio do comando

```
> plot(svm.model, face, proffac ~ altfac, svSymbol = 4, dataSymbol = 4,
    cex.lab=1.8, main="", color.palette = terrain.colors)
```

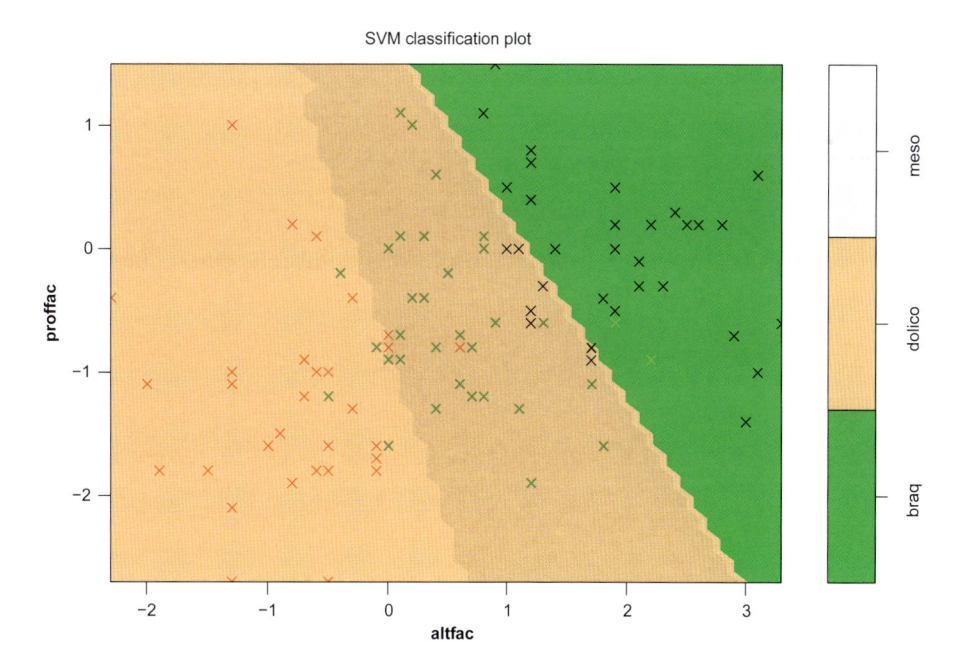

Figura 10.7 Classificação do tipo facial obtida pelo classificador de margem flexível (símbolos vermelhos = dolicocéfalos, verdes = mesocéfalos, pretos = braquicéfalos).

Uma das características importantes dos classificadores baseados em vetores suporte é que apenas os elementos do conjunto de dados que se situam sobre as fronteiras de separação ou do lado errado das mesmas afetam o hiperplano. Valores das variáveis preditoras que se situam no lado correto das fronteiras de separação podem ser alterados (mantendo suas classificações) sem que o hiperplano separador seja afetado.

10.5 Classificador de margem não linear

Na seção anterior, apresentamos um algoritmo de classificação usado quando as fronteiras são lineares. Se quisermos considerar fronteiras não lineares, precisamos aumentar a dimensão do espaço de dados por meio de outras funções, polinomiais ou não, para determinar as fronteiras de separação, gerando o chamado **espaço característico**. No caso de duas variáveis preditoras, X_1 e X_2, por exemplo, poderíamos considerar o espaço determinado por X_1, X_2, X_1^2, X_2^3. Uma alternativa mais conveniente e mais atrativa para aumentar a dimensão do espaço característico consiste na utilização de *kernels*.

Pode-se demonstrar que um classificador linear como aquele definido em (10.4) depende somente dos vetores suporte e pode ser escrito na forma

$$f(\mathbf{x}) = \sum_{i \in S} \gamma_i < \mathbf{x}, \mathbf{x}_i > + \delta, \tag{10.6}$$

em que S indica o conjunto dos vetores suporte, os γ_i são funções de α e $\boldsymbol{\beta}$ e $< \mathbf{x}, \mathbf{y} >$ indica o **produto interno** dos vetores $\mathbf{x}$ e $\mathbf{y}$. Uma das vantagens de se utilizar *kernels* na construção de classificadores é que eles dependem somente dos vetores suporte e não de todos os demais vetores associados aos elementos do conjunto de dados, o que implica uma redução considerável no custo computacional.

O classificador de margem flexível usa um *kernel* linear, da forma

$$K(\mathbf{x}_i, \mathbf{x}_j) = \sum_{k=1}^{p} x_{ik} x_{jk} = < \mathbf{x}_i, \mathbf{x}_j > = \mathbf{x}_i^\top \mathbf{x}_j.$$

Se quisermos um classificador em um espaço característico de dimensão maior, podemos incluir polinômios de grau maior ou mesmo outras funções na sua definição. Os *kernels* mais utilizados na prática são:

a) lineares: $K(\mathbf{x}_1, \mathbf{x}_2) = \mathbf{x}_1^\top \mathbf{x}_2$;

b) polinomiais: $K(\mathbf{x}_1, \mathbf{x}_2) = (a + \mathbf{x}_1^\top \mathbf{x}_2)^d$;

c) radiais: $K(\mathbf{x}_1, \mathbf{x}_2) = \exp\left(-\gamma ||\mathbf{x}_1 - \mathbf{x}_2||^2\right)$, com $\gamma > 0$ constante;

d) tangentes hiperbólicas: $K(\mathbf{x}_1, \mathbf{x}_2) = \tanh(\theta + k\mathbf{x}_1^\top \mathbf{x}_2)$.

Os **classificadores de margem não linear** são obtidos combinando-se classificadores de margem flexível com *kernels* não lineares, de modo que

$$f(\mathbf{x}) = \alpha + \sum_{i \in S} \gamma_i K(\mathbf{x}, \mathbf{x}_i) + \delta. \tag{10.7}$$

Exemplo 10.3 Consideremos uma análise alternativa para os dados do Exemplo 10.2, utilizando um *kernel* polinomial de grau 3. Os comandos e resultados da reanálise dos dados por meio do classificador de margem não linear são:

```
> escolhaparam <- tune.svm(grupo ~ altfac + proffac, data = face,
                   kernel = "polynomial", degree=3,
                   gamma = 2^(-1:2), cost = 2^2:6)
> summary(escolhaparam)
Parameter tuning of 'svm':
- sampling method: 10-fold cross validation
- best parameters:
 degree gamma cost
      3   0.5    4
- best performance: 0.1681818

- Detailed performance results:
```

```
   degree gamma cost      error dispersion
1       3   0.5    4 0.1681818 0.09440257
2       3   1.0    4 0.1772727 0.12024233
3       3   2.0    4 0.1872727 0.11722221
4       3   4.0    4 0.1872727 0.11722221
5       3   0.5    5 0.1972727 0.11314439
6       3   1.0    5 0.1772727 0.12024233
7       3   2.0    5 0.1872727 0.11722221
8       3   4.0    5 0.1872727 0.11722221
9       3   0.5    6 0.1872727 0.12634583
10      3   1.0    6 0.1772727 0.12024233
11      3   2.0    6 0.1872727 0.11722221
12      3   4.0    6 0.1872727 0.11722221
```

```
> svm.model <- svm(grupo ~ altfac + proffac, data=face,
               type='C-classification', kernel='polynomial',
               degree=3, gamma=1, cost=4, coef0=1, scale=FALSE)
> summary(svm.model)
Parameters:
   SVM-Type:  C-classification
 SVM-Kernel:  polynomial
       cost:  4
     degree:  3
     coef.0:  1
Number of Support Vectors:  40
 ( 11 10 19 )Number of Classes:  3
Levels:
 braq dolico meso
```

A correspondente tabela de classificação é

```
        true
pred    braq dolico meso
  braq    29      0    4
  dolico   0     26    3
  meso     4      5   30
```

e o gráfico associado está apresentado na Figura 10.8.

Neste exemplo, o número de classificações erradas (16) é igual aquele do caso do classificador de margem flexível.

Com base nesses resultados, podemos classificar indivíduos para os quais dispomos apenas dos valores das variáveis preditoras. Com essa finalidade, consideremos o seguinte conjunto de previsão com 4 indivíduos:

```
  paciente altfac proffac
1      102    1.4     1.0
2      103    3.2     0.1
3      104   -2.9    -1.0
4      105    0.5     0.9
```

Por meio dos seguintes comandos

```
> svm.model <- svm(grupo ~ altfac + proffac, data=face,
            type='C-classification', kernel='polynomial', degree=3,
            gamma=1, cost=4, coef0=1, scale=FALSE, probability=TRUE)
> prednovos  <- predict(svm.model, teste, probability=TRUE)
```

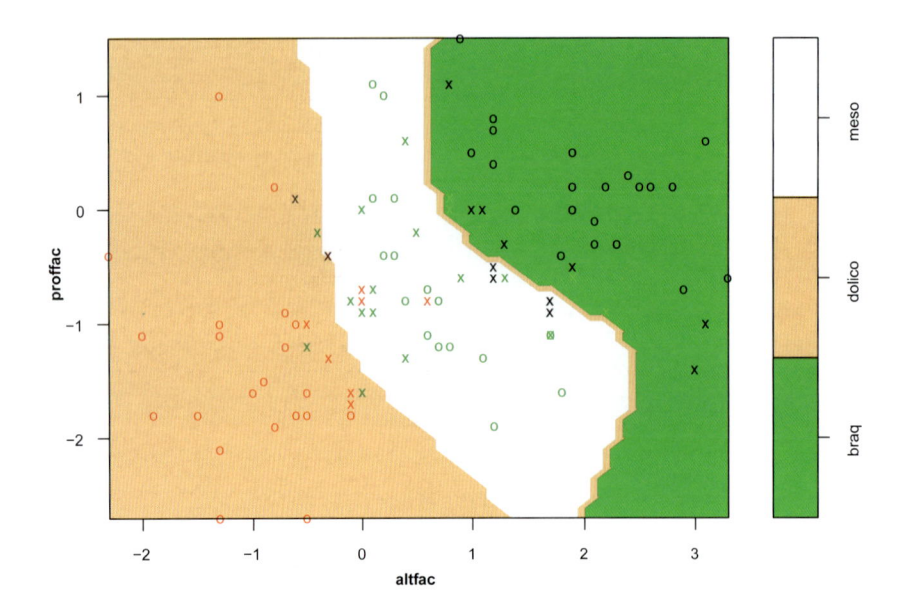

Figura 10.8 Classificação do tipo facial obtida pelo classificador de margem não linear (símbolos vermelhos = dolicocéfalos, verdes = mesocéfalos, pretos = braquicéfalos).

obtemos a tabela com as probabilidades de classificação de cada um dos 4 indivíduos

```
      1      2      3      4
  braq   braq dolico   meso
attr(,"probabilities")
          braq         dolico          meso
1 0.954231749 0.0193863931 0.0263818582
2 0.961362058 0.0006154201 0.0380225221
3 0.008257919 0.9910764215 0.0006656599
4 0.254247666 0.1197179567 0.6260343773
Levels: braq dolico meso
```

O processo classifica os indivíduos 102 e 103 como braquicéfalos, o indivíduo 103 como dolicocéfalo e o 104, como mesocéfalo.

10.6 Regressão com algoritmos de suporte vetorial

Embora tenhamos usado problemas de classificação para ilustrar os algoritmos de suporte vetorial, eles também podem ser usados para previsão. Essencialmente, o problema tratado aqui tem a mesma natureza daqueles tratados nas seções anteriores. A diferença está na variável resposta, Y, que é quantitativa e pode assumir qualquer valor real. Apresentamos as ideias da técnica por meio de exemplos, deixando os detalhes para as Notas de Capítulo.

Dado um conjunto de treinamento, $\mathcal{T} = \{(\mathbf{x}_1, y_1), \ldots, (\mathbf{x}_n, y_n)\}$, o objetivo é obter uma função $f(\mathbf{x}_i)$, a mais achatada (*flat*) possível tal que $|y_i - f(\mathbf{x}_i)| < \varepsilon$, $i = 1, \ldots, n$, em que $\varepsilon > 0$ é o maior erro que estamos dispostos a cometer. Por exemplo, ε pode ser a máxima perda que admitimos ao negociar com ações dadas certas características obtidas do balanço de um conjunto de empresas.

No caso de funções lineares, o objetivo é determinar α e $\boldsymbol{\beta}$ tais que $|f(\mathbf{x}_i)| = |\alpha + \boldsymbol{\beta}^\top \mathbf{x}_i| \leq \varepsilon$. A condição de que $f(\mathbf{x})$ seja a mais achatada possível corresponde a que $\boldsymbol{\beta}$ seja pequeno, ou seja, o problema a resolver pode ser expresso como

$$\text{minimizar } \frac{1}{2}||\boldsymbol{\beta}||^2 \text{ sujeito a } \begin{cases} y_i - \boldsymbol{\beta}^\top \mathbf{x}_i - \alpha \leq \varepsilon, \\ \alpha + \boldsymbol{\beta}^\top \mathbf{x}_i - y_i \leq \varepsilon. \end{cases} \tag{10.8}$$

Nem sempre as condições (10.8) podem ser satisfeitas e, nesse caso, assim como nos modelos de classificação, podemos introduzir variáveis de folga ξ_i e ξ_i^*, $i = 1, \ldots, n$, que permitem flexibilizar a restrição de que o máximo erro permitido seja ϵ. O problema a resolver nesse contexto é

$$\text{minimizar } \frac{1}{2}||\boldsymbol{\beta}||^2 + \sum_{i=1}^{n} C(\xi + \xi^*) \text{ sujeito a } \begin{cases} y_i - \boldsymbol{\beta}^\top \mathbf{x}_i - \alpha \leq \epsilon + \xi_i, \\ \alpha + \boldsymbol{\beta}^\top \mathbf{x}_i - y_i \leq \epsilon + \xi_i^*, \\ \xi_i, \xi_i* > 0. \end{cases} \tag{10.9}$$

A constante $C > 0$ determina um compromisso entre o achatamento da função f e o quanto estamos dispostos a tolerar erros com magnitude maior do que ϵ.

As soluções de (10.8) ou (10.9) podem ser encontradas mais facilmente usando a formulação dual (veja a Nota 3). No caso de modelos lineares, a previsão para um elemento com valor das variáveis preditoras igual a $\mathbf{x}_0$ é obtida de

$$f(\mathbf{x}_0) = \sum_{i=1}^{n} \widehat{\lambda}_i K(\mathbf{x}_0, \mathbf{x}_i) + \widehat{\alpha},$$

em que $\widehat{\lambda}_i$ são multiplicadores de Lagrange, $K(\mathbf{x}_0, \mathbf{x}_i)$ é um *kernel*, $\widehat{\alpha} = y_i - \varepsilon - \widehat{\boldsymbol{\beta}}^\top \mathbf{x}_i$ e $\widehat{\boldsymbol{\beta}} = \sum_{i=1}^{n} \widehat{\lambda}_i \mathbf{x}_i$. Os vetores suporte são aqueles para os quais os multiplicadores de Lagrange $\widehat{\lambda}_i$ são positivos. Se optarmos por um *kernel* linear, $K(\mathbf{x}, \mathbf{x}_i) = <\mathbf{x}_0, \mathbf{x}_i>$.

Exemplo 10.4 Consideremos os dados da Tabela 6.1 com o objetivo de estudar a relação entre a distância com que motoristas conseguem distinguir um certo objeto e sua idade. O diagrama de dispersão e a reta de mínimos quadrados ajustada ($y = 174{,}19 - 1{,}00x$) correspondentes estão apresentados na Figura 10.9.

O ajuste de uma regressão com suporte vetorial baseada em um *kernel* linear com os parâmetros *default* pode ser obtido por meio dos comandos

```
> svm(formula = y ~ x, type = "eps-regression", kernel = "linear",
            scale = FALSE)
Parameters:
   SVM-Type:  eps-regression
 SVM-Kernel:  linear
       cost:  1
      gamma:  1
    epsilon:  0.1
Number of Support Vectors:   30
> coef(svm.model)
(Intercept)            x
174.0727273   -0.9181818
```

A função previsora corresponde a $f(x) = 174{,}07 - 0{,}92x$. A previsão para as distâncias segundo esse modelo e a correspondente $RMSE$ são geradas pelos comandos

```
> yhat1 <- predict(model1, x)
> RMSEmodel1 <- rmse(yhat1, y)
> RMSEmodel1
[1] 16.51464
```

indicando um valor do $RMSE$ maior do que aquele associado ao ajuste por meio de mínimos quadrados, que é 16,02487.

Um modelo mais flexível pode ser ajustado com um *kernel* radial do tipo $K(\mathbf{x}_1, \mathbf{x}_2) = \exp\left(-\gamma ||\mathbf{x}_1 - \mathbf{x}_2||^2\right)$ com $\gamma > 0$ constante. Nesse caso, convém realizar uma análise de sensibilidade com validação cruzada para a seleção da melhor combinação dos valores do máximo erro ϵ que estamos dispostos a cometer e do custo de penalização, C. Isso pode ser concretizado por meio dos comandos

```
> sensib <- tune(svm, y ~ x,  ranges = list(epsilon = seq(0,1,0.1),
             cost = 2^(2:9)))
> sensib
Parameter tuning of 'svm':
- sampling method: 10-fold cross validation
- best parameters:
 epsilon cost
     0.7    4
- best performance: 282.9206
```

Com esses resultados, realizamos um ajuste por meio de um *kernel* radial com parâmetros $C = 4$ e $\epsilon = 0.7$, obtendo

```
> model2<- svm(x, y, kernel="radial", cost=4, epsilon=0.7)
> summary(model2)
Parameters:
   SVM-Type:  eps-regression
 SVM-Kernel:  radial
       cost:  4
      gamma:  1
    epsilon:  0.7
Number of Support Vectors:  12
> yhat2 <- predict(model2, x)
> RMSEmodel2 <- rmse(yhat2,y)
> RMSEmodel2
[1] 15.42476
```

O $RMSE$ para esse modelo é 15,42476, menor do que aqueles obtidos por meio dos demais ajustes. Um gráfico com os ajustes por mínimos quadrados (em preto) e por regressões com suporte vetorial baseadas em *kernels* linear (em azul) e radial (em vermelho) está apresentado na Figura 10.9.

Algoritmos de suporte vetorial no contexto de regressão também podem ser utilizados com o mesmo propósito de suavização daquele concretizado pelo método *lowess* (veja a Nota 2 do Capítulo 5). Nesse contexto, a suavidade do ajuste deve ser modulada pela escolha do parâmetro ϵ. Valores de ϵ pequenos (próximos de zero) geram curvas mais suaves e requerem muitos vetores suporte, podendo produzir sobreajuste. Valores de ϵ grandes (próximos de 1,0, por exemplo) geram curvas menos suaves e requerem menos vetores suporte. O parâmetro C tem influência no equilíbrio entre as magnitudes da margem e das variáveis de folga. Em geral, o valor desse parâmetro deve ser selecionado por meio de uma análise de sensibilidade concretizada por validação cruzada.

Exemplo 10.5 Para o ajuste de um modelo de regressão por vetores suporte aos mesmos dados utilizados na Figura 5.14, inicialmente avaliamos a escolha ótima do parâmetro C e γ.

```
> escolhaparam <- tune.svm(x, y, gamma = 2^(-1:1), cost = 2^(2:4))
> summary(escolhaparam)
Parameter tuning of 'svm':
- sampling method: 10-fold cross validation
- best parameters:
 gamma cost
   0.5    4
- best performance: 1447.839
```

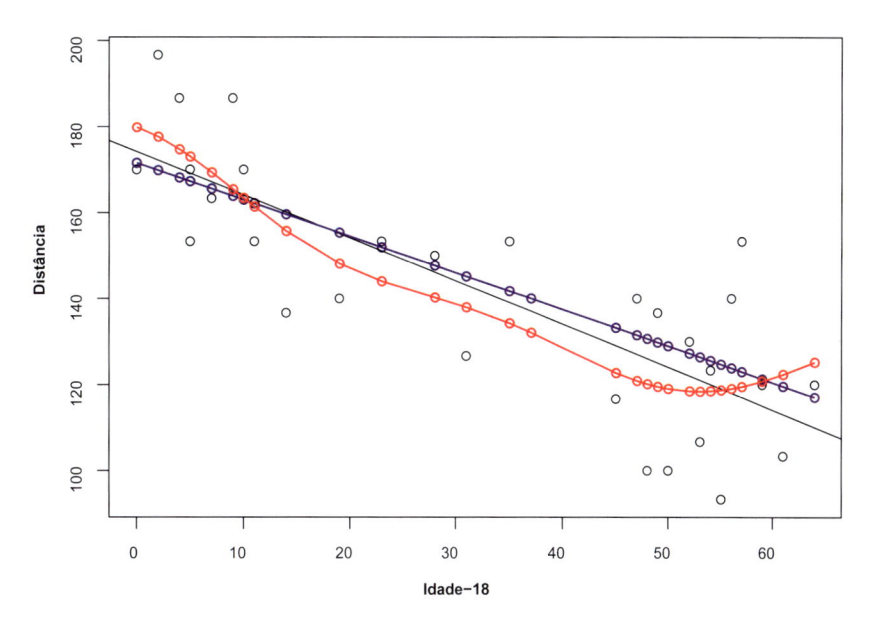

Figura 10.9 Regressão SVM para os dados da Tabela 6.1.

Com base nesse resultado, ajustamos o modelo de regressão por vetores suporte com $\epsilon = 0{,}5$, obtendo

```
> rotarodVS1 <- svm(y~x, kernel="radial", degree=5, cost=4, gamma=0.5,
                    epsilon=0.5)
> summary(rotarodVS1)
Parameters:
   SVM-Type:  eps-regression
 SVM-Kernel:  radial
       cost:  4
      gamma:  0.5
    epsilon:  0.5
Number of Support Vectors:  62
```

Alternativamente, ajustamos o modelo de regressão por vetores suporte com $\epsilon = 1{,}0$, obtendo

```
> rotarodVS2 <- svm(y~x, kernel="radial", degree=5, cost=4, gamma=0.5,
                    epsilon=1.0)
> summary(rotarodVS2)
Parameters:
   SVM-Type:  eps-regression
 SVM-Kernel:  radial
       cost:  4
      gamma:  0.5
    epsilon:  1
Number of Support Vectors:  22
```

Os valores preditos pelo modelo nos dois casos podem ser obtidos por meio da função `predict()` e servem para a construção da Figura 10.10.

As três curvas sugerem um modelo de regressão segmentada.

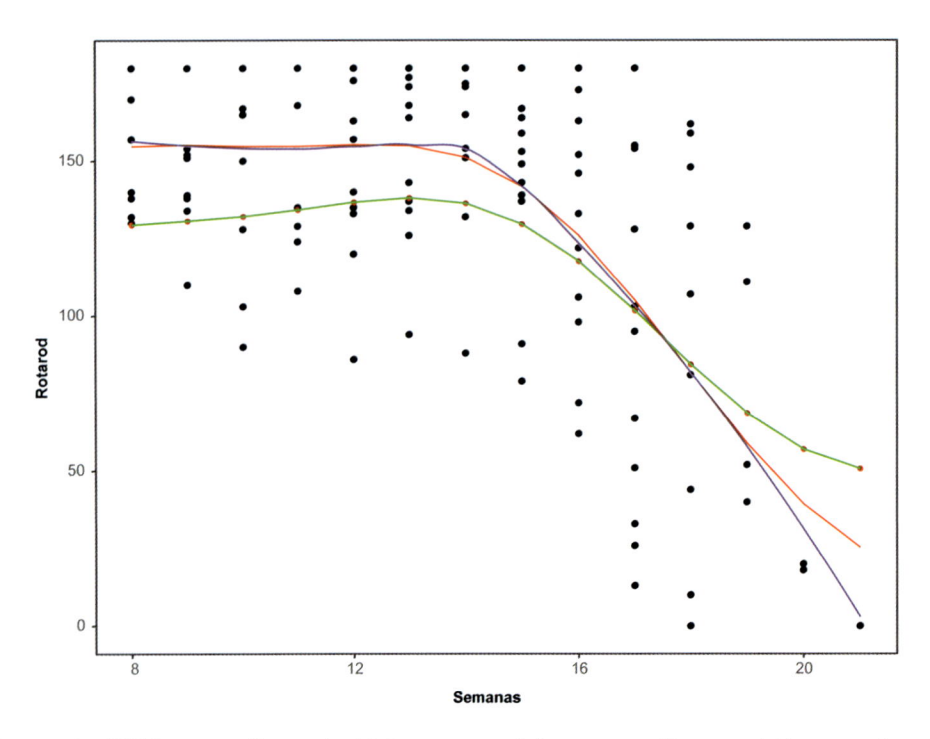

Figura 10.10 Regressão SVM para o Exemplo 10.5, com $\epsilon = 0{,}5$ em vermelho, $\epsilon = 1{,}0$ em verde e *lowess* em azul.

10.7 Notas de capítulo

NOTA 1: Hiperplano separador

Em um espaço de dimensão p, um hiperplano é um **subespaço** de dimensão $p - 1$ definido por

$$\alpha + \beta_1 X_1 + \ldots + \beta_p X_p = 0. \tag{10.10}$$

Um ponto com coordenadas $(x_1, \ldots, x_p)$ satisfazendo (10.10) situa-se no hiperplano. Se $\alpha + \beta_1 x_1 + \ldots + \beta_p x_p > 0$, esse ponto situa-se em um "lado" do hiperplano e se $\alpha + \beta_1 x_1 + \ldots + \beta_p x_p < 0$, o ponto situa-se no outro "lado" desse hiperplano.[5] Dessa forma, o hiperplano separa o espaço p dimensional em duas partes.

NOTA 2: Detalhes sobre o classificador de margem máxima

Nesta seção, baseada em Bishop (2006), procuramos apresentar detalhes sobre o algoritmo utilizado para obtenção do hiperplano separador, obtido a partir da função

$$f(\mathbf{x}) = \alpha + \boldsymbol{\beta}^\top \mathbf{x}. \tag{10.11}$$

Consideremos o espaço de padrões $\mathcal{X} = \{\mathbf{x}_1, \ldots, \mathbf{x}_n\}$ e as respostas $y_1, \ldots, y_n$ com $y_i \in \{-1, 1\}$, definindo o conjunto de treinamento. Um novo elemento com valor das variáveis preditoras $\mathbf{x}_0$ é classificado de acordo com o sinal de $f(\mathbf{x}_0)$.

---

[5] O conceito de lado é intuitivo quando o hiperplano é uma reta ou um plano, o que não acontece para dimensões maiores. No caso geral, dizemos que um ponto do espaço complementar ao hiperplano está em um dos "lados" desse hiperplano se o produto interno do vetor correspondente ao ponto com o vetor normal for positivo e que está no outro lado, se esse produto interno for negativo.

Suponha que exista um hiperplano separador, de modo que α e $\boldsymbol{\beta}$ sejam tais que $f(\mathbf{x}) > 0$ para pontos com $y = +1$ e $f(\mathbf{x}) < 0$, para pontos com $y = -1$, de modo que $yf(\mathbf{x}) > 0$ para qualquer elemento do conjunto de treinamento.

Podem existir muitos hiperplanos que separam as classes exatamente, como na Figura 10.1. O classificador de margem máxima tem como objetivo maximizar a margem que é a menor distância entre o hiperplano separador e qualquer ponto $\mathbf{x}$ do conjunto de treinamento.

Para entender o procedimento de otimização, considere a distância de um ponto $\mathbf{x}$ ao hiperplano cuja equação é $f(\mathbf{x}) = \alpha + \boldsymbol{\beta}^\top \mathbf{x} = 0$, nomeadamente

$$d = |f(\mathbf{x})|/||\boldsymbol{\beta}||,$$

em que denominador indica a norma do vetor $\boldsymbol{\beta}$. Como o interesse está nos pontos associados a elementos do conjunto de dados corretamente classificados, devemos ter $y_i f(\mathbf{x}_i) > 0$, $i = 1, \ldots, n$. Logo, a distância entre qualquer ponto $\mathbf{x}_i$ e o hiperplano é

$$\frac{y_i f(\mathbf{x}_i)}{||\boldsymbol{\beta}||} = \frac{y_i(\alpha + \boldsymbol{\beta}^\top \mathbf{x}_i)}{||\boldsymbol{\beta}||}. \tag{10.12}$$

Queremos escolher α e $\boldsymbol{\beta}$ de modo a maximizar a margem. A margem máxima é obtida por meio da resolução de

$$\operatorname{argmax}_{\alpha,\boldsymbol{\beta}} \left\{ \frac{1}{||\boldsymbol{\beta}||} \min \left[y_i(\alpha + \boldsymbol{\beta}^\top \mathbf{x}_i) \right] \right\}. \tag{10.13}$$

A solução de (10.13) é complicada, mas é possível obtê-la por meio da utilização de **multiplicadores de Lagrange**. Note que se multiplicarmos α e $\boldsymbol{\beta}$ por uma constante, a distância de um ponto $\mathbf{x}$ ao hiperplano separador não se altera (veja o Exercício 1). Logo, podemos considerar a transformação $\alpha^* = \alpha/f(\mathbf{x})$ e $\boldsymbol{\beta}^* = \boldsymbol{\beta}/f(\mathbf{x})$ e para o ponto mais próximo do hiperplano, digamos $\mathbf{x}^*$,

$$y^*(\alpha^* + \boldsymbol{\beta}^{*\top}\mathbf{x}^*) = y^*(\alpha + \boldsymbol{\beta}^\top \mathbf{x}^*) = 1. \tag{10.14}$$

Consequentemente, usando (10.12), temos $d = ||\boldsymbol{\beta}||^{-1}$. Deste modo, para todos os elementos do conjunto de treinamento, teremos

$$y_i(\alpha + \boldsymbol{\beta}^\top \mathbf{x}_i) \geq 1, \quad i = 1, \ldots, n. \tag{10.15}$$

Esta relação é chamada **representação canônica do hiperplano separador**. Dizemos que há uma **restrição ativa** para os pontos em que há igualdade; para os pontos em que vale a desigualdade, dizemos que há uma **restrição inativa**. Como sempre haverá um ponto que está mais próximo do hiperplano, sempre haverá uma restrição ativa.

Então, o problema de otimização implica maximizar $||\boldsymbol{\beta}||^{-1}$, que é equivalente a minimizar $||\boldsymbol{\beta}||^2$. Na linguagem de Vapnik (1995), isso equivale a escolher $f(\mathbf{x})$ de maneira que seja a mais achatada (*flat*) possível, que, por sua vez, implica que $\boldsymbol{\beta}$ deve ser pequeno. Isso corresponde à resolução do problema de **programação quadrática**

$$\operatorname{argmin}_{\boldsymbol{\beta}} \left\{ \frac{1}{2} ||\boldsymbol{\beta}||^2 \right\}, \tag{10.16}$$

sujeito a (10.15). O fator $1/2$ é introduzido por conveniência.

Com esse objetivo, para cada restrição de (10.15), introduzimos os multiplicadores de Lagrange $\lambda_i \geq 0$, obtendo a função lagrangeana

$$L(\alpha, \boldsymbol{\beta}, \boldsymbol{\lambda}) = \frac{1}{2} ||\boldsymbol{\beta}||^2 - \sum_{i=1}^{n} \lambda_i [y_i(\alpha + \boldsymbol{\beta}^\top \mathbf{x}_i) - 1], \tag{10.17}$$

em que $\boldsymbol{\lambda} = (\lambda_1, \ldots, \lambda_n)^\top$. O sinal negativo no segundo termo de (10.17) justifica-se porque queremos minimizar com relação a α e $\boldsymbol{\beta}$ e maximizar com relação a $\boldsymbol{\lambda}$.

Derivando (10.17) com relação a $\boldsymbol{\beta}$ e a $\boldsymbol{\lambda}$, obtemos

$$\boldsymbol{\beta} = \sum_{i=1}^n \lambda_i y_i \mathbf{x}_i \quad \text{e} \quad \sum_{i=1}^n \lambda_i y_i = 0. \tag{10.18}$$

Substituindo (10.18) em (10.17), obtemos a chamada **representação dual** do problema da margem máxima, no qual maximizamos

$$\widetilde{L}(\boldsymbol{\lambda}) = \sum_{i=1}^n \lambda_i - \frac{1}{2} \sum_{i=1}^n \sum_{j=1}^n \lambda_i \lambda_j y_i y_j K(\mathbf{x}_i, \mathbf{x}_j), \tag{10.19}$$

com respeito a $\boldsymbol{\lambda}$, sujeito às restrições

$$\lambda_i \geq 0, \quad i = 1, \ldots, n, \tag{10.20}$$

$$\sum_{i=1}^b \lambda_i y_i = 0. \tag{10.21}$$

Em (10.19), $K(\mathbf{x}, \mathbf{y}) = \mathbf{x}^\top \mathbf{y}$ é um *kernel* linear, que será estendido para algum *kernel* mais geral com a finalidade de aplicação a espaços característicos cuja dimensão excede o número de dados, como indicado na Seção 10.1. Esse *kernel* deve ser positivo definido.

Para classificar um novo elemento com valor das variáveis preditoras igual a $\mathbf{x}_0$ usando o modelo treinado, avaliamos o sinal de $f(\mathbf{x}_0)$, que, por meio de (10.11) e (10.18), pode ser escrito como

$$f(\mathbf{x}_0) = \alpha + \sum_{i=1}^n \lambda_i y_i K(\mathbf{x}_0, \mathbf{x}_i). \tag{10.22}$$

Pode-se demonstrar (veja Bishop, 2006) que esse tipo de otimização restrita satisfaz certas condições, chamadas de **Condições de Karush-Kuhn-Tucker**, que implicam

$$\begin{aligned} \lambda_i &\geq 0, \\ y_i f(\mathbf{x}_i) - 1 &\geq 0, \\ \lambda_i (y_i f(\mathbf{x}_i) - 1) &= 0. \end{aligned} \tag{10.23}$$

Para cada ponto, ou $\lambda_i = 0$ ou $y_i f(\mathbf{x}_i) = 1$. Um ponto para o qual $\lambda_i = 0$ não aparece em (10.22) e não tem influência na classificação de novos pontos.

Os pontos restantes são chamados **vetores suporte** e satisfazem $y_i f(\mathbf{x}_i) = 1$; logo, esses pontos estão sobre as fronteiras de separação, como na Figura 10.5. O valor de α pode ser encontrado a partir de

$$y_i \left(\sum_{j \in S} \lambda_j y_j K(\mathbf{x}_j \mathbf{x}_j) + \alpha \right) = 1, \tag{10.24}$$

em que S é o conjunto dos vetores suporte. Multiplicando essa expressão por y_i, observando que $y_i^2 = 1$ e tomando a média de todas as equações sobre S, obtemos

$$\alpha = \frac{1}{n_S} \sum_{i \in S} \left(y_i - \sum_{j \in S} \lambda_i y_i K(\mathbf{x}_i, \mathbf{x}_j) \right), \tag{10.25}$$

em que n_S é o número de vetores suporte.

NOTA 3: Detalhes sobre o classificador de margem flexível

Consideremos o caso em que os dois subconjuntos do espaço de padrões $\mathcal{X}$ podem se sobrepor. Precisamos modificar o classificador de margem máxima para permitir que alguns elementos do conjunto de treinamento sejam classificados incorretamente. Para isso, introduzimos uma penalidade, que aumenta com a distância ao hiperplano separador. Isso é conseguido por meio da introdução de **variáveis de folga** (*slack*) $\xi_i \geq 0, i = 1, \ldots, n$, uma para cada dado. Nesse caso, a restrição (10.15) será substituída por

$$y_i(\alpha + \boldsymbol{\beta}^\top \mathbf{x}_i) \geq 1 - \xi_i, \quad i = 1, \ldots, n, \tag{10.26}$$

com $\xi_i \geq 0$. Elementos do conjunto de dados para os quais $\xi_i = 0$ são corretamente classificados e estão sobre uma fronteira de separação ou do lado correto dela. Elementos para os quais $0 < \xi_i \leq 1$ estão dentro do espaço delimitado pelas fronteiras de separação, mas do lado correto do hiperplano, e elementos para os quais $\xi_i > 1$ estão do lado errado do hiperplano e são classificados incorretamente. Veja a Figura 10.5.

Nesse contexto, estamos diante de uma **margem flexível** ou **suave**. O objetivo é maximizar a margem e, para isso, minimizamos

$$C \sum_{i=1}^n \xi_i + \frac{1}{2}\|\boldsymbol{\beta}\|^2, \tag{10.27}$$

em que $C > 0$ controla o equilíbrio entre a penalidade das variáveis de folga e a margem.

Qualquer elemento classificado incorretamente satisfaz $\xi_i > 1$; então $\sum_{i=1}^n \xi_i$ é a soma das distâncias entre elementos classificados incorretamente e as fronteiras de separação. Como essas distâncias são todas maiores que 1, impor um limite para $C > \sum_{i=1}^n \xi_i$ corresponde a limitar o número de elementos classificados incorretamente.

Para minimizar (10.27) sujeito a (10.26) e $\xi_i > 0$, consideramos o lagrangeano

$$L(\alpha, \boldsymbol{\beta}, \boldsymbol{\xi}, \boldsymbol{\lambda}, \boldsymbol{\mu}) = \frac{1}{2}\|\boldsymbol{\beta}\|^2 + C \sum_{i=1}^n \xi_i - \sum_{i=1}^n \lambda_i[y_i(\alpha + \boldsymbol{\beta}^\top \mathbf{x}_i) + \xi_i - 1] - \sum_{i=1}^n \mu_i \xi_i, \tag{10.28}$$

em que $\lambda_i \geq 0$, $\mu_i \geq 0$ são multiplicadores de Lagrange. Derivando (10.28) com relação a $\boldsymbol{\beta}, \alpha, \xi_i$, obtemos

$$\boldsymbol{\beta} = \sum_{i=1}^n \lambda_i y_i \mathbf{x}_i, \quad \sum_{i=1}^n \lambda_i y_i = 0 \tag{10.29}$$

e

$$\lambda_i = C - \mu_i. \tag{10.30}$$

Substituindo (10.29)–(10.30) em (10.28), temos

$$\widetilde{L}(\boldsymbol{\lambda}) = \sum_{i=1}^n \lambda_i - \frac{1}{2} \sum_i \sum_j \lambda_i \lambda_j y_i y_j K(\mathbf{x}_i, \mathbf{x}_j), \tag{10.31}$$

que é uma expressão idêntica àquela obtida no caso separável, com exceção das restrições, que são diferentes. Como $\lambda_i \geq 0$ são multiplicadores de Lagrange e como $\mu_i \geq 0$, de (10.30) segue que $\lambda_i \leq C$. Logo, precisamos maximizar (10.31) com respeito às variáveis duais λ_i, sujeito a

$$0 \leq \lambda_i \ \leq \ C, \tag{10.32}$$

$$\sum_{i=1}^n \lambda_i y_i \ = \ 0, \quad i = 1, \ldots, n. \tag{10.33}$$

Novamente, estamos diante de um problema de programação quadrática. A previsão para um novo elemento com valor das variáveis preditoras igual a $\mathbf{x}_0$ é obtida avaliando o sinal de

$$f(\mathbf{x}_0) = \alpha + \sum_{i=1}^{n} \lambda_i y_i K(\mathbf{x}_0,\mathbf{x}_i). \tag{10.34}$$

As condições de Karush-Kuhn-Tucker para classificadores de margem flexível são

$$\lambda_i \geq 0, \quad y_i f(\mathbf{x}_i) - 1 + \xi_i \geq 0,$$

$$\lambda_i[y_i f(\mathbf{x}_i) - 1 + \xi_i] = 0, \tag{10.35}$$

$$\mu_i \geq 0, \quad \xi_i \geq 0,$$

$$\mu_i \xi_i = 0, \quad i = 1,\dots,n. \tag{10.36}$$

Pontos para os quais $\lambda_i = 0$ não contribuem para (10.34). Os restantes constituem os vetores de suporte. Para esses, $\lambda_i > 0$ e, por (10.35), devem satisfazer

$$y_i f(\mathbf{x}_i) = 1 - \xi_i. \tag{10.37}$$

Procedendo como no caso de classificadores de margem máxima, obtemos

$$\alpha = \frac{1}{N_{\mathcal{M}}} \sum_{i \in \mathcal{M}} \left(y_i - \sum_{j \in S} \lambda_j y_j K(\mathbf{x}_i,\mathbf{x}_j) \right), \tag{10.38}$$

em que $\mathcal{M}$ é o conjunto do pontos tais que $0 < \lambda_i < C$.

Se $\lambda_i < C$, então, por (10.30), $\mu_i > 0$ e, por (10.36), temos $\xi = 0$ e tais pontos estão em uma das fronteiras de separação. Elementos para os quais $\lambda_i = C$ estão dentro do espaço delimitado pelas fronteiras de separação e podem ser classificados corretamente se $\xi_i \leq 1$ e incorretamente se $\xi_i > 1$.

NOTA 4: Detalhes sobre o classificador de margem não linear

Seja $\mathcal{X}$ o espaço de padrões. A função $K : \mathcal{X} \times \mathcal{X} \to \mathbb{R}$ é um *kernel* se existir um espaço vetorial com produto interno, $\mathcal{H}$ (usualmente um espaço de Hilbert) e uma aplicação $\Phi : \mathcal{X} \to \mathcal{H}$, tal que, para todos $x, y \in \mathcal{X}$, tivermos

$$K(x,y) = <\Phi(x),\Phi(y)>. \tag{10.39}$$

A aplicação Φ é conhecida como aplicação característica e $\mathcal{H}$, como **espaço característico**.

Por exemplo, tomemos $\mathcal{X} = \mathbb{R}^2$ e $\mathcal{H} = \mathbb{R}^3$ e definamos

$$\Phi : \mathbb{R}^2 \quad \to \quad \mathbb{R}^3,$$
$$(x_1,x_2) \quad \to \quad (x_1^2, x_2^2, \sqrt{2}x_1 x_2).$$

Então, se $\mathbf{x} = (x_1, x_2)^\top$ e $\mathbf{y} = (y_1, y_2)^\top$, é fácil verificar que

$$<\Phi(\mathbf{x}),\Phi(\mathbf{y})> = <\mathbf{x},\mathbf{y}>;$$

logo, $K(\mathbf{x},\mathbf{y}) = <\Phi(\mathbf{x}),\Phi(\mathbf{y})> = <\mathbf{x},\mathbf{y}>$ é um *kernel*.

Para tornar o algoritmo de suporte vetorial não linear, notamos que ele depende somente de produtos internos entre os vetores de $\mathcal{X}$; logo, é suficiente conhecer $K(\mathbf{x},\mathbf{x}^\top) = <\Phi(\mathbf{x}),\Phi(\mathbf{x}^\top)>$, e não Φ explicitamente. Isso permite formular o problema de otimização, substituindo (10.29) por

$$\boldsymbol{\beta} = \sum_{i=1}^{n} \alpha_i \Phi(\mathbf{x}_i), \tag{10.40}$$

com $f(\mathbf{x})$ dado por (10.7). Agora, $\boldsymbol{\beta}$ não é mais dado explicitamente como antes. Além disso, o problema de otimização é realizado no espaço característico $\mathcal{H}$ e não no espaço de padrões $\mathcal{X}$.

Os *kernels* a serem usados têm de satisfazer certas condições de admissibilidade. Veja Smola e Schöl-kopf (2004) para detalhes. Os *kernels* mencionados na Seção 10.1 são admissíveis.

NOTA 5: Classificação com mais de duas classes

Para casos em que há mais de duas classes, duas abordagens são possíveis:

a) Classificação **uma contra uma** (*one-versus-one*)

Se tivermos K classes, são construídos $\binom{K}{2}$ classificadores, cada um com duas classes. Para um elemento do conjunto de validação com valor das variáveis preditoras igual a $\mathbf{x}$, contamos quantas vezes esse elemento é associado a cada uma das K classes. O classificador final é obtido associ-ando o elemento do conjunto de validação à classe em que recebeu mais associações dentre as $\binom{K}{2}$ classificações duas a duas.

b) Classificação **uma contra todas** (*one-versus-all*)

Consideramos K classificadores, cada vez comparando uma classe com as restantes $K-1$ classes. Sejam $\alpha_k, \beta_{1k}, \ldots, \beta_{pk}$ os parâmetros associados ao k-ésimo classificador. Para um elemento do conjunto de validação com valor das variáveis preditoras igual a $\mathbf{x}^*$, vamos associá-lo à classe para a qual $\alpha_k + \beta_{1k}x_1{}^* + \ldots + \beta_{pk}x_p{}^*$ seja a maior possível.

Os resultados obtidos podem ser inconsistentes. Veja Bishop (2006) para outras sugestões.

NOTA 6: Algoritmos de Suporte Vetorial para regressão

No problema clássico de regressão, para obter os estimadores de mínimos quadrados, minimizamos a soma de quadrados dos resíduos (6.5). Em problemas de regularização e seleção de variáveis, acrescenta-se a essa soma de quadrados de resíduos um termo de **penalização** que depende de uma norma do vetor de parâmetros, $\boldsymbol{\beta}$, digamos. Se usarmos a norma L_2, $||\boldsymbol{\beta}||^2$, obtemos o que se chama de regressão ***Ridge***. Com a norma L_1, $||\boldsymbol{\beta}||$, obtemos o que se chama de regressão ***Lasso***, conforme indicado na Seção 8.2.

No lugar da soma de quadrados de resíduos, Vapnik (1995) sugere uma função dos erros chamada ε-**insensitiva**, que gera um erro nulo se a diferença entre a previsão $f(\mathbf{x})$ e o valor real y em valor absoluto for menor do que $\varepsilon > 0$. Essa função é definida por

$$\mathrm{E}_\varepsilon[f(\mathbf{x}),y] = \begin{cases} 0, & \text{para } |f(\mathbf{x}) - y| < \varepsilon \\ |f(\mathbf{x}) - y| - \varepsilon, & \text{em caso contrário.} \end{cases} \tag{10.41}$$

Para funções lineares, $f(\mathbf{x}) = \alpha + \boldsymbol{\beta}^\top \mathbf{x}$, a ideia é, então, minimizar

$$C \sum_{i=1}^{n} \mathrm{E}_\varepsilon[f(\mathbf{x}_i) - y_i] + \frac{1}{2}||\boldsymbol{\beta}||^2, \tag{10.42}$$

com C indicando um parâmetro de regularização. Como mencionado na Seção 10.4, podemos introduzir variáveis de folga para cada ponto $\mathbf{x}_i$. Neste caso, precisamos de duas, $\xi_i \geq 0$ e $\xi_i^* \geq 0$, sendo $\xi_i > 0$ para pontos tais que $y_i > f(\mathbf{x}_i) + \varepsilon$ e $\xi_i^* > 0$ para pontos tais que $y_i < f(\mathbf{x}_i) - \varepsilon$ (veja a Figura 10.5). Para que um ponto $\mathbf{x}_i$ esteja dentro do espaço delimitado pelas fronteiras de separação devemos ter

$$f(\mathbf{x}_i) - \varepsilon \leq y_i \leq f(\mathbf{x}_i) + \varepsilon. \tag{10.43}$$

A introdução das variáveis de folga permite que pontos estejam fora do espaço delimitado pelas fronteiras de separação, desde que elas sejam diferentes de zero, e então para $i = 1, \ldots, n$ devem valer as condições

$$y_i \leq f(\mathbf{x}_i) + \varepsilon + \xi_i,$$
$$y_i \geq f(\mathbf{x}_i) - \varepsilon - \xi_i^*.$$

A função a minimizar é

$$C \sum_{i=1}^{n} (\xi_i + \xi_i^*) + \frac{1}{2} ||\boldsymbol{\beta}||^2, \tag{10.44}$$

com as restrições $\xi_i \geq 0$, $\xi_i^* \geq 0$. Usando multiplicadores de Lagrange $\lambda_i, \lambda_i^*, \mu_i, \mu_i^*$, todos não negativos e otimizando o lagrangeano, que é função de $\alpha, \boldsymbol{\beta}$ e das variáveis de folga, obtemos

$$\boldsymbol{\beta} = \sum_{i=1}^{n} (\lambda_i - \lambda_i^*) \mathbf{x}_i, \tag{10.45}$$

$$\sum_{i=1}^{n} (\lambda_i - \lambda_i^*) = 0, \tag{10.46}$$

$$\lambda_i + \mu_i = C, \tag{10.47}$$

$$\lambda_i^* + \mu_i^* = C, \quad i = 1, \ldots, n. \tag{10.48}$$

Usando essas equações na função lagrangeana, obtemos o problema dual, que consiste em maximizar um lagrangeano que é função de λ_i e λ_i^*. O correspondente problema de maximização restrita requer $\lambda_i \leq C$, $\lambda_i^* \leq C$, com $\lambda_i \geq 0$, $\lambda_i^* \geq 0$. Tendo em conta a expressão de $\boldsymbol{\beta}$ em (10.45), as previsões para novos pontos são dadas por

$$f(\mathbf{x}) = \alpha + \sum_{i=1}^{n} (\lambda_i - \lambda_i^*) K(\mathbf{x}, \mathbf{x}_i). \tag{10.49}$$

Os vetores suporte são aqueles que contribuem para (10.49), ou seja, são tais que $\lambda_i \neq 0$, $\lambda_i^* \neq 0$, ou seja, que estão sobre uma das fronteiras de separação ou fora do espaço delimitado por elas.

Nesse caso, as condições de Karush-Kuhn-Tucker são

$$
\begin{aligned}
\lambda_i [\varepsilon + \xi_i + f(\mathbf{x}_i) - y_i] &= 0, \\
\lambda_i^* [\varepsilon + \xi_i^* - y_i + f(\mathbf{x}_i)] &= 0, \\
(C - \lambda_i) \xi_i &= 0, \\
(C - \lambda_i^*) \xi_i^* &= 0, \quad i = 1, \ldots, n.
\end{aligned} \tag{10.50}
$$

Então, $\alpha = y_i - \varepsilon - \boldsymbol{\beta}^\top \mathbf{x}_i$ com $\boldsymbol{\beta}$ dado por (10.45).

10.8 Exercícios

1) No contexto do classificador de margem máxima, mostre que se multiplicarmos os coeficientes α e β por uma constante, a distância de qualquer ponto ao hiperplano separador não se alterará.

2) Explique a relação entre valores de C em (10.9) e viés-variância.

3) Reanalise os dados do Exemplo 10.3 usando um *kernel* radial.

4) No Exemplo 10.3, foram usados 2 atributos. Reanalise o exemplo, usando 4 atributos e note que a acurácia da classificação melhora sensivelmente.

5) Considere os pontos da Figura 10.2 e obtenha as fronteiras de separação por meio dos classificadores de margens flexível e não linear.

6) Use a função `tune()` do pacote `e1071` para escolher o melhor modelo para os Exemplos 10.2 e 10.3.

7) Simule um conjunto de dados com $n = 500$ e $p = 2$, tal que as observações pertençam a duas classes com uma fronteira de decisão não linear. Por exemplo, você pode simular duas variáveis $N(0,1)$, X_1 e X_2 e tomar uma função não linear delas.

   a) Construa um gráfico de dispersão com símbolos (ou cores) para indicar os elementos de cada classe.

   b) Separe os dados em conjunto de treinamento e de validação. Obtenha o classificador de margem máxima, tendo X_1 e X_2 como variáveis preditoras. Obtenha as previsões para o conjunto de validação e a acurácia do classificador.

   c) Obtenha o classificador de margem flexível, tendo X_1 e X_2 como variáveis preditoras. Obtenha as previsões para o conjunto de validação e a taxa de erros de classificação.

   d) Obtenha o classificador de margem não linear, usando um *kernel* apropriado. Calcule a taxa de erros de classificação.

   e) Compare os dois classificadores usando o teste de McNemar.

8) Considere o conjunto de dados `iris`, disponível por meio do comando `data(iris)` e as variáveis *Sepal Length*, *Sepal Width*, *Petal Length* e *Petal Width* como preditoras para a variável categórica *Species*.

   a) Use a função `scatterplot3d()` do pacote `scatterplot3d` para ter uma ideia da separação entre as classes.

   b) Obtenha a matriz de correlações das variáveis preditoras e verifique se alguma variável preditora poderia ser omitida. Justifique sua resposta.

   c) Separe 70% das observações para o conjunto de treinamento e o restante para o conjunto de validação. Usando o *default* da função `svm()` para o conjunto de treinamento, analise os resultados e responda: (i) Qual o *kernel* usado? (ii) Qual é o número de vetores suporte? Quantos em cada classe? Quais são os níveis da variável *Species*?

   d) Agora use os *kernels* linear, polinomial e sigmoide no conjunto de treinamento e repita a análise.

   e) Usando a função `predict()` e as matrizes de confusão para cada modelo, escolha o melhor *kernel*.

   f) Em cada caso, construa um gráfico em que o hiperplano separador esteja representado e obtenha a margem.

Baixe o material suplementar neste QR Code

uqr.to/1x8so

11

ÁRVORES E FLORESTAS

Você pode, certamente, ter um entendimento profundo da natureza por meio de medidas quantitativas, mas você deve saber do que está falando antes que comece a usar os números para fazer previsões.

Lewis Thomas

11.1 Introdução

Modelos baseados em árvores foram desenvolvidos principalmente na década de 1980 por Leo Breiman e associados, mas remontam ao trabalho de Morgan e Sonquist (1963) e são bastante utilizados tanto para classificação quanto para previsão. Para uma revisão das principais abordagens na construção de árvores veja Malehi e Jahangiri (2019). Dentre essas, o método **CART**, desenvolvido por Breiman et al. (1984), é aquele que gerou um número grande generalizações, como veremos neste capítulo.

Esses modelos envolvem uma segmentação do espaço gerado pelas variáveis preditoras em algumas regiões nas quais ou a moda (no caso de variáveis respostas categorizadas) ou a média (no caso de variáveis respostas contínuas) são utilizadas como valor predito. A definição dessas regiões apoia-se em alguma medida de erro de classificação ou de previsão.

Os modelos de árvores de decisão são conceitual e computacionalmente simples e bastante populares em função de sua interpretabilidade, apesar de serem menos precisos que modelos de regressão, em geral. No contexto de aprendizado estatístico, usualmente as árvores são construídas a partir de um conjunto de **dados de treinamento** e testadas em um conjunto de **dados de teste**.

Generalizações dos modelos originais, conhecidas como **florestas aleatórias** (*random forests*), costumam apresentar alta acurácia, mesmo quando comparadas com modelos lineares, porém pecam pela dificuldade de interpretação. Outra referência importante é o texto de Hastie e Tibshirani (1990), que também contém resultados úteis sobre o tema.

Para predizer o valor de uma variável resposta Y (no caso de variáveis contínuas) ou classificar os elementos do conjunto de treinamento em uma de suas categorias (no caso de variáveis categorizadas) a partir de um conjunto de variáveis preditoras $X_1, \ldots, X_p$, o algoritmo usado na construção de árvores de decisão consiste na determinação das regiões mutuamente exclusivas em que o espaço das variáveis preditoras é particionado.

A metodologia **CART** (*Classification And Regression Trees*) fundamenta-se na seguinte estratégia:

a) Iniciamos a construção da árvore colocando todas as observações em um único nó, chamado **raiz**.

b) A ideia é procurar aquela variável preditora que melhor particiona, segundo alguma métrica, as observações que estão na raiz em dois grupos.

c) O procedimento de divisão continua até que tenhamos uma partição do espaço gerado pelas variáveis preditoras, $\mathcal{X}$, em M regiões, $R_1, \ldots, R_M$.

d) Para cada elemento pertencente a R_j, o previsor de Y (que designaremos $\widehat{Y}_{R_j}$) será a moda (no caso discreto) ou a média (no caso contínuo); no caso categorizado, o classificador de Y será a classe com maior frequência entre os pontos com valores de $X_1, \ldots, X_p$ em R_j.

Algumas vantagens das árvores com relação a outros modelos estatístiscos:

i) Tanto as variáveis preditoras como a resposta podem ser numéricas ou categóricas.

ii) Podemos usar megadados e dados de alta dimensão.

iii) Robustez com relação a valores atípicos e dados faltantes.

iv) Árvores são exemplos de **peneiras não lineares** (*non linear sieves*), como vimos na Nota 3 do Capítulo 1, sendo úteis, portanto, para descrever relações não lineares entre variáveis.

Embora a partição do espaço $\mathcal{X}$ seja arbitrária, usualmente ela é composta por retângulos p-dimensionais construídos de modo a minimizar alguma medida de erro de previsão ou de classificação. Como esse procedimento geralmente não é computacionalmente factível, dado o número de partições possíveis, mesmo com um número moderado de variáveis preditoras (p), usa-se uma **divisão binária recursiva** (*recursive binary splitting*), que é uma abordagem "de cima para baixo e ambiciosa" (ou gananciosa) (*top-down and greedy*), segundo James et al. (2017).

A primeira locução justifica-se pelo fato de o procedimento ter início no topo da árvore (em que os elementos estão todos na mesma região do espaço das variáveis preditoras) e a segunda, porque a melhor decisão é tomada em cada passo, sem avaliar se uma decisão melhor não poderia ser tomada em um passo futuro.

De modo geral, podemos dizer que um algoritmo ambicioso faz a busca por uma solução ótima local em cada estágio. Em muitas situações, uma estratégia ambiciosa não produz uma solução ótima global, mas pode resultar em soluções ótimas locais que aproximam uma solução ótima global de modo razoável. Veremos, na Seção 11.3, que o algoritmo *boosting* é ambicioso no contexto de modelos aditivos.

Especificamente, dado o vetor de variáveis preditoras $\mathbf{X} = (X_1, \ldots, X_p)^{\top}$, o algoritmo consiste nos seguintes passos:

i) Selecione uma variável preditora X_j e um limiar (ou ponto de corte) t, de modo que a divisão do espaço das variáveis preditoras nas regiões $\{\mathbf{X} : X_j < t\}$ e $\{\mathbf{X} : X_j \geq t\}$ corresponda ao menor erro de predição (ou de classificação).

ii) Para todos os pares (j, t), considere as regiões

$$R_1(j,t) = \{\mathbf{X} : X_j < t\}, \quad R_2(j,t) = \{\mathbf{X} : X_j \geq t\}$$

e encontre o par (j, s) que minimiza o erro de predição (ou de classificação) adotado.

iii) Repita o procedimento, agora dividindo uma das duas regiões encontradas, obtendo três regiões; depois divida cada uma dessas três regiões minimizando o erro de predição (ou de classificação).

iv) Continue o processo até que algum critério de parada (obtenção de um número mínimo fixado de elementos em cada região, por exemplo) seja satisfeito.

11.2 Árvores para classificação

Quando a variável resposta Y é categorizada, o objetivo é identificar a classe mais provável (**classe modal**) associada aos valores $\mathbf{x} = (x_1, \ldots, x_p)^\top$ das variáveis preditoras. Neste caso, uma medida de erro de classificação, comumente denominada **taxa de erros de classificação** (TE), é a proporção de elementos do conjunto de treinamento que não pertencem à classe majoritária. Outras medidas de erro de classificação, como o **índice de Gini** ou a **entropia cruzada**, também podem ser usadas (veja a Nota 1).

Admitamos que a variável resposta tenha K classes e que o espaço $\mathcal{X}$ gerado pelas variáveis preditoras seja particionado em M regiões. Designamos por $\widehat{p}_{mk}$, a proporção de elementos do conjunto de treinamento na m-ésima região, $m = 1, \ldots, M$, pertencentes à k-ésima classe, $k = 1, \ldots, K$, ou seja,

$$\widehat{p}_{mk} = \frac{1}{n_m} \sum_{\mathbf{x}_i \in R_m} I(y_i = k), \tag{11.1}$$

com n_m indicando o número de elementos na região R_m. A regra de classificação consiste em classificar os elementos do conjunto de treinamento com valores das variáveis preditoras na região R_m (ou ao **nó** m) na classe

$$k(m) = arg \max_k \widehat{p}_{mk},$$

chamada **classe majoritária** no nó m.

A **taxa de erros de classificação** dos elementos pertencentes à m-ésima região é

$$TE_m = 1 - \max_k (\widehat{p}_{mk}).$$

Utilizaremos um exemplo para descrever o processo de construção de uma árvore de decisão. Vários pacotes (`tree`, `partykit`, `rpart`) podem ser utilizados com esse propósito. Cada um desses pacotes é regido por parâmetros que controlam diferentes aspectos da construção das árvores e não pretendemos discuti-los. O leitor interessado deverá consultar os manuais correspondentes com o objetivo de nortear uma seleção adequada para problemas específicos.

Exemplo 11.1 Consideremos novamente os dados analisados no Exemplo 10.2, disponíveis no arquivo `tipofacial`, extraídos de um estudo cujo objetivo era avaliar se duas ou mais medidas ortodônticas poderiam ser utilizadas para classificar indivíduos segundo o tipo facial (braquicéfalo, mesocéfalo ou dolicéfalo). Como no Exemplo 10.2, para efeitos didáticos consideramos apenas duas variáveis preditoras, correspondentes a duas distâncias de importância ortodôntica, nomeadamente, a altura facial (`altfac`) e a profundidade facial (`proffac`). Os comandos do pacote `partykit` (com os parâmetros *default*) para a construção da árvore de classificação e do gráfico correspondente seguem juntamente com os resultados

```
> facetree <- ctree(grupo ~ altfac + proffac, data=face)
Model formula:
grupo ~ altfac + proffac
Fitted party:
[1] root
|   [2] altfac <= -0.1: dolico (n = 31, err = 9.7%)
|   [3] altfac > -0.1
|   |   [4] altfac <= 0.8: meso (n = 28, err = 14.3%)
|   |   [5] altfac > 0.8
|   |   |   [6] proffac <= -0.6: meso (n = 17, err = 41.2%)
|   |   |   [7] proffac > -0.6: braq (n = 25, err = 0.0%)
Number of inner nodes:    3
Number of terminal nodes: 4
> plot(facetree)
```

A variável preditora principal e o correspondente ponto de corte que minimiza a taxa de erros de classificação são `altfac` e $t = -0,1$, com $TE_1 = 9,7\%$. Indivíduos com valores `altfac` $\leq -0,1$ (região R_1) são classificados como dolicocéfalos. Se `altfac` estiver entre $-0,1$ e $0,8$, (região R_2), classificamos o indivíduo como mesocéfalo com $TE_2 = 14,3\%$. Para indivíduos com valores de `altfac` $> 0,8$, a classificação depende do valor de `proffac`. Se `altfac` $> 0,8$ e `proffac` $\leq -0,6$, também classificamos o indivíduo como mesocéfalo (região R_3), com $TE_3 = 41,2\%$; agora, se `altfac` $> 0,8$ e `proffac` $> -0,6$, o indivíduo deve ser classificado como braquicéfalo (região R_4), com $TE_4 = 0,0\%$.

Na Figura 11.1, os símbolos ovais, que indicam divisões no espaço das variáveis preditoras, são chamados de **nós internos** e os retângulos, correspondentes às divisões finais, são conhecidos por **nós terminais** ou **folhas** da árvore. Neste exemplo, temos 3 nós internos e 4 nós terminais. Os segmentos que unem os nós são os **galhos** da árvore. Os gráficos de barras apresentados em cada nó terminal indicam as frequências relativas com que os indivíduos que satisfazem às restrições definidoras de cada galho são classificados nas diferentes categorias da variável resposta.

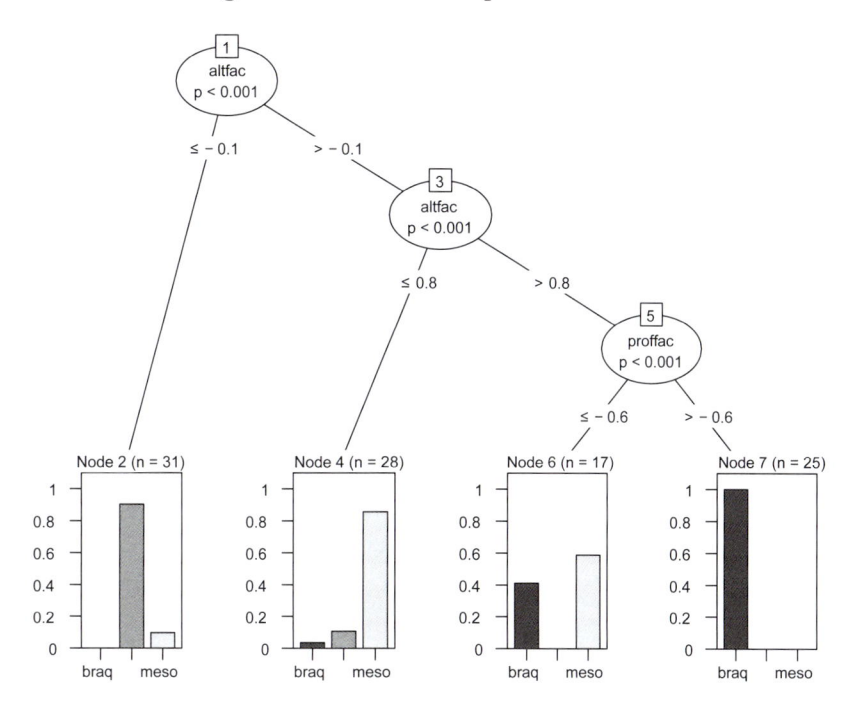

Figura 11.1 Árvore de decisão para os dados do Exemplo 11.1.

As regiões em que o espaço $\mathcal{X}$ gerado pelas variáveis preditoras foi particionado estão indicadas na Figura 11.2.

Uma tabela com a classificação real (nas linhas) e predita por meio da árvore de classificação (nas colunas) é obtida por meio do comando `predict()`

```
table

        braq dolico meso
  braq    25      0    0
  dolico   0     28    3
  meso     8      3   34
```

e indica uma taxa de erros de classificação de $13,9\%$ ($= 14/101 \times 100\%$).

Um dos problemas associados à construção de árvores de decisão está relacionado com o **sobreajuste** (*overfitting*). Se não impusermos uma regra de parada para a construção dos nós, o processo é de tal forma flexível que o resultado final pode ter tantos nós terminais quantas forem as observações, gerando uma árvore em que cada elemento do conjunto de treinamento é classificado perfeitamente. Para contornar esse

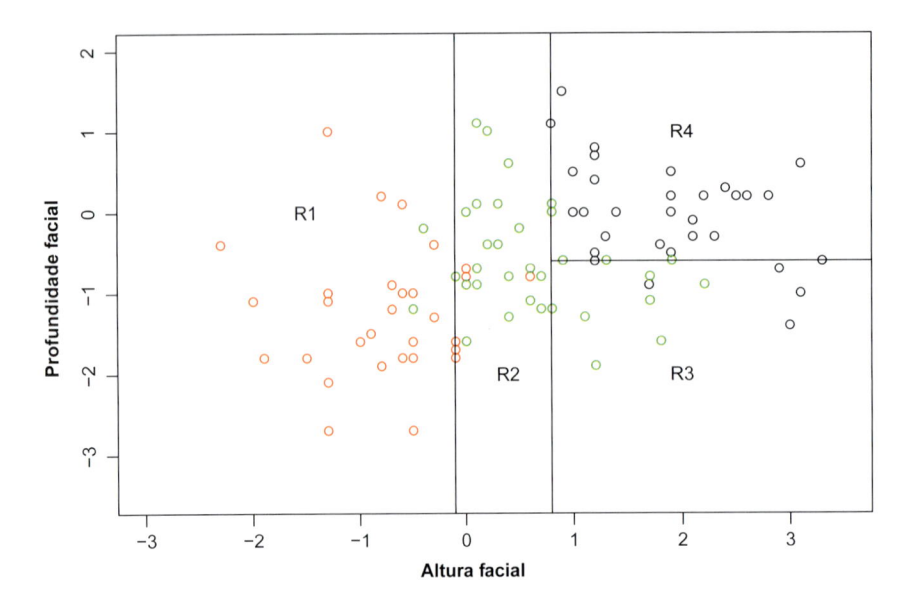

Figura 11.2 Partição do espaço gerado pelas variáveis preditoras do Exemplo 11.1 (círculos vermelhos = dolicocéfalos, verdes = mesocéfalos, pretos = braquicéfalos).

problema, pode-se considerar o procedimento conhecido como **poda**, que engloba técnicas para limitar o número de nós terminais das árvores. A ideia que fundamenta essas técnicas está na construção de árvores com menos nós e, consequentemente, com menor variância e maior interpretabilidade. O preço a pagar é um pequeno aumento no viés. Para detalhes, consulte a Nota 2.

Exemplo 11.2 Consideremos agora os dados do arquivo `coronarias` provenientes de um estudo cujo objetivo era avaliar fatores prognósticos para lesão obstrutiva coronariana (LO3) com categorias 1 :$\geq 50\%$ ou 0 :$< 50\%$. Embora tenham sido observadas cerca de 70 variáveis preditoras, aqui trabalharemos com SEXO (0=fem, 1=masc), IDADE1 (idade), IMC (índice de massa corpórea), DIAB (diabetes: 0=não, 1=sim), TRIG (concentração de triglicérides) e GLIC (concentração de glicose). Com propósito didático, eliminamos casos em que havia dados omissos em alguma dessas variáveis, de forma que 1034 pacientes foram considerados na análise.

Os comandos do pacote `rpart` para a construção da árvore de classificação com os resultados correspondentes seguem

```
> lesaoobs <- rpart(formula = LO3 ~ GLIC + SEXO + IDADE1 + DIAB + TRIG
        + IMC, data = coronarias3, method = "class", xval = 20,
        minsplit = 10, cp = 0.005)
> printcp(lesaoobs)
Variables actually used in tree construction:
[1] GLIC   IDADE1 IMC    SEXO   TRIG
Root node error: 331/1034 = 0.32012
n= 1034
        CP nsplit rel error  xerror    xstd
1 0.0453172      0   1.00000 1.00000 0.045321
2 0.0392749      3   0.85801 0.97281 0.044986
3 0.0135952      4   0.81873 0.88218 0.043733
4 0.0090634      6   0.79154 0.87915 0.043687
5 0.0075529      7   0.78248 0.88822 0.043823
6 0.0060423     11   0.75227 0.92749 0.044386
7 0.0050000     13   0.74018 0.97885 0.045062
```

A função `rpart()` tem um procedimento de **validação cruzada** embutido, ou seja, usa um subconjunto dos dados (o conjunto de treinamento) para construir a árvore e outro (o conjunto de validação) para avaliar a taxa de erros de previsão repetindo o processo várias vezes (veja a Nota 1 do Capítulo 8). Cada linha da tabela representa um nível diferente da árvore.

A taxa de erro do **nó raiz** (`Root node error`) corresponde à decisão obtida quando todas as observações do conjunto de dados são classificadas na categoria $LO3 \geq 50\%$. O termo `rel error` corresponde ao erro de classificação relativo àquele do nó raiz (para o qual o valor é igual a 1) para os dados de treinamento. O termo `xerror` mede o erro relativo de classificação dos elementos do conjunto de validação obtido por intermédio de validação cruzada. A coluna rotulada `xstd` contém o erro padrão associado à taxa de erros `xerror`.

O produto `Root node error` × `rel error` corresponde ao valor absoluto da taxa de erros obtida no conjunto de treinamento ($0,2369464 = 0,32012 \times 0,74018$ para a árvore com 13 subdivisões). O produto `Root node error` × `xerror` corresponde ao valor absoluto da taxa de erros obtida no conjunto de validação e corresponde a uma medida mais objetiva da acurácia da previsão ($0,313349 = 0,32012 \times 0,97885$ para a árvore com 13 subdivisões).

A árvore gerada pode ser representada graficamente por meio do comando

```
> rpart.plot(lesaoobs, clip.right.labs = TRUE, under = FALSE,
          extra = 101, type=4)
```

e está disposta na Figura 11.3.

A tabela com a classificação real (nas linhas) e predita pela árvore (nas colunas) para o conjunto de dados original (treinamento + validação) é obtida por meio do comando

```
> table(coronarias3$LO3, predict(lesaoobs, type="class"))

      0   1
  0 145 186
  1  59 644
```

e indica um erro de classificação de $23,7\% = (186 + 59)/1034$.

Uma regra empírica para se efetuar a poda da árvore consiste em escolher a **menor árvore** para a qual o valor de `xerror` é menor do que a soma do menor valor observado de `xerror` com seu erro padrão `xstd`. No exemplo em estudo, o menor valor de `xerror` é 0,87915 e o de seu erro padrão `xstd` é 0,043687 de maneira que a árvore a ser construída por meio de poda deverá ser a menor árvore para a qual o valor de `xerror` seja menor que 0,922837 ($= 0,87915 + 0,043687$), ou seja, a árvore com 4 subdivisões e 5 nós terminais.

Alternativamente, pode-se examinar o **parâmetro de complexidade** (*complexity parameter*) CP, que serve para controlar o tamanho da árvore e corresponde ao menor incremento no custo do modelo necessário para a consideração de uma nova subdivisão. Um gráfico (obtido com o comando `plotcp()`) em que a variação desse parâmetro é apresentada em função do número de nós está disposto na Figura 11.4 (veja a Nota 2).

Na Figura 11.4, procura-se o nível para o qual o parâmetro CP é mínimo. Para o exemplo, esse nível está entre 0,011 e 0,023, sugerindo que a árvore obtida no exemplo deve ser podada. Os valores que aparecem na parte superior do gráfico correspondem aos números de nós terminais e indicam que a árvore construída com o valor de CP no intervalo indicado deve ter entre 5 e 7 nós terminais, corroborando o resultado obtido por intermédio da avaliação das taxas de erro. A poda juntamente com o gráfico da árvore podada e a tabela com os correspondentes valores preditos podem ser obtidos com os comandos

```
> lesaoobspoda <- prune(lesaoobs, cp = 0.015 ,"CP", minsplit=20,
              xval=25)
> rpart.plot(lesaoobspoda, clip.right.labs = TRUE, under = FALSE,
          extra = 101, type=4)
```

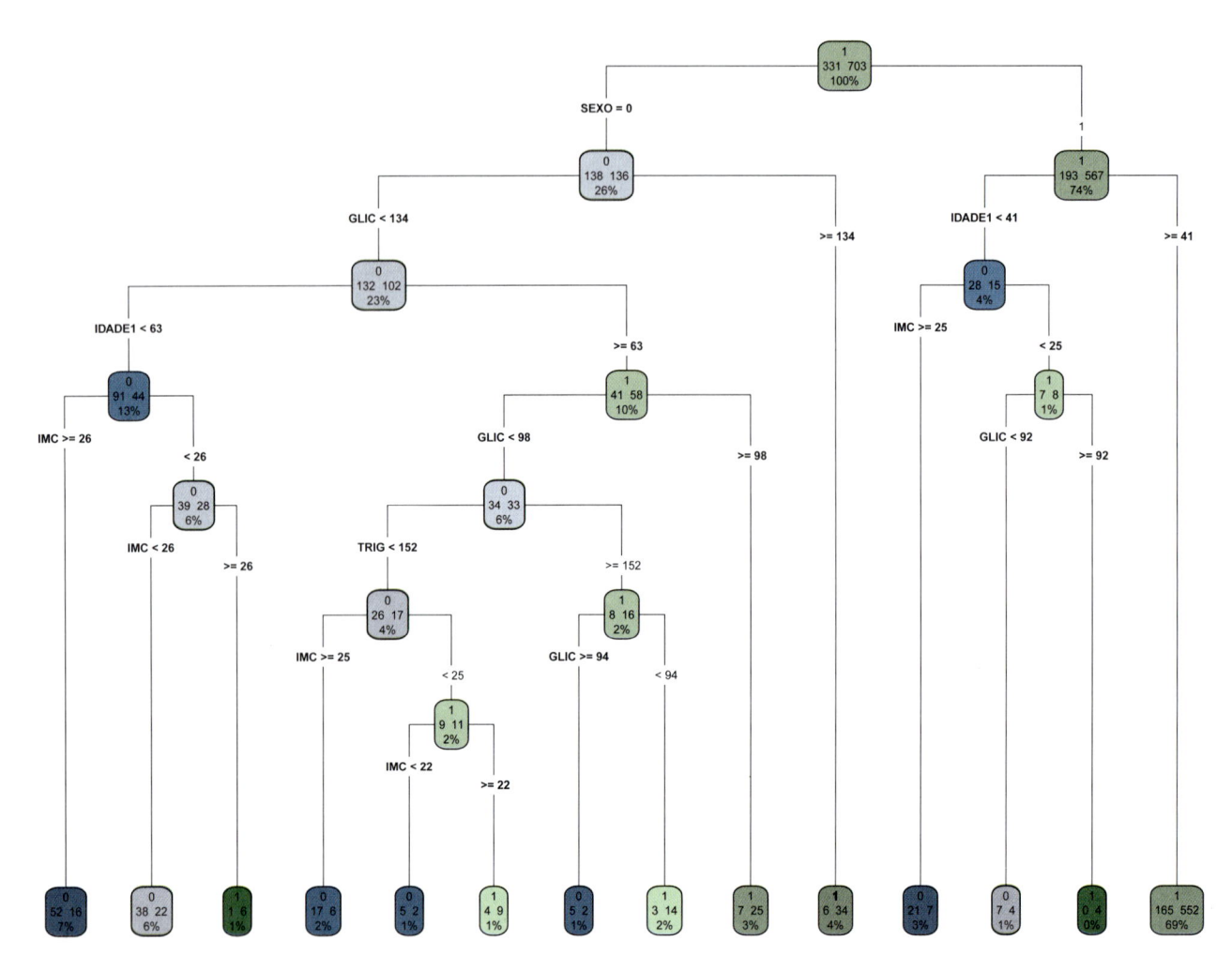

Figura 11.3 Árvore de decisão para os dados do Exemplo 11.2.

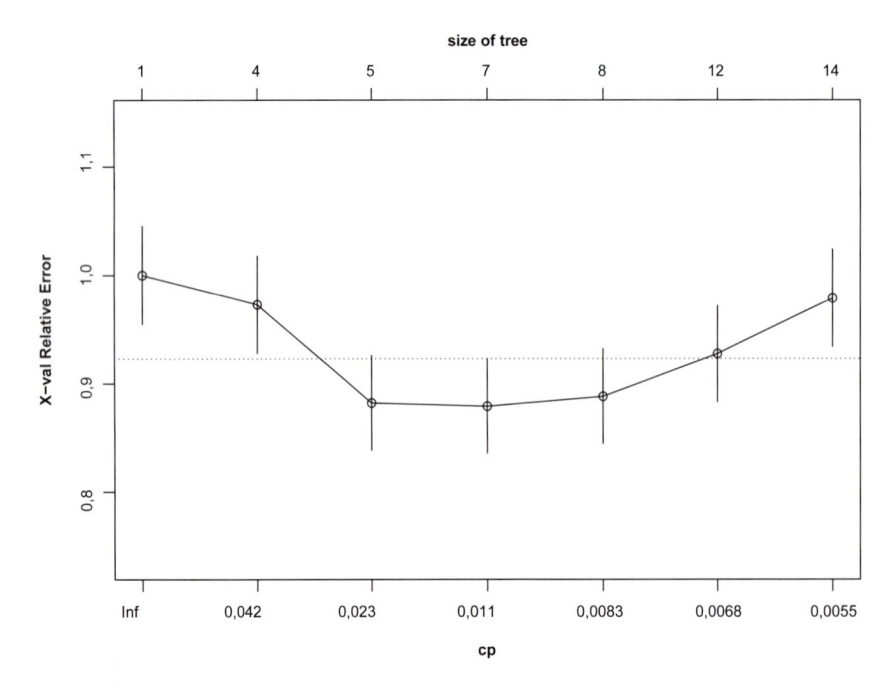

Figura 11.4 Gráfico CP para o ajuste da árvore aos dados do Exemplo 11.2.

```
> rpart.rules(lesaoobspoda, cover = TRUE)
  LO3                                               cover
 0.33 when SEXO is 0 & IDADE1 <  63 & GLIC <   134    13%
 0.35 when SEXO is 1 & IDADE1 <  41                    4%
 0.59 when SEXO is 0 & IDADE1 >= 63 & GLIC <   134    10%
 0.77 when SEXO is 1 & IDADE1 >= 41                   69%
 0.85 when SEXO is 0                   & GLIC >= 134   4%
```

A árvore podada está representada graficamente na Figura 11.5.

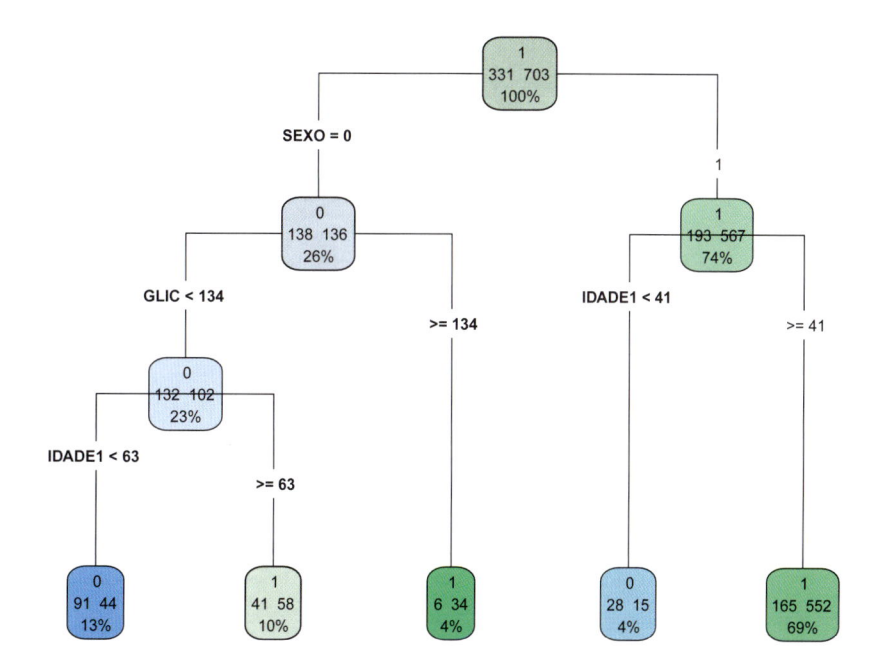

Figura 11.5 Árvore (podada) ajustada aos dados do Exemplo 11.2.

O número indicado na parte superior de cada nó da Figura 11.5 indica a classe majoritária, na qual são classificadas os elementos do conjunto de treinamento; o valor à esquerda no centro do nó representa a frequência desses elementos pertencentes à classe $LO3 = 0$ e o valor à direita corresponde à frequência daqueles pertencentes à classe $LO3 = 1$. Na última linha, aparece a porcentagem de elementos correspondentes a cada nó terminal. A tabela de classificação para o conjunto de dados original (treinamento + validação) obtida a partir da árvore podada é

```
    0   1
0 119 212
1  59 644
```

Nessa tabela, as linhas indicam a classificação real e as colunas informam a classificação predita pela árvore podada. O erro de classificação, 26,2%, é ligeiramente maior que o erro obtido com a árvore original, bem mais complexa.

11.3 *Bagging, boosting* e florestas

De modo geral, árvores de decisão produzem resultados com grande variância, ou seja, dependendo de como o conjunto de dados é subdividido em conjuntos de treinamento e de validação, as árvores produzidas podem gerar resultados diferentes. As técnicas que descreveremos nesta seção têm a finalidade de reduzir essa variância.

11.3.1 *Bagging*

A técnica de **agregação *bootstrap*** (*bootstrap aggregating*) ou, simplesmente, ***bagging***, é um método para gerar múltiplas versões de um previsor (ou classificador) a partir de vários conjuntos de treinamento e, com base nessas versões, construir um previsor (ou classificador) agregado. A variância desse previsor agregado deve ser menor do que a variância de cada um dos previsores individuais, com o mesmo espírito do que observamos com a variância da média de diferentes valores de uma variável relativamente à variância de um único valor.

A ideia básica é considerar um conjunto de **previsores (classificadores) fracos** de modo a obter um **previsor (classificador) forte**. Classificadores fracos têm taxas de erro de classificação altas. No caso binário, por exemplo, isso corresponde a uma taxa próxima de 0,50, que seria obtida com uma decisão baseada em um lançamento de moeda. Um classificador forte, por outro lado, tem uma taxa de erro de classificação baixa.

Como, em geral, não dispomos de vários conjuntos de treinamento, a alternativa é utilizar réplicas *bootstrap* do conjunto de treinamento disponível para a obtenção das versões do preditor (ou classificador) que serão agregadas. Detalhes sobre a técnica *bootstrap* podem ser obtidos na Nota 3.

Para facilitar a exposição, consideremos um **problema de regressão** cujo objetivo é prever uma variável resposta quantitativa Y a partir de um conjunto de dados de treinamento $\{(\mathbf{x}_1, y_1), \ldots, (\mathbf{x}_n, y_n)\}$. Nesse caso, a técnica consiste em obter B réplicas *bootstrap* desse conjunto, para cada um deles construir uma árvore de decisão, determinar, a partir dessa árvore, o previsor de Y, digamos $\widehat{f}^b(\mathbf{x})$, e agregá-los obtendo o previsor

$$\widehat{f}_{bag}(\mathbf{x}) = \frac{1}{B} \sum_{b=1}^{B} \widehat{f}^b(\mathbf{x}).$$

No caso de classificação, para um determinado valor das variáveis preditoras associado a um elemento do conjunto de treinamento, $\mathbf{x}$, calcula-se o classificador $\widehat{c}^b(\mathbf{x})$ em cada uma das B árvores geradas e adota-se como valor do classificador agregado $\widehat{c}_{bag}(\mathbf{x})$ a classe k^* correspondente àquela com maior ocorrência. Esse procedimento é conhecido como escolha pelo **voto majoritário**. Especificamente,

$$\widehat{c}_{bag}(\mathbf{x}) = \mathrm{argmax}_k[\#\{(b|\widehat{c}^b(\mathbf{x}) = k\}],$$

em que $\#\{A\}$ denota a cardinalidade do conjunto A.

Com uma ordem de grandeza de 200 réplicas *bootstrap*, em geral se conseguem bons resultados (veja a Nota 3).

Para mais detalhes sobre *bagging*, veja Breiman (1996) e a Nota 5. Aspectos teóricos sobre *bagging* podem ser vistos em Bühlmann e Yu (2002). Esses autores também apresentam uma proposta de uma variante, chamada ***subagging*** (*subsample aggregating*), que tem vantagens computacionais, além de obter preditores com variâncias e erros quadráticos médios menores.

Exemplo 11.3 A técnica *bagging* pode ser aplicada aos dados do Exemplo 11.2 por meio dos comandos

```
> set.seed(1245)
> lesaoobsbag <- bagging(formula = LO3 ~ SEXO + IDADE1+ GLIC,
            data = coronarias3,  nbagg = 200,  coob = TRUE,
        control = rpart.control(minsplit = 20, cp = 0.015))
> lesaoobsbag

Bagging classification trees with 200 bootstrap replications
Out-of-bag estimate of misclassification error:  0.294
> lesaoobspred <- predict(lesaoobsbag, coronarias3)
> table(coronarias3$LO3, predict(lesaoobsbag, type="class"))
      0   1
  0 115 216
  1  88 615
```

Variando a semente do processo aleatório, as taxas de erros de classificação giram em torno de 27 a 30%.

Quatro das 200 árvores obtidas em cada réplica *bootstrap* podem ser obtidas por meio dos comandos apresentados a seguir e estão representadas na Figura 11.6:

```
> as.data.frame(coronarias4)
> clr12 = c("#8dd3c7","#ffffb3","#bebada","#fb8072")
> n = nrow(coronarias4)
> par(mfrow=c(2,2))
> sed=c(1,10,22,345)
for(i in 1:4){
  set.seed(sed[i])
  idx = sample(1:100, size=n, replace=TRUE)
  cart =  rpart(LO3 ~ DIAB + IDADE1 + SEXO, data=coronarias4[idx,],
  model=TRUE)
  prp(cart, type=1, extra=1, box.col=clr12[i])}
```

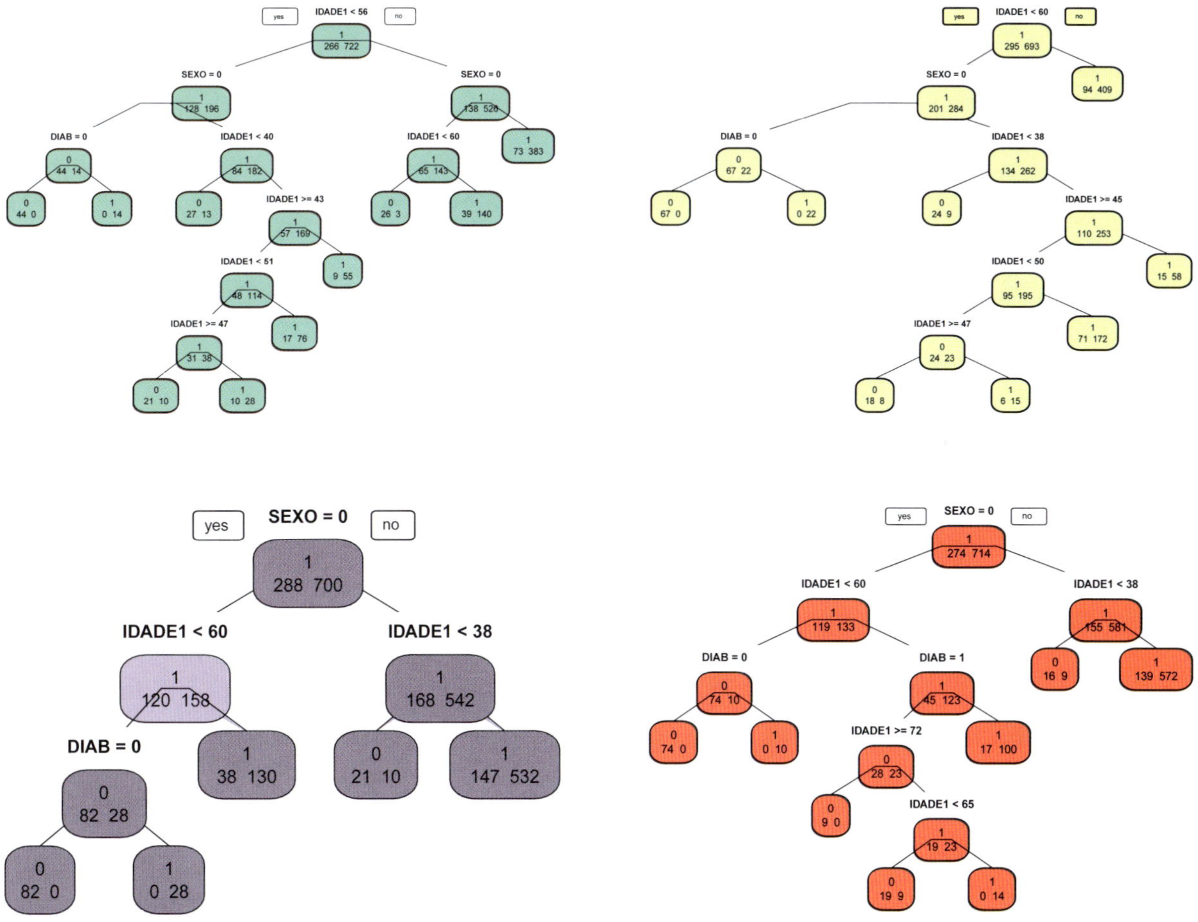

Figura 11.6 Algumas árvores obtidas por *bagging* para os dados do Exemplo 11.2.

11.3.2 *Boosting*

O termo *boosting* refere-se a um algoritmo genérico aplicável ao ajuste de vários modelos, entre os quais destacamos árvores de decisão, regressão e modelos aditivos generalizados, discutidos no Capítulo 8. O objetivo dessa classe de algoritmos é reduzir o viés e a variância em modelos utilizados para aprendizado supervisionado.

Na técnica *bagging*, as B árvores são geradas independentemente por meio de *bootstrap*, com cada elemento do conjunto de dados de treinamento tendo a mesma probabilidade de ser selecionado em cada réplica *bootstrap*. No procedimento *boosting*, por outro lado, as B árvores são geradas **sequencialmente** a partir do conjunto de treinamento, com probabilidades de seleção (pesos) diferentes atribuídas aos seus elementos. Elementos mal classificados em uma árvore recebem pesos maiores para seleção na árvore subsequente (obtida do mesmo conjunto de treinamento), com a finalidade de dirigir a atenção aos casos em que a classificação é mais difícil.

O classificador final é obtido por meio da aplicação sequencial dos B classificadores fracos gerados com as diferentes árvores. Em cada passo, a classificação de cada elemento é baseada no princípio do voto majoritário. Além dos pesos atribuídos aos elementos do conjunto de treinamento no processo de geração dos classificadores fracos, o procedimento *boosting* atribui pesos a cada um deles em função das correspondentes taxas de erros de classificação. Essencialmente, o classificador forte pode ser expresso como

$$\widehat{c}_{boost}(\mathbf{x}) = \sum_{b=1}^{B} \widehat{c}^{\,b}(\mathbf{x})\alpha(b) \tag{11.2}$$

em que $\alpha(b)$ é o peso atribuído ao classificador $\widehat{c}^{\,b}(\mathbf{x})$.

Para entender o que seja um classificador fraco, considere o modelo aditivo

$$y_i = f(\mathbf{x}_i) + u_i = \sum_{m=1}^{M} \beta_m f_m(\mathbf{x}_i) + u_i, \tag{11.3}$$

em que y_i é um valor da variável resposta (contínua ou categórica), $\mathbf{x}_i \in \mathbb{R}^p$ é o vetor com os valores das variáveis preditoras, u_i é um erro aleatório e $f(\mathbf{x}_i)$ é uma função base ou **preditor** ou **classificador fraco**. Vimos, no Capítulo 8, que podemos usar, por exemplo, *splines* e polinômios locais para essas funções.

O objetivo é estimar a função ótima f^* que minimiza o valor esperado de uma **função perda** L, para alguma classe de funções, ou seja,

$$f^* = \arg\min_f \mathsf{E}\{L[\mathbf{y}, f(\mathbf{x})]\},$$

com $\mathbf{y} = (y_1, \ldots, y_n)^\top$, $\mathbf{x} = (\mathbf{x}_1^\top, \ldots, \mathbf{x}_p^\top)^\top$, $\mathbf{x}_i = (x_{i1}, \ldots, x_{in})^\top$. Concentrar-nos-emos na perda quadrática, de modo que o problema reduz-se a estimar $\mathsf{E}(\mathbf{y}|\mathbf{x})$, ou seja, o problema de otimização tem a forma

$$\widehat{f}(\mathbf{x}) = \arg\min_f R(f, \mathbf{x}), \tag{11.4}$$

em que

$$R(f, \mathbf{x}) = \frac{1}{n} \sum_{i=1}^{n} [y_i - f(\mathbf{x}_i)]^2. \tag{11.5}$$

Obtemos, nesse caso de perda quadrática, o L_2-*boosting*. Também podem-se considerar outras funções perda, como a função perda exponencial. Veja Hastie et al. (2017), por exemplo.

Esse procedimento pode ser usado para seleção de modelos e é robusto com relação à existência de **multicolinearidade**. Se, por um lado, o procedimento *bagging* raramente reduz o viés quando comparado com aquele obtido com uma única árvore de decisão, por outro, ele tem a característica de evitar o sobreajuste. Essas características são invertidas com o procedimento *boosting*.

Existem vários algoritmos para a implementação de *boosting*. O mais usado é o algoritmo conhecido como `AdaBoost` (*adaptive boosting*), desenvolvido por Freund e Schapire (1997). Dada a dificuldade do processo de otimização de (11.4), esse algoritmo utiliza um processo iterativo de otimização que produz bons resultados, embora não sejam ótimos.

Consideremos, inicialmente, um problema de classificação binária (com $y_i \in \{-1, 1\}$) a partir de um conjunto de treinamento com n elementos. No algoritmo **AdaBoost**, o classificador sempre parte de um único nó [conhecido como **toco** (*stump*)] em que cada elemento tem peso $1/n$. O algoritmo para ajuste consiste dos seguintes passos:

1) Atribua pesos $w_i(b) = 1/n$ aos n elementos do conjunto de treinamento.

2) Para $b = 1, \ldots, B$

    a) Ajuste o classificador $\widehat{c}^b(\mathbf{x})$ aos elementos do conjunto de treinamento usando os pesos $w_i(b)$, $i = 1, \ldots, n$.

    b) Calcule a taxa de erros

$$TE(b) = \sum_{i=1}^{n} w_i(b) I[\widehat{c}^b(\mathbf{x}_i) \neq y_i] / \sum_{i=1}^{n} w_i(b).$$

    c) Calcule o peso do classificador $\widehat{c}^b(\mathbf{x})$ por meio de

$$\alpha(b) = \log\{[1 - TE(b)]/TE(b)]\}.$$

    Quanto menor a taxa de erros do classificador, maior será o peso atribuído a ele.

    d) Atualize os pesos dos elementos do conjunto de treinamento como

$$w_i(b + 1) = w_i(b) \exp\{\alpha(b) I[\widehat{c}^b(\mathbf{x}_i) \neq y_i]\}, \; i = 1, \ldots, n.$$

    O peso dos elementos corretamente classificadas não se altera; elementos mal classificados têm o peso aumentado. A justificativa para os pesos exponenciais pode ser encontrada em Hastie et al. (2017).

    e) Normalize os pesos para que $\sum_{i=1}^{n} w_i(b) = 1$.

3) Obtenha o classificador $\widehat{c}_{boost}(\mathbf{x}) = \text{sign}\{B^{-1} \sum_{b=1}^{B} \alpha(b)\widehat{c}^b(\mathbf{x})\}$, em que $\text{sign}(a) = 1$ se $a > 0$ ou -1, em caso contrário.

Para variáveis respostas com K categorias, podemos utilizar o algoritmo K vezes por meio dos seguintes passos:

i) A partir do conjunto de treinamento $\{(\mathbf{x}_1, y_1), \ldots, (\mathbf{x}_n, y_n)\}$, gere K subconjuntos $\mathcal{C}_k = \{(\mathbf{x}_1, y_{1k}, \ldots, (\mathbf{x}_n, y_{nk})\}$, $k = 1, \ldots, K$ com

$$y_{ik} = \begin{cases} 1, & \text{se} \quad (\mathbf{x}_i, y_i) \in \mathcal{C}_k, \\ -1, & \text{se} \quad (\mathbf{x}_i, y_i) \notin \mathcal{C}_k, \end{cases}$$

    de forma que cada um deles corresponda a um conjunto com resposta binária.

ii) Utilize o algoritmo **AdaBoost** em cada um dos K subconjuntos, obtendo uma classificação $\widehat{c}_{boost}^k(\mathbf{x}_i)$ para cada elemento do conjunto original.

iii) Utilize o princípio do voto majoritário para obter a classificação $\widehat{c}_{boost}(\mathbf{x}_i)$.

Nesse contexto, algoritmos para implementação de *boosting* envolvem 3 parâmetros:

i) o número de árvores, B, que pode ser determinado por validação cruzada (veja a Nota 1 do Capítulo 8);

ii) um **parâmetro de encolhimento** (*shrinkage*), $\lambda > 0$, pequeno, da ordem de 0,01 ou 0,001, que controla a velocidade do aprendizado;

iii) o número de divisões em cada árvore, d; como vimos, o `AdaBoost`, usa $d = 1$ e, em geral, esse valor funciona bem.

O algoritmo pode ser implementado por meio do pacote `adabag`.

Exemplo 11.4 Consideremos novamente os dados do Exemplo 11.2. A classificação por meio de *boosting* pode ser obtida por meio do comando

```
> coronarias3boost <- boosting(LO3 ~ GLIC + SEXO + IDADE1 + DIAB + TRIG
                 + IMC, data=coronarias3, boos=TRUE, mfinal=100)
```

Além de detalhes sobre os passos gerados pelo algoritmo, o comando `print()` gera um índice de importância de cada variável (veja a Nota 1) que no exemplo considerado é

```
$importance
     DIAB      GLIC     IDADE1      IMC       SEXO      TRIG
 1.026877 21.925048 17.024071 28.908812   3.463306 27.651886
```

A classificação predita pelo modelo é obtida por meio dos comandos

```
> coronarias3boost.pred <- predict.boosting(coronarias3boost,
+         newdata=coronarias3)
> coronarias3boost.pred$confusion
               Observed Class
Predicted Class   0    1
              0 322    0
              1   9  703
```

e corresponde a um erro de classificação igual a $9/1034 = 0,9\%$, consideravelmente menor do que aquele obtido por meio de *bagging*.

Para mais detalhes sobre *boosting*, veja Hastie et al. (2017, cap. 10) e Bühlmann e van de Geer (2011, cap. 12).

11.3.3 Florestas aleatórias

Tanto *bagging* quanto *boosting* têm o mesmo objetivo no contexto de árvores de decisão: diminuir a variância e o viés. Enquanto esses algoritmos envolvem um conjunto de B árvores utilizando o mesmo conjunto de p variáveis preditoras em cada um deles, a técnica conhecido por **florestas aleatórias** utiliza diferentes conjuntos das variáveis preditoras na construção de cada árvore. Pode-se dizer que esse procedimento acrescenta *bagging* ao conjunto das p variáveis preditoras e, nesse sentido, introduz mais aleatoriedade e diversidade no processo de construção do modelo agregado. Intuitivamente, a utilização de florestas aleatórias para tomada de decisão corresponde à síntese da opinião de indivíduos com diferentes fontes de informação sobre um problema em questão.

Considere um conjunto de treinamento com n elementos, $\{(\mathbf{x}_i, y_i), i = 1, \ldots, n\}$, em que $\mathbf{x}_i$ é um vetor com os valores de p variáveis preditoras e y_i é a variável resposta associadas ao i-ésimo deles. O algoritmo para classificação por meio de florestas aleatórias com base nesse conjunto envolve os seguintes passos:

i) Utilize *bagging* para selecionar amostras aleatórias do conjunto de treinamento, ou seja, construa novos conjuntos de dados a partir da seleção (com reposição) de amostras do conjunto original. Em geral, selecionam-se amostras com cerca de $2/3$ dos n elementos desse conjunto. Os elementos restantes fazem parte da chamada **amostra fora do saco** (*out of bag samples*, *OOB samples*) e são utilizados para cálculo da taxa de erros de classificação.

ii) Na construção de cada nó de cada árvore, em vez de escolher a melhor variável preditora dentre as p disponíveis no conjunto de treinamento, opte pela melhor delas dentre um conjunto de $m < p$ selecionadas ao acaso. Usualmente, escolhe-se $m \approx \sqrt{p}$.

iii) Não pode as árvores.

iv) Para cada árvore construída, obtenha um classificador $\hat{c}_b$, $b = 1, \ldots, B$ e a correspondente classificação $\hat{c}_b(\mathbf{x}) = k$ para os elementos do conjunto de dados.

v) A categoria k^* escolhida para a observação $\mathbf{x}$ é aquela em que o elemento do conjunto de treinamento com valor das variáveis preditoras igual a $\mathbf{x}$ foi classificado pelo maior número de árvores (a escolha pelo voto majoritário).

Em geral, florestas aleatórias produzem resultados menos variáveis do que aqueles obtidos por meio de *bagging*. Preditores fortes obtidos por meio de *bagging* serão frequentemente selecionados nas divisões do nó raiz, de forma que as árvores geradas podem ser muito semelhantes, o que não contribui para a redução da variabilidade das predições. Isso não acontece com florestas aleatórias, pois cada preditor forte não tende a ser selecionado para a divisão de todos os nós, gerando resultados menos correlacionados e cuja "média" (obtida pelo voto majoritário) geralmente reduz a variabilidade.

A acurácia do ajuste por florestas aleatórias é tão boa quanto a do algoritmo `AdaBoost` e, por vezes, melhor. O resultado obtido por intermédio do algoritmo de florestas aleatórias é, em geral, mais robusto com relação a valores atípicos e ruído, além de ser mais rápido do que aqueles obtidos por meio de *bagging* ou *boosting*. O pacote `randomForest` pode ser empregado para implementar a técnica de florestas aleatórias.

Para mais informação e resultados teóricos, veja Breiman (2001).

Exemplo 11.5 Voltemos ao conjunto de dados examinado no Exemplo 11.2. Os conjuntos de treinamento e de validação podem ser obtidos por meio dos comandos

```
> set.seed(100)
> sample <- sample(nrow(coronarias3), 0.7*nrow(coronarias3),
                   replace = FALSE)
> Train <- coronarias3[sample,]
> Valid <- coronarias3[-sample,]
```

e a floresta aleatória (com os parâmetros *default*), por meio de

```
> model1 <- randomForest(LO3 ~  GLIC + SEXO + IDADE1 + DIAB + TRIG +
                         IMC + HA + COL, data = Train, importance = TRUE)
> model1
              Type of random forest: classification
                    Number of trees: 500
No. of variables tried at each split: 2
        OOB estimate of  error rate: 28.63%
Confusion matrix:
   0   1 class.error
0 70 158   0.6929825
1 49 446   0.0989899
```

Para um ajuste mais fino do modelo, pode-se usar

```
> model2 <- randomForest(LO3 ~  GLIC + SEXO + IDADE1 + DIAB + TRIG +
              IMC + HA + COL, data = Train, ntree = 500, mtry = 6,
              importance = TRUE)
```

obtendo-se o seguinte resultado

```
            Type of random forest: classification
                     Number of trees: 500
No. of variables tried at each split: 6

         OOB estimate of  error rate: 30.57%
Confusion matrix:
   0   1 class.error
0 80 148   0.6491228
1 73 422   0.1474747
```

As tabelas de classificação para os conjuntos de treinamento e de validação são geradas pelos comandos

```
> predTrain <- predict(model2, Train, type = "class")
> table(predTrain, Train$LO3)
predTrain   0   1
        0 228   0
        1   0 495
> predValid <- predict(model2, Valid, type = "class")
> table(predValid, Valid$LO3)
predValid   0   1
        0  41  36
        1  62 172
```

A classificação para o conjunto de dados original (com 1034 observações) é obtida por meio de

```
> predTot <- predict(model2, coronarias3, type = "class")
> table(predTot, coronarias3\$LO3)
predTot   0   1
      0 269  36
      1  62 667
```

indicando um erro de previsão de $(36 + 62)/1034 = 9{,}5\%$, maior do que usando *boosting*.

11.4 Árvores para regressão

Consideremos uma situação com variáveis preditoras $X_1, \ldots, X_p$ e uma variável resposta quantitativa Y. Quando a relação entre variáveis resposta e preditoras for compatível com um modelo linear (no caso de uma relação polinomial, por exemplo), o uso de regressão linear é conveniente e obtemos modelos com interpretabilidade e poder preditivo satisfatórios. Quando essa condição não for satisfeita (no caso de modelos não lineares, por exemplo), o uso de árvores pode ser mais apropriado. Além disso, algumas das variáveis preditoras podem ser qualitativas e nesse caso não é necessário transformá-las em **variáveis fictícias** (*dummy variables*) como nos modelos de regressão usuais.

A ideia subjacente é similar àquela empregada em modelos de classificação: subdividir o espaço gerado pelas variáveis explicativas em várias regiões e adotar como previsores, as respostas médias em cada região. As regiões são selecionadas de forma a produzir o menor **erro quadrático médio** (MSE) ou o menor **coeficiente de determinação** (R^2).

A construção de árvores de regressão pode ser concretizada por meio dos pacotes `tree` e `rpart`, entre outros. Ilustraremos a construção de uma árvore para regressão por meio de um exemplo.

Exemplo 11.6 Os dados do arquivo `antracose2`, já analisados no Exemplo 8.1, foram extraídos de um estudo cuja finalidade era avaliar o efeito da idade (`idade`), tempo vivendo em São Paulo (`tmunic`), horas diárias em trânsito (`htransp`), carga tabágica (`cargatabag`), classificação socioeconômica (`ses`), densidade de tráfego na região onde o indivíduo morou (`densid`) e distância mínima entre a residência a vias com alta intensidade de tráfego (`distmin`) em um índice de antracose (`antracose`) que é uma medida de fuligem (*black carbon*) depositada no pulmão. Como esse índice varia entre 0 e 1, consideramos

$$logrc = \log[\text{índice de antracose}/(1 - \text{índice de antracose})]$$

como variável resposta. O objetivo aqui é apenas didático. Leitores interessados devem consultar Takano et al. (2019) para uma análise mais detalhada.

Inicialmente, construímos uma árvore de regressão para os dados por meio de validação cruzada por meio do comando

```
> pulmaotree2 <- rpart(formula = logrc ~ idade + tmunic + htransp +
            cargatabag + ses + densid + distmin,  data=pulmao,
            method="anova", xval = 30, cp=0.010)
> pulmaotree2
```

Esse comando indica as sucessivas divisões do conjunto de dados; apresentamos apenas os resultados para o primeiro nó

```
  n= 606

          CP nsplit rel error    xerror      xstd
1  0.08722980      0 1.0000000 1.0040972 0.07748819
2  0.06201953      1 0.9127702 0.9802794 0.07495552
3  0.02521977      2 0.8507507 0.9288247 0.07268818
4  0.02410635      3 0.8255309 0.9338417 0.07291537
5  0.01588985      4 0.8014246 0.8907244 0.07220647
6  0.01456948      5 0.7855347 0.9126791 0.07466611
7  0.01169843      6 0.7709652 0.9280715 0.07543816
8  0.01166732      7 0.7592668 0.9403544 0.07603510
9  0.01134727      8 0.7475995 0.9411408 0.07571590
10 0.01028903      9 0.7362522 0.9613678 0.07616765
11 0.01000000     10 0.7259632 0.9609661 0.07558586
Variable importance
    idade   cargatabag     ses   htransp   densid   distmin   tmunic
       44           18      11        11       11         4        2
Node number 1: 606 observations,    complexity param=0.0872298
  mean=-1.674051, MSE=1.263805
  left son=2 (81 obs) right son=3 (525 obs)
  Primary splits:
  idade      < 51.5    to the left,  improve=0.08722980, (0 missing)
  cargatabag < 2.475   to the left,  improve=0.06952517, (0 missing)
  tmunic     < 49.5    to the left,  improve=0.03844387, (0 missing)
  htransp    < 3.165   to the left,  improve=0.02536232, (0 missing)
  ses        < 0.0035  to the right, improve=0.01291151, (0 missing)
  Surrogate splits:
      ses < -0.931  to the left,  agree=0.87, adj=0.025, (0 split)
```

A árvore correspondente ao modelo ajustado, apresentada na Figura 11.7, é produzida por meio do comando

```
rpart.plot(pulmaotree2, clip.right.labs = TRUE, under = FALSE,
          extra = 101, type=4)
```

Os valores na parte superior de cada nó são as previsões associadas às regiões correspondentes. Na parte inferior, encontram-se o número e a porcentagem de elementos incluídos em cada região.

Para evitar um possível sobreajuste da árvore proposta, convém avaliar o efeito de seu tamanho segundo algum critério. No pacote **rpart**, esse critério é baseado no parâmetro de complexidade (CP)

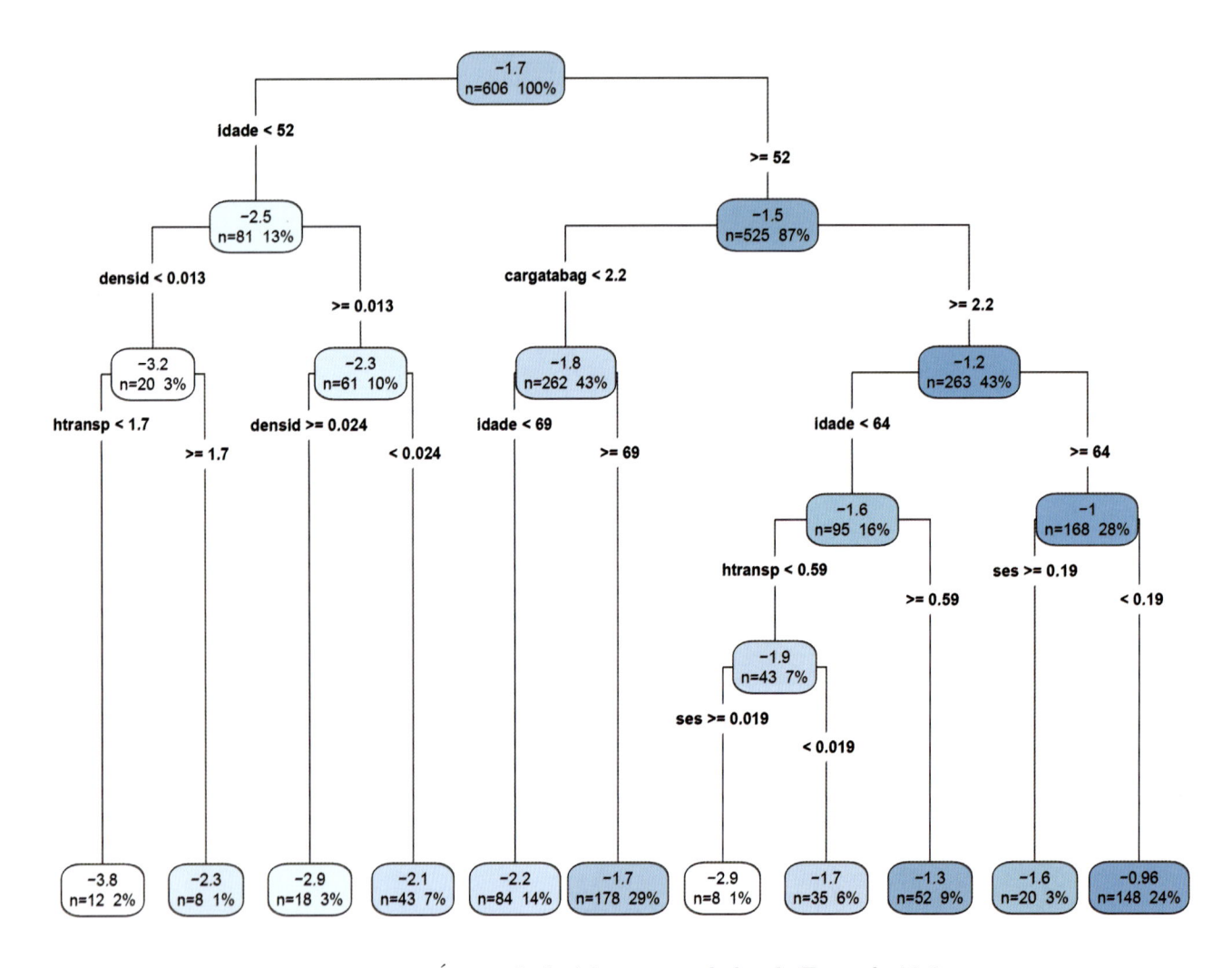

Figura 11.7 Árvore de decisão para os dados do Exemplo 11.6.

que está relacionado com o número de nós terminais e na relação $1 - R^2$, em que R^2 tem a mesma interpretação do coeficiente de determinação utilizado em modelos de regressão.

Com essa finalidade, podemos utilizar o comando `rsq.rpart(pulmaotree2)`, que gera a tabela com os valores de CP e os gráficos apresentados na Figura 11.8.

```
Variables actually used in tree construction:
[1] cargatabag densid     htransp    idade      ses
Root node error: 765.87/606 = 1.2638
n= 606

        CP nsplit rel error   xerror      xstd
1  0.087230      0   1.00000  1.00279  0.077419
2  0.062020      1   0.91277  0.96678  0.076624
3  0.025220      2   0.85075  0.91078  0.072406
4  0.024106      3   0.82553  0.91508  0.073489
5  0.015890      4   0.80142  0.85814  0.069326
6  0.014569      5   0.78553  0.87882  0.070312
7  0.011698      6   0.77097  0.89676  0.070309
8  0.011667      7   0.75927  0.90730  0.069025
9  0.011347      8   0.74760  0.91268  0.069066
10 0.010289      9   0.73625  0.91536  0.069189
11 0.010000     10   0.72596  0.91250  0.069202
```

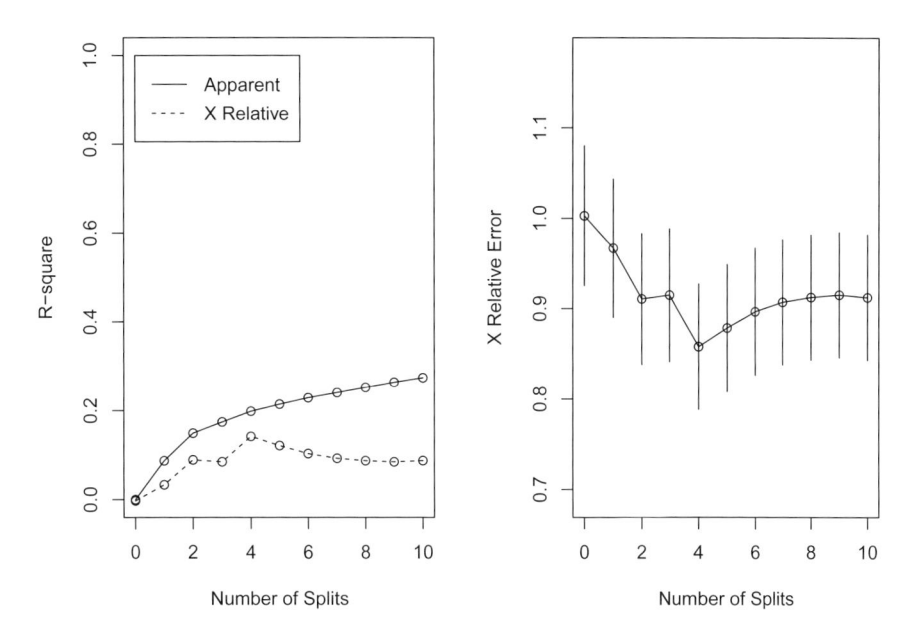

Figura 11.8 Efeito do número de divisões para a árvore ajustada aos dados do Exemplo 11.6.

Utilizando o mesmo critério aplicado no caso de classificação, a sugestão é podar a árvore, fixando o número de subdivisões em 4, correspondendo a 5 nós terminais. O gráfico da árvore podada (disposto na Figura 11.9), além da regras de partição do espaço das variáveis explicativas, pode ser obtido com os comandos

```
> cpmin <- pulmaotree2$cptable[which.min(pulmaotree2$cptable[,"xerror"]),
                        "CP"]
> pulmaotree2poda <-prune(pulmaotree2, cp = cpmin)
> rpart.plot(pulmaotree2poda, clip.right.labs = TRUE, under = FALSE,
            extra = 101, type=4)
pulmaotree2poda$cptable
          CP nsplit rel error    xerror       xstd
1 0.08722980      0 1.0000000 1.0027880 0.07741860
2 0.06201953      1 0.9127702 0.9667786 0.07662398
3 0.02521977      2 0.8507507 0.9107847 0.07240566
4 0.02410635      3 0.8255309 0.9150809 0.07348898
5 0.01588985      4 0.8014246 0.8581417 0.06932582
> rpart.rules(pulmaotree2poda, cover = TRUE)
 logrc                                            cover
  -2.5 when idade <   52                            13%
  -2.2 when idade is 52 to 69 & cargatabag <  2.2   14%
  -1.7 when idade >=        69 & cargatabag <  2.2   29%
  -1.6 when idade is 52 to 64 & cargatabag >= 2.2   16%
  -1.0 when idade >=        64 & cargatabag >= 2.2   28%
```

Valores preditos para o conjunto de dados com o respectivo $RMSE$ são obtidos por meio dos comandos

```
> rmse = function(actual, predicted) {
                sqrt(mean((actual - predicted)^2))}
> rmse(predpulmatree2poda, pulmao$logrc)
[1] 1.006402
```

Convém notar que, embora a utilização de árvores de decisão gere um modelo bem mais simples do que aquele obtido por meio de análise regressão, os objetivos são bem diferentes. Nesse contexto, o

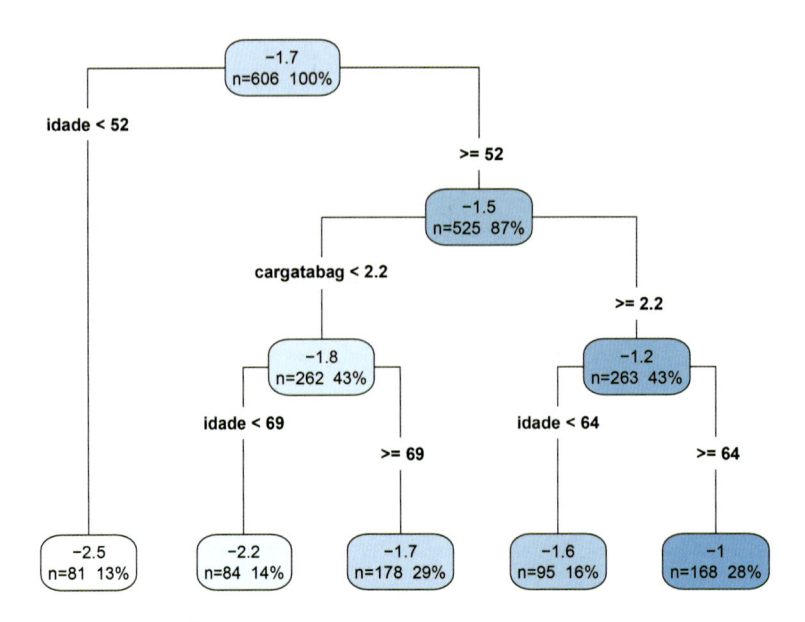

Figura 11.9 Árvore podada ajustada aos dados do Exemplo 11.6.

modelo baseado em árvores deve ser utilizado apenas quando o objetivo é fazer previsões, pois pode deixar de incluir variáveis importantes para propósitos inferenciais. No Exemplo 11.6, uma das variáveis mais importantes para entender o processo de deposição de fuligem no pulmão é o numero de horas gastas em trânsito. Essa variável foi incluída significativamente no ajuste do modelo de regressão, mas não o foi no modelo baseado em árvores.

Para mais detalhes sobre árvores para regressão, veja a Nota 4. Há um algoritmo *boosting* aplicável na construção de árvores para regressão. Veja Hastie et al. (2017, cap. 10) para mais informação.

11.5 Notas de capítulo

NOTA 1: Critérios para avaliação de árvores de classificação

Como alternativa para as taxas de erros de classificação, pode-se usar o **índice de Gini** definido como

$$G_m = \sum_{k=1}^{K} \widehat{p}_{mk}(1 - \widehat{p}_{mk}),$$

em que $\widehat{p}_{mk}$ representa a proporção de elementos do conjunto de treinamento pertencentes à k-ésima classe com valores das variáveis explicativas na m-ésima região em que o espaço característico é dividido. Essencialmente, o índice de Gini corresponde à soma das variâncias das proporções de classificação em cada classe.

Quando o valor de $\widehat{p}_{mk}$ para um dado nó m estiver próximo de 1 para uma dada categoria k e estiver próximo de zero para as demais categorias, o índice de Gini correspondente estará próximo de zero, indicando que, para esse nó, uma das K categorias concentrará uma grande proporção dos elementos do conjunto de dados; poucos deles serão classificadas nas demais $K-1$ categorias. Quanto mais concentrados em uma categoria forem as classificações em um dado nó, tanto maior será o seu grau de **pureza**.

Nesse contexto, Breiman et al. (1984) definem a **importância relativa** de uma variável X_j no desenvolvimento da árvore. Com esse objetivo, definamos a variação da impureza do nó m correspondente à variável X_j como

$$\Delta(X_j, G_m) = G_m - p_{mE}G_{mE} - p_{mD}G_{mD}$$

em que G_{mE} e G_{mD} são, respectivamente, os índices de Gini associados aos nós gerados à esquerda e à direita do nó m pela variável X_j, e p_{mE} e p_{mD} são as correspondentes proporções de elementos classificados nesses nós. A importância da variável X_j para o classificador $\widehat{c}(\mathbf{x})$ é

$$Imp[X_j, \widehat{c}(\mathbf{x})] = \sum_{m \in M^*} \Delta(X_j, G_m)$$

em que M^* é o conjunto de nós internos da árvore gerada pelo classificador $\widehat{c}(\mathbf{x})$. A importância relativa da variável X_j é definida como

$$ImpRel[X_j, \widehat{c}(\mathbf{x})] = \frac{Imp[X_j, \widehat{c}(\mathbf{x})]}{max_{X_j} Imp[X_j, \widehat{c}(\mathbf{x})]}.$$

Outra medida utilizada com o mesmo propósito e que tem características similares àquelas do coeficiente de Gini é a **entropia cruzada**, definida como

$$ET_m = \sum_{k=1}^{K} \widehat{p}_{mk} \log(\widehat{p}_{mk}).$$

Para detalhes, consulte James et al. (2017).

NOTA 2: Poda de árvores

Normalmente, árvores com muitos nós terminais apresentam bom desempenho no conjunto de treinamento, mas podem estar sujeitas a sobreajuste, e não produzir boas classificações no conjunto de validação. Árvores com um número menor de regiões (ou subdivisões) constituem uma boa alternativa, produzindo resultados com menor variância e melhor interpretação. O procedimento chamado **poda** (*pruning*) tem essa finalidade. A poda pode ser realizada na própria construção da árvore (**pré-poda**) ou após sua finalização (**pós-poda**). No primeiro caso, a poda é obtida por meio da especificação de um critério de parada, como a determinação do número mínimo de elementos do conjunto de dados em cada nó terminal.

A poda propriamente dita consiste na construção de uma árvore com muitos nós terminais e segundo algum critério e na eliminação de alguns deles, obtendo uma árvore menor. De uma forma geral, o procedimento consiste na construção de uma árvore até que o decréscimo no critério de avaliação (taxa de classificações erradas, por exemplo) em cada divisão exceda algum limiar (em geral alto), obtendo-se uma **subárvore**.

Usar esse procedimento até se obter o menor erro de classificação pode não ser factível e o que se faz é considerar uma sequência de árvores indexada por um parâmetro de poda $\alpha \geq 0$ tal que para cada α seja construída uma subárvore A que minimize o **parâmetro de complexidade**

$$CP(\alpha) = \sum_{j=1}^{|A|} \sum_{i:\mathbf{x}_i \in R_j} (y_i - \widehat{y}_{R_j})^2 + \alpha|A|, \tag{11.6}$$

em que $|A|$ é o número de nós terminais da árvore A, R_j é a região (retângulo) correspondente ao j-ésimo nó terminal e $\widehat{y}_{R_j}$ é a categoria prevista associada à região R_j. O valor de α é escolhido por validação cruzada.

NOTA 3: Detalhes sobre o *bootstrap*

Com o progresso de métodos computacionais e com capacidade cada vez maior de lidar com grandes conjuntos de dados, o cálculo de erros padrões, vieses etc. pode ser concretizado sem recorrer a uma teoria, que muitas vezes pode ser muito complicada ou simplesmente não existir. Um desses métodos é o chamado **bootstrap**, introduzido por B. Efron em 1979. A ideia que fundamenta o método *bootstrap* é reamostrar o conjunto de dados disponível para estimar um parâmetro θ, com a finalidade de criar dados replicados. A partir dessas réplicas, pode-se avaliar a variabilidade de um estimador proposto para θ sem recorrer a cálculos analíticos.

Considere, por exemplo, um conjunto de dados $\mathcal{D} = \{x_1, \ldots, x_n\}$ a ser utilizado para estimar a mediana populacional, Md, por meio da mediana amostral $\mathrm{md}(\mathcal{D}) = \mathrm{med}(x_1, \ldots, x_n)$. O algoritmo *bootstrap* correspondente envolve os seguintes passos:

i) Gere uma amostra aleatória simples **com reposição**, de tamanho n, $\mathcal{D}^* = \{x_1^*, \ldots, x_n^*\}$ dos dados $\mathcal{D}$, chamada de **amostra *bootstrap***. Por exemplo, suponha que $\mathcal{D} = \{x_1, x_2, x_3, x_4, x_5\}$. Um amostra *bootstrap* é, por exemplo, $\mathcal{D}^* = \{x_4, x_3, x_3, x_1, x_2\}$.

ii) Repita o processo de amostragem, gerando B amostras *bootstrap* independentes, denotadas por $\mathcal{D}_1^*, \ldots, \mathcal{D}_B^*$.

iii) Para cada amostra *bootstrap*, calcule uma réplica *bootstrap* do estimador proposto, ou seja, de $\mathrm{md}(\mathcal{D}^*)$, obtendo o conjunto

$$\{\mathrm{md}(\mathcal{D}_1^*), \ldots, \mathrm{md}(\mathcal{D}_B^*)\}. \tag{11.7}$$

iv) O estimador *bootstrap* do erro padrão de $\mathrm{md}(\mathcal{D})$ é definido como

$$\widehat{\mathrm{ep}}_B(\mathrm{md}) = \left[\frac{\sum_{b=1}^{B}(\mathrm{md}(\mathcal{D}_b^*) - \overline{\mathrm{md}})^2}{B-1}\right]^{1/2},$$

com

$$\overline{\mathrm{md}} = \frac{1}{B}\sum_{b=1}^{B}\mathrm{md}(\mathcal{D}_b^*),$$

ou seja, o estimador *bootstrap* do erro padrão da mediana amostral é o desvio padrão amostral do conjunto (11.7).

No caso geral de um estimador $\widehat{\theta} = t(\mathcal{D})$, basta substituir $\mathrm{md}(\mathcal{D}^*)$ por $t(\mathcal{D}^*)$ no algoritmo descrito.

A experiência indica que um valor razoável para o número de amostras *bootstrap* é $B = 200$. Para mais detalhes, consulte Efron e Tibshirani (1993).

NOTA 4: Detalhes sobre árvores para regressão

Considere um conjunto de treinamento com n elementos $\{(\mathbf{x}_i, y_i), \ i = 1, \ldots, n\}$, sendo cada $\mathbf{x}_i$ um vetor com p componentes. Se tivermos M regiões R_j definidas no espaço das variáveis preditoras, a resposta y é modelada por

$$y = f(\mathbf{x}) = \sum_{j=1}^{M} f_j(\mathbf{x})I(\mathbf{x} \in R_j). \tag{11.8}$$

Adotando como critério de optimalidade a minimização da soma de quadrados $SQ = \sum_{i=1}^{p}[y_i - f(\mathbf{x}_i)]^2$, o melhor preditor $\widehat{f}_j$ é a média dos y_i na região R_j, ou seja,

$$\widehat{f}_j = \mathrm{média}(y_i : \mathbf{x}_i \in R_j).$$

A árvore é então obtida por meio do algoritmo **ambicioso** descrito nos passos i)–iv) da Seção 11.1.

NOTA 5: *Bagging*: noções sobre a teoria

Nesta nota, baseamo-nos em Breiman (1996). Outra referência importante sobre este tópico é Bühlmann e Yu (2002).

Considere o conjunto de dados de treinamento $\mathcal{T} = \{(\mathbf{x}_i, y_i), i = 1, \ldots, n\}$, em que os valores da variável resposta, y_i, podem ser rótulos, no caso de classificação ou respostas numéricas, no caso de regressão e $\mathbf{x}_i$ são vetores cujos elementos são os valores de p variáveis preditoras. Seja $f(\mathbf{x}, \mathcal{T})$ um previsor de Y baseado em $\mathcal{T}$.

Considere também uma sequência de conjuntos de dados de treinamento $\{\mathcal{T}_k\}$, cada um consistindo de n elementos independentes e com a mesma distribuição $\mathcal{P}$ dos elementos de $\mathcal{T}$. Nosso objetivo é usar esses conjuntos de dados de treinamento para obter um previsor melhor do que $f(\mathbf{x}, \mathcal{T})$.

No caso de regressão, o previsor proposto corresponde a uma estimativa do valor esperado dos previsores $f(\mathbf{x}, \mathcal{T}_k)$, ou seja, de

$$f_A(\mathbf{x}) = \mathrm{E}_{\mathcal{P}}\left[f(\mathbf{x}, \mathcal{T})\right],$$

em que $\mathrm{E}_{\mathcal{P}}$ é o valor esperado sob a distribuição de probabilidades $\mathcal{P}$ dos elementos de $\mathcal{T}$ e o índice A denota agregação.

No caso de classificação, se $f(\mathbf{x}, \mathcal{T})$ prevê a classe $j \in \{1, \ldots, J\}$, o valor previsto da resposta é obtido por voto majoritário, ou seja, se $n_j = \#\{k : f(\mathbf{x}, \mathcal{T}_k) = j\}$,

$$f_A(\mathbf{x}) = \arg\max_j n_j.$$

Normalmente, há um só conjunto de dados de treinamento $\mathcal{T}$ e a sequência de conjuntos $\{\mathcal{T}_k\}$ pode ser obtida via *bootstrap*. Para as B réplicas *bootstrap*, $\{\mathcal{T}^{(b)}, b = 1, \ldots, B\}$, construímos previsores $f(\mathbf{x}, \mathcal{T}^{(b)}), b = 1, \ldots, B$ e o **agregador *bootstrap***, conhecido por ***bagging***, é

$$f_{bag}(\mathbf{x}) = \frac{1}{B} \sum_{i=1}^{B} f(\mathbf{x}, \mathcal{T}^{(b)})$$

no caso de regressão; para classificação, o agregador *bootstrap* é obtido por votação majoritária.

A distribuição dos elementos de $\mathcal{T}^{(b)}$ é uma aproximação da distribuição dos elementos de $\mathcal{T}$.

A ideia é que *bagging* aumenta a acurácia do previsor e, nesse contexto, é importante avaliar se o procedimento *bagging* é **estável** ou **instável**. Um procedimento é dito estável se pequenas mudanças em uma réplica de $\mathcal{T}$ produzem pequenas mudanças no previsor f, implicando que $f_{bag} \approx f$. O procedimento é dito instável se pequenas mudanças em $\mathcal{T}$ implicam grandes mudanças no previsor f.

Breiman (1996) fez várias simulações com diversos previsores e chegou à conclusão que redes neurais, árvores de regressão e classificação e seleção de subconjuntos (*subset selection*) em regressão são procedimentos instáveis, mas o algoritmo *KNN* é estável. Para processos instáveis, *bagging* funciona bem. Nas simulações, Breiman verificou que a redução do erro de classificação foi de 20 a 47% e que a redução do MSE foi de 22 a 46%. Para processos estáveis, concluiu que *bagging* não é uma boa ideia.

Bagging para regressão

Suponha que cada elemento $(\mathbf{x}_i, y_i)$ em $\mathcal{T}$ seja extraído independentemente da distribuição de probabilidades $\mathcal{P}$. O previsor agregado é a média dos previsores $f(\mathbf{x}, \mathcal{T})$ no conjunto $\mathcal{T}$, ou seja,

$$f_A(\mathbf{x}, \mathcal{T}) = \mathrm{E}_{\mathcal{T}}[f(\mathbf{x}, \mathcal{T})]. \tag{11.9}$$

O erro quadrático de previsão de f é

$$\mathrm{E}_{\mathcal{T}}[y - f(\mathbf{x}, \mathcal{T})]^2 = \mathrm{E}(y^2) - 2y\mathrm{E}_{\mathcal{T}}[f(\mathbf{x}, \mathcal{T})] + \mathrm{E}_{\mathcal{T}}[f^2(\mathbf{x}, \mathcal{T})] \tag{11.10}$$

Usando o fato de que $[\mathrm{E}(Z)]^2 \leq \mathrm{E}(Z^2)$, no terceiro termo de (11.10), temos

$$\mathrm{E}_{\mathcal{T}}[y - f(\mathbf{x},\mathcal{T})]^2 \geq \mathrm{E}(y^2) - 2y\mathrm{E}_{\mathcal{T}}[f(\mathbf{x},\mathcal{T})] + \{\mathrm{E}_{\mathcal{T}}[f(\mathbf{x},\mathcal{T})]\}^2 = \mathrm{E}_{\mathcal{T}}[y - f_A(\mathbf{x},\mathcal{T})]^2.$$

Consequentemente, f_A tem MSE de previsão menor do que o MSE de previsão de f. A magnitude da diferença entre os dois MSE dependerá de quão desiguais são os dois membros de

$$[\mathrm{E}_{\mathcal{T}} f(\mathbf{x},\mathcal{T})]^2 \leq \mathrm{E}_{\mathcal{T}} f^2(\mathbf{x},\mathcal{T}). \tag{11.11}$$

Se $f(\mathbf{x},\mathcal{T})$ não mudar muito para diferentes réplicas de $\mathcal{T}$, então os dois membros de (11.11) devem ser quase iguais e não há ganhos ao se aplicar *bagging*. Por outro lado, quanto mais variável for $f(\mathbf{x},\mathcal{T})$, o procedimento *bagging* diminui o MSE. Além disso, sabemos que f_A sempre melhora f em termos de acurácia.

O estimador agregado f_A depende não só de $\mathbf{x}$ mas também da distribuição de probabilidades $\mathcal{P}$ de onde $\mathcal{T}$ foi gerado, ou seja, $f_A = f_A(\mathbf{x}, \mathcal{P})$. Todavia, o estimador agregado não é $f_A(\mathbf{x},\mathcal{T})$, mas

$$f_{bag}(\mathbf{x}) = f_A(\mathbf{x}, P_{\mathcal{T}}),$$

em que $P_{\mathcal{T}}$ é a **distribuição empírica**, ou seja, tem massa $1/n$ em cada ponto $(\mathbf{x}_i, y_i) \in \mathcal{T}$. Em outras palavras, $P_{\mathcal{T}}$ é uma aproximação *bootstrap* de $\mathcal{P}$.

Para $f_{bag}(\mathbf{x})$, podemos considerar dois casos: por um lado, se o processo for instável, pode haver melhora por meio de *bagging*; por outro, se o processo for estável, $f_{bag} \approx f_A(\mathbf{x}, P_{\mathcal{T}})$ e f_{bag} não será um previsor tão acurado para extrações de $\mathcal{P}$ quanto $f_A(\mathbf{x},\mathcal{P})$, que é aproximadamente igual a $f(\mathbf{x}, \mathcal{T})$. Para alguns conjuntos de dados, o previsor $f(\mathbf{x}, \mathcal{T})$ pode ter uma acurácia muito grande e, então, procedimentos *bagging* não produzem resultados adequados.

Bagging para classificação

No caso de classificação, $f(\mathbf{x}, \mathcal{T})$ prevê um rótulo $j \in \{1, \ldots, J\}$. Dada a estrutura apresentada no caso de regressão, a **probabilidade de classificação correta** para $\mathcal{T}$ fixo é

$$P(\mathcal{T}) = p = P[Y = f(\mathbf{x}, \mathcal{T})],$$

que pode ser escrita como

$$p = \sum_j P[f(\mathbf{x}, \mathcal{T}) = j | Y = j] P(Y = j).$$

Se denotarmos por $Q(j|\mathbf{x}) = P_{\mathcal{T}}[f(\mathbf{x}, \mathcal{T}) = j]$, então podemos escrever

$$p = \sum_j \mathrm{E}[Q(j|\mathbf{x}) | Y = j] P(Y = j) = \sum_j \int Q(j|\mathbf{x}) P(j|\mathbf{x}) dP_X(\mathbf{x}).$$

O classificador agregado é

$$f_A(\mathbf{x}) = \arg\max_i P(i|\mathbf{x}),$$

de modo que a probabilidade de classificação correta associada é

$$p_A = \sum_j \int I[\arg\max_i Q(j|\mathbf{x})] P(j|\mathbf{x}) dP_X(\mathbf{x}).$$

Com algumas manipulações algébricas, obtemos

$$p_A = \int_{\mathbf{x} \in C} \max_j P(j|\mathbf{x}) dP_X(\mathbf{x}) + \int_{\mathbf{x} \in C^c} \sum_j I[f_A(\mathbf{x}) = j] P(j|\mathbf{x}) dP_X(\mathbf{x}),$$

em que $C = \{\mathbf{x} : \arg\max_j P(j|\mathbf{x}) = \arg\max_j Q(j|\mathbf{x})\}$.

A taxa de classificação correta máxima é obtida com o previsor

$$Q^*(\mathbf{x}) = \arg\max_j P(j|\mathbf{x}),$$

e é dada por

$$r^* = \int \max_j P(j|\mathbf{x}) dP_X(\mathbf{x}).$$

Comparando p com p_A, se $\mathbf{x} \in C$, o termo $\sum_j Q(j|\mathbf{x})P(j|\mathbf{x})$ pode ser menor que $\max_j P(j|\mathbf{x})$ e, desse modo, mesmo que $P_X(C) \approx 1$, o previsor não agregado f pode estar longe de ser ótimo.

No entanto, f_A é quase ótimo e, portanto, a agregação pode transformar previsores bons em previsores quase ótimos. Por outro lado, diferentemente do caso de regressão, previsores pobres podem ser transformados em previsores piores!

A conclusão é que, agregando-se classificadores instáveis, podemos melhorá-los e, agregando classificadores estáveis, não.

11.6 Exercícios

1) Use a função `predict()` e depois a função `table()` para avaliar o poder preditivo para a árvore do Exemplo 11.1.

2) Considere o conjunto de dados `iris`, disponível por meio de `data(iris)`; use apenas os comprimentos de pétalas e sépalas para construir uma árvore de classificação. Obtenha as regiões em que o espaço característico é dividido e represente-as em um gráfico usando o comando `partition.tree()` do pacote `tree`.

3) Descreva formalmente algumas regiões que determinam as árvores da Figura 11.5.

4) Efetue a poda da árvore correspondente ao Exemplo 11.6, limitando o seu tamanho em 6 nós. Compare os resultados com aqueles apresentados no texto.

5) Separe o conjunto `iris` em um conjunto de treinamento (100 observações, por exemplo) e um conjunto teste (50 observações). Com as funções `predict()` e `table()`, avalie as taxas de erro de classificação quando efetuamos uma poda.

6) Use as técnicas *bagging*, *boosting* e floresta aleatória para os conjuntos de dados `tipofacial` e `coronarias`. Que técnica produz o menor erro de classificação para cada um desses conjuntos?

7) Considere o conjunto de dados `kyphosis` disponível por meio do comando `data("kyphosis", package="gam")`. Os dados correspondem a crianças submetidas a uma cirurgia da coluna para corrigir cifose congênita As variáveis observadas são:

Y: cifose: com valores **ausente** e **presente**, indicando se a cifose estava ausente ou presente após a cirurgia, X_1: idade em meses, X_2: número de vértebras envolvidas, X_3: número da primeira vértebra (a partir do topo) operada.

    a) Use o pacote `tree` para obter uma árvore para esse conjunto de dados, com X_1, X_2 e X_3 como variáveis preditoras.

    b) Qual é a taxa de erro de classificação?

    c) Descreva algumas regiões determinadas por essa árvore.

    d) Obtenha uma árvore usando somente as variáveis X_1 e X_3; construa o gráfico das regiões determinadas nesse caso.

8) Os dados do arquivo `esforco` contêm informações de várias variáveis, sendo 4 qualitativas (Etiologia, Sexo, Classe funcional NYHA e Classe funcional WEBER), além de 13 variáveis quantitativas [Idade, Altura, Peso, Superfície corporal, Índice de massa corpórea (IMC), Carga, Frequência cardíaca (FC), VO2 RER, VO2/FC, VE/VO2,VE/VCO2] em diversas fases (REP, LAN, PCR e PICO) de avaliação de um teste de esforço realizado em esteira ergométrica. A descrição completa das variáveis está disponível no arquivo dos dados. Use as variáveis Carga, Idade, IMC e Peso na fase LAN (limiar anaeróbio) como preditores e VO2 (consumo de oxigênio) como resposta. Para efeito do exercício, essas variáveis, com as respectivas unidades de medida, serão denotadas como:

Y: consumo de oxigênio (VO2), em mL/kg/min;

X_1: carga na esteira, em W (Watts);

X_2: índice de massa corpórea (IMC), em kg/m^2.

X_3: Idade, em anos;

X_4: Peso, em kg.

Use o pacote `gbm` para implementar a técnica `boosting`.

a) Obtenha a influência relativa das variáveis preditoras e a respectiva representação gráfica. Quais são as variáveis preditoras mais importantes?

b) Como o consumo de oxigênio varia com a Carga e com o IMC? Obtenha os gráficos correspondentes.

c) Use a função `predict()` para prever o VO2 para o conjunto de validação. Qual é o erro quadrático médio correspondente?

9) Use o conjunto de dados disponível no arquivo `esteira2` e as variáveis `carga` e IMC para cultivar uma floresta. Obtenha as previsões para o conjunto de dados de validação assim como o erro quadrático médio de previsão. Compare os resultados com aqueles obtidos via *boosting* no exercício anterior.

10) Considere o conjunto de dados disponível no arquivo `rehabcardio`, utilizando X_1=HDL, X_2=LDL, X_3=Trigl, X_4=Glicose e X_5=Peso como variáveis preditoras e Y=Diabetes (presente=1, ausente=0), como variável resposta. Utilize um subconjunto em que as amostras têm todas as medidas completas. Construa árvores usando *bagging* e floresta aleatória. Escolha o melhor classificador por meio da taxa de erro de classificação.

11) Considere o conjunto de dados `Boston` do pacote `MASS`, contendo $n = 506$ amostras e $p = 14$ variáveis. Seja o conjunto de treinamento contendo as primeiras 253 amostras e o conjunto teste com as amostras restantes.

a) Ajuste uma árvore de regressão considerando a variável `medv` como resposta. Verifique se é necessário podar a árvore.

b) Use a árvore não podada para fazer previsões para o conjunto teste. Calcule o erro quadrático médio.

c) Responda as questões do item b) usando a árvore podada.

d) Reanalise os dados usando *bagging*, *boosting* e florestas aleatórias. Comente o melhor ajuste.

REDES NEURAIS

It doesn't matter how subtle my calculations may be, if they don't agree with empirical fact, then into the shredder they go.

Bradley Efron

12.1 Introdução

Uma **rede neural** é um conjunto de algoritmos construídos para identificar relações entre as variáveis de um conjunto de dados por intermédio de um processo que tenta imitar a maneira como os neurônios interagem no cérebro. Cada neurônio em uma rede neural é uma função à qual dados são alimentados e transformados em uma resposta como em modelos de regressão. Essa resposta é repassada para um ou mais neurônios da rede que, ao final do processo, produz um resultado ou recomendação. Por exemplo, para um conjunto de clientes de um banco que solicitam empréstimos, as **entradas** (*inputs*) como saldo médio, idade, nível educacional etc. são alimentadas à rede neural que gera **saídas** (*outputs*) do tipo: "negar o empréstimo", "conceder o empréstimo" ou "solicitar mais informações". Neste texto, pretendemos dar uma ideia do que são e de como se implementam redes neurais. O leitor poderá consultar Goodfellow et al. (2016), Pereira et al. (2020) e Bishop (2006), entre outros, para uma exposição mais detalhada.

Redes neurais são caracterizadas por uma arquitetura que corresponde à maneira como os neurônios estão organizados em camadas. Há três classes de arquiteturas comumente utilizadas (Pereira et al., 2020):

1) **Rede neural com uma camada de entrada e uma de saída** (conhecida como *perceptron*).

2) **Rede neural multicamadas**, também conhecida por rede do tipo **proalimentada** (*feedforward*) em que há uma ou mais camadas escondidas com as entradas de cada neurônio de uma camada obtidas de neurônios da camada precedente.

3) **Rede neural recorrente**, em que pelo menos um neurônio conecta-se com um neurônio da camada precedente, criando um ciclo de **retroalimentação** (*feedback*).

A seguir, resumimos brevemente a história das redes neurais. Veja Giryes et al. (2017) para mais detalhes.

As contribuições pioneiras para a área de Redes Neurais[1] foram as de McCulloch e Pitts (1943), que introduziram a unidade lógica com limiar (*thresholded logic unit*), e de Hebb (1949), que postulou a primeira regra para aprendizado organizado.

Rosenblatt (1958) introduziu o **perceptron**, e Widrow e Hoff (1960) o **adaline** (*adaptive linear neuron*).

Depois, seguiu-se o que foi chamado de **primeiro inverno neural**. Minsky e Papert (1969) escreveram um livro, chamado *Perceptron*, em que apresentam o problema XOR (*exclusive OR*). O problema consistia em usar redes neurais (o *perceptron*) para prever saídas da lógica XOR, dadas duas entradas binárias, como na Tabela 12.1. Uma função XOR deve retornar um valor verdadeiro (1, ponto verde na figura) se as duas entradas são não são iguais e um valor falso (0, ponto vermelho na figura) se elas são iguais.

Tabela 12.1 Problema XOR

Entrada 1	Entrada 2	Saída
0	0	0
0	1	1
1	1	0
1	0	1

Esse é um problema de classificação usando o *perceptron*, mas este supõe que as duas classes sejam linearmente separáveis, o que elas não são, no caso XOR, conforme a Figura 12.1. O problema OR (inclusive) é separável por uma reta.

Figura 12.1 Problemas lógicos (a) OR e (b) XOR.

Este problema seria solucionado com a introdução, nas décadas de 1980 e 1990, das redes com várias camadas ocultas, o algoritmo de retroalimentação (*backpropagation*) e as redes neurais convolucionais. Veja LeCun et al. (2015) para detalhes.

Um **segundo inverno neural** ocorre na década de 1990, no qual a contribuição mais significativa, fora do contexto de redes neurais, foi a de Cortes e Vapnik (1995), que introduziram as máquinas de suporte vetorial (*support vector machines*), que foram objeto do Capítulo 10.

A partir de 2006 foram desenvolvidas as redes neurais profundas (*deep neural networks*, DNN), com menção especial às redes neurais recorrentes (RNN), às redes neurais convolucionais (CNN) e às redes neurais generativas adversárias (GAN). É a chamada **era das GPU** (*Graphic Processing Units*).

Em especial, destacamos uma competição promovida pela ImageNet, que mantém uma base de dados com milhões de imagens para fins de treinamento e classificação, usando técnicas de ciências de dados. Krizhevsky et al. (2012) venceram essa competição em 2012, usando uma CNN com sete camadas ocultas,

---

[1] Também denominadas redes neuronais, termo derivado de neurônio.

denominada **Alex net** (primeiro nome do primeiro autor) e que levou seis dias para ser treinada. A proporção de erros dessa rede foi de 15,3%. Em 2015, o vencedor usou uma CNN com 150 camadas ocultas e a proporção de erros foi de 3,5%.

Nas seções seguintes, faremos uma revisão dessas redes neurais.

12.2 *Perceptron*

Rosenblatt (1958) introduziu o algoritmo *perceptron* como o primeiro modelo de aprendizado supervisionado. A ideia do algoritmo é atribuir pesos w_i aos dados de entrada $\mathbf{x}$, iterativamente, até que o processo tenha uma precisão pré-especificada para a tomada de decisão. No caso de classificação binária, o objetivo é classificar elementos do conjunto de dados com o valor das variáveis preditoras $\mathbf{x}$ (dados de entrada) em uma de duas classes, rotuladas aqui por $+1$ e -1.

O algoritmo *perceptron* (programado para um computador IBM 704) foi implementado em uma máquina chamada Mark I, planejada para reconhecimento de imagens (veja a Nota 1). O modelo subjacente consiste em uma combinação linear das entradas, $\mathbf{x}$, com a incorporação de um viés externo, cujo resultado é comparado com um limiar, definido por meio de uma **função de ativação**. As funções de ativação usualmente empregadas são as funções **degrau** ou **sigmoide**. Outras funções de ativação serão vistas na seção seguinte.

Se $\mathbf{x} = (1, x_1, \ldots, x_p)^\top$ representa um dado de entrada e $\mathbf{w} = (b, w_1, \ldots, w_p)^\top$ o vetor de pesos associados a cada um de seus elementos, calcula-se, inicialmente, a combinação linear

$$v = \sum_{i=0}^{p} w_i x_i = \mathbf{w}^\top \mathbf{x} \tag{12.1}$$

em que $x_0 = 1$ e $w_0 = b$. Dada uma **função de ativação** $f(v)$, o elemento cujos dados geraram o valor v é classificado na classe $+1$ se $f(v) \geq b$ ou na classe -1, se $f(v) < b$, ou seja,

$$f(v) = \begin{cases} 1, & \text{se } v \geq b \\ -1, & \text{se } v < b. \end{cases} \tag{12.2}$$

O parâmetro b é o **viés**. Rosenblatt propôs um algoritmo (regra de aprendizado), segundo o qual os pesos são atualizados a fim de se obter uma fronteira de decisão linear para discriminar entre duas classes linearmente separáveis. Essa ideia está representada graficamente na Figura 12.2.

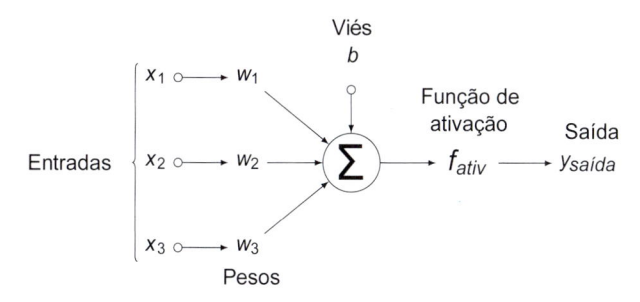

Figura 12.2 Diagrama de um *perceptron*.

O algoritmo *perceptron* consiste dos seguintes passos:

i) Inicialize todos os pesos como zero ou valores aleatórios pequenos.

ii) Para cada dado $\mathbf{x}_i = (x_{i1}, \ldots, x_{ip})^\top$ do conjunto de treinamento:

a) calcule os valores da saída por meio de (12.1) – (12.2);

b) atualize os pesos segundo a seguinte regra de aprendizado:

$$\Delta w_j = \eta(\text{alvo}_i - \text{saída}_i)x_{ij},$$

em que η é a taxa de aprendizado (um valor entre 0 e 1),[2] **alvo** é o verdadeiro rótulo (y_i) da classe a que o elemento associado a $\mathbf{x}_i$ pertence e **saída** é o rótulo da classe prevista. Todos os pesos são atualizados simultaneamente. Por exemplo, para duas variáveis, x_{i1} e x_{i2}, os pesos w_0, w_1 e w_2 devem ser atualizados. Nos casos para os quais o *perceptron* prevê o rótulo da classe verdadeira, $\Delta w_j = 0$, para todo j. Nos casos com previsão incorreta, $\Delta w_j = 2\eta x_{ij}$ ou $\Delta w_j = -2\eta x_{ij}$.

A convergência do *perceptron* somente é garantida se as duas classes são linearmente separáveis. Se não forem, podemos fixar um número máximo de iterações (conhecidas como **épocas**) ou um limiar para o número máximo tolerável de classificações incorretas (veja a Nota 2).

Exemplo 12.1 Consideremos 50 valores simulados de duas variáveis, X_1 e X_2, geradas segundo uma distribuição normal padrão, com a classe Y igual a +1 se $X_2 > 1{,}5X_1 + 0{,}2$ e igual a −1, em caso contrário. Os comandos utilizados com esse propósito são

```
> X1 <- rnorm(50, 0, 1)
> X2 <- rnorm(50, 0, 1)
> X <- cbind(X1, X2)
> Y <- ifelse(X2 > 1.5*X1 + 0.2, +1, -1)
> train <- as.data.frame(cbind(X1, X2, Y))
```

As observações e a reta $X_2 = 1{,}5 \times X_1 + 0{,}2$ (linha sólida) estão dispostas na Figura 12.3.

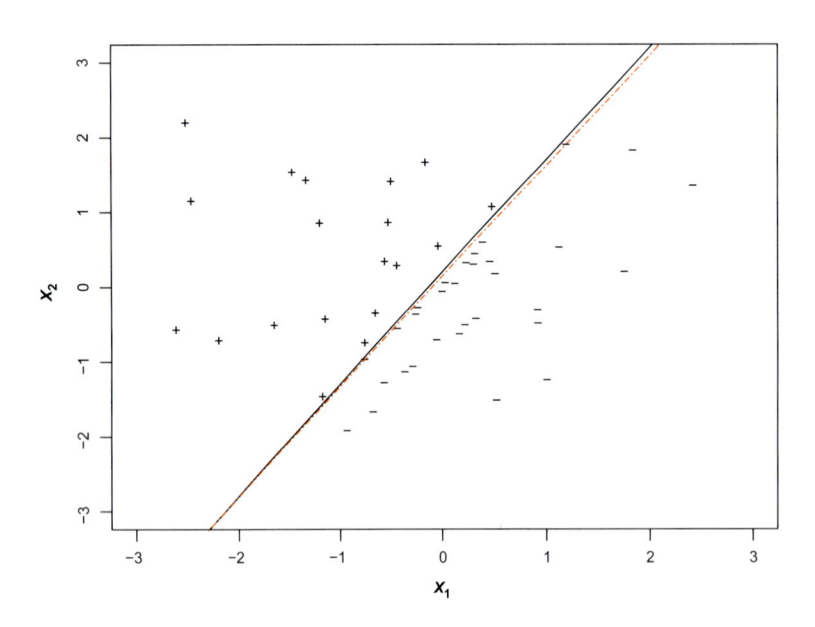

Figura 12.3 Dados do Exemplo 12.1 com reta simulada (linha sólida) e gerada pelo *perceptron* (linha tracejada).

Existem várias propostas de algoritmos para a implementação do *perceptron*. Para um código em R para implementar o *Perceptron*, veja o arquivo **perceptron3** dentre aqueles fornecidos no QR Code.

---

[2] Embora a taxa de aprendizado afete a convergência dos algoritmos mais gerais de redes neurais, pode-se demonstrar que sua escolha não muda a convergência do *perceptron* e, por esse motivo, utiliza-se $\eta = 1$ na sua implementação.

Uma aplicação desse algoritmo aos dados do Exemplo 12.1 com um limite inferior para as taxas de decisões corretas igual a 99% e limite para o número de épocas igual a 2000, obtido com o comando `psimul <- percep_function(train)`, gera os seguintes resultados

```
> psimul$bias
[1] -1
> psimul$weights
[1] -10.268874   6.959518
> psimul$epochs
[1] 7
```

Note que, em razão da separabilidade dos dois grupos, o algoritmo convergiu em apenas 7 épocas com uma taxa de acertos de 100%. A reta correspondente ao ajuste do modelo está apresentada na Figura 12.3 com uma linha tracejada e é obtida por meio dos comandos

```
> beta <- -psimul$weights[1]/psimul$weights[2]
> alfa <- -psimul$bias/psimul$weights[2]
```

Sua equação é $X_2 = 0{,}1436881 + 1{,}475515 X_1$.

Exemplo 12.2 Consideremos novamente o conjunto de dados do arquivo `disco`, objeto do Exemplo 9.1. O objetivo do estudo era classificar articulações temporomandibulares com disco deslocado ou não a partir de duas distâncias medidas ultrassonograficamente na face. Os dados estão dispostos na Figura 12.4.

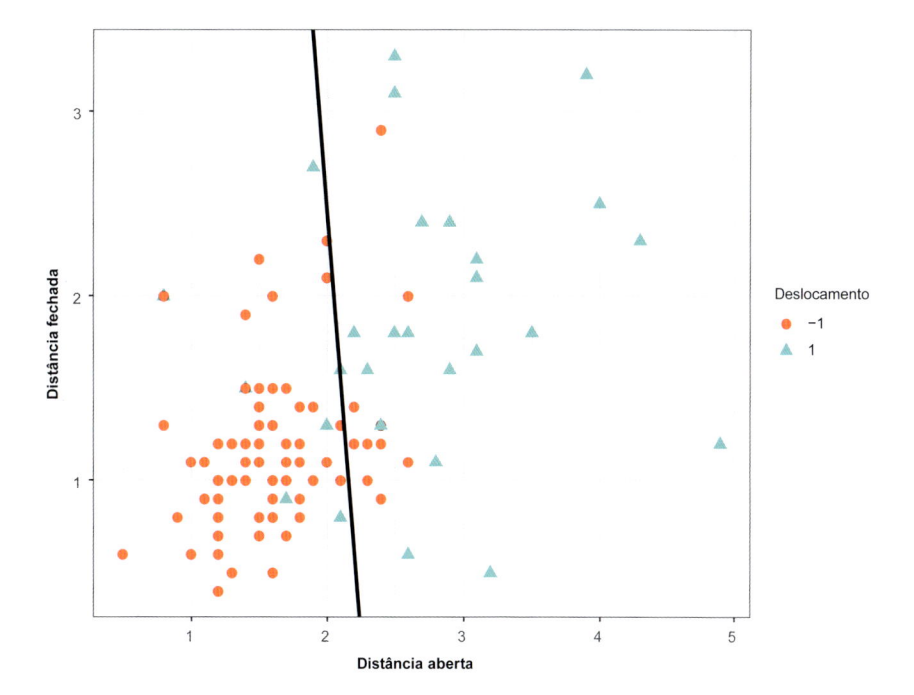

Figura 12.4 Dados de dois grupos (com ou sem deslocamento do disco) do conjunto `disco` com duas variáveis e reta *perceptron*.

Por intermédio do algoritmo utilizado no Exemplo 12.1, com um limite inferior para a taxa de decisão correta igual a 95% e limite para o número de épocas igual a 2000, obtivemos os resultados

```
$weights
[1] 29.6  3.2
$bias
[1] -67
```

```
$true_count_percentage
     TRUE
0.9038462
$epochs
[1] 2001
```

que correspondem à reta $X_2 = 20{,}9375 - 9{,}25X_1$, também apresentada na Figura 12.4. Neste caso, o algoritmo foi interrompido na época 2000, com a porcentagem de classificações corretas igual a 90%. No Exemplo 9.1, a porcentagem de decisões corretas obtida por meio de regressão logística foi de 85,7%.

12.3 Redes com camadas ocultas

Uma das redes neurais mais simples consiste de entradas, de uma camada intermediária oculta e de saídas. Os elementos de $\mathbf{x} = (x_1, \ldots, x_p)^\top$ indicam as entradas, aqueles de $\mathbf{z} = (z_1, \ldots, z_K)^\top$ denotam as saídas, os de $\mathbf{y} = (y_1, \ldots, y_M)^\top$ (não observáveis) constituem a camada oculta e $\boldsymbol{\alpha}_j = (\alpha_{j1}, \ldots, \alpha_{jp})^\top$, $j = 1, \ldots, M$, $\boldsymbol{\beta}_k = (\beta_{k1}, \ldots, \beta_{kM})^\top$, $k = 1, \ldots, K$, respectivamente, são os pesos.

Para regressão, há uma única saída ($K = 1$); para classificação binária, $K = 2$, e nesse caso, Z pode ter dois valores, $+1$ ou -1. Para classificação em mais do que 2 classes, $K > 2$. Esse modelo de redes neurais pode ser representado graficamente como na Figura 12.5.

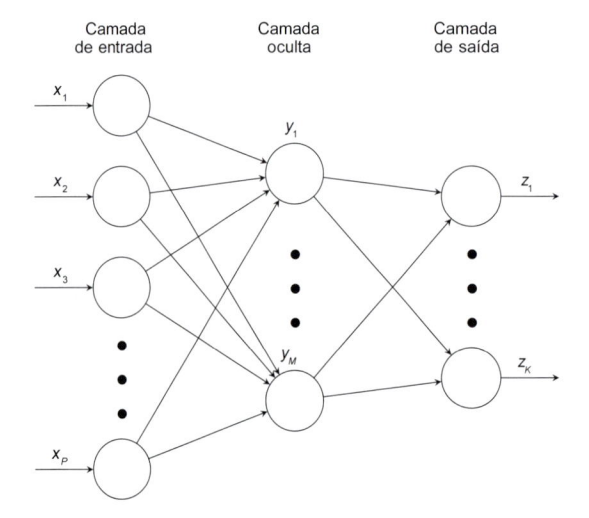

Figura 12.5 Rede neural com uma camada oculta.

A rede neural disposta esquematicamente na Figura 12.5 pode ser descrita pelas equações:

$$Y_j = h(\alpha_{0j} + \boldsymbol{\alpha}_j^\top \mathbf{X}), \; j = 1, \ldots, M, \tag{12.3}$$

com M denotando o número de neurônios da camada oculta e

$$Z_k = g(\beta_{0k} + \boldsymbol{\beta}_k^\top \mathbf{Y}), \; k = 1, \ldots, K. \tag{12.4}$$

As funções h e g são as **funções de ativação** e as mais comumente empregadas neste contexto são:

a) função logística (ou sigmoide): $f(x) = (1 + e^{-x})^{-1}$;

b) função tangente hiperbólica: $f(x) = [e^x - e^{-x}]/[e^x + e^{-x}]$;

c) função ReLU (*rectified linear unit*): $f(x) = \max(0, x)$;

d) função ReLU com vazamento (*leaky ReLU*):

$$f(x) = \begin{cases} x, & \text{se } x > 0, \\ 0{,}01x, & \text{se } x < 0. \end{cases}$$

Gráficos dessas funções estão representados na Figura 12.6.

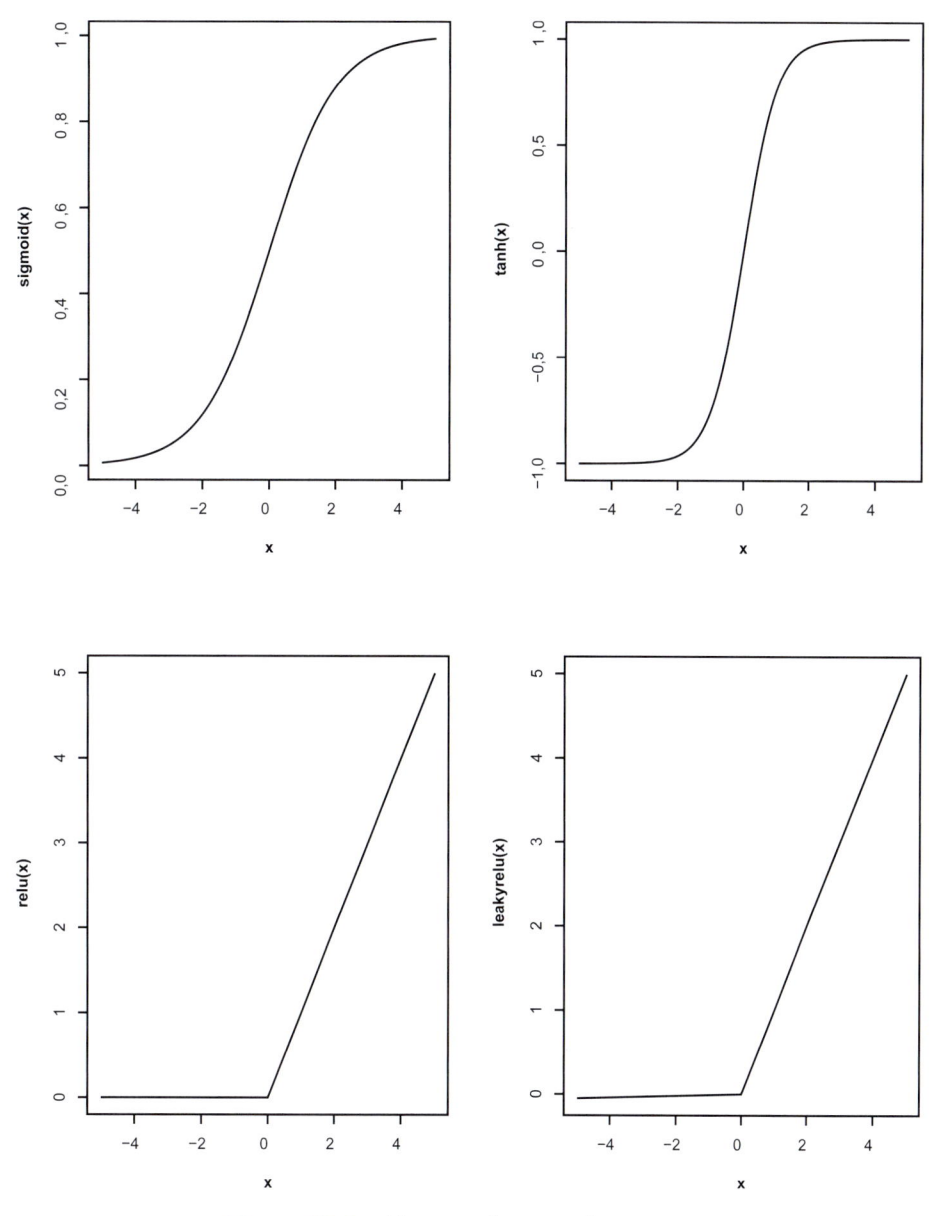

Figura 12.6 Algumas funções de ativação.

A função ReLU com vazamento é bastante utilizada, pois seu gradiente pode ser facilmente calculado e permite uma otimização mais rápida do que aquela associada à função sigmoide. Entretanto, ela não é derivável na origem, e no algoritmo de retroalimentação, por exemplo, necessitamos derivabilidade. A mesma função de ativação pode ser empregada em (12.3) e (12.4). Os pesos α_{0j} e β_{0k} têm o mesmo papel de b no *perceptron* e representam vieses.

No lugar de (12.3)–(12.4), podemos considerar a saída da rede neural expressa na forma

$$f(\mathbf{x}, \mathbf{w}) = \varphi \left(\sum_{j=0}^{M-1} w_j \phi_j(\mathbf{x}) \right), \tag{12.5}$$

em que $\phi_j, j = 0, \ldots, M-1$ são funções que dependem das funções de ativação adotadas, $\varphi(\cdot)$ é a função identidade no caso de regressão ou uma função não linear no caso de classificação e w_j são pesos a serem determinados. Com essa formulação, os seguintes passos são usualmente utilizados no ajuste de redes neurais (Bishop, 2006):

i) Considere as ativações

$$a_j = \sum_{i=0}^{p} w_{ji}^{(1)} x_i, \quad j = 1, \ldots, M, \tag{12.6}$$

em que, para $j = 1, \ldots, M$, incluímos os vieses $w_{j0}^{(1)}$ nos vetores de pesos $\mathbf{w}_j^{(1)} = (w_{j0}^{(1)}, w_{j1}^{(1)}, \ldots, w_{jp}^{(1)})^\top$, fazendo $x_0 = 1$. O índice (1) no expoente de $\mathbf{w}_j$ indica a primeira camada da rede neural.

ii) Cada ativação a_j é transformada por meio de uma **função de ativação** $h(\cdot)$ (dentre aquelas apresentadas, por exemplo), resultando em

$$y_j = h(a_j). \tag{12.7}$$

Dizemos que os y_j são as **unidades ocultas**.

iii) Considere as **ativações de saída**

$$a_k = \sum_{j=0}^{M} w_{kj}^{(2)} y_j, \quad k = 1, \ldots, K, \tag{12.8}$$

em que, novamente, incluímos os vieses $w_{k0}^{(2)}$ no vetor $\mathbf{w}$.

iv) Finalmente, essas ativações são transformadas por meio de uma nova função de ativação (b), resultando nas saídas Z_k da rede neural. Para problemas de regressão, $Z_k = a_k$ e para problemas de classificação,

$$Z_k = b(a_k), \tag{12.9}$$

com $b(a)$, em geral, correspondendo à função logística indicada.

Combinando os passos i)–iv), obtemos

$$f_k(\mathbf{x}, \mathbf{w}) = b \left[\sum_{j=0}^{M} w_{kj}^{(2)} h \left(\sum_{i=0}^{p} w_{ji}^{(1)} x_i \right) \right]. \tag{12.10}$$

O procedimento utilizado para obter (12.10) é chamado **proalimentação** (*forward propagation*) da informação.

A nomenclatura empregada em redes com essa estrutura difere segundo autores e pacotes computacionais, podendo ser chamada de rede neural com 3 camadas ou de rede neural com uma camada oculta. Bishop (2006) sugere chamá-la de rede neural com duas camadas, referindo-se aos pesos $w_{ji}^{(1)}$ e $w_{kj}^{(2)}$. O pacote `neuralnet` estipula o número de neurônios, M, na camada oculta.

A rede neural pode ser generalizada por meio da inclusão de camadas adicionais.

12.4 Algoritmo retropropagação (*backpropagation*)

O ajuste de modelos de redes neurais é baseado na minimização de uma função perda com relação aos pesos. No caso de regressão, essa função perda usualmente é a soma dos quadrados dos erros (*sum of squared errors, SSE*) e no caso de classificação, em geral, usa-se a entropia. Nos dois casos, o ajuste de uma rede neural baseia-se em um algoritmo chamado de **retropropagação** (*backpropagation*). Nesse algoritmo, atualiza-se o gradiente da função perda de maneira que os pesos sejam modificados na direção oposta àquela indicada pelo sinal do gradiente até que um mínimo seja atingido. Uma representação gráfica desse processo está indicada na Figura 12.7.

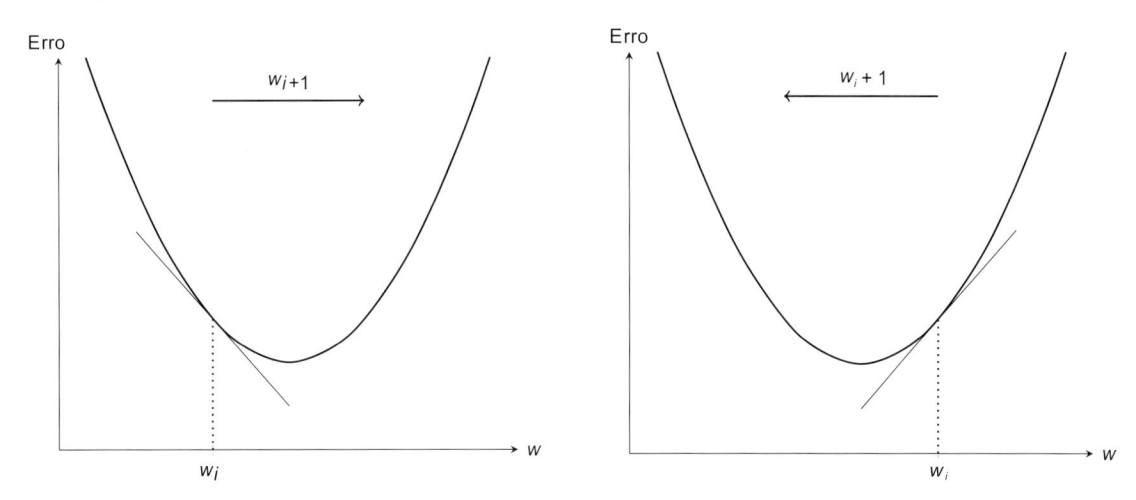

Figura 12.7 Direção de mudança dos pesos no algoritmo retropropagação.

Se a derivada da função perda for negativa, o peso é aumentado; em caso contrário, se a derivada da função perda for positiva, o peso sofre um decréscimo. Com esse propósito, geralmente usa-se o método do **decréscimo do gradiente** (*gradient descent*) ou suas variações, como o **decréscimo estocástico do gradiente** (*stochastic gradient descent*). Veja Rumelhart et al. (1986a, 1986b) para detalhes.

Para a implementação do algoritmo, é necessário escolher valores iniciais e de regularização (usando uma função penalizadora), porque o algoritmo de otimização não é convexo nem instável. Em geral, o problema de otimização da rede neural pode ser posto na forma:

$$\widehat{\mathbf{w}} = \arg\min_{\mathbf{w}} \widetilde{Q}_n(\mathbf{w}) = \arg\min_{\mathbf{w}} \left[\lambda_1 Q_n(\mathbf{w}) + \lambda_2 Q^*(\mathbf{w}) \right], \tag{12.11}$$

em que $\lambda_1, \lambda_2 > 0$,

$$Q_n(\mathbf{w}) = \sum_{i=1}^{n} [y_i - f(\mathbf{x}_i, \mathbf{w})]^2, \tag{12.12}$$

e $Q^*(\mathbf{w})$ denota um termo de regularização, que pode ser escolhido entre aqueles estudados no Capítulo 8 (*Ridge, Lasso* ou *Elastic Net*).

Podemos idealizar uma rede neural como em (12.5), ou seja, como uma função não linear paramétrica (determinística) de uma entrada $\mathbf{x}$, tendo $\mathbf{z}$ como saída. Consideremos os vetores do conjunto de treinamento, $\mathbf{x}_i$, os vetores alvos (saídas) $\mathbf{z}_i$, $i = 1, \ldots, n$ e a soma dos quadrados dos erros (12.12) que queremos minimizar, ligeiramente modificada como

$$Q_n(\mathbf{w}) = \frac{1}{2} \sum_{i=1}^{n} \| z_i - f(\mathbf{x}_i, \mathbf{w}) \|^2. \tag{12.13}$$

Tratemos, primeiramente, o problema de regressão, considerando a rede neural com um erro aleatório e_i acrescentado antes da saída, a fim de associar ao algoritmo um modelo probabilístico. Por simplicidade, consideremos a saída $\mathbf{z} = (z_1, \ldots, z_n)^\top$ e os erros com distribuição normal, com média zero e variância σ^2, de modo que

$$\mathbf{z} \sim N_n[f(\mathbf{x}_i, \mathbf{w}), \sigma^2 \mathbf{I}].$$

Admitamos ainda que a função de ativação de saída é a função identidade. Organizando os vetores de entrada na matriz $\mathbf{X} = [\mathbf{x}_1, \ldots, \mathbf{x}_n]$, a verossimilhança pode ser escrita como

$$L(\mathbf{z}|\mathbf{X}, \mathbf{w}, \sigma^2) = \prod_{i=1}^n \phi(z_i|\mathbf{x}_i, \mathbf{w}, \sigma^2),$$

em que ϕ denota a função densidade de uma distribuição normal. Maximizar a log-verossimilhança é equivalente a minimizar (12.12), e como resultado da minimização, obtemos o estimador de máxima verossimilhança $\widehat{\mathbf{w}}_{MV}$ dos pesos $\mathbf{w}$ e, consequentemente, o estimador de máxima verossimilhança de σ^2. Como $Q_n(\mathbf{w})$ é uma função não linear e não convexa, podemos obter máximos não locais da verossimilhança.

No caso de classificação binária, para a qual, por exemplo, $z = +1$ indica a classe C_1 e $z = 0$ indica a classe C_2, consideremos uma rede neural com saída única z com função de ativação logística,

$$b(a) = \frac{1}{1 + e^{-a}},$$

de modo que $0 \leq f(\mathbf{x}, \mathbf{w}) \leq 1$. Podemos interpretar $f(\mathbf{x}, \mathbf{w})$ como $P(z = 1|\mathbf{x})$ e $1 - f(\mathbf{x}, \mathbf{w})$, como $P(z = 0|\mathbf{x})$. A distribuição de z, dado $\mathbf{x}$, é

$$f(z|\mathbf{x}, \mathbf{w}) = f(\mathbf{x}, \mathbf{w})^z [1 - f(\mathbf{x}, \mathbf{w})]^{1-z}. \tag{12.14}$$

Considerando as observações de treinamento independentes e identicamente distribuídas, a função perda usual é a **entropia cruzada**

$$Q_n(\mathbf{w}) = -\sum_{i=1}^n [v_i \log v_i - (1 - v_i) \log(1 - v_i)], \tag{12.15}$$

em que $v_i = f(\mathbf{x}_i, \mathbf{w})$.

Para otimizar os pesos $\mathbf{w}$, ou seja, encontrar o valor que minimiza $Q_n(\mathbf{w})$, usualmente, precisamos obter o gradiente de Q_n, denotado ∇Q_n e que aponta para a maior taxa de aumento de Q_n. Supondo que Q_n seja uma função contínua e suave de $\mathbf{w}$, o valor mínimo ocorre no ponto em que o gradiente se anula. Em geral, procedimentos numéricos são usados com essa finalidade e há uma literatura extensa sobre o assunto. As técnicas que usam o gradiente começam fixando-se um valor inicial $\mathbf{w}^{(0)}$ para os pesos, que são iterativamente atualizados por meio de

$$\mathbf{w}^{(r+1)} = \mathbf{w}^{(r)} - \lambda \nabla Q_n(\mathbf{w}^{(r)}),$$

em que λ é a **taxa de aprendizado**. Esse método, chamado de **método de decréscimo do gradiente**, usa todo o conjunto de treinamento, mas não é muito eficiente. Na prática, usa-se o algoritmo retropropagação descrito na Nota 3, para calcular o gradiente de (12.12) em uma rede neural.

Exemplo 12.3 Consideremos novamente os dados do Exemplo 12.2 e ajustemos uma rede neural com uma camada oculta com 3 neurônios, função de ativação logística (sigmoide) e entropia cruzada como função de perda (veja a Nota 1 do Capítulo 11). Os comandos do pacote `neuralnet` para implementação do modelo e construção do gráfico da Figura 12.8 são

```
> rn3disco <- neuralnet(data=disco, deslocamento ~ distanciaA +
            distanciaF, hidden=3, act.fct="logistic",
            linear.output=FALSE, err.fct ="ce")
> plot(rn3disco, information=TRUE)
```

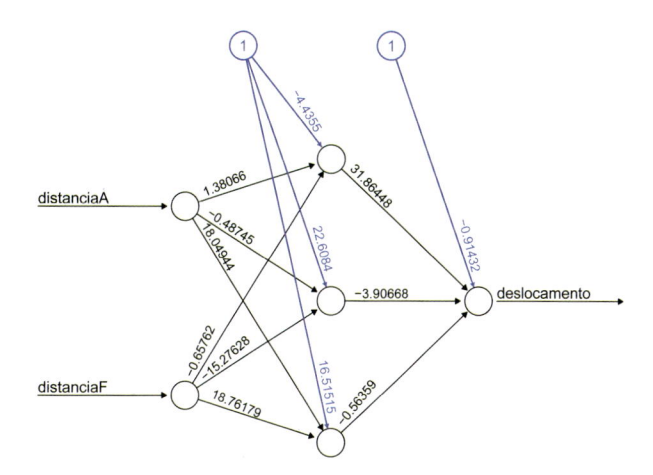

Figura 12.8 Rede neural com uma camada oculta para o Exemplo 12.3 (setas pretas indicam pesos e setas azuis, interceptos).

Os resultados gerados pelo algoritmo após 4375 iterações são:

```
$result.matrix
                             [,1]
error                     2.866438e+01
reached.threshold         9.160414e-03
steps                     4.375000e+03
Intercept.to.1layhid1    -4.435500e+00
distanciaA.to.1layhid1    1.380656e+00
distanciaF.to.1layhid1   -6.576245e-01
Intercept.to.1layhid2     2.260840e+01
distanciaA.to.1layhid2   -4.874531e-01
distanciaF.to.1layhid2   -1.527628e+01
Intercept.to.1layhid3     1.651515e+01
distanciaA.to.1layhid3    1.804944e+01
distanciaF.to.1layhid3    1.876179e+01
Intercept.to.deslocamento -9.143182e-01
1layhid1.to.deslocamento  3.186448e+01
1layhid2.to.deslocamento -3.906681e+00
1layhid3.to.deslocamento -5.635863e-01
```

Neste exemplo, $p = 2$, $M = 3$ e $K = 1$ de forma que as equações (12.3) − (12.4) são particularizadas como:

$$
\begin{aligned}
Y_1 &= -4{,}436 + 1{,}381 \times \text{ distanciaA} - 6{,}576 \times \text{ distanciaF}, \\
Y_2 &= 22{,}608 - 0{,}487 \times \text{ distanciaA} - 15{,}276 \times \text{ distanciaF}, \\
Y_3 &= 16{,}515 + 18{,}049 \times \text{ distanciaA} + 18{,}762 \times \text{ distanciaF}.
\end{aligned}
$$

A equação que define a classificação é

$$
Z = -0{,}914 - 31{,}864 Y_1 - 3{,}907 Y_2 - 0{,}564 Y_3.
$$

Para avaliar os erros de predição relativamente aos dados do conjunto com todos os 104 elementos disponíveis, por meio de uma tabela de confusão, podemos utilizar os comandos

```
> predict <- compute(rn3disco, disco)
> result <- data.frame(actual = disco$deslocamento,
                       prediction = predict$net.result)
> roundedresult<-sapply(result, round, digits=0)
> roundedresultdf <- data.frame(roundedresult)
> table(roundedresultdf$actual, roundedresultdf$prediction)
```

que produzem a tabela

```
    0  1
 0 73  2
 1  8 21
```

indicando uma taxa de erros de 9,6% = 10/104.

Consideremos agora um conjunto de previsão com 5 observações de entrada, a saber

```
distanciaA  distanciaF
2.3            1.7
1.6            1.2
1.2            0.8
2.5            1.5
1.2            0.9
```

A previsão para os elementos desse conjunto são obtidas por meio dos comandos

```
> Predict=compute(rn3disco,teste)
Predict$net.result
           [,1]
[1,]  0.76544019
[2,]  0.02229537
[3,]  0.01397846
[4,]  0.84845246
[5,]  0.01503041
```

Utilizando o limiar 0,5 para classificação, apenas os elementos 1 e 4 são incluídos no grupo com deslocamento do disco.

O problema de classificação é bem mais complexo quando a variável resposta tem $K > 2$ categorias. As soluções mais simples consistem em ajustar M redes neurais com uma das seguintes estratégias:

OAA: **Uma contra todas** (*One Against All*), em que cada uma das $M = K$ redes neurais envolvem a categoria i contra as demais.

OAO: **Uma contra outra** (*One Against One*), em que cada uma das $M = K(K+1)/2$ redes envolvem a categoria i contra a categoria j, $i, j = 1, \ldots, K$, $i \neq j$.

PAQ: P **categorias contra** Q **categorias** (P *Against* Q), em que as categorias de resposta são agrupadas em duas categorias.

Nos três casos, o resultado depende de uma estratégia de decisão adicional. No caso OAO, três padrões de resultados são possíveis:

i) A função de saída $f_i(\mathbf{x}) = 1$ se a entrada $\mathbf{x}$ corresponde à categoria i e $f_i(\mathbf{x}) = 0$, se $\mathbf{x}$ corresponde à categoria $j \neq i$. Nesse caso, a decisão pode ser representada por $D(\mathbf{x}, f_1, \ldots, f_K) = \operatorname{argmax}_{i=1,\ldots,K}(f_i)$.

ii) A função de saída $f_i(\mathbf{x}) = 0$, $i = 1, \ldots, K$. Nesse caso, a resposta seria "não sei", mas uma solução consiste em utilizar os valores da função de ativação de saída para cada uma das K redes neurais e classificar $\mathbf{x}$ na categoria para a qual se obteve o maior valor dessa função, ou seja, $D(\mathbf{x}, y_1, \ldots, y_K) = \operatorname{argmax}_{i=1,\ldots,K}(y_i)$.

iii) Mais do que uma das K redes neurais indicam $f_i(\mathbf{x}) = 1$. Nesse caso, a solução mais simples é indicar um empate entre as categorias para as quais o resultado foi coincidente. Alternativamente, a mesma estratégia considerada no item ii) poderia ser empregada.

Para os casos OAO e PAQ, além de mais detalhes sobre esse problema, o leitor poderá consultar Murphy et al. (2007).

Redes neurais também podem ser utilizadas em problemas de regressão, como indicado no seguinte exemplo.

Exemplo 12.4 Consideremos novamente os dados do arquivo `esforco`, objeto do Exemplo 8.3, agora avaliados sob a perspectiva de redes neurais. As variáveis de entrada são `NYHA`, `idade`, `altura`, `peso`, `fcrep` (frequência cardíaca em repouso) e `vo2rep` (VO2 em repouso) e a variável a ser predita é `vo2fcpico` (VO2/FC no pico do exercício). Com esse propósito, adotamos uma rede neural com duas camadas ocultas, a primeira com três neurônios e a segunda com apenas um. Embora outras alternativas sejam adequadas para a utilização da variável categorizada `NYHA`, dada a sua natureza ordinal, é comum utilizar escores nesse contexto. Aqui, consideramos escores 0, 1, 2, 3 e 4 para indicar as categorias com gravidade crescente da doença. Além disso, em função das diferentes magnitudes das variáveis de entrada, convém normalizá-las ou padronizá-las para melhorar a eficiência do algoritmo. Neste caso, optamos por considerar a normalização $x^* = [x - \min(x)]/[\max(x) - \min(x)]$.

Separamos as 127 observações disponíveis em um conjunto de treinamento e outro para validação, com 90 e 37 observações, respectivamente. Os comandos para o ajuste da rede neural com função de ativação **tangente hiperbólica** são

```
> rn31train <- neuralnet(data=trainset, vo2fcpico ~ NYHA + idade +
            altura + peso + fcrep + vo2rep, hidden=c(3,1),
            linear.output=FALSE, act.fct="tanh")
```

Os resultados da última iteração, obtidos por intermédio do comando

```
> rn31train\$result.matrix
```

são

```
error                    0.75315582
reached.threshold        0.00983606
steps                  317.00000000
Intercept.to.1layhid1    8.87058762
NYHA.to.1layhid1         9.11759607
idade.to.1layhid1        6.70251176
altura.to.1layhid1       8.30167429
peso.to.1layhid1         6.94927774
fcrep.to.1layhid1        6.62172171
vo2rep.to.1layhid1       7.19444980
Intercept.to.1layhid2   -0.94689033
NYHA.to.1layhid2         0.68553149
idade.to.1layhid2        0.15610993
altura.to.1layhid2      -0.70991221
peso.to.1layhid2        -1.40042645
fcrep.to.1layhid2        0.74458406
vo2rep.to.1layhid2      -0.94519393
Intercept.to.1layhid3   -0.82760681
NYHA.to.1layhid3        -1.03059242
idade.to.1layhid3       -1.16923653
altura.to.1layhid3       1.91677280
peso.to.1layhid3         1.42828815
```

```
fcrep.to.1layhid3        -1.82273554
vo2rep.to.1layhid3       -1.26814494
Intercept.to.2layhid1     0.46516016
1layhid1.to.2layhid1     -1.36510688
1layhid2.to.2layhid1      0.78208637
1layhid3.to.2layhid1     -1.22107265
Intercept.to.vo2fcpico   -0.07411575
2layhid1.to.vo2fcpico    -0.99546738
```

Foram necessárias 317 iterações para a convergência e a soma de quadrados dos erros resultante foi 0,75315582. Essa soma de quadrados refere-se ao conjunto de dados normalizados. Utilizando a transformação inversa, podem-se obter os valores preditos na escala original e calcular a soma de quadrados dos erros nessa escala, que para os dados de treinamento é 1,809. Utilizando o resultado da rede neural ajustada, também pode-se fazer a previsão para os dados do conjunto de validação e considerar a mesma transformação inversa para gerar as previsões na escala original; a soma de quadrados dos erros nesse caso é 2,105, que, como esperado, é maior que a soma de quadrados dos erros para o conjunto de treinamento.

O comando `plot(rn31train)` permite gerar uma representação gráfica da rede ajustada, disposta na Figura 12.9.

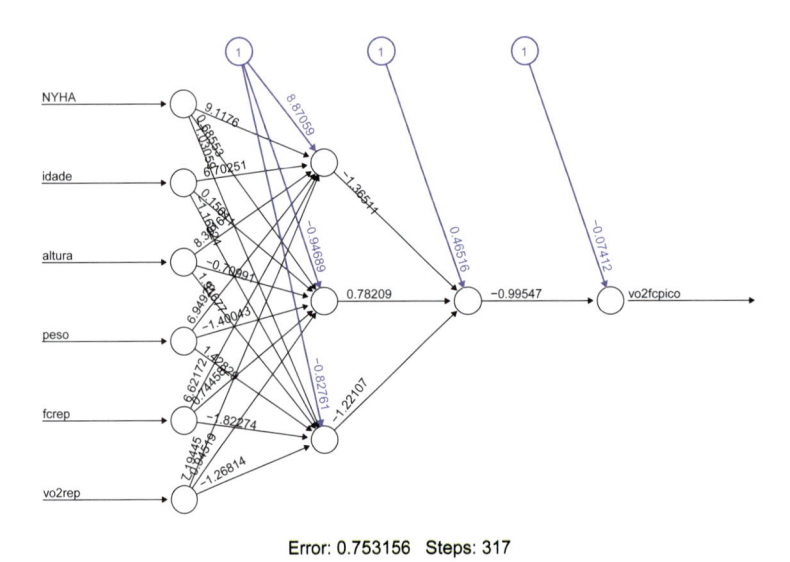

Error: 0.753156   Steps: 317

Figura 12.9 Rede neural com duas camadas ocultas para o Exemplo 12.4.

12.5   Aprendizado profundo (*deep learning*)

O aprendizado de máquina (AM) (*machine learning*) envolve procedimentos segundo os quais um sistema computacional adquire a habilidade de "aprender" extraindo padrões de conjuntos de dados. Para identificar objetos (árvores, animais, automóveis etc.) em imagens, sistemas de AM utilizam algoritmos, usualmente baseados em redes neurais, para extrair variáveis preditoras dos dados brutos, como *pixels* e, em seguida, usá-las em funções (classificadores) para detecção dos padrões desejados. Por muito tempo, as técnicas de AM necessitaram cuidados na especificação desses algoritmos para a extração das variáveis preditoras.

Recentemente, desenvolveram-se algoritmos baseados em múltiplas camadas, obtidas pela composição de funções não lineares simples que transformam a representação dos dados, começando pelos dados brutos, em outra de nível mais abstrato. Esses algoritmos formam a base do que se chama de **aprendizado**

profundo (*deep learning, DL*), cuja principal característica é não depender diretamente da intervenção humana em cada passo; eles envolvem técnicas de retroalimentação (descritas na Seção 12.4), que permitem uma atualização automática dos resultados por meio atribuição de pesos aos valores das variáveis preditoras.

Suponha, por exemplo, que o objetivo seja classificar imagens contendo determinados objetos. Durante o treinamento, uma imagem é alimentada, com a indicação da categoria a que pertence. Inicialmente, o algoritmo de aprendizado profundo traduz a imagem em termos de escores, um para cada categoria a que a imagem poderia pertencer. Gostaríamos que o maior escore predito pelo algoritmo correspondesse à categoria da imagem apresentada, mas, em geral, isso não ocorre sem treinamento. O erro cometido é avaliado por meio de uma função objetivo que compara o escore predito com aquele associado à imagem apresentada. O algoritmo ajusta os parâmetros (pesos) das funções subjacentes para diminuir esse erro. Milhões de pesos e de imagens podem estar envolvidos em cada passo do treinamento. Para ajustar o vetor de pesos, o algoritmo calcula um vetor gradiente que indica o quanto o erro pode diminuir ou aumentar se os pesos forem alterados. O vetor de pesos é, então, modificado na direção oposta àquela do gradiente. Calcula-se a média do valor da função objetivo relativamente a todos os exemplos alimentados e o algoritmo de retropropagação é utilizado para diminuir o erro até que a função objetivo pare de decrescer.

Um exemplo de modelo de aprendizado profundo é o ***perceptron* multicamadas** (*multilayer perceptron*), que essencialmente é uma aplicação que transforma os dados de entrada em valores de saída por meio de composição de funções simples. Segundo Goodfellow et al. (2016), modelos de aprendizado profundo remontam à década de 1940, sob os rótulos de **cibernética** (1940-1960), **conexionismo acoplado a redes neurais** (1980-1990) e ressurge em 2006 com a nova denominação.

O aprimoramento desses algoritmos tornou-se necessário em função do crescimento exponencial da quantidade de dados facilmente disponíveis para a tomada de decisões. O tamanho dos conjuntos de dados que chegava à ordem de centenas ou milhares de observações na década de 1900-1980 (*small data*) expandiu-se para centenas de milhares após 1990 (*big data* ou **megadados**). Um exemplo que consiste de fotos de dígitos escritos a mão e é bastante estudado na área é o *Mnist* (*Modified National Institute of Standards and Technology*). Esse conjunto de dados será usado mais à frente. A partir do início deste século, conjuntos de dados ainda maiores surgiram, contendo dezenas de milhões de dados, notadamente aqueles obtidos na internet.

Para analisar megadados foi necessário o desenvolvimento de *CPU* (*Central Processing Units*) mais rápidas, *GPU* (*Graphic Processing Units*), usadas em celulares, computadores pessoais, estações de trabalho e consoles de jogos, e que são muito eficientes em computação gráfica e processamento de imagens e, mais recentemente, das *TPU* (*Tensor Processing Units*). As estruturas altamente paralelas dessas unidades de processamento as torna eficientes para algoritmos que processam grandes blocos de dados em paralelo.

Conforme Chollet (2018), possíveis aplicações podem envolver:

- classificação de imagens com nível quase humano (*NQH*);
- reconhecimento de fala com *NQH*;
- transcrições de textos escritos à mão com *NQH*;
- aperfeiçoamento de técnicas de aprendizado profundo;
- aperfeiçoamento de conversões texto-para-fala;
- carros autônomos com *NQH*;
- aperfeiçoamento de buscas na internet;
- assistentes digitais, como Google Now e Amazon Alexa;
- habilidade para responder questões sobre linguagens naturais.

Diversas aplicações ainda levarão muito tempo para serem factíveis e questões relativas ao seu desenvolvimento por sistemas computacionais, da inteligência ao nível humano, não devem ser seriamente consideradas no presente estágio de conhecimento. Em particular, muitas afirmações feitas nas décadas de 1960-1970 e 1980-1990 sobre **sistemas inteligentes** (*expert systems*) e inteligência artificial, em geral, não se concretizaram e levaram a um decréscimo de investimento em pesquisa na área.

Para analisar redes neurais profundas (*deep learning networks*), o pacote normalmente usado é o `Keras` e sua interface no `R`. `Keras` é uma API (*application programming interface*) desenvolvida pelo Google para implementar redes neurais profundas. Em termos de plataformas de *software* que usam o `Keras`, destacamos a `Tensorflow` (desenvolvida pelo Google), `Theano` (desenvolvida na Universidade de Montreal) e `CNTK` (desenvolvida pela Microsoft). A mais recomendada é a `Tensorflow`, que é uma biblioteca para computação numérica que torna DL mais rápida e fácil.

Outro pacote que tem sido bastante usado recentemente é o `Torch`, que usa uma API chamada `luz`, desenvolvida pelo RStudio, similar à `Keras` e à `Py Torch Lightning`.

A complexidade dos algoritmos desenvolvidos com o propósito de análise de megadados é proporcional ao número de observações, número de preditores, número de camadas e número de épocas de treinamento. Para detalhes sobre esses tópicos, veja Hastie et al. (2017) e Chollet (2018).

Modelos DL que podem ser analisados incluem redes neurais recorrentes (*recurrent neural networks*, RNN) (dentre as quais, as redes *Long Short-Term Memory*, LSTM), as redes neurais convolucionais (*Convolutional Neural Network*, CNN) e as redes generativas adversárias (*Generative Adversarial Networks*, GAN).

As redes LSTM são apropriadas para captar dependências de longo prazo e implementar previsão de séries temporais. As redes CNN representam o estado da arte atualmente, usadas para classificação de imagens e outras aplicações. As redes GAN são usadas para processamento de linguagens naturais, sendo que o termo em voga atualmente é *Generative AI*, veja, por exemplo, o `ChatGPT` (*Generative Pre-training Transformer*). Para uma excelente revisão sobre aprendizado profundo, veja o artigo de LeCun et al. (2015) e as referências nele contidas, sobre os principais desenvolvimentos na área até 2015. A seguir daremos breves introduções sobre RNN e CNN, com alguns exemplos.

12.6 Redes neurais recorrentes

Redes neurais recorrentes (*recurrent neural networks*, RNN) são aquelas que permitem retroalimentação (*feedback*) entre as camadas ocultas e podem usar seus estados internos (memórias) para processar sequências de comprimentos variáveis (entradas), o que facilita aplicações em reconhecimento de escrita e voz e séries temporais. Redes neurais recorrentes foram desenvolvidas com base nos trabalhos de Rumelhart et al. (1986) e Hopfield (1982).

Do ponto de vista de séries temporais, RNN podem ser vistas como modelos não lineares de espaços de estados. Veja Morettin e Toloi (2020) para detalhes sobre esses modelos. Uma RNN processa um elemento por vez de uma sequência de entrada X_t, mantendo suas unidades ocultas em um **vetor de estados** s_t, que contém informação sobre a história passada da sequência (LeCun et al. 2015). Denotando por x_t os dados de entrada e por y_t a sequência processada no estado t, uma rede neural recorrente processa sequências de entradas iterativamente,

$$y_t = f(y_{t-1}, x_t),$$

e as previsões são feitas segundo

$$\widehat{y}_{t+h|t} = g(h_t),$$

com f e g denotando funções a serem definidas.

Todas as redes neurais recorrentes têm a forma de uma rede neural que se repete como na Figura 12.10, adaptada de LeCun et al. (2015). A, B e W são parâmetros (matrizes) invariantes no tempo. O algoritmo BP pode ser aplicado à rede desdobrada.

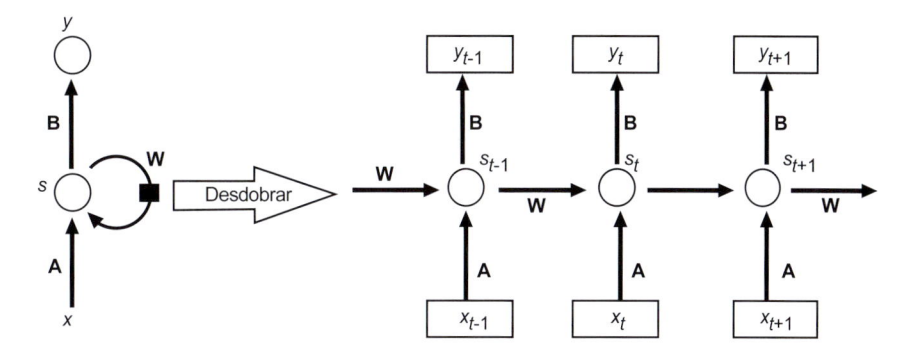

Figura 12.10 RNN e seu desdobramento no tempo.

Redes neurais recorrentes são difíceis de implementar, pois sofrem do chamado **problema do gradiente evanescente** (*vanishing gradient problem*).

Uma solução foi proposta por Hochreiter e Schmidhuber (1997) por meio de uma variante das redes neurais recorrentes, chamada **rede com memórias de curto e longo prazos** (*Long-Short-Term Memory, LSTM*), capazes de "aprender" dependências de longo prazo.

No caso de séries temporais, há modelos para descrever processos com memória curta (*short memory*), como os modelos *ARIMA* (autorregressivos, integrados e de médias móveis), e modelos para descrever memória longa (*long memory*), como os modelos *ARFIMA* (autorregressivos, integrados fracionários e de médias móveis). Veja, por exemplo, Morettin e Toloi (2018).

Uma rede `LSTM` modela simultaneamente as memórias de curto e longo prazos. Discutimos brevemente essas redes na seção seguinte.

12.7   Redes neurais `LSTM`

Uma rede `LSTM` consiste de blocos de memórias, chamados de **células** (*cells*), conectadas por meio de camadas (*layers*). A informação nas células está contida no estado C_t e no estado oculto, h_t, e é regulada por mecanismos chamados **portas** (*gates*), por meio de funções de ativação sigmoides e tangentes hiperbólicas. Como vimos, a função sigmoide tem como saídas números entre 0 e 1, com 0 indicando "nada passa" e 1 indicando "tudo passa", fazendo com que uma rede *LSTM* possa adicionar ou desprezar informação do estado da célula.

No instante t, as portas têm como entradas os estados ocultos no instante anterior, h_{t-1}, e a entrada atual X_t multiplica-as por pesos matriciais **W** e um viés b é adicionado ao produto.

Uma rede *LSTM* tem uma arquitetura com quatro camadas, que se repetem, como na Figura 12.11.

O algoritmo de uma rede *LSTM* pode ser expresso por meio de três portas (*gates*) principais, ilustradas na Figura 12.11, e pode ser implementado por meio dos seguintes passos:

1) $C_0 = 0$, $h_0 = 0$;

2) **porta do esquecimento** (*forget gate*): essa porta determina qual informação será desprezada do estado da célula; a saída pode ser 0, significando apagar, ou 1, implicando lembrar toda a informação:

$$f_t = \sigma(W_f X_t + W_f h_{t-1} + b_f),$$

com σ denotando a função logística;

3) **porta de entrada** (*input gate*): neste passo, a função de ativação é a tangente hiperbólica e o resultado é um vetor de candidatos potenciais, nomeadamente:

$$\widehat{C}_t = \tanh(W_c X_t + W_c h_{t-1} + b_c)$$

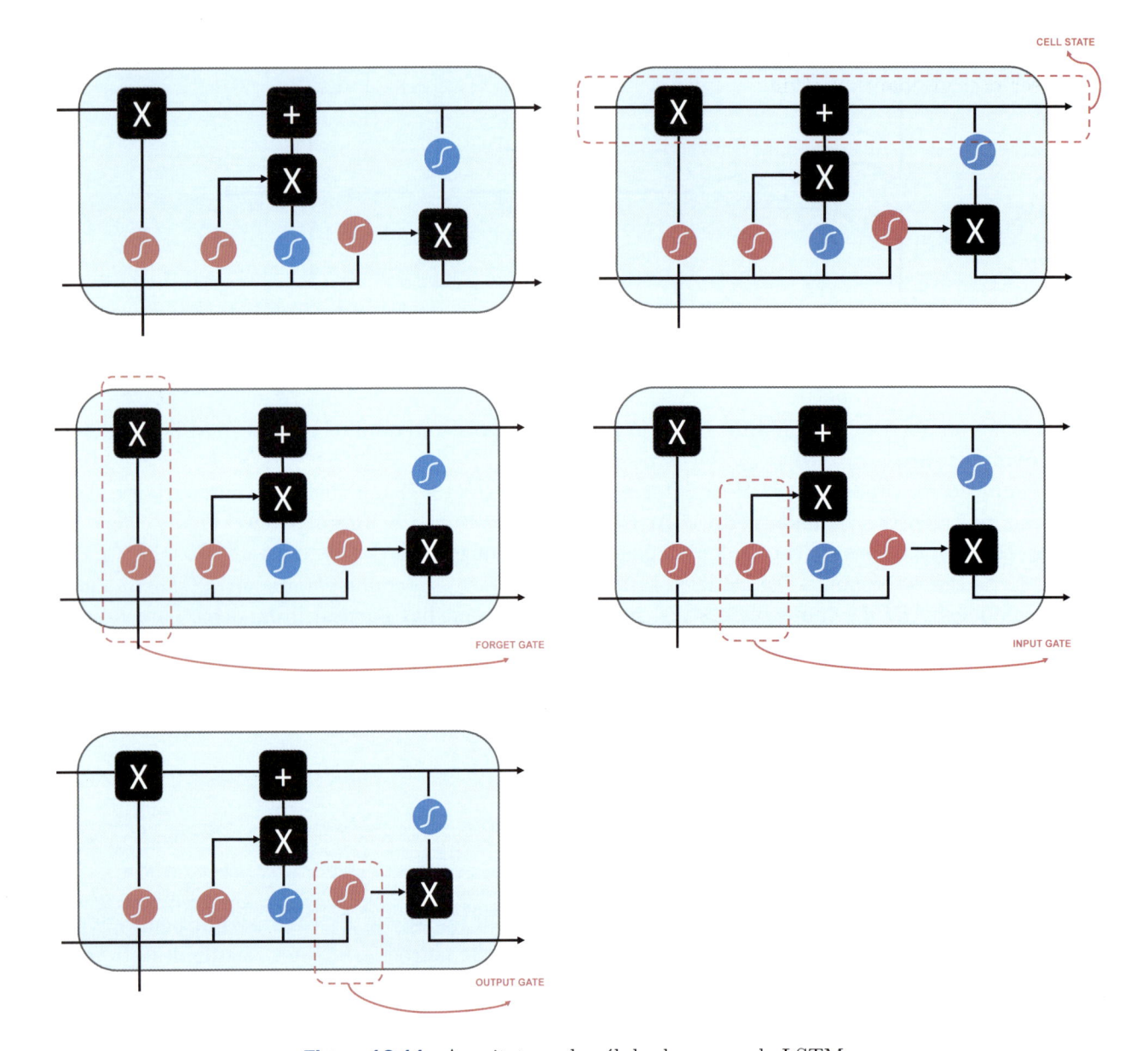

Figura 12.11 Arquitetura da célula de uma rede LSTM.

4) a camada sigmoide cria um filtro a partir de:

$$U_t = \sigma(W_u X_t + W_u h_{t-1} + b_u)$$

5) em seguida, o estado anterior C_{t-1} é atualizado como

$$C_t = f_t C_{t-1} + U_t \widehat{C}_t$$

6) **porta de saída** (*output gate*): neste passo, a camada sigmoide filtra o estado que vai para a saída:

$$O_t = \sigma(W_0 h_{t-1} + W_0 X_t + b_o)$$

7) o estado C_t é, então, passado por meio da função de ativação tangente hiperbólica para escalonar os valores para o intervalo [0,1];

8) finalmente, o estado escalonado é multiplicado pela saída filtrada para se obter o estado oculto h_t, a ser passado para a próxima célula:

$$h_t = O_t \tanh(C_t).$$

Os pesos e vieses têm de ser estimados.

As redes `LSTM` revelaram-se úteis em áreas como reconhecimento de voz, síntese de textos, modelagem de linguagens e processamento de múltiplas línguas. Combinadas com **redes neurais convolucionais** elas melhoraram consideravelmente a captação automática de imagens. Veja Mallat (2016), LeCun et al. (2015) e Masini et al. (2021) para mais detalhes.

Exemplo 12.5 Consideremos os preços diários das ações da Petrobras entre 31/08/1998 a 29/09/2010, totalizando $n = 2990$ observações, constantes do arquivo `acoes`. O gráfico da série está indicado na Figura 12.12, mostrando o seu caráter não estacionário.

Como a rede *LSTM* funciona melhor para séries estacionárias ou mais próximas possíveis da estacionariedade, tomemos a série de primeiras diferenças, definida como $Y_t = X_t - X_{t-1}$, com X_t denotando a série original. A série de primeiras diferenças também está apresentada na Figura 12.12. Depois de alcançadas as previsões deve-se fazer a transformação inversa para obter as previsões com a série original.

Nosso intuito é fazer previsões para os dados de um conjunto de teste, com 897 observações, ajustando uma rede *LSTM* aos dados de um conjunto de treinamento, consistindo de 2093 observações.

Os dados e o código podem ser obtidos no QR Code fornecido. Como as redes *LSTM* supõem dados na forma de aprendizado supervisionado, ou seja, com uma variável resposta Y e uma variável preditora X, tomamos valores defasados da série de forma que os valores obtidos até o instante $t - k$ serão considerados variáveis preditoras e o valor no instante t será a variável resposta. Neste exemplo, tomamos $k = 1$.

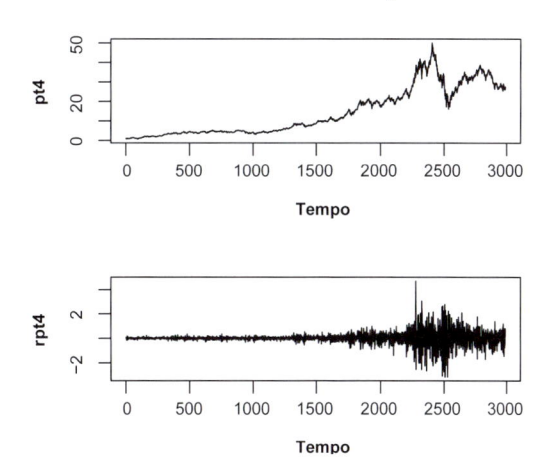

Figura 12.12 Série de preços das ações da Petrobras e respectivas diferenças.

Em seguida, normalizamos os dados de entrada para que pertençam ao intervalo de variação da função de ativação, que é a sigmoide, com variação em $[-1,1]$. Os valores mínimo e máximo do conjunto de treinamento são usados para normalizar os conjuntos de treinamento e de teste além dos valores preditos. Depois temos que reverter os valores previstos à escala original.

A partir deste ponto iniciamos a modelagem. Com essa finalidade, precisamos fornecer o lote de entrada na forma de um vetor tridimensional, [`samples, timesteps, features`] a partir do estado atual [`samples, features`], em que `samples` é o número de observações em cada lote (tamanho do lote), `timesteps` é o número de passos para uma dada observação (para este exemplo, `timsteps`=1) e `features`=1, para o caso univariado como no exemplo.

O tamanho do lote deve ser função dos tamanhos das amostras de treinamento e de validação. Usualmente esse valor é 1. Também devemos especificar `stateful = TRUE` de modo que após processar um lote de amostras os estados internos sejam reutilizados para as amostras do lote seguinte. O modelo pode então ser compilado, com a especificação do erro quadrático médio como função perda. O algoritmo de otimização é o *Adaptive Monument Estimation (ADAM)*. Usamos a acurácia como métrica para avaliar o desempenho do modelo. Por meio do comando `summary(model)` obtemos:

```
Model: "sequential"

_____
Layer (type)            Output Shape          Param #
=======================================================
lstm (LSTM)                 (1, 1)               12

_____
dense (Dense)               (1, 1)                2
=======================================================
Total params: 14
Trainable params: 14
Non-trainable params: 0

_____
```

Neste exemplo, foram geradas 50 épocas (iterações) da rede neural e em cada época é possível visualizar o valor da função perda e a acurácia.

Para fazer previsões usamos a função `predict()` e, em seguida, invertemos a escala e as diferenças para retornar à série original.

As previsões para as 897 observações do conjunto teste podem ser obtidas por meio da função `prediction()`. As 6 primeiras são apresentadas a seguir:

```
[1] -0.28833461  0.35166539 -0.16833461 -0.26833461  0.01166539
-0.03833461
```

As observações do conjunto de validação e as correspondentes previsões estão representadas na Figura 12.13. Na Figura 12.14, colocamos a série para o conjunto de treinamento (em azul), a série no conjunto de validação (em vermelho) e a série de previsões (em verde). A raiz quadrada do erro quadrático médio, calculado da maneira habitual, é $RMSE = 0,02835$.

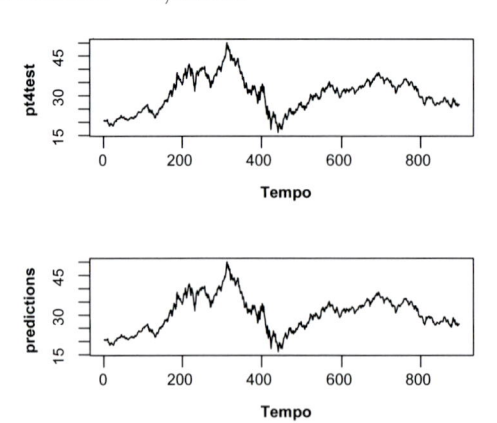

Figura 12.13 Série original e série de previsões de preços das ações da Petrobras, no conjunto de validação.

Exemplo 12.6 Consideremos os dados de novos casos de covid-19 no Brasil de 25/02/2020 a 18/03/2023, total de $n = 1118$ observações diárias, constantes do arquivo `covidBrasil2023`. O gráfico da série está na Figura 12.15.

Separemos $n = 782$ observações para o conjunto de treinamento, $m_1 = 168$ observações para o conjunto de validação e $m_2 = 168$ observações para o conjunto teste. O objetivo é prever o número de casos nos conjuntos de validação e teste.

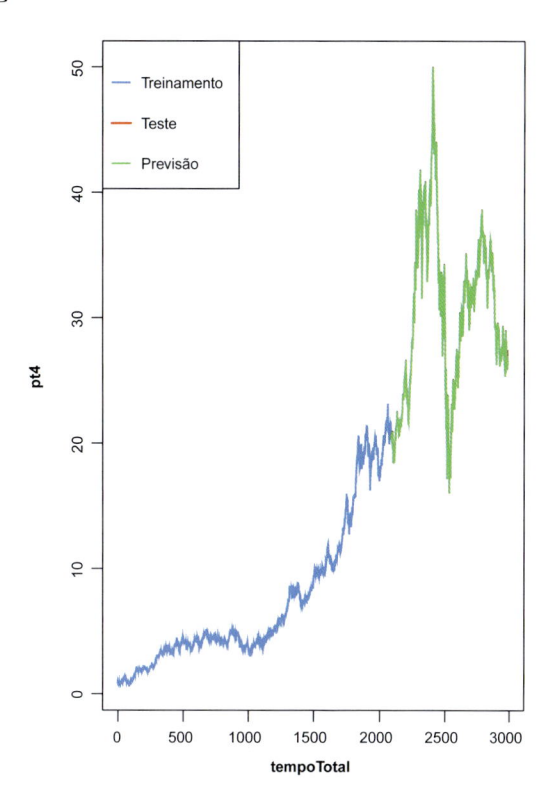

Figura 12.14   Série original de preços das ações da Petrobras para o conjunto de treinamento (azul), para o conjunto de validação (vermelho) e série de previsões (verde).

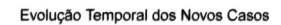
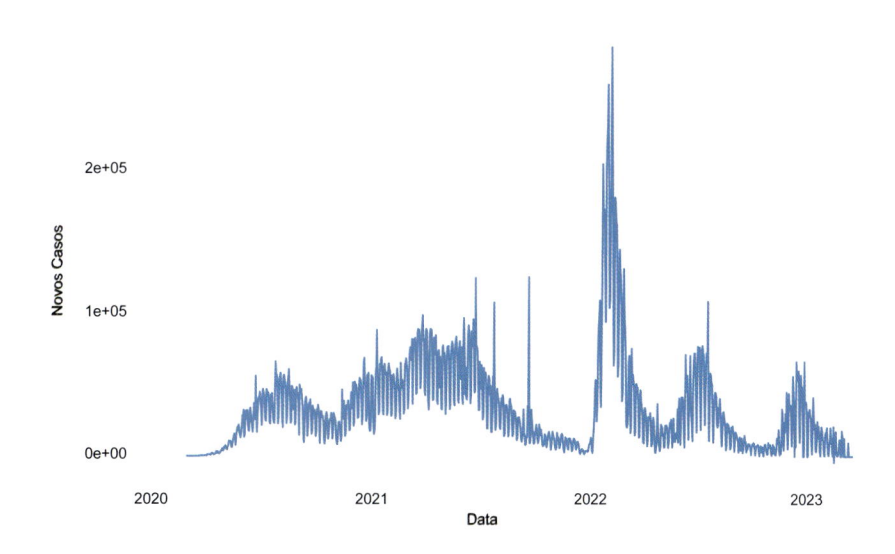

Figura 12.15   Série diária de novos infectados pelo vírus da covid-19 no Brasil.

Neste exemplo, vamos usar o pacote `Torch` juntamente com os pacotes `tidyverse`, `tidymodels`, `luz`, `timetk` e `cowplot`. Os dados e o código do programa podem ser acessados por meio do QR Code.

Os valores da perda (*loss*), MAE (*mean absolute error*) e RMSE (*root mean square error*) obtidos após 150 épocas foram 6315, 6400 e 9622, respectivamente. A Figura 12.16 ilustra o decaimento dessas métricas ao longo das épocas.

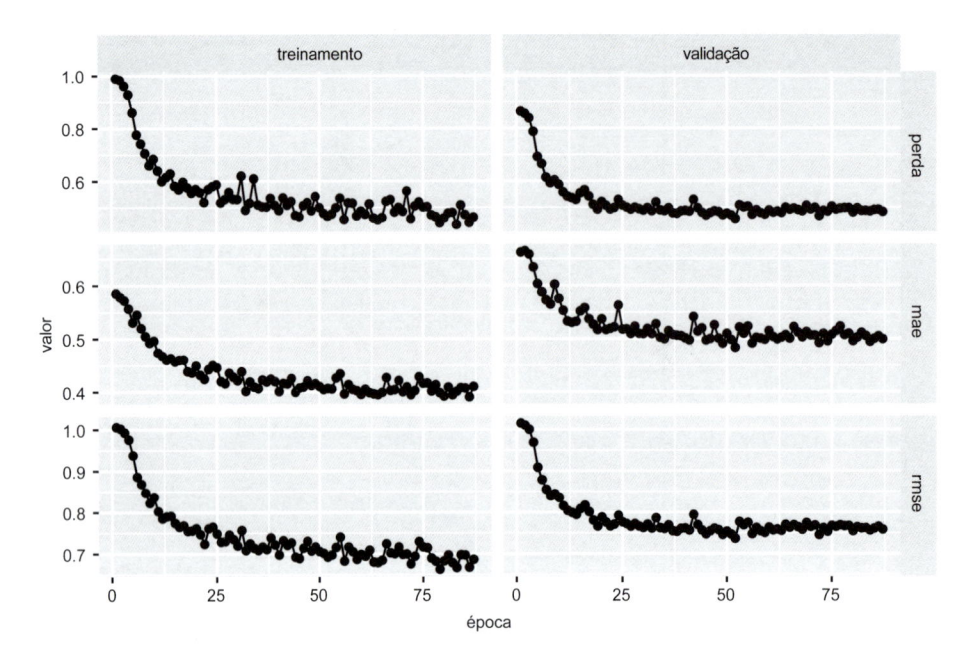

Figura 12.16 Métricas nos conjuntos de treinamento e validação.

A Figura 12.17 mostra o conjunto de treinamento e as previsões nos conjuntos de validação e teste. Na Figura 12.18, essas previsões estão com mais detalhes.

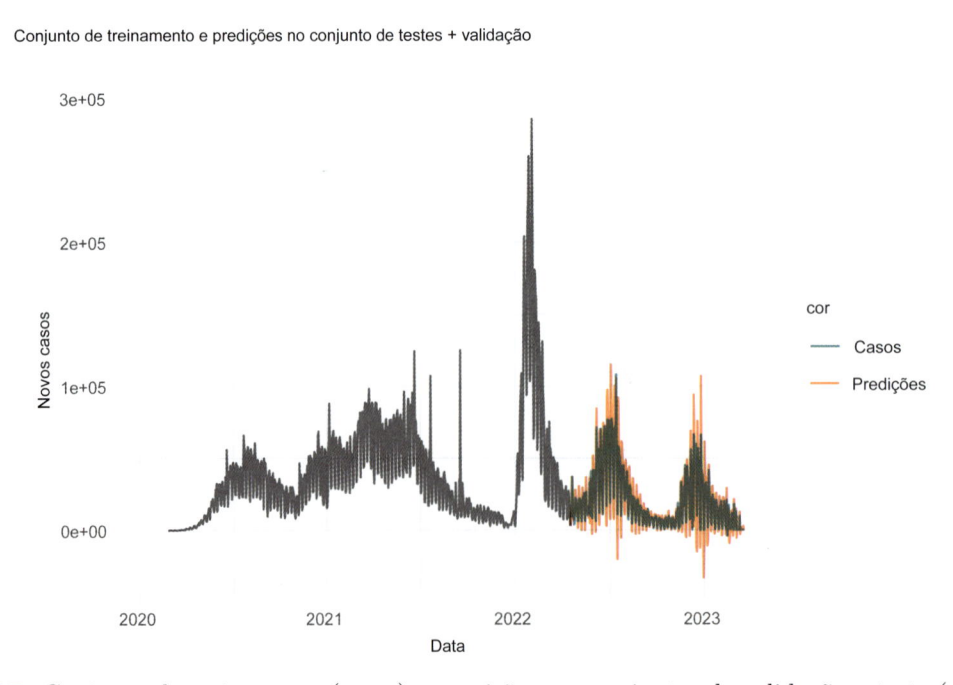

Figura 12.17 Conjunto de treinamento (preto) e previsões nos conjuntos de validação e teste (vermelho).

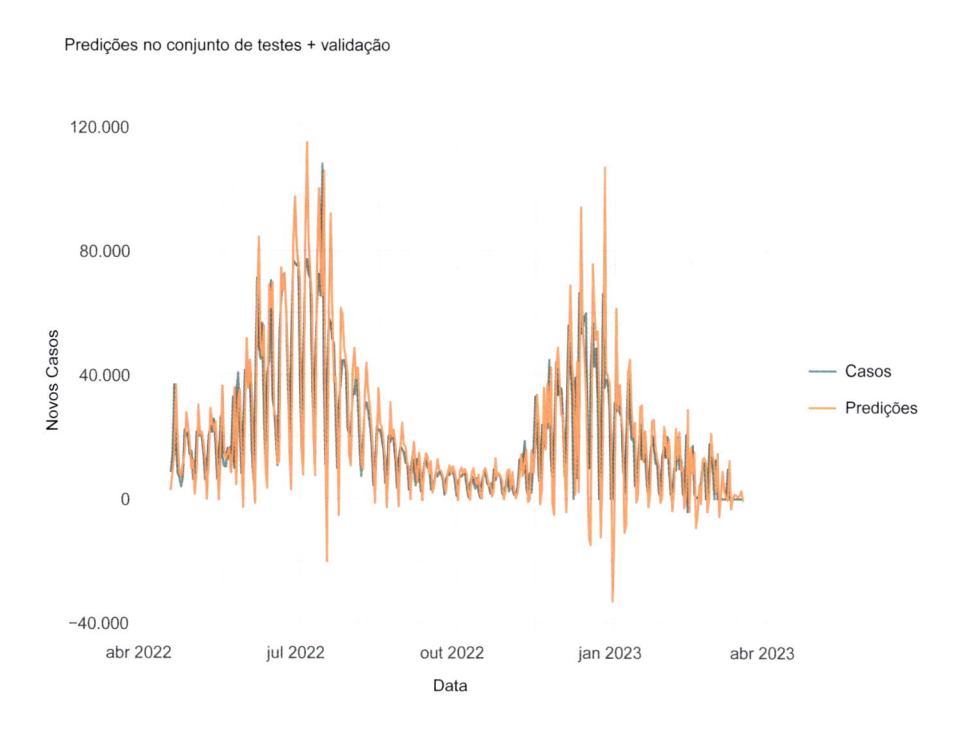

Predições no conjunto de testes + validação

Figura 12.18 Previsões nos conjuntos de validação e teste mais detalhadas.

12.8 Redes neurais convolucionais

As redes neurais convolucionais (*convolutional neural networks*, CNN) foram introduzidas por LeCun et al. (1998) e são muito eficientes para resolver problemas de classificação de imagens.

De modo geral, as CNN são desenhadas para processar dados que surgem na forma de matrizes (*arrays*), como sequências (séries temporais e linguagem) unidimensionais, sinais de áudio bidimensionais e áudio e imagens tridimensionais. Como exemplo, podemos ter uma imagem colorida composta de três *arrays* bidimensionais, contendo intensidades de pixel nos três canais de cores (RGB). Veja LeCun et al. (2015) para detalhes.

Nas CNN, para extrair padrões (*features*) dos dados, há quatro ideias básicas:

- uso de muitas camadas;
- camadas de convolução (*convolution layers*, CL);
- camadas de agrupamento (*pooling layers*, PL);
- camadas totalmente conectadas.

A CL é responsável por extrair os padrões locais (*feature maps*) da camada precedente. Esta é feita por meio de pesos (*filter banks*) de tamanhos reduzidos. Diferentes bancos de filtros são usados para os diversos padrões da imagem, como arestas, arranjos de arestas, partes de objetos familiares, cores etc. O resultado dessa soma ponderada local é passada por meio de uma não linearidade (ReLU).

A PL, usada após uma camada convolucional, destina-se a reduzir a dimensão dos dados de entrada e juntar características locais em uma só. Pode-se usar médias ou escolher o maior valor encontrado em sub-regiões. Este segundo procedimento é o mais utilizado e chamado *maxpooling*. Na Figura 12.19, temos um exemplo com uma imagem 4×4 e um *maxpooling* com filtro 2×2. Essa técnica reduz a quantidade de dados para a camada seguinte, reduzindo também o custo de processamento e memória.

As camadas totalmente conectadas situam-se no final da rede e os padrões extraídos nas camadas de convolução anteriores são utilizadas para a classificação final da rede neural.

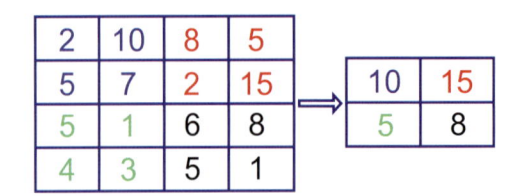

Figura 12.19 Exemplo de *maxpooling* no caso de uma imagem 4×4.

As razões para essa arquitetura são (LeCun et al., 2015):

i) em *arrays*, como imagens, grupos locais de valores são correlacionados, formando padrões (*motifs*) facilmente detectados;

ii) as estatísticas locais dessas *arrays* são invariantes com relação à localização, donde a ideia de que os mesmos pesos são compartilhados por unidades em diferentes localizações.

Os cálculos com CNN envolvem contrações em escalas múltiplas, linearização de simetrias hierárquicas e separação esparsa. Em muitas aplicações o número de amostras cresce linearmente com o número de dimensões. Como todo algoritmo de aprendizagem, uma CNN é baseada em alguma suposição de suavidade (regularidade) do classificador, digamos, $f(\mathbf{x})$, sendo $\mathbf{x}$ o vetor de dados, e a natureza dessa regularidade é o problema matemático mais importante. A ideia é reduzir a dimensão de $\mathbf{x}$ e isso pode ser feito definindo-se uma nova variável $\phi(\mathbf{x})$, em que ϕ é um operador contração, que reduz a variabilidade de $\mathbf{x}$, aliada à separação de valores distintos de $f(\mathbf{x})$. Os aspectos matemáticos de uma CNN estão descritos em Mallat (2016) e Kohler et al. (2022).

Exemplo 12.7 Vejamos um exemplo de convolução com uma série temporal fictícia com $n = 10$ observações como entrada:

1,2	0,9	−0,8	0,7	1,5	−1,3	−1,0	0,7	1,3	1,4

Consideremos um filtro com coeficientes:

1	2	1

A convolução dos três primeiros valores da série com os pesos do filtro resulta $(1{,}2) \times 1 + (0{,}9) \times 2 + (-0{,}8) \times 1 = 2{,}2$. Deslocando-se uma unidade de tempo e efetuando o produto dos valores seguintes pelos coeficientes do filtro, obtemos o valor 0. Continuando, obtemos a série de saída

2,2	0	2,1	2,4	−2,1	−2,6	1,7	4,7

Para que tenhamos convolução e *maxpooling*, temos que adicionar dois zeros no começo e final da série (*padding*):

0	0	1,2	0,9	−0,8	0,7	1,5	−1,3	−1,0	0,7	1,3	1,4	0	0

A série convolvida e a saída após tomar o máximo de cada três observações estão mostradas a seguir:

1,2	3,3	2,2	0	2,1	2,4	−2,1	−2,6	1,7	4,7	4,1	1,4

3,3	2,4	1,7	4,7

A Figura 12.20 ilustra uma CNN com série temporal como entrada. Se a entrada for outra *array*, como uma imagem, o esquema é o mesmo, obtendo-se não mais sequências unidimensionais, mas matrizes, como na Figura 12.19.

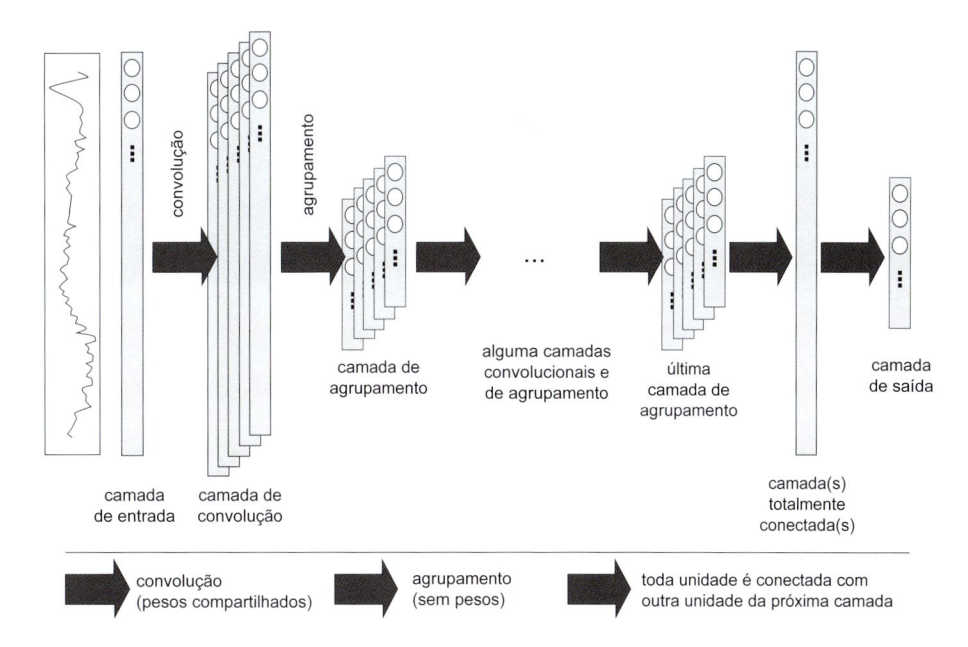

Figura 12.20 Rede neural convolucional.

Exemplo 12.8 Vamos usar os dados de fotos de dígitos escritos a mão, **Mnist** (*Modified National Institute of Standards and Technology*). Esses dados contêm 60.000 imagens de treinamento e 10.000 imagens de teste, dos quais a metade de cada conjunto foi retirada do conjunto de treinamento do NIST, as outras duas metades foram retiradas do conjunto teste do NIST. Esses dados foram usados com diversos tipos de classificadores, dentre os quais classificadores lineares, KNN, SVM, florestas aleatórias e diversos tipos de redes neurais, incluindo as CNN. Usaremos um código constante do *site* `https://rpubs.com/juanhklopper/example_of_a_CNN`. Acesso em: 03 out. 2024.

Comentaremos alguns comandos:

- A primeira imagem é um 5:

```
$>$ y_train[1,] # a primeira imagem \'e um 5

[1] 0 0 0 0 0 1 0 0 0 0
```

- Criando o modelo:

```
model <- keras_model_sequential() %>%
  layer_conv_2d(filters = 16,
                kernel_size = c(3,3),
                activation = 'relu',
                input_shape = input_shape) %>%
  layer_max_pooling_2d(pool_size = c(2, 2)) %>%
  layer_dropout(rate = 0.25) %>%
  layer_flatten() %>%
  layer_dense(units = 10,
              activation = 'relu') %>%
  layer_dropout(rate = 0.5) %>%
  layer_dense(units = num_classes,
              activation = 'softmax')
```

- O comando summary () mostra que foram aprendidos 27.320 parâmetros.

```
$>$ model $\% > \% \;\;$ summary(),

-----------------------------------------------------------------
 Layer (type)                    Output Shape              Param #
=================================================================
 conv2d (Conv2D)                 (None, 26, 26, 16)            160
 max_pooling2d (MaxPooling2D)    (None, 13, 13, 16)              0
 dropout_1 (Dropout)             (None, 13, 13, 16)              0
 flatten (Flatten)               (None, 2704)                    0
 dense_1 (Dense)                 (None, 10)                  27050
 dropout (Dropout)               (None, 10)                      0
 dense (Dense)                   (None, 10)                    110
=================================================================
Total params: 27,320
Trainable params: 27,320
Non-trainable params: 0

-----------------------------------------------------------------
```

- O modelo é compilado com a função perda entropia cruzada e métrica acurácia:

```
model \%>\% compile(
  loss = loss_categorical_crossentropy,
  optimizer = optimizer_adadelta(),
  metrics = c('accuracy')
)
```

- Número de mini-batches e número de épocas:

```
batch_size <- 128
epochs <- 50
```

- Treinando o modelo com 50 iterações (épocas):

```
model \%>\% fit(
  x_train, y_train,
  batch_size = batch_size,
  epochs = epochs,
  validation_split = 0.2
)
```

- Avaliando a perda e acurácia no conjunto teste:

```
> score <- model \%>\% evaluate(x_test,
+                            y_test)
313/313  - 1s 2ms/step - loss: 0.1569 - accuracy: 0.9723
```

Ou seja, a perda (dada pela entropia cruzada) no conjunto teste foi 0,1569 e a acurácia no conjunto teste 0,9723.

O gráfico da Figura 12.21 mostra a evolução das perdas (medidas pela entropia cruzada) e da acurácia do procedimento.

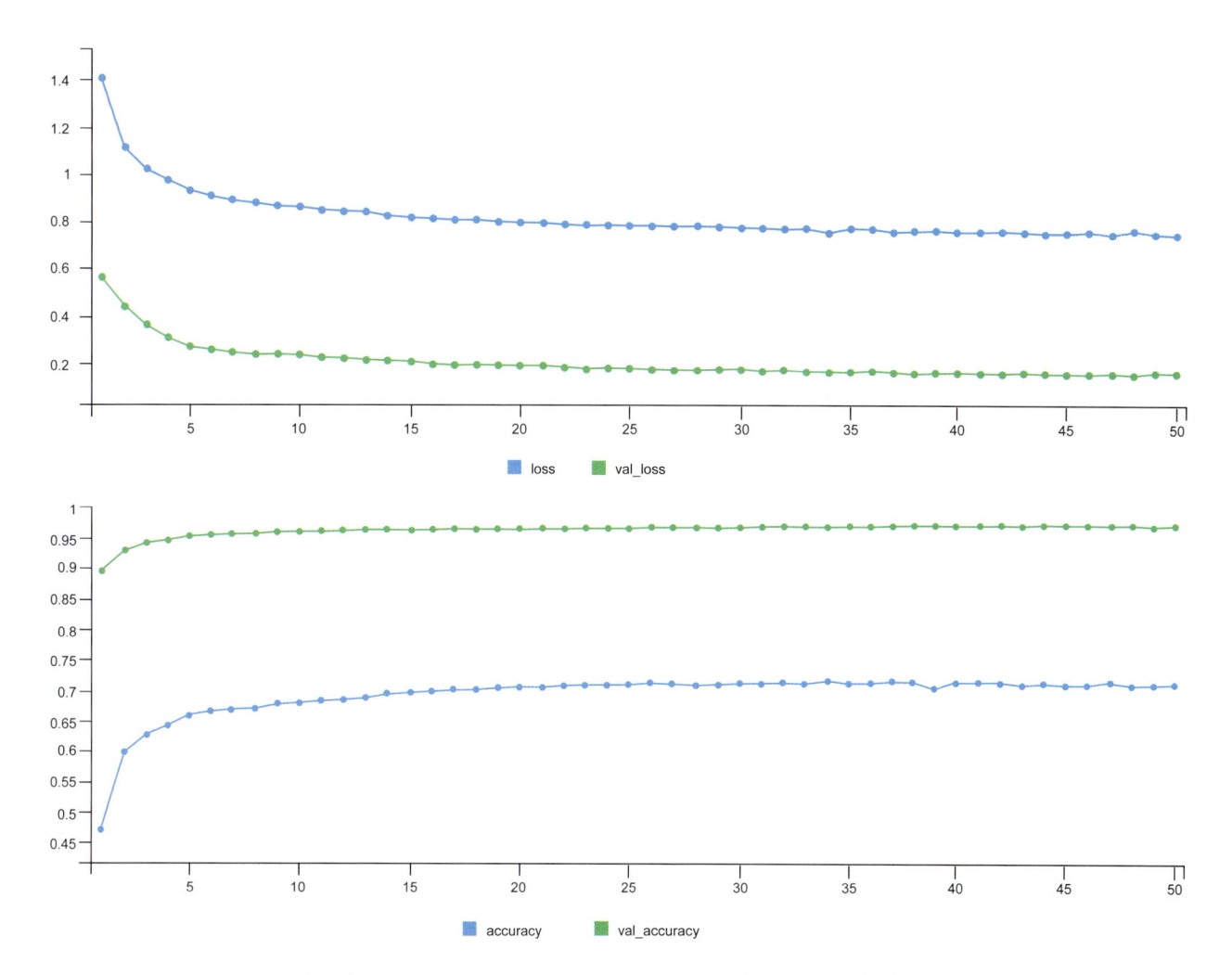

Figura 12.21 Perdas (entropia, painel superior) e acurácia (painel inferior) para o Exemplo 12.8.

Um código em Python para o mesmo conjunto de dados pode ser encontrado em `https://keras.io/examples/vision/mnist_convnet/`. Acesso em: 03 out. 2024.

12.9 Redes generativas adversárias

As redes generativas adversárias (*generative adversarial networks*, GAN) foram introduzidas por Goodfellow et al. (2014). Elas consistem em duas redes neurais treinadas em oposição uma à outra: o gerador (*generator*) G e o discriminador (*discriminator*) D.

Considere uma matriz de dados $\mathbf{X}$, e suponha que temos exemplos, considerados amostras i.i.d. de $\mathbf{X}$, com densidade de probabilidade $p(\mathbf{x})$, desconhecida.

O gerador G tem como entrada um vetor de ruídos aleatórios $\mathbf{z}$ e saída uma imagem $X_{\text{falso}} = G(\mathbf{z})$, com a mesma distribuição $p(\mathbf{x})$ dos dados reais. Por sua vez, o discriminador D depara-se com um exemplo real, $\mathbf{X} \sim p(\mathbf{x})$ ou um exemplo falso, X_{falso} gerado por G.

Quem é apresentado é decidido jogando-se uma moeda honesta (a probabilidade de ser falso é 1/2). A moeda é lançada independentemente em cada rodada do jogo.

O discriminador usa uma função $D(\mathbf{x}) = P(\mathbf{x}\ \text{real})$, tal que

se $D(\mathbf{x}) > 0{,}5$, então $\mathbf{x}$ é real; se $D(\mathbf{x}) < 0{,}5$, então $\mathbf{x}$ é falso.

Essa é a **regra de classificação**. D gostaria que $D(\mathbf{x}) \approx 1$ quando $\mathbf{x}$ for real e $D(\mathbf{x}) \approx 0$ quando falso. Na Figura 12.22, temos o esquema de uma rede neural GAN.

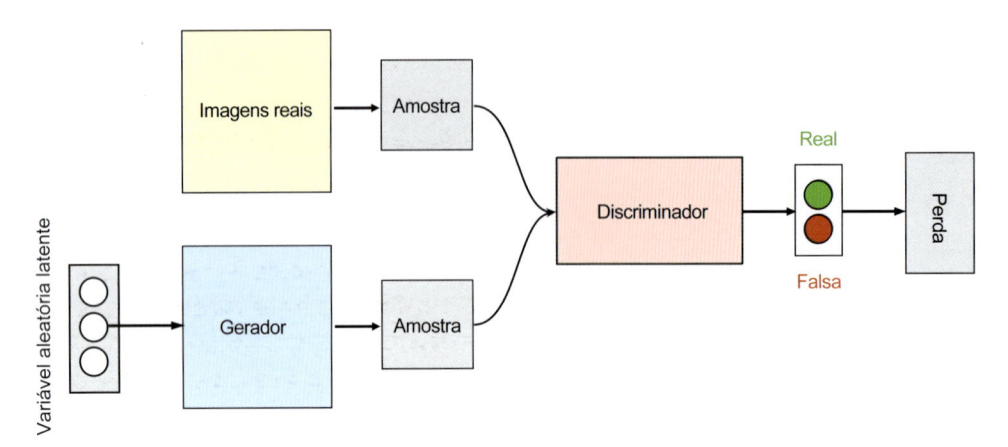

Figura 12.22 Rede neural geradora adversária.

Para gerar $\mathbf{X}$ a partir de $\mathbf{Z}$ usamos o Método Monte Carlo. De modo geral, a função de distribuição acumulada (f.d.a.) de um vetor $\mathbf{X} = (X_1, \ldots, X_d)$ pode ser escrita como

$$F_{X_1,\ldots,X_d}(x_1,\ldots,x_d) = F_{X_1}(x_1)F_{X_2|X_1}(x_2|x_1) \cdots F_{X_d|X_1,\ldots,X_{d-1}}(x_d|x_1,\ldots,x_{d-1}).$$

A seguir, geramos d variáveis aleatórias i.i.d. $\mathcal{U}(0,1)$, digamos $U_1, \ldots, U_d$ e geramos o vetor $\mathbf{X}$ por meio de:

$$
\begin{aligned}
x_1 &= F_{X_1}^{-1}(u_1), \\
x_2 &= F_{X_2|X_1}^{-1}(u_2) \\
&\vdots \\
x_d &= F_{X_d|X_1,\ldots,X_{d-1}}^{-1}(u_d).
\end{aligned}
$$

Em nosso caso, sabemos que existe uma função G que transforma ruídos $\mathbf{Z}$ em um vetor $\mathbf{X}$ com a densidade $f(\mathbf{x})$. Mas, nesse caso, não conhecemos a distribuição de $\mathbf{X}$ e será difícil obter a f.d.a.

Como mencionamos antes, a solução é imaginar que exista essa G na forma de uma rede neural e o gerador $G(\mathbf{z})$ terá parâmetros $\theta^{(G)}$ (os pesos da rede neural). Teremos que aprender os parâmetros dessa rede de forma aproximada.

A função perda do discriminador é dada por

$$J^{(D)}(\theta) = -\frac{1}{2}E_{p\,\text{real}}[\log(D(\mathbf{X}))] - \frac{1}{2}E_{\mathbf{Z}}[\log((1 - D(G(\mathbf{z}))))]. \tag{12.16}$$

O tipo de jogo a usar é o de soma zero: a perda de um jogador é o ganho do outro e a soma das perdas dos dois jogadores é zero. Neste caso, a função perda do gerador é dada por

$$J^{(G)}(\theta^{(G)},\theta^{(D)}) = -J^{(D)}(\theta^{(G)},\theta^{(D)}). \tag{12.17}$$

A solução de um jogo de soma zero é chamada **solução minimax**. O gerador G quer determinar seus pesos $\theta^{(G)}$ que minimizem sua perda, dada por

$$J^{(G)}(\theta^{(G)},\theta^{(D)}) = \frac{1}{2}E_{p\,\text{dados}}[\log(D(\mathbf{X}))] + \frac{1}{2}E_{\mathbf{Z}}[\log((1 - D(G(\mathbf{z}))))]. \tag{12.18}$$

Note que $\theta^{(G)}$ somente aparece na segunda parcela de (12.18). Portanto, podemos ignorar a primeira parcela ao otimizar essa expressão e usando apenas os dados **Z**. A solução que minimiza as duas perdas individualmente é a solução minimax; para o jogador, G será aquela que minimiza a perda $J^{(G)}$ sobre os parâmetros $\theta^{(G)}$ enquanto maximiza esta perda sobre $\theta^{(D)}$ e procedimento similar para $J^{(D)}$.

Um método iterativo usa otimização via gradiente descendente estocástico e este pode ou não convergir. Estudos mostram que GAN podem produzir bons resultados em dados com baixas variabilidade e resolução. Várias variantes do GAN surgiram para melhorá-lo:

- DCGAN: usa redes convolucionais profundas;

- cGAN, ACGAN: conditional GAN;

- WGAN, WGAN-GP: diferentes funções perda.

Para detalhes, veja Assunção (2022).

Exemplo 12.9 Neste exemplo, voltamos a usar os dados Mnist e uma versão do GAN, a ACGAN. Um código em R pode ser encontrado em `https://mlverse.github.io/luz/` (acesso em: 5 nov. 2024) e `https://github.com/mlverse/luz` (acesso em: 5 nov. 2024).

Vemos, a seguir, a última iteração do algoritmo, indicando as perdas do discriminador, 1,3604, e a do gerador, 0,9898.

```
     Epoch 20/20
 235/235 [====] - 203s 863ms/step - d_loss: 1.3604 - g_loss: 0.9898
```

Na Figura 12.23, notamos que, enquanto a função perda do discriminador diminui ao longo das épocas, o mesmo não acontece com a perda do gerador. Na Figura 12.24, temos o dígito 6 previsto corretamente pelo modelo.

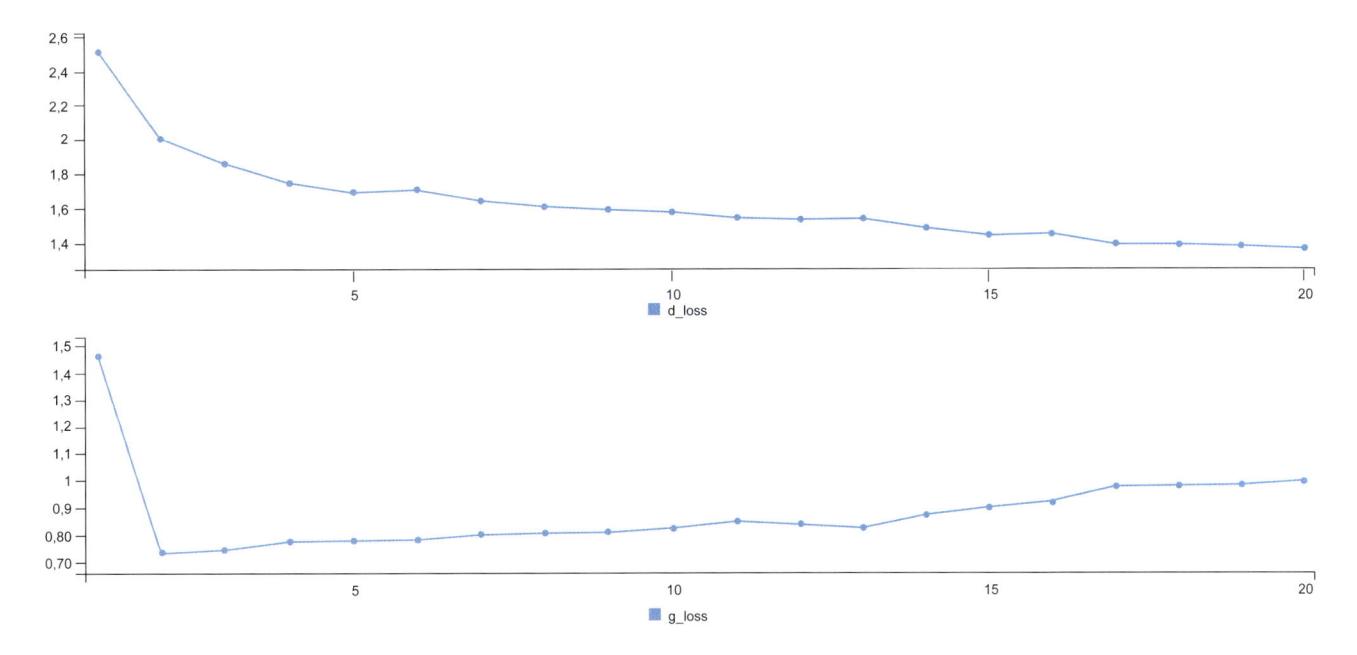

Figura 12.23 Comportamento das perdas do gerador e discriminador para o Exemplo 12.9.

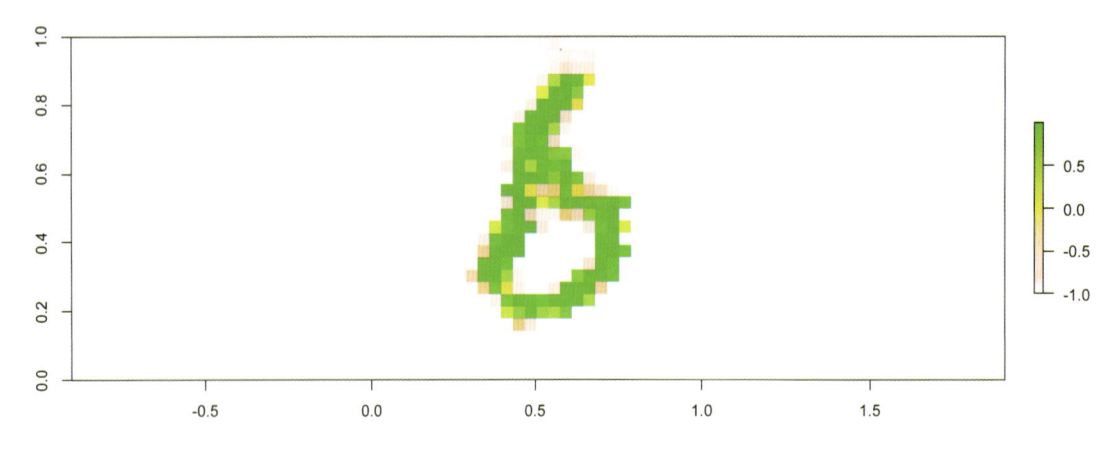

Figura 12.24 Dígito 6 previsto pelo modelo.

12.10   Notas de capítulo

NOTA 1: Perceptron Mark I

A seguinte fotografia do Perceptron Mark I foi retirada do relatório "Perceptrons and the Theory of Brain Mechanisms", de março de 1961, Cornell Aeronautical Laboratory.

THE MARK I PERCEPTRON

NOTA 2: Convergência do *perceptron*

O algoritmo de aprendizado do *perceptron* pode ser formulado como:

a) Defina sinal$(z) = 1$, se $z \geq 0$, e sinal$(z) = -1$, em caso contrário.

b) Defina as entradas do algoritmo: número de iterações, T, e dados de treinamento $(\mathbf{x}_t, y_t)$, $t = 1, \ldots, n$ com $y_i \in \{-1, +1\}$ indicando os rótulos das classes.

c) Inicialize o processo com pesos $\mathbf{w} = 0$.

d) Para $j = 1, \ldots, T$ e $t = 1, \ldots, n$

    i) $y^* = \text{sinal}(\mathbf{w}^\top \mathbf{x}_t)$;

    ii) Se $y^* \neq y_t$, então $\mathbf{w} = \mathbf{w} + y_t \mathbf{x}_t$; em caso contrário, não altere $\mathbf{w}$.

A convergência do *perceptron* é garantida pelo seguinte teorema.

Teorema Suponha que exista algum parâmetro $\mathbf{w}^*$ com norma euclideana unitária e alguma constante $\gamma > 0$ tal que, para todo $t = 1, \ldots, n$ tenhamos $y_t(\mathbf{w}^{*\top} \mathbf{x}_t) \geq \gamma$. Suponha, ainda, que para todo $t = 1, \ldots, n$, $\|\mathbf{x}_t\| \leq R$ em que R é um número inteiro. Então, o algoritmo do *perceptron* converge depois de R^2/γ^2 atualizações.

NOTA 3: Algoritmo de retropropagação (*backpropagation*)

Aqui vamos nos basear nas expressões (12.3) – (12.4) e em Hastie et al. (2017). Podemos usar também (12.6) – (12.10), conforme indicado em Bishop (2006). Façamos $\mathbf{w} = (\alpha_0, \ldots, \alpha_M, \beta_0, \ldots, \beta_K)^\top$ e consideremos $Q_n(\mathbf{w})$ escrita de modo geral como

$$Q_n(\mathbf{w}) = \sum_{k=1}^{K} \sum_{i=1}^{n} [z_{ik} - f(\mathbf{x}_i, \mathbf{w})]^2,$$

e seja $\mathbf{y}_i = (y_{1i}, \ldots, y_{Mi})^\top$ com

$$y_{mi} = h(\boldsymbol{\alpha}_m^\top \mathbf{x}_i).$$

Considerando as observações $\mathbf{x}_i$ independentes e igualmente distribuídas como na Seção 12.4, escrevemos $Q_n(\mathbf{w}) = \sum_{i=1}^{n} Q_i(\mathbf{w})$ com derivadas

$$
\begin{aligned}
\partial Q_i / \partial \beta_{km} &= -2[z_{ik} - f(\mathbf{x}_i, \mathbf{w})] f'(\boldsymbol{\beta}_k^\top \mathbf{y}_i) y_{mi}, \\
\partial Q_i / \partial \alpha_{m\ell} &= -\sum_{k=1}^{K} 2[z_{ik} - f(\mathbf{x}_i, \mathbf{w})] f'(\boldsymbol{\beta}_k^\top \mathbf{y}_i) \beta_{km} h'(\boldsymbol{\alpha}_m^\top \mathbf{x}_i) x_{i\ell}.
\end{aligned}
\tag{12.19}
$$

A $(r+1)$-ésima iteração do algoritmo é dada por

$$
\beta_{km}^{(r+1)} = \beta_{km}^{(r)} - \lambda_r \sum_{i=1}^{n} \frac{\partial Q_i}{\partial \beta_{km}^{(r)}},
\tag{12.20}
$$

$$
\alpha_{m\ell}^{(r+1)} = \alpha_{m\ell}^{(r)} - \lambda_r \sum_{i=1}^{n} \frac{\partial Q_i}{\partial \alpha_{m\ell}^{(r)}},
\tag{12.21}
$$

em que λ_r é a taxa de aprendizagem. Escrevamos as derivadas dispostas em (12.19) como

$$
\partial Q_i / \partial \beta_{km} = \delta_{ki} y_{mi},
\tag{12.22}
$$

$$
\partial Q_i / \partial \alpha_{m\ell} = s_{mi} x_{i\ell},
\tag{12.23}
$$

em que δ_{ki} e s_{mi} são, respectivamente, os erros do modelo atual na saída e nas camadas escondidas. De suas definições, esses erros satisfazem

$$s_{mi} = h'(\boldsymbol{\alpha}_m^\top \mathbf{x}_i) \sum_{k=1}^{K} \beta_{km} \delta_{ki}, \tag{12.24}$$

conhecidas como **equações de retropagação** (*backpropagation*) e que podem ser usadas para implementar (12.22) e (12.23) em dois passos: um para a frente, em que os pesos atuais são fixos e os valores previstos de $f(\mathbf{x},\mathbf{w})$ são calculados a partir de (12.24); um para trás, em que os erros δ_{ki} são calculados e propagados via (12.22) e (12.23) para obter os erros s_{mi}. Os dois conjuntos de erros são então usados para calcular os gradientes para atualizar (12.19) via (12.22) e (12.23). Uma **época de treinamento** refere-se a uma iteração por todo o conjunto de treinamento.

12.11 Exercícios

1) Escreva explicitamente as equações que determinam a rede neural usando os pesos obtidos no Exemplo 12.4.

2) Considere o caso de classificação em K classes binárias e uma rede neural com K saídas, cada uma com função de ativação logística e $z_k \in \{0,1\}$, $k = 1, \ldots, K$, supostas independentes, dada a entrada $\mathbf{x}$. Mostre que a distribuição condicional é dada por

$$p(\mathbf{z}|\mathbf{x},\mathbf{w}) = \prod_{k=1}^{K} f_k(\mathbf{x},\mathbf{w})^{z_k} [1 - f_k(\mathbf{x},\mathbf{w})]^{1-z_k}$$

e que

$$Q_n(\mathbf{w}) = -\sum_{i=1}^{n} \sum_{k=1}^{K} [z_{ik} \log z_{ik} - (1 - z_{ik})) \log(1 - z_{ik})],$$

em que $z_{ik} = f_k(\mathbf{x}_i,\mathbf{w})$.

3) Considere agora o caso de classificação em K classes mutuamente exclusivas. Cada dado $\mathbf{x}_i$ é associado a uma dessas classes, com $z_k \in \{1, \ldots, K\}$, e as saídas interpretadas com $f_k(\mathbf{x},\mathbf{w}) = p(z_k = 1|\mathbf{x})$. A função de ativação é

$$f_k(\mathbf{x},\mathbf{w}) = \frac{e^{a_k(\mathbf{x},\mathbf{w})}}{\sum_j e^{a_j(\mathbf{x},\mathbf{w})}},$$

satisfazendo $0 \leq f_k \leq 1$ e $\sum_k f_k = 1$.

Mostre que

$$Q_n(\mathbf{w}) = -\sum_{i=1}^{n} \sum_{k=1}^{K} z_{ik} \log f_k(\mathbf{x}_i,\mathbf{w}).$$

4) O arquivo `covid` contém dados de internações por causas respiratórias no município de São Paulo no período de 15 de março a 31 de agosto de 2020. Utilize redes neurais para prever a evolução dos pacientes com as categorias cura, morte por causa respiratória ou morte por outra causa utilizando as demais variáveis como preditoras.

5) Use uma rede neural *LSTM* para obter previsões para a série de diferenças da Vale, também disponíveis no arquivo `acoes`.

6) Repita o exercício 5 para a série de diferenças do Ibovespa, com os dados disponíveis no arquivo `acoes`.

7) No Exemplo 12.4, aplicamos a rede *LSTM* às diferenças da série e depois retornamos à série original para fazer as previsões. Tome agora os retornos da série, ou seja, calcule $r_t = \log(X_t) - \log(X_{t-1})$ e depois aplique a rede *LSTM*.

8) Repita o exercício 7 para as séries dos exercícios 5 e 6.

9) Aplique a rede LSTM para os dados de óbitos por covid-19 no Brasil, disponíveis no arquivo de dados `covid2`.

10) Usando os códigos sugeridos, refaça os exemplos 12.7 e 12.8.

11) No *site* `https://dfalbel.github.io/minicurso-sinape-2022/aula1.html` (acesso em 03 out. 2024) há quatro exemplos de códigos para rodar com conjuntos de dados, usando redes neurais. Baixe os dados como indicado e rode os programas.

APRENDIZADO NÃO SUPERVISIONADO

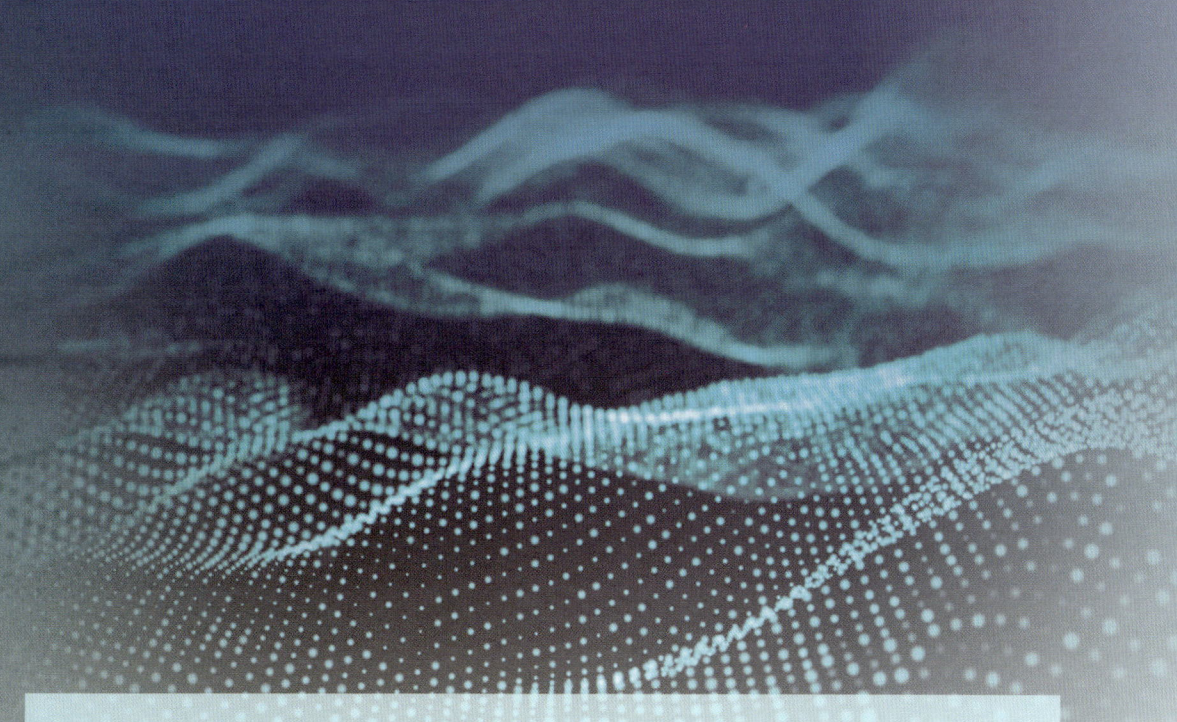

Na terceira parte do texto, consideramos conjuntos de dados em que todas as variáveis têm a mesma natureza, isto é, em que não há distinção entre variáveis preditoras e respostas. O objetivo das técnicas de análise de dados com esse figurino é o entendimento da estrutura de associação entre as variáveis disponíveis. Nesse contexto, consideramos análise de agrupamentos, cujo objetivo é agrupar os elementos do conjunto de dados segundo algum critério de semelhança e análise de componentes principais, análise fatorial e análise de componentes independentes, de modo a reduzir o número de variáveis por meio da construção de combinações lineares baseadas na estrutura de dependência entre elas.

Baixe o material suplementar neste QR Code

uqr.to/1x8so

ANÁLISE DE AGRUPAMENTOS

A tarefa de converter observações em números é a mais difícil de todas, a última e não a primeira coisa a fazer, e pode ser feita somente quando você aprendeu bastante sobre as observações.

Lewis Thomas

13.1 Introdução

O objetivo do conjunto de técnicas conhecido como **Análise de Agrupamentos** (*Cluster Analysis*), por vezes, chamada de **segmentação de dados**, é reunir "dados" pertencentes a um determinado espaço em "grupos" de acordo com alguma medida de distância, de modo que as distâncias entre os elementos de um mesmo grupo sejam "pequenas". O espaço aqui mencionado pode ser um espaço euclidiano, eventualmente de dimensão grande, ou pode ser um espaço não euclidiano, por exemplo, aquele que caracteriza documentos a serem agrupados segundo certas características, como assunto tratado, correção gramatical etc. A Análise de Agrupamentos está inserida no conjunto de técnicas conhecido por **Aprendizado não Supervisionado**, ou seja, em que todas as variáveis do conjunto de dados são consideradas sem distinção entre preditoras e respostas. O objetivo é descrever associações e padrões entre essas variáveis. Com essa finalidade, podemos usar várias técnicas de agrupamento e neste capítulo iremos discutir algumas delas.

A Análise de Agrupamentos é usada em muitas áreas e aplicações, como:

i) Segmentação de imagens, como em **fMRI** (imagens por ressonância magnética funcional), em que se pretende particionar as imagens em áreas de interesse. Veja, por exemplo, Sato et al. (2007).

ii) Bioinformática, em que o objetivo é a análise de expressão de genes gerados de *microarrays* ou sequenciamento de *DNA* ou de proteínas. Veja Hastie et al. (2017) ou Fujita et al. (2007), por exemplo.

iii) Reconhecimento de padrões de objetos e caracteres, como em identificação de textos escritos à mão.

iv) Redução (ou compressão) de grandes conjuntos de dados, a fim de escolher grupos de dados de interesse.

Para motivar o problema, comecemos com um exemplo.

Exemplo 13.1 Consideremos as medidas das variáveis Altura (X_1, em cm), Peso (X_2, em kg), Idade (X_3, em anos) e Sexo (X_4, M ou F) de 12 indivíduos, dispostas nas colunas 2, 3, 4 e 5 na Tabela 13.1. Nessa tabela, a média da i-ésima variável é indicada por μ_i e o desvio padrão por σ_i. Nas colunas 6, 7 e 8 dispomos os valores das variáveis padronizadas, ou seja, obtidas por meio da transformação

$$Z_i = (X_i - \mu_i)/\sigma_i, \ i = 1,2,3. \tag{13.1}$$

Tabela 13.1 Dados de 12 indivíduos

Indivíduo	Altura	Peso	Idade	Sexo	Altura	Peso	Idade
					Padronizados		
A	180	75	30	M	0,53	0,72	0,38
B	170	70	28	F	−0,57	−0,13	−0,02
C	165	65	20	F	−1,12	−0,97	−1,61
D	175	72	25	M	−0,02	0,21	−0,61
E	190	78	28	M	1,63	1,23	−0,02
F	185	78	30	M	1,08	1,23	0,38
G	160	62	28	F	−1,67	−1,48	−0,02
H	170	65	19	F	−0,57	−0,97	−1,81
I	175	68	27	M	−0,02	−0,47	−0,22
J	180	78	35	M	0,53	1,23	1,38
K	185	74	35	M	1,08	0,55	1,38
L	167	64	32	F	−0,90	−1,14	0,78
μ	175,17	70,75	28,08	−	0	0	0
σ	9,11	5,91	5,02	−	1	1	1

Para a variável Sexo (X_4) esta padronização, é claro, não faz sentido. Na Figura 13.1, apresentamos um gráfico de dispersão de Peso (X_3) *versus* Altura (X_2).

Com a finalidade de agrupar pontos "próximos", precisamos escolher uma distância, como a distância euclidiana, bastante utilizada com esse propósito. Dados dois pontos em um espaço de dimensão 2, $\mathbf{x} = (x_1, x_2)$ e $\mathbf{y} = (y_1, y_2)$, a distância euclidiana entre eles é definida por

$$d(\mathbf{x}, \mathbf{y}) = \sqrt{(x_1 - y_1)^2 + (x_2 - y_2)^2}.$$

No caso geral de um espaço euclidiano p-dimensional, a distância é definida por

$$d(\mathbf{x}, \mathbf{y}) = \sqrt{(x_1 - y_1)^2 + \ldots + (x_p - y_p)^2}.$$

Além da distância euclidiana, podemos usar outras distâncias, como

$$d_1 = |x_1 - y_1| + \ldots + |x_p - y_p| : \text{distância } L_1 \text{ ou Manhattan}, \tag{13.2}$$

$$d_2 = \max_{1 \le i \le p} |x_i - y_i| : \text{distância } L_\infty. \tag{13.3}$$

Para espaços não euclidianos, há outras definições de distância, como a distância de Hamming, cosseno, Jaccard, edit etc. Detalhes são apresentados na Nota 1.

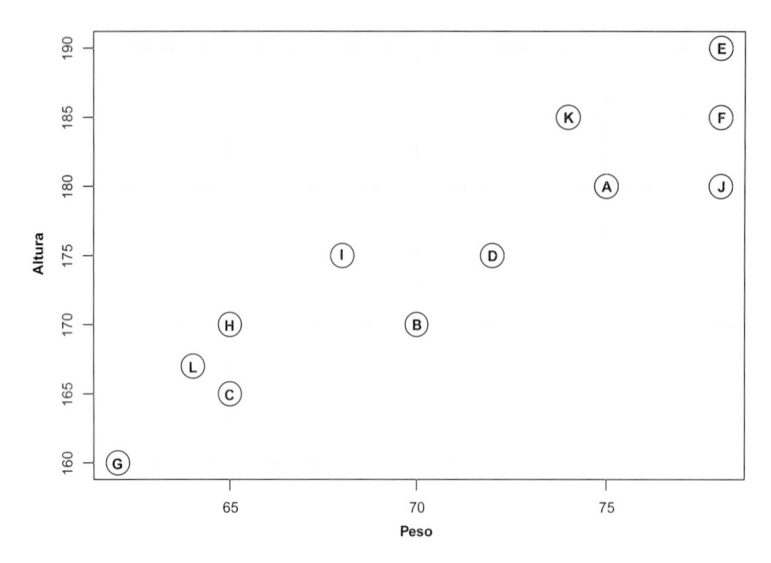

Figura 13.1 Gráfico de Altura *versus* Peso para os dados da Tabela 13.1.

Escolhida uma distância, podemos construir a correspondente **matriz de similaridade**, que no caso de n unidades amostrais é uma matriz de dimensão $n \times n$, $\mathbf{D} = [d(i,j)]_{i,j=1}^{n}$, simétrica, com os elementos da diagonal principal iguais a zero. É comum considerar uma matriz reduzida, de ordem $(n-1) \times n$, sem os termos acima (ou abaixo) da diagonal principal para evitar tanto os valores nulos da diagonal principal quanto os valores redundantes. A Tabela 13.2 contém a matriz de similaridade obtida com a distância euclidiana para os dados da Tabela 13.1.

Tabela 13.2 Matriz de similaridade, distância euclidiana

	A	B	C	D	E	F	G	H	I	J	K
B	11,18										
C	18,03	7,07									
D	5,83	5,38	12,21								
E	10,44	21,54	28,18	16,16							
F	5,83	17,00	23,85	11,66	**5,00**						
G	23,85	12,81	5,83	18,03	34,00	29,68					
H	14,14	**5,00**	**5,00**	8,60	23,85	19,85	10,44				
I	8,60	5,39	10,44	4,00	18,03	14,14	16,16	5,83			
J	**3,00**	12,81	19,85	7,81	10,00	**5,00**	25,61	16,40	11,18		
K	**5,10**	15,52	21,93	10,20	6,40	**4,00**	27,73	17,49	11,66	6,40	
L	17,03	6,71	**2,24**	11,31	26, 93	22,80	7,28	**3,16**	8,94	19,10	20,59

As distâncias salientadas em negrito na Tabela 13.2 em ordem crescente, nomeadamente,

$$d(C,L) = 2,24 \qquad d(B,H) = 5,00$$
$$d(A,J) = 3,00 \qquad d(C,H) = 5,00$$
$$d(H,L) = 3,16 \qquad d(E,F) = 5,00$$
$$d(D,I) = 4,00 \qquad d(F,J) = 5,00$$
$$d(F,K) = 4,00 \qquad d(A,K) = 5,10$$

nos dão uma ideia de como agrupar os indivíduos.

13.2 Estratégias de agrupamento

Segundo Hastie et al. (2017), os algoritmos de agrupamento podem ser classificados como:

a) **combinatórios**: trabalham diretamente com os dados, não havendo referência à sua distribuição;

b) **baseados em modelos**: supõem que os dados constituem uma amostra aleatória simples de uma população cuja densidade de probabilidade é uma mistura de densidades componentes, cada qual descrevendo um grupo;

c) **caçadores de corcovas** (*bump hunters*): estimam, de modo não paramétrico, as modas das densidades. As observações mais próximas a cada moda definem os grupos.

Os algoritmos combinatórios, por sua vez, podem ser classificados em dois subgrupos:

i) **Algoritmos hierárquicos**: que ainda podem ser subdivididos em **aglomerativos** e **divisivos**. No primeiro caso, o procedimento utilizado para o agrupamento inicia-se com a classificação de cada ponto em um grupo e, em seguida, combinam-se os grupos com base em suas proximidades, usando alguma definição de proximidade (como uma distância). O processo termina quando um número pré-fixado de grupos é atingido ou quando por alguma razão (de cunho interpretativo) formam-se grupos indesejáveis. No segundo caso, todos os pontos são inicialmente considerados em um único grupo, que é subdividido sucessivamente até que alguma regra de parada seja satisfeita. Neste texto, usaremos apenas o método aglomerativo.

ii) **Algoritmos de partição ou obtidos por associação de pontos**: os grupos obtidos formam uma partição do conjunto de pontos original. Os pontos são considerados em alguma ordem e cada um deles é associado ao grupo ao qual ele melhor se ajusta. O método chamado de **K-médias** pertence a esse grupo de algoritmos.

Em um espaço euclidiano munido de alguma distância entre pontos, os grupos podem ser caracterizados pelo seu **centroide** (média das coordenadas dos pontos). Para espaços não euclidianos, precisamos de outra maneira para caracterizar os grupos.

Em conjuntos de pontos muito grandes, quase todos os pares de pontos têm distâncias muito parecidas entre si. Esse fato está relacionado com aquilo que se chama de **maldição da dimensionalidade** (*curse of dimensionality*).

Não existe um algoritmo que seja mais recomendado para todos os casos. A interpretação dos grupos resultantes deve ser levada em conta na escolha do algoritmo mais adequado a cada problema.

13.3 Algoritmos hierárquicos

Ilustraremos o funcionamento de um algoritmo hierárquico por meio de um exemplo.

Exemplo 13.1 (continuação) Consideremos as variáveis X_2 (Altura) e X_3 (Peso) representadas no diagrama de dispersão da Figura 13.1. Adotemos a distância euclidiana para avaliar a proximidade entre dois pontos no espaço euclidiano associado. Cada grupo a ser formado será representado pelo seu centroide e a regra de agrupamento consistirá em agregar os grupos para os quais a distância entre os respectivos centroides seja a menor possível. Os passos para a implementação do algoritmo são:

i) Considerar cada ponto como um grupo de forma que seu centroide é definido pelas próprias coordenadas.

ii) Consultar a matriz de similaridade exibida na Tabela 13.2 e agrupar $C = (65; 165)$ e $L = (64; 167)$, que são os pontos mais próximos, com $d(C,L) = \sqrt{5,00} = 2,24$. Esses dois pontos formam o primeiro agrupamento, $\mathcal{G}_1 = \{C,L\}$ com centroide definido por $c(C,L) = (166; 64,5)$. A distância entre esses pontos, 2,24, será chamada **nível do agrupamento ou de junção**.

iii) Em seguida, recalcular as distâncias entre os novos grupos, $A, B, \mathcal{G}_1, D, E, F, G, H, I, J, K$. Apenas as distâncias de cada ponto (grupo) ao centroide do grupo $\mathcal{G}_1 = \{C,L\}$ serão alteradas. Consultar novamente a matriz de similaridade, observando que a distância entre $A = (75; 180)$ e $J = (78; 180)$ é 3,00, indicando que esses pontos devem formar um novo grupo $\mathcal{G}_2 = \{A,J\}$, com centroide $c(\mathcal{G}_2) = (76,5; 180)$ e nível de agrupamento 3,00.

iv) Consultar novamente a Tabela 13.2, observar que a distância entre $D = (72; 175)$ e $I = (68; 175)$ é 4,00 e agregá-los no grupo $\mathcal{G}_3 = \{D,I\}$, com centroide $c(\mathcal{G}_3) = (70; 175)$ e nível de agrupamento 4,00.

v) Observar em seguida que os pontos mais próximos são $F = (78; 185)$ e $K = (74, 185)$, com distância 4,00, e formar o grupo $\mathcal{G}_4 = \{F,K\}$, com centroide $c(\mathcal{G}_4) = (76; 185)$ e nível de agrupamento 4,00.

vi) Notar que a distância do ponto $H = (65; 170)$ ao centroide do grupo $\mathcal{G}_1$ é $d(H,c(\mathcal{G}_1)) \approx 4,03$ e formar um novo grupo $\mathcal{G}_5 = \{C,H,L\}$, com centroide $c(\mathcal{G}_5) = (64,7; 168)$ e nível de agrupamento 4,03.

vii) A seguir, agrupar $B = (70; 170)$ com $\mathcal{G}_3 = \{D,I\}$, notando que a distância entre B e o centroide desse grupo é 5,00, que é o nível de junção correspondente. O novo grupo é $\mathcal{G}_6 = \{B,D,I\}$, com centroide $c(\mathcal{G}_6) = (70; 172,5)$.

viii) Agrupar agora $\mathcal{G}_2 = \{A,J\}$ e $\mathcal{G}_4 = \{F,K\}$, cuja distância entre centroides é 5,02, formando o grupo $\mathcal{G}_7 = \{A,F,J,K\}$, com centroide $c(\mathcal{G}_7) = (76,25; 182,5)$ e nível de agrupamento 5,02.

ix) Agregar o ponto $G = (62; 160)$ ao grupo $\mathcal{G}_5 = \{C,H,L\}$, obtendo o novo grupo $\mathcal{G}_8 = \{C,G,H,L\}$, com centroide $c(\mathcal{G}_8) = (63,4; 164)$ e nível de agrupamento 7,31.

x) Finalmente, agregar o ponto $E = (78; 190)$ ao grupo $\mathcal{G}_7 = \{A,F,J,K\}$, obtendo o grupo $\mathcal{G}_9 = \{A,E,F,J,K\}$, com centroide $c(\mathcal{G}_9) = (77,1; 186,3)$ e nível de agrupamento 7,50.

Os agrupamentos formados pelo algoritmo estão representados na Figura 13.2. Podemos prosseguir, agrupando dois desses grupos (aqueles associados com a menor distância entre os respectivos centroides) e, finalmente, agregar os dois grupos restantes.

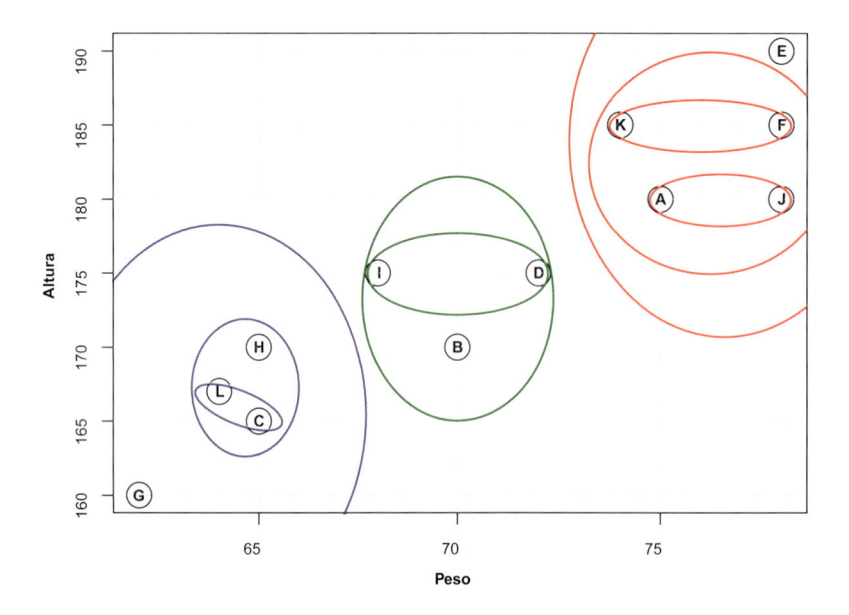

Figura 13.2 Agrupamentos obtidos para o Exemplo 13.1.

Um gráfico chamado **dendrograma** resume o procedimento e está representado na Figura 13.3. No eixo vertical da figura, colocamos os níveis de agrupamento e, no horizontal, os pontos de modo conveniente. Nessa figura, usamos a distância euclidiana.

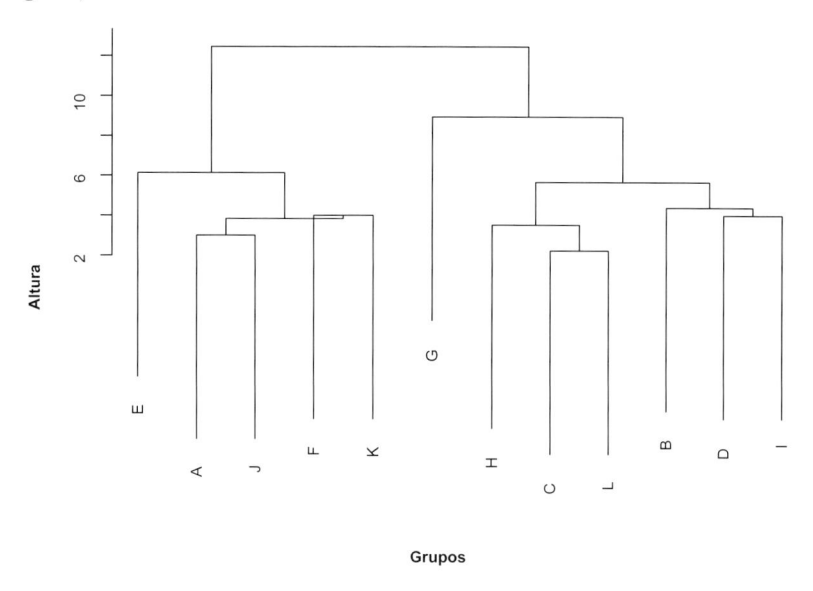

Figura 13.3 Dendrograma para o Exemplo 13.1.

Na Tabela 13.3, temos um resumo do método hierárquico, usando distância euclidiana e centroides, para agrupar os pontos do Exemplo 13.1.

Tabela 13.3 Resumo do procedimento de agrupamento para o Exemplo 13.1

Passo	Agrupamento	Nível
1	C, L	2,24
2	A, J	3,00
3	D, I	4,00
4	F, K	4,00
5	H, CL	4,03
6	B, DI	5,00
7	AJ, KF	5,02
8	G, CHL	7,31
9	E, AFJK	7,50

O primeiro dos três grupos representados na Figura 13.2 contém os indivíduos menos pesados e mais baixos (4 pessoas), o segundo contém indivíduos com pesos e alturas intermediárias (3 pessoas) e o terceiro contém os indivíduos mais pesados e mais altos (5 pessoas). Se esse for o objetivo, podemos parar aqui. Se o objetivo for obter dois grupos, um com indivíduos mais baixos e menos pesados e outro com indivíduos mais altos e mais pesados, continuamos o processo de agrupamento, obtendo os grupos $\mathcal{G}_9 = \{A,E,F,J,K\}$ e $\mathcal{G}_{10} = \{B,C,D,G,H,I,L\}$.

Um dos objetivos da construção de grupos é **classificar** um novo indivíduo em algum dos grupos obtidos. O problema da classificação está intimamente ligado ao problema de Análise de Agrupamentos e já foi tratado em capítulos anteriores.

Um pacote que pode ser usado para agrupamento é o `cluster` para o qual é preciso especificar a distância (`euclidian`, `maximum`, `manhattan` etc.) a ser adotada e o método de agrupamento (`centroid`, average, median etc.). O pacote contém várias funções para mostrar em que grupo estão as unidades, obter o dendrograma etc.

Exemplo 13.2 Consideremos os dados do arquivo `tipofacial` analisados nos Exemplos 10.2 e 11.1. Aqui, o objetivo é agrupar os indivíduos por meio de uma técnica de agrupamento hierárquica, utilizando as variáveis `altfac`, `proffac`, `eixofac`, `planmand`, `arcomand` e `vert`. Esse objetivo pode ser concretizado por meio dos seguintes comandos do pacote `cluster`.

```
> face <- read.xls("/home/julio/Desktop/tipofacial.xls",
                    sheet = 'dados', method = "tab")
> face1 <- subset(face, select = c(altfac, proffac, eixofac, planmand,
                  arcomand, vert))
> distancia <- dist(face1, method = "euclidean")
> fit <- hclust(distancia, method="ward.D")
> plot(fit, main="", xlab="", ylab="Distância", sub="")
> groups <- cutree(fit, k=3)
> rect.hclust(fit, k=3, border="red")
```

O dendrograma resultante, em que especificamos três grupos em uma tentativa de identificar dolicocéfalos, mesocéfalos e braquicéfalos, está apresentado na Figura 13.4. Em função do número de elementos do conjunto de dados, os rótulos associados não são completamente legíveis.

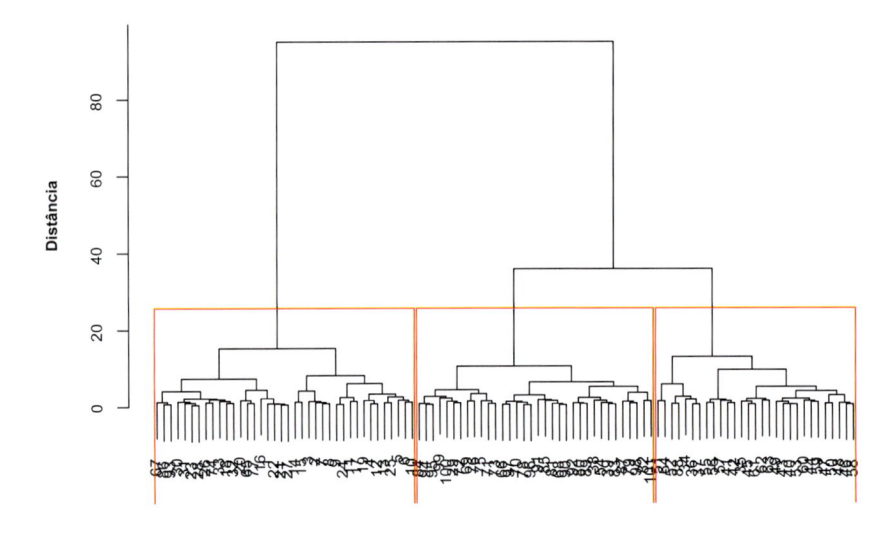

Figura 13.4 Dendrograma para o Exemplo 13.2.

Para efeito de avaliação da capacidade de classificação obtida por meio da análise de agrupamentos, construímos uma tabela de confusão comparando os resultados com os valores observados.

```
groups   braq dolico meso
  braq     32      0    6
  dolico    0     28    1
  meso      1      3   30
```

Onze indivíduos são incorretamente classificados, o que corresponde a uma taxa de erros de classificação igual a 10,9%.

Uma visualização bidimensional dos dados baseada em duas componentes principais (veja o Capítulo 14), que neste caso explicam 83,3% da variabilidade, está disposta na Figura 13.5 e pode ser obtida com os seguintes comandos

```
> clusplot(face1, groups, labels=2, main="", xlab="Componente 1",
         ylab="Componente 2", col.p = groups, col.clus=groups, sub="")
```

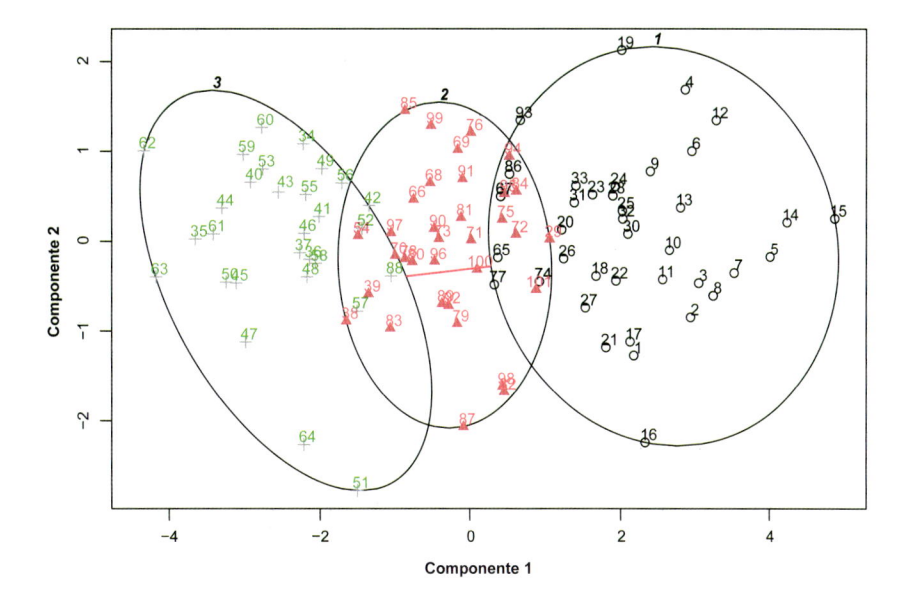

Figura 13.5 Agrupamentos para o Exemplo 13.2 (pontos pretos = dolico, vermelhos = meso e verdes = braqui).

13.4 Algoritmos de partição: K–médias

O objetivo do algoritmo K-médias é agregar os pontos em K grupos, de tal modo que a soma dos quadrados das distâncias dos pontos aos centros dos agrupamentos (*clusters*) seja minimizada. É um método baseado em centroides, pertence à classe de algoritmos de partição e requer que o espaço seja euclidiano. Usualmente, o valor de K é conhecido e deve ser fornecido pelo usuário, mas é possível obtê-lo por tentativa e erro.

O algoritmo mais comum nessa classe, proposto por Hartigan e Wong (1979), é bastante usado como *default* em pacotes computacionais. Outros algoritmos são os de MacQueen (1967), Lloyd (1982) e Forgy (1965). A função `kmeans()` do pacote `cluster` pode ser utilizada para construir agrupamentos com base no algoritmo de Hartigan e Wong (1979).

A ideia que fundamenta o algoritmo consiste na definição de grupos em que a variação interna é minimizada. Em geral, essa variação interna corresponde à soma dos quadrados das distâncias euclidianas entre pontos de um grupo e o centroide correspondente,

$$W(\mathcal{G}_k) = \sum_{\mathbf{x}_i \in \mathcal{G}_k} ||\mathbf{x}_i - \boldsymbol{\mu}_k||^2, \tag{13.4}$$

em que $\mathbf{x}_i$ é um ponto no grupo $\mathcal{G}_k$ e $\boldsymbol{\mu}_k$ é o centroide correspondente.

O algoritmo consiste nos seguintes passos:

i) Fixe K e selecione K pontos que pareçam estar em grupos diferentes.

ii) Considere esses pontos como os centroides iniciais desses grupos.

iii) Inclua cada ponto do conjunto de dados no grupo cujo centroide esteja mais próximo com base na distância euclidiana.

iv) Para cada um dos K grupos, recalcule o centroide após a inclusão dos pontos.

v) Minimize, iterativamente, a soma de quadrados total dentro dos grupos, até que os centroides não mudem muito (o pacote `kmeans` usa 10 iterações como *default*).

A soma total de quadrados dentro dos grupos é definida por

$$\sum_{k=1}^{K} W(\mathcal{G}_k) = \sum_{k=1}^{K} \sum_{x_i \in \mathcal{G}_k} ||\mathbf{x}_i - \boldsymbol{\mu}_k||^2. \tag{13.5}$$

Como o algoritmo K-médias é baseado na distância euclidiana, convém padronizar as variáveis quando estão expressas com diferentes unidades de medida, especialmente no caso em que uma ou mais variáveis têm valores muito diferentes. Por exemplo, para agrupar automóveis com base no preço (R\$) e na potência do motor (CV), o preço será a variável dominante no cálculo da distância euclidiana se não houver padronização.

Ilustremos a utilização do algoritmo por meio de um exemplo simulado.

Exemplo 13.3 Consideremos 100 observações simuladas de duas variáveis com distribuições normais, com médias iguais a 0 e desvios padrões iguais a 0,3 e outras 100 de duas variáveis normais com médias iguais a 1 e com os mesmos desvios padrões 0,3. Na Figura 13.6, apresentamos os dois grupos com os respectivos centroides, resultantes da aplicação do algoritmo **K-médias** com $K = 2$, obtidos por meio dos comandos

```
> set.seed(123)
> fit1 <- kmeans(dados, iter.max = 100, nstart = 3, centers=2)
dados$group <- fit1$cluster
> fit1$centers[1:2, 2:3]
```

do pacote `stats`.

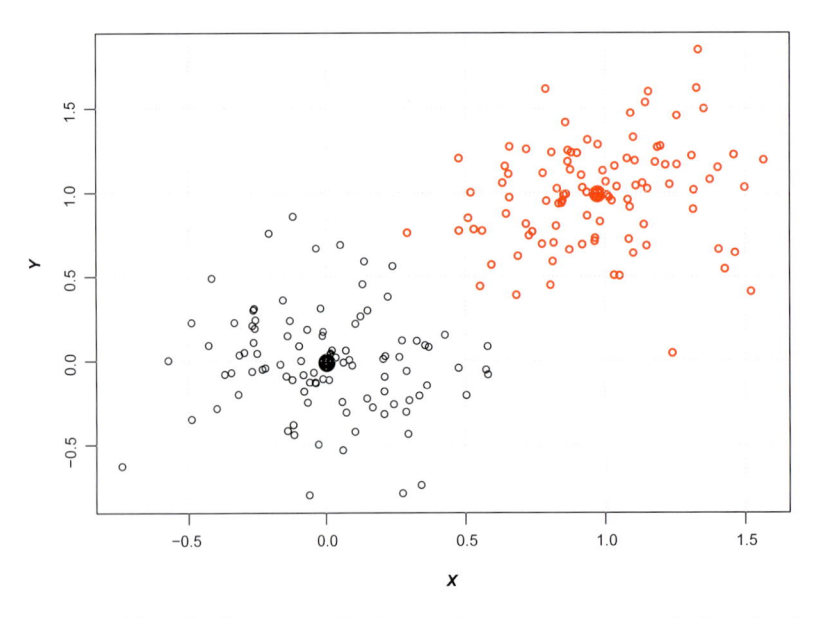

Figura 13.6 Dados e centroides obtidos por meio do pacote `kmeans` para os dados simulados (Exemplo 13.3).

Exemplo 13.4 Consideremos as variáveis Peso e Altura da Tabela 13.1. Aproveitando o resultado do procedimento hierárquico usado na primeira análise, fixemos o número de grupos $K = 3$. Por meio dos seguintes comandos do pacote `stats`

```
> set.seed(345)
> fit1 <- kmeans(dados, iter.max = 100, nstart = 3, centers=3)
> dados$group <- fit1$cluster
> fit1$centers
```

obtemos os centroides dos três grupos,

```
  index Peso   Altura group
1   7.5 64.0 165.5000    2
2   5.0 70.0 173.3333    1
3   6.6 76.6 184.0000    3
```

As somas de quadrados dentro dos grupos e a soma de quadrados total entre grupos podem ser obtidas por meio dos comandos

```
> fit1$withinss
[1] 100.00000  50.66667 150.40000
> fit1$betweenss
[1] 1148.767
```

Um gráfico com os 12 pontos e os respectivos centroides está disposto na Figura 13.7.

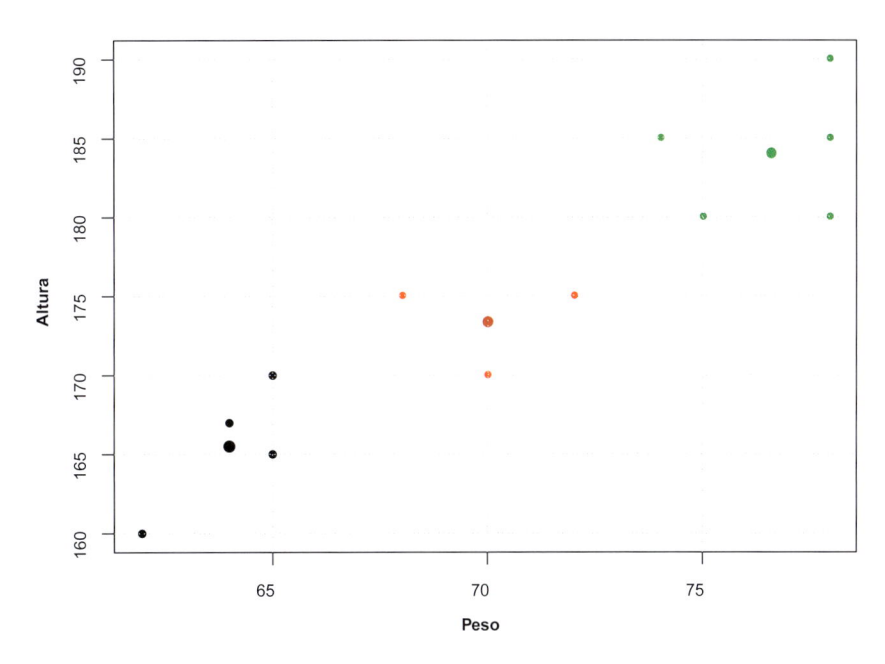

Figura 13.7 Dados e centroides dos três grupos obtidos por meio do pacote `kmeans` para o Exemplo 13.4.

Exemplo 13.5 Consideremos os dados disponíveis em `https://raw.githubusercontent.com/datasc ienceinc/learn-data-science/master/Introduction-to-K-means-Clustering/Data/data_1024 .csv` correspondentes a um conjunto de 4000 motoristas encarregados de fazer entregas de determinados produtos em setores urbano e rural. Dentre as variáveis existentes no arquivo de dados, selecionamos apenas duas, nomeadamente, X_1: distância média percorrida por cada motorista (em milhas) e X_2: porcentagem média do tempo em que o motorista esteve acima do limite de velocidade por mais de 5 milhas por hora. Uma análise detalhada dos dados pode ser obtida em Trevino (2016).

Na Figura 13.8, apresentamos um diagrama de dispersão referente às duas variáveis, no qual salientam-se claramente dois grupos: Grupo 1, contendo os motoristas que fazem entregas no setor urbano, e Grupo 2, contendo motoristas que fazem entregas no setor rural.

O algoritmo K-médias com $K = 2$ pode ser aplicado às variáveis padronizadas por meio dos comandos

```
> df <- cbind(x,y)
> dados.padr=scale(df)
> km2 <- kmeans(dados.padr, 2, nstart=5)
```

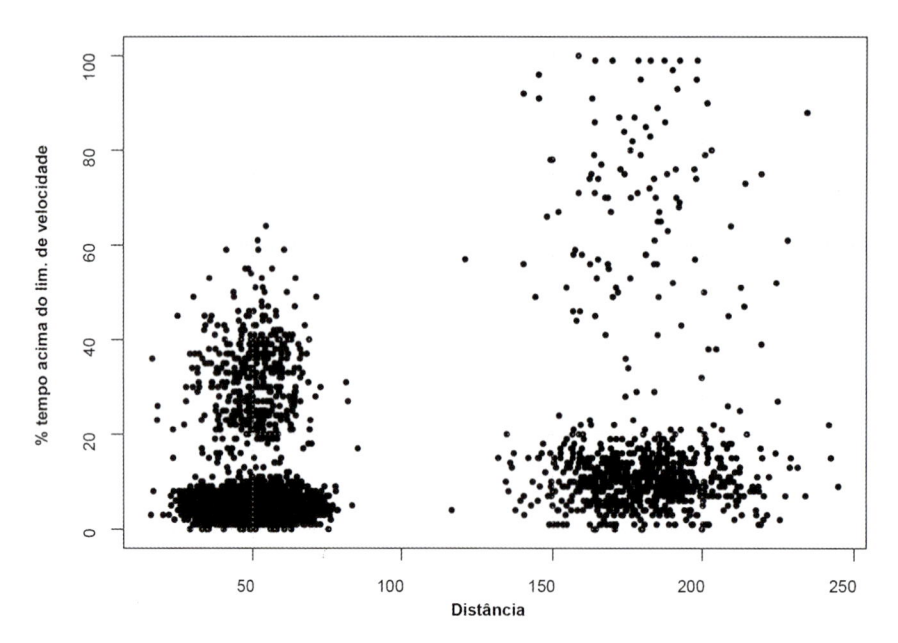

Figura 13.8 Gráfico de dispersão de X_1 *versus* X_2 para o Exemplo 13.5.

e os centroides dos dois grupos (em termos das variáveis originais) podem ser obtidos com os comandos

```
> km2$centers
> xbar <- mean(x)
> xstd <- sd(x)
> ybar <- mean(y)
> ystd <- sd(y)
> centerx1 <- xbar + (km2$centers[1,1])*xstd
> centery1 <- ybar + (km2$centers[1,2])*ystd
> centerx2 <- xbar + (km2$centers[2,1])*xstd
> centery2 <- ybar + (km2$centers[2,2])*ystd
```

definindo

Grupo 1: Centroide = (180,31; 18,31) [motoristas do setor rural]

Grupo 2: Centroide = (50,07; 8,83) [motoristas do setor urbano].

Os grupos estão claramente representados na Figura 13.9 e refletem a separação observada no gráfico de dispersão.

Uma utilização do mesmo algoritmo com $K = 4$ gera os seguintes 4 grupos, em que os motoristas também são separados de acordo com o limite de velocidade, além da divisão em zonas urbana ou rural:

Grupo 1: Centroide = (177,83; 70,29) [motoristas do setor rural, acima do limite de velocidade]

Grupo 2: Centroide = (50,02; 5,20) [motoristas do setor urbano, dentro do limite de velocidade]

Grupo 3: Centroide = (50,20; 32,37) [motoristas do setor urbano, acima do limite de velocidade]

Grupo 4: Centroide = (180,43; 10,53) [motoristas do setor rural, dentro do limite de velocidade]

O gráfico correspondente está disposto na Figura 13.10.

Exemplo 13.6 O arquivo `socioecon` contém dados socioeconômicos de 16.202 dos 18.330 setores censitários do município de São Paulo. As variáveis são `ivs`, um índice de vulnerabilidade social, `semaguaesgoto`, a porcentagem da população sem serviço de água e esgoto, `vulnermais1h`, a porcentagem da população considerada vulnerável à pobreza que leva mais de 1 hora no deslocamento para o trabalho, `vulner`, a porcentagem de pessoas consideradas vulneráveis à pobreza, `espvida`, a esperança de vida ao nascer, `razdep`, o número de pessoas economicamente menores de 14 anos e acima de 65 dividido pelo número

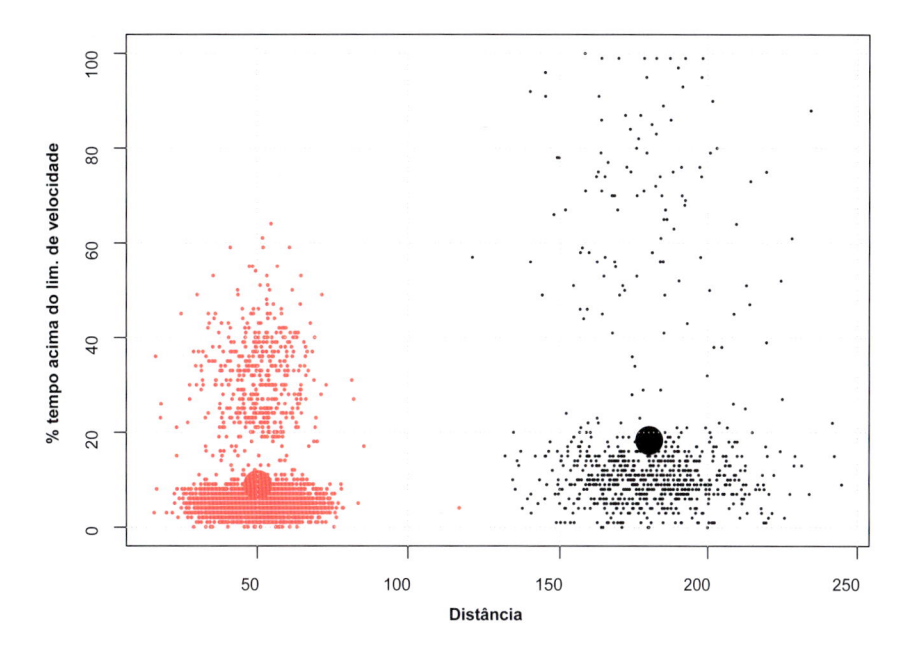

Figura 13.9 Grupos e respectivos centroides obtidos por meio do algoritmo K-médias com $K = 2$ para o Exemplo 13.5.

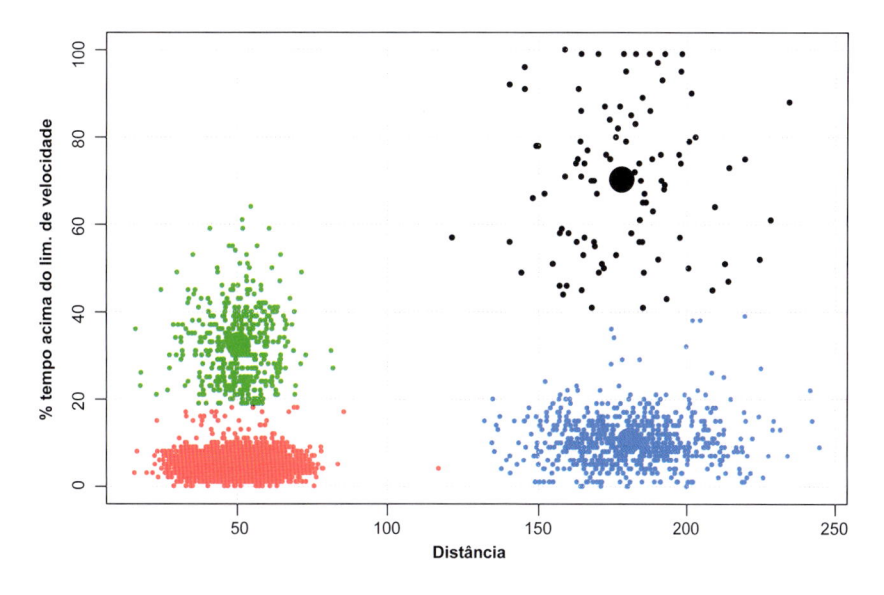

Figura 13.10 Grupos obtidos por meio do algoritmo K-médias com $K = 4$ para o Exemplo 13.5.

de pessoas entre 15 e 64 anos, `env`, a população de 65 anos ou mais dividido pela população total, e `densidadem2`, a porcentagem da população em domicílios com densidade maior do que 2. O objetivo é reunir esses setores censitários em grupos com diferentes níveis de vulnerabilidade social, utilizando o algoritmo K-médias. Para efeito didático, consideramos 3 grupos, que podem ser determinados por meio dos comandos

```
vars <- c("ivs", "semaguaesgoto", "vulnermais1h", "vulner", "espvida",
"razdep", "env", "densidadem2")
options(digits=3)
set.seed(210)
clusters <- kmeans(socioecon2[,vars], 3)
```

Os centroides dos grupos gerados pelo algoritmo, além do número de setores censitários em cada grupo, obtidos por meio dos comandos

```
clusters$centers
clusters$size
```

são

	ivs	semaguaesgoto	vulnermais1h	vulner	espvida	razdep	env	densidadem2
1	0.292	0.1686	28.45	11.77	77.8	40.3	8.84	32.4
2	0.108	0.0188	3.37	2.71	80.9	37.2	13.29	11.2
3	0.361	1.1401	49.88	26.39	73.0	44.1	4.11	46.4

```
[1] 6954 4440 4808
```

Esses resultados mostram que no grupo 2 estão reunidos os setores censitários com os menores valores das variáveis, sugerindo pouca vulnerabilidade social, ao passo que nos grupos 1 e 3 estão reunidos setores censitários com vulnerabilidade social média e muita, respectivamente. Um mapa indicando a localização desses grupos pode ser construído por meio dos pacotes `sf` e `tmap` em conjunto com um arquivo do tipo `shapefile` contendo os contornos dos setores censitários. Para acoplar esse arquivo com aquele obtido pelo algoritmo, uma variável-chave deve constar em ambos. No caso, essa chave é o código de localização dos setores censitários, `CDGEOCODI`. Os comandos necessários para gerar a Figura 13.11 são

```
> socioecon2$cluster <- as.factor(socioecon2$cluster)
> write.xlsx(socioecon2, file = "socioecon3.xlsx", sheetName = "dados",
    append = FALSE)
> socioecon3 <- read_excel("/home/julio/Desktop/socioecon3.xlsx",
            sheet='dados')
> socioecon3$cluster <- as.factor(socioecon3$cluster)
> socioecon3$grupo <- revalue(socioecon3$cluster,
    c("2"="pouca", "1"="media", "3"="muita"))
> scens_sf <- st_read("MSP_SC2010.shp", quiet = TRUE)
> dat_map <- inner_join(socioecon3, scens_sf, by = "CD_GEOCODI")
> dat_map <- st_as_sf(dat_map)
> st_crs(scens_sf)
> tmap_options(check.and.fix = TRUE)
> tm_shape(dat_map) + tm_fill("grupo", palette =
    c("orange", "pink", "red"))
```

Os setores censitários com menor nível de vulnerabilidade social (coloridos em rosa) estão situados na região central do município; aqueles com maior nível de vulnerabilidade social (coloridos em vermelho) situam-se na periferia do município. Os setores censitários em branco são aqueles para os quais não há dados.

13.5 Notas de capítulo

NOTA 1: Distâncias para espaços não euclidianos

Consideramos algumas distâncias alternativas para espaços não euclidianos. No caso de sequências (*strings*) $x = x_1 x_2 \cdots x_n$ e $y = y_1 y_2 \cdots y_n$, uma distância conveniente é a distância **edit**, que corresponde ao número de inserções e exclusões de caracteres necessários para converter x em y. Consideremos, por exemplo, as sequências $x = abcd$ e $y = acde$. A distância *edit* entre essas sequências é $d_e(x,y) = 2$, pois temos que excluir b e inserir e depois do d para concretizar a conversão. Uma outra maneira de obter essa

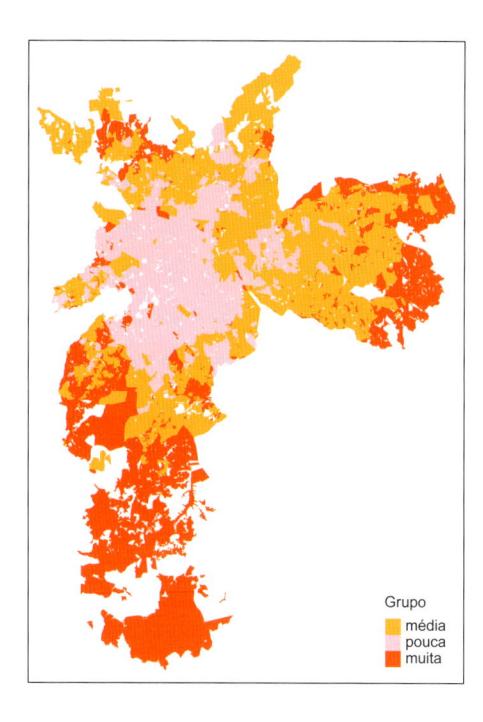

Figura 13.11 Mapa com a distribuição de setores censitários, segundo a vulnerabilidade social dos moradores (Exemplo 13.6).

distância é considerar a subsequência mais longa comum a x e y. No exemplo, é *acd*. A distância *edit* é $d_e(x,y) = \ell(x) + \ell(y) - 2\ell(SML)$, em que ℓ indica o comprimento de cada sequência e SML representa "subsequência mais longa". No exemplo, $d_e(x,y) = 4 + 4 - 2 \times 3 = 2$.

Outra distância que pode ser usada para a obtenção de agrupamentos é a **distância *Hamming***, que corresponde ao número de posições em que dois vetores (de mesma dimensão) diferem. Por exemplo, se $x = 110010$ e $y = 100101$, então a distância *Hamming* entre eles é $d_H(x,y) = 4$.

Um problema associado a agrupamentos em espaços não euclidianos é a representação de grupos, pois não podemos, por exemplo, calcular os centroides correspondentes. Uma alternativa proposta por Kaufman e Rousseeuw (1990) envolve o conceito de **medoides**. No algoritmo K-médias, o centroide de um grupo é definido a partir das coordenadas de seus elementos e, em geral, não corresponde a nenhum deles. O medoide, por sua vez, corresponde a um dos elementos do grupo e é definido como aquele cujas distâncias (*edit*, por exemplo) aos demais pontos é mínima. Kaufman e Rousseeuw (1990) propõem um algoritmo denominado **particionando em torno de medoides** (*partitioning around medoids*) para a formação dos agrupamentos. Mais recentemente, outros algoritmos têm sido propostos com a mesma finalidade. Veja Schubert e Rousseeuw (2021), para detalhes.

NOTA 2: Classificação de algoritmos aglomerativos

Consideremos dois grupos quaisquer, A e B, obtidos por meio de algum algoritmo hierárquico e a distância entre eles, $d(A,B)$. Segundo Hastie et al. (2017), os algoritmos aglomerativos podem ser classificados como:

a) **Algoritmos com ligação simples** (*single linkage*), para os quais adota-se a distância mínima entre pares de pontos, cada um deles em um grupo diferente, ou seja,

$$d_{SL}(A,B) = \min_{i \in A, j \in B} d(i,j). \tag{13.6}$$

Esse procedimento também é conhecido como algoritmo do **vizinho mais próximo**.

b) **Algoritmos com ligação completa** (*complete linkage*), para os quais toma-se a máxima distância entre pares de pontos, cada um deles em um grupo diferente:

$$d_{CL}(A,B) = \max_{i \in A, j \in B} d(i,j). \tag{13.7}$$

c) **Algoritmos com ligação média** (*group average*), em que se adota a distância média entre pares de pontos, cada um deles em um grupo diferente:

$$d_{GA}(A,B) = \frac{1}{N_A N_B} \sum_{i \in A} \sum_{j \in B} d(i,j). \tag{13.8}$$

Aqui, N_A e N_B indicam os números de observações em cada grupo.

Ligações simples produzem grupos com diâmetros grandes e ligações completas produzem grupos com diâmetros pequenos; agrupamentos com ligação média representam um compromisso entre esses dois extremos (veja o Exercício 4).

NOTA 3: Matriz cofenética

A matriz cofenética contém as distâncias entre os objetos obtidas a partir do dendrograma. Para os dados do Exemplo 13.1, a matriz cofenética pode ser obtida por meio dos comandos

```
> options(digits=3)
> dados1 <- dados[,-1]
> distancia <- dist(dados1, method = "euclidean")
> hclust_euclid <- hclust(distancia, method = 'centroid')
cophenetic(hclust_euclid)
       1     2     3     4     5     6     7     8     9    10    11
2  12.45
3  12.45  5.66
4  12.45  4.39  5.66
5   6.13 12.45 12.45 12.45
6   3.83 12.45 12.45 12.45  6.13
7  12.45  8.94  8.94  8.94 12.45 12.45
8  12.45  5.66  3.52  5.66 12.45 12.45  8.94
9  12.45  4.39  5.66  4.00 12.45 12.45  8.94  5.66
10  3.00 12.45 12.45 12.45  6.13  3.83 12.45 12.45 12.45
11  3.83 12.45 12.45 12.45  6.13  4.00 12.45 12.45 12.45  3.83
12 12.45  5.66  2.24  5.66 12.45 12.45  8.94  3.52  5.66 12.45 12.45
```

Por exemplo, a distância entre os pontos C e L no Exemplo 13.1 corresponde ao nível em que os dois foram agrupados, nesse caso, 2,24. Essa matriz pode ser comparada com a matriz de distâncias obtida dos dados,

```
> distancia <- dist(dados1, method = "euclidean")
> distancia
       1     2     3     4     5     6     7     8     9    10    11
2  11.18
3  18.03  7.07
4   5.83  5.39 12.21
5  10.44 21.54 28.18 16.16
6   5.83 17.00 23.85 11.66  5.00
7  23.85 12.81  5.83 18.03 34.00 29.68
8  14.14  5.00  5.00  8.60 23.85 19.85 10.44
```

```
9    8.60   5.39  10.44   4.00  18.03  14.14  16.16   5.83
10   3.00  12.81  19.85   7.81  10.00   5.00  25.61  16.40  11.18
11   5.10  15.52  21.93  10.20   6.40   4.00  27.73  17.49  11.66   6.40
12  17.03   6.71   2.24  11.31  26.93  22.80   7.28   3.16   8.94  19.10  20.59
```

Note que as distâncias obtidas nas duas matrizes são diferentes a não ser nos casos em que cada grupo consiste de uma única unidade.

Uma medida da proximidade entre essas duas matrizes é o chamado **coeficiente de correlação cofenético**, que corresponde ao coeficiente de correlação entre os elementos de uma com os elementos da outra situados nas mesmas posições. Para o Exemplo 13.1, esse valor é 0,80 e pode ser considerado um valor adequado (veja o Exercício 6).

NOTA 4: Outros algoritmos

Embora concentramo-nos em exemplos com duas variáveis, é possível considerar casos com mais variáveis, desde que seu número seja menor que o número de unidades. Para mais que duas dimensões, alguns algoritmos foram propostos e são, basicamente, variantes de algoritmos hierárquicos e de K-médias. Entre eles, destacamos:

a) **Algoritmo *BFR*** [(Bradley, Fayyad e Reina (1998)]. É uma variante do algoritmo K-médias para o caso de um espaço euclidiano de alta dimensão, mas é baseado em uma suposição muito forte: em cada dimensão, a forma dos agrupamentos deve seguir uma distribuição normal ao redor do respectivo centroide, e além disso, as variáveis definidoras das dimensões devem ser independentes. Consequentemente, os grupos devem ter a forma de um elipsoide, com os eixos paralelos aos eixos associados à dimensão considerada, podendo eventualmente ser um círculo. Os eixos do elipsoide não podem ser oblíquos aos eixos associados à dimensão. Esse algoritmo não está contemplado no R.

b) **Algoritmo *CURE*** (*Clustering Using Representatives*). Usa procedimentos hierárquicos e os grupos podem ter quaisquer formas, mas também não está disponível no R. No entanto, ele pode ser obtido no pacote `pyclustering`, que usa as linguagens Python e C_{++}.

c) ***Density-based algorithms*** (*DBSCAN*): dado um conjunto de pontos em algum espaço, esse algoritmo agrupa pontos que estão dispostos em uma vizinhança com maior densidade, identificando os pontos que estão em regiões de baixa densidade como *outliers*. Para detalhes, consulte Ester et al. (1996).

13.6   Exercícios

1) Considere as variáveis Altura e Idade da Tabela 13.1 e obtenha os agrupamentos usando a distância euclidiana e o método do centroide. Construa o dendrograma correspondente.

2) Repita o exercício anterior com as as variáveis Peso e Idade.

3) Repita os Exercícios 1 e 2 usando a distância L_1 (ou Manhattan).

4) O **raio** de um grupo é a distância máxima entre os seus pontos e o centroide. O **diâmetro** de um grupo é a máxima distância entre quaisquer dois pontos do grupo. Encontre o raio e o diâmetro para os problemas correspondentes aos Exercícios 1 e 2.

5) Considere as sequências *abcd*, *acde*, *aecdb* e *ecadb*. Obtenha o grupoide desse grupo considerando a distância *edit* e como critério a soma das distâncias entre sequências.

6) Obtenha a matriz cofenética e o coeficiente de correlação cofenético para o Exemplo 13.1. Use os seguintes comandos do pacote `cluster`:

```
> d <- dist(dados,method="euclidian")
> hc <- hclust(d, method="centroid")
> d.coph <- cophenetic(hc)
> cor(dist(df), d.coph)
```

7) Considere os dados de viagens de motoristas do Uber na cidade de Nova Iorque (NYC), disponíveis no *site* www.kaggle.com/fivethirteight/uber-pickups-in-new-york-city/data (acesso em 03 out. 2024). Esse conjunto de dados contém cerca de 4,5 milhões de viagens dessa plataforma entre abril a setembro de 2014, além de outros dados do Uber em 2015 e de outras companhias.

Considere somente os dados de 2014, que têm informação detalhada sobre a localização do embarque com as seguintes colunas:

Date/Time: dia e hora do início da viagem;

Lat: a latitude da localidade correspondente;

Lon: a longitude da localidade;

Base: o código da base da companhia afiliada àquela corrida.

Alguns dados disponíveis no arquivo têm a seguinte estrutura:

```
head(apr14, n=10)
            Date.Time     Lat      Lon   Base Year Month Day
1  2014-04-01 00:11:00 40.7690 -73.9549 B02512 2014     4   1
2  2014-04-01 00:17:00 40.7267 -74.0345 B02512 2014     4   1
3  2014-04-01 00:21:00 40.7316 -73.9873 B02512 2014     4   1
4  2014-04-01 00:28:00 40.7588 -73.9776 B02512 2014     4   1
5  2014-04-01 00:33:00 40.7594 -73.9722 B02512 2014     4   1
6  2014-04-01 00:33:00 40.7383 -74.0403 B02512 2014     4   1
7  2014-04-01 00:39:00 40.7223 -73.9887 B02512 2014     4   1
8  2014-04-01 00:45:00 40.7620 -73.9790 B02512 2014     4   1
9  2014-04-01 00:55:00 40.7524 -73.9960 B02512 2014     4   1
10 2014-04-01 01:01:00 40.7575 -73.9846 B02512 2014     4   1
```

Os rótulos dos arquivos disponíveis no *site* são da forma `uber-raw-data-month.csv`, em que **month** deve ser substituído por apr14, aug14, jul14, jun14, may14, sept14.

Para este exercício, use somente os dados de abril de 2014.

Estatísticas descritivas para as variáveis do conjunto de dados podem ser obtidas com o comando `summary(apr14)`. Use o pacote `kmeans` para agrupar os dados segundo a posição geográfica do embarque, tendo em conta que NYC tem 5 distritos: Brooklyn, Queens, Manhattan, Bronx e Staten Island. Os resultados poderão servir para avaliar o crescimento do Uber em cada um dos agrupamentos ao longo do tempo. O código necessário encontra-se em Jaiswal (2018).

8) Considere o exercício anterior e refaça-o usando os dados de todos os meses (abril a setembro) de 2014.

REDUÇÃO DE DIMENSIONALIDADE

When the number of factors coming into play is too large,
scientific methods in most cases fail.

A. Einstein

14.1 Introdução

As técnicas de Análise de Componentes Principais, Análise de Fatorial e Análise de Componentes Independentes têm como objetivo reduzir a dimensionalidade de observações multivariadas com base em sua estrutura de dependência. Essas técnicas são usualmente aplicadas a conjuntos de dados com um grande número de variáveis. A ideia que as permeia é a obtenção de poucos fatores, funções das variáveis observadas, que conservam, pelo menos aproximadamente, sua estrutura de covariância. Esses poucos fatores podem substituir as variáveis originais em análises subsequentes, servindo, por exemplo, como variáveis explicativas em modelos de regressão. Por esse motivo, a interpretação dessas novas variáveis (fatores) é importante.

14.2 Análise de componentes principais

A técnica de componentes principais fundamenta-se em uma transformação ortogonal dos eixos de coordenadas de um sistema multivariado. A orientação dos novos eixos é determinada por meio da partição sequencial da variância total das observações em porções cada vez menores de modo que ao primeiro eixo transformado corresponda o maior componente da partição da variância, ao segundo eixo transformado, a parcela seguinte e assim por diante. Se os primeiros eixos forem tais que uma "grande" parcela da variância seja explicada por eles, poderemos desprezar os demais e trabalhar apenas com os primeiros em análises subsequentes.

Consideremos duas variáveis X_1 e X_2 com distribuição normal bivariada com vetor de médias $\boldsymbol{\mu}$ e matriz de covariâncias $\boldsymbol{\Sigma}$. O gráfico correspondente aos pontos em que a função densidade de probabilidade é constante é uma elipse; um exemplo está apresentado na Figura 14.1.[1]

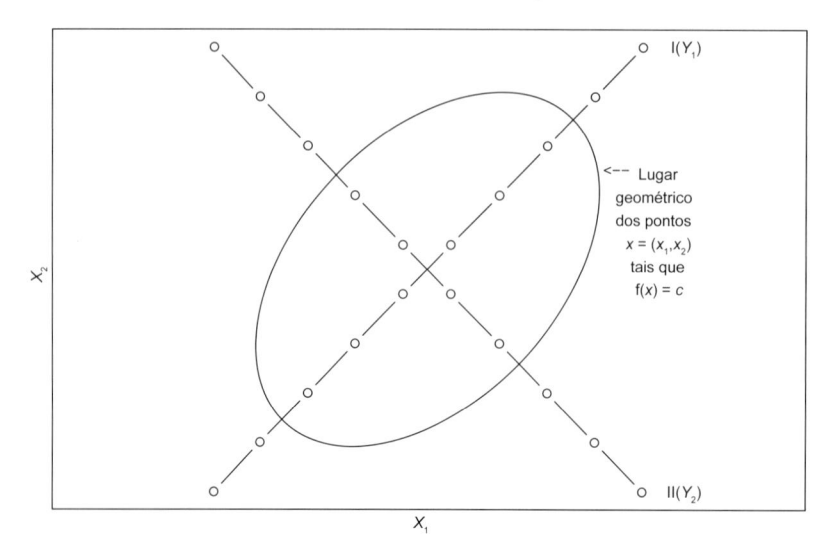

Figura 14.1 Contorno de densidade constante de uma distribuição normal bivariada.

À medida que a correlação entre X_1 e X_2 aumenta, o comprimento do diâmetro maior da elipse também aumenta e o do diâmetro menor diminui até que a elipse se degenera em um segmento de reta no caso limite, em que as variáveis são perfeitamente correlacionadas, isto é, em que o correspondente coeficiente de correlação linear é igual a 1. Na Figura 14.1, o eixo I corresponde à direção do diâmetro maior e o eixo II, à direção do diâmetro menor. O eixo I pode ser expresso por intermédio de uma combinação linear de X_1 e X_2, ou seja

$$Y_1 = \beta_1 X_1 + \beta_2 X_2. \tag{14.1}$$

No caso extremo, em que X_1 e X_2 são perfeitamente correlacionadas, toda a variabilidade pode ser explicada por meio de Y_1. Quando a correlação entre X_1 e X_2 não é perfeita, Y_1 explica apenas uma parcela de sua variabilidade. A outra parcela é explicada por meio de uma segunda variável, a saber

$$Y_2 = \gamma_1 X_1 + \gamma_2 X_2. \tag{14.2}$$

Na Figura 14.2, apresentamos um gráfico de dispersão correspondente a n observações (X_{1i}, X_{2i}) do par (X_1, X_2).

A variabilidade no sistema de eixos correspondente a (X_1, X_2) pode ser expressa como

$$\sum_{i=1}^{n} (X_{1i} - \overline{X}_1)^2 + \sum_{i=1}^{n} (X_{2i} - \overline{X}_2)^2,$$

em que $\overline{X}_1$ e $\overline{X}_2$ são, respectivamente, as médias dos n valores de X_{1i} e X_{2i}. No sistema de eixos correspondente a (Y_1, Y_2), a variabilidade é expressa como

$$\sum_{i=1}^{n} (Y_{1i} - \overline{Y}_1)^2 + \sum_{i=1}^{n} (Y_{2i} - \overline{Y}_2)^2,$$

---

[1] Admitimos dados com distribuição normal apenas para finalidade didática. Em geral, essa suposição não é necessária.

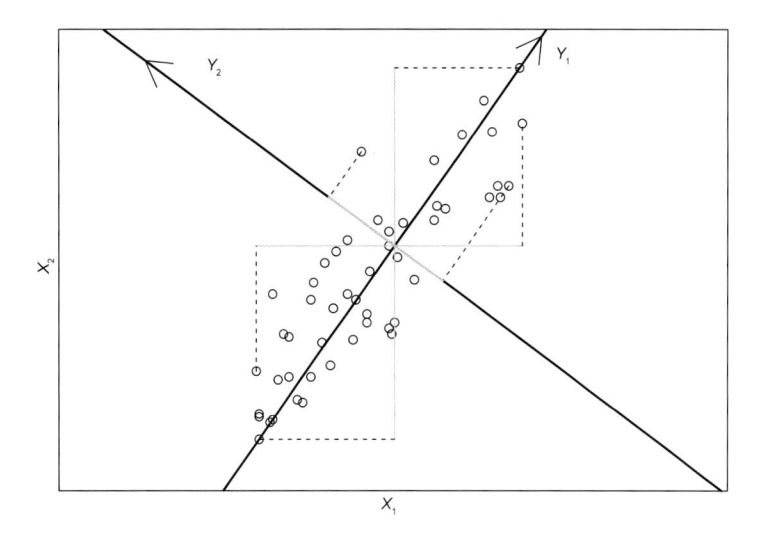

Figura 14.2 Gráfico de dispersão de n observações do par (X_1, X_2) e eixos das componentes principais (Y_1, Y_2).

em que $\overline{Y}_1$ e $\overline{Y}_2$ têm interpretações similares a $\overline{X}_1$ e $\overline{X}_2$. Se a correlação entre X_1 e X_2 for "grande", é possível obter valores de β_1, β_2, γ_1, γ_2 de tal forma que Y_1 e Y_2 em (14.1) e (14.2) sejam tais que

$$\sum_{i=1}^{n} (Y_{1i} - \overline{Y}_1)^2 \gg \sum_{i=1}^{n} (Y_{2i} - \overline{Y}_2)^2.$$

Nesse caso, podemos utilizar apenas Y_1 como variável para explicar a variabilidade de X_1 e X_2.

Para descrever o processo de obtenção das componentes principais, consideremos o caso geral em que $\mathbf{x}_1, \ldots, \mathbf{x}_n$ corresponde a uma amostra aleatória de uma variável $\mathbf{x} = (X_1, \ldots, X_p)^\top$ com p componentes e para a qual o vetor de médias é $\boldsymbol{\mu}$ e a matriz de covariâncias é $\boldsymbol{\Sigma}$. Sejam $\overline{\mathbf{x}} = n^{-1} \sum_{i=1}^{n} \mathbf{x}_i$ e $\mathbf{S} = (n-1)^{-1} \sum_{i=1}^{n} (\mathbf{x}_i - \overline{\mathbf{x}})(\mathbf{x}_i - \overline{\mathbf{x}})^\top$, respectivamente, o correspondente vetor de médias amostrais e a matriz de covariâncias amostral. A técnica consiste em procurar sequencialmente p combinações lineares (denominadas **componentes principais**) de $X_1, \ldots, X_p$ tais que à primeira corresponda a maior parcela de sua variabilidade, à segunda, a segunda maior parcela e assim por diante e que, além disso, sejam não correlacionadas entre si. A primeira componente principal é a combinação linear

$$Y_1 = \boldsymbol{\beta}_1^\top \mathbf{x} = \beta_{11} X_1 + \ldots + \beta_{1p} X_p$$

com $\boldsymbol{\beta}_1 = (\beta_{11}, \ldots, \beta_{1p})^\top$, para a qual a variância $\mathrm{Var}(Y_1) = \boldsymbol{\beta}_1^\top \boldsymbol{\Sigma} \boldsymbol{\beta}_1$ é máxima. Uma estimativa da primeira componente principal calculada com base na amostra é a combinação linear $\widehat{Y}_1 = \widehat{\boldsymbol{\beta}}_1^\top \mathbf{x}$ para a qual $\widehat{\mathrm{Var}(Y_1)} = \widehat{\boldsymbol{\beta}}_1^\top \mathbf{S} \widehat{\boldsymbol{\beta}}_1$ é máxima. Este problema não tem solução sem uma restrição adicional, pois se tomarmos $\widehat{\boldsymbol{\beta}}_1^* = c \widehat{\boldsymbol{\beta}}_1$ com c denotando uma constante arbitrária, podemos tornar a variância $\widehat{\mathrm{Var}(Y_1)} = \mathrm{Var}(\widehat{\boldsymbol{\beta}}_1^* \mathbf{x})$ arbitrariamente grande, tomando c arbitrariamente grande. A restrição adicional mais usada consiste em padronizar $\boldsymbol{\beta}_1$ por meio de $\boldsymbol{\beta}_1^\top \boldsymbol{\beta}_1 = 1$. Consequentemente, o problema de determinação da primeira componente principal se resume em obter $\widehat{\boldsymbol{\beta}}_1$ tal que a forma quadrática

$$\boldsymbol{\beta}_1^\top \boldsymbol{\Sigma} \boldsymbol{\beta}_1$$

seja maximizada sob a restrição $\boldsymbol{\beta}_1^\top \boldsymbol{\beta}_1 = 1$. A solução desse problema pode ser encontrada por meio da aplicação de **multiplicadores de Lagrange**. Dada a primeira componente principal, obtém-se a segunda, $\widehat{\boldsymbol{\beta}}_2$, por meio da maximização de $\boldsymbol{\beta}_2^\top \boldsymbol{\Sigma} \boldsymbol{\beta}_2$ sob a restrição $\boldsymbol{\beta}_2^\top \boldsymbol{\beta}_2 = 1$ e $\boldsymbol{\beta}_1^\top \boldsymbol{\beta}_2 = 0$ (para garantir a ortogonalidade). Note que a ortogonalidade das componentes principais implica que a soma de suas variâncias seja igual à variância total do conjunto das variáveis originais. Esse procedimento é repetido até a determinação da p-ésima componente principal. Para detalhes, veja a Nota 1.

As componentes principais estimadas são os autovetores $\widehat{\beta}_1, \ldots, \widehat{\beta}_p$ da matriz $\mathbf{S}$ e suas variâncias são os autovalores $\widehat{\lambda}_1 \geq \widehat{\lambda}_2 \geq \ldots \geq \widehat{\lambda}_p$ correspondentes. Como a variância total do sistema é $\mathrm{tr}(\mathbf{S}) = \sum_{i=1}^{p} \widehat{\lambda}_i$, a contribuição da i-ésima componente principal é $\widehat{\lambda}_i/\mathrm{tr}(\mathbf{S})$. Lembrando que $\mathbf{S} = \sum_{i=1}^{p} \widehat{\lambda}_i \widehat{\boldsymbol{\beta}}_i \widehat{\boldsymbol{\beta}}_i^{\top}$, podemos verificar quão bem ela pode ser aproximada com um menor número de componentes principais. Detalhes podem ser obtidos na Nota 2.

Na prática, a determinação do número de componentes principais a reter como novo conjunto de variáveis para futuras análises pode ser realizada por meio do **gráfico do cotovelo** (*elbow plot*), também conhecido como **gráfico da escarpa sedimentar** (*scree plot*), que consiste em um gráfico cartesiano com os autovalores no eixo vertical e os índices correspondentes às suas magnitudes (em ordem decrescente) no eixo das abscissas. Um exemplo está apresentado na Figura 14.3.

A ideia que fundamenta a utilização desse gráfico é acrescentar componentes principais até que sua contribuição para a explicação da variância do sistema não seja "relevante". Com base na Figura 14.3, apenas as duas primeiras componentes principais poderiam ser suficientes, pois a contribuição das seguintes é apenas marginal. Para outras alternativas, gráficas ou não, veja a Nota 4.

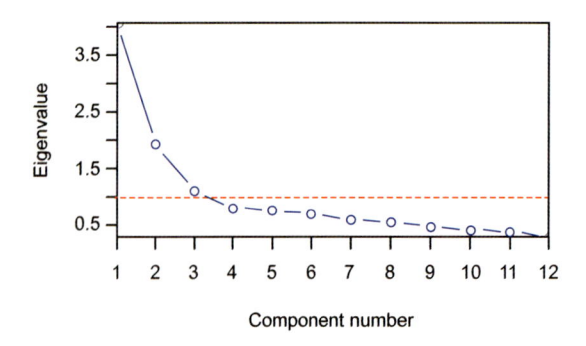

Figura 14.3 Exemplo de gráfico da escarpa sedimentar (ou do cotovelo).

Suponhamos que r componentes principais, $Y_1, \ldots, Y_r$ explicam uma parcela "substancial" da variabilidade do sistema multivariado. Então, para a k-ésima unidade amostral, podemos substituir os valores das variáveis originais, nomeadamente, $\mathbf{x}_k = (x_{1k}, \ldots, x_{pk})^{\top}$, pelos correspondentes **escores** associados às componentes principais, $\widehat{y}_{1k}, \ldots, \widehat{y}_{rk}$ com $\widehat{y}_{ik} = \widehat{\boldsymbol{\beta}}_i^{\top} \mathbf{x}_k$.

Infelizmente, nem a matriz de covariâncias nem os correspondentes autovalores são invariantes relativamente a mudanças de escala. Em outras palavras, mudanças nas unidades de medida das variáveis $X_1, \ldots, X_p$ podem acarretar mudanças na forma e na posição dos elipsoides correspondentes a pontos em que a função densidade é constante.

É difícil interpretar combinações lineares de variáveis com unidades de medida diferentes e uma possível solução é padronizá-las por meio de transformações do tipo $Z_{ij} = (X_{ij} - \overline{X}_i)/S_i$, em que $\overline{X}_i$ e S_i representam, respectivamente, a média e o desvio padrão de X_i antes da obtenção das componentes principais.

A utilização da matriz de correlações $\mathbf{R}$ obtida por meio dessa transformação pode ser utilizada na determinação das componentes principais; no entanto, os resultados são, em geral, diferentes e não é possível passar de uma solução à outra por meio de uma mudança de escala dos coeficientes. Se as variáveis de interesse forem medidas com as mesmas unidades, é preferível extrair as componentes principais utilizando a matriz de covariâncias $\mathbf{S}$.

Lembrando que a i-ésima componente principal é $Y_i = \beta_{i1}X_1 + \ldots + \beta_{ip}X_p$, se as variáveis $X_1, \ldots, X_p$ tiverem variâncias similares ou forem variáveis padronizadas, os coeficientes β_{ij} indicam a importância e a direção da j-ésima variável relativamente à i-ésima componente principal. Nos casos em que as variâncias das variáveis originais são diferentes, convém avaliar sua importância relativa na definição das componentes principais por meio dos correspondentes coeficientes de correlação. O vetor de covariâncias entre as variáveis originais e a i-ésima componente principal é

$$\text{Cov}(\mathbf{I}_p\mathbf{X}, \boldsymbol{\beta}_i\mathbf{X}) = \mathbf{I}_p\boldsymbol{\Sigma}\boldsymbol{\beta}_i = \boldsymbol{\Sigma}\boldsymbol{\beta}_i = \lambda_i\boldsymbol{\beta}_i$$

pois $(\boldsymbol{\Sigma} - \lambda_i\mathbf{I}_p)\boldsymbol{\beta}_i = \mathbf{0}$ (veja a Nota 1). Uma estimativa desse vetor de covariâncias é $\widehat{\lambda}_i\widehat{\boldsymbol{\beta}}_i$. Consequentemente, uma estimativa do coeficiente de correlação entre a j-ésima variável original e a i-ésima componente principal é

$$\widehat{\text{Corr}}(X_j, \boldsymbol{\beta}_{ij}) = \frac{\widehat{\lambda}_i\widehat{\boldsymbol{\beta}}_{ij}}{\sqrt{\widehat{\lambda}_i}S_j} = \frac{\sqrt{\widehat{\lambda}_i}\widehat{\boldsymbol{\beta}}_{ij}}{S_j}$$

em que S_j é o desvio padrão de X_j.

As componentes principais podem ser encaradas como um conjunto de variáveis latentes (ou fatores) não correlacionados que servem para descrever o sistema multivariado original sem as dificuldades relacionadas com sua estrutura de correlação. Os coeficientes associados a cada componente principal servem para descrevê-las em termos das variáveis originais. A comparação entre elementos do conjunto de dados realizada por meio da componente principal Y_i é independente da comparação baseada na componente Y_j. No entanto, essa comparação pode ser ilusória se essas componentes principais não tiverem uma interpretação simples. Como, em geral, isso não é a regra, costuma-se utilizar essa técnica como um passo intermediário para a obtenção de um dos possíveis conjuntos de combinações lineares ortogonais das variáveis originais passíveis de interpretação como variáveis latentes. Esses conjuntos estão relacionados entre si por meio de rotações rígidas (transformações ortogonais) e são equivalentes em termos da aproximação das correlações entre as variáveis originais. Apesar de essas rotações rígidas implicarem uma perda da característica de ordenação das componentes principais em termos de porcentagem de explicação da variabilidade do sistema multivariado, muitas vezes produzem ganhos interpretativos. Os métodos mais utilizados para essas rotações são discutidos na Seção 14.3.

Há muitas opções computacionais para a análise de componentes principais no sistema R, dentre as quais destacamos as funções `prcomp()` e `princomp()`, do pacote `stats` e `pca()` do pacote `FactoMineR`. Como há vários métodos tanto para a extração quanto para a rotação das componentes principais, nem sempre os resultados coincidem. A análise deve ser realizada por tentativa e erro tendo como objetivo um sistema com interpretação adequada.

Exemplo 14.1 Em um estudo em que se pretendia avaliar o efeito de variáveis climáticas na ocorrência de suicídios por enforcamento na cidade de São Paulo, foram observadas $X_1 =$ temperatura máxima, $X_2 =$ temperatura mínima, $X_3 =$ temperatura média, $X_4 =$ precipitação e $X_5 =$ nebulosidade diárias para o período de 31/07/2006 a 01/08/2006. Os dados estão disponíveis no arquivo `suicidios`.

Para reduzir o número de variáveis a serem utilizadas como variáveis explicativas em uma regressão logística tendo como variável resposta a ocorrência de suicídios por enforcamento nesse período, consideramos uma análise de componentes principais. Inicialmente, obtivemos a matriz de correlações dos dados por meio do comando

```
> R <- cor(suicidios1, method = "pearson")
> R
        tempmax tempmin tempmed precip nebul
tempmax   1.000    0.71   0.922 -0.024 -0.33
tempmin   0.712    1.00   0.896  0.194  0.16
```

```
tempmed    0.922    0.90   1.000   0.089  -0.15
precip    -0.024    0.19   0.089   1.000   0.29
nebul     -0.332    0.16  -0.149   0.288   1.00
```

As componentes principais obtidas dessa matriz de correlações e o gráfico do cotovelo apresentado na Figura 14.4 podem ser obtidas por meio dos comandos

```
> pca <- principalComponents(R)
> plotuScree(R)
> abline(h=1)
```

Os coeficientes das cinco componentes, bem como a porcentagem da variância total do sistema explicada por cada uma delas (além da porcentagem acumulada correspondente), estão indicados na Tabela 14.1.

Tabela 14.1 Coeficientes das componentes principais e porcentagens da variância explicada do Exemplo 14.1

Variável	Componentes principais				
	CP1	CP2	CP3	CP4	CP5
Temperatura máxima	−0,94	−0,22	−0,05	−0,26	0,06
Temperatura mínima	−0,90	0,29	0,19	0,24	0,06
Temperatura média	−0,99	−0,002	0,03	0,001	−0,11
Precipitação	−0,11	0,75	−0,65	−0,02	0,002
Nebulosidade	0,17	0,84	0,50	0,14	−0,007
% Variância	54,4	28,1	14,3	2,9	0,4
% Acumulada	54,4	82,5	96,8	99,7	100,0

Uma análise do gráfico da escarpa sedimentar representado na Figura 14.4, conjuntamente com um exame da variância acumulada na Tabela 14.1, sugere que apenas duas componentes principais podem ser empregadas como resumo, retendo 82,5% da variância total. A primeira componente principal pode ser interpretada como "percepção térmica" e segunda, como "percepção de acinzentamento". Valores dessas novas variáveis para cada unidade amostral são calculados como

$$CP_1 = -0,94 * \text{tempmax} - 0,90 * \text{tempmin} - 0,99 * \text{tempmed} - 0,11 * \text{precip} + 0,17 * \text{nebul}$$

e

$$CP_2 = -0,22 * \text{tempmax} + 0,29 * \text{tempmin} - 0,002 * \text{tempmed} + 0,75 * \text{precip} + 0,84, *\text{nebul},$$

com as variáveis originais devidamente padronizadas.

O gráfico *biplot*, conveniente para representar a relação entre as duas componentes principais e as variáveis originais, é obtido por meio dos comandos

```
> pca1 <- principal(suicidios1, nfactor=2, rotate="none")
> biplot(pca1, main="", cex.axis=1.6, cex.lab=1.8, cex=1.6)
```

e está disposto na Figura 14.5.

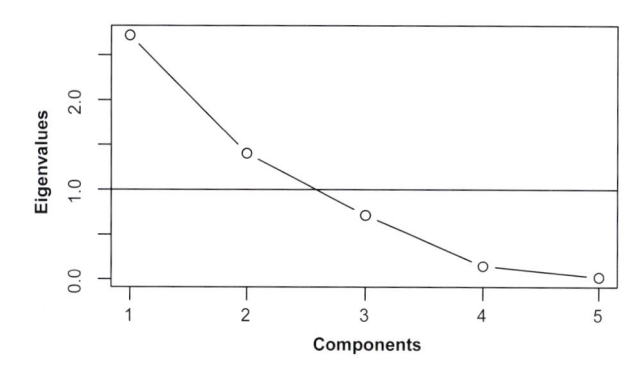

Figura 14.4 Gráfico do cotovelo para os dados do Exemplo 14.1.

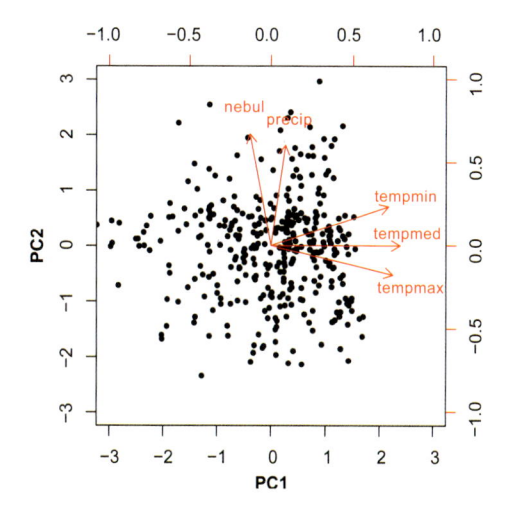

Figura 14.5 Gráfico *biplot* para os dados do Exemplo 14.1.

Nesse gráfico, pode-se notar uma concentração das variáveis referentes à temperatura na direção da componente principal PC1 e uma concentração das variáveis referentes ao aspecto visual do céu na direção da componente principal PC2.

14.3 Análise fatorial

Primeiramente, observemos que, para explicar as relações entre p variáveis por meio de Análise de Componentes Principais, são necessárias p componentes; por esse motivo, o modelo adotado pode não ser o ideal. O fato de as componentes principais não serem correlacionadas e ordenadas com variâncias decrescentes e o fato de que a técnica corresponde a uma fatoração da matriz de covariâncias da variáveis originais fazem com que a aproximação obtida quando consideramos apenas as primeiras componentes principais seja razoável. No entanto, essa técnica pode introduzir um erro sistemático na reprodução das correlações originais, pois podem existir uma ou mais dessas variáveis que sejam muito mais correlacionadas com as componentes principais desprezadas do que com aquelas retidas na análise.

Outra observação importante, é que a análise de componentes principais utiliza toda a informação sobre cada uma das variáveis originais, embora seja razoável imaginar que uma parcela de sua variabilidade seja específica, nada tendo a ver com as demais variáveis do conjunto sob investigação. Além disso, pode-se suspeitar que os "verdadeiros fatores" responsáveis pela geração das observações tenham todos a mesma importância ou que sejam correlacionados entre si.

Alguns desses problemas podem ser solucionados por meio da técnica de Análise Fatorial. A ideia que a fundamenta está baseada na partição da variância de cada variável do sistema multivariado em dois termos: um correspondente a uma **variância comum** (a todas as variáveis) e outro, correspondente a uma **variância específica** para cada variável. Além disso, supõe-se que as correlações entre as p variáveis são geradas por um número $m < p$ de **variáveis latentes** conhecidas como **fatores**.

A vantagem dessa técnica relativamente àquela de componentes principais está na habilidade de reprodução da estrutura de correlações originais por meio de um pequeno número de fatores sem os erros sistemáticos que podem ocorrer quando simplesmente desprezamos algumas componentes principais.

As desvantagens da Análise Fatorial estão na determinação do número de fatores e na maior dificuldade de cálculo dos **escores fatoriais** que são os valores dessas variáveis latentes associadas a cada unidade, além da existência de múltiplas soluções. Na realidade, a estrutura de correlação das variáveis originais pode ser igualmente reproduzida por qualquer outro conjunto de variáveis latentes de mesma dimensão. A não ser que se imponham restrições adicionais, infinitas soluções equivalentes sempre existirão.

Consideremos uma variável $\mathbf{x} = (x_1, \ldots, x_p)^\top$ com média $\boldsymbol{\mu} = (\mu_1, \ldots, \mu_p)^\top$ e matriz de covariâncias $\boldsymbol{\Sigma}$ (com elementos σ_{ij}, $i, j = 1, \ldots, p$). O modelo utilizado para Análise Fatorial de dados provenientes da observação das p variáveis, $x_1, \ldots, x_p$, é

$$x_i - \mu_i = \lambda_{i1} F_1 + \ldots + \lambda_{im} F_m + e_i = \sum_{j=1}^{m} \lambda_{ij} F_j + e_i, \ i = 1, \ldots, p, \tag{14.3}$$

em que $m < p$, F_j é o j-ésimo **fator comum** a todas as variáveis, λ_{ij} é o parâmetro (chamado de **carga fatorial**) que indica a importância desse fator na composição da i-ésima variável e e_i é um **fator específico** para essa variável. Em notação matricial, o modelo pode ser escrito como

$$\mathbf{x} - \boldsymbol{\mu} = \boldsymbol{\Lambda}\mathbf{f} + \mathbf{e} \tag{14.4}$$

em que $\boldsymbol{\Lambda}$ é a matriz com dimensão $p \times m$ de cargas fatoriais, $\mathbf{f} = (F_1, \ldots, F_m)^\top$ é o vetor cujos elementos são os fatores comuns e $\mathbf{e} = (e_1, \ldots, e_p)^\top$ é um vetor cujos elementos são os fatores específicos. Adicionalmente, supomos que $\mathrm{E}(\mathbf{f}) = \mathbf{0}$, $\mathrm{Cov}(\mathbf{f}) = \mathbf{I}_m$, $\mathrm{E}(\mathbf{e}) = \mathbf{0}$, $\mathrm{Cov}(\mathbf{e}) = \boldsymbol{\psi} = \mathrm{diag}(\psi_1, \ldots, \psi_p)$ e que $\mathrm{Cov}(\mathbf{f}, \mathbf{e}) = \mathbf{0}$. Os elementos não nulos de $\boldsymbol{\psi}$ são as **variâncias específicas**.

Para avaliar a relação entre a estrutura de covariâncias de $\mathbf{x}$ e os fatores, observemos que

$$\begin{aligned}
\mathrm{Cov}(x_i, x_k) &= \mathrm{Cov}\left(\sum_{j=1}^{m} \lambda_{ij} F_j + e_i, \sum_{\ell=1}^{m} \lambda_{k\ell} F_\ell + e_k\right) \\
&= \sum_{j=1}^{m} \sum_{\ell=1}^{m} \lambda_{ij} \lambda_{k\ell} \mathrm{E}(F_j F_\ell) + \mathrm{E}(e_i e_k) \\
&= \sum_{j=1}^{m} \lambda_{ij} \lambda_{kj} + \mathrm{E}(e_i e_k).
\end{aligned} \tag{14.5}$$

Consequentemente, $\mathrm{Cov}(x_i, x_k) = \sigma_{ik} = \sum_{j=1}^{m} \lambda_{ij} \lambda_{kj}$, se $i \neq k$ e $\mathrm{Cov}(x_i, x_i) = \sigma_{ii} = \sum_{j=1}^{m} \lambda_{ij}^2 + \psi_i$. O termo $\sum_{j=1}^{m} \lambda_{ij}^2$ é conhecido por **comunalidade** da i-ésima variável. Em notação matricial, podemos escrever

$$\boldsymbol{\Sigma} = \boldsymbol{\Lambda}\boldsymbol{\Lambda}^\top + \boldsymbol{\psi} \tag{14.6}$$

e o objetivo é estimar os elementos de $\boldsymbol{\Lambda}$ e $\boldsymbol{\psi}$.

Em Análise de Componentes Principais, consideramos o modelo linear $\mathbf{y} = \mathbf{B}\mathbf{x}$, em que $\mathbf{y}$ é o vetor cujos elementos são as componentes principais e $\mathbf{B} = (\boldsymbol{\beta}_1^{*\top}, \ldots, \boldsymbol{\beta}_p^{*\top})^\top$ é a matriz cuja i-ésima linha contém os coeficientes da i-ésima componente principal. Nesse caso, a matriz de covariâncias de $\mathbf{x}$ é fatorada como

$$\mathbf{\Sigma} = \sum_{i=1}^{p} \lambda_i \boldsymbol{\beta}_i^* \boldsymbol{\beta}_i^{*\top} = \mathbf{\Lambda}^* \mathbf{\Lambda}^{*\top},$$

em que $\mathbf{\Lambda}^* = (\sqrt{\lambda_1}\boldsymbol{\beta}_1^*, \ldots, \sqrt{\lambda_p}\boldsymbol{\beta}_p^*)^{\top}$. Em Análise Fatorial, a matriz de covariâncias de $\mathbf{x}$ é fatorada como em (14.6), com $\mathbf{\Lambda} = (\sqrt{\lambda_1}\boldsymbol{\beta}_1, \ldots, \sqrt{\lambda_m}\boldsymbol{\beta}_m)^{\top}$, ou seja, com $\mathbf{\Lambda}$ contendo menos termos ($m < p$) do que $\mathbf{\Lambda}^*$; a diferença é remetida para a matriz $\mathbf{\Psi} = \mathbf{\Sigma} - \mathbf{\Lambda}\mathbf{\Lambda}^{\top}$, que é aproximada por $\boldsymbol{\psi} = \text{diag}(\mathbf{\Psi})$ no modelo.

Além disso, enquanto a fatoração de $\mathbf{\Sigma}$ é única em Análise de Componentes Principais, ela não o é em Análise Fatorial, pois se $\mathbf{T}$ for uma matriz ortogonal (isto é, $\mathbf{T}\mathbf{T}^{\top} = \mathbf{I}_m$), obteremos

$$\mathbf{\Sigma} = \mathbf{\Lambda}\mathbf{\Lambda}^{\top} + \boldsymbol{\psi} = \mathbf{\Lambda}\mathbf{T}\mathbf{T}^{\top}\mathbf{\Lambda}^{\top} + \boldsymbol{\psi} = \mathbf{\Lambda}\mathbf{T}(\mathbf{\Lambda}\mathbf{T})^{\top} + \boldsymbol{\psi}$$

e, embora as **cargas fatoriais $\mathbf{\Lambda}\mathbf{T}$** sejam diferentes das **cargas fatoriais $\mathbf{\Lambda}$**, a habilidade de reproduzir a matriz de covariâncias $\mathbf{\Sigma}$ não se altera. Escolhendo matrizes ortogonais diferentes, podemos determinar cargas fatoriais diferentes. A escolha de uma transformação conveniente será discutida posteriormente.

Uma análise fatorial consiste dos seguintes passos:

a) Estimação dos parâmetros do modelo (λ_{ij} e ψ_i) a partir de um conjunto de observações das variáveis $X_1, \ldots, X_p$.

b) Interpretação dos fatores determinados a partir das cargas fatoriais obtidas em a). Com esse objetivo considera-se a **rotação** dos fatores por meio de transformações ortogonais.

c) Estimação dos valores dos fatores comuns, chamados **escores fatoriais**, para cada unidade amostral a partir dos valores das cargas fatoriais e das variáveis observadas.

Existem duas classes de métodos para estimação dos parâmetros do modelo fatorial. Na primeira classe, consideramos o **método de máxima verossimilhança** e, na segunda, métodos heurísticos, como o **método do fator principal** ou o **método do centroide**.

Para o método de máxima verossimilhança, supomos adicionalmente que as variáveis $X_1, \ldots, X_p$ seguem uma distribuição normal multivariada e que o número de fatores m é conhecido. Os estimadores são obtidos por meio da solução do sistema de equações

$$\begin{aligned} \mathbf{S}\boldsymbol{\psi}^{-1}\mathbf{\Lambda} &= \mathbf{\Lambda}(\mathbf{I}_m + \mathbf{\Lambda}^{\top}\boldsymbol{\psi}^{-1}\mathbf{\Lambda}) \\ \text{diag}(\mathbf{S}) &= \text{diag}(\mathbf{\Lambda}\mathbf{\Lambda}^{\top} + \boldsymbol{\psi}) \end{aligned} \tag{14.7}$$

que deve ser resolvido por meio de métodos iterativos. A função de verossimilhança está explicitada na Nota 3. Mais detalhes podem ser encontrados em Morrison (1972), por exemplo.

Uma das vantagens desse método é que mudanças de escala das variáveis originais alteram os estimadores apenas por uma mudança de escala. Se uma das variáveis $X_1, \ldots, X_p$ for multiplicada por uma constante, os estimadores das cargas fatoriais correspondentes ficam multiplicados pela mesma constante e o estimador da variância específica associada fica multiplicado pelo quadrado da constante. Dessa forma, podemos fazer os cálculos com as variáveis padronizadas, substituindo a matriz de covariâncias amostral $\mathbf{S}$ pela correspondente matriz de correlações amostrais $\mathbf{R}$ e, posteriormente, escrever os resultados em termos das unidades de medida originais.

O método do fator principal está intimamente relacionado com a técnica utilizada na análise de componentes principais. Segundo esse método, os fatores são escolhidos obedecendo à ordem decrescente de sua contribuição à comunalidade total do sistema multivariado. Nesse contexto, o processo tem início com a determinação de um fator F_1 cuja contribuição à comunalidade total é a maior possível; em seguida, um segundo fator não correlacionado com F_1 e tal que maximize a comunalidade residual é obtido. O processo continua até que a comunalidade total tenha sido exaurida.

Na prática, as comunalidades e as variâncias específicas devem ser estimadas com base nos dados amostrais. Embora existam vários métodos idealizados para essa finalidade, nenhum se mostra superior aos demais. Dentre os estimadores mais comuns para a comunalidade de uma variável X_i, destacamos:

i) o quadrado do **coeficiente de correlação múltipla** entre a variável X_i e as demais;

ii) o maior valor absoluto dos elementos de i-ésima linha da matriz de correlações amostrais;

iii) estimadores obtidos de análises preliminares por meio de processos iterativos.

Outro problema prático é a determinação do número de fatores a incluir na análise. Os critérios mais utilizados para esse fim são:

i) determinação do número de fatores por meio de algum conhecimento *a priori* sobre a estrutura dos dados;

ii) número de componentes principais correspondentes a autovalores da matriz $\mathbf{R}$ maiores que 1;

iii) explicação de certa proporção (escolhida arbitrariamente) da comunalidade ou da variância total.

Além disso, existem técnicas gráficas e não gráficas para a escolha do número de fatores a reter. Detalhes são apresentados na Nota 4.

Os passos de um algoritmo comumente utilizado para a obtenção das cargas fatoriais e das variâncias específicas são:

i) Obter as p componentes principais com base na matriz de correlações amostrais $\mathbf{R}$.

ii) Escolher m fatores segundo um dos critérios mencionados.

iii) Substituir os elementos da diagonal principal de $\mathbf{R}$ por estimadores das comunalidades correspondentes estimadas por meio de um dos métodos descritos antes, obtendo a chamada **matriz de correlações reduzida**, $\mathbf{R}^*$.

iv) Extrair m fatores da matriz $\mathbf{R}^*$, obtendo novos estimadores das comunalidades que vão substituir aqueles obtidos anteriormente na diagonal principal.

v) Repetir o processo dos itens ii) – iv) até que a diferença entre dois conjuntos sucessivos de estimadores das comunalidades seja desprezável.

O método do centroide foi desenvolvido por Thurstone (1947) para simplificar os cálculos, mas não é muito utilizado em virtude das recentes facilidades computacionais; os resultados obtidos por intermédio desse método não diferem muito daqueles obtidos pelo método do fator principal.

Como a interpretação dos fatores em uma análise fatorial é uma característica importante em aplicações práticas, pode-se utilizar a técnica de **rotação** para obter resultados mais palatáveis. Consideremos um exemplo em que cinco variáveis A, B, C, D e E são representadas em um espaço fatorial bidimensional conforme a Figura 14.6.

Na Tabela 14.2, as cargas fatoriais relativas ao fator F_1 são altas e positivas para todas as variáveis. Por outro lado, apenas as variáveis A, B e C têm cargas positivas no fator F_2; as cargas das variáveis D e E são negativas nesse fator.

Dois aglomerados de variáveis podem ser identificados na Figura 14.6: um formado pelas variáveis A, B e C e o outro pelas variáveis D e E. Apesar disso, esses aglomerados não são evidentes nas cargas fatoriais da Tabela 14.2. Uma rotação do fatores (com os eixos rotulados FR_1 e FR_2) como aquela indicada na figura juntamente com as novas cargas fatoriais apresentadas na Tabela 14.2 ressaltam a separação entre os dois conjuntos de variáveis. Na solução inicial, cada variável é explicada por dois fatores, enquanto na solução obtida com a rotação dos fatores, apenas um deles é suficiente. Note que as variáveis A, B e C estão mais relacionadas com o fator FR_2, ao passo que as variáveis D e E relacionam-se preferencialmente com o fator FR_1.

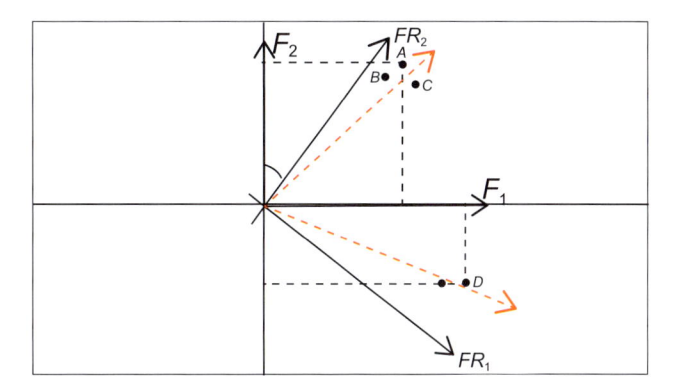

Figura 14.6 Representação de cinco variáveis em um espaço vetorial bidimensional.

Tabela 14.2 Cargas fatoriais para as variáveis A, B, C, D e E

Variável	Fatores iniciais		Fatores rotacionados	
	F_1	F_2	FR_1	FR_2
A	0,75	0,63	0,14	0,95
B	0,69	0,57	0,14	0,90
C	0,80	0,49	0,18	0,92
D	0,85	−0,42	0,94	0,09
E	0,76	−0,42	0,92	0,07

Em princípio, também podemos considerar rotações oblíquas, que são bem mais flexíveis, pois os fatores não precisam ser necessariamente ortogonais. Essa característica pode até ser considerada mais realista, pois a ortogonalidade não é determinante da relação entre os fatores. Os eixos realçados em vermelho na Figura 14.6 correspondem a uma dessas rotações oblíquas.

O objetivo de qualquer rotação é obter fatores interpretáveis e com a estrutura mais simples possível. Nesse sentido, Thurstone (1947) sugere condições para se obter uma estrutura mais simples, nomeadamente:

i) Cada linha da matriz de cargas fatoriais (Λ) deve conter pelo menos um valor nulo.

ii) Cada coluna da matriz de cargas fatoriais deveria ter pelo menos tantos valores nulos quantas forem as colunas.

iii) Para cada par de colunas, deve haver algumas variáveis com cargas fatoriais pequenas em uma delas e altas na outra.

iv) Para cada par de colunas, uma grande porcentagem das variáveis deve ter cargas fatoriais não nulas em ambas.

v) Para cada par de colunas, deve haver somente um pequeno número de variáveis com cargas fatoriais altas em ambas.

Como consequência dessas sugestões,

a) Muitas variáveis (representadas como vetores no espaço dos fatores) devem ficar próximas dos eixos.

b) Muitas variáveis devem ficar próximas da origem quando o número de fatores for grande.

c) Somente um pequeno número de variáveis fica longe dos eixos.

A principal crítica às sugestões de Thurstone é que na prática poucas são as situações que admitem uma simplificação tão grande. O que se procura fazer é simplificar as linhas e colunas da matriz de cargas fatoriais e os métodos mais comumente empregados com essa finalidade são:

- **Método Varimax**, em que se procura simplificar a complexidade fatorial, tentando-se obter fatores com poucos valores grandes e muitos valores nulos ou pequenos na respectiva coluna da matriz de cargas fatoriais. Após uma rotação Varimax, cada variável original tende a estar associada com poucos (preferencialmente, um) fatores e cada fator tende a se associar com poucas variáveis. Esse é o método mais utilizado na prática.

- **Método Quartimax**, em que se procura minimizar o número de fatores necessários para explicar cada variável. Em geral, esse método produz um fator em que muitas variáveis têm cargas altas ou médias, o que nem sempre é conveniente para a interpretação.

- **Método Equimax**, uma mistura dos métodos Varimax e Quartimax.

- **Método Promax**, utilizado para rotações oblíquas.

Um dos objetivos tanto de Análise de Componentes Principais quanto de Análise Fatorial é substituir as p variáveis originais $X_1, \ldots, X_p$ por um número menor, digamos, m, em análises subsequentes. No caso de componentes principais, podem-se utilizar as estimativas $\widehat{y}_{ik} = \widehat{\boldsymbol{\beta}}_i \mathbf{x}_k$, $i = 1, \ldots, m$ para substituir os valores $\mathbf{x}_k$ observados para a k-ésima unidade amostral. Esse processo é mais complicado em Análise Fatorial, em que lidamos com a obtenção dos valores dos fatores $F_1, \ldots, F_m$ (denominados **escores fatoriais**), pois como não são observáveis, não podem ser estimados no sentido usual. Para esse propósito, o **método de Bartlett** (1937) consiste em considerar (14.4) como um modelo de regressão heterocedástico, em que se supõe que as matrizes de cargas fatoriais, $\boldsymbol{\Lambda}$, e de variâncias específicas, $\boldsymbol{\psi}$, são conhecidas e se considera o termo $\mathbf{e}$ como um vetor de erros. Minimizando

$$Q(\mathbf{f}) = \mathbf{e}^\top \boldsymbol{\psi}^{-1} \mathbf{e} = (\mathbf{x} - \boldsymbol{\mu} - \boldsymbol{\Lambda}\mathbf{f})^\top \boldsymbol{\psi}^{-1} (\mathbf{x} - \boldsymbol{\mu} - \boldsymbol{\Lambda}\mathbf{f})$$

obtemos

$$\widehat{\mathbf{f}} = [\boldsymbol{\Lambda}^\top \boldsymbol{\psi}^{-1} \boldsymbol{\Lambda}]^{-1} \boldsymbol{\Lambda}^\top \boldsymbol{\psi}^{-1} (\mathbf{x} - \boldsymbol{\mu})$$

e substituindo $\boldsymbol{\Lambda}$, $\boldsymbol{\psi}$ e $\boldsymbol{\mu}$, respectivamente, por estimativas $\widehat{\boldsymbol{\Lambda}}$, $\widehat{\boldsymbol{\psi}}$ e $\overline{\mathbf{x}}$, podemos construir os escores fatoriais para a k-ésima unidade amostral como

$$\widehat{\mathbf{f}}_k = [\widehat{\boldsymbol{\Lambda}}^\top \widehat{\boldsymbol{\psi}}^{-1} \widehat{\boldsymbol{\Lambda}}]^{-1} \widehat{\boldsymbol{\Lambda}}^\top \widehat{\boldsymbol{\psi}}^{-1} (\mathbf{x}_k - \overline{\mathbf{x}}).$$

Alternativamente, no **método de regressão**, supõe-se que os fatores comuns, $\mathbf{f}$, e específicos, $\mathbf{e}$, são independentes e têm distribuições normais multivariadas com dimensões m e p, respectivamente, de forma que o par $(\mathbf{x} - \boldsymbol{\mu}, \mathbf{f})^\top$ também tem uma distribuição normal multivariada de dimensão $p + m$ com matriz de covariâncias

$$\begin{bmatrix} \boldsymbol{\Lambda}\boldsymbol{\Lambda}^\top + \boldsymbol{\psi} & \boldsymbol{\Lambda} \\ \boldsymbol{\Lambda}^\top & \mathbf{I}_m \end{bmatrix}.$$

Utilizando propriedades da distribuição normal multivariada, segue que a distribuição condicional de $\mathbf{f}$ dado $\mathbf{x} - \boldsymbol{\mu}$ também é normal multivariada com vetor de médias

$$\mathrm{E}(\mathbf{f}|\mathbf{x} - \boldsymbol{\mu}) = \boldsymbol{\Lambda}^\top [\boldsymbol{\Lambda}\boldsymbol{\Lambda}^\top + \boldsymbol{\psi}]^{-1}(\mathbf{x} - \boldsymbol{\mu})$$

e matriz de covariâncias

$$\mathrm{Cov}(\mathbf{f}|\mathbf{x} - \boldsymbol{\mu}) = \mathbf{I}_m - \boldsymbol{\Lambda}^\top [\boldsymbol{\Lambda}\boldsymbol{\Lambda}^\top + \boldsymbol{\psi}]^{-1}\boldsymbol{\Lambda}.$$

O termo $\boldsymbol{\Lambda}^\top [\boldsymbol{\Lambda}\boldsymbol{\Lambda}^\top + \boldsymbol{\psi}]^{-1}$ corresponde aos coeficientes de uma regressão multivariada tendo os fatores como variáveis respostas e $\mathbf{X} - \boldsymbol{\mu}$ como variáveis explicativas. Utilizando as estimativas $\widehat{\boldsymbol{\Lambda}}$ e $\widehat{\boldsymbol{\psi}}$, podemos calcular os escores fatoriais para a k-ésima unidade amostral (com valores das variáveis originais $\mathbf{x}_k$) por meio de

$$\widehat{\mathbf{f}}_k = \widehat{\boldsymbol{\Lambda}}^\top [\widehat{\boldsymbol{\Lambda}}\widehat{\boldsymbol{\Lambda}}^\top + \widehat{\boldsymbol{\psi}}]^{-1}(\mathbf{x}_k - \overline{\mathbf{x}}).$$

Exemplo 14.1 (continuação) Neste exemplo, optamos por conservar duas componentes principais que explicavam 82,5% da variância total. Os gráficos do cotovelo na Figura 14.4 e *biplot* na Figura 14.5 justificam a escolha. Reanalisamos os dados empregando Análise Fatorial.

Inicialmente, podemos utilizar as técnicas de determinação do número de fatores descritas na Nota 4. Os comandos do pacote `nFactors` necessários para produzir o gráfico da Figura 14.7 são

```
> ev <- eigen(cor(suicidios1))
> ap <- parallel(subject=nrow(suicidios1), var=ncol(suicidios1),
      rep=100, cent=0.95)
> nS <- nScree(x=ev$values, aparallel=ap$eigen$qevpeq)
> plotnScree(nS, main="")
```

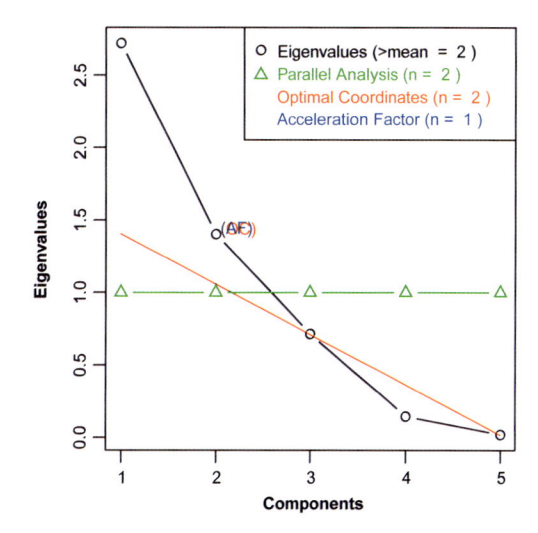

Figura 14.7 Soluções gráficas e não gráficas para a determinação do número de fatores na análise dos dados do Exemplo 14.1.

Na Figura 14.7, a curva preta corresponde ao gráfico do cotovelo, a curva verde, ao limite indicado pela análise paralela e a curva vermelha indica uma das retas geradas pelo algoritmo da coordenada ótima. Tanto a avaliação visual do gráfico do cotovelo quanto as propostas produzidas pela análise paralela e por meio do algoritmo da coordenada ótima sugerem que 2 fatores devem ser retidos. A análise do fator de aceleração, por outro lado, não recomenda a utilização de Análise Fatorial neste caso.

Tendo em vista esses resultados, aparentemente, uma análise com 2 fatores parece apropriada. Os comandos e resultados do ajuste do modelo com 2 fatores obtidos por meio da função `factanal()` do pacote `stats` são

```
> factanal(x = suicidios1, factors = 2, rotation = "varimax")
Uniquenesses:
tempmax tempmin tempmed  precip   nebul
 0.062   0.025   0.005   0.895   0.477
Loadings:
        Factor1 Factor2
tempmax   0.930  -0.271
tempmin   0.891   0.426
tempmed   0.997
```

```
precip           0.314
nebul    -0.162  0.705
              Factor1 Factor2
SS loadings    2.685   0.852
Proportion Var  0.537   0.170
Cumulative Var  0.537   0.707
Test of the hypothesis that 2 factors are sufficient.
The chi square statistic is 10.9 on 1 degree of freedom.
The p-value is 0.000941
```

O termo Uniqueness (especificidade) contém os elementos da diagonal da matriz ψ e corresponde à proporção da variabilidade que não pode ser explicada pela combinação linear dos fatores (variância específica). Um valor alto indica que apenas uma pequena parcela de sua variância pode ser explicada pelos fatores. Esse é ocaso da variável Precipitação (precip) e, com menos intensidade, da variável Nebulosidade (nebmed).

A matriz Λ com as cargas fatoriais está indicada com Loadings. A comunalidade associada a cada variável (correspondente à soma dos quadrados das cargas fatoriais) também pode ser obtida pelo comando

```
> apply(fa$loadings^2, 1, sum)
tempmax tempmin tempmed  precip   nebul
 0.938   0.975   0.995   0.105   0.523
```

Embora os resultados sugiram que dois fatores não sejam suficientes para a explicação adequada da variabilidade ($p < 0{,}001$), a função não permite considerar três fatores, pois não aceita valor maior do que dois para cinco variáveis. A proporção da variância explicada pelos fatores é 70,7%, menor do que aquela obtida por meio de componentes principais.

O gráfico *biplot*, conveniente para representar a relação entre os dois fatores e as variáveis originais, apresentado na Figura 14.8, é obtido por meio dos comandos

```
> load <- fa$loadings[,1:2]
> plot(load, type="n", cex=1.8, cex.axis = 1.6, ylim=c(-0.3, 1.0))
> text(load, labels=names(suicidios1), cex.lab=1.8, col="black")
```

e indica uma relação similar àquela apresentada na Figura 14.5, em que Fator 1 está relacionado com as variáveis que envolvem temperatura e o Fator 2, com aquelas associadas à claridade.

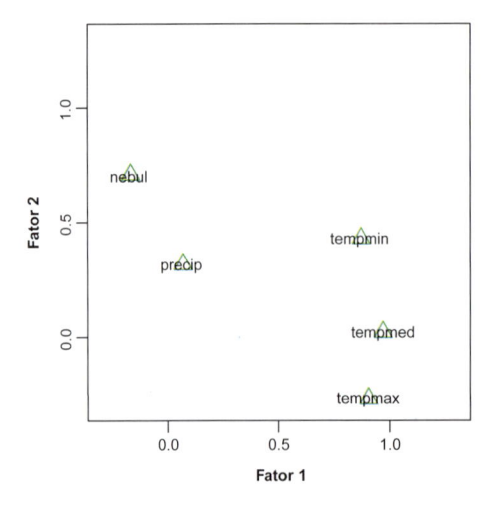

Figura 14.8 Gráfico do Fator 1 *versus* Fator 2 para os dados do Exemplo 14.1.

Utilizando a fatoração (14.6) e lembrando que estamos trabalhando com a matriz de correlações, a estimativa de **R** obtida pelo modelo é

```
         tempmax tempmin tempmed precip nebul
tempmax   1.000    0.71    0.922 -0.011 -0.34
tempmin   0.713    1.00    0.896  0.205  0.16
tempmed   0.922    0.90    1.000  0.085 -0.15
precip   -0.011    0.21    0.085  1.000  0.21
nebul    -0.341    0.16   -0.148  0.209  1.00
```

e a matriz residual estimada é

```
         tempmax tempmin tempmed precip  nebul
tempmax   0.000    0.001   0.000  0.013 -0.009
tempmin   0.001    0.000   0.000  0.011 -0.001
tempmed   0.000    0.000   0.000 -0.003  0.001
precip    0.013    0.011  -0.003  0.000 -0.079
nebul    -0.009   -0.001   0.001 -0.079  0.000
```

Os valores dessa matriz são próximos de zero, sugerindo que o modelo fatorial adotado é adequado.

Exemplo 14.2 Em um estudo planejado para avaliar o nível de poluição atmosférica por meio de medidas de elementos químicos depositados em cascas de árvores, obtiveram-se observações da concentração de Al, Ba, Cu, Fe, Zn, P, Cl, Mg e Ca, entre outros elementos, em 193 unidades (184 sem observações omissas) da espécie *Tipuana tipu* na cidade de São Paulo. Esses dados estão disponíveis no arquivo **arvores**. O objetivo aqui é obter um conjunto de fatores que permita identificar características comuns a essas variáveis. Os resultados provenientes de uma análise de componentes principais concretizada por meio do comando

```
> pca <- principal(elem1, nfactor=9, rotate="none")
> VSS.scree(elem1, main="")
```

estão dispostos na Tabela 14.3.

Tabela 14.3 Coeficientes de componentes principais (CP) para os dados do Exemplo 14.2

	CP1	CP2	CP3	CP4	CP5	CP6	CP7	CP8	CP9
Al	0.90	−0.11	0.09	0.21	−0.16	0.19	−0.08	−0.17	0.17
Ba	0.88	−0.16	0.09	0.10	−0.10	0.27	0.09	0.31	−0.01
Cu	0.82	0.18	−0.05	−0.23	0.31	−0.18	−0.31	0.08	0.01
Fe	0.95	−0.10	0.07	0.10	−0.03	0.10	0.00	−0.18	−0.19
Zn	0.83	0.16	−0.13	−0.22	0.29	−0.21	0.31	−0.05	0.05
P	0.25	0.69	−0.25	0.53	−0.20	−0.28	0.00	0.05	−0.01
Cl	0.17	0.53	0.60	−0.42	−0.39	−0.07	0.01	0.00	0.00
Mg	−0.24	0.22	0.78	0.35	0.40	0.05	0.02	0.00	0.00
Ca	−0.20	0.77	−0.33	−0.12	0.15	0.47	0.00	−0.04	0.00
% Var	0.45	0.17	0.13	0.08	0.07	0.06	0.02	0.02	0.01
% Acum	0.45	0.61	0.75	0.83	0.89	0.95	0.97	0.99	1.00

Uma análise da porcentagem da variância explicada pelas componentes principais, juntamente com um exame do gráfico da escarpa sedimentar correspondente, apresentado na Figura 14.9, sugere que três componentes que explicam 75% da variância total do sistema de variáveis originais poderiam contemplar uma representação adequada.

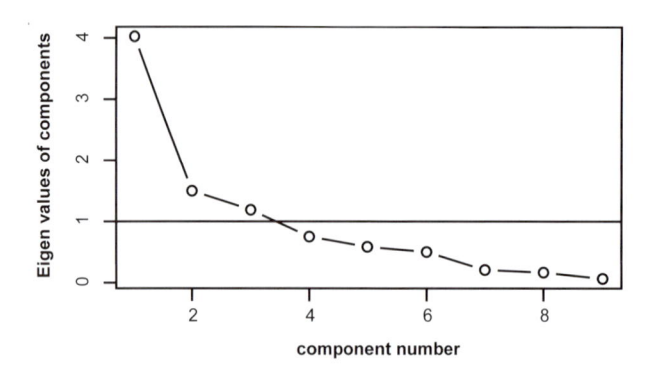

Figura 14.9 Gráfico da escarpa sedimentar para os dados do Exemplo 14.2.

As cargas fatoriais correspondentes a uma análise fatorial com três fatores rotacionados obliquamente, juntamente com as comunalidades e especificidades correspondentes, podem ser obtidas por meio do pacote nFactors com os comandos

```
> fa2 <- fa(elem1, nfactors = 3, rotate = "oblimin", fm="minres")
> print(fa2, digits=2)
> print(fa2$loadings, cutoff = 0.35)
> print(fa2$loadings)
```

e estão dispostas na Tabela 14.4.

Tabela 14.4 Cargas fatoriais, comunalidades e especificidades correspondentes a uma análise fatorial para os dados do Exemplo 14.2

	Fator 1	Fator 2	Fator 3	Comunalidade	Especificidade
Al	0.91	−0.11	0.03	0.82	0.18
Ba	0.86	−0.13	0.00	0.75	0.25
Cu	0.75	0.27	−0.04	0.66	0.34
Fe	0.97	−0.08	0.01	0.95	0.05
Zn	0.74	0.27	−0.13	0.68	0.32
P	0.20	0.47	0.05	0.25	0.75
Cl	0.22	0.27	0.39	0.22	0.78
Mg	−0.04	0.02	0.73	0.54	0.46
Ca	−0.21	0.67	0.01	0.49	0.51

Para facilitar a interpretação, pode-se considerar o comando

```
> print(fa2$loadings, cutoff = 0.35)
```

com o qual apresentamos as cargas fatoriais maiores que 0,35, obtendo

```
Loadings:
   MR1    MR2    MR3
Fe  0.972
Cu  0.754
Zn  0.740
```

```
Ba  0.858
Mg                    0.730
Al  0.906
P            0.469
Cl                    0.390
Ca           0.668
```

O Fator 1 tem cargas fatoriais concentradas nos elementos Al, Ba, Cu, Fe e Zn, que estão associados à poluição de origem veicular gerada por desgaste de freios e ressuspensão de poeira; o Fator 2, com cargas fatoriais concentradas em P e Ca, e o Fator 3, com cargas fatoriais concentradas em Cl e Mg, estão relacionados com macro e micronutrientes importantes para a saúde arbórea.

Esse resultado também pode ser observado a partir do gráfico da Figura 14.10, gerado por meio do comando `biplot(fa2)`.

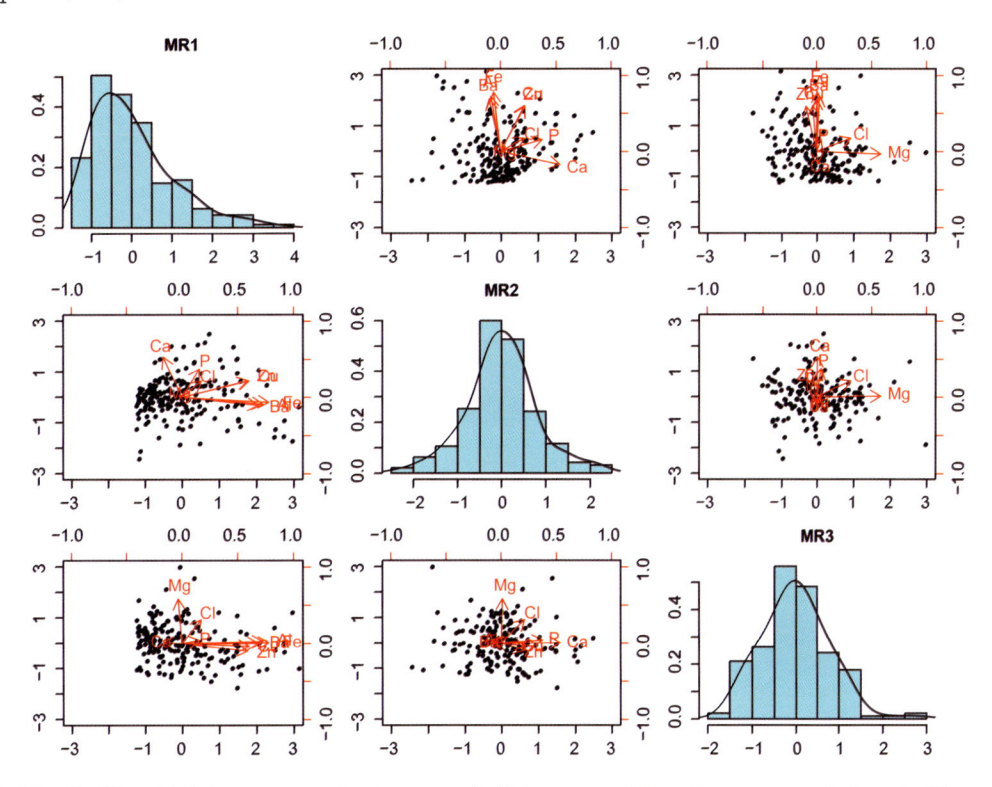

Figura 14.10 Gráfico *biplot* correspondente aos três fatores considerados para os dados do Exemplo 14.2.

O gráfico QQ obtido por meio do comando `plot(resid(fa2))` disposto na Figura 14.11 pode ser usado para avaliar a distribuição dos resíduos do modelo (14.4).

14.4 Análise de componentes independentes

A **Análise de Componentes Independentes** (*Independent Component Analysis, ICA*) é um método para obter componentes que não tenham as restrições da Análise Fatorial, ou seja, que não sejam dependentes da suposição de normalidade, sob a qual esta última tem resultados mais adequados.

O desenvolvimento da Análise de Componentes Independentes é relativamente recente, tendo ímpeto na década de 1980 no contexto de redes neurais e encontra aplicações em processamento de sinais biomédicos, separação de sinais de áudio, séries temporais financeiras etc. As principais referências nessa área são Hyvärinen e Oja (1997), Hyvärinen (1999), Hyvärinen et al. (2001) e Stone (2004). Nesta seção, baseamo-nos nas ideias de Hyvärinen e Oja (2000) e Gegembauer (2010).

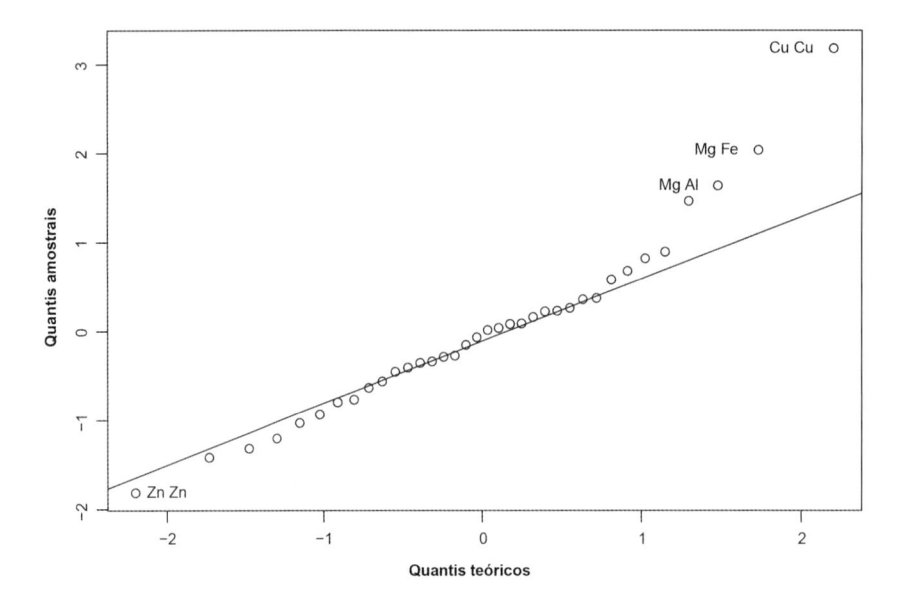

Figura 14.11 Gráfico QQ para os resíduos do modelo (14.4) ajustado aos dados do Exemplo 14.2.

Consideremos um conjunto de dados com p variáveis, $\mathbf{x} = (x_1, \ldots, x_p)^\top$ e a transformação

$$y_i = \sum_{j=1}^{p} w_{ij} x_j, \; i = 1, \ldots, q, \tag{14.8}$$

em que $q < p$ e os w_{ij} são coeficientes. Reunindo os coeficientes w_{ij} em uma matriz $\mathbf{W}$, de ordem $q \times p$, e os y_i em um vetor $\mathbf{y}$, de ordem $q \times 1$, obtemos

$$\mathbf{y} = \mathbf{W}\mathbf{x}. \tag{14.9}$$

A diferença entre Análise de Componentes Independentes, Análise de Componentes Principais e Análise Fatorial está nos pesos w_{ij}, que são escolhidos de modo que as variáveis y_i sejam independentes e **não gaussianas**.

A Análise de Componentes Independentes é um caso particular da técnica conhecida por **Separação Cega de Fontes** (*Blind Source Separation*), considerada no contexto de séries temporais. Um exemplo muito citado é o do problema da festa de coquetéis (*cocktail party problem*), descrito a seguir.

Consideremos um conjunto de pessoas conversando na mesma sala emitindo sinais de fala ou um conjunto de telefones celulares emitindo suas ondas de rádio. Suponhamos que vários sensores ou receptores, colocados em diferentes posições, gravem cada mistura das fontes originais com pesos diferentes.

Com o objetivo de simplificar a exposição, digamos que existem três fontes que dão origem aos sinais $s_1(t)$, $s_2(t)$ e $s_3(t)$ e também três sinais observados, denotados por $x_1(t)$, $x_2(t)$ e $x_3(t)$, correspondentes às amplitudes dos sinais gravados no tempo t. Os $x_i(t)$ são combinações lineares dos $s_i(t)$ com coeficientes constantes a_{ij}, que, por sua vez, indicam as misturas dos pesos e que dependem das distâncias entre as fontes e os sensores, supostamente desconhecidas:

$$\begin{array}{rcl} x_1(t) & = & a_{11}s_1(t) + a_{12}s_2(t) + a_{13}s_3(t) \\ x_2(t) & = & a_{21}s_1(t) + a_{22}s_2(t) + a_{23}s_3(t) \\ x_3(t) & = & a_{31}s_1(t) + a_{32}s_2(t) + a_{33}s_3(t). \end{array} \tag{14.10}$$

Em geral, não conhecemos nem valores a_{ij} nem os sinais originais $s_i(t)$. Gostaríamos de estimar os sinais originais a partir das misturas $x_i(t)$. Este é o problema conhecido como **Separação Cega de Fontes**. O termo "cega" significa que temos pouca ou nenhuma informação sobre as fontes.

Admitamos que os coeficientes de mistura, a_{ij}, sejam suficientemente diferentes para que a matriz que os engloba seja invertível. Então, existe uma matriz $\mathbf{W}$ com elementos w_{ij}, tais que

$$s_i(t) = w_{i1}x_1(t) + w_{i2}x_2(t) + w_{i3}x_3(t), \ i = 1,2,3. \tag{14.11}$$

Se conhecêssemos os pesos a_{ij} em (14.10), a matriz $\mathbf{W}$ seria a inversa da matriz definida pelos coeficientes de mistura a_{ij}.

A questão é saber como os coeficientes w_{ij} em (14.11) podem ser estimados. Essencialmente, observamos os sinais gravados x_1, x_2 e x_3 e queremos obter uma matriz $\mathbf{W}$ de modo que a representação seja dada pelos sinais originais s_1, s_2 e s_3. Uma solução simples pode ser encontrada quando os sinais são estatisticamente independentes. De fato, a suposição de que os sinais são não gaussianos é suficiente para determinar os coeficientes w_{ij}, desde que

$$y_i(t) = w_{i1}x_1(t) + w_{i2}x_2(t) + w_{i3}x_3(t), \quad i = 1,2,3, \tag{14.12}$$

sejam estatisticamente independentes. Se os sinais y_i forem independentes, então eles serão iguais aos sinais originais $s_i, i = 1, 2, 3$ (a menos da multiplicação por um escalar).

O problema aqui descrito nos leva à seguinte especificação geral:

$$\mathbf{x} = \mathbf{As}, \tag{14.13}$$

em que $\mathbf{x} = (x_1, \ldots, x_p)^\top$ é um vetor de variáveis aleatórias observáveis, $\mathbf{s} = (s_1, \ldots, s_p)^\top$ é um vetor de variáveis aleatórias independentes não observáveis e $\mathbf{A} = [a_{ij}]$ é uma matriz desconhecida com dimensão $p \times p$. A Análise de Componentes Independentes consiste em estimar tanto a matriz $\mathbf{A}$ quanto os os sinais s_i apenas observando os x_i. Para efeito de exposição, supomos que o número de componentes independentes s_i é igual ao número de variáveis observadas, mas esta suposição não é necessária.

Pode-se demonstrar que este problema está bem definido, isto é, que o modelo em (14.13) pode ser estimado se, e somente se, os componentes s_i são não gaussianos [veja de Hyvärinen e Oja (2000) para detalhes]. Esta condição é necessária e também explica a principal diferença entre Análise de Componentes Independentes e Análise Fatorial, na qual a normalidade dos dados precisa ser levada em conta para que os resultados sejam adequados. De fato, a Análise de Componentes Independentes pode ser considerada uma Análise Fatorial não gaussiana, visto que nesse caso também modelamos os dados como uma mistura linear de alguns fatores latentes.

Algoritmos numéricos são uma parte integral dos métodos de estimação neste contexto. Esses métodos numéricos tipicamente envolvem a otimização de alguma função objetivo e o algoritmo de otimização mais básico utiliza o **método do gradiente** (veja o Apêndice A). Em particular, o **algoritmo de ponto fixo** chamado `FastICA` tem sido usado para explorar uma estrutura específica dos problemas de Análise de Componentes Independentes. Uma aplicação desses métodos é a determinação do nível máximo de não normalidade aceitável medido pelo valor absoluto do **excesso de curtose**. A curtose $K(X)$ de uma variável aleatória X está definida na Nota 7 do Capítulo 3 e o excesso de curtose é definido por $e(X) = K(X) - 3$, sendo 3 a curtose de uma distribuição normal.

Admitindo que a matriz $\mathbf{A}$ tenha inversa $\mathbf{A}^{-1} = \mathbf{W}$, obtemos

$$\mathbf{s} = \mathbf{Wx}. \tag{14.14}$$

Há duas ambiguidades no procedimento da Análise de Componentes Independentes. A primeira é que não podemos determinar as variâncias dos elementos s_i, pois se os multiplicarmos por uma constante C, basta dividir as colunas correspondentes de $\mathbf{A}$ por C para obter o mesmo resultado. Para evitar esse problema, podemos centrar as componentes, isto é, considerar $\mathrm{E}(s_i) = 0$, para todo i e fixar as magnitudes das componentes independentes de modo que $\mathrm{E}(s_i^2) = 1$, para todo i.

A segunda ambiguidade é que, contrariamente ao que ocorre com a Análise de Componentes Principais, não podemos determinar a **ordem** das componentes independentes, pois como $\mathbf{s}$ e $\mathbf{A}$ são desconhecidas, podemos mudar livremente a ordem dos termos em (14.13).

Para obter componentes independentes, podemos escolher duas formas como substitutas (*proxy*) de independência, que, por sua vez, determinam a forma do algoritmo de Análise de Componentes Independentes a usar:

i) minimização da informação mútua;

ii) maximização da não gaussianidade.

A família de algoritmos que usa minimização da informação mútua é baseada em medidas como a **Divergência de Kullback-Leibler** e **Máxima Entropia**. A família que aborda a "não gaussianidade", usa **curtose** e **negentropia**. Veja Gegembauer (2010) para definições e detalhes.

Convém fazer um pré-processamento dos dados antes da análise. Os algoritmos usam centragem (subtração da média para obter um sinal de média zero), **branqueamento**, redução da dimensionalidade, frequentemente concretizado via Análise de Componentes Principais e decomposição em valores singulares. O branqueamento assegura que todas as dimensões são tratadas igualmente antes que o algoritmo seja aplicado.

Sejam duas variáveis, X e Y, independentes e, consequentemente, não correlacionadas. Uma propriedade um pouco mais forte que não correlação é a **brancura** (*whiteness*). Branquear um vetor de média zero, $\mathbf{y}$, significa tornar seus componentes não correlacionados com variâncias unitárias, ou seja, fazer com que

$$\mathrm{E}[\mathbf{y}\mathbf{y}^\top] = \mathbf{I}. \tag{14.15}$$

Consequentemente, branquear o vetor $\mathbf{x}$ corresponde a obter uma matriz $\mathbf{V}$ tal que

$$\mathbf{z} = \mathbf{V}\mathbf{x}, \tag{14.16}$$

de forma que o vetor $\mathbf{z}$ seja **branco**. Um método bastante popular para o branqueamento é baseado na **decomposição em valores singulares** (*singular value decomposition, SVD*) da matriz de covariâncias da variável centrada, digamos $\widetilde{\mathbf{x}}$, ou seja, considerar

$$\mathrm{E}[\widetilde{\mathbf{x}}\widetilde{\mathbf{x}}^\top] = \mathbf{E}\mathbf{D}\mathbf{E}^\top, \tag{14.17}$$

em que $\mathbf{E}$ é a matriz ortogonal de autovetores de $\mathrm{E}[\widetilde{\mathbf{x}}\widetilde{\mathbf{x}}^\top]$ e $\mathbf{D} = \mathrm{diag}(d_1, \ldots, d_p)$ é a matriz diagonal com os autovalores na diagonal principal. O branqueamento pode então ser realizado por meio da matriz de branqueamento

$$\mathbf{V} = \mathbf{E}\mathbf{D}^{-1/2}\mathbf{E}^\top \tag{14.18}$$

e transforma $\mathbf{A}$ em $\widetilde{\mathbf{A}} = \mathbf{E}\mathbf{D}^{-1/2}\mathbf{E}^\top\mathbf{A}$, tal que

$$\widetilde{\mathbf{x}} = \mathbf{E}\mathbf{D}^{-1/2}\mathbf{E}^\top\mathbf{A}\mathbf{s} = \widetilde{\mathbf{A}}\mathbf{s}.$$

Esse procedimento torna $\widetilde{\mathbf{A}}$ ortogonal, pois

$$\mathrm{E}[\widetilde{\mathbf{x}}\widetilde{\mathbf{x}}^\top] = \widetilde{\mathbf{A}}\mathrm{E}(\mathbf{s}\mathbf{s}^\top)\widetilde{\mathbf{A}}^\top = \widetilde{\mathbf{A}}\widetilde{\mathbf{A}}^\top = \mathbf{I}$$

dado que $\mathbf{s}$ é um vetor cujos elementos são variáveis independentes com variância unitária. Como consequência, o processo de branqueamento reduz o número de parâmetros a estimar, de p^2 para $p(p-1)/2$, em razão da ortogonalidade da matriz $\widetilde{\mathbf{A}}$.

Há vários algoritmos para a análise de componentes independentes de um conjunto de dados, dentre os quais mencionamos:

i) Algoritmo do Gradiente usando a curtose;

ii) Algoritmo de Ponto Fixo usando curtose;

iii) Algoritmo do Gradiente usando negentropia;

iv) Algoritmo de Ponto Fixo usando negentropia;

v) Algoritmos para Estimação de Máxima Verossimilhança.

Veja Gegembauer (2010) para detalhes.

Algoritmos computacionais utilizados para a análise de componentes independentes podem ser implementados por meio das funções `infomax()`, `FastICA()` e `JADE()` contempladas no pacote `ica`. Outros pacotes também disponíveis são: `fastICA` e `ProDenICA`. Este último foi desenvolvido por T. Hastie e R. Tibshirani (ver hastie@stanford.edu) e apresenta a particularidade de estimar a densidade de cada componente.

Exemplo 14.3 Consideremos novamente os dados do Exemplo 13.2, em que 9 variáveis (Al, Ba, Cu, Fe, Zn, P, Cl, Mg e Ca) foram observadas em 193 unidades, das quais 190 não contêm dados omissos. Os comandos do pacote `fastICA` para a obtenção das 9 componentes independentes de um modelo saturado e de algumas matrizes geradas pelo algoritmo são

```
> aci <- fastICA(tip1, 9, alg.typ = "parallel", fun = "logcosh",
                alpha = 1, method = "R", row.norm = FALSE,
                maxit = 200, tol = 0.0001, verbose = TRUE)
# matriz de dados centrada X (5 linhas)
aci$X[1:5,]
# matriz de branqueamento
aci$K
# matriz de dados branqueada (5 linhas)
Xbranq <- aci$X%*%aci$K
Xbranq[1:5,]
# matriz de mistura A
aci$A
# matriz de desmisturacao (un-mixing) W
aci$W
# matriz de sinais (componentes independentes) S (5 linhas)
aci$S[1:5,]
```

Os resultados são

```
aci$X[1:5,]
      Fe     Cu    Zn    Ba    Mg    Al      P    Cl    Ca
5    -818 -0.319  20.4    82   694  -356 -153.1   509  5865
6   -1037 -1.269 -86.0  -345  -184  -654  136.9   172  4210
9    -890 -0.069   5.1  -356    91  -508   -4.1   -34 23224
10   -956 -1.869 -77.8  -244   -36  -608   11.9  -175  8623
11   -436 -0.739   1.7   -89  -904  -400  -68.1  -140  7727

aci$K
           [,1]     [,2]     [,3]     [,4]     [,5]     [,6]     [,7]     [,8]     [,9]
[1,]  -3.6e-06 -5.3e-04 -1.4e-04  1.9e-03  6.6e-04  1.7e-04  2.7e-05 -1.3e-03  4.0e-04
[2,]  -7.1e-10 -7.6e-07 -5.6e-08  3.8e-06  3.7e-06 -5.0e-06 -5.8e-06  2.1e-04 -7.4e-01
[3,]  -3.1e-08 -3.2e-05  6.1e-06  2.1e-04  2.5e-04 -1.6e-04 -4.5e-04  1.5e-02  1.0e-02
[4,]  -1.6e-06 -2.2e-04 -4.7e-05 -2.2e-03  2.6e-03  7.4e-05 -8.3e-04 -4.1e-04  1.2e-05
[5,]   1.4e-08  1.0e-04 -1.1e-03 -5.1e-06  4.7e-05  3.5e-04 -1.3e-05  2.3e-04 -9.5e-07
[6,]  -2.4e-06 -3.4e-04 -9.9e-05 -1.6e-03 -2.7e-03  1.3e-05  9.1e-04  9.8e-04  4.6e-05
[7,]   7.2e-07 -2.3e-05 -1.5e-05  4.7e-05 -7.8e-04 -3.5e-04 -5.9e-03 -9.9e-04  1.2e-06
[8,]   3.6e-07 -1.4e-05 -9.4e-05  2.2e-05  1.2e-04 -4.5e-03  4.7e-04 -5.1e-04  4.7e-04
[9,]   1.1e-04 -2.9e-05 -7.0e-06 -3.3e-06  5.2e-06  2.5e-05  4.7e-05 -1.5e-05  1.1e-05
```

```
Xbranq[1:5,]
     [,1]  [,2]   [,3]   [,4]   [,5]  [,6]    [,7]   [,8]   [,9]
5   0.63 0.435 -0.728 -1.202  0.87 -2.01  0.994  0.949  0.406
6   0.46 0.704  0.383 -0.222  0.07 -0.99 -0.833 -0.808 -0.248
9   2.49 0.068 -0.073 -0.208 -0.03  0.57  0.913  0.573 -0.038
10  0.93 0.520  0.199 -0.390  0.35  0.81 -0.088 -0.512  0.196
11  0.83 0.074  1.086 -0.031  0.58  0.44  0.412  0.053  0.389

aci$A
         [,1]   [,2]  [,3]    [,4] [,5] [,6]   [,7]  [,8]  [,9]
[1,]    332.2  0.57  28.6    99.0 -104  234 134.4   3.8 -3624
[2,]    -20.4  1.57  24.4   -21.3 -164  -63  -7.9   1.4   626
[3,]    188.0  0.57  17.4    69.6  243  139 122.0  19.2  7226
[4,]  -1049.3 -1.26 -50.1  -409.9  369 -561  12.6 -11.9  1501
[5,]    159.1  0.19  -7.1    40.1  704  -26 -30.6  19.9 -3294
[6,]    401.1  0.60  15.8   216.2  182  512 -24.5   3.1 -2558
[7,]      9.9 -0.10  -5.6  -295.2   27  -45  -1.4 -15.2   346
[8,]     42.3  0.28   9.2     1.2  159   35  15.4 230.4  1137
[9,]   -201.8 -0.65 -72.5   -63.9  -27  -32  10.8  -1.2  -351

aci$W
         [,1]    [,2]    [,3]    [,4]    [,5]    [,6]    [,7]    [,8]   [,9]
[1,]  -0.390  0.0673  0.773  0.1665 -0.353 -0.277  0.038  0.1216 -0.037
[2,]  -0.188  0.0012 -0.347  0.8325  0.084 -0.342  0.069 -0.0541  0.141
[3,]   0.068  0.1916 -0.372 -0.2078 -0.796 -0.303 -0.015 -0.2183  0.067
[4,]   0.076  0.1120 -0.027 -0.2541  0.269 -0.512  0.732  0.0267 -0.215
[5,]  -0.267  0.1066 -0.105 -0.2594  0.319 -0.522 -0.636 -0.0310 -0.244
[6,]  -0.127 -0.0561  0.171  0.0051  0.120  0.086  0.068 -0.9607 -0.045
[7,]  -0.840  0.0283 -0.309 -0.1933 -0.024  0.317  0.222  0.0962 -0.030
[8,]   0.092  0.3093 -0.050  0.2584 -0.127  0.239 -0.011  0.0076 -0.868
[9,]  -0.023 -0.9139 -0.074 -0.0104 -0.174 -0.123  0.014  0.0273 -0.335

aci$S[1:5,]
     [,1]    [,2]   [,3]   [,4]  [,5]   [,6]   [,7]  [,8]  [,9]
5   -1.20 -0.076 -0.180  0.74 -0.11  0.379 -1.28  2.20 -0.86
6    0.44  0.096  0.112  0.57 -0.40 -0.918 -0.39  0.79  0.99
9   -1.78  0.333  1.727  0.52 -0.90 -0.088  0.20 -0.15 -0.57
10  -0.65 -0.291  0.614  0.44 -0.30 -0.584 -0.40 -0.77  0.39
11  -0.83 -0.030  0.068 -0.24 -1.00 -0.740 -0.25 -0.53 -0.29
```

Com base nesses resultados, podemos escrever, por exemplo,

$$x_1 = 332{,}2s_1 + 0{,}57s_2 + 28{,}6s_3 + 99{,}0s_4 - 104s_5 + 234s_6 + 134{,}4s_7 + 3{,}8s_8 - 3624s_9.$$

Por outro lado,

$$s_1 = -0{,}390x_1 + 0{,}0673x_2 + 0{,}773x_3 + 0{,}1665x_4 - 0{,}353x_5 - 0{,}277x_6 + 0{,}038x_7 + 0{,}1216x_8 - 0{,}037x_9,$$

lembrando que x_i corresponde ao valor centrado da i-ésima variável.

As densidades estimadas das componentes independentes obtidas por meio do pacote `ProDenICA` estão apresentadas na Figura 14.12.

Não há muitas sugestões sobre a determinação do número de componentes independentes a reter. Uma delas é ajustar modelos com diferentes números de componentes e comparar alguma distância entre as matrizes de dados original centrada e a estimada. Uma opção é usar a norma de Frobenius, ou seja, a soma de quadrados de todos os elementos da matriz. No exemplo, isso pode ser concretizado por meio dos comandos

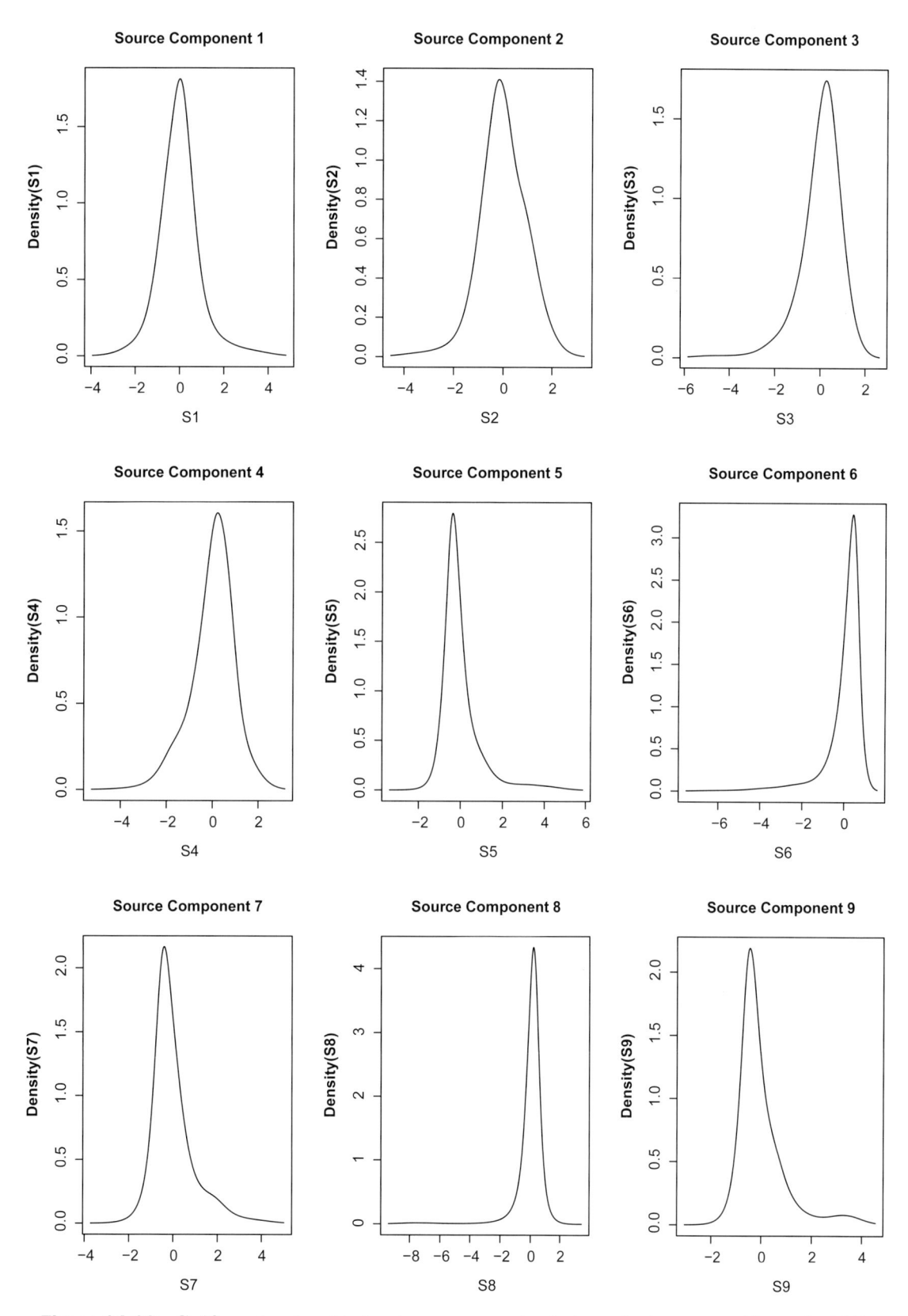

Figura 14.12 Gráficos das densidades das componentes independentes para o Exemplo 14.3.

```
> aci <- fastICA(tip1, n.comp = 3, alg.typ = "parallel",
                 fun = "logcosh", alpha = 1, method = "R",
                 row.norm = FALSE, maxit = 200,
                 tol = 0.0001, verbose = TRUE)

> Xestim1 <- aci1$S%*%aci1$A
> dif <- aci$X - Xestim1
> normdif <- norm(dif, type="F")
> normdif
```

Variando o número de componentes, obtemos os resultados dispostos na Tabela 14.5.

Tabela 14.5 Norma de Frobenius para determinação do número de componentes independentes a reter do Exemplo 14.3

Componentes	1	2	3	4	5	6	7	8	9
Distância	24589	13738	6686	5263	3870	2428	892	19	0

Com o mesmo espírito adotado no gráfico do cotovelo, poderíamos adotar 3 ou 4 componentes independentes para explicar a variabilidade dos dados originais. Nesse caso, a função inicialmente projeta a matriz $\mathbf{X}$ nas 3 componentes principais por meio de $\mathbf{xKW} = \mathbf{s}$, em que $\mathbf{K}$ é a matriz de pré-branqueamento. As matrizes de mistura ($\mathbf{A}$) e desmistura ($\mathbf{W}$) e $\mathbf{K}$ obtidas com o ajuste do modelo com 3 componentes independentes são

```
aci1$A
      [,1]  [,2] [,3] [,4] [,5] [,6] [,7] [,8]  [,9]
[1,] -116 -0.37  -22  -55  853  -66  -20   49 -2563
[2,] 1188  1.54   64  499  -91  771   23   25 -3610
[3,] -138 -0.50  -19  -50 -227  -85  -75  -62 -8205


aci1$W
       [,1]  [,2]  [,3]
[1,] -0.27 -0.39 -0.88
[2,]  0.26 -0.91  0.33
[3,] -0.93 -0.14  0.35


aci1$K
          [,1]      [,2]      [,3]
[1,] -3.6e-06 -5.3e-04 -1.4e-04
[2,] -7.1e-10 -7.6e-07 -5.6e-08
[3,] -3.1e-08 -3.2e-05  6.1e-06
[4,] -1.6e-06 -2.2e-04 -4.7e-05
[5,]  1.4e-08  1.0e-04 -1.1e-03
[6,] -2.4e-06 -3.4e-04 -9.9e-05
[7,]  7.2e-07 -2.3e-05 -1.5e-05
[8,]  3.6e-07 -1.4e-05 -9.4e-05
[9,]  1.1e-04 -2.9e-05 -7.0e-06
```

Para avaliar o ajuste do modelo, podem-se construir gráficos de dispersão entre os valores originais (centrados) de cada variável e os correspondentes valores preditos. Com as 3 componentes adotadas, esses gráficos estão dispostos na Figura 14.13.

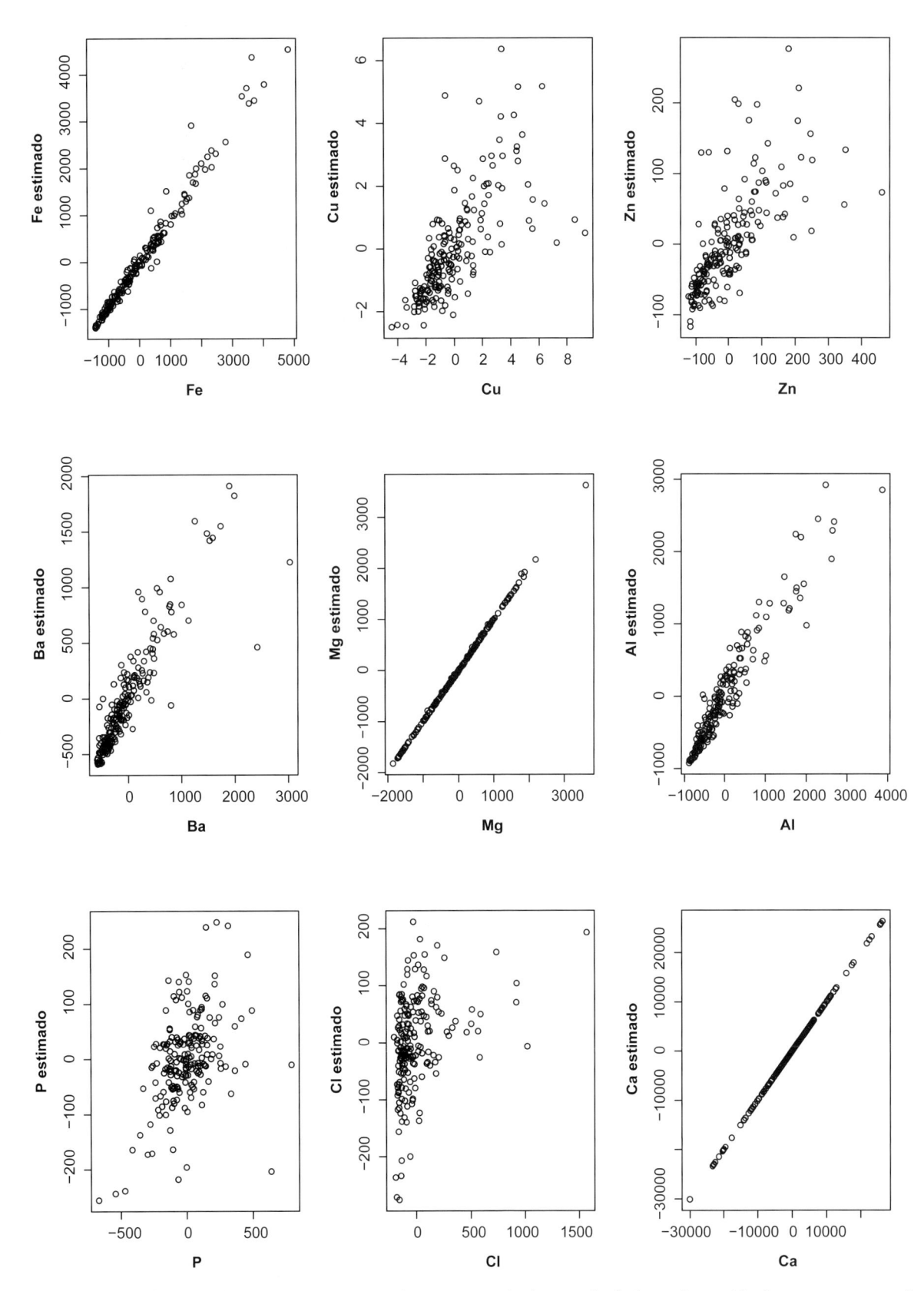

Figura 14.13 Gráficos de dispersão entre os valores originais (centrados) de cada variável e os correspondentes valores preditos.

Os gráficos sugerem um bom ajuste para as variáveis com exceção do P e do Cl. Também podemos calcular as correlações entre cada variável e as 3 componentes independentes por meio do comando `cor(aci1$X, aci1$S)` obtendo o seguinte resultado, que é similar àquele encontrado por meio de uma Análise Fatorial

```
     [,1]    [,2]    [,3]
Fe -0.98 -0.094 -0.12
Cu -0.65 -0.155 -0.21
Zn -0.65 -0.216 -0.19
Ba -0.88 -0.095 -0.09
Mg  0.10  0.963 -0.25
Al -0.95 -0.079 -0.11
P  -0.12 -0.103 -0.40
Cl -0.11  0.214 -0.27
Ca  0.39 -0.270 -0.88
```

14.5   Notas de capítulo

NOTA 1: Obtenção das componentes principais

Para obtenção da primeira componente principal com base nos dados amostrais, considere a função

$$h(\boldsymbol{\beta}_1, \lambda) = \boldsymbol{\beta}_1^\top \mathbf{S} \boldsymbol{\beta}_1 - \lambda_1(\boldsymbol{\beta}_1^\top \boldsymbol{\beta}_1 - 1)$$

em que λ é o multiplicador de Lagrange. A derivada de $h(\boldsymbol{\beta}_1, \lambda)$ com relação a β_1 é

$$\partial h(\boldsymbol{\beta}_1, \lambda)/\partial\boldsymbol{\beta}_1 = 2\mathbf{S}\boldsymbol{\beta}_1 - 2\lambda\boldsymbol{\beta}_1,$$

e a derivada de $h(\boldsymbol{\beta}_1, \lambda)$ com relação a λ é $\partial h(\boldsymbol{\beta}_1, \lambda)/\partial\lambda_1 = \boldsymbol{\beta}_1^\top \boldsymbol{\beta}_1 - 1$.

Então, devemos resolver a equação $\partial h(\boldsymbol{\beta}_1, \lambda)/\partial\boldsymbol{\beta}_1 = \mathbf{0}$ sob a restrição $\boldsymbol{\beta}_1^\top \boldsymbol{\beta}_1 = 1$, ou seja, determinar $\widehat{\lambda}$ e $\widehat{\boldsymbol{\beta}}_1$ tais que

$$(\mathbf{S} - \widehat{\lambda}\mathbf{I})\widehat{\boldsymbol{\beta}}_1 = \mathbf{0} \tag{14.19}$$

sob a restrição $\widehat{\boldsymbol{\beta}}_1^\top \widehat{\boldsymbol{\beta}}_1 = 1$. Para que esse sistema tenha uma solução não nula é necessário que

$$\det(\mathbf{S} - \widehat{\lambda}\mathbf{I}_p) = 0,$$

ou seja, que $\widehat{\lambda}$ seja um **autovalor** de $\mathbf{S}$ e que $\widehat{\boldsymbol{\beta}}_1$ seja o **autovetor** correspondente.

Sejam $\widehat{\lambda}_1 \geq \widehat{\lambda}_2 \geq \ldots \geq \widehat{\lambda}_p$ os p autovalores de $\mathbf{S}$. Para determinar qual deles devemos escolher com a finalidade de maximizar $\boldsymbol{\beta}_1^\top \mathbf{S}\boldsymbol{\beta}_1$, basta multiplicar $(\mathbf{S} - \widehat{\lambda}\mathbf{I})\boldsymbol{\beta}_1 = \mathbf{0}$ por $\boldsymbol{\beta}_1^\top$, obtendo a equação

$$\boldsymbol{\beta}_1^\top \mathbf{S}\boldsymbol{\beta}_1 - \widehat{\lambda}\boldsymbol{\beta}_1^\top \boldsymbol{\beta}_1 = 0.$$

Lembrando que $\boldsymbol{\beta}_1^\top \boldsymbol{\beta}_1 = 1$, a solução é $\widehat{\lambda}_1 = \boldsymbol{\beta}_1^\top \mathbf{S}\boldsymbol{\beta}_1$. Então, para maximizar $\boldsymbol{\beta}_1^\top \mathbf{S}\boldsymbol{\beta}_1$ devemos escolher $\widehat{\lambda}$ como o maior autovalor de $\mathbf{S}$ e $\widehat{\boldsymbol{\beta}}_1$, o autovetor correspondente. A primeira componente principal será $\widehat{y}_1 = \widehat{\boldsymbol{\beta}}_1^\top \mathbf{x}$ e sua variância é $\widehat{\lambda}_1$.

A segunda componente principal é a combinação linear $y_2 = \boldsymbol{\beta}_2^\top \mathbf{x}$, tal que $\boldsymbol{\beta}_2^\top \boldsymbol{\beta}_2 = 1$, $\boldsymbol{\beta}_2^\top \boldsymbol{\beta}_1 = 0$ e $\boldsymbol{\beta}_2^\top \mathbf{S}\boldsymbol{\beta}_2$ seja máxima. Neste caso, devemos maximizar a função

$$h(\boldsymbol{\beta}_2, \lambda, \nu) = \boldsymbol{\beta}_2^\top \mathbf{S}\boldsymbol{\beta}_2 - \lambda(\boldsymbol{\beta}_2^\top \boldsymbol{\beta}_2 - 1) - \nu(\boldsymbol{\beta}_2^\top \boldsymbol{\beta}_1)$$

em que os multiplicadores de Lagrange são λ e ν. Para isso, devemos resolver a equação

$$\partial h(\boldsymbol{\beta}_2, \lambda, \nu)/\partial\boldsymbol{\beta}_2 = 2(\mathbf{S}\boldsymbol{\beta}_2 - \lambda\mathbf{I}_p)\boldsymbol{\beta}_2 - \nu\boldsymbol{\beta}_1 = \mathbf{0} \tag{14.20}$$

sob as restrições $\boldsymbol{\beta}_2^\top \boldsymbol{\beta}_2 = 1$ e $\boldsymbol{\beta}_2^\top \boldsymbol{\beta}_1 = 0$. Multiplicando (14.20) por $\boldsymbol{\beta}_1^\top$, obtemos

$$2\boldsymbol{\beta}_1^\top \mathbf{S}\boldsymbol{\beta}_2 - 2\lambda\boldsymbol{\beta}_1^\top\boldsymbol{\beta}_2 - \nu\boldsymbol{\beta}_1^\top\boldsymbol{\beta}_1 = 0;$$

a restrição $\boldsymbol{\beta}_1^\top\boldsymbol{\beta}_1 = 1$ implica $2\boldsymbol{\beta}_1^\top\mathbf{S}\boldsymbol{\beta}_2 - \nu = 0$. Agora, multiplicando (14.19) por $\boldsymbol{\beta}_2^\top$ e lembrando que $\boldsymbol{\beta}_2^\top\boldsymbol{\beta}_1 = 0$, obtemos $\boldsymbol{\beta}_1^\top\mathbf{S}\boldsymbol{\beta}_2 = 0$, concluindo que $\nu = 0$. Consequentemente, de (14.20), segue que

$$(\mathbf{S} - \widehat{\lambda}\mathbf{I})\widehat{\boldsymbol{\beta}}_2 = \mathbf{0}.$$

Logo, $\widehat{\boldsymbol{\beta}}_2$ deve ser um autovetor de $\mathbf{S}$ e, como $\widehat{\boldsymbol{\beta}}_1^\top\mathbf{S}\widehat{\boldsymbol{\beta}}_1 \geq \widehat{\boldsymbol{\beta}}_2^\top\mathbf{S}\widehat{\boldsymbol{\beta}}_2$, a segunda componente principal corresponde ao autovetor associado ao segundo maior autovetor de $\mathbf{S}$. Então, a segunda componente principal será $\widehat{y}_2 = \widehat{\boldsymbol{\beta}}_2^\top\mathbf{x}$ e sua variância será $\widehat{\lambda}_2$.

Repetindo esse procedimento, podemos obter as demais componentes principais.

NOTA 2: Decomposição de matrizes simétricas

Toda matriz simétrica real $\boldsymbol{\Sigma}$ pode ser escrita como $\boldsymbol{\Sigma} = \mathbf{P}\boldsymbol{\Lambda}\mathbf{P}^\top$, em que $\mathbf{P}$ é uma matriz ortogonal e $\boldsymbol{\Lambda}$ é uma matriz diagonal com os autovalores de $\boldsymbol{\Sigma}$ ao longo da diagonal principal. Então, $\boldsymbol{\Sigma} = \mathbf{P}\boldsymbol{\Lambda}^{1/2}\boldsymbol{\Lambda}^{1/2}\mathbf{P}^\top$, em que $\boldsymbol{\Lambda}^{1/2}$ é uma matriz diagonal com as raízes quadradas dos elementos não nulos de $\boldsymbol{\Lambda}$ ao longo da diagonal principal. Fazendo $\boldsymbol{\Lambda} = \mathbf{P}\boldsymbol{\Lambda}^{1/2}$, obtemos

$$\boldsymbol{\Sigma} = \boldsymbol{\Lambda}\boldsymbol{\Lambda}^\top = \lambda_1\boldsymbol{\beta}_1\boldsymbol{\beta}_1^\top + \ldots + \lambda_p\boldsymbol{\beta}_p\boldsymbol{\beta}_p^\top$$

em que $\boldsymbol{\beta}_i$ é o autovetor de $\boldsymbol{\Sigma}$ correspondente ao i-ésimo autovalor.

NOTA 3: Distribuição de Wishart e a obtenção do sistema (14.7)

Quando $\mathbf{X}$ tem distribuição normal, $(n-1)\mathbf{S}$ segue uma distribuição Wishart com $n-1$ graus de liberdade, cuja função densidade é

$$f(\mathbf{S}) = C|\mathbf{S}|^{(n-p-2)/2}|\boldsymbol{\Sigma}|^{-(n-1)/2}\exp\{-[(n-1)/2]\text{tr}(\boldsymbol{\Sigma}^{-1}\mathbf{S})\}.$$

Dada a fatoração $\boldsymbol{\Sigma} = \boldsymbol{\Lambda}\boldsymbol{\Lambda}^\top + \boldsymbol{\psi}$, o logaritmo da função densidade a ser maximizada é

$$L(\boldsymbol{\Lambda}, \boldsymbol{\psi}) = \log(C) + [(n-p-2)/2\log(\mathbf{S}) - [(n-1)/2]\log|\boldsymbol{\Lambda}\boldsymbol{\Lambda}^\top + \boldsymbol{\psi}| - [(n-1)/2]\text{tr}[(\boldsymbol{\Lambda}\boldsymbol{\Lambda}^\top + \boldsymbol{\psi})^{-1}\mathbf{S}].$$

Igualando a $\mathbf{0}$ as derivadas de $L(\boldsymbol{\Lambda}, \boldsymbol{\psi})$ com relação a $\boldsymbol{\Lambda}$ e $\boldsymbol{\psi}$, obtemos o sistema (14.7).

NOTA 4: Determinação do número de fatores

Podemos considerar vários critérios:

a) **Gráfico do cotovelo** (*scree plot*): proposto por Cattel (1966), consiste no gráfico dos autovalores em função do número de fatores (ou componentes principais). A ideia é determinar o ponto **cotovelo** (*elbow*) em que a inclinação da curva correspondente muda drasticamente.

b) **Regra de Kaiser-Guttman**: deve-se a Guttman (1954) e Kaiser (1960) e é baseada no gráfico do cotovelo, mas consideram-se apenas componentes ou fatores com autovalores maiores do que 1. Esse é o gráfico que temos usado.

c) **Análise Paralela**: desenvolvida por Horn (1965), propõe reter somente autovalores que sejam superiores ou iguais à média dos autovalores obtidos de k matrizes de correlações calculadas com n observações aleatórias.

A estratégia da Análise Paralela é baseada no seguinte algoritmo:

    i) gere n variáveis aleatórias com distribuição $N(0,1)$ independentemente para p variáveis;

    ii) calcule a correspondente matriz de correlações de Pearson;

    iii) calcule os autovalores dessa matriz;

    iv) repita passos i)– iii) k vezes;

    v) calcule uma medida de localização (média, mediana, p-quantil etc.) para os k vetores de autovalores;

    vi) substitua o valor 1 da regra de Kaiser-Guttman pela medida de localização adotada no item v), ou seja, adote como número de fatores a reter o número de autovalores maiores que essa medida de localização.

d) **Coordenada ótima do teste do cotovelo**: é baseada no seguinte algoritmo

    i) No gráfico do cotovelo, ligue sequencialmente os pontos correspondentes aos p-ésimo e $(p - i)$-ésimo autovalores, $i = 1, \ldots, p - 1$ por meio de retas.

    ii) Verifique se o $[p - (i + 1)]$-ésimo autovalor observado é maior do que aquele projetado pela reta correspondente que liga o $(p - i)$-ésimo ao p-ésimo autovalor, $i = 1, \ldots, p - 1$.

    iii) O número de fatores a reter é o maior número de autovetores observados com valores superiores àqueles projetados desde que satisfaçam à regra de Kaiser-Guttman ou ao limite estabelecido pela análise paralela.

e) **Fator de aceleração do teste do cotovelo**: maior ênfase na coordenada para a qual a inclinação da curva muda abruptamente e pode ser implementado por meio do seguinte algoritmo:

    i) Calcule sequencialmente para $i = 2, \ldots, p - 1$ o **fator de aceleração**

$$af(i) = f''(i) = f(i + 1) - 2f(i) - f(i - 1),$$

    em que $f(i)$ corresponde ao valor do i-ésimo autovalor.

    ii) O número de fatores a reter corresponde à posição anterior àquela em que $af(i)$ é máximo, desde que seja respeitada a regra de Kaiser-Guttman ou aquela correspondente à análise paralela.

14.6 Exercícios

1) Determine as componentes principais para os conjuntos de dados indicados a seguir e, com base nos diversos procedimentos apresentados (gráficos e não gráficos), indique o número de componentes principais a considerar e tente interpretá-las.

    i) Um conjunto de dados bastante analisado na literatura, intitulado `texture-food`, pode ser obtido de `https://openmv.net/info/food-texture` (acesso em: 3 out. 2024) e consiste de 50 observações da textura de um alimento na forma de massa (*pastry*). Os dados são simulados, mas têm as características de um problema industrial. As variáveis incluídas no conjunto de dados são:

    `Oil`: porcentagem de óleo na massa;

    `Density`: densidade do produto (quanto maior o valor, maior a densidade);

    `Crispy`: uma medida da crocância do produto, em uma escala de 7 a 15;

    `Fracture`: o ângulo, em graus, pelo qual a massa pode ser dobrada, antes de quebrar;

    `Hardness`: medida da força requerida antes da quebra.

    Os dados são simulados, mas com as características de um problema industrial.

    ii) Conjunto de dados `iris` disponível por meio do comando `data(iris)` no pacote `R`.

2) Para o mesmo conjunto de dados do exercício anterior, realize análises fatoriais e responda às mesmas questões relativamente ao número de fatores em cada caso.

3) Faça a análise de componentes independentes para os 498 dados e 15 variáveis do conjunto de dados do Exemplo 14.2.

4) Obtenha as componentes independentes para os dados do Exemplo 14.1.

5) [Hyvärinen e Oja (2000)]: suponha $p = 2$ e as componentes independentes s_1 e s_2 com densidades uniformes no intervalo $|S_i| \leq \sqrt{3}$, $i = 1,2$.

   i) Determine a densidade conjunta de (s_1, s_2).

   ii) Considere $\mathbf{A} = \begin{bmatrix} 2 & 3 \\ 2 & 1 \end{bmatrix}$. Obtenha (x_1, x_2) em função de s_1 e s_2, além da distribuição conjunta de (x_1, x_2).

6) Obtenha as componentes independentes para os dados do Exercício 2.

7) Considere os dados do arquivo socioecon e utilize as variáveis ivsinfraestrutura, ivscapitalhumano, ivsrendaetrabalho, semaguaesgoto, vulnermais1h, vulner, vulnerdependeidosos, espvida, razdep, env, densidade2 para construir um ou mais índices de vulnerabilidade social por meio de Componentes Principais e Análise Fatorial. Compare os resultados com o índice ivs.

APÊNDICES

OTIMIZAÇÃO NUMÉRICA

I can explain it to you, but I cannot understand it for you.

Anonymous

A.1 Introdução

Há, basicamente, duas classes de algoritmos de otimização: **algoritmos baseados no gradiente** de uma **função objetivo**, possivelmente definida no espaço $\mathbb{R}^n$, e **algoritmos não gradientes**. Os primeiros são indicados para maximizar funções objetivo suaves, ou seja, deriváveis, em que há informação confiável sobre o seu gradiente. Em caso contrário, devemos recorrer a métodos não gradientes. Neste texto, vamos nos concentrar na primeira classe. Para alguns detalhes sobre métodos não gradientes, veja a Nota 1.

Essencialmente, nosso objetivo é apresentar alguns algoritmos utilizados para maximizar ou minimizar uma função $f(\boldsymbol{\theta})$, em que $\boldsymbol{\theta} = (\theta_1, \ldots, \theta_d)^\top$ é um parâmetro d-dimensional.

Dentre os algoritmos mais utilizados, destacamos os algoritmos de Newton-Raphson, *scoring*, Gauss-Newton, Quase-Newton e EM (Esperança-Maximização). Em Estatística, esses algoritmos são geralmente utilizados para maximizar a função de verossimilhança ou, no caso de inferência bayesiana, a função densidade *a posteriori*. Uma característica desses algoritmos é que eles são procedimentos **iterativos** em que, em determinado estágio, computa-se o valor $\boldsymbol{\theta}^{(i)}$ que é utilizado para obter um valor atualizado $\boldsymbol{\theta}^{(i+1)}$ no estágio seguinte. Esse processo é repetido até que haja **convergência**, ou seja, até que a diferença entre os resultados de dois passos consecutivos seja arbitrariamente pequena, por exemplo, em que $||\boldsymbol{\theta}^{(i+1)} - \boldsymbol{\theta}^{(i)}|| < \varepsilon$ com $\varepsilon > 0$, escolhido convenientemente.

O contexto mais comum de aplicação desses algoritmos é o de estimação de parâmetros. No caso de funções de verossimilhança, busca-se o **estimador de máxima verossimilhança** do parâmetro $\boldsymbol{\theta}$. No caso da função densidade *a posteriori*, procura-se sua moda (ou modas). Esse tipo de algoritmo também é usado em redes neurais, em que se minimiza uma função de perda, que pode ser uma soma de quadrados, como em regressão, ou a entropia, no caso de classificação.

Em modelos lineares com erros independentes e normais, a função de verossimilhança é quadrática e usualmente podemos obter o máximo em forma fechada, resolvendo um sistema de equações lineares nos parâmetros. Para modelos não lineares, a função de verossimilhança não é quadrática nos parâmetros e sua otimização envolve a solução de equações não lineares, em geral sem solução analítica. Alguns exemplos são os modelos de regressão não linear, modelos ARMA (autorregressivos e de médias móveis) etc.

Em geral, para a maximização de uma função f com relação a um parâmetro d-dimensional $\boldsymbol{\theta}$, consideramos:

$$\frac{\partial f(\boldsymbol{\theta})}{\partial \boldsymbol{\theta}} = \mathbf{g}(\boldsymbol{\theta}), \text{ com dimensão } d \times 1, \tag{A.1}$$

$$\frac{\partial^2 f(\boldsymbol{\theta})}{\partial \boldsymbol{\theta} \, \partial \boldsymbol{\theta}^\top} = \mathbf{H}(\boldsymbol{\theta}), \text{ com dimensão } d \times d. \tag{A.2}$$

As funções $\mathbf{g}(\boldsymbol{\theta})$ e $\mathbf{H}(\boldsymbol{\theta})$ são conhecidas, respectivamente, por **gradiente** e **hessiano** da função f. Por exemplo, no caso bidimensional, em que $\boldsymbol{\theta} = (\theta_1, \theta_2)^\top$, temos

$$\mathbf{g}(\boldsymbol{\theta}) = (\partial f(\boldsymbol{\theta})/\partial \theta_1, \ \partial f(\boldsymbol{\theta})/\partial \theta_2)^\top,$$

$$\mathbf{H}(\boldsymbol{\theta}) = \begin{bmatrix} \partial^2 f(\boldsymbol{\theta})/\partial \theta_1^2 & \partial^2 f(\boldsymbol{\theta})/\partial \theta_1 \partial \theta_2 \\ \partial^2 f(\boldsymbol{\theta})/\partial \theta_1 \partial \theta_2 & \partial^2 f(\boldsymbol{\theta})/\partial \theta_2^2 \end{bmatrix}.$$

Problemas de minimização muitas vezes podem ser reduzidos a problemas de maximização, pois maximizar $f(\boldsymbol{\theta})$, com respeito a $\boldsymbol{\theta}$, é equivalente a minimizar $-f(\boldsymbol{\theta})$ com respeito a $\boldsymbol{\theta}$.

Se $\mathbf{g}(\boldsymbol{\theta})$ e $\mathbf{H}(\boldsymbol{\theta})$ existirem e forem contínuas na vizinhança de $\widehat{\boldsymbol{\theta}}$, então $\mathbf{g}(\widehat{\boldsymbol{\theta}}) = \mathbf{0}$ e $\mathbf{H}(\widehat{\boldsymbol{\theta}})$ negativa definida são condições suficientes para que $\widehat{\boldsymbol{\theta}}$ seja um **máximo local** de $f(\boldsymbol{\theta})$. Essas condições não garantem que $\widehat{\boldsymbol{\theta}}$ seja um maximizador global de $f(\boldsymbol{\theta})$. Uma raiz nula da equação de estimação pode não ser um ponto de máximo ou mínimo, mas um **ponto de sela**, que é um máximo local com respeito a uma direção e um mínimo local com respeito a outra direção. Nesse caso, a matriz hessiana não é negativa definida.

Problemas de convergência dos algoritmos utilizados na maximização estão usualmente relacionados com a escolha de um valor inicial, $\boldsymbol{\theta}^{(0)}$ para o processo iterativo.

A maioria dos procedimentos iterativos são **métodos gradientes**, ou seja, baseados no cálculo de derivadas de $f(\boldsymbol{\theta})$, e no caso uniparamétrico ($d = 1$), são da forma

$$\theta^{(i+1)} = \theta^{(i)} + \lambda s(\theta^{(i)}), \tag{A.3}$$

em que $\theta^{(i)}$ é a aproximação atual do máximo, $\theta^{(i+1)}$ é o estimador revisado, $s(\theta)$ é o gradiente $g(\theta^{(i)})$ calculado no ponto $\theta^{(i)}$ e $\lambda > 0$ é o "tamanho do passo" para a mudança de $\theta^{(i)}$. Em geral, $s(\theta) = V(\theta)g(\theta)$ com $V(\theta)$ dependente do algoritmo usado para a maximização. Diferentes algoritmos baseados no método do **gradiente descendente** (*steepest descent*, ou *gradient descent*), *quadratic hill climbing*, método de Newton-Raphson etc. são tradicionalmente usados.

Dizemos que o procedimento iterativo **convergiu** se uma das seguintes condições for satisfeita:

i) $f[\theta^{(i+1)}]$ estiver próxima de $f[\theta^{(i)}]$;

ii) $\theta^{(i+1)}$ estiver próximo de $\theta^{(i)}$;

iii) $g[\theta^{(i+1)}]$ estiver próxima de $g[\theta^{(i)}]$.

Dado ε, um escalar pequeno positivo, então i) estará satisfeita se

$$|f[\theta^{(i+1)}] - f[\theta^{(i)}]| < \varepsilon.$$

No caso ii), para definir a convergência do algoritmo, podemos usar $|\theta^{(i+1)} - \theta^{(i)}| < \varepsilon$, se a solução envolver um valor pequeno ou $|(\theta^{(i+1)} - \theta^{(i)})/\theta^{(i)}| < \varepsilon$, se a solução for um valor grande. No caso multiparamétrico, ii) e iii) dependem de algum tipo de norma para medir a proximidade de dois vetores.

Os procedimentos iterativos podem depender de primeiras e segundas derivadas de $f(\theta)$, que, em cada passo, devem ser calculadas analítica ou numericamente no valor atual, $\theta^{(i)}$. Por exemplo, $\partial f(\theta)/\partial \theta_i$ pode ser calculada por

$$\frac{f[\theta^{(i)} + \delta] - f[\theta^{(i)}]}{\delta}$$

em que δ é um passo de comprimento suficientemente pequeno. Derivadas segundas também podem ser calculadas numericamente de modo análogo.

Exemplo A.1 Consideremos a função

$$f(\theta) = \theta^2 - 4\theta + 3.$$

Então, $g(\theta) = df(\theta)/d\theta = 2\theta - 4$ e $H(\theta) = d^2 f(\theta)/d\theta^2 = 2 > 0$. Logo, $\theta = 2$ é ponto de mínimo e o valor mínimo é -1. Tomemos $\theta_1 = 0,5$ e $\theta_2 = \theta_1 + \delta$, com $\delta = 0,01$. Os verdadeiros valores da derivada em θ_1 e θ_2 são -3 e $-2,98$, respectivamente. Uma aproximação numérica da derivada no ponto $\theta_1 = 0,5$ é $[f(0,51) - f(0,5)]/\delta = (1,2201 - 1,25)/(0,01) = -2,99$, que está entre os dois valores acima.

Dada uma densidade $f(\mathbf{x}|\boldsymbol{\theta})$, a função de verossimilhança, denotada por $L(\boldsymbol{\theta}|\mathbf{x})$, é qualquer função de $\boldsymbol{\theta}$ proporcional a $f(\mathbf{x}|\boldsymbol{\theta})$. O logaritmo da função de verossimilhança (simplesmente, log-verossimilhança) será representado por $\ell(\boldsymbol{\theta}|\mathbf{x})$. Se as variáveis $X_1, \ldots, X_n$ forem independentes e identicamente distribuídas, com densidade $f(\mathbf{x}|\boldsymbol{\theta})$, então $\ell(\boldsymbol{\theta}|\mathbf{x}) = \sum_{i=1}^{n} \ell_i(\boldsymbol{\theta}|x_i)$ e se, além disso, as variáveis aleatórias X_i forem gaussianas, a log-verossimilhança será quadrática.

No enfoque bayesiano, suponha que $\boldsymbol{\theta}$ tenha densidade *a priori* $p(\boldsymbol{\theta})$. Então, o **Teorema de Bayes** pode ser utilizado para obtenção da densidade *a posteriori* (condicionada às observações $\mathbf{x}$) como

$$p(\boldsymbol{\theta}|\mathbf{x}) = \frac{f(\mathbf{x}|\boldsymbol{\theta})p(\boldsymbol{\theta})}{f(\mathbf{x})}, \tag{A.4}$$

em que $f(\mathbf{x}) = \int_{\boldsymbol{\Theta}} p(\boldsymbol{\theta})L(\boldsymbol{\theta}|\mathbf{x})d\boldsymbol{\theta}$ é a densidade de $\mathbf{x}$ e $\boldsymbol{\Theta}$ representa o espaço paramétrico. Dado $\mathbf{x}$, $f(\mathbf{x}|\boldsymbol{\theta})$ pode ser vista como a verossimilhança $L(\boldsymbol{\theta}|\mathbf{x})$ e podemos escrever (A.4) como

$$p(\boldsymbol{\theta}|\mathbf{x}) \propto p(\boldsymbol{\theta})L(\boldsymbol{\theta}|\mathbf{x}), \tag{A.5}$$

em que o inverso da constante de proporcionalidade é $\int_{\boldsymbol{\Theta}} p(\boldsymbol{\theta})L(\boldsymbol{\theta}|\mathbf{x})d\boldsymbol{\theta}$ quando a densidade *a priori* de $\boldsymbol{\theta}$ for contínua e $\sum_{\boldsymbol{\theta}} p(\boldsymbol{\theta})L(\boldsymbol{\theta}|\mathbf{x})$ quando a densidade *a priori* de $\boldsymbol{\theta}$ for discreta.

Um estimador de máxima verossimilhança de $\boldsymbol{\theta}$ é um valor do parâmetro que maximiza $L(\boldsymbol{\theta}|\mathbf{x})$ ou $\ell(\boldsymbol{\theta}|\mathbf{x})$. Se a função de verossimilhança for derivável, unimodal e limitada superiormente, então o estimador de máxima verossimilhança (que é a moda, nesse caso) $\widehat{\boldsymbol{\theta}}$ é obtido derivando-se L ou ℓ, com respeito aos componentes de $\boldsymbol{\theta}$, igualando essa derivada a zero e resolvendo as d equações resultantes. Em geral, uma solução analítica em forma fechada dessas d **equações de estimação** não pode ser encontrada e precisamos recorrer a algum procedimento de otimização numérica para obter $\widehat{\boldsymbol{\theta}}$. Na Seção A.6, veremos aplicações com uso de pacotes computacionais.

Um instrumento importante na análise da verossimilhança é o conceito de **informação de Fisher**. Consideremos, inicialmente, o caso unidimensional. A equação de estimação obtida por meio da maximização da log-verossimilhança é

$$g(\theta|\mathbf{x}) = \frac{d\ell(\theta|\mathbf{x})}{d\theta} = 0$$

em que, nesse contexto, o gradiente $g(\theta|\mathbf{x})$ é conhecido como **função escore**. Uma solução dessa equação é um estimador de máxima verossimilhança se

$$h(\theta|\mathbf{x}) = \frac{d^2\ell(\theta|\mathbf{x})}{d\theta^2} < 0.$$

A **informação de Fisher** sobre θ contida em $\mathbf{x}$ é definida por

$$I(\theta) = \mathrm{E}_{\theta}[g(\theta|\mathbf{x})]^2 = \mathrm{E}_{\theta}[h(\theta|\mathbf{x})], \tag{A.6}$$

em que E_{θ} denota a esperança relativa à distribuição de $\mathbf{x}$, calculada com o valor do parâmetro igual a θ. Quando o verdadeiro valor do parâmetro é θ_0, pode-se demonstrar sob condições de regularidade bastante gerais sobre a forma da função de verossimilhança que a variância assintótica do estimador de máxima verossimilhança é

$$A\mathrm{Var}_{\theta_0}(\widehat{\theta}) = I(\theta_0)^{-1}. \tag{A.7}$$

Como θ_0 não é conhecido, a precisão do estimador de máxima verossimilhança pode ser avaliada de duas maneiras, nomeadamente:

i) **informação de Fisher estimada**:

$$[\widehat{I(\theta)}]^{-1} = \left\{ n^{-1} \sum_{i=1}^{n} \mathrm{E}_{\theta} \left[d^2\ell(\theta|x_i)/d\theta^2 \right]_{\theta=\widehat{\theta}} \right\}^{-1};$$

ii) **informação observada**:

$$[-H(\widehat{\theta})]^{-1} = - \left\{ n^{-1} \sum_{i=1}^{n} d^2\ell(\theta|x_i)/d\theta^2|_{\theta=\widehat{\theta}} \right\}^{-1}.$$

No caso vetorial, em que $\boldsymbol{\theta} = (\theta_1, \ldots, \theta_d)^\top$, a **matriz de informação de Fisher** é definida por

$$\mathbf{I}(\boldsymbol{\theta}) = \mathrm{E}_{\boldsymbol{\theta}}\{[\mathbf{g}(\boldsymbol{\theta}|\mathbf{x})][\mathbf{g}(\boldsymbol{\theta}|\mathbf{x})]^\top\} = -\mathrm{E}_{\boldsymbol{\theta}}[\mathbf{H}(\boldsymbol{\theta}|\mathbf{x})]. \tag{A.8}$$

A.2 Método de Newton-Raphson

O procedimento de Newton-Raphson baseia-se na aproximação da função que se deseja maximizar por uma função quadrática. Para maximizar a log-verossimilhança, $\ell(\boldsymbol{\theta}|\mathbf{x})$, consideremos a expansão de Taylor de segunda ordem ao redor do máximo $\widetilde{\boldsymbol{\theta}}$:

$$\ell(\boldsymbol{\theta}|\mathbf{x}) \approx l(\widetilde{\boldsymbol{\theta}}|\mathbf{x}) + (\boldsymbol{\theta} - \widetilde{\boldsymbol{\theta}})^\top \frac{\partial\ell(\boldsymbol{\theta}|\mathbf{x})}{\partial\boldsymbol{\theta}}\bigg|_{\boldsymbol{\theta}=\widetilde{\boldsymbol{\theta}}} + \frac{1}{2}(\boldsymbol{\theta} - \widetilde{\boldsymbol{\theta}})^\top \frac{\partial^2\ell(\boldsymbol{\theta}|\mathbf{x})}{\partial\boldsymbol{\theta}\partial\boldsymbol{\theta}^\top}\bigg|_{\boldsymbol{\theta}=\widetilde{\boldsymbol{\theta}}}(\boldsymbol{\theta} - \widetilde{\boldsymbol{\theta}}). \tag{A.9}$$

Então, para $\boldsymbol{\theta}$ em uma vizinhança de $\widetilde{\boldsymbol{\theta}}$,

$$\frac{\partial\ell(\boldsymbol{\theta}|\mathbf{x})}{\partial\boldsymbol{\theta}} \approx \frac{\partial\ell(\boldsymbol{\theta}|\mathbf{x})}{\partial\boldsymbol{\theta}}\bigg|_{\boldsymbol{\theta}=\widetilde{\boldsymbol{\theta}}} + \frac{\partial^2\ell(\boldsymbol{\theta}|\mathbf{x})}{\partial\boldsymbol{\theta}\partial\boldsymbol{\theta}^\top}\bigg|_{\boldsymbol{\theta}=\widetilde{\boldsymbol{\theta}}}(\boldsymbol{\theta} - \widetilde{\boldsymbol{\theta}}) = \mathbf{0}$$

e, como o primeiro termo do segundo membro é igual a zero, obtemos

$$\widetilde{\boldsymbol{\theta}} \approx \boldsymbol{\theta} - \left[\frac{\partial^2\ell(\boldsymbol{\theta}|\mathbf{x})}{\partial\boldsymbol{\theta}\partial\boldsymbol{\theta}^\top}\bigg|_{\boldsymbol{\theta}=\widetilde{\boldsymbol{\theta}}} \right]^{-1} \frac{\partial\ell(\boldsymbol{\theta}|\mathbf{x})}{\partial\boldsymbol{\theta}}\bigg|_{\boldsymbol{\theta}=\widetilde{\boldsymbol{\theta}}}.$$

Para funções quadráticas em $\boldsymbol{\theta}$, a convergência ocorre em uma iteração. De modo geral, podemos escrever

$$\boldsymbol{\theta}^{(i+1)} \approx \boldsymbol{\theta}^{(i)} - [\mathbf{H}(\boldsymbol{\theta}^{(i)})]^{-1}\mathbf{g}(\boldsymbol{\theta}^{(i)}), \tag{A.10}$$

em que $\boldsymbol{\theta}^{(i)}$ é a aproximação do máximo na i-ésima iteração.

A sequência de iterações convergirá para um ponto de máximo se $\mathbf{H}(\widetilde{\boldsymbol{\theta}}) < \mathbf{0}$, que acontecerá se a função a maximizar for convexa, o que pode não valer em geral. O procedimento não convergirá se o hessiano calculado no ponto de máximo for singular. O método pode ser modificado para assegurar que, em (A.10), $\mathbf{g}(\boldsymbol{\theta}^{(i)})$ seja multiplicado por uma matriz negativa definida. Veja Goldfeld et al. (1966) para mais detalhes.

Exemplo A.2 Retomemos a função do Exemplo A.1 e iniciemos as iterações com $\theta^{(0)} = 1{,}5$, o que implica $g[\theta^{(0)}] = -1$ e $H[\theta^{(0)}] = 2$. Logo, usando (A.10), obtemos

$$\theta^{(1)} \approx 1{,}5 + \frac{1}{2} = 2,$$

e é fácil verificar que nas demais iterações o valor de $\theta^{(i)}$ é igual a 2, indicando a convergência em uma iteração.

Consideremos, agora, a função

$$f(\theta) = \theta^3 - 3\theta^2 + 1$$

que tem um ponto de máximo na origem e um ponto de mínimo em $\theta = 2$. Nesse caso, $g(\theta) = 3\theta(\theta - 2)$ e $H(\theta) = 6(\theta - 1)$. O valor máximo é 1 e o valor mínimo é -3. Inicializemos o algoritmo com $\theta^{(0)} = 1{,}5$ para determinar o ponto de mínimo. Então, $g(1{,}5) = -2{,}25$ e $H(1{,}5) = 3$, de modo que na primeira iteração,

$$\theta^{(1)} \approx 1{,}5 + \frac{2{,}25}{3} = 2{,}25.$$

Continuando as iterações, obtemos $\theta^{(2)} = 2{,}025$ e $\theta^{(3)} = 2{,}0003$, indicando a convergência para 2. Se começarmos com $\theta^{(0)} = 0{,}5$, na primeira iteração obtemos $\theta^{(1)} = -0{,}25$, mostrando que, como $H(0{,}5) < 0$, a primeira iteração direciona o estimador para o ponto de máximo.

A.3 Método *scoring*

No método *scoring*, substitui-se o hessiano $\mathbf{H}(\boldsymbol{\theta})$ pelo seu valor esperado, que é a matriz de informação de Fisher (A.6) com sinal negativo, sugerindo o esquema recursivo

$$\boldsymbol{\theta}^{(i+1)} = \boldsymbol{\theta}^{(i)} + [\mathbf{I}(\boldsymbol{\theta}^{(i)})]^{-1}\mathbf{g}(\boldsymbol{\theta})|_{\boldsymbol{\theta}=\boldsymbol{\theta}^{(i)}}. \tag{A.11}$$

Como $\mathbf{I}(\boldsymbol{\theta})$ é uma aproximação do hessiano, o método *scoring* tem taxa de convergência menor do que a do método de Newton-Raphson. A vantagem é que, em determinadas situações, é mais fácil calcular $\mathbf{I}(\boldsymbol{\theta})$ do que $\mathbf{H}(\boldsymbol{\theta})$.

Exemplo A.3 Considere uma distribuição de Cauchy, com densidade

$$f(x|\theta) = \frac{1}{\pi[1 + (x - \theta)^2]}.$$

Para uma amostra $\{x_1, \ldots, x_n\}$ de X, a log-verossimilhança é

$$\ell(\theta) = -\sum_{i=1}^{n} \log\{\pi[1 + (x_i - \theta)^2]\},$$

de modo que o estimador de máxima verossimilhança de θ é obtido resolvendo a equação de estimação

$$\frac{d\ell(\theta)}{d\theta} = 2\sum_{i=1}^{n} (x_i - \theta)/[1 + (x_i - \theta)^2] = 0,$$

que não tem solução explícita. Como

$$\frac{d^2\ell(\theta)}{d\theta^2} = \sum_{i=1}^{n} \frac{2(x_i - \theta)^2 - 2}{[1 + (x_i - \theta)^2]^2},$$

a informação de Fisher é

$$I(\theta) = -E_\theta \left[\frac{d^2\ell(\theta)}{d\theta^2} \right] = -\int \frac{d^2\ell(\theta)}{d\theta^2} L(\mathbf{x}|\theta)dx_1 dx_2 \ldots dx_n = \frac{n}{2}.$$

O processo iterativo (A.11) toma, então, a forma

$$\theta^{(i+1)} \approx \theta^{(i)} + \frac{4}{n} \sum_{i=1}^{n} \frac{[x_i - \theta^{(i)}]}{1 + [x_i - \theta^{(i)}]^2}.$$

A.4 Método de Gauss-Newton

Frequentemente, queremos minimizar somas de quadrados de erros da forma

$$f(\boldsymbol{\theta}) = \sum_t e_t^2(\boldsymbol{\theta}),$$

em que $e_t = e_t(\boldsymbol{\theta})$ é um **erro**, que depende do valor dos parâmetros desconhecidos do modelo. Por exemplo, no modelo de regressão linear simples,

$$e_t(\boldsymbol{\theta}) = y_t - \alpha - \beta x_t,$$

com $\boldsymbol{\theta} = (\alpha, \beta)^\top$. O gradiente e o hessiano correspondentes são, respectivamente,

$$\mathbf{g}(\boldsymbol{\theta}) = 2 \sum_t \frac{\partial e_t(\boldsymbol{\theta})}{\partial \boldsymbol{\theta}} e_t(\boldsymbol{\theta})$$

e

$$\mathbf{H}(\boldsymbol{\theta}) = 2 \sum_t \left[\frac{\partial e_t(\boldsymbol{\theta})}{\partial \boldsymbol{\theta}} \frac{\partial e_t(\boldsymbol{\theta})}{\partial \boldsymbol{\theta}^\top} + \frac{\partial^2 e_t(\boldsymbol{\theta})}{\partial \boldsymbol{\theta} \partial \boldsymbol{\theta}^\top} e_t(\boldsymbol{\theta}) \right].$$

Neste caso, o processo iterativo correspondente ao método de Newton-Raphson é

$$\boldsymbol{\theta}^{(i+1)} = \boldsymbol{\theta}^{(i)} - \left[\sum_t \left\{ \frac{\partial e_t(\boldsymbol{\theta})}{\partial \boldsymbol{\theta}} \frac{\partial e_t(\boldsymbol{\theta})}{\partial \boldsymbol{\theta}^\top} + \frac{\partial^2 e_t(\boldsymbol{\theta})}{\partial \boldsymbol{\theta} \partial \boldsymbol{\theta}^\top} e_t(\boldsymbol{\theta}) \right\} \right]^{-1}_{\boldsymbol{\theta}=\boldsymbol{\theta}^{(i)}} \sum_t \left[\frac{\partial e_t(\boldsymbol{\theta})}{\partial \boldsymbol{\theta}} \right]_{\boldsymbol{\theta}=\boldsymbol{\theta}^{(i)}} e_t(\boldsymbol{\theta}).$$

Na prática, os valores que envolvem derivadas segundas são pequenos, comparados com os termos que envolvem derivadas primeiras; logo, podemos usar o seguinte processo modificado

$$\boldsymbol{\theta}^{(i+1)} = \boldsymbol{\theta}^{(i)} - \left[\sum_t \frac{\partial e_t(\boldsymbol{\theta})}{\partial \boldsymbol{\theta}} \frac{\partial e_t(\boldsymbol{\theta})}{\partial \boldsymbol{\theta}^\top} \right]^{-1}_{\boldsymbol{\theta}=\boldsymbol{\theta}^{(i)}} \sum_t \left[\frac{\partial e_t(\boldsymbol{\theta})}{\partial \boldsymbol{\theta}} \right]_{\boldsymbol{\theta}=\boldsymbol{\theta}^{(i)}} e_t(\boldsymbol{\theta}),$$

denominado método de Gauss-Newton. Fazendo $\mathbf{z}_t[\boldsymbol{\theta}^{(i)}] = -\partial e_t(\boldsymbol{\theta})/\partial \boldsymbol{\theta}|_{\boldsymbol{\theta}=\boldsymbol{\theta}^{(i)}}$, obtemos

$$\boldsymbol{\theta}^{(i+1)} = \boldsymbol{\theta}^{(i)} + \left[\sum_t \mathbf{z}_t(\boldsymbol{\theta}^{(i)})\mathbf{z}_t(\boldsymbol{\theta}^{(i)})^\top \right]^{-1} \sum_t \mathbf{z}_t(\boldsymbol{\theta}^{(i)})e_t(\boldsymbol{\theta}). \tag{A.12}$$

Essa relação sugere interpretar o método de Gauss-Newton como uma sucessão de regressões ajustadas pelo método de mínimos quadrados. Em cada passo, os $e_t(\boldsymbol{\theta})$ e os $\mathbf{z}_t(\boldsymbol{\theta})$ são calculados no ponto $\boldsymbol{\theta}^{(i)}$ e este é atualizado por uma regressão de $e_t(\boldsymbol{\theta})$ sobre $\mathbf{z}_t(\boldsymbol{\theta})$.

Considere o modelo de regressão não linear

$$y_t = f(\mathbf{x}_t; \theta) + e_t, \tag{A.13}$$

em que e_t são variáveis aleatórias independentes e identicamente distribuídas com média 0 e variância σ^2, $\mathbf{x}_t$ é um vetor de variáveis preditoras com dimensão p e $\boldsymbol{\theta}$ é um vetor de parâmetros desconhecidos com dimensão d. O objetivo é estimar $\boldsymbol{\theta}$, supondo que as variáveis preditoras são fixas e que a forma de f é conhecida. Sob condições de regularidade apropriadas, Fuller (1996) mostra que, se os erros forem normais, o estimador de Gauss-Newton tem distribuição assintótica normal e é assintoticamente equivalente (em distribuição) ao estimador de máxima verossimilhança de $\boldsymbol{\theta}$.

Exemplo A.4 Consideremos um exemplo simples em que $\boldsymbol{\theta} = (\theta_1, \theta_2)^\top$ e $f(\mathbf{x}; \theta) = \theta_1 \exp(\theta_2 x)$, com x escalar. Então,

$$y_t = \theta_1 \exp(\theta_2 x_t) + e_t, \quad t = 1, \ldots, T.$$

Consequentemente,

$$e_t(\boldsymbol{\theta}) = y_t - \theta_1 \exp(\theta_2 x_t)$$

e

$$\mathbf{z}_t(\boldsymbol{\theta}) = -\frac{\partial e_t(\boldsymbol{\theta})}{\partial \boldsymbol{\theta}} = [\exp(\theta_2 x_t), \ \theta_1 x_t \exp(\theta_2 x_t)]^\top.$$

Definindo

$$\mathbf{A}(\boldsymbol{\theta}) = \begin{bmatrix} \sum e^{2\theta_2 x_t} & \theta_1 \sum x_t e^{2\theta_2 x_t} \\ \theta_1 \sum x_t e^{2\theta_2 x_t} & \theta_1^2 \sum x_t^2 e^{2\theta_2 x_t} \end{bmatrix}, \quad \mathbf{b}(\boldsymbol{\theta}) = \begin{bmatrix} \sum e_t e^{\theta_2 x_t} \\ \theta_1 \sum e_t x_t e^{\theta_2 x_t} \end{bmatrix},$$

a expressão (A.12) se reduz a

$$\boldsymbol{\theta}^{(i+1)} = \boldsymbol{\theta}^{(i)} + [\mathbf{A}(\boldsymbol{\theta}^{(i)})]^{-1} \mathbf{b}(\boldsymbol{\theta}^{(i)}).$$

Uma vantagem deste método sobre o de Newton-Raphson é que ele usa somente primeiras derivadas. Se a matriz que substitui o hessiano for singular, podemos usar $(\sum_t \mathbf{z}_t \mathbf{z}_t^\top + u\mathbf{I})$, com $u > 0$ escalar.

A.5 Métodos Quase-Newton

Nas seções anteriores, consideramos os seguintes métodos:

i) o método de Newton-Raphson, que, além do gradiente, usa o hessiano e é apropriado para calcular estimadores de máxima verossimilhança por meio de uma aproximação quadrática da verossimilhança ao redor de valores iniciais dos parâmetros;

ii) o método *scoring*, que substitui o hessiano pelo seu valor esperado, que é a matriz de informação de Fisher com sinal negativo;

iii) o método de Gauss-Newton, que consiste em uma sequência de regressões, ajustadas pelo método de mínimos quadrados.

Nesta seção, trataremos dos chamados métodos Quase-Newton e, em particular, do **método *BFGS***. Esses métodos usam aproximações do hessiano e são computacionalmente mais rápidos do que o método Newton-Raphson, embora necessitem de mais passos para a convergência. Eles também são conhecidos como métodos de métrica variável, variância, secante, *update* e foram originalmente desenvolvidos nos trabalhos de Davidon (1959) e Broyden (1965). Para mais detalhes, veja Dennis e Moré (1977) e, para uma atualização do trabalho de Davidon, veja Fletcher e Powell (1963).

Dentre os métodos Quase-Newton, destacamos o método de Broyden (1965) e o método *SIR* (*symmetric single-rank*) além daquele conhecido como *BFGS*, desenvolvido por Broyden (1965), Fletcher (1987), Goldfarb (1970) e Shanno (1970), cujos trabalhos foram publicados de forma independente. No que segue, baseamo-nos nos trabalhos de Dennis e Moré (1977) e Nocedal e Wright (2006).

Sejam $\mathbf{x}$ o vetor de variáveis, $f(\mathbf{x})$ a função objetivo (escalar) que queremos minimizar ou maximizar e c_i, funções de restrições, que definem equações ou inequações que $\mathbf{x}$ deve satisfazer. O problema de otimização consiste em minimizar $f(\mathbf{x})$ sob restrições do tipo $c_i(\mathbf{x}) = 0$ ou $c_i(\mathbf{x}) \geq 0$, com i em algum conjunto de índices.

A função f deve ter as seguintes propriedades:

i) ser continuamente derivável em um conjunto convexo $D \subset \mathbb{R}^n$;

ii) ser tal que $f(\mathbf{x}^*) = 0$ e $f(\mathbf{x}^*)$ seja não singular em um ponto $\mathbf{x}^* \in D$.

As condições i) e ii) garantem que $\mathbf{x}^*$ seja uma solução localmente única. Em algumas situações, a condição mais forte de $f(\mathbf{x})$ ser Lipschitz em $\mathbf{x}^*$ é imposta.

A atualização considerada no método *BFGS* é obtida por meio dos seguintes passos, cujos detalhes podem ser encontrados nas referências já indicadas:

i) Assim como no método de Newton-Raphson, começamos com uma aproximação quadrática de f na iteração atual, correspondente a $\mathbf{x}^{(k)}$.

ii) Na iteração seguinte, calculamos
$$\mathbf{x}^{(k+1)} = \mathbf{x}^{(k)} + \alpha^{(k)}\mathbf{p}^{(k)}, \tag{A.14}$$
em que $\mathbf{p}^{(k)} = -[\mathbf{B}^{(k)}]^{-1}\mathbf{g}^{(k)}$ com $\mathbf{B}^{(k)}$ representando uma aproximação do hessiano $\mathbf{H}$ calculado em $\mathbf{x}^{(k)}$, $\mathbf{g}^{(k)}$ denotando o gradiente calculado em $\mathbf{x}^{(k)}$ e com o termo $\alpha^{(k)}$ satisfazendo à chamada **condição de Wolfe**.

iii) Em vez de atualizar $\mathbf{B}^{(k)}$ em cada iteração, Davidon (1959) propõe levar em conta a curvatura medida no passo mais recente. Obtemos, então, uma iteração, chamada de fórmula *DFP* (de Davidon, Fletcher e Powell), dada por
$$\mathbf{B}^{(k+1)} = [\mathbf{I} - \rho^{(k)}\mathbf{y}^{(k)}(\mathbf{s}^{(k)})^\top]\mathbf{B}^{(k)}[\mathbf{I} - \rho^{(k)}\mathbf{s}^{(k)}(\mathbf{y}^{(k)})^\top] + \rho^{(k)}\mathbf{y}^{(k)}(\mathbf{s}^{(k)})^\top, \tag{A.15}$$
em que $\mathbf{s}^{(k)} = \mathbf{x}^{(k+1)} - \mathbf{x}^{(k)}$ e $\mathbf{y}^{(k)} = \mathbf{g}^{(k+1)} - \mathbf{g}^{(k)}$, com $\rho^{(k)} = 1/(\mathbf{y}^{(k)})^\top\mathbf{s}^{(k)}$. A matriz $\mathbf{B}$ deve ser simétrica, positiva definida e deve valer a chamada condição de curvatura, $(\mathbf{s}^{(k)})^\top\mathbf{y}^{(k)} > 0$, que é satisfeita se f for convexa.

iv) O algoritmo *BFGS* é obtido quando $\mathbf{H}^{(k)} = [\mathbf{B}^{(k)}]^{-1}$, ou seja, obtemos uma aproximação para a inversa da matriz hessiana, substituindo $\mathbf{B}^{(k)}$ por $\mathbf{H}^{(k)}$ em (A.15). Um problema é a inicialização de $\mathbf{H}^{(k)}$, ou seja, $\mathbf{H}_0$. Uma possibilidade é tomar $\mathbf{H}_0 = \mathbf{I}$ ou um múltiplo da identidade.

Essa atualização é também chamada de **atualização *DFP* complementar**.

A.6 Aspectos computacionais

Para obter máximos ou mínimos de funções pode-se usar a função `optim()` do pacote `stats`, que inclui vários métodos de otimização, dentre os quais destacamos:

i) o método *default*, que é o Método Simplex de Nelder e Mead (1965), e corresponde a um método de busca não gradiente (veja a Nota 1);

ii) o método *BFGS*, descrito na seção anterior;

iii) o método do **gradiente conjugado** (*conjugate gradient, CG*), cujos detalhes podem ser obtidos em Fletcher e Reeves (1964);

iv) o método *L-BFGS-B*, que permite restrições limitadas [veja Byrd et al. (1995) para detalhes];

v) o método *SANN*, que é método não gradiente e pode ser encarado como uma variante do método da **têmpera simulada** (*simulated annealing*). Para detalhes, consulte a Nota 1.

Outra opção é o pacote `optimization`, que também inclui vários métodos, como o método Nelder-Mead e da têmpera simulada. O pacote `maxLik` também é uma opção, contendo quase todas as funções do `stats`, além do algoritmo de Newton-Rapson [função `maxNR()`]. Esse pacote é apropriado para a maximização de verossimilhanças, daí o rótulo `maxLik`.

Os dois exemplos a seguir usam funções do pacote `maxLik`.

Exemplo A.5 Considere a função $f(x,y) = \exp[-(x^2 + y^2)]$, que tem um máximo no ponto $(0,0)$ e valor máximo igual a 1. Usando a função `maxNR()`, os seguintes comandos

```
> f1 <- function(theta)
   {x <- theta[1]
    y <- theta[2]
    \exp(-(x^2+y^2))}
> res <- maxNR(f1, start=c(0,0), constraints = NULL)
> print(summary(res))
```

geram o resultado

```
Number of iterations: 1
Return code: 1
gradient close to zero
Function value: 1
Estimates:
      estimate gradient
[1,]         0        0
[2,]         0        0
```

Exemplo A.6 Considere o exemplo anterior, em que a maximização deve ser concretizada sob a restrição $x + y = 1$. Com essa finalidade, podemos usar os comandos

```
> A <- matrix(c(1,1),1,2)
> B <- -1
> res <- maxNR(f1,start=c(0,0), constraints = list(eqA=A, eqB=B))
> print(summary(res))
```

que geram os resultados

```
Newton-Raphson maximisation
Number of iterations: 1
Return code: 1
gradient close to zero
Function value: 0.6065399
Estimates:
       estimate    gradient
[1,] 0.4999848 -0.6065307
[2,] 0.4999848 -0.6065307
Constrained optimization based on SUMT
Return code: 1
penalty close to zero
5  outer iterations, barrier value 9.196987e-10
```

mostrando que o máximo ocorre no ponto $(0,5; 0,5)$ e o valor máximo é $\exp(-0,5) = 0,6065307$.

Exemplo A.7 Uma função comumente usada como teste em otimização é a **função de Rosenbrock**, ou **função banana**

$$f(x,y) = (1-x)^2 + 100(y-x^2)^2, \tag{A.16}$$

cujo gráfico está representado na Figura A.1. Essa função tem um mínimo global em $(1,1)$. Normalmente o valor inicial usado nos algoritmos de maximização dessa função é $(-1;2,1)$. Detalhes podem ser encontrados em Moré et al. (1981).

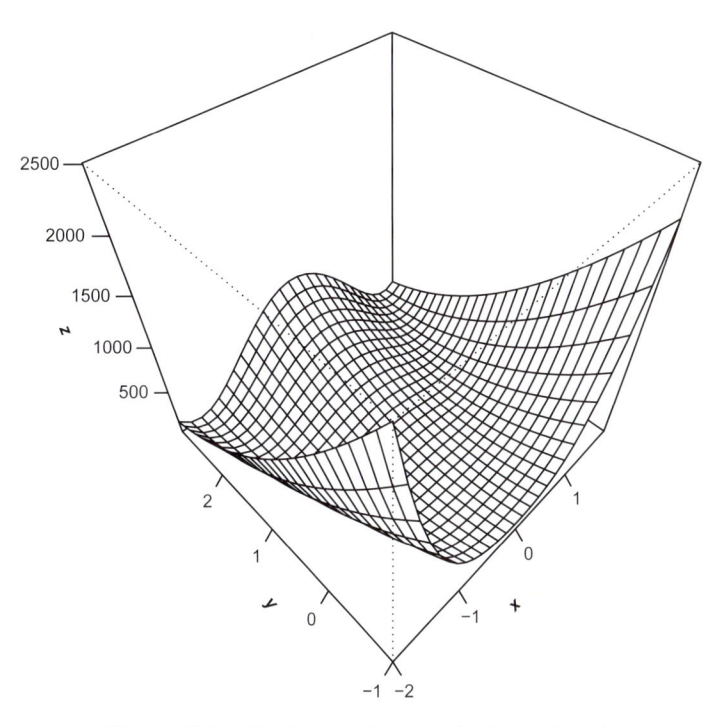

Figura A.1 Gráfico da função de Rosenbrock.

Os resultados da aplicação da função `optim()` para determinar o mínimo dessa função, usando diferentes métodos, são apresentados a seguir.

a) BFGS
```
optim(c(-1.2,1),f1,gr,method="BFGS")
\$par
[1] 0.9992812 0.9979815
\$value
[1] 2.373556e-06
\$counts
function gradient
     139       NA
```

b) CG
```
optim(c(-1.2,1),f1,gr,method="CG", control=list(type=2))
\$par
[1] 1.053384 1.166083
\$value
[1] 0.003618052
\$counts
function gradient
      66       13
```

c) L-BFGS-B
```
optim(c(-1.2,1),f1,gr,method="L-BFGS-B")
\$par
[1] -0.5856026   1.1753114
\$value
[1] 191.8881
\$counts
function gradient
       49        49
```

d) default (Nelder-Mead)
```
optim(c(-1.2,1),f1,gr)
\$par
[1] 0.9992812 0.9979815
\$value
[1] 2.373556e-06
\$counts
function gradient
      139        NA
```

Utilizando o pacote `optimization` e o método da têmpera simulada (*simulated annealing*) por meio dos seguintes comandos

```
> rosenbrock_sa <- optim_sa(fun=rosenbrock, start=c(-1.2, 1.2),
            maximization = FALSE, trace=TRUE,
            lower=c(-3, -3), upper=c(2, 2), control=list(t0=1000,
            nlimit=1000, t_min=0.1, dyn_rf=TRUE, rf=-1, r=0.6))
```

obtemos os resultados:

```
f$par
[1] 0.99 0.98
$function_value
[1] 0.000101
```

Gráficos com a evolução do processo iterativo e com as curvas de nível correspondentes estão apresentados na Figura A.2.

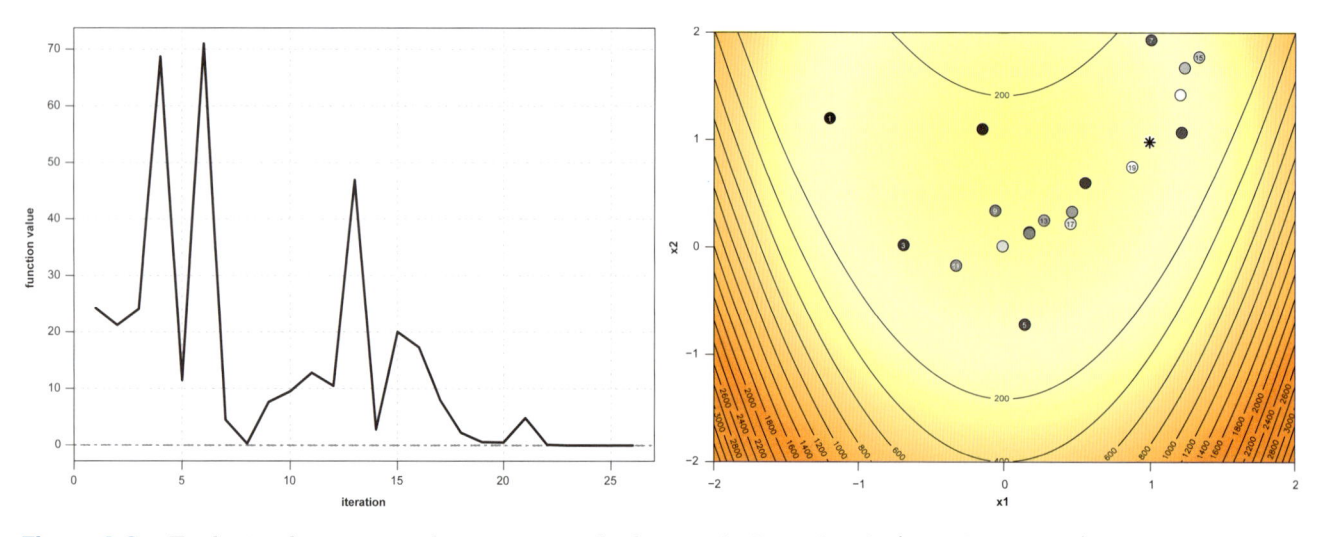

Figura A.2 Evolução do processo de otimização da função de Rosenbrock (painel esquerdo) e curvas de nível correspondentes (painel direito); ponto de mínimo identificado com * em (1,1).

Exemplo A.8 Com o objetivo de estimar a média e variância de uma distribuição normal com média 10 e variância 4, consideremos o pacote `maxLik`, obtendo o resultado

```
Maximum Likelihood estimation
Newton-Raphson maximisation, 12 iterations
Return code 1: gradient close to zero
Log-Likelihood: -2088.856
2  free parameters
Estimates:
     Estimate Std. error t value Pr(> t)
[1,]  9.93836    0.06184  160.71  <2e-16 ***
[2,]  1.95408    0.04369   44.73  <2e-16 ***
---
Signif. codes:  0 '***' 0.001 '**' 0.01 '*' 0.05 '.' 0.1 ' ' 1
```

A.7 Notas de capítulo

NOTA 1: Algoritmos não gradientes

Os métodos não gradientes, ou seja, que não usam derivadas, são recomendados para funções com descontinuidades ou não lineares. Alguns desses métodos são descritos na sequência.

i) **Algoritmos genéticos**. Esses algoritmos fazem parte de uma classe chamada de **algoritmos evolucionários**, que imitam a evolução natural por meio de passos de reprodução, mutação, recombinação e seleção. O mais comum é o algoritmo genético, que seleciona uma população inicial de possíveis soluções, digamos $P(t)$, para cada iteração t. Por meio de transformações estocásticas, algumas soluções passarão por um estágio de mutação. As novas soluções, $C(t)$, são chamadas **descendentes** (*offspring*). A partir de $P(t)$ e $C(t)$, as soluções com os melhores valores da função objetivo são selecionadas para formar uma nova população, $P(t + 1)$. Após várias gerações, o algoritmo convergirá para uma solução ótima ou subótima da maximização de função objetivo. Detalhes podem ser obtidos em Holland (1975).

ii) **Algoritmo de Têmpera Simulada** (*Simulated annealing*). Esse algoritmo é baseado em um método probabilístico que imita o processo de têmpera (*annealing*) de materiais submetidos a altas temperaturas. O estado inicial do algoritmo (T_0) é um mínimo local, que em sequência é submetido a uma transformação estocástica e a nova solução é aceita de acordo com uma probabilidade que é função do decréscimo da função e de uma nova temperatura. Para detalhes, veja Kirkpatrick et al. (1983).

iii) **Algoritmo do Enxame de Partículas** (*Particle Swarm algorithm*). Esse algoritmo é baseado na definição de um conjunto de partículas que buscam, iterativamente, um mínimo no conjunto de soluções potenciais (partículas) com respeito a uma métrica de qualidade. Essas partículas são movidas de acordo com suas posições e velocidades e constituem um método de otimização combinatória estocástica baseado em princípios matemáticos da **Teoria dos grafos**. Para detalhes, veja Kennedy e Eberhart (1995).

iv) **Algoritmo de busca direta**. No caso unidimensional, em que $f(\theta)$ deve ser maximizada com respeito a um só parâmetro, podem-se usar técnicas de busca lineares, que consistem em ajustar um polinômio de baixa ordem aos dados. Alternativamente, podem-se empregar procedimentos de busca a partir de uma grade de valores sobre o domínio de variação de θ. Uma vez encontrado o mínimo, por exemplo, em θ_0, uma busca mais fina pode ser feita em um intervalo ao redor de θ_0. Um algoritmo bastante usado nessa classe é o **método simplex** de Nelder e Mead (1965). Nesse caso, o algoritmo avalia a função objetivo em um conjunto de pontos que formam um **simplex**, que no espaço no $\mathbb{R}^n$ é o fecho convexo de $n+1$ pontos afins independentes. O pacote `MatLab` implementa esse algoritmo.

O método simplex original de Dantzig é baseado no seguinte fato: se a função objetivo possui um máximo (mínimo) finito, então pelo menos uma solução ótima é um ponto extremo do conjunto das soluções (viáveis). Veja Dantzig (1963) para detalhes.

No livro de Conn et al. (2009), pode-se encontrar uma lista de *softwares* para a implementação de algoritmos de otimização não gradientes.

NOTA 2: Otimização restrita

Para que o processo autorregressivo de primeira ordem, da forma

$$X_t = \theta_0 + \phi X_{t-1} + a_t,$$

seja estacionário, devemos ter $|\phi| < 1$. Restrições dessa natureza podem ser tratadas com o uso de transformações. Por exemplo, podemos considerar $\phi = \psi/(1 + |\psi|)$ e então efetuar a maximização com respeito a ψ irrestritamente. Para detalhes, veja Fletcher (1987).

O algoritmo EM (de esperança-maximização), detalhado no Apêndice C e usado para obter estimadores de máxima verossimilhança, também é um algoritmo dessa classe.

A.8 Exercícios

1) O método **da descida mais íngreme** (*steepest descent*) usa $V(\theta) = -1$ e de (A.3),

$$\theta^{(i+1)} = \theta^{(i)} - \lambda g(\theta).$$

Obtenha o máximo de $f(\theta) = \theta^3 - 3\theta^2 + 5$, com $\theta \geq 0$, usando este método.

2) O método **da subida de monte quadrática** (*quadratic hill climbing*) de Goldfeld et al. (1966) usa $\lambda \mathbf{Q}(\boldsymbol{\theta})\mathbf{g}(\boldsymbol{\theta})$ em (A.10), em que $\mathbf{Q}(\boldsymbol{\theta}) = [\mathbf{H}(\boldsymbol{\theta}) + c\mathbf{I}]^{-1}$, com $c > 0$ escalar. Obtenha o mínimo da função do exercício anterior usando este método.

3) Para o Exemplo A.3, gere uma amostra de tamanho $n = 20$ da distribuição de Cauchy apresentada. Obtenha o estimador de θ usando o processo iterativo (A.10).

4) Seja $\mathbf{x} = (n_1, n_2, n_3, n_4)^\top$ uma observação de uma distribuição multinomial, com probabilidades de classes dadas por $\pi_1 = (2 + \theta)/4$, $\pi_2 = \pi_3 = (1 - \theta)/4$ e $\pi_4 = \theta/4$, $0 < \theta < 1$ e $n = \sum n_i$. Com as frequências observadas $(1997, 906, 904, 32)$, estime θ, usando o algoritmo de Newton-Raphson, com valores iniciais 0,05 e 0,5.

5) Use o algoritmo *scoring* para estimar θ no exercício anterior.

6) Considere uma regressão não linear em que $f(x; \theta) = \alpha + \log(\beta)x$. Obtenha os estimadores de Gauss-Newton de α e β.

7) Use a função `maxNR()` para o Exemplo A.2.

8) Use o pacote `maxLik` para encontrar os estimadores de máxima verossimilhança para o Exemplo 6.1.

9) Use o pacote `maxLik` para encontrar os estimadores de máxima verossimilhança para os dados da Tabela 6.7 sob o modelo (6.24).

10) Considere o Exemplo A.7. Siga os passos indicados e obtenha o máximo usando a função `optim()` do pacote `stats`.

11) Obtenha os estimadores de máxima verossimilhança para o problema descrito no Exercício 4.

12) Refaça o Exercício 9 usando o pacote `optimization`.

Baixe o material
suplementar
neste QR Code

uqr.to/1x8so

NOÇÕES DE SIMULAÇÃO

The only source of knowledge is experience.

A. Einstein

B.1 Introdução

Modelos probabilísticos são usados para representar a gênese de fenômenos ou experimentos aleatórios. Com base em um **espaço amostral** e probabilidades associadas aos pontos desse espaço, o modelo probabilístico fica completamente determinado e podemos, então, calcular a probabilidade de qualquer evento aleatório definido nesse espaço. Muitas vezes, propriedades estatísticas de estimadores de parâmetros desses modelos não podem ser resolvidas analiticamente e temos que recorrer a **estudos de simulação** para obter aproximações das quantidades de interesse. Esses estudos tentam reproduzir em um ambiente controlado o que se passa com um problema real. Para esses propósitos, a solução de um problema real pode ser baseada na simulação de variáveis aleatórias (**simulação estática**) ou de processos estocásticos (**simulação dinâmica**).

A simulação de variáveis aleatórias deu origem aos chamados **métodos Monte Carlo**, que por sua vez supõem a disponibilidade de um **gerador de números aleatórios**. O nome Monte Carlo está relacionado com o distrito de mesmo nome no Principado de Mônaco, onde cassinos operam livremente. Os métodos Monte Carlo apareceram durante a Segunda Guerra Mundial, em pesquisas relacionadas com a difusão aleatória de nêutrons em um material radioativo. Os trabalhos pioneiros devem-se a Metropolis e Ulam (1949), Metropolis et al. (1953) e von Neumann (1951). Veja Sobol (1976), Hammersley e Handscomb (1964) ou Ross (1997), para detalhes.

Como ilustração, suponha que se queira calcular a área da figura F contida no quadrado Q de lado unitário representada na Figura B.1. Se gerarmos N pontos aleatórios em Q, de modo homogêneo, isto é, de maneira a cobrir toda a área do quadrado, ou ainda, que sejam **uniformemente distribuídos** sobre Q e observarmos que N^* desses caem sobre a figura F, poderemos aproximar a área de F por N^*/N. Quanto mais pontos gerarmos, melhor será a aproximação. Note que, embora o problema em si não tem nenhuma componente aleatória, pois queremos calcular a área de uma figura plana, consideramos um mecanismo aleatório para resolvê-lo. Veremos que esse procedimento pode ser utilizado em muitas situações.

Números aleatórios representam o valor de uma variável aleatória uniformemente distribuída, geralmente no intervalo (0,1). Originalmente, esses números aleatórios eram gerados manual ou mecanicamente, usando dados, roletas etc. Modernamente, usamos computadores para essa finalidade. Vejamos algumas maneiras de obter números aleatórios.

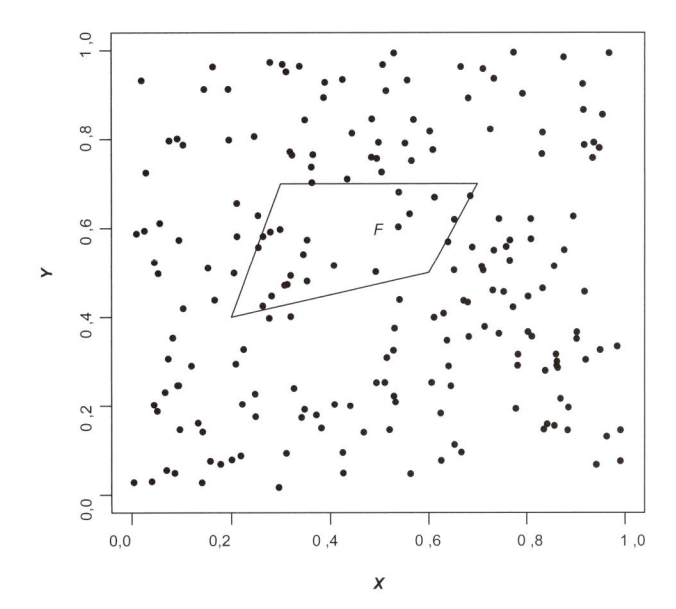

Figura B.1 Área de uma figura por simulação.

Exemplo B.1 Lancemos uma moeda 3 vezes e atribuamos o valor 1 ao evento "a face aparente é cara" e o valor 0 se é coroa. Os resultados possíveis são as **sequências** ou **números binários**:

$$000, \ 001, \ 010, \ 011, \ 100, \ 101, \ 110, \ 111.$$

Cada um desses números binários corresponde a um número decimal. Por exemplo, $(111)_2 = (7)_{10}$, pois $(111)_2 = 1 \times 2^2 + 1 \times 2^1 + 1 \times 2^0$. Considerando a representação decimal de cada sequência anterior e dividindo o resultado por $2^3 - 1 = 7$, obteremos o números aleatórios $0, 1/7, 2/7, \ldots, 1$. Qualquer uma das 8 sequências anteriores tem a mesma probabilidade de ser gerada por esse processo, a saber, $1/2^3 = 1/8$.

Suponha, agora, que a moeda seja lançada 10 vezes, gerando números binários com 10 dígitos, cada um com probabilidade $1/2^{10} = 1/1024$. Para esse caso de 10 lançamentos, procederíamos como no caso de 3 lançamentos, dividindo os 1024 números decimais obtidos por $2^{10} - 1 = 1023$, para obter 1024 números aleatórios entre 0 e 1. De modo geral, lançando-se a moeda n vezes, teremos 2^n resultados e os números aleatórios desejados são obtidos por meio de divisão de cada resultado por $2^n - 1$.

Exemplo B.2 Números aleatórios também podem ser gerados por meio de uma roleta com dez setores numerados $0, 1, \ldots, 9$. Giremos a roleta 10 vezes e anotemos os números obtidos em uma linha de uma tabela. Repitamos o processo mais duas vezes, anotando os números obtidos em linhas adjacentes como indicado na Tabela B.1.

Tabela B.1 Números aleatórios gerados por uma roleta

6	9	5	5	2	6	1	3	2	0
1	4	0	1	5	3	2	8	2	7
0	4	4	0	4	9	9	0	6	9

Agora, dividamos os números formados pelos 3 algarismos de cada coluna por 1000, para obter os números aleatórios

$$0{,}610; \ 0{,}944; \ 0{,}504; \ 0{,}510; \ 0{,}254; \ 0{,}639; \ 0{,}129; \ 0{,}380; \ 0{,}226; \ 0{,}079.$$

Para obter números aleatórios com 4 casas decimais, basta girar a roleta 4 vezes. Na realidade, os números anteriores foram obtidos de uma **tabela de números aleatórios**, como a Tabela VII de Bussab e Morettin (2023). Com essa finalidade, iniciamos no canto superior esquerdo e tomamos as três primeiras colunas com 10 dígitos cada. Tabelas de números aleatórios são construídas por meio de mecanismos como o que descrevemos.

Muitas vezes, é preciso gerar uma quantidade muito grande de números aleatórios, por exemplo, da ordem de 1000 ou 10.000. O procedimento de **simulação manual** que adotamos aqui, usando uma tabela de números aleatórios pode se tornar muito trabalhoso ou mesmo impraticável. O que se faz atualmente é substituir simulação manual por **simulação por meio de computadores**, que utiliza **números pseudoaleatórios**. Os números pseudoaleatórios são obtidos por meio de técnicas que usam relações **determinísticas** recursivas. Consequentemente, um número pseudoaleatório gerado em uma iteração dependerá do número gerado na iteração anterior e, portanto, não será realmente aleatório.

Há vários métodos para gerar números pseudoaleatórios. Um dos primeiros, formulado pelo matemático John von Neumann, é chamado de **método de quadrados centrais** (veja o Exercício 1). Um método bastante utilizado em pacotes computacionais é o **método congruencial**, discutido no Exercício 3. Como exemplos de pacotes desenvolvidos com essa finalidade, citamos o *NAG* (*Numerical Algorithm Group*), atualmente incorporado ao pacote MatLab, e o *IMSL* (*International Mathematics and Statistics Library*), que é uma coleção de programotecas de *software* para a análise numérica, implementadas em diversas linguagens de programação, como C e Python. No R, pode-se usar a função runif().

Exemplo B.3   Para gerar $n = 10$ números aleatórios no intervalo $(0,1)$, podemos usar o comando u <- runif(10, 0, 1), obtendo o resultado

```
> u
 [1] 0.80850094 0.56611676 0.75882010 0.89910843 0.48447125
 [6] 0.02119849 0.06239355 0.30022882 0.12722598 0.49714446
```

Existem, basicamente, três grandes grupos de métodos de simulação:

a) **Métodos de Simulação Estática**, dentre os quais citamos os métodos Monte Carlo, aceitação/rejeição e reamostragem ponderada, em que os procedimentos têm como objetivo gerar amostras independentes.

b) **Métodos de Simulação por Imputação**, dentre os quais citamos o **algoritmo EM** (*Expectation-Maximization*) e o algoritmo de dados aumentados, cuja ideia básica é ampliar o conjunto de dados, introduzindo **dados latentes**, com o intuito de facilitar a simulação.

c) **Métodos de Simulação Dinâmica**, cujos exemplos mais importantes são o **amostrador de Gibbs** e os algoritmos de **Metropolis** e **Metropolis-Hastings**, atualmente denominados *MCMC* (*Markov Chain Monte Carlo*), e que têm como objetivo construir uma cadeia de Markov, cuja distribuição de equilíbrio seja a distribuição da qual queremos amostrar.

Neste apêndice, trataremos de modo mais abrangente o caso a). O caso c) está descrito brevemente nas Notas 1, 2 e 3. O caso b) será tratado no Apêndice C.

B.2   Método Monte Carlo

Consideremos o problema de cálculo da média de uma função $h(X)$ de uma variável aleatória X com distribuição F. Suponhamos, ainda, que exista um método para simular uma amostra $X_1, \ldots, X_n$ de F. Nas seções seguintes, veremos alguns desses métodos. O Método Monte Carlo consiste em aproximar $E_F[h(X)]$ por

$$\widehat{E}_F[h(X)] = \frac{1}{n} \sum_{i=1}^{n} h(X_i). \tag{B.1}$$

Observemos que (B.1) aproxima a integral $\int h(x)dF(x)$ ou $\int h(x)f(x)dx$, se existir a densidade de f de X. A **lei (forte) dos grandes números** garante que, quando $n \to \infty$, $\widehat{E}_F[h(X)]$ converge para $E_F[h(X)]$ com probabilidade um. O erro padrão da estimativa (B.1) é $[\text{Var}_F(h(X))]^{1/2}$, que pode ser estimado por

$$\frac{1}{\sqrt{n}}\left[\sum_{i=1}^{n}\left\{h(X_i) - \frac{1}{n}\sum_{i=1}^{n}h(X_i)\right\}^2\right]^{1/2} = O(n^{-1/2}). \tag{B.2}$$

Para detalhes, veja Sen et al. (2009).

Exemplo B.4 Suponhamos que se deseja calcular o valor esperado de $h(X) = \sqrt{1 - X^2}$, em que X tem distribuição $F \sim \mathcal{U}(0,1)$. Então, se $X_1, \ldots, X_n$ for uma amostra da distribuição uniforme padrão,

$$\widehat{E}_F[h(X)] = \frac{1}{n}\sum_{i=1}^{n}\sqrt{1 - X_i^2}. \tag{B.3}$$

Com base em 1000 valores gerados de uma distribuição $\mathcal{U}(0,1)$, o valor obtido para (B.3) foi 0,7880834. Esse valor também corresponde a uma estimativa de um quarto da área de um círculo unitário, ou seja, $\pi/4 = 0,7853982$, de forma que o erro padrão calculado por (B.2) é 0,0069437.

Uma outra aplicação do Método Monte Carlo é a obtenção de amostras de distribuições marginais. Suponhamos, por exemplo, que as variáveis aleatórias X e Y tenham densidade conjunta $f(x,y)$ com densidades marginais $f_X(x)$ e $f_Y(y)$, respectivamente. Então,

$$f_Y(y) = \int_{-\infty}^{\infty} f(x,y)dx = \int_{-\infty}^{\infty} f_X(x)f_{Y|X}(y|x)dx, \tag{B.4}$$

em que $f_{Y|X}(y|x)$ é a densidade condicional de Y dado que $X = x$. Para obter uma amostra de $f_Y(y)$, procedemos pelo **método da composição** ou **mistura** por meio dos seguintes passos:

a) gere um valor x^* de $f_X(x)$;

b) fixado x^*, obtenha um valor y^* de $f_{Y|X}(y|x^*)$;

c) repita os passos a) e b) n vezes, obtendo $(x_1, y_1), \ldots, (x_n, y_n)$ como uma amostra de $f(x,y)$, e $y_1, \ldots, y_n$ como uma amostra de $f_Y(y)$.

É óbvio que precisamos saber como amostrar as densidades $f_X(x)$ e $f_{Y|X}(y|x)$; os valores x^* são chamados de elementos misturadores.

B.3 Simulação de variáveis discretas

Todo procedimento de simulação depende da geração de números aleatórios. Nesta seção, veremos como gerar valores de algumas distribuições discretas, lembrando que a geração de números aleatórios, em geral, pode ser obtida por meio da geração de valores de uma distribuição uniforme no intervalo (0,1).

Consideremos uma variável aleatória X com a distribuição de probabilidades definida por

$$\begin{array}{ccccc} X : & x_1, & x_2, & \ldots, & x_n \\ p_j : & p_1, & p_2, & \ldots, & p_n \end{array}$$

Geremos um número aleatório u e façamos:

$$X = \begin{cases} x_1, & \text{se } u < p_1, \\ x_2, & \text{se } p_1 \le u < p_1 + p_2, \\ \ldots \\ x_j, & \text{se } p_1 + \ldots + p_{j-1} \le u < p_1 + \ldots + p_j. \end{cases} \tag{B.5}$$

Lembrando que se $U \sim \mathcal{U}(0{,}1)$ e se $0 < a < b < 1$, temos

$$P(a < U < b) = b - a, \tag{B.6}$$

obtemos a distribuição desejada para X por meio de

$$P(X = x_j) = P(p_1 + \ldots + p_{j-1} \leq U < p_1 + \ldots + p_j) = p_j.$$

Exemplo B.5 **Simulação de uma distribuição de Bernoulli**.

Suponhamos que X tenha uma distribuição de Bernoulli com $P(X = 0) = 1 - p = 0{,}48$ e $P(X = 1) = p = 0{,}52$, simbolicamente denotada como $X \sim Bernoulli(0{,}52)$. Para gerar um valor dessa distribuição, basta gerar um número aleatório u no intervalo $(0, 1)$ e considerar $X = 0$ se $u < 0{,}48$ e $X = 1$, em caso contrário. Por exemplo, para os números aleatórios $0{,}11; 0{,}82; 0{,}00; 0{,}43; 0{,}56; 0{,}60; 0{,}72; 0{,}42; 0{,}08; 0{,}53$, os dez valores gerados da distribuição Bernoulli em questão são, respectivamente, $0, 1, 0, 0, 1, 1, 1, 0, 0, 1$.

Exemplo B.6 **Simulação de uma distribuição binomial**.

Se $Y \sim Bin(n{,}p)$, então Y é o número de sucessos de um experimento de Bernoulli, com n repetições independentes e probabilidade de sucesso p. No Exemplo B.5, obtivemos 5 sucessos, logo $Y = 5$. Portanto, se $Y \sim Bin(10; 0{,}52)$ e quisermos gerar 20 valores dessa distribuição, basta considerar 20 repetições de $n = 10$ experimentos de Bernoulli com probabilidade de sucesso $p = 0{,}52$. Para cada ensaio j consideramos o número de sucessos (número de valores iguais a 1), y_j, $j = 1, \ldots, 20$ observando que $0 \leq y_j \leq 10$.

Exemplo B.7 **Simulação de uma distribuição de Poisson**.

Se $N \sim Poisson(\lambda)$, então

$$P(N = j) = \frac{\exp(-\lambda)\lambda^j}{j!}, \quad j = 0, 1, \ldots. \tag{B.7}$$

Denotemos por $F(j) = P(N \leq j)$ a função distribuição acumulada de N. A geração de valores de uma distribuição de Poisson parte da seguinte relação recursiva, que pode ser facilmente verificada

$$p_{j+1} = \lambda/(j+1)p_j, \quad j \geq 0. \tag{B.8}$$

Dado um valor j, seja $p = p_j$ e $F = F(j)$. O algoritmo para gerar valores sucessivos é o seguinte:

i) Gere um número aleatório u.

ii) Faça $j = 0$, $p = \exp(-\lambda)$ e $F = p$.

iii) Se $u < F$, faça $N = j$.

iv) Faça $p = \lambda/(j+1)p$, $F = F + p$ e $j = j + 1$.

v) Volte ao passo iii).

Note que, no passo ii), se $j = 0$, $P(N = 0) = p_0 = \exp(-\lambda)$ e $F(0) = P(N \leq 0) = p_0$.

Suponhamos, por exemplo, que queiramos simular valores de uma distribuição de Poisson com parâmetro $\lambda = 2$. Se no passo i), gerarmos $u = 0{,}35$, para o passo ii) teremos $j = 0$, $p = \exp(-2) = 0{,}136$, $F = 0{,}136$; como $u > F$, no passo iv), teremos $p = 2 \times 0{,}136 = 0{,}272$, $F = 0{,}136 + 0{,}272 = 0{,}408$, $j = 1$. No passo v), voltamos ao passo iii) com $u < F$ e fazemos $N = 1$, obtendo o primeiro valor gerado da distribuição. Prosseguimos com o algoritmo para gerar outros valores.

Tanto o R quanto a planilha `Excel` possuem sub-rotinas próprias para simular valores de uma dada distribuição de probabilidades. A Tabela B.2 traz as distribuições discretas contempladas por cada um e os comandos apropriados.

Tabela B.2 Opções de distribuições discretas

Distribuição	Excel (parâmetros)	R (parâmetros)
Bernoulli	Bernoulli(p)	–
Binomial	Binomial(n,p)	binom(n,p)
Geométrica	–	geom(p)
Hipergeométrica	–	hyper(N,r,k)
Poisson	Poisson(λ)	pois(λ)

Para gerar uma distribuição de Bernoulli no R, basta colocar $n = 1$ no caso binomial. No R, a letra r (de *random*) é sempre colocada antes do comando apropriado. Na planilha Excel, pode-se usar tanto a função RAND() como o *Random Number generation tool*. Essa planilha também contém uma opção *Discrete*, para gerar distribuições discretas especificadas (x_i,p_i), $i = 1, \ldots, k$. Vejamos alguns exemplos.

Exemplo B.8 Suponha que queiramos gerar 20 valores de uma variável aleatória binomial, com $p = 0{,}5$, 20 valores de uma distribuição de Poisson, com $\lambda = 1{,}7$, 100 valores de uma distribuição uniforme no intervalo $[0,1]$ e 20 valores de uma distribuição de Bernoulli, com $p = 0{,}7$, usando o R. Os comandos necessários são

```
> x <- rbinom(20,10,0.5)
> y <- rpois(20,1.7)
> z <- runif(100,0,1)
> b <- rbinom(20,1,0.7)
```

e os histogramas correspondentes estão apresentados na Figura B.2.

B.4   Simulação de variáveis contínuas

Consideremos uma variável aleatória X, com função distribuição acumulada F, representada na Figura B.3.

Para gerar um valor dessa distribuição,

i) Use um gerador de números aleatórios para obter um valor $0 < u < 1$.

ii) Identifique esse valor no eixo das ordenadas e, por meio da função inversa de F, obtenha o valor correspondente da variável aleatória X no eixo das abscissas.

Essencialmente, esse procedimento corresponde à resolução da equação

$$F(x) = u, \tag{B.9}$$

cuja solução é $x = F^{-1}(u)$. Formalmente, estamos usando o **Método da Transformação Integral**, consubstanciado no seguinte teorema.

Teorema B.1 Se X for uma variável aleatória com função distribuição acumulada F estritamente crescente, então a variável aleatória $U = F(X)$ tem distribuição uniforme no intervalo $[0,1]$.

Demonstração. Como F é estritamente crescente e $u = F(x)$, então $x = F^{-1}(u)$, pois existe a inversa de F. Se G é a função distribuição acumulada de U, temos

$$G(u) = P(U \leq u) = P[F(X) \leq u] = P[X \leq F^{-1}(u)] = F[F^{-1}(u)] = u,$$

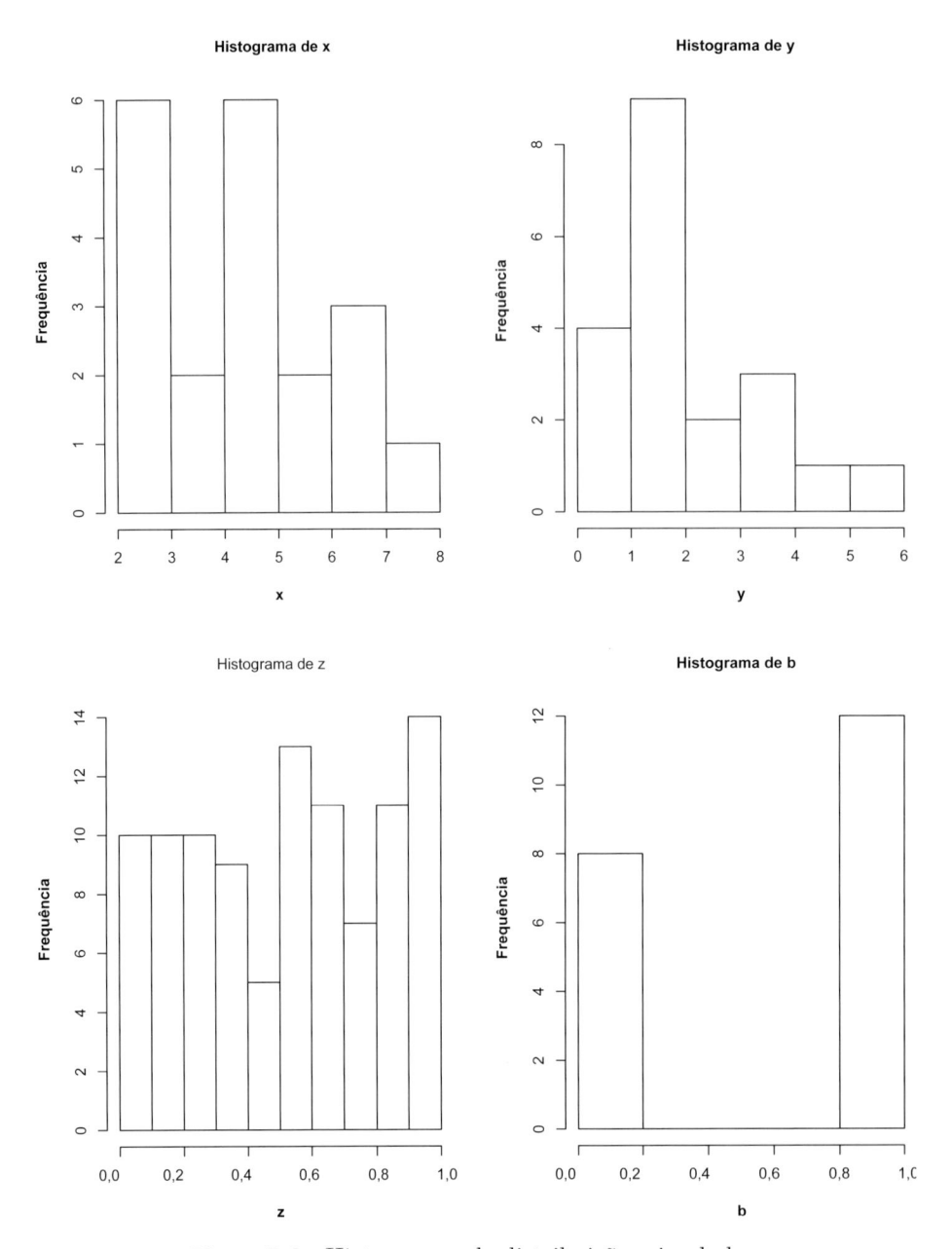

Figura B.2 Histogramas de distribuições simuladas.

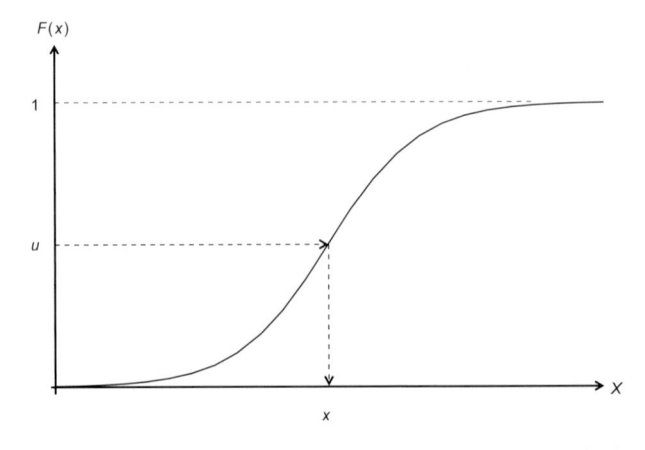

Figura B.3 Função distribuição acumulada de uma variável aleatória X.

e, portanto, U tem distribuição uniforme no intervalo $[0,1]$. O resultado pode ser estendido para o caso de F ser não decrescente, usando uma definição mais geral de inversa.

Exemplo B.9 Considere uma variável aleatória X com densidade $f(x) = 2x$, $0 < x < 1$ de forma que

$$F(x) = \begin{cases} 0, & \text{se } x < 0 \\ x^2, & \text{se } 0 \le x < 1 \\ 1, & \text{se } x \ge 1. \end{cases}$$

Então, de (B.9) obtemos $u = x^2$. Para obter um valor de X basta gerar um número aleatório u e depois calcular $x = \sqrt{u}$. Como $0 < x < 1$, deve-se tomar a raiz quadrada positiva de u.

Exemplo B.10 Simulação de uma distribuição exponencial.

Se a variável aleatória T tiver densidade

$$f(t) = \frac{1}{\beta} \exp(-t/\beta), \quad t > 0, \tag{B.10}$$

a sua função distribuição acumulada é

$$F(t) = 1 - \exp(-t/\beta). \tag{B.11}$$

Encarando (B.11) como uma equação em t e tomando o logaritmo, temos

$$1 - u = \exp(-t/\beta) \Leftrightarrow \log(1-u) = -\frac{t}{\beta} \Leftrightarrow t = -\beta \log(1-u).$$

Dado um número aleatório u, um valor da distribuição $\text{Exp}(\beta)$ é $-\beta \log(1-u)$.

Por exemplo, suponhamos que $\beta = 2$ e queremos gerar 5 valores de $T \sim \text{Exp}(2)$. Gerados os números aleatórios $u_1 = 0{,}57$, $u_2 = 0{,}19$, $u_3 = 0{,}38$, $u_4 = 0{,}33$, $u_5 = 0{,}31$ de uma distribuição uniforme em $(0,1)$, obtemos $t_1 = (-2)(\log(0{,}43)) = 1{,}68$, $t_2 = (-2)(\log(81)) = 0{,}42$, $t_3 = (-2)(\log(0{,}62)) = 0{,}96$, $t_4 = (-2)(\log(0{,}67)) = 0{,}80$, $t_5 = (-2)(\log(0{,}69)) = 0{,}74$.

Podemos reduzir o esforço computacional lembrando que, se $U \sim \mathcal{U}(0,1)$, então $1 - U \sim \mathcal{U}(0,1)$. Consequentemente, podemos gerar os valores de uma distribuição exponencial por meio de

$$t = -\beta \log(u).$$

Usando esta expressão para os valores de U mostrados, obtemos os seguintes valores de T : 1,12; 3,32; 1,93; 0,96; 2,34.

Exemplo B.11 Simulação de uma distribuição normal.

Para gerar valores de variáveis aleatórias normais, basta gerar uma variável aleatória normal padrão, pois dado um valor z_1 da variável aleatória $Z \sim \mathcal{N}(0,1)$, para gerar um valor de uma variável aleatória $X \sim \mathcal{N}(\mu, \sigma^2)$ basta usar a transformação $z = (x - \mu)/\sigma$ para obter

$$x_1 = \mu + \sigma z_1. \tag{B.12}$$

Com essa finalidade podemos usar a transformação integral e uma tabela de probabilidades para a distribuição normal padrão. Por exemplo, suponhamos que $X \sim \mathcal{N}(10; 0{,}16)$, ou seja, $\mu = 10$ e $\sigma = 0{,}4$. A equação a resolver neste caso é

$$\Phi(z) = u,$$

em que $\Phi(z)$ representa a função distribuição acumulada da distribuição $\mathcal{N}(0,1)$. Geremos, primeiramente, um número aleatório u, obtido, por exemplo, $u = 0{,}230$. Então, precisamos resolver $\Phi(z) = 0{,}230$ como uma equação em z, ou seja, precisamos encontrar o valor z tal que a área à sua esquerda sob a curva normal padrão seja 0,230. Veja a Figura B.4.

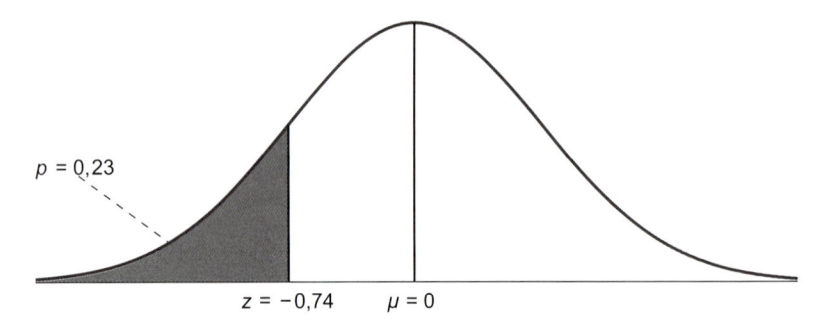

Figura B.4 Geração de um valor $z \sim \mathcal{N}(0,1)$.

Consultando uma tabela para a distribuição normal, encontramos que $z = -0{,}74$. Logo, o valor gerado da distribuição normal em questão satisfaz $(x - 10)/0{,}4) = -0{,}74$, ou seja, $x = 10 + 0{,}4 \times -0{,}74) = 9{,}704$.

Esse método, embora simples, não é prático sob o ponto de vista computacional. Há outros métodos mais eficientes. Alguns são variantes do método de Box e Müller (1958), segundo o qual são geradas duas variáveis aleatórias, Z_1 e Z_2, com distribuições $\mathcal{N}(0,1)$ independentes por meio das transformações

$$
\begin{aligned}
Z_1 &= \sqrt{-2\log U_1}\cos(2\pi U_2), \\
Z_2 &= \sqrt{-2\log U_1}\,\mathrm{sen}(2\pi U_2),
\end{aligned}
\tag{B.13}
$$

em que U_1 e U_2 são variáveis aleatórias com distribuição uniforme em $[0,1]$. Portanto, basta gerar dois números aleatórios u_1 e u_2 e depois gerar z_1 e z_2 usando (B.13). O método de Box-Müller pode ser computacionalmente ineficiente, pois necessita cálculos de senos e cossenos. Uma variante, chamada de método polar, evita esses cálculos. Veja Bussab e Morettin (2023), por exemplo.

Com o R podemos usar a função `qnorm()` para obter um quantil de uma distribuição normal a partir de sua função distribuição acumulada. Por exemplo, para gerar 1000 valores de uma distribuição normal padrão, usamos:

```
> u <- runif(1000,0,1)
> x <- qnorm(u, mean=0, sd = 1)
> par(mfrow=c(1,2))
> hist(u, freq=FALSE, main="Histograma da amostra da distribuição
                        Uniforme simulada")
> hist(x, freq=FALSE, main="Histograma da variável X simulada
                    a partir do resultado do Teorema 12.1")
```

Os histogramas das correspondentes distribuições uniforme e normal estão dispostos na Figura B.5.

Exemplo B.12 **Simulação de uma distribuição qui-quadrado**.

Se $Z \sim \mathcal{N}(0,1)$, então $Y = Z^2 \sim \chi^2(1)$. Por outro lado, pode-se mostrar que uma variável aleatória W com distribuição $\chi^2(n)$ pode ser escrita como

$$
W = Z_1^2 + Z_2^2 + \ldots + Z_n^2,
$$

em que as variáveis aleatórias $Z_1, \ldots, Z_n$ são independentes e têm distribuição normal padrão. Portanto, para simular valores de uma variável aleatória com distribuição qui-quadrado, com n graus de liberdade, basta gerar n valores de uma variável aleatória com distribuição $\mathcal{N}(0,1)$ e considerar a soma de seus quadrados.

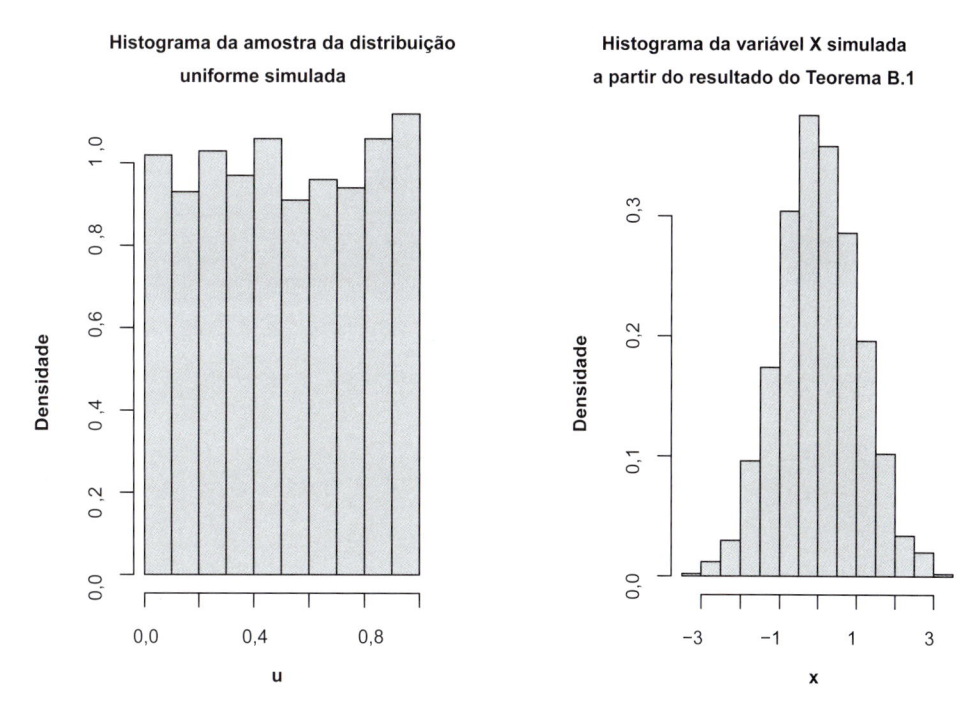

Figura B.5 Resultados da simulação de uma distribuição uniforme e de uma distribuição normal padrão.

O R e a planilha Excel têm sub-rotinas próprias para gerar muitas das distribuições estudadas nesta seção. A Tabela B.3 mostra as opções disponíveis e os comandos apropriados. Além da distribuição $\mathcal{N}(0,1)$ o Excel usa a função INV() para gerar algumas outras distribuições contínuas.

Tabela B.3 Geração de distribuições contínuas via R e Excel

Distribuição	Excel (Parâmetros)	R (Parâmetros)
Normal	Normal(0,1)	norm(μ, σ)
Exponencial	–	exp(β)
t(Student)	–	t(ν)
F(Snedecor)	–	f(ν_1, ν_2)
Gama	–	gamma(α, β)
Qui-Quadrado	–	chisq(ν)
beta	–	beta(α, β)

Exemplo B.13 Usando comandos (entre colchetes) do R, simulamos:

a) 500 valores de uma variável aleatória $t(35)$ [t <- rt(500,35)];

b) 500 valores de uma variável aleatória Exp(2) [exp <- rexp(500,2)];

c) 300 valores de uma variável aleatória $\chi^2(5)$ [w <-rchisq(300,5)];

d) 500 valores de uma variável aleatória $F(10, 12)$ [f <-rf(500,10,12)].

Os histogramas correspondentes estão apresentados na Figura B.6.

Histograma da distribuição t simulada

Histograma da distribuição exponencial simulada

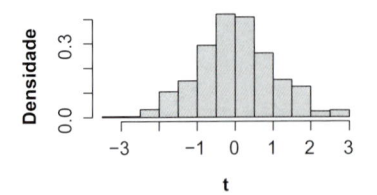 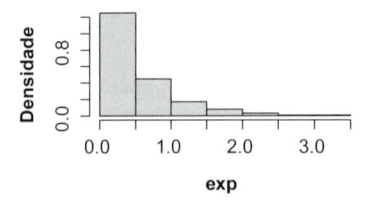

Histograma da distribuição X2(5) simulada

Histograma da distribuição F(10, 12) simulada

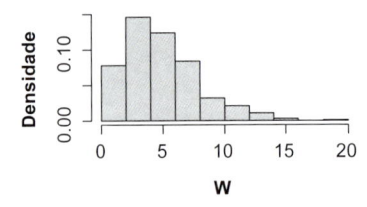 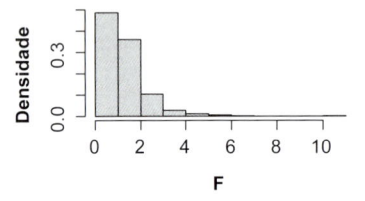

Figura B.6 Histogramas de algumas distribuições contínuas geradas pelo R.

B.5 Simulação de vetores aleatórios

Em geral, simular distribuições multidimensionais é mais complicado do que simular distribuições unidimensionais. No caso de X e Y serem variáveis aleatórias contínuas e independentes,

$$f(x,y) = f_X(x)f_Y(y);$$

logo, para gerar um valor (x,y) da densidade conjunta $f(x,y)$, basta gerar a componente x da distribuição marginal de X e a componente y da distribuição marginal de Y independentemente. Para variáveis aleatórias dependentes vale a relação:

$$f(x,y) = f_X(x)f_{Y|X}(y|x).$$

Logo, podemos, primeiramente, gerar um valor x_0 da distribuição marginal de X e então gerar um valor da distribuição condicional de Y dado $X = x_0$. Isso implica que devemos saber como gerar valores das distribuições $f_X(x)$ e $f_{Y|X}(y|x)$.

Neste texto, limitar-nos-emos a apresentar dois exemplos de variáveis aleatórias contínuas e independentes.

Exemplo B.14 **Distribuição uniforme bidimensional**.

Para calcular a área do polígono F da Figura B.1, consideramos o quociente N^*/N. Para gerar os N pontos uniformemente distribuídos sobre o quadrado Q, basta gerar valores de variáveis $U_1 \sim \mathcal{U}(0,1)$ e $U_2 \sim \mathcal{U}(0,1)$, independentemente, de forma que a variável aleatória (U_1, U_2) é uniformemente distribuída em Q. Então,

$$P[(U_1, U_2) \in F] = \text{área}(F).$$

No caso da Figura B.1, consideramos 200 valores gerados para U_1 e 200 para U_2, observando que 20 dos pontos gerados são internos à figura F. Lembrando que a região Q tem área $= 1$, temos área$(F) = 20/200$. Os comandos necessários para gerar a distribuição são:

```
> u1 <- runif(200,0,1)
> u2 <- runif(200,0,1)
> plot(u1,u2, pch=20)
```

Exemplo B.15 **Distribuição normal bidimensional.**

O método de Box-Müller gera valores de duas normais padrões independentes, Z_1 e Z_2. Logo, se quisermos gerar valores da distribuição conjunta de X e Y, independentes com $X \sim \mathcal{N}(\mu_x, \sigma_x^2)$ e $Y \sim \mathcal{N}(\mu_y, \sigma_y^2)$, basta considerar

$$X = \mu_x + \sigma_x Z_1, \quad Y = \mu_y + \sigma_y Z_2.$$

Os comandos utilizados para gerar 5000 valores de uma distribuição normal padrão bivariada são

```
> u1 <- runif(5000,0,1)
> u2 <- runif(5000,0,1)
> P <- data.frame(u1,u2)
> x <- qnorm(u1)
> y <- qnorm(u2)
```

Histogramas das duas curvas juntamente com o diagrama de dispersão bidimensional obtidos por meio da geração de 5000 valores de cada uma das duas distribuições independentes são apresentados na Figura B.7. A densidade correspondente e o gráfico com curvas de equiprobabilidade estão dispostos na Figura B.8.

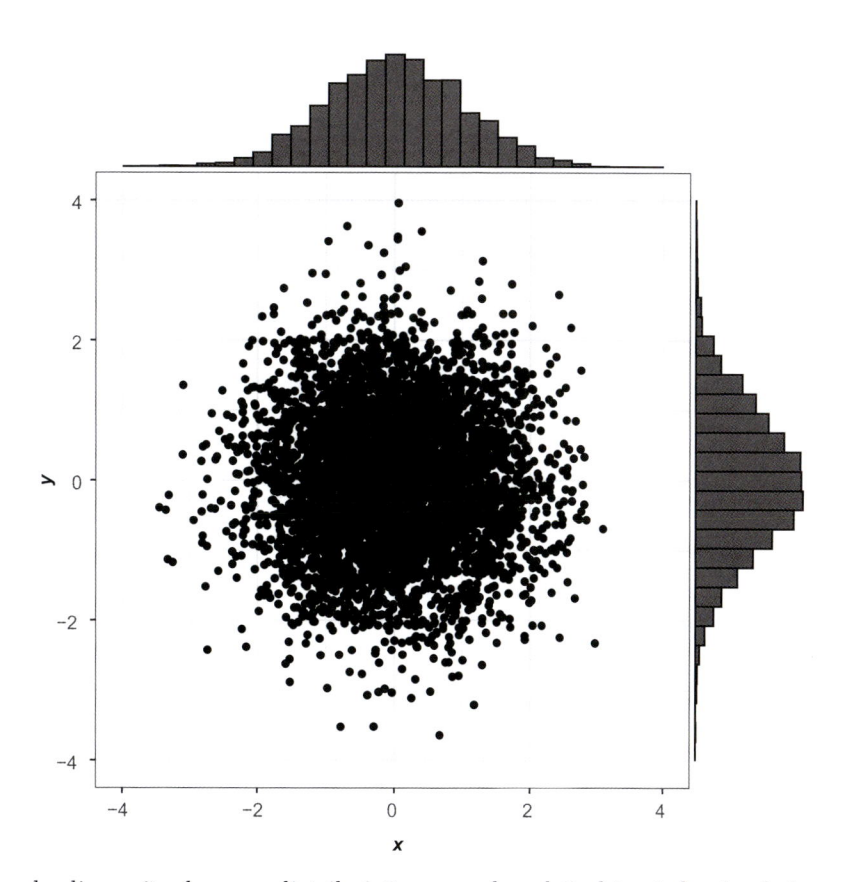

Figura B.7 Gráfico de dispersão de uma distribuição normal padrão bivariada simulada com histogramas nas margens.

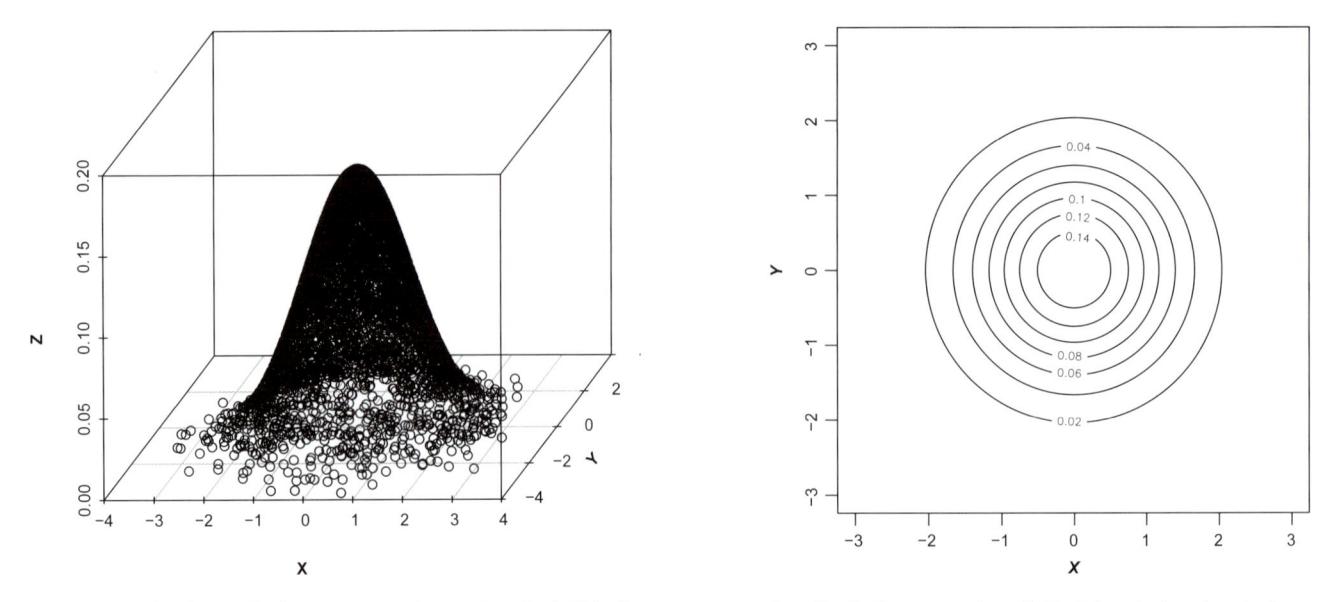

Figura B.8 Densidade e curvas de equiprobabilidade para uma distribuição normal padrão bivariada simulada.

B.6 Métodos de reamostragem

Em algumas situações, a simulação de certas densidades pode ser complicada, mas se existir uma densidade g, próxima da densidade π da qual pretendemos gerar valores, é possível proceder conforme as seguintes duas etapas:

a) Simulamos uma amostra de g.

b) Consideramos um mecanismo de correção, de modo que a amostra de g seja "direcionada" para uma amostra de π. Nesse sentido, cada valor simulado de g é aceito com certa probabilidade p escolhida adequadamente para assegurar que o valor aceito seja um valor de π.

Consideramos aqui dois métodos de reamostragem.

B.6.1 Amostragem por aceitação-rejeição

Suponhamos que exista uma constante finita conhecida A, tal que $\pi(x) \leq Ag(x)$, para todo x, ou seja, Ag serve como um envelope para π como sugerido pela Figura B.9.

Os passos do algoritmo de aceitação-rejeição são:

i) Simular x^* de $g(x)$.

ii) Simular u de uma distribuição $\mathcal{U}(0,1)$, independentemente de x^*.

iii) Aceitar x^* como gerada de $\pi(x^*)$, se $u \leq \pi(x^*)/Ag(x^*)$ e, em caso contrário, voltar ao item i).

Para justificar o procedimento, suponhamos que $X \sim g(x)$. A probabilidade de que x seja aceito é

$$P[U \leq \pi(x)/Ag(x)] = \int_0^{\pi(x)/Ag(x)} du = \pi(x)/Ag(x).$$

Logo,

$$P(X \leq x \text{ e } X \text{ aceito}) = \int_{-\infty}^{x} [\pi(t)/Ag(t)]g(t)dt = \int_{-\infty}^{x} \pi(t)/A\,dt$$

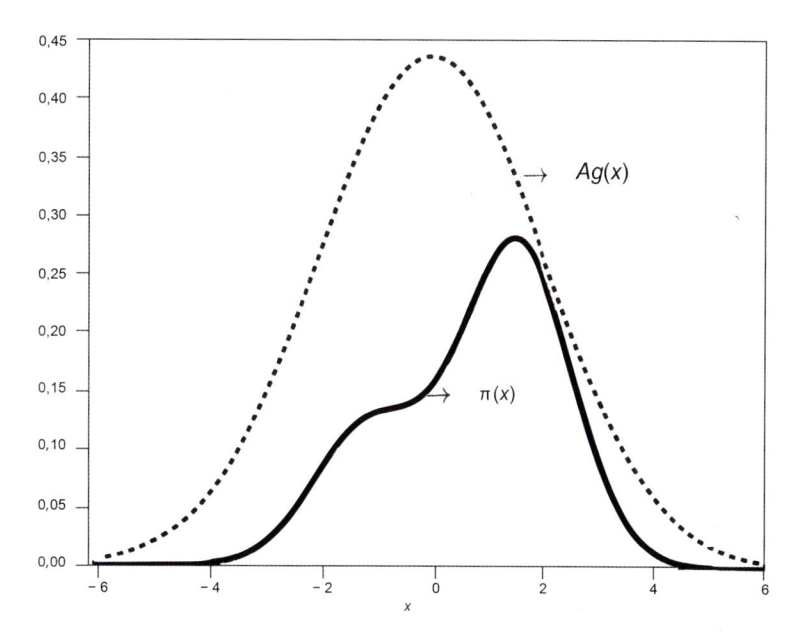

Figura B.9 Densidades π (linha cheia) e Ag (linha pontilhada).

e

$$P(X \text{ aceito}) = \int_{-\infty}^{+\infty} [\pi(t)/Ag(t)]g(t)dt = 1/A. \tag{B.14}$$

Então

$$P(X \leq x \,|X \text{ aceito}) = \frac{\int_{-\infty}^{x} \pi(t)/A dt}{1/A} = \int_{\infty}^{x} \pi(t)dt.$$

Consequentemente, os valores aceitos realmente têm distribuição $\pi(x)$.

Observemos que π deve ser conhecida a menos de uma constante de proporcionalidade, ou seja, basta conhecer o que se chama o **núcleo** de $\pi(x)$. Devemos escolher $g(x)$ de modo que ela seja facilmente simulável e de sorte que $\pi(x) \approx Ag(x)$, pois, nesse caso, a probabilidade de rejeição será menor. Por (B.14), convém ter $A \approx 1$. Seguem algumas observações:

a) $0 < \pi(x^*)/Ag(x^*) \leq 1$;

b) o número de iterações, N, necessárias para gerar um valor x^* de π é uma variável aleatória com distribuição geométrica com probabilidade de sucesso $p = P[U \leq \pi(x^*)/Ag(x^*)]$, ou seja,

$$P(N = n) = (1 - p)^{n-1}p, \quad n \geq 1.$$

Portanto, em média, o número de iterações necessárias é $E(N) = 1/p = A$. Logo, é desejável escolher g de modo que $A = \sup_x\{\pi(x)/g(x)\}$.

Esse método pode ser usado também para o caso de variáveis aleatórias discretas.

Exemplo B.16 Consideremos a densidade de uma distribuição Beta(2,2), ou seja,

$$\pi(x) = 6x(1 - x), \quad 0 < x < 1.$$

Suponhamos $g(x) = 1$, $0 < x < 1$. O máximo de $\pi(x)$ é 1,5, para $x = 0,5$. Logo, podemos escolher $A = 1,5$ e teremos $p = P(\text{aceitação}) = 1/A = 0,667$. Portanto, para obter, por exemplo, uma amostra de tamanho 1000 de $\pi(x)$, devemos simular em torno de 1500 valores de uma distribuição uniforme padrão. Os gráficos de $\pi(x)$ e $Ag(x)$ estão representados na Figura B.10.

Um algoritmo equivalente é o seguinte:

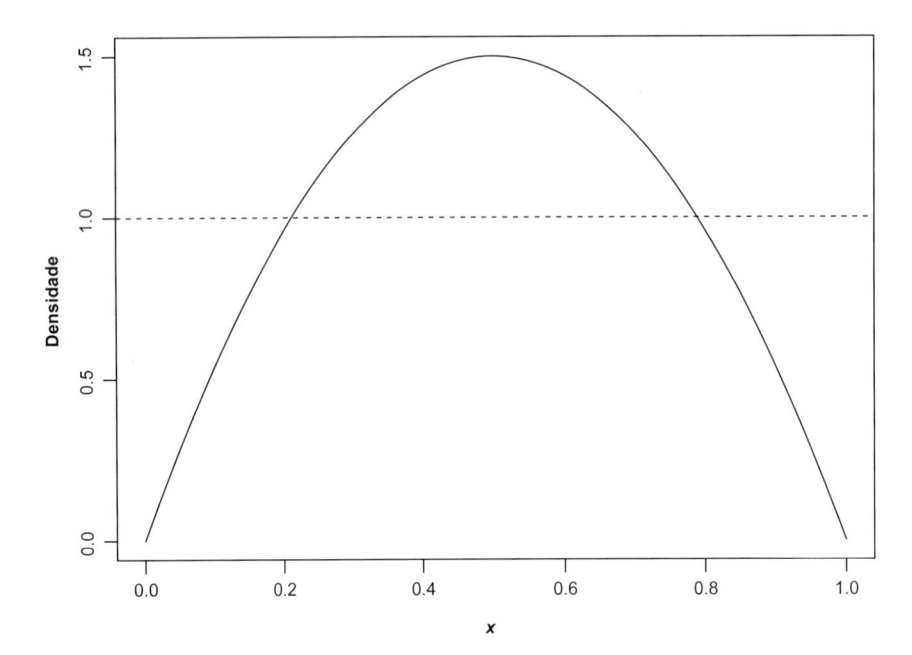

Figura B.10 Densidades π (linha cheia) e g (linha tracejada) para simulação de uma distribuição beta.

i) Simular x^* de $g(x)$ e y^* de $\mathcal{U}[0, Ag(x^*)]$.

ii) Aceitar x^* se $y^* \leq \pi(x^*)$; em caso contrário, volte ao passo i).

Na Figura B.11, mostramos o histograma dos valores gerados (com a verdadeira curva adicionada) e as regiões de aceitação e rejeição.

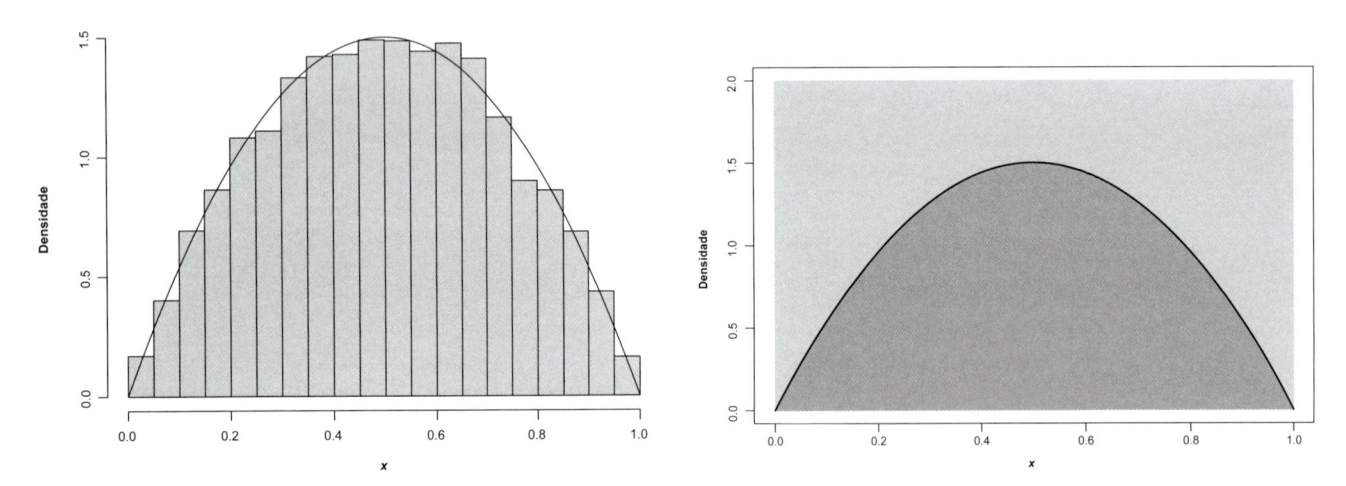

Figura B.11 Histograma dos valores gerados e densidade (painel esquerdo) e região de aceitação (cinza-escuro) e de rejeição (cinza-claro) (painel direito).

B.6.2 Reamostragem ponderada

Neste tipo de simulação temos, essencialmente, as duas etapas anteriores, mas $Ag(x)$ não precisa ser um envelope para π. O algoritmo correspondente é

i) Simular uma amostra $x_1, \ldots, x_n$ de $g(x)$.

ii) Construir os pesos

$$w_i = \frac{\pi(x_i)/g(x_i)}{\sum\limits_{j=1}^{n} \pi(x_j)/g(x_j)}, \quad i = 1, \ldots, n;$$

iii) Reamostrar da distribuição de probabilidades discreta (x_i, w_i), $i - 1, \ldots, n$, cm que o peso w_i corresponde à probabilidade associada a x_i. A amostra resultante tem distribuição π.

De fato, se x for um valor simulado pelo método,

$$F_x(a) = P(X \le a) = \sum_{i:x_i \le a} w_i = \frac{\sum\limits_{i=1}^{n} \left(\pi(x_i)/g(x_i)\right) I_{\{x_i \le a\}}}{\sum\limits_{j=1}^{n} \left(\pi(x_i)/g(x_i)\right)},$$

e pela Lei Forte dos Grandes Números, quando $n \to \infty$, o último termo converge para

$$\frac{\int [\pi(x)/g(x)]\, I_{\{x \le a\}} g(x) dx}{\int [\pi(x)/g(x)]\, g(x) dx} = \frac{\int \pi(x) I_{\{x \le a\}} dx}{\int \pi(x) dx} = F_\pi(x).$$

O método de reamostragem ponderada (*importance sampling*) é também usado para reduzir a variância de estimativas obtidas pelo Método Monte Carlo. Suponhamos que em (B.1) F tenha densidade π. Então

$$\theta_\pi = E_\pi[h(X)] = \int h(x)\pi(x)dx = \int h(x)\left[\frac{\pi(x)}{g(x)}\right]g(x)dx. \tag{B.15}$$

Fazendo $\varphi(x) = h(x)\pi(x)/g(x)$, temos

$$\theta_\pi = \int \varphi(x)g(x)dx.$$

Logo, se obtivermos uma amostra $x_1, \ldots, x_n$ de $g(x)$, poderemos estimar (B.15) por meio de

$$\widehat{\theta}_\pi = \frac{1}{n}\sum_{i=1}^{n} \varphi(x_i) = \frac{1}{n}\sum_{i=1}^{n} w_i h(x_i), \tag{B.16}$$

em que $w_i = \pi(x_i)/g(x_i)$. O estimador (B.16) é enviesado, em contraste com o estimador Monte Carlo de (B.1), que é não enviesado. Para obter um estimador não enviesado, basta considerar

$$\widetilde{\theta}_\pi = \frac{\sum\limits_{i=1}^{n} w_i h(x_i)}{\sum\limits_{i=1}^{n} w_i}. \tag{B.17}$$

Esse estimador atribui mais peso a regiões em que $g(x) < \pi(x)$. Geweke (1989) provou que $\widetilde{\theta}_\pi \to \theta$ com probabilidade um se

a) o suporte de $g(x)$ incluir o suporte de $\pi(x)$;

b) X_i, $i = 1, \ldots, n$ forem variáveis independentes e identicamente distribuídas com distribuição $g(x)$;

c) $\mathrm{E}[h(X)] < \infty$.

Esse autor também mostrou que o erro padrão da estimativa (B.17) é

$$\frac{\left\{\displaystyle\sum_{i=1}^{n}[h(x_i) - \theta_\pi^*]^2 w_i^2\right\}^{1/2}}{\displaystyle\sum_{I=1}^{n} w_i}.$$

Exemplo B.17 Em um **modelo de ligação genética** (*genetic linkage model*),[1] animais distribuem-se em quatro classes rotuladas segundo o vetor $\mathbf{x} = (x_1, x_2, x_3, x_4)^\top$ cujos elementos têm, respectivamente, probabilidades $(\theta + 2)/4, (1 - \theta)/4, (1 - \theta)/4, \theta/4$. Em um conjunto de 197 animais, as frequências observadas em cada uma das quatro classes são, respectivamente, $125, 18, 20$ e 34. O objetivo é estimar θ. A verossimilhança associada a esse modelo multinomial é

$$L(\theta|\mathbf{x}) \propto (2 + \theta)^{125}(1 - \theta)^{38}\theta^{34}.$$

Supondo uma distribuição *a priori* constante para θ, a densidade *a posteriori* é

$$p(\theta|\mathbf{x}) \propto (2 + \theta)^{125}(1 - \theta)^{38}\theta^{34}.$$

Um estimador para θ é a média calculada segundo essa densidade *a posteriori* e é estimada por (B.17). Suponhamos que $g(\theta) \propto \theta^{34}(1 - \theta)^{38}$, $0 < \theta < 1$, ou seja, uma distribuição Beta(35, 39). Portanto,

$$\tilde{\theta} = \frac{\displaystyle\sum_{i=1}^{n} w_i\theta_i}{\displaystyle\sum_{i=1}^{n} w_i},$$

em que $\theta_1, \ldots, \theta_n$ corresponde a uma amostra de $g(x)$. Os pesos w_i são

$$w_i = \frac{(2 + \theta_i)^{125}}{\displaystyle\sum_{j=1}^{n}(2 + \theta_j)^{125}}, \quad i = 1, \ldots, n.$$

Gerando 10.000 valores de uma distribuição Beta(35, 39), obtemos $\tilde{\theta} = 0{,}6180$.

B.7 Notas de capítulo

NOTA 1: Métodos MCMC

Consideramos dois métodos usados para gerar amostras de uma dada função densidade de probabilidades cujas origens remontam a Metropolis et al. (1953) e Hastings (1970). Esses métodos adquiriram

---

[1] Para detalhes, veja Rao (1973).

maior interesse a partir dos artigos de Geman e Geman (1984) e Gelfand e Smith (1990). Concentramos a atenção no **amostrador de Gibbs** e no **algoritmo de Metropolis-Hastings**.

Atualmente, há uma vasta literatura sobre métodos MCMC (*Markov Chain Monte Carlo*), bem como sobre aplicações nas mais diversas áreas. Citamos, em particular, Gamerman e Lopes (2006), Gilks et al. (1996), Tanner (1996), Robert e Casella (2004) e Chen et al. (2000).

Como o próprio nome indica, os algoritmos baseiam-se na teoria de cadeias de Markov. A ideia básica é gerar uma tal cadeia e amostrar de sua distribuição estacionária, que supostamente coincidirá com a distribuição-alvo da qual queremos obter amostras. Com essa finalidade, é preciso construir adequadamente o núcleo dessa cadeia.

NOTA 2: Amostrador de Gibbs

Aqui, seguimos os passos sugeridos por Casella e George (1992). Consideremos uma densidade $\pi(x)$, possivelmente multivariada, da qual queremos gerar uma amostra. Com essa finalidade, a ideia é construir uma cadeia de Markov cuja distribuição estacionária seja $\pi(x)$ e para isso é necessário construir seu núcleo (matriz) de transição, obtido a partir das distribuições condicionais completas.

Suponhamos que $\pi(\mathbf{x}) = \pi(x_1, \ldots, x_p)$. A distribuição marginal $\pi_1(x_1)$ é obtida como

$$\pi_1(x_1) = \int \cdots \int \pi(x_1, \ldots, x_p) dx_2 \ldots dx_p. \tag{B.18}$$

As demais distribuições marginais são obtidas de forma similar. Particularmente, queremos calcular a média ou a variância de x_1, o que pode ser complicado analiticamente. Obtida uma amostra de X_1 podemos estimar a média $E(X_1)$, por exemplo, por meio da média amostral.

Caso de duas variáveis

Consideremos duas variáveis, X e Y, com densidade conjunta $\pi(x, y)$. Se conhecermos as distribuições condicionais $\pi_{X|Y}(x|y)$ e $\pi_{Y|X}(y|x)$, então o amostrador de Gibbs pode ser utilizado para gerar uma amostra de $\pi(x)$ (ou de $\pi(y)$) do seguinte modo:

i) Especificamos um valor inicial $Y = y_0$; os demais valores são obtidos alternando os cálculos entre as distribuições condicionais.

ii) Amostramos das distribuições condicionais de X e de Y conforme

$$\begin{aligned} x_j &\sim \pi_{X|Y}(x|Y_j = y_j), \\ y_{j+1} &\sim \pi_{Y|X}(y|X_j = x_j), \end{aligned} \tag{B.19}$$

obtendo a **sequência de Gibbs** $y_0, x_0, y_1, x_1, \ldots, y_k, x_k$.

Pode-se demonstrar que, para k suficientemente grande, x_k corresponde a um valor amostrado de $\pi(x)$. Para obter uma amostra de tamanho m, podemos gerar m sequências de Gibbs independentes e usar o valor final de cada sequência. Obtida tal amostra, podemos estimar a densidade marginal de X como

$$\widehat{\pi}(x) = \frac{1}{m} \sum_{i=1}^{m} \pi_{X|Y}(x|y_i), \tag{B.20}$$

em que cada y_i é o valor final de cada sequência de Gibbs, pois $E[\pi_{X|Y}(x|y)] = \pi(x)$. No caso discreto, a fórmula análoga é

$$\widehat{P}(X = x) = \frac{1}{m} \sum_{i=1}^{m} P(X = x|Y_i = y_i). \tag{B.21}$$

Em seguida, apresentamos as ideias básicas que mostram que o esquema iterativo (B.19) de fato produz uma amostra de $\pi(x)$.

Caso geral

Consideramos o contexto bayesiano, em que $\pi(\boldsymbol{\theta})$ é a densidade de interesse, com $\boldsymbol{\theta} = (\theta_1, \ldots, \theta_p)^\top$. Cada componente θ_i pode ser um escalar, um vetor ou mesmo uma matriz. Admitamos que seja possível calcular as distribuições condicionais completas

$$\pi_i(\theta_i) = \pi(\theta_i | \theta_1, \ldots, \theta_{i-1}, \theta_{i+1}, \ldots, \theta_p) = \pi(\theta_i | \boldsymbol{\theta}_{-i}), \tag{B.22}$$

para $i = 1, 2, \ldots, p$. O amostrador de Gibbs é construído por meio do seguinte algoritmo:

i) Considerar valores iniciais $\boldsymbol{\theta}^{(0)} = (\theta_1^{(0)}, \ldots, \theta_p^{(0)})^\top$.

ii) Obter um novo valor $\boldsymbol{\theta}^{(j)} = (\theta_1^{(j)}, \ldots, \theta_p^{(j)})^\top$ a partir de $\boldsymbol{\theta}^{(j-1)}$ por meio de gerações sucessivas dos valores

$$\theta_1^{(j)} \sim \pi(\theta_1 | \theta_2^{(j-1)}, \ldots, \theta_p^{(j-1)})$$
$$\theta_2^{(j)} \sim \pi(\theta_2 | \theta_1^{(j)}, \theta_3^{(j-1)}, \ldots, \theta_p^{(j-1)})$$
$$\vdots$$
$$\theta_p^{(j)} \sim \pi(\theta_p | \theta_1^{(j)}, \ldots, \theta_{p-1}^{(j)}).$$

iii) Iterar até a convergência.

Os vetores $\boldsymbol{\theta}^{(0)}, \boldsymbol{\theta}^{(1)}, \ldots, \boldsymbol{\theta}^{(k)}, \ldots$ são realizações de uma cadeia de Markov com núcleo de transição

$$p(\boldsymbol{\theta}^*, \boldsymbol{\theta}) = \pi(\theta_1 | \theta_2^*, \ldots, \theta_p^*)\pi(\theta_2 | \theta_1, \theta_3^*, \ldots, \theta_p^*) \ldots \pi(\theta_p | \theta_1, \ldots, \theta_{p-1}). \tag{B.23}$$

O processo empregado na construção do amostrador de Gibbs define uma cadeia de Markov (dado que a iteração j depende somente da iteração $j-1$) homogênea, pois

$$p(\boldsymbol{\theta}^{(j-1)}, \boldsymbol{\theta}^{(j)}) = \pi(\theta_1^{(j)} | \theta_2^{(j-1)}, \ldots, \theta_p^{(j-1)}) \ldots \pi(\theta_p^{(j)} | \theta_1^{(j-1)}, \ldots, \theta_{p-1}^{(j-1)}), \tag{B.24}$$

que não varia com j.

NOTA 3: Algoritmo de Metropolis-Hastings

Neste item, baseamo-nos nos trabalhos de Chib e Greenberg (1995) e Hastings (1970). Novamente, o objetivo é gerar uma amostra de uma distribuição π, por meio de uma cadeia de Markov. Com esse propósito, construímos um núcleo de transição $p(\theta, \phi)$ de forma que π seja a distribuição de equilíbrio da cadeia, considerando aquelas que satisfazem à seguinte condição de reversibilidade

$$\pi(\theta)p(\theta, \phi) = \pi(\phi)p(\phi, \theta),$$

para todo (θ, ϕ). Essa condição é suficiente para que π seja a distribuição de equilíbrio. Integrando ambos os membros, obtemos

$$\int \pi(\theta)p(\theta, \phi)d\theta = \int \pi(\phi)p(\phi, \theta)d\theta = \pi(\phi), \quad \text{para todo } \phi.$$

O núcleo $p(\theta, \phi)$ é constituído de dois elementos: um núcleo de transição arbitrário, $q(\theta, \phi)$, e uma probabilidade, $\alpha(\theta, \phi)$, tal que

$$p(\theta, \phi) = q(\theta, \phi)\alpha(\theta, \phi), \quad \theta \neq \phi. \tag{B.25}$$

O núcleo de transição define uma densidade $p(\theta,\cdot)$, para todos os valores distintos de θ. Logo, a probabilidade positiva de a cadeia se manter em θ é

$$p(\theta,\theta) = 1 - \int q(\theta,\phi)\alpha(\theta,\phi)d\phi.$$

De modo geral,

$$p(\theta,A) = \int_A q(\theta,\phi)\alpha(\theta,\phi)d\phi + I_{\{\theta\in A\}}[1 - \int q(\theta,\phi)\alpha(\theta,\phi)d\phi].$$

Logo $p(\cdot,\cdot)$ define uma distribuição mista para o novo estado ϕ da cadeia de Markov. Para $\theta \neq \phi$, essa distribuição tem uma densidade e, para $\theta = \phi$, essa distribuição atribui uma probabilidade positiva. A expressão mais comum para a probabilidade de aceitação é

$$\alpha(\theta,\phi) = \min\left\{1, \frac{\pi(\phi)q(\phi,\theta)}{\pi(\theta)q(\theta,\phi)}\right\}. \tag{B.26}$$

O algoritmo pode ser implementado por meio dos seguintes passos:

i) Inicializar as iterações com $j = 1$ e $\theta^{(0)}$.

ii) Mover a cadeia para um novo valor ϕ gerado da densidade $q(\theta^{(j-1)},\cdot)$.

iii) Calcular a probabilidade de aceitação do movimento, $\alpha(\theta^{(j-1)},\phi)$, usando (B.26); se o movimento for aceito, fazer $\theta^{(j)} = \phi$; em caso contrário, fazer $\theta^{(j)} = \theta^{(j-1)}$ e não alterar a cadeia.

iv) Mudar o contador de j para $j + 1$ e retornar ao item ii) até a convergência.

A etapa iii) é realizada após a geração de um número aleatório u, $0 < u < 1$, independentemente de todas as outras variáveis. Se $u \leq \alpha$, o movimento é aceito e se $u > \alpha$ o movimento não é aceito. O núcleo de transição q define apenas uma proposta de movimento, que pode ou não ser confirmada por α. O sucesso do método depende de taxas de aceitação não muito baixas (da ordem de $20\% - 50\%$) e de propostas q fáceis de simular.

Algumas escolhas específicas são:

a) Cadeias simétricas: $p(\theta,\phi) = p(\phi,\theta)$, para todo par (θ,ϕ). Esta é a a escolha da versão original de Metropolis et al. (1953), que não depende de q, ou seja, (B.26) só depende de $\pi(\phi)/\pi(\theta)$ e nesse caso não é necessário conhecer a forma completa de π.

b) Passeio aleatório: neste caso, a cadeia tem evolução dada por $\theta^{(j)} = \theta^{(j-1)} + w_j$, em que w_j é uma variável aleatória com distribuição independente da cadeia. Normalmente, tomam-se os w_j como variáveis aleatórias independentes e identicamente distribuídas com densidade f_w e nesse caso $q(\theta,\phi) = f_w(\phi - \theta)$. Se f_w for simétrica (como no caso das distribuições normal e t-Student), obtemos o item a).

c) Cadeias independentes: a transição proposta é formulada independentemente da posição atual θ da cadeia, ou seja, $q(\theta,\phi) = f(\phi)$.

Algumas observações sobre o procedimento Metropolis-Hastings são:

i) **Metropolis-Hastings em Gibbs**: no amostrador de Gibbs, as transições são baseadas nas distribuições condicionais completas das componentes de θ. É possível que π tenha uma forma complicada, impossibilitando a geração de valores diretamente, mas alguma distribuição condicional completa π_i pode ser utilizada diretamente para a geração. Müller (1992) sugere que a geração dos componentes θ_i para os quais não se pode gerar diretamente π_i seja feita por meio de uma subcadeia do algoritmo Metropolis-Hastings dentro do ciclo do amostrador de Gibbs.

ii) Suponha que q seja irredutível e aperiódica e que $\alpha(\theta,\phi) > 0$, para todo (θ,ϕ). Então, o algoritmo de Metropolis-Hastings define uma cadeia de Markov aperiódica e irredutível, com núcleo de transição p dado por (B.25) e distribuição de equilíbrio π. Veja Roberts e Smith (1994) para detalhes.

Para mais informações sobre o algoritmo de Metropolis, posteriormente generalizado por Hastings (1970), veja Tanner (1996).

NOTA 4: Transformação de Box-Müller

Consideremos as variáveis aleatórias X e Y, independentes, ambas com distribuição $\mathcal{N}(0,1)$. A densidade conjunta de X e Y é

$$f(x,y) = \frac{1}{2\pi} \exp[-(x^2 + y^2)/2].$$

Consideremos, agora, a transformação

$$r = x^2 + y^2$$
$$\theta = \operatorname{arctg}(y/x).$$

Então, $x = \sqrt{r}\cos\theta$, $y = \sqrt{r}\operatorname{sen}\theta$ e o Jacobiano da transformação é $|J| = 1/2$. Consequentemente, a densidade conjunta de r e θ é

$$f(r,\theta) = \frac{1}{2\pi} \exp(-r^2)\frac{1}{2}, \quad 0 < r < \infty,\ 0 < \theta < 2\pi.$$

Desta relação podemos concluir que $r = R^2$ e θ são independentes, com

$$R^2 \sim \operatorname{Exp}(2) \ \ \text{e} \ \ \theta \sim \mathcal{U}(0,2\pi).$$

Portanto, podemos escrever

$$X = R\cos\theta = \sqrt{-2\log U_1}\cos(2\pi U_2)$$
$$Y = R\operatorname{sen}\theta = \sqrt{-2\log U_1}\operatorname{sen}(2\pi U_2)$$

pois se $R^2 \sim \operatorname{Exp}(2)$, gerado de um número aleatório U_1, então $-2\log U_1 \sim \operatorname{Exp}(2)$; por outro lado, se $\theta \sim \mathcal{U}(0,2\pi)$, gerado de um número aleatório U_2, temos $2\pi U_2 \sim \mathcal{U}(0,2\pi)$.

NOTA 5: Simulação de uma distribuição gama

Se $Y_i \sim \operatorname{Exp}(\beta)$, $i = 1,\ldots,r$ forem variáveis aleatórias independentes, pode-se demonstrar, usando resultados não estudados neste capítulo, que $X = Y_1 + Y_2 + \ldots + Y_r$ é tal que $X \sim \operatorname{Gama}(r,\beta)$. Logo, para gerar um valor de uma distribuição $\operatorname{Gama}(r,\beta)$, com $r > 0$, inteiro, basta gerar r valores de uma distribuição exponencial de parâmetro β e depois somá-los.

B.8 Exercícios

1) **O método dos quadrados centrais** de von Neumann opera do seguinte modo. Considere um inteiro n_0 com m dígitos e seu quadrado n_0^2, que terá $2m$ dígitos (eventualmente acrescentando zeros à esquerda). Tome os dígitos centrais de n_0^2 e divida o número obtido por 10^m para se obter um número aleatório, u_0, entre 0 e 1. Continue tomando n_1 como o número inteiro central desse passo. Esse método pode não funcionar bem, como indicado no exemplo a seguir de Kleijnen e van Groenendaal (1994).

Suponha $m = 2$ e considere $n_0 = 23$. Então, $n_0^2 = 0529$ e o primeiro número aleatório é $u_0 = 0{,}52$. Agora, $n_1 = 52$, $n_1^2 = 2704$ e $u_1 = 0{,}70$. Sucessivamente, obtemos $u_2 = 0{,}90$, $u_3 = 0{,}10$, $u_4 = 0{,}10$ etc. Ou seja, a partir de u_4, os números aleatórios se repetem.

Obtenha números aleatórios, com $m = 3$, usando este método.

2) O resultado da operação $x \bmod m$, na qual x e m são inteiros não negativos, é o resto da divisão de x por m, ou seja, se $x = mq + r$, então $x \bmod m = r$. Por exemplo, $13 \bmod 4 - 1$.

Encontre $18 \bmod 5$ e $360 \bmod 100$.

3) No **método congruencial multiplicativo** utilizado para gerar números pseudoaleatórios, começamos com um valor inicial n_0, chamado **semente**, e geramos sucessivos valores $n_1, n_2, \ldots$ por meio da relação

$$n_{i+1} = an_i \bmod m,$$

com n_0, a, m inteiros não negativos e $i = 0, 1, \ldots, m - 1$. A constante a é chamada de multiplicador e m de módulo. Por meio da expressão anterior no máximo m números diferentes são gerados, a saber, $0, 1, \ldots, m - 1$. Se $h \leq m$ for o valor de i correspondente ao número máximo de pontos gerados, a partir do qual os valores se repetem, então h é chamado de **ciclo** ou de **período** do gerador. Os números pseudoaleatórios são obtidos por meio de

$$u_i = \frac{n_i}{m}, \quad i = 0, 1, \ldots, m - 1.$$

Tomemos, por exemplo, a semente $n_0 = 17$, $a = 7$ e $m = 100$. Então, obtemos

i:	0	1	2	3	4	$\ldots$
n_i:	17	19	33	31	17	$\ldots$

Nesse caso, o ciclo é $h = 4$ e os valores n_i repetem-se a partir daí. Os correspondentes números pseudoaleatórios gerados serão

$$0{,}17; \ 0{,}19; \ 0{,}33; \ 0{,}31; \ 0{,}17; \ \ldots$$

Na prática, devemos escolher a e m de modo a obter ciclos grandes, ou seja, gerar muitos números pseudoaleatórios antes que eles comecem a se repetir. A seleção de m é normalmente determinada pelo número de "bits" das palavras do computador usado. Atualmente, por exemplo, $m = 2^{32}$. Para o valor a, a sugestão é tomar uma potência grande de um número primo, por exemplo, $a = 7^5$.

O **método congruencial misto** usa a expressão

$$n_{i+1} = (an_i + b) \bmod m.$$

Considere a semente $n_0 = 13$, o multiplicador $a = 5$ e o módulo $m = 100$, para gerar 10 números pseudoaleatórios. Qual o período h nesse caso?

4) Repita o exercício anterior com $n_0 = 19$, $a = 13$ e $m = 100$.

5) Use algum programa ou planilha computacional para gerar 10.000 números pseudoaleatórios. Construa um histograma e um *boxplot* com esses valores. Esses gráficos corroboram o fato de que esses números obtidos são observações de uma variável aleatória com distribuição uniforme no intervalo $(0,1)$? Comente os resultados.

6) Gere 5 valores da variável aleatória X, cuja distribuição é definida por

$$X : \quad 0, \quad 1, \quad 2, \quad 3, \quad 4$$
$$p_j : \quad 0{,}1, \quad 0{,}2, \quad 0{,}4, \quad 0{,}2, \quad 0{,}1$$

7) Considere a variável aleatória X contínua com função densidade de probabilidade

$$f(x) = \begin{cases} 3x^2, & \text{se } -1 \leq x \leq 0 \\ 0, & \text{em caso contrário.} \end{cases}$$

Como você procederia para obter um valor simulado de X? Se $u = 0{,}5$, qual é o valor correspondente gerado de X?

8) Gere 10 valores de uma distribuição de Bernoulli, com $p = 0{,}35$.

9) Gere 10 valores de uma variável aleatória $Y \sim Bin(10; 0{,}2)$.

10) Simule 10 valores de uma distribuição exponencial com parâmetro $\beta = 1/2$.

11) Usando o Teorema B.1, gere:

   a) 10 valores de uma distribuição $\mathcal{N}(10; 4)$;
   b) 10 valores de uma distribuição t-Student com 24 graus de liberdade.

12) Gere 10 valores de uma distribuição qui-quadrado com 3 graus de liberdade.

13) Uma distribuição binomial de parâmetros n e p também pode ser simulada por meio de

$$p_{j+1} = \frac{n-j}{j+1} \frac{p}{1-p} p_j,$$

com $p_j = P(X = j)$, $j = 0, 1, \ldots, n$. Seja j o valor atual, $pr = P(X - j)$ e $F = F(j) = P(X \leq j)$ e considere o algoritmo:

   i) gere o número aleatório u;
   ii) $r = p/(1-p)$, $j = 0$, $pr = (1-p)^n$, $F = pr$;
   iii) se $u < F$, coloque $X = j$;
   iv) $pr = r(n-j)/[(j+1)pr]$, $F = F + pr$, $j = j + 1$;
   v) volte ao passo iii).

Usando esse algoritmo, gere 5 valores da variável aleatória. $X \sim Bin(5; 0{,}3)$.

14) Gere 5 valores de uma variável aleatória com distribuição de Poisson de parâmetro $\lambda = 2$.

15) Considere a distribuição gama truncada $\pi(x) \propto x^2 \exp(-x)$, $0 \leq x \leq 1$. Simule uma amostra de tamanho 1000 dessa distribuição usando o método da aceitação-rejeição com $g(x) = \exp(-x)$.

16) Usando o Método Monte Carlo, calcule $P(X < 1, Y < 1)$, em que X e Y seguem distribuições normais padrões e têm coeficiente de correlação $\rho = 0{,}5$.

   [Sugestão: simule x de X e depois y de $f(y|x)$ obtendo a média e a variância desta distribuição condicional.]

17) Suponha que $Z \sim \mathcal{N}(0,1)$ e considere $X = |Z|$. Obtenha a densidade $\pi(x)$ de X. Use o método da aceitação-rejeição para obter uma amostra de $\pi(x)$ com $g(x) = \exp(-x)$. A seguir gere uma amostra de Z, levando em conta que $Z = X$ ou $Z = -X$.

18) Considere o método da aceitação-rejeição no caso de variáveis discretas. Especificamente, suponha que queiramos simular valores de uma variável aleatória X, com probabilidades $\pi_j = P(X = j)$ e dispomos de um método para simular valores da variável aleatória Y, com probabilidades $g_j = P(Y = j)$. Suponha ainda que exista uma constante c, tal que $\pi_j \leq cg_j$, para todo j. Usando o algoritmo de aceitação-rejeição, mostre que $P(\text{aceitar}) = 1/c$ e que o número de iterações necessárias para obter X é uma variável aleatória com distribuição geométrica com média c. Com esse resultado, mostre que $P(X = j) = \pi_j$.

19) Suponha que X tenha valores $1, 2, 3, 4$ e 5, com probabilidades π_j dadas, respectivamente, por $0,2$; $0,3$; $0,1$; $0,1$ e $0,3$. Como ficará o algoritmo de aceitação-rejeição, se escolhermos Y com os mesmos valores de X e com probabilidades $g_j = 1/5$, para todo j?

ALGORITMOS PARA DADOS AUMENTADOS

An approximate answer to the right problem is worth a good deal more than an exact answer to an approximate problem.

John Tukey

C.1 Introdução

Neste texto, apresentaremos dois algoritmos baseados no conceito de **dados latentes**, que podem ocorrer por diferentes mecanismos. Por exemplo, para facilitar o procedimento de amostragem da verossimilhança ou da densidade *a posteriori* de alguma variável Y para as quais temos observações, aumentamos os dados disponíveis introduzindo dados Z, chamados latentes ou não observados; esse é o caso do **algoritmo de dados aumentados** ou do **algoritmo EM** que discutiremos neste apêndice. Outros procedimentos que utilizam dados latentes são os vários métodos de imputação e os métodos de reamostragem e de reamostragem ponderada que foram tratados no Apêndice B. O leitor interessado poderá consultar Tanner (1996) para detalhes.

Originalmente, a ideia de imputação múltipla estava associada com valores omissos oriundos de respostas omissas em levantamentos amostrais. Esta formulação foi estendida para outras áreas. O método **MCMC** (*Markov Chain Monte Carlo*), descrito no Apêndice B, é um exemplo de procedimento que visa mimetizar informação não observada. Esse tópico de observações omissas remonta a Wilks (1932) e Anderson (1957) e talvez a primeira formulação sistematizada seja aquela de Rubin (1977). Outras referências sobre esse tema incluem Rubin (1987), Little e Rubin (1987) e Rubin (1996).

As técnicas que se valem de dados latentes também são úteis no caso de dados incompletos, que ilustramos por meio de um exemplo.

Exemplo C.1 Consideremos dados observados periodicamente (por exemplo, peixes presos em armadilhas). Sejam $x_1, \ldots, x_7$ as quantidades capturadas nos dias $1, \ldots, 7$ que consideraremos como **dados completos**. Agora, imaginemos que as observações ocorrem apenas nos dias $1, 3, 4$ e 7 de forma cumulativa, gerando os dados $y_1 = x_1 + x_2$, $y_2 = x_3$, $y_3 = x_4 + x_5$, $y_4 = x_6 + x_7$. Os valores y_1, y_2, y_3 e y_4 constituem os **dados incompletos**. Se considerarmos observações (não cumulativas) somente nos dias $1, 2, 5$ e 7, então $y_1 = x_1$, $y_2 = x_2$, $y_3 = x_5$, $y_4 = x_7$ constituem os dados incompletos, nesse caso.

C.2   Algoritmo EM

Consideremos dados $\mathbf{x} = (x_1, \ldots, x_n)^\top$ provenientes do modelo $f(\mathbf{x}|\boldsymbol{\theta})$ obtidos com o objetivo de encontrar o estimador de máxima verossimilhança de $\boldsymbol{\theta}$, ou seja, de maximizar a verossimilhança $L(\boldsymbol{\theta}|\mathbf{x})$. Alternativamente, o objetivo poderia ser encontrar a moda da distribuição *a posteriori* $p(\boldsymbol{\theta}|\mathbf{x})$. Concentremonos, inicialmente, na maximização da verossimilhança.

Suponhamos que os dados $\mathbf{x}$ não sejam completamente observados, mas que alguma função de $\mathbf{x}$, digamos $\mathbf{y} = \mathbf{h}(\mathbf{x})$ o seja. Diremos que os elementos de $\mathbf{x}$ constituem os dados completos enquanto aqueles de $\mathbf{y}$ constituem os dados incompletos. A verossimilhança dos dados observados (incompletos) $\mathbf{y}$ é

$$L(\boldsymbol{\theta}|\mathbf{y}) = \int_{\mathcal{X}(\mathbf{y})} L(\boldsymbol{\theta}|\mathbf{x}) d\mathbf{x}, \tag{C.1}$$

em que $\mathcal{X}(\mathbf{y})$ é a parte do espaço amostral $\mathcal{X}$ de $\mathbf{x}$ determinada pela restrição $\mathbf{y} = \mathbf{h}(\mathbf{x})$.

O algoritmo EM é um procedimento iterativo segundo o qual encontramos o valor de $\boldsymbol{\theta}$ que maximiza a verossimilhança dos dados observados, $L(\boldsymbol{\theta}|\mathbf{y})$, usando $L(\boldsymbol{\theta}|\mathbf{x})$ de maneira conveniente. "Conveniente" aqui significa escolher $L(\boldsymbol{\theta}|\mathbf{x})$ de tal forma que $L(\boldsymbol{\theta}|\mathbf{y})$ seja obtida por meio de (C.1).

Exemplo C.2   Retomemos o problema da ligação genética discutido no Exemplo B.16, segundo o qual os dados $\mathbf{y} = (y_1, y_2, y_3, y_4)^\top = (125, 18, 20, 34)^\top$ ocorrem com probabilidades $\pi_1 = (2 + \theta)/4$, $\pi_2 = \pi_3 = (1 - \theta)/4$, $\pi_4 = \theta/4$, $0 < \theta < 1$. A verossimilhança dos dados incompletos é

$$L(\theta|\mathbf{y}) = \frac{(y_1 + \ldots + y_4)!}{y_1! \ldots y_4!} \left(\frac{2 + \theta}{4}\right)^{y_1} \left(\frac{1 - \theta}{4}\right)^{y_2 + y_3} \left(\frac{\theta}{4}\right)^{y_4},$$

cujo núcleo é

$$\left(\frac{2 + \theta}{4}\right)^{y_1} \left(\frac{1 - \theta}{4}\right)^{y_2 + y_3} \left(\frac{\theta}{4}\right)^{y_4}.$$

Admitamos que $\mathbf{x} = (x_1, \ldots, x_5)^\top$ sejam os dados completos que ocorrem, respectivamente, com probabilidades $[1/2, \theta/4, (1 - \theta)/4, (1 - \theta)/4, \theta/4]$, mas que só observamos $y_1 = x_1 + x_2$, $y_2 = x_3$, $y_3 = x_4$ e $y_4 = x_5$, de modo que o núcleo da verossimilhança dos dados completos seja

$$L(\theta|\mathbf{x}) \propto \left(\frac{\theta}{4}\right)^{x_2 + x_5} \left(\frac{1 - \theta}{4}\right)^{x_3 + x_4}.$$

Podemos simplificar as expressões anteriores obtendo

$$L(\theta|\mathbf{y}) \propto (2 + \theta)^{y_1} (1 - \theta)^{y_2 + y_3} \theta^{y_4} \tag{C.2}$$

e

$$L(\theta|\mathbf{x}) \propto \theta^{x_2 + x_5} (1 - \theta)^{x_3 + x_4}. \tag{C.3}$$

Neste caso, a expressão (C.1) se reduz a

$$L(\theta|\mathbf{y}) = \sum_{x_1, x_2 | x_1 + x_2 = 125} L(\theta|x_1, x_2, 18, 20, 34).$$

Nesse contexto, o algoritmo **EM** pode ser explicitado como:

i) Escolher um valor inicial, $\theta^{(0)}$.

ii) Obter a esperança condicional de **x**, dado **y** (passo **E**), ou seja, estimar os dados completos por meio de suas esperanças condicionais, dados **y** e $\theta^{(0)}$, observando que $E(x_3|\mathbf{y}, \theta^{(0)}) = 18$, $E(x_4|\mathbf{y}, \theta^{(0)}) = 20$, $E(x_5|\mathbf{y}, \theta^{(0)}) = 34$ e que

$$E(x_1|\mathbf{y}, \theta^{(0)}) = E(x_1|x_1 + x_2 = 125, \theta^{(0)}) = x_1^{(0)},$$

$$E(x_2|\mathbf{y}, \theta^{(0)}) = E(x_2|x_1 + x_2 = 125, \theta^{(0)}) = x_2^{(0)}.$$

Como

$$x_1|x_1 + x_2 = 125 \sim Bin(n, p_1), \ n = 125, \ p_1 = \frac{1/2}{1/2 + \theta/4} = \frac{2}{2 + \theta^{(0)}},$$

$$x_2|x_1 + x_2 = 125 \sim Bin(n, p_2), \ n = 125, \ p_2 = \frac{\theta^{(0)}}{2 + \theta^{(0)}},$$

obtemos $x_1^{(0)} = 250/(2 + \theta^{(0)})$ e $x_2^{(0)} = 125\theta^{(0)}/(2 + \theta^{(0)})$. Neste passo, os dados completos estimados são $\mathbf{x}^{(0)} = (x_1^{(0)}, x_2^{(0)}, 18, 20, 34)^{\top}$.

iii) O passo **M** consiste em maximizar a log-verossimilhança dos dados completos

$$\ell(\theta|\mathbf{x}^{(0)}) = x_1^{(0)} \log(\frac{1}{2}) + x_2^{(0)} \log(\frac{\theta}{4}) + x_3 \log(\frac{1 - \theta}{4}) + x_4 \log(\frac{1 - \theta}{4}) + x_5 \log(\frac{\theta}{4}),$$

que é proporcional a

$$(x_2^{(0)} + x_5) \log(\theta) + (x_3 + x_4) \log(1 - \theta).$$

Derivando essa expressão com relação a θ, obtemos

$$\frac{d\ell(\theta)}{d\theta} = \frac{x_2^{(0)} + x_5}{\theta} - \frac{x_3 + x_4}{1 - \theta};$$

igualando-a a zero temos, finalmente,

$$\theta^{(1)} = \frac{x_2^{(0)} + x_5}{x_2^{(0)} + x_3 + x_4 + x_5} = \frac{x_2^{(0)} + 34}{x_2^{(0)} + 72}. \tag{C.4}$$

De modo geral, dada a estimativa na iteração i, $\theta^{(i)}$, estimamos os dados latentes por meio de

$$x_1^{(i)} = \frac{250}{2 + \theta^{(i)}}, \quad x_2^{(i)} = \frac{125\theta^{(i)}}{2 + \theta^{(i)}}$$

e atualizamos o estimador de θ por intermédio de

$$\theta^{(i+1)} = \frac{x_2^{(i)} + 34}{x_2^{(i)} + 72}. \tag{C.5}$$

Se tomarmos, por exemplo, $\theta^{(0)} = 0{,}5$, obteremos as iterações da Tabela C.1, que produzem a estimativa $\widehat{\theta} = 0{,}62682$.

As estimativas para as probabilidades π_i são, $\widehat{\pi}_1 = 0{,}6567$, $\widehat{\pi}_2 = \widehat{\pi}_3 = 0{,}0933$, $\widehat{\pi}_4 = 0{,}1567$.

Tabela C.1 Iterações do algoritmo **EM** para o modelo genético

Iteração (i)	$\theta^{(i)}$
0	0,50000
1	0,60800
2	0,62400
3	0,62648
4	0,62677
5	0,62681
6	0,62682
7	0,62682

O algoritmo **EM** pode ser usado para maximizar tanto a verossimilhança $L(\boldsymbol{\theta}|\mathbf{y})$ quanto a distribuição *a posteriori* $p(\boldsymbol{\theta}|\mathbf{y})$. Neste caso, é preciso considerar a distribuição *a posteriori* aumentada $p(\boldsymbol{\theta}|\mathbf{y}, \mathbf{z}) = p(\boldsymbol{\theta}|\mathbf{x})$ e a densidade $p(\mathbf{z}|\mathbf{y}, \boldsymbol{\theta}^{(i)})$, que é a distribuição preditora dos dados latentes $\mathbf{z}$, condicional ao valor atual da moda e aos dados observados. No Exemplo C.2, em que indicamos os passos necessários para a implementação do algoritmo **EM** em termos da verossimilhança, essa distribuição é a distribuição binomial com parâmetros $n = 125$ e $p = \theta^{(i)}/(2 + \theta^{(i)})$. Para a densidade *a posteriori*, as modificações são óbvias.

Para a maximização da verossimilhança, os passos do algoritmo **EM** são:

i) **Passo E**: calcular

$$Q(\boldsymbol{\theta}, \boldsymbol{\theta}^{(i)}) = \mathrm{E}[\ell(\boldsymbol{\theta}|\mathbf{x})|\mathbf{y}, \boldsymbol{\theta}^{(i)}], \tag{C.6}$$

ou seja, a esperança condicional da log-verossimilhança aumentada, considerando os dados $\mathbf{y}$ e o valor atual $\boldsymbol{\theta}^{(i)}$.

ii) **Passo M**: obter o valor $\boldsymbol{\theta}^{(i+1)}$ no espaço paramétrico que maximiza $Q(\boldsymbol{\theta}, \boldsymbol{\theta}^{(i)})$.

iii) Iterar até a convergência, ou seja, até que $||\boldsymbol{\theta}^{(i+1)} - \boldsymbol{\theta}^{(i)}||$ ou $|Q(\boldsymbol{\theta}^{(i+1)}, \boldsymbol{\theta}^{(i)}) - Q(\boldsymbol{\theta}^{(i)}, \boldsymbol{\theta}^{(i)})|$ sejam suficientemente pequenas.

No caso da distribuição *a posteriori*, considerar

$$Q(\boldsymbol{\theta}, \boldsymbol{\theta}^{(i)}) = \int_{\mathbf{z}} \log p(\boldsymbol{\theta}|\mathbf{y}, \mathbf{z}) p(\mathbf{z}|\mathbf{y}, \theta^{(i)}) d\mathbf{z}. \tag{C.7}$$

Exemplo C.3 Retornando ao Exemplo C.2, temos

$$
\begin{aligned}
Q(\theta, \theta^{(i)}) &= \mathrm{E}[(x_2 + x_5)\log\theta + (x_3 + x_4)\log(1 - \theta)|\mathbf{y}, \theta^{(i)}] \\
&= [\mathrm{E}(x_2|\mathbf{y}, \theta^{(i)}) + x_5]\log\theta + (x_3 + x_4)\log(1 - \theta).
\end{aligned}
$$

Lembremos que, aqui,

$$\mathrm{E}(x_2|\mathbf{y}, \theta^{(i)}) = \frac{125\theta^{(i)}}{2 + \theta^{(i)}},$$

e maximizando $Q(\theta, \theta^{(i)})$, obtemos

$$\theta^{(i+1)} = \frac{\mathrm{E}(x_2|\mathbf{y}, \theta^{(i)}) + x_5}{\mathrm{E}(x_2|\mathbf{y}, \theta^{(i)}) + x_3 + x_4 + x_5}.$$

Dempster et al. (1977) provam alguns resultados de convergência relativos ao algoritmo, mas com incorreções. As correções foram feitas por Boyles (1983) e Wu (1983). A seguir, resumimos os principais resultados. Para as demonstrações, o leitor deve consultar os autores mencionados anteriormente, além de Tanner (1996).

Proposição C.1 Seja $\ell(\boldsymbol{\theta})$ a log-verossimilhança dos dados observados. Então, $\ell(\boldsymbol{\theta}^{(i+1)}) \geq \ell(\boldsymbol{\theta}^{(i)})$, ou seja, toda iteração do algoritmo **EM** aumenta o valor da log-verossimilhança. O mesmo resultado vale para a densidade *a posteriori*.

Este é resultado principal de Dempster et al. (1977). A demonstração (no contexto bayesiano) usa os seguintes fatos, que serão de utilidade na sequência do texto. Do Teorema de Bayes segue que

$$\log\left[p(\boldsymbol{\theta}|\mathbf{y})\right] = \log\left[p(\boldsymbol{\theta}|\mathbf{y},\mathbf{z})\right] - \log\left[p(\mathbf{z}|\boldsymbol{\theta},\mathbf{y})\right] + \log\left[p(\mathbf{z}|\mathbf{y})\right]. \tag{C.8}$$

Integrando ambos os membros de (C.8) com respeito à distribuição condicional preditora dos dados latentes, $p(\mathbf{z}|\boldsymbol{\theta}^*,\mathbf{y})$, obtemos

$$\log\left[p(\boldsymbol{\theta}|\mathbf{y})\right] = Q(\boldsymbol{\theta}, \boldsymbol{\theta}^*) - H(\boldsymbol{\theta}, \boldsymbol{\theta}^*) + K(\boldsymbol{\theta},\boldsymbol{\theta}^*), \tag{C.9}$$

em que as quantidades do lado direito, originalmente definidas no contexto da verossimilhança, são

$$Q(\boldsymbol{\theta}, \boldsymbol{\theta}^*) = \int_{\mathbf{z}} \log[p(\boldsymbol{\theta}|\mathbf{y},\mathbf{z})]p(\mathbf{z}|\boldsymbol{\theta}^*,\mathbf{y})d\mathbf{z},$$

$$H(\boldsymbol{\theta}, \boldsymbol{\theta}^*) = \int_{\mathbf{z}} \log[p(\mathbf{z}|\boldsymbol{\theta},\mathbf{y})]p(\mathbf{z}|\boldsymbol{\theta}^*,\mathbf{y})d\mathbf{z},$$

$$K(\boldsymbol{\theta}, \boldsymbol{\theta}^*) = \int_{\mathbf{z}} \log[p(\mathbf{z}|\mathbf{y})]p(\mathbf{z}|\mathbf{y},\boldsymbol{\theta}^*)d\mathbf{z}.$$

Notando que

$$\log\left[p(\boldsymbol{\theta}^{(i+1)}|\mathbf{y})\right] / \left[p(\boldsymbol{\theta}^{(i)}|\mathbf{y})\right] = Q(\boldsymbol{\theta}^{(i+1)}, \boldsymbol{\theta}^{(i)}) - Q(\boldsymbol{\theta}^{(i)}, \boldsymbol{\theta}^{(i)}) - [H(\boldsymbol{\theta}^{(i+1)}, \boldsymbol{\theta}^{(i)}) - H(\boldsymbol{\theta}^{(i)}, \boldsymbol{\theta}^{(i)})]$$
$$+ [K(\boldsymbol{\theta}^{(i+1)}, \boldsymbol{\theta}^{(i)}) - K(\boldsymbol{\theta}^{(i)}, \boldsymbol{\theta}^{(i)})],$$

e analisando essa expressão, obtemos o resultado da proposição.

Dempster et al. (1977) definem um algoritmo **EM** generalizado, que seleciona $\boldsymbol{\theta}^{(i+1)}$ de modo que $Q(\boldsymbol{\theta}^{(i+1)}, \boldsymbol{\theta}^{(i)}) > Q(\boldsymbol{\theta}^{(i)},\boldsymbol{\theta}^{(i)})$. Então, o enunciado da Proposição C.1 também é aplicável a esse algoritmo generalizado.

Os resultados básicos de Wu (1983) para famílias exponenciais são apresentados a seguir.

Proposição C.2 Suponha que uma sequência de iterações do algoritmo **EM** satisfaça:

a) $\partial Q(\boldsymbol{\theta},\boldsymbol{\theta}^{(i)})/\partial\boldsymbol{\theta}|_{\boldsymbol{\theta}=\boldsymbol{\theta}^{(i+1)}} = \mathbf{0}$;

b) $\boldsymbol{\theta}^{(i)} \to \boldsymbol{\theta}^*$.

Então, as iterações $\boldsymbol{\theta}^{(i)}$ convergem para um ponto estacionário de $L(\boldsymbol{\theta}|\mathbf{y})$.

Além de a) e b), condições de regularidade adicionais precisam estar satisfeitas. Por exemplo, a distribuição preditora $p(\mathbf{z}|\mathbf{y},\boldsymbol{\theta})$ precisa ser suficientemente suave. O resultado implica que quando existirem pontos estacionários múltiplos, o algoritmo pode não convergir para o máximo global, ou seja, ele pode convergir para um máximo local ou ponto de sela. A sugestão de Wu (1983) é que devemos tentar vários valores iniciais. Se a função de verossimilhança for unimodal e a derivada parcial de Q for contínua com relação a ambos os argumentos, então $\boldsymbol{\theta}^{(i)} \to \widehat{\boldsymbol{\theta}}$, o estimador de máxima verossimilhança de $\boldsymbol{\theta}$.

A convergência do algoritmo pode ser lenta, com uma taxa linear que depende da quantidade de informação sobre $\boldsymbol{\theta}$ disponível em $L(\boldsymbol{\theta}|\mathbf{y})$. Existem métodos para acelerar o algoritmo. Por exemplo, Louis

(1982) sugere um procedimento para alcançar uma taxa de convergência quadrática perto do máximo por meio do método de Newton-Raphson. Outra referência importante sobre esse tópico é Meng e Rubin (1993).

Exemplo C.4 [Tanner (1996)] Consideremos um exemplo de regressão com dados censurados, discutido por Schmee e Hahn (1979) e Tanner (1996). Na Tabela C.2, dispomos os tempos de falha de 10 motores quando postos em funcionamento sob quatro temperaturas diferentes (em graus Celsius). Os valores com um asterisco (∗) representam tempos de censura, ou seja, em que os motores ainda funcionavam quando o experimento terminou. Isto significa que os tempos de falha nesses casos são maiores do que os tempos de censura.

Tabela C.2 Tempos de falha para 10 motores

150	170	190	220
8064*	1764	408	408
8064*	2772	408	408
8064*	3444	1344	504
8064*	3542	1344	504
8064*	3780	1440	504
8064*	4860	1680*	528*
8064*	5196	1680*	528*
8064*	5448*	1680*	528*
8064*	5448*	1680*	528*
8064*	5448*	1680*	528*

Chamemos de T_i os tempos de falha e C_i os tempos de censura. Consideremos o modelo de regressão

$$t_i = \beta_0 + \beta_1 v_i + e_i, \tag{C.10}$$

em que $e_i \sim \mathcal{N}(0, \sigma^2)$ e $t_i = \log(T_i)$, $v_i = (1000/(\text{temp} + 273{,}2))$, com "temp" denotando a temperatura.

Sejam z_i os tempos de falha correspondentes aos dados censurados, de forma que $z_i > c_i$. Reordenemos os dados t_i, colocando primeiro os m valores dos tempos de falha efetivamente observados e depois os $n-m$ tempos censurados. Os dados observados são $\mathbf{y} = (t_1, \ldots, t_m)^\top$, enquanto os dados não observados são $\mathbf{z} = (z_1, \ldots, z_{n-m})^\top$.

Como os e_i seguem distribuições normais independentes, imputamos valores para os tempos censurados a partir de uma estimativa atual de $\boldsymbol{\theta} = (\beta_0, \beta_1, \sigma)^\top$ e dos dados observados, por meio da distribuição normal condicional ao fato que $z_i > c_i$. Estimados os z_i, atualizamos as estimativas dos parâmetros, iterando até obter convergência.

Supondo uma distribuição *a priori* constante, o logaritmo da densidade *a posteriori* completa é

$$\log p(\boldsymbol{\theta}|t, \mathbf{z}) \propto -n \log \sigma - \sum_{j=1}^{m} (t_j - \beta_0 - \beta_1 v_j)^2 / 2\sigma^2 - \sum_{j=m+1}^{n} (z_j - \beta_0 - \beta_1 v_j)^2 / 2\sigma^2. \tag{C.11}$$

A distribuição preditora dos z_j condicional a $z_j > c_j$ é normal truncada, e

$$\begin{aligned} Q(\boldsymbol{\theta}, \boldsymbol{\theta}^{(i)}) \quad \propto \quad & -n \log \sigma - \sum_{j=1}^{m} (t_j - \beta_0 - \beta_1 v_j)^2 / 2\sigma^2 - \sum_{j=m+1}^{n} [\mathrm{E}(z_j^2|\boldsymbol{\theta}^{(i)}, z_j > c_j) \\ & -2(\beta_0 + \beta_1 v_j)\mathrm{E}(Z_j|\boldsymbol{\theta}^{(i)}, z_j > c_j) + (\beta_0 + \beta_1 v_j)^2] / 2\sigma^2. \end{aligned} \tag{C.12}$$

Para os dados censurados, $e_j = (z_j - \beta_0 - \beta_1 v_j)/\sigma$, de modo que $z_j > c_j$ é equivalente a $e_j > (c_j - \beta_0 - \beta_1 v_j)/\sigma = \tau_j$, e, portanto,

$$E(z_j|\boldsymbol{\theta}, z_j > c_j) = \beta_0 + \beta_1 v_j + \sigma E(e_j > \tau_j).$$

Como os e_j seguem uma distribuição $\mathcal{N}(0,1)$, temos

$$E(e_j|e_j > \tau_j) = K \int_{\tau_j}^{\infty} z \exp(-z^2/2)dz/\sqrt{2\pi} = K\phi(\tau_j),$$

em que $K = [1 - \Phi(\tau_j)]^{-1}$, $\phi(z)$ é a densidade e $\Phi(z)$ é a função distribuição acumulada da distribuição normal padrão. Fazendo $H(x) = \phi(x)/[1 - \Phi(x)]$, podemos finalmente escrever

$$E(z_j|\boldsymbol{\theta}^{(i)}, z_j > c_j) = \beta_0^{(i)} + \beta_1^{(i)} + \sigma^{(i)} H(\tau_j^{(i)}). \tag{C.13}$$

De modo análogo, sendo $\mu_j = \beta_0 + \beta_1 v_j$, obtemos

$$E(z_j^2|\boldsymbol{\theta}^{(i)}, z_j > c_j) = \mu_j^{2(i)} + \sigma^{2(i)} + \sigma^{(i)}(c_j + \mu_j^{(i)})H(\tau_j^{(i)}). \tag{C.14}$$

Derivando $Q(\cdot,\cdot)$ com relação a cada componente de $\boldsymbol{\theta}$, obtemos $\beta_0^{(i+1)}, \beta_1^{(i+1)}$ e $\sigma^{(i+1)}$. Notemos que a primeira regressão é conduzida como se os dados não fossem censurados e para obter $\beta_0^{(i+1)}$ e $\beta_1^{(i+1)}$ basta substituir c_j por $E(z_j|\boldsymbol{\theta}^{(i)}, z_j > C_j)$ e aplicar a técnica de mínimos quadrados. Após 11 iterações, obtemos $\widehat{\beta}_0 = -5,987$, $\widehat{\beta}_1 = 4,295$ e $\widehat{\sigma} = 0,256$.

C.3 Algoritmo EM Monte Carlo

No passo **E** do algoritmo **EM** é preciso calcular $Q(\boldsymbol{\theta}, \boldsymbol{\theta}^{(i)})$, uma integral cujo resultado é, em muitos casos, obtido com dificuldade. Para contornar o problema, Wei e Tanner (1990) sugerem usar o Método Monte Carlo nesse passo. O algoritmo correspondente (**MCEM**) para o passo **E** pode ser implementado conforme indicado a seguir:

i) Simular uma amostra $z_1, \ldots, z_m$ de $p(Z|\mathbf{y}, \boldsymbol{\theta}^{(i)})$.

ii) Calcular $\widehat{Q}_{i+1}(\boldsymbol{\theta}, \boldsymbol{\theta}^{(i)}) = m^{-1} \sum_{j=1}^{m} \log p(\boldsymbol{\theta}|z_j, \mathbf{y})$.

No passo **M**, $\widehat{Q}(\boldsymbol{\theta}, \boldsymbol{\theta}^{(i)})$ é maximizada para obter $\boldsymbol{\theta}^{(i+1)}$. Para especificar o valor de m, pode-se aumentar o seu valor à medida que o número de iterações cresce e monitorar a convergência, por meio de um gráfico de $\boldsymbol{\theta}^{(i)} \times i$.

Exemplo C.5 Voltando ao Exemplo C.2, geramos $z_1, \ldots, z_m$ da distribuição de $x_2|(\theta^{(i)}, \mathbf{y})$, que é uma distribuição binomial com parâmetros $n = 125$ e $p = \theta^{(i)}/(2 + \theta^{(i)})$ e depois aproximamos $E[x_2|(\theta^{(i)}, \mathbf{y})]$ por $\bar{z} = \sum_{i=1}^{m} z_j/m$. O passo **M** continua como antes, obtendo-se

$$\theta^{(i+1)} = \frac{\bar{z} + x_5}{\bar{z} + x_3 + x_4 + x_5}.$$

Na Tabela C.3, mostramos 16 iterações da implementação do algoritmo **MCEM** para este problema, com $\theta^{(0)} = 0,5$, $m = 10$ para as primeiras 8 iterações e $m = 1000$ para as restantes.

Tabela C.3 Iterações para MCEM, para os dados do Exemplo C.5

Iteração	$\theta^{(i)}$	Iteração	$\theta^{(i)}$
1	0,61224	9	0,62734
2	0,62227	10	0,62700
3	0,62745	11	0,62747
4	0,62488	12	0,62706
5	0,62927	13	0,62685
6	0,62076	14	0,62799
7	0,62854	15	0,62736
8	0,62672	16	0,62703

C.4 Cálculo de erros padrões

Com o algoritmo **EM** podemos estimar a moda da distribuição *a posteriori* $p(\boldsymbol{\theta}|\mathbf{y})$ ou o parâmetro $\boldsymbol{\theta}$ da função de verossimilhança $L(\boldsymbol{\theta}|\mathbf{y})$. Para obter erros padrões dos estimadores de máxima verossimilhança, precisamos obter a matriz hessiana. Isso pode ser feito de várias maneiras.

a) **Cálculo direto ou numérico**

Em princípio, obtido o estimador de máxima verossimilhança $\widehat{\boldsymbol{\theta}}$, podemos calcular as derivadas segundas de $\ell(\boldsymbol{\theta}|\mathbf{y})$ ou de $\log p(\boldsymbol{\theta}|\mathbf{y})$, no ponto $\widehat{\boldsymbol{\theta}}$, o que na prática pode ser difícil. Um enfoque alternativo é calcular as derivadas numericamente, como mencionamos na Seção C.1. Veja, por exemplo, Meilijson (1989).

b) **Método de Louis**

De C.8, podemos escrever

$$-\frac{\partial^2 \log p(\boldsymbol{\theta}|\mathbf{y})}{\partial \theta_i \partial \theta_j} = -\frac{\partial^2 \log p(\boldsymbol{\theta}|\mathbf{y}, \mathbf{z})}{\partial \theta_i \partial \theta_j} + \frac{\partial^2 \log p(\mathbf{z}|\mathbf{y}, \boldsymbol{\theta})}{\partial \theta_i \partial \theta_j}$$

e integrando ambos os membros com respeito a $p(\mathbf{z}|\mathbf{y}, \boldsymbol{\theta})$, obtemos

$$-\frac{\partial^2 \log p(\boldsymbol{\theta}|\mathbf{y})}{\partial \theta_i \partial \theta_j} = -\frac{\partial^2}{\partial \theta_i \partial \theta_j} Q(\boldsymbol{\theta}, \phi)|_{\phi=\boldsymbol{\theta}} - \frac{\partial^2}{\partial \theta_i \partial \theta_j} H(\boldsymbol{\theta}, \phi)|_{\phi=\boldsymbol{\theta}}. \tag{C.15}$$

Esta identidade constitui o **princípio da informação omissa**, que essencialmente corresponde a

Informação observada = Informação completa − Informação omissa.

Proposição C.3

a) $\partial \log p(\boldsymbol{\theta}|\mathbf{y})/\partial \boldsymbol{\theta} = \int_{\mathbf{z}} [\partial \log p(\boldsymbol{\theta}|\mathbf{y}, \mathbf{z})]/\partial \boldsymbol{\theta} \, p(\mathbf{z}|\mathbf{y}, \boldsymbol{\theta}) d\mathbf{z}$.

b) $-\partial^2 H(\boldsymbol{\theta})/\partial \boldsymbol{\theta} \partial \boldsymbol{\theta}^\top = \text{Var}\left[\partial \log p(\boldsymbol{\theta}|\mathbf{y}, \mathbf{z})/\partial \boldsymbol{\theta}\right]$.

Usando esta proposição e (C.15), podemos obter o erro padrão de $\widehat{\boldsymbol{\theta}}$.

Exemplo C.5 (continuação) Retornemos novamente ao Exemplo C.2, para o qual

$$\frac{\partial \log p(\theta|\mathbf{y}, \mathbf{z})}{\partial \theta} = \frac{x_2 + x_5}{\theta} - \frac{x_3 + x_4}{1 - \theta},$$

de modo que a informação completa é

$$-\frac{\partial^2 Q(\theta)}{\partial \theta^2} = \frac{\mathrm{E}(X_2|Y,\widehat{\theta}) + x_5}{\widehat{\theta}^2} + \frac{x_3 + x_4}{(1 - \widehat{\theta})^2} = 435{,}3,$$

enquanto a informação omissa é

$$\mathrm{Var}\left(\frac{\partial \log p(\theta|\mathbf{y},\mathbf{z})}{\partial \theta}\right) = \frac{\mathrm{Var}(x_2|\widehat{\theta})}{\widehat{\theta}^2} = 125\frac{\widehat{\theta}}{(2 + \widehat{\theta})}\frac{2}{(2 + \widehat{\theta})}\frac{1}{\widehat{\theta}^2} = 57{,}8.$$

Então, a informação observada é

$$-\frac{\partial^2 \log p(\theta|\mathbf{y})}{\partial \theta^2} = 435{,}3 - 57{,}8 = 377{,}5,$$

de modo que o erro padrão correspondente é $\sqrt{1/377{,}5} = 0{,}05$.

c) **Simulação**

O cálculo da informação completa em (C.15) pode ser complicado na prática. Se pudermos amostrar da densidade $p(\mathbf{z}|\mathbf{y},\boldsymbol{\theta})$, a integral pode ser aproximada por

$$\frac{1}{m}\sum_{j=1}^{m}\frac{\partial^2 \log p(\boldsymbol{\theta}|\mathbf{y},z_j)}{\partial\boldsymbol{\theta}\partial\boldsymbol{\theta}^{\top}},$$

em que $z_1, \ldots, z_m$ são variáveis aleatórias independentes e identicamente distribuídas segundo a distribuição $p(z|\widehat{\boldsymbol{\theta}},\mathbf{y})$. De modo análogo, podemos aproximar a informação omissa por

$$\frac{1}{m}\sum_{j=1}^{m}\left(\frac{\partial \log p(\boldsymbol{\theta}|\mathbf{y},z_j)}{\partial\boldsymbol{\theta}}\right)^2 - \left[\frac{1}{m}\sum_{j=1}^{m}\frac{\partial \log p(\boldsymbol{\theta}|\mathbf{y},z_j)}{\partial\boldsymbol{\theta}}\right]^2.$$

C.5 Algoritmo para dados aumentados

O algoritmo **EM** utiliza a simplicidade da verossimilhança (ou densidade *a posteriori*) dos dados aumentados. No algoritmo de dados aumentados, em vez de obter o máximo dessas funções, estamos interessados em ter uma visão mais completa delas a fim de obter outras informações, como intervalos de confiança ou de credibilidade.

Como antes, trabalharemos com a distribuição *a posteriori*. A ideia é obter uma estimativa de $p(\boldsymbol{\theta}|\mathbf{y})$ baseada na distribuição aumentada, $p(\boldsymbol{\theta}|\mathbf{y},\mathbf{z})$. O amostrador de Gibbs e o algoritmo de dados encadeados (veja o Exercício 5) são generalizações baseadas nessa ideia. Consideremos as seguintes distribuições

$$p(\boldsymbol{\theta}|\mathbf{y}) = \int_{\mathbf{z}} p(\boldsymbol{\theta}|\mathbf{y},\mathbf{z})p(\mathbf{z}|\mathbf{y})d\mathbf{z}, \tag{C.16}$$

$$p(\mathbf{z}|\mathbf{y}) = \int_{\boldsymbol{\theta}} p(\mathbf{z}|\phi,\mathbf{y})p(\phi|\mathbf{y})d\phi, \tag{C.17}$$

conhecidas como **identidade da *posteriori*** e **identidade da preditora**, respectivamente.

O algoritmo de dados aumentados utiliza iterações entre essas duas identidades, aproximando sucessivamente a densidade *a posteriori*. Os passos correspondentes são

i) Simular $z_1, \ldots, z_m$ da estimativa atual $p(\mathbf{z}|\mathbf{y})$.

ii) Atualizar a estimativa $p(\boldsymbol{\theta}|\mathbf{y})$ por meio de

$$\frac{1}{m} \sum_{j=1}^{m} p(\boldsymbol{\theta}|\mathbf{y}, z_j).$$

iii) Iterar os passos i) e ii) até a convergência.

No passo i), necessitamos simular da distribuição preditora $p(\mathbf{z}|\mathbf{y})$. Por meio da identidade (C.17), que é uma mistura de preditoras aumentadas com relação à distribuição *a posteriori* observada, esse passo pode ser implementado por meio da iteração:

a) Simular $\boldsymbol{\theta}^*$ da estimativa atual de $p(\boldsymbol{\theta}|\mathbf{y})$.

b) Amostrar z de $p(\mathbf{z}|\boldsymbol{\theta}^*, \mathbf{y})$.

O passo a), por sua vez, pode ser realizado selecionando-se aleatoriamente j dos inteiros $1, \ldots, m$ e então simulando de $p(\boldsymbol{\theta}|z_j, \mathbf{y})$, dada a forma discreta da estimativa de $p(\boldsymbol{\theta}|\mathbf{y})$ em ii).

É interessante comparar os passos desse algoritmo com aqueles do algoritmo **EM**. Basicamente, substituímos os passos **E** e **M** pelos passos que chamaremos **S** e **I**, em que **S** indica que estamos simulando os dados latentes da estimativa atual da distribuição preditora e **I** indica que depois integramos os resultados para obter a distribuição *a posteriori*. Podemos, então, chamar esse algoritmo de **SI** (**S** de **simulação** e **I** de **integração**).

Exemplo C.6 Ainda, no contexto do Exemplo C.5, temos

$$p(\theta|\mathbf{x}) \propto \theta^{x_2+x_5}(1-\theta)^{x_3+x_4} \sim \text{Beta}(x_2 + x_5 + 1, x_3 + x_4 + 1).$$

$$x_2|\mathbf{y}, \theta \sim Bin(125, \theta/(\theta+2)).$$

Os passos do algoritmo **SI** neste caso particular são

i) Simular $x_2^1, \ldots, x_2^m$ da estimativa atual de $p(x_2|\mathbf{y})$.

ii) Atualizar a estimativa de $p(\theta|\mathbf{y})$ por meio de

$$\frac{1}{m} \sum_{j=1}^{m} Beta(\alpha_j, \beta_j)(\theta),$$

com $\alpha_j = x_2^j + x_5 + 1$, $\beta_j = x_3 + x_4 + 1$.

iii) Iterar os passos i) e ii) até a convergência.

O passo i) do algoritmo consiste em repetir m vezes:

a) Gerar j uniformemente de $1, \ldots, m$.

b) Simular θ^* de $Beta(\alpha_j, \beta_j)$.

c) Simular x de $Bin(125, \theta^*(2 + \theta^*))$.

C.6 Exercícios

1) Suponha que os dados aumentados $\mathbf{x} = (\mathbf{y}, \mathbf{z})$ sigam a família exponencial regular

$$f(\mathbf{x}|\boldsymbol{\theta}) = b(\mathbf{x}) \exp\{\boldsymbol{\theta}^\top \mathbf{s}(\mathbf{x})\}/\alpha(\boldsymbol{\theta}),$$

em que $\boldsymbol{\theta}$ é um vetor $d \times 1$ de parâmetros e $\mathbf{s}(\mathbf{x})$ é um vetor $d \times 1$ de estatísticas suficientes.

   a) Calcule $Q(\boldsymbol{\theta}, \boldsymbol{\theta}^{(i)})$.

   b) Mostre que maximizar $Q(\boldsymbol{\theta}, \boldsymbol{\theta}^{(i)})$ é equivalente a resolver a equação $E[\mathbf{s(x)}|\boldsymbol{\theta}] = \mathbf{s}^{(i)}$, em que $\mathbf{s}^{(i)} = E[\mathbf{s(x)}|\mathbf{y}, \boldsymbol{\theta}^{(i)}]$.

2) Obtenha as expressões para as estimativas na iteração $(i+1)$ a partir de (C.12).

3) Implemente o algoritmo **MCEM** para o Exemplo C.4.

4) Por meio de simulações, calcule o erro padrão do estimador obtido via **EM**, para o Exemplo C.5.

5) **Algoritmo de Dados Encadeados** (*Chain Data Algorithm*)

Em uma abordagem um pouco diferente do algoritmo para dados aumentados, iteramos sucessivamente de $p(\mathbf{z}|\boldsymbol{\theta}, \mathbf{y})$ e $p(\boldsymbol{\theta}|\mathbf{y}, \mathbf{z})$ para obter uma sequência de realizações $(\mathbf{z}^{(1)}, \boldsymbol{\theta}^{(1)}), \ldots, (\mathbf{z}^{(n)}, \boldsymbol{\theta}^{(n)})$ com as simulações de uma variável realizadas condicionalmente aos valores atuais da outra variável. Esperamos que a distribuição de equilíbrio dessa cadeia seja a distribuição conjunta $p(\mathbf{z}, \boldsymbol{\theta}|\mathbf{y})$. Este algoritmo é um caso especial do amostrador de Gibbs, descrito na Nota 2 do Apêndice B. Normalmente, estaremos interessados nas distribuições marginais.

Para os dados do Exemplo C.2, obtenha as sequências de realizações de Z e θ. Simule $n = 200$ valores, desprezando os primeiros 50, conhecidos como **valores de aquecimento** (*burn-in*).

6) Considere o Exemplo C.6 e obtenha as estimativas da média e variância da distribuição preditora em cada iteração do algoritmo **SI**.

7) Construa o gráfico da distribuição *a posteriori* para cada iteração considerada no Exemplo C.6.

8) (Tanner, 1996) Sejam $t_1, \ldots, t_n$ variáveis aleatórias distribuídas independente e identicamente segundo uma distribuição com densidade $-\alpha \exp(-\alpha t)$, $\alpha > 0$. Suponha que observamos (y_j, δ_j), em que $y_j = min(t_j, c_j)$ e $\delta_j = 1$, se $t_j < c_j$ ou $\delta_j = 0$, em caso contrário, para $j = 1, \ldots, n$.

   a) Supondo uma distribuição *a priori* constante para α, mostre que

$$Q(\alpha, \alpha^{(i)}) \propto n \log(\alpha) - \alpha \sum_{j=1}^{n} E(t_j|y_j, \delta_j, \alpha^{(i)}),$$

    com $\alpha^{(i)}$ representando a aproximação atual para α.

   b) Para uma observação não censurada, temos $t_j = y_j$. Para uma observação censurada, calcule $E(t_j|y_j, \delta_j, \alpha^{(i)})$.

   c) Qual é o passo **M** para este problema?

REFERÊNCIAS BIBLIOGRÁFICAS

Afiune, J.Y. (2000). Avaliação ecocardiográfica evolutiva de recém-nascidos pré-termo, do nascimento até o termo. Tese de Doutorado, Faculdade de Medicina da USP.

Anderson, T.W. (1957). Maximum likelihood estimates for a multivariate normal distribution when some observations are missing. *Journal of the American Statistical Association*, **52**, 200-203.

Assunção, R. (2022). Deep Learning. Short Course, SINAPE 2022, Gramado, RS.

Bartlett, M.S. (1937). The statistical conception of mental factors. *British Journal of Psychology*, **28**, 97-104.

Bickel, P.J. and Doksum, K.A. (2015). *Mathematical Statistics.* 2nd ed. New York: Chapman and Hall.

Byrd, R. H., Lu, P., Nocedal, J. and Zhu, C. (1995). A limited memory algorithm for bound constrained optimization.*SIAM Journal on Scientific Computing*, **16**, 1190–1208.

Bishop, C.M. (2006). *Pattern Recognition and Machine Learning.* New York: Springer.

Bland, J.M. and Altman, D.G. (1986). Statistical methods for assessing agreement between two methods of clinical measurement. *Lancet,* **327**, 307-310. doi:10.1016/S0140-6736(86)90837-8

Blei, D.M. Smyth, P. (2017). Science and data science. *Proceedings of the National Academy of Sciences*, **114**, 8689-8692.

Box, G.E.P. and Müller, M.E.(1958). A note on the generation of random normal deviates. *The Annals of Statistics,* **29**, 610-611.

Box, G.E.P. and Cox, D.R. (1964). An analysis of transformations. *Journal of the Royal Statistical Society, Series B,* **26**, 211-252.

Box, G.E.P. and Müller, M.E. (1958). A note on the generation of random normal deviates. *The Annals of Mathematical Statistics*, **29**, 610-611.

Boyles, R.A. (1983). On the convergence of the EM algorithm. *Journal of the Royal Statistical Society, Series B,* **45**, 47-50.

Bradley, P. S., Fayyad; U. and Reina, C. (1998), Scaling EM (Expectation-Maximization) clustering to large databases. Technical Report MSR-TR98-35, Microsoft Research.

Breiman, L. (1969). *Probability.* Reading: Addison-Wesley Publishing Co.

Breiman, L. (1996). Bagging predictors. *Machine Learning*, **24**: 123-140.

Breiman, L. (2001). Statistical modeling: the two cultures. *Statistical Science*, **16**, 199-231.

Breiman, L. (2001). Random forests. *Machine Learning*, **45**, 5-32.

Breiman, L., Friedman, J.H., Olshen, R.A., and Stone, C.J. (1984). *Classification and Regression Trees.* New York: Chapman & Hall/CRC.

Broyden, C.G. (1965). A class of methods for solving nonlinear simultaneous equations. *Mathematics of Computation*, **19**, 577-593.

Bühlmann, P. and Yu, B. (2002). Analyzing bagging. *Annals of Statistics*, **30**, 927-961.

Bühlmann, P. and van de Geer, S. (2011). *Statistics for High-Dimensional Data.* Berlin: Springer.

Bussab, W.O. e Morettin, P.A. (2023). *Estatistica Básica*, 10a ed. São Paulo: Saraiva.

Casella, G. and George, E.I. (1992). Explaining the Gibbs sampler. *The American Statistician*, **46**, 167-174.

Cattell, R.B. (1966). The scree test for the number of factors. *Multivariate Behavioral Research*, **1**, 245-276.

Chambers, J.M., Cleveland, W.S., Kleiner, B. and Tukey, P.A. (1983).*Graphical Methods for Data Analysis.* London: Chapman and Hall.

Chambers, J.M. and Hastie, T.J. (eds.) (1992). *Statistical Models in S.* Pacific Grove, CA: Wadsworth and Brooks/Cole.

Chambers, J.M. (1993). Greater or lesser Statistics: A choice for future research. *Statistics and Computing*, **3**, 182-184.

Chen, M.-H., Shao, Q.-M. and Ibrahim, J.G. (2000). *Monte Carlo Methods in Bayesian Computation.* New York: Springer.

Chib, S. and Greenberg, E. (1995). Understanding the Metropolis–Hastings algorithm. *The American Statistician*, **49**, 327-335.

Chollet, F. (2018). *Deep Learning with R.* Shelter Island, NY: Manning Publications Co.

Cleveland, W.M. (1979). Robust locally weighted regression and smoothing scatterplots. *Journal of the American Statistical Association*, **74**, 829-836.

Cleveland, W.M. (1985). *The Elements of Graphing Data.* Monterey, CA: Wadsworth.

Cleveland, W.M. (1993). *Visualizing Data.* Summit, New Jersey: Hobart Press.

Cleveland, W.M. (2001). Data Science: An action plan for expanding the technical areas of the field of Statistics. *International Statistical Review*, **69**, 21-26.

Cohen, J. (1960). A coefficient of agreement for nominal scales. *Educational and Psychological Measurement*, **20**, 37-46. doi:10.1177/001316446002000104

Colosimo, E.A. e Giolo, S.R. (2006). *Análise de Sobrevivência Aplicada.* São Paulo: Blücher.

Conn, A. R., Scheinberg, K. and Vicente, L. N. (2009). *Introduction do Derivative-Free Optimization.* MPS-SIAM Series on Optimization.

Cortes, C. and Vapnik, V. (1995). Support vector networks. *Machine Learning*, **20**, 273-297.

Dantzig, G.B. (1963). *Linear Programming and Extensions.* Princeton: Princeton University Press.

Davidon, W.C. (1959). Variable metric for minimization. *Report ANL-5990 Rev.*, Argonne National Laboratories, Argonne, Illinois.

Dempster, A.P., Laird, N. and Rubin, D.B. (1977). Maximum likelihood from incomplete data via the EM algorithm. *Journal of the Royal Statistical Society, Series B*, **39**, 1-38.

Dennis, J.E. and Moré, J.J. (1977). Quasi-Newton methods, motivation and theory. *SIAM Review*, **19**, 46-89.

Donoho, D. (2017). 50 years of Data Science. *Journal of Computational and Graphical Statistics*, **26**, 745-766.

Durbin, J. and Watson, G.S. (1950). Testing for serial correlation in least squares regression, I. *Biometrika*, **37**, 409-428.

Durbin, J. and Watson, G.S. (1951). Testing for serial correlation in least squares regression, II. *Biometrika*, **38**, 159-178.

Durbin, J. and Watson, G.S. (1971). Testing for serial correlation in least squares regression, III. *Biometrika*, **58**, 1-19.

Dzik A., Lambert-Messerlian, G., Izzo, V.M., Soares, J.B., Pinotti, J.A. and Seifer, D.B. (2000). Inhibin B response to EFORT is associated with the outcome of oocyte retrieval in the subsequent in vitro fertilization cycle. *Fertility and Sterility*, **74**, 1114-1117.

Edwards, A (1948). Note on the correction for continuity in testing the significance of the difference between correlated proportions. *Psychometrika*, **13**, 185-187.

Efron, B. and Tibshirani, R. (1993). *An Introduction to the Bootstrap.* New York: Chapman and Hall.

Efron, B. and Hastie, T. (2016). *Computer Age Statistical Inference.* New York: Cambridge University Press.

Ehrenberg, A.S.C. (1981). The problem of numeracy. *The American Statistician*, **35**, 67-71.

Eilers, P.H.C. and Marx, B.D. (1996). Flexible smoothing with b-splines and penalties. *Statistical Science*, **11**, 89-121.

Eilers, P.H.C. and Marx, B.D. (2021). *Practical Smoothing: The Joys of P-splines.* Cambridge: Cambridge University Press.

Elias, F.M., Birman, E.G., Matsuda, C.K., Oliveira, I.R.S. and Jorge, W.A. (2006). Ultrasonographic findings in normal temporomandibular joints. *Brazilian Oral Research*, **20**, 25-32.

Embrecths, P., Lindskog, F. and McNeil, A. (2003). Modelling dependence with copulas and applications to risk management. In *Handbook of Heavy Tailed Distributions in Finance, ed. S. Rachev*, Ch. 8, 329-384. New York: Elsevier.

Ester, M., Kriegel, H. P., Sander, J. and Xu, X. (1996) A Density-based algorithm for discovering clusters in large spatial databases with noise. *Proceedings of International Conference on Knowledge Discovery and Data Mining*, 226–231.

Fan, J. and Lv, J. (2008). Sure independence screening for ultrahigh dimensional feature space. *Journal of the Royal Statistical Society*, Series B, **70**, 849-911.

Fan, J., Feng, Y. and Song, R. (2011). Nonparametric independence screening in sparse ultra-high-dimensional additive models. *Journal of the American Statistical Association*, **106**, 544-557.

Fan, J., Li, R., Zhang, C.-H and Zou, H. (2020). *Statistical Foundations of Data Science*. Boca Raton: CRC press.

Faraway, J.J. and Augustin, N.H. (2018). When small data beats big data. *Statistics and Probability Letters*, **136**, 142-145.

Ferreira, D.F. (2011). Análise Discriminante. *Encontro Mineiro de Estatística*, São João Del-Rei, M.G.

Ferreira, J.E., Takecian, P.L., Kamaura, L.T., Padilha, B. and Pu, C. (2017). Dependency Management with WED-flow Techniques and Tools: A Case Study. *Proceedings of the IEEE 3rd International Conference on Collaboration and Internet Computing*, 379-388. doi:10.1109/CIC.2017.00055

Fisher, R.A. (1922). On the Mathematical Foundations of Theoretical Statistics. *Philosophical Transactions of the Royal Society, Series A*, **222**, 309-368.

Fletcher, R. and Powell, M.J.D. (1963). A rapid convergent descent method for minimization. *Computer Journal*, **6**, 163-168.

Fletcher, R. (1987). *Practical Methods of Optimization*, 2nd ed. New York: Wiley.

Fonseca, R., Morettin, P.A. and Pinheiro, A.S. (2024). Wavelet feature screening. A aparecer, *Journal of Computational and Graphical Statistics*.

Forgy, E. (1965) Cluster analysis of multivariate data: Efficiency versus interpretability of classifications. *Biometrics*, **21**, 768–780.

Freedman, D. and Diaconis, P. (1981). On the histogram as a density estimator: L_2 theory. *Zeitschrift für Wahrscheinlichkeitstheorie und Verwandte Gebiete*, **57**, 453-476.

Freund, Y. and Schapire, R.E. (1997). A decision-theoretic generalization of on-line learning and an application to boosting. *Journal of Computer and System Science*, **55**, 119-139.

Friedman, J. H. (1989). Regularized discriminant analysis. *Journal of the American Statistical Association*, **84**,165–175.

Friedman, J.H., Hastie, T. and Tibshirani, R. (2010). Regularization paths for generalized linear models via coordinate descent. *Journal of Statistical Software*, **33**, 1-22.

Fujita, A., Sato, J. R., Garay-Malpartida, H. M., Morettin, P. A., Sogayar, M. C. and Ferreira, C. E. (2007). Time-varying modeling of gene expression regulatory networks using the wavelet dynamic vector autoregressive method. *Bioinformatics*, **23**, 1623–1630.

Fuller, W.A. (1996). *Introduction to Statistical Time Series*, 2nd ed. New York: Wiley.

Gamerman, D. and Lopes, H.F. (2006). *Markov Chain Monte Carlo*. Boca Raton: Chapman & Hall.

Gartner, Inc. (2005). *Gartner says more than 50 percent of data warehouse projects will have limited acceptance or will be failures through 2007.* http://www.gartner.com.2005.

Gegembauer, H.V. (2010). *Análise de Componentes Independentes com Aplicações em Séries Temporais Financeiras.* Dissertação de Mestrado, IME-USP.

Gelfand, A.E. and Smith, A.F.M. (1990). Sampling-based approaches to calculating marginal densities. *Journal of the American Statistical Association,* **85**, 398-409.

Geman, S. and Geman, D. (1984). Stochastic relaxation, Gibbs distributions, and the Bayesian restoration of images. *IEEE Transactions on Pattern Analysis and Machine Intelligence,* **6**, 721-741.

Geweke, J. (1989). Bayesian inference in econometric models using Monte Carlo integration. *Econometrica,* **57**, 1317–1339.

Gilks, W.R., Richardson, S. and Spiegelhalter, D.J. (1996). *Markov Chain Monte Carlo in Practices.* London: Chapman and Hall.

Giryes, R., Chaudhary, P. and Vidal, R. (2017). *Mathematics of Deep Learning.* CDC Tutorial, Melbourne, Australia, December 2017.

Goldfarb, D. (1970). A family of variable metric updates derived by variational means. *Mathematics of Computation,* **24**, 23–26.

Goldfeld, S.M., Quandt, R.E. and Trotter, H.F. (1966). Maximisation by quadratic hill-climbing. *Econometrica,* **34**, 541-551.

Goodfellow, I. J., Pouget-Abadie, J., Mirza, M., Xu, B., Warde-Farley, D., Ozair, S., Courville, A. and Bengio, Y. (2014). Generative adversarial networks, arXiv:1406.2661[start.ML].

Goodfellow, I., Bengio, Y. and Courville, A. (2016). *Deep Learning.* Cambridge, Mass: The MIT Press.

Graedel, T, and Kleiner, B. (1985). Exploratory analysis of atmospheric data. In *Probability, Statistics and Decision Making in Atmospheric Sciences, A.H. Murphy and R.W. Katz, eds), pp 1-43.* Boulder: Westview Press.

Guttman, L. (1954). Some necessary conditions for common factor analysis.*Psychometrika,* **19**, 149-161.

Hall, P. and H. Miller (2009). Using generalized correlation to effect variable selection in very high dimensional problems. *Journal of Computational and Graphical Statistics,* **18**, 533-550.

Hammersley, J.M. and Handscomb, D.C. (1964). *Monte Carlo Methods.* New York: Wiley.

Hartigan, J. A. and Wong, M. A. (1979). Algorithm AS 136: A K-Means clustering algorithm. *Journal of the Royal Statistical Society.* Series C (Applied Statistics), **28**, 100–108.

Hastie, T. and Tibshirani, R. (1990). *Generalized Additive Models.* London: Chapman & Hall.

Hastie, T., Tibshirani, R. and Friedman, J. (2017). *The Elements of Statistical Learning,* 2nd ed. New York: Springer.

Hastings, W.K. (1970). Monte Carlo sampling methods using Markov chains and their applications. *Biometrika,* **57**, 97-109.

Hinkley, B. (1977). On quick choice of probability transformations. *Applied Statistics,* **26**, 67-69.

Hebb, D.O. (1949). *The organization of behavior*. New York: Wiley.

Hochreiter, S. and Schmidhuber, J. (1997). Long Short-Term Memory. *Neural Computation*, **9**, 1735-1780.

Hoerl, A.E. and Kennard, R.W. (1970). Ridge regression: biased estimation for nonorthogonal problems. *Technometrics*, **12**, 55-67.

Holland, J.H. (1975). *Adaptation in Natural and Artificial Systems*. Ann Arbor: University of Michigan Press.

Hopfield, J. J. (1982). Neural networks and physical systems with emergent collective computational abilities. *Proceedings of the National Academy of Sciences of the USA*, **79**, 2554-2558.

Horn, J.L. (1965). A rationale and test for the number of factors in factor analysis. *Psychometrika*, **30**, 179-185.

Hosmer, D.W. and Lemeshow, S. (1980). A goodness-of-fit test for the multiple logistic regression model. *Communications in Statistics*, **A10**, 1043-1069.

Hosmer, D.W. and Lemeshow, S. (2013). *Applied Logistic Regression*, 3rd ed. New York: John Wiley.

Hu, J., Niu, H., Carrasco, J., Lennox, B. and Arvin, F. (2020). Voronoi-based multi-robot autonomous exploration in unknown environments via deep reinforcement learning". *IEEE Transactions on Vehicular Technology*, **69**, 14413-14423.

Hyvärinen, A. and Oja, E. (1997). A fast fixed point algorithm for independent component analysis. *Neural Computation*, **9**, 1483-1492.

Hyvärinen, A. (1999). Fast and robust fixed-point algorithm for independent component analysis. *IEEE Transactions on Neural Network*, **10**, 626-634.

Hyvärinen, A. and Oja, E. (2000). Independent component analysis: algorithms and applications. *Neural Networks*, **13**, 411-430.

Hyvärinen, A., Karhunen, J. and Oja, E. (2001). *Independent Component Analysis*. New York: Wiley.

Jaiswal, S. (2018). K-Means Clustering in R Tutorial. Disponível em `https://www.datacamp.com/com munity/tutorials/k-means-clustering-r`.

James, G., Witten, D., Hastie, T. and Tibshirani, R. (2017). *Introduction to Statistical Learning*. New York: Springer.

Johnson, N.L. and Leone, F.C. (1964). *Statistics and Experimental Design in Engineering and Physical Sciences, Vols 1, 2*. New York: Wiley.

Johnson, R. A. and Wichern, D. W. (1988). *Applied Multivariate Statistical Analysis*. Upper Saddle River: Prentice Hall.

Jordan, M.I. (2019). Artificial intelligence - The revolution hasn't heppened yet. *Harvard Data Science Review*, Issue 1.1.

Kaelbling, L.P., Littman, M.L. and Moore, A.W. (1996). Reinforcement learning: a survey. *Journal of Artificial Intelligence Research*, **4**: 237–285.

Kaiser, H.F. (1960). The application of electronic computers to factor analysis. *Educational and Psychological Measurement,* **20**, 141-151.

Kaufman, L. and Rousseeuw, P. (1990). *Finding groups in data: an introduction to cluster analysis.* New York: Wiley.

Kennedy, J. and Eberhart, R. (1995). Particle swarm optimization. *Proceedings of the IEEE International Conference on Neural Networks*, **4**, 1942–1948.

Kirkpatrick, S., Gelatt, Jr. C. D. and Vecchi, M. P. (1983). Optimization by simulated annealing. *Science*, **220**, 671–680.

Kleijnen, J. and Groenendall, W. (1994). *Simulation: A Statistical Perspective.* Chichester: Wiley.

Kohler, M., Krzyzak, A. and Walter, B. (2022). On the rate of convergence of image classifiers based on convolutional neural networks. *Annals of the Institute of Statistical Mathematics*, **74**, 1085–1108.

Krizhevsky, A., Sutskever, I, Hinton, G. E. et al. (2012). Imagenet classification with deep convolutional neural networks. In F. Pereira (Ed.), *Advances in neural information processing systems* (pp. 1097–1105). Red Hook, NY: Curran.

Kutner, M.H., Neter, J., Nachtsheim, C.J. and Li, W. (2004). *Applied Linear Statistical Models.* 5th ed. New York: McGraw-Hill/Irwin. ISBN-10: 007310874X, ISBN-13: 978-0073108742.

LeCun, Y., Bottou, L., Bengio, Y. and Haffner, P. (1998). Gradient-based learning applied to document recognition, In Proceedings of the IEEE, **86**, 2278–2324.

LeCun, Y., Bengio, Y. and Hinton, G. (2015). Deep learning. *Nature*, **521**, 436–444.

Lee, E.T. and Wang, J.W. (2003). *Statistical Methods for Survival Data Analysis*, 3rd ed. New York: Wiley.

Lemeshow, S. and Hosmer, D.W. (1982). The use of goodness-of-fit statistics in the development of logistic regression models. *American Journal of Epidemiology*, **115**, 92-106.

Li, R., Zhong, W. and Zhu, L. (2012). Feature screening via distance correlation learning. *Journal of the American Statistical Association*, **107**, 1129–1139.

Lindstrom, M. (2016). *Small Data: The Tiny Clues that Uncover Huge Trends.* London: St. Martin's Press.

Little, R.J.A. and Rubin, D.B. (1987). *Statistical Analysis with Missing Data.* New York: Wiley.

Lloyd, S. P. (1982). Least square quantization in PCM. *IEEE Transactions on Information Theory*, **28**, 129–137.

Louis, T.A. (1982). Finding observed information using the EM algorithm. *Journal of the Royal Statistical Society, Series B,* **44**, 98-130.

MacQueen, J. (1967). Some methods for classification and analysis of multivariate observations. *Proceedings of the 5th Berkeley Symposium on Mathematical Statistics and Probability*, **1**, 281–297.

Mai, Q. and Zou, H. (2013). The Kolmogorov filter for variable screening in high-dimensional binary classification. *Biometrika*, **100**, 229–234.

Malehi, A. S. and Jahangiri, M. (2019). Classic and Bayesian tree-based methods. doi: `http://dx.doi.org/10.5772/intechopen.83380`.

Mallat, S. (2016). Understanding deep convolutional networks. *Philosophical Transactions of the Royal Society*, Series A, **374**, 1–16.

Mantel, N. and Haenszel, W. (1959). Statistical aspects of the analysis of data from retrospective studies of disease. *Journal of the National Cancer Institute,* **22**, 719-748.

Masini, R.P., Medeiros, M.C. and Mendes, E.F. (2021). Machine learning advances for time series forecasting. *Journal of Economic Surveys*, 1-36, Wiley. DOI: 10.1111/joes.12429.

McCarthy, J., Minsky, M.L., Rochester, N. and Shannon, C.E. (1955). A Proposal for the Dartmouth Summer Research Project on Artificial Intelligence. August 31, 1955.

McCulloch, W.S. and Pitts, W.A. (1943). Logical calculus of the ideas immanent in nervous activity. *Bulletin of Mathematical Biology*, **52**, 99–115.

McGill, R., Tukey, J.W. and Larsen, W.A. (1978). Variations of box plots. *The American Statistician*, **32**, 12-16.

McNemar, Q. (1947). Note on the sampling error of the difference between correlated proportions or percentages. *Psychometrika*, **12**, 153-157.

Medeiros, M.C. (2019). *Machine Learning Theory and Econometrics*. Lecture Notes.

Meilijson, I. (1989). A fast improvement to the EM algorithm on its own terms. *Journal of the Royal Statistical Society. Series B,* **51**, 127-138.

Meng, X.L. and Rubin, D.B. (1993). Maximum likelihood estimation via the ECM algorithm: A general framework. *Biometrika*, **80**, 267-278.

Meng, X.L. (2014). A trio of inference problems that could win you a Nobel Prize in Statistics (if you help fund it). In: Lin, X., et al. (Eds). Past, Present, and Future of Statistical Science. Boca Raton: CRC Press.

Metropolis, N. and Ulam, S.(1949). The Monte Carlo method. *Journal of the American Statistical Association,* **44**, 335-341.

Metropolis, N., Rosenbluth, A.W., Rosenbluth, M.N., Teller, A.H. and teller, E. (1953). Equation of state calculations by fast computing machines. *The Journal of Chemical Physics*, **21**, 1087-1092.

Meyer, D. (2018). Support vector machines. The interface to `libsvm` in package `e1071`. FH technikum Wien, Austria.

Miller, R.G. and Halpern, J.H. (1982). Regression via censored data. *Biometrika*, **69**, 521-531.

Minsky, M. L. and Papert, S. A. (1969). *Perceptrons: An Introduction to Computational Geometry*. Cambridge: MIT Press.

Moré, J.J., Garbow, B.S. and Hillstrom, K.H. (1981). Testing unconstrained optimization software. *ACM Transactions on Mathematical Software*, **7**, 17–41.

Morettin, P.A. (2014). *Ondas e Ondaletas: da Análise de Fourier à Análise de Ondaletas de Séries Temporais*, 2a. ed. São Paulo: EDUSP.

Morettin, P. A. (2017). *Econometria Financeira*. Terceira edição. São Paulo: Blucher.

Morettin, P.A. e Toloi, C.M.C. (2018). *Análise de Séries Temporais,* Volume 1, 3a. ed. São Paulo: Blücher.

Morettin, P. A. e Toloi, C. M. C. (2020). *Análise de Séries Temporais*, Volume 2. São Paulo: Blucher.

Morgan, J. N. and Sonquist, J. A. (1963). Problems in the analysis of survey data, and a proposal. *Journal of the American Statistical Association*, **58**, 415–434.

Morrison, D.F. (1976). *Multivariate Statistical Methods*, 2nd ed. New York: McGraw-Hill.

Müller, P. (1992). Alternatives to the Gibbs sampling scheme. *Technical report.* Institute of Statistics and Decision Sciences, Duke University, Durham.

Murphy, N., Brown, W.S. and Press, O.U. (2007) Did my neurons make me do it? *Philosophical and Neurobiological Perspectives on Moral Responsibility and Free Will.* Clarendon Press. `https://doi.or g/10.1093/acprof:oso/9780199215393.001.0001`.

Nelder, J.A. and Mead, R. (1965). A simplex method for function minimization. *Computer Journal*, **7**, 308-313.

Nelder, J.A. and Wedderburn, R.W.M. (1972). Generalized Linear Models. *Journal of the Royal Statistical Society, Series A*, **135**, 370-384.

Neyman, J. and Pearson, E. S. (1933). On the problem of the most efficient tests of statistical hypotheses. *Philosophical Transactions of the Royal Society of London. Series A*, **231**, 289-337.

Nocedal, J. and Wright S. (2006). *Numerical Optimization*, 2nd ed. New York: Springer.

Paulino, C.D. e Singer, J.M. (2006). *Análise de Dados Categorizados*. São Paulo: Blücher.

Pedroso de Lima, A.C., Singer, J.M. e Fusaro, E.R. (2000). *Relatório de análise estatística sobre o projeto "Prognóstico de pacientes com insuficiência cardíaca encaminhados para tratamento cirúrgico."* São Paulo: Centro de Estatística Aplicada do IME/USP.

Pepe, M.S., Cai, T. and Longton, G. (2006). Combining predictors for classification using the area under the Receiver Operating Characteristic curve. *Biometrics*, **62**, 221-229.

Pereira, B. B., Rao, C. R. and Oliveira, F. B. (2020). *Statistical Learning Using Neural Networks: A Guide for Statisticians and Data Scientists with Python.* CRC Press, Chapman & Hall.

Powell, M.J.D. (1964). An efficient method for finding the minimum of a function of several variables without calculating derivatives. *Computer Journal*, **7**, 155-162.

R Core Team (2013). R: A language and environment for statistical computing. R Foundation for Statistical Computing, Vienna, Austria. URL http://www.R-project.org/.

Rainardi, V. (2008). *Building a Data Warehouse with Examples in SQL Server.* Apress (Springer). doi: 10.1007/978-1-4302-0528-9

Rao, R. C. (1973). *Linear Statistical Inference and its Applications.* New York: John Wiley & Sons.

Robert, C. and Casella, G. (2004). *Monte Carlo Statistical Methods.* 2nd ed. New York: Springer.

Roberts, G.O. and Smith, A.F.M. (1994). Simple conditions for the convergence of the Gibbs sampler and Metropolis-Hastings algorithms. *Stochastic Processes and Their Applications*, **49**, 207-216.

Rosenblatt, F. (1958). The perceptron: A theory of statistical separability in cognitive systems. Buffalo: Cornell Aeronautical Laboratory, Inc. Rep. No. VG-1196-G-1.

Ross, S.(1997). *Simulation*, 2nd ed. New York: Academic Press.

Rubin, D.B. (1977). Formalizing subjective notions about the effect of nonrespondents in sample surveys. *Journal of the American Statistical Association*, **72**, 538-543.

Rubin, D.B. (1987). *Multiple Imputation for Nonresponse in Surveys*. New York: Wiley.

Rubin, D.B. (1996). Multiple imputation after 18+ years. *Journal of the American Statistical Association*, **91**, 473-489.

Rumelhart, D. E., Hinton, G. E. and Williams, R. J. (1986a). Learning representations by back-propagating errors. *Nature*, **323**, 533–536.

Rumelhart, D. E., Hinton, G. E. and Williams, R. J. (1986b). Learning internal representations by error propagation. In *Neurocomputing*, Volume 1: Foundations of Research, D. E. Rumelhart and J. L. McClelland (Eds.). Cambridge: MIT Press, pp. 318–362.

Sato, J. R., Fujita, A., Amaro Jr, E., Miranda, J. M., Morettin, P. A. and Brammer, M. J. (2007). DWT-CEM: an algorithm for scale-temporal clustering in fMRI. *Biological Cybernetics*, **97**, 33–45.

Schmee, J. and Hahn, G.J. (1979). A simple method for regression analysis with censored data. *Technometrics*, **21**, 417-432.

Schubert, E. and Rousseeuw, P. (2021). Fast and eager k-medoids clustering: O(k) runtime improvement of the PAM, CLARA and CLARANS algorithms. *Information Systems*, **101**, 101804.

Sen, P.K., Singer, J.M. and Pedroso-de-Lima, A.C. (2009), *From finite sample to asymptotic methods in Statistics*. Cambridge: Cambridge University Press.

Shanno, D.F. (1970). Conditioning of Quasi-Newton methods for function minimization. *Mathematics of Computation*, **24**, 647–656.

Singer, J.M. and Andrade, D.F. (1997). Regression models for the analysis of pretest/posttest data. *Biometrics*, **53**, 729-735.

Singer, J.M. e Ikeda, K. (1996). Relatório de Análise Estatística sobre o projeto "Fatores de risco na doença aterosclerótica coronariana". São Paulo, SP, IME-USP, 1996, 28p. (CEA-RAE-9608).

Singer, J.M., Rocha, F.M.M e Nobre, J.S. (2018). *Análise de Dados Longitudinais*. Versão parcial preliminar.

Smola, A.J. and Schölkopf, B. (2004). A tutorial on support vector regression. *Statistics and Computing*, **14**, 199-222.

Sobol, I.M.(1976). *Método de Monte Carlo*. Moscow: Editorial MIR.

Stigler, S. M. (1990). *The History of Statistics: The Measurement of Uncertainty before 1900*. Cambridge: Harvard University Press.

Stone, J.V. (2004). *Independent Component Analysis: A Tutorial Introduction*. MIT Press.

Sturges, H.A. (1926). The choice of a class interval. *Journal of the American Statistical Association*, **21**, 65-66.

Sutton, R. S. and Barto, A. G. (2020). *Reinforcement Learning: An Introduction*. MIT Press.

Takano, A.P.C., Justo, L.T., Santos, N.V., Marquezini, M.V., André, P.A., Rocha, F.M.M., Barrozo, L.V., Singer, J.M., André, C.D.S., Saldiva, P.H.N. and Veras, M.M. (2019). Pleural anthracosis as an indicator of lifetime exposure to urban air pollution: an autopsy-based study in São Paulo. *Environmental Research*, **173**, 23-32.

Tanner, M.A. (1996). *Tools for Statistical Inference*, 3rd ed. New York: Springer.

Thurstone, L.L. (1947). *Multiple Factor Analysis: A development and expansion of vectors of the mind.* Chicago: University of Chicago Press.

Tibshirani, R. (1996). Regression shrinkage and selection via the lasso. *Journal of the Royal Statistical Society*, Series B (Methodological), **58**, 267-288.

Trevino, A. (2016). Introduction to K-means Clustering. Disponível em `https://www.datascience.com/blog/k-means-clustering`.

Tukey, J.W. (1962). The future of data analysis. *The Annals of Mathematical Statistics*, **33**, 1-67.

Tukey, J.W. (1977). *Exploratory Data Analysis.* Reading: Addison-Wesley.

Turing, A. (1950). Computing machinery and intelligence. *Mind*, LIX (236).

Vapnik, V. and Chervonenkis, A. (1964). A note on a class of perceptrons. *Automation and Remote Control*, **25**.

Vapnik, V. and Chervonenkis, A. (1974). *Theory of Pattern recognition* [in Russian]. Moskow: Nauka.

Vapnik, V. (1995). *The Nature of Statistical Learning Theory.* New York: Springer.

Vapnik, V. (1998). *Statistical Learning Theory.* New York: Wiley.

Viera, J. and Garrett, J.M. (2005). Understanding interobserver agreement: the kappa statistic. *Family Medicine*, **37**, 360-263.

von Neumann, J.(1951). Various techniques used in connection with random digits, Monte Carlo Method. *U.S. National Bureau of Standards Applied Mathematica Series*, **12**, 36-38.

Wanjohi, R. (2018). Time series forecasting using LSTM in R. Em `http://rwanjohi.rbind.io/2018/04/05/time-series-forecasting-using-lstm-in-r`.

Wayne, D.W. (1990). *Applied Nonparametric Statistics*, 2nd ed. Boston: PWS-Kent. ISBN 0-534-91976-6.

Wei, G.C.G. and Tanner, M.A. (1990). A Monte Carlo implementation of the EM algorithm and the poor man's data augmentation algorithm. *Journal of the American Statistical Association*, **85**, 699-704.

Widrow, B., and Hoff, M. E. (1960). Adaptive switching circuits. TR-1553-1, Stanford University: Stanford Electronics Labs.

Wilks, S.S. (1932). Moments and distributions of estimates of population parameters from fragmentary samples. *Annals of Mathematical Statistics*, **2**, 163-195.

Witzel, M.F., Grande, R.H.M. and Singer, J.M. (2000). Bonding systems used for sealing: evaluation of microleakage. *Journal of Clinical Dentistry*, **11**, 47-52.

Wu, C.F.J. (1983). On the convergence properties of the EM algorithm. *Annals of Statistics*, **11**, 95-103.

Yousuf, K. (2018). Variable screening for high dimensional time series. *Electronical Journal of Statistics* **12**, 667–702.

Zan, A.S.C.N. (2005). Ultra-sonografia tridimensional: determinação do volume do lobo hepático direito no doador para transplante intervivos. Tese de doutorado. São Paulo: Faculdade de Medicina, Universidade de São Paulo.

Zerbini, T., Gianvecchio, V.A.P., Regina, D., Tsujimoto, T., Ritter, V. and Singer, J.M. (2018). Suicides by hanging and its association with meteorological conditions in São Paulo, Brazil. *Journal of Forensic and Legal Medicine*, **53**, 22–24. doi: dx.doi.org/10.1016/j.jflm.2017.10.010

Zhu, L.-P., Li, L., Li, R. and Zhu, L.-X. (2011). Model-free feature screening for ultrahighdimensional data. *Journal of the American Statistical Association*, **106**, 1464–1475.

ÍNDICE ALFABÉTICO